气象发展研究报告
(2011—2013 年)

中国气象局发展研究中心

气象出版社
China Meteorological Press

内容简介

《气象发展研究报告(2011—2013年)》所选内容为中国气象局发展研究中心2011—2013年专题研究及合作研究(与气象部门内外相关研究机构)报告。全书侧重于气象发展战略研究和相关政策研究,共分为六部分二十四篇,内容涉及气象综合情况、气象服务、气象防灾减灾、气象与生态文明、基层改革及气象相关其他方面。本书适合关注气象事业发展的学者、管理者和其他人士参阅。

图书在版编目(CIP)数据

气象发展研究报告 :2011～2013年/中国气象局发展研究中心主编.
—北京:气象出版社,2014.5
ISBN 978-7-5029-5929-6

Ⅰ.①气… Ⅱ.①中… Ⅲ.①气象学—研究报告
Ⅳ.①P4

中国版本图书馆CIP数据核字(2014)第086749号

出版发行:气象出版社	
地　　址:北京市海淀区中关村南大街46号	**邮政编码**:100081
总 编 室:010-68407112	**发 行 部**:010-68409198
网　　址:http://www.cmp.cma.gov.cn	**E-mail**:　qxcbs@cma.gov.cn
责任编辑:林雨晨	**终　　审**:黄润恒
封面设计:博雅思企划	**责任技编**:吴庭芳
印　　刷:北京京华虎彩印刷有限公司	
开　　本:787 mm×1092 mm　1/16	**印　　张**:24
字　　数:614千字	
版　　次:2014年5月第1版	**印　　次**:2014年5月第1次印刷
定　　价:80.00元	

本书如存在文字不清、漏印以及缺页、倒页、脱页等,请与本社发行部联系调换

前　　言

为了更好利用气象发展研究成果，充分发挥气象发展研究在气象事业发展决策咨询中的重要作用，中国气象局发展研究中心将近几年牵头研究的一批成果进行了汇集，编印形成了《气象发展研究报告（2011—2013年）》。

本汇编收集的发展研究报告，基本包括了“十二五”以来气象事业发展研究的最新成果。根据研究内容的不同，将其划分为综合、气象服务、气象防灾减灾、气象与生态文明、基层改革及其他等六个类别。综合类，主要包括新型气象事业结构、气象现代化指标体系研究、提高“四个能力”等内容；气象服务类，主要包括公共服务提供方式、气象服务市场机制、气象科技服务集约化发展、气象信息产业发展等内容；气象防灾减灾类，主要包括基层气象防灾减灾体系、城市脆弱性分析及非工程性应对、社区防灾减灾建设等内容；气象与生态文明类，主要包括推进气候文明建设、气象在生态文明建设中的主要任务和作用、环境气象业务发展等内容；基层改革类，主要包括基层气象机构综合改革、政府主导的基层公共气象服务体系建设、市县级气象事业一体发展等内容；此外，成立气象行业协会、国外气象机构管理体制、物联网以及云计算在气象领域的应用等研究也被收入本汇编，共计收入24篇发展研究报告。

根据出版要求，原研究主持人对研究成果进行了适当修改和完善。在汇编过程中，力图保持原意，但编者根据形势变化对原始报告中的一些内容和数据进行了相应处理。希望本汇编能够在气象事业发展实践中提供一些有益帮助，也希望读者对汇编给予关注和指正，以期在今后的发展研究中不断完善。

本汇编收录的研究报告得到了中国气象局领导、相关职能司和直属单位以及很多热心专家学者的大力支持，出版过程中得到气象出版社的大力帮助，在此，我们表示衷心的感谢！由于汇编者的水平有限，对汇集成果的整理可能有不准确和疏漏之处，恳请原作者和广大读者给予批评指正并提出宝贵意见。

中国气象局发展研究中心

2014年5月

目　　录

第五部分　基层改革篇

第六部分　其他

第一部分

综合篇

构建新型气象事业结构专题研究*

建立与气象现代化体系相适应的新型气象事业结构是中国气象局党组在2011年全国气象局长会议上就明确提出的，结合学习党的十八届三中全会《关于全面深化改革若干重大问题的决定》(以下简称《决定》)，更凸显出建立新型气象事业结构的重要性和紧迫性。

一、《决定》对调整气象事业结构提出了新要求

改革开放以来，气象部门先后开展了四次事业结构调整(表1)，1998年提出由“气象行政管理，基本气象系统，气象科技服务和产业”(又称“三部分”)构成的气象事业结构，对推进气象部门改革、促进气象事业发挥了重要作用。但随着气象事业的发展，特别是根据十八届三中全会改革决定精神，“三部分”事业结构已明显不能适应目前国家改革和经济社会发展要求，迫切需要探索建立新型气象事业结构。

表1 不同时期气象事业结构调整重点

不同调整阶段	不同时期的气象事业结构组成
起步阶段(1984.12—1988.3)	气象业务、有偿服务、综合经营
“四结构”阶段(1988.4—1992.7)	专业、队伍、人才、投资
“三大块”阶段(1992.8—1997.2)	基本气象业务、专业(专项)气象服务、综合经营
“三部分”阶段(1998.1—2007)	气象行政管理、基本气象系统、气象科技服务与产业

* 本报告完成于2013年。主要研究人员：彭莹辉、姜海如、辛源、王淞秋、邓一、陈正洪、冯裕健、王喆。

1. 气象行政管理需要根据三中全会改革要求转变职能

三中全会改革决定指出，使市场在资源配置中发挥决定性作用和更好地发挥政府作用；要求深化行政审批制度改革，简政放权、规范管理、提高效率，最大限度减少中央政府对微观事务的管理；政府要加强发展战略、规划、政策、标准等制定和实施，加强市场活动监管，加强公共服务提供；加强中央政府宏观调控职责和能力，加强地方政府公共服务、市场监管、社会管理、环境保护等职责；推广政府购买服务，凡属事务性管理服务，原则上都要引入竞争机制，通过合同、委托等方式向社会购买。

近年来，气象管理机构在转变职能方面做了大量工作。中国气象局已经下放了多项行政审批权，调整了目标考核方式，减少了微观事务管理，加强了内设机构行政管理职能。特别是通过县级气象机构综合改革，基本解决了基层气象管理职能缺位和难以作为的问题。但是，气象管理机构在总体上偏重业务管理、内部管理、微观管理的现状还没有从根本上得到转变。在新的改革形势下，各级气象行政管理机构对提供全民基本公共气象服务、构建气象防灾减灾社会安全体系、应对全球气候变化、发挥气象在生态文明建设总体布局中基础性作用、引导与监管气象信息服务业健康发展等负有重大责任。气象管理机构应当根据三中全会改革要求，加快转变政府管理职能，加强宏观管理、社会管理，推进气象行政审批制度改革，加强气象发展战略、规划、政策、标准等的制定和实施，加强公共气象服务提供。

2. 基本气象系统需要根据改革要求进行分类与调整

基本气象系统是我国气象事业的核心支撑，是基本公共气象服务的直接生产者和提供者。基本气象系统主要承担着气象探测、气象预报预测、公共气象服务和气象防灾减灾、气候资源利用和应对气候变化、气象科学技术研究、气象教育培训、气象业务运行保障等任务。

三中全会提出，要加快事业单位分类改革，加大政府购买公共服务力度，推动公办事业单位与主管部门理顺关系和去行政化；建立事业单位法人治理结构，推进有条件的事业单位转为企业或社会组织；建立各类事业单位统一登记管理制度。在这种形势下，基本气象系统面临分类改革的重大选择。根据国家事业单位改革的要求，基本气象系统的事业单位可能需要分为公益一、二、三类。分类改革直接关系到气象事业的长远发展，也关系到干部职工的切身利益，对基层影响尤为明显。气象事业单位分类改革是基本气象系统不可回避的选择，情况较为复杂。

3. 气象科技服务与产业的提法已不适应改革新形势

自 1998 年中国气象局进行气象行政管理、基本气象系统、气象科技服务与产业的“三部分”气象事业结构战略性调整后，近 15 年来，通过发展气象科技服务与产业，气象部门成功探索出一条拓宽服务领域、增强服务效益的路子，有效解决了事业经费短缺等问题，增强了气象事业发展活力，对促进气象现代化做出了重大贡献。但是，根据三中全会要求和经济社会发展的实际情况，过去意义上的气象科技服务与产业提法已经不适应当前的改革形势。

气象科技服务与产业实际上是气象部门事业单位开展的气象有偿经营服务，主要包括了与创收相联系的各类气象服务活动，而且气象有偿服务、增值服务、防雷技术服务均享有国家和部门有关政策的保护。根据三中全会改革精神，要求改革市场监管体系，实行统一的市场监管，清理和废除妨碍全国统一市场和公平竞争的各种规定和做法，严禁和惩处各类违法优惠政策行为，反对地方保护，反对垄断和不正当竞争。显然，气象部门过去依赖于政策保护的创收项目，可能面临转制或取消；过去基本处于部门垄断保护状态的专业气象服务、防雷技术服务等项目，可能面临全部或部分转为市场行为；气象信息服务市场也面临开放压力；未来气象行政管理机构、一类气象事业单位与气象科技服务创收单位之间的利益关系也将可能逐步分离。

从国家财政预算制度改革分析，三中全会《决定》提出要实施全面规范、公开透明的预算制度，预算审核的重点由平衡状态、赤字规模向支出预算和政策拓展，并明确提出逐步取消竞争性领域专项和地方资金配套。国家财政预算制度改革对气象事业单位的服务性收入管理必然产生明显影响，如气象事业单位的服务性收入由本单位自定政策、自由支配的空间将越来越小，一些需要利用市场手段开拓的服务项目将可能因此失去活力和动力；由于“三公”经费、基建经费的政策性控制，一些创收较多的地方可能出现“有钱不能用”的情况，而一些创收较差的单位也可能难以通过部门内部调剂解决经费缺口；在经营性气象服务领域，过去由行政手段直接或间接控制市场的现象，将不适应新的规则。

总之，过去长期使用的气象科技服务与产业的提法已不适应当前经营性气象服务的实际情况，也不适应国家关于开放服务业市场、统一市场监管、清理废除妨碍市场和公平竞争障碍的各种规定。

4.“三部分”事业结构没有反映气象服务社会化内容

近年来，中国气象局着力推进气象服务社会化并取得了显著成效，先后与27个省(区、市)人民政府，25个国务院部委和大型企事业单位、19所高校签署了合作协议，建立了涵盖率先基本实现气象现代化、公共气象服务、气象防灾减灾、重点工程建设、科技、人才等多领域的合作关系。从公共气象服务利用社会资源方面看，截至2012年底，全国手机气象短信服务用户达到1.1亿，约占全国手机用户(10.8亿)的10%，年均累计向公众发送预警短信40亿人次；各地每天播出的电视天气预报节目达3000多档，收视率位列各电视频道之首；中国气象频道已在全国30个省(区、市)落户，年均发布国家级和省级预警信息近6000条，收视用户超过7000万户(约占全国有线数字电视用户总数的63%)；全国190余个广播频道每天播出气象节目900余档，气象信息服务站4.5万个，气象信息员队伍达55万人(陈振林，2012)，还有一大批气象志愿者队伍和社会行业气象组织。但是，在“三部分”气象事业结构中却没有充分体现这些新出现的社会化气象服务内容。

中国气象局党组关于推进气象服务社会化的战略部署，完全符合十八届三中全会的改革精神。《决定》要求加快社会事业改革，解决好人民最关心、最直接、最现实的利益问题，努力为社会提供多样化服务；激发社会组织活力，支持和发展志愿服务组织，培育和优先发展行业协会商会类、科技类、公益慈善类、城乡社区服务类社会组织，鼓励和支持其参与社会治理；鼓励社会力量、社会资本参与公共文化服务体系建设，培育文化非营利组织。

社会力量和社会组织是政府和市场之间的"润滑剂",是承接政府职能的重要补充。当前气象防灾减灾任务和压力越来越大,气象公共服务和社会管理职责越来越重,需要广泛的社会参与才能不断满足社会公众对公共气象服务的需求。但是,目前气象社会组织、服务中介、行业协会的数量和体量不足,参与深度和广度不够,相应机制还不够明确,如何进一步完善政府主导、部门联动、社会参与的气象防灾减灾机制还有待进一步探索。当前民政部门已经逐步放开社会组织直接登记限制,这种情况下,气象部门需要及早行动,鼓励、引导、发展和利用社会组织参与公共气象服务治理,承担相应公共气象服务任务。

总而言之,贯彻落实十八届三中全会精神,"必须树立强烈的改革意识,深刻理解问题倒逼机制、外部环境压力、自身发展动力等所构成的全面深化改革的迫切要求;必须采取有力的措施和办法,全面深化改革,以气象事业发展面临的重大问题为导向,抓住重大问题、关键问题进行深入研究和科学谋划"(郑国光,2013)[①],建立新型气象事业结构。

二、新型气象事业结构的基本构成分析

1. 划分新型气象事业结构的主要依据

(1)历史依据

1998 年提出的气象行政管理、基本气象系统、气象科技服务与产业"三部分"的气象事业结构,其依据主要立足于气象部门内部各部分工作属性、对象和队伍三方面的情况。这种划分方法界面清晰、分工明确,有利于分类建立运行机制,对一定历史阶段的气象事业改革和发展发挥了重大作用,在构建新型气象事业结构中仍然值得借鉴。

(2)政策依据

近些年来,国家政策环境发生了重大变化,《决定》的出台,国家行政制度改革、事业单位改革、服务业改革的推进,要求基本气象系统和气象科技服务与产业进行转型,有的可能要还原于基本公共服务属性,有的可能要转为非基本公共服务属性,有的可能要允许社会组织、甚至企业参与。因此,建立新型气象事业结构可能既需要突破部门界线,还需要突破过去"三部分"气象事业结构的概念。

(3)现实依据

自 1992 年国家决定建立社会主义市场经济体制以来,我国气象信息服务业不断发展,特别是党的十七大以来,气象信息服务业发展更加迅速。目前,几乎所有的电视、广播、通信、网络、报纸和各类新媒体等都以不同形式加入到了气象信息服务行业中来,气象资讯、气象技术性和工程性服务业发展很快,国外气象资讯服务也在开始进入。气象事业的这种发展新态势应在新型气象事业结构中得到充分的反映和体现。

2. 新型气象事业结构的组成部分

鉴于以上分析,结合三中全会《决定》要求,依据国家已经出台的有关政策,新型气象事

① 郑国光,《2013 年全国气象局长工作会议报告》。

业结构可以考虑由以下四部分组成。

(1)气象行政管理

指依据国家有关法律法规和中央有关政策规定，履行气象行政决策、行政执行、行政监督等职能的各级气象主管机构，具体包括国家、省、地(市)、县(市)四级气象主管机构。

(2)基本气象系统

指具体承担气象基本业务、基本公共气象服务及相应的科研、教育和保障，具体包括气象探测、气象预测预报、气候与农业气象、气象通信网络、决策与公众气象服务，以及相应的气象科研、教育、培训和不能通过市场配置资源的相关保障。根据事业单位分类改革，将来主要由国家和地方一类气象事业单位组成。

(3)气象信息服务业

指从事与气象信息研发、生产、传递、储存、加工、处理相关的技术、产品和服务，并能通过市场进行流通交换的经营性活动。主要包括非基本公共气象服务和私人气象服务，具体可以包括气象事业单位提供的经营性气象信息服务活动、各行业企业自用自办的气象服务活动、其他社会单位开展的经营性气象服务活动。其中经营性服务活动包括营利性和非营利性两大类，其定义在国家合同法和民法释义中有明确界定。

(4)气象社会组织

指各类参与提供公共气象服务的非营利性的社会组织、单位或群体，包括各类气象行业协会、群众性自治组织、气象志愿者组织、气象信息员组织等。

3. 新型气象事业结构的表述与倾向性选择

(1)关于表述的讨论

关于对新型气象事业结构四部分内容的划分，认识可能比较一致，但关于四部分之间的关系、用词表述等则可能存在多种观点。其中，对气象行政管理、基本气象系统的认识分歧应较少；但对气象信息服务业、气象社会组织两部分，由于涉及对气象事业发展整体布局的调整，包含对气象事业体制机制的改革，可能会有一些不同认识。经调研和意见征集，关于新型气象事业结构的四部分内容主要有四种表述(表 2)。

表述 1：气象行政管理、基本气象系统、气象信息服务业、气象社会组织的“四部分”结构。气象行政管理在职能上包括业务管理、社会管理、市场监管、行业管理等，组织形式包括国家、省、地(市)、县(市)四级气象主管机构；基本气象系统主要指提供基本气象服务供给，确保核心气象业务发展的基础业务部分，组织形式上主要为公益一类气象事业单位；气象信息服务业包括提供非基本气象服务、私人气象服务的经营性气象活动，主要包括各类二、三类气象事业单位和企业等；气象社会组织主要包括依据法律法规成立并参与部分气象社会管理、公共服务、行业管理的气象类社会组织、中介、行业协会、群众性自治组织、志愿者组织等。

表述 2：气象行政管理、基本气象系统、气象信息产业、气象社会组织的“四部分”结构。与表述 1 相比，区别在于用“气象信息产业”代替“气象信息服务业”。气象信息产业是市场化的气象信息、技术和工程性服务活动，主体为各类气象公司企业。这种表述虽然在《中华人民共和国气象法》中有相关支持条文(第七条)支持,但把二类气象事业单位全部划入其中,可能时机还不够成熟。

表述3:气象行政管理体系+基本气象系统、气象信息服务业、气象社会组织的“1+3”结构。这种方案在总体层面上区分为气象行政管理和气象事业两大类,旨在突出气象行政管理的主导地位。

表述4:气象行政管理、基本气象系统、气象信息服务业的“三部分”结构。该方案继承了当前的“三部分”气象事业结构,将“气象科技服务与产业”变更为气象信息服务业,包含了除财政全额保障以外的所有二、三类气象事业单位、企业、社会组织等。但考虑到社会组织在政府和市场之间的独特作用和地位,将气象社会组织划入气象信息服务业可能也不太合适。

表2 新型气象事业结构的四种表述与分析

	事业结构组成	内容释义	组织形式	备注/评价
表述1	气象行政管理	履行气象业务管理、社会管理、市场监管、行业管理等职能	国家、省、地(市)、县(市)气象主管机构	县级气象机构综合改革基本解决了基层气象管理职能缺位和容易不作为问题
	基本气象系统	提供基本公共气象服务,包括气象探测、预测预报、气象通信网络、基本公共气象服务,以及相应的气象科研、教育、培训和不能通过市场配置的相关保障	公益一类气象事业单位	当前,各地气象事业单位的分类改革正进行分类登记
	气象信息服务业	提供非基本气象服务,开展经营性气象信息、气象技术和气象工程性服务活动	二、三类气象事业单位、经营性组织和企业	包括了公营补偿性服务、行业自办性服务、公营和私营商业性服务
	气象社会组织	依据法律法规参与部分气象社会管理和公共服务,履行行业评价、行业自律等自我管理职能	社会组织、社会中介、行业协会和群众性自治组织、志愿者组织等	还处在持续成长阶段
表述2	气象行政管理	同1	同1	同1
	基本气象系统	同1	同1	同1
	气象信息产业	由气象信息、气象技术和气象工程类企业提供服务活动	气象类公司或企业	由于强调营利性,二类气象事业单位列入此类别不适宜
	气象社会组织	同1	同1	同1
表述3	气象行政管理体系	同1	同1	
	基本气象业务 气象信息服务业 气象社会组织	对其中各部分的释义同1	同1	同1
表述4	气象行政管理	同1	同1	
	基本气象系统	同1	同1	
	气象信息服务业	包括气象部门从事的经营性气象服务活动、气象部门外所有气象类社会事业和产业,以及气象社会组织	二、三类事业单位、企业、社会组织	气象社会组织放入其中可能与《气象灾害防御条例》不符

分析上述四种表述方案，有如下认识：

四种表述都是按照行政、事业、市场、社会四个角度来划分新型气象事业结构，基本符合三中全会改革决定精神要求，但第 2 种和第 4 种表述，存在与实际和有关法规不相符的地方。

四种表述对气象行政管理、基本气象系统的认识比较一致；对气象信息服务业(或气象信息产业)部分的认识差别较大，由于可能会对当前气象科技服务产生重大影响和冲击，其影响需要作专项评估；此外，无论如何划分，推进气象服务社会化都将需要发展气象社会组织。

(2)关于表述的倾向性选择

根据以上分析和讨论，研究组倾向选择由“气象行政管理、基本气象系统、气象信息服务业、气象社会组织”(表述 1)构成的新型事业结构。主要理由如下：

1)结构比较清晰。四部分分别对应行政、事业、市场、社会四个方面，在组织形式上与行政机关、事业单位、公司企业、社会组织相对应，基本能适应三中全会改革决定的新形势和新要求。

2)既保持了气象事业结构的相对连续性，又明确了气象事业调整的大方向。气象事业结构由 1998 年的“三部分”到目前提出的“四部分”，既保持了三部分结构划分时界面清晰、分工明确、有利于分类建立运行机制、实现分类管理的优点，又突出加强了气象行政管理、基本气象系统作为国家气象事业主体的地位，同时又适应了气象信息服务业和气象社会组织的发展要求。

3)“气象信息服务业”的提法较为中性，既能与国家服务业制度接轨，又能被社会广泛理解和接受，也有利于打破气象部门长期形成的一些封闭思想和政策性保护依赖，还具有一定的过渡性。因为气象信息服务业包括了营利性和非营利性气象服务活动，同时还包括经营性和非经营性气象服务活动，比“气象信息产业”内涵更宽泛、形式更灵活，有利于各地气象部门在推进气象科技服务改革中做出符合实际的选择。

在此基础上，我们初步提出了新型气象事业结构中每部分的主要构成，参见图 1。

三、建立新型气象事业结构的主要建议

全面推进气象事业改革，加快形成与气象现代化体系相适应的开放型“三化四部分”气象事业新格局，需要继续推进气象工作政府化、气象业务现代化、气象服务社会化，并应以气象行政管理、基本气象系统、气象信息服务业和社会气象组织构成的新型气象事业结构为抓手。其任务非常艰巨，是一个长期复杂的过程。现就近期推进新型气象事业结构改革提出如下建议。

1. 广泛开展新型气象事业结构研讨

提出建立由气象行政管理、基本气象系统、气象信息服务业和气象社会组织构成的新型气象事业结构，关系到气象事业发展的长远和全局，对未来中国气象事业发展必将产生重大和深远的影响。因此，需要广泛开展讨论，充分吸取各方面的意见和建议。可以考虑组织有关人员，对新型气象事业结构、特别是对发展气象信息服务业后对气象事业可能产生的影响进行综合评估，以供相关决策参考。

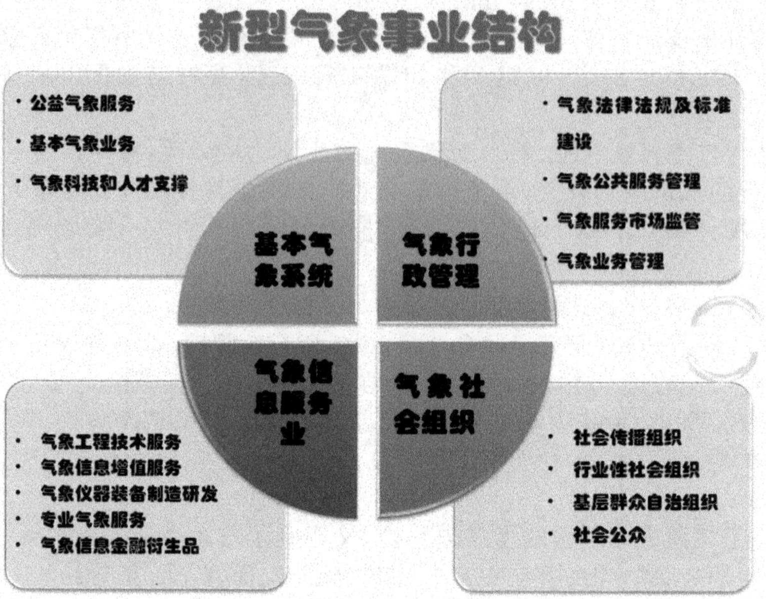

图 1 新型气象事业结构构成图

2. 积极促进各级气象主管机构转变职能

按照十八届三中全会改革决定要求，要深化各级气象管理机构改革，优化各级气象部门的机构设置、职能配置、工作流程，完善各级气象行政运行机制。国家级气象管理机构要深化行政审批和行政事务制度改革和职能调整，将直接面向基层、量大面广、下级气象部门管理更方便有效的行政和社会事项，下放给下级气象部门管理，减少中国气象局机关对微观事务的管理，同时要提高顶层设计、发展规划、统筹协调等宏观管理职能。省以下气象管理机构要重点加强公共气象服务管理，加强社会化气象服务监管职责，积极争取各级政府购买部分公共气象服务。各级气象主管机构要为顺利推进建立新型气象事业结构提供强有力的领导组织保障。

3. 深入推进基本气象系统改革

基本气象系统的改革必须坚持服务民生、造福社会的宗旨意识，是全面深化改革必须坚持的正确方向。应继续深入推进现代天气业务、气候业务、观测业务、基础资料业务、技术装备保障业务等改革，不断深化气象科技体制和干部人事制度改革。要通过建立新型气象事业结构进一步理顺基本气象系统内部关系，增强基本气象系统功能。

4. 稳妥实施气象事业单位分类改革

把实施气象事业单位分类改革作为建立新型气象事业结构的重要切入点，推动气象事业单位与气象主管部门理顺关系和去行政化，逐步取消气象事业单位的行政级别。根据职能和属性，合理划分事业单位：(1)面向社会提供公益气象服务和为气象机关行使职能提供支持保障，但不能或不宜由市场配置资源的气象事业单位，宜全部划入公益一类；(2)可部分由市场配置资源的从事公共气象服务的事业单位，宜划入公益二类；(3)不承担公益服务职责、所提供的产品或服务可以由市场配置的气象事业单位应转变为经营性企业，同时要加快推进各类气象事业单位统一登记。

5. 继续深化县级气象机构综合改革

县级气象机构综合改革已经取得重大进展，要进一步深化县级气象机构综合改革：(1)要在加强县级气象管理机构社会管理和公共气象服务职能的同时，重点加强落实省级和地市级气象部门在推进县级综合化业务上的责任；(2)县级综合化业务平台建设应由省市级统一设计、统一建设、统一软件、统一培训，以大力提高县级气象现代化水平；(3)对县级气象事业单位法人登记应提出明确指导意见；(4)要重视多元人力资源可能引起的不稳定因素，避免多元资金渠道可能导致的安全风险。总之，要通过建立新型气象事业结构给基层气象事业发展创造新的机遇。

6. 有序发展气象信息服务业

气象信息服务业将是气象科技服务长期发展的结果。发展气象信息服务业，核心问题是处理好气象行政管理和气象信息服务市场的关系，使市场在资源配置中起决定性作用和更好发挥政府作用。

当前应鼓励和指导气象部门原有气象科技服务实体，按照服务业务与市场经营相对分离、相互支撑和统筹谋划、协调一致的原则，转型转制、理顺关系、整合资源、集约发展、做大做强。要进一步开发公众气象服务的增值效益，特别要加强新媒体市场的拓展，提升市场占有率、扩大市场覆盖面。专业气象服务市场拓展要取得新突破，要积极探索气象部门上下一体化气象服务市场拓展的新机制，统一市场经营策略，形成气象部门的经营合力和竞争优势。同时，也要积极开发利用社会资源，探索企业合作运营新模式，气象部门的企业应逐步建立起经营、分配、财务、用人、激励、监管相配套的现代企业运行管理机制。

要加快制定大力发展气象信息服务业的法规和政策，可以考虑在条件成熟时允许一些企事业单位、社会组织参与非营利性的公共气象服务活动。允许具备条件的社会力量利用市场机制补充提供公共气象服务，实现公共气象服务主体多元化。同时，要进一步加强气象服务市场监督管理，确保气象信息服务市场和气象公共服务的有序发展。

7. 进一步推进气象服务社会化

根据十八届三中全会的新要求，要进一步充分利用社会资源参与非营利性公共气象服务活动，积极指导发展气象行业组织，重点培育和优先发展气象信息类、防雷科技类、气象防灾减灾类、气象技术装备类行业协会组织，把一些适合于由气象社会组织提供的公共气象服务和解决的事项，交由气象社会组织承担。充分发挥基本群众自治组织作用，大力发展基层气象信息员队伍。支持和发展气象志愿服务组织参与各类公益气象服务活动。

参考文献

陈振林.2012.进一步加强气象灾害预警信息发布工作的思考.气象软科学,(4).
陈振明.2005.公共管理学.北京:中国人民大学出版社.
马鹤年,沈国权,阮水根,秦祥士.2001.气象服务学基础.北京:气象出版社.
汪金福,姜海如,彭莹辉.2011.气象信息产业内涵、特征与定位分析.气象软科学,(6).
许小峰.2010.现代气象服务.北京:气象出版社.
张洪广,马鹤年.2004.我国气象服务产业化战略研究.中国软科学,(1).

气象现代化指标体系研究*

2012年是全国气象部门按照《国务院关于加快气象事业发展的若干意见》(国发〔2006〕3号)(以下简称"国务院3号文件")的总体要求和中国气象局党组的战略部署,扎实推进率先基本实现气象现代化试点的重要一年,深化气象现代化指标体系研究对于积极探索开创气象现代化建设新局面具有十分重要的意义。

一、研究制定气象现代化指标的意义

党中央和国务院历来高度重视气象事业发展和气象现代化建设。江泽民同志曾提出"气象工作要始终抓住现代化建设这个中心不放",国务院3号文件明确提出构建具有世界先进水平的气象现代化体系的奋斗目标,胡锦涛总书记指出要依靠科技创新不断提高"四个能力",温家宝总理一贯要求气象部门努力实现"四个一流",这些充分说明了推进气象现代化是落实党中央、国务院对气象事业发展要求的重大任务。在新的时期,加快推进气象现代化是全面建设小康社会、加快社会主义现代化建设的有力保障和迫切需要,是遵循气象事业发展规律、不断推进气象事业发展的必然选择,是增强气象整体实力、实现由气象大国向气象强国跨越的根本途径。2012年全国气象局长会议明确提出,要积极推进率先基本实现气象现代化试点工作,抓好顶层设计、抓好试点工作。为科学谋划推动气象现代化建设,有效指导现代化试点工作,研究制定科学合理的气象现代化指标十分必要。

研究制定现代化指标是落实党中央、国务院对气象工作重要指示精神的现实要求。国务院3号文件明确提出了"到2020年,建成结构完善、功能先进的气象现代化体系,使气象整体实力接近同期世界先进水平,若干领域达到世界领先水平"的奋斗目标,这一"目标是积极的,通过努力也是可以达到的"。但是,如何衡量这一目标的实现程度、监测现代化建设的进展、指导现代化建设的过程,就需要研究制定一套量化的、合理的气象现代化指标。正如温家宝总理所指出的,需要将目标分解,使国务院3号文件的指导思想、布局、总体方向等得到落实。

研究制定现代化指标对于促进气象现代化建设、加快气象事业发展具有重要导向作用。

* 本报告完成于2012年。主要研究人员:秦爱民、朱玉洁、顾骏强、肖芳、姜海如、张俊霞。

气象现代化是一个庞大的系统工程，科学的顶层设计十分重要。气象现代化建设的有效推进既需要全面客观的评估指标体系来评价现代化建设的进展，以更好地促进政府和社会公众对气象现代化建设的理解与支持，营造良好的发展环境；也需要全面客观并具有一定灵活性的指标体系来明确气象现代化建设的主要任务和发展目标。因此，无论是从社会评价气象工作的角度，还是从指导气象现代化建设、促进气象服务能力提升的角度，都有必要研究制定科学合理的气象现代化指标。

研究制定现代化指标对于凝心聚力、调动各方推进气象现代化建设的积极性具有重要推动作用。现代化指标的研究过程是一个不断凝聚共识的开放过程，研究中需要多次、多方听取意见，这既是集思广益的过程，更是各种观点和思考相互碰撞、相互交流的过程，这在推动深化对气象现代化内涵和目标认识的同时，也会起到动员各方力量投入气象现代化建设的作用。因此，现代化指标的研究，对于贯彻落实局党组关于加快转变发展方式、全面推进气象事业科学发展的战略思路，进一步统一思想，扎实推进气象现代化建设具有重要的意义。

二、新时期气象现代化的主要内涵

气象现代化是国家或地区现代化的有机组成部分和重要标志之一，是气象行业与社会文明形态变迁和进步相适应的发展过程。从新中国现代化历史进程来看，气象始终处于各行业现代化建设的领先行列，国务院 3 号文件中提出的 2020 年的目标，更是期望气象成为行业现代化的领跑者。问题在于如何理解国务院 3 号文件提出的气象整体实力接近同期世界先进水平？何为结构完善、功能先进的气象现代化体系？构建科学可行的气象现代化指标体系，首先需要在国家现代化的整体框架内，准确认识和把握新时期气象现代化的主要内涵。

关于现代化的内涵，不同的专家、学者、领导从不同的角度会有各自不同的认识。中国现代化研究中心主任、我国现代化研究专家何传启研究员认为，虽然对现代化的研究在国内外已开展几十年，但目前的情况基本是：对什么是现代化以及如何评价现代化仍然是“差异大于共识”。尽管如此，目前对现代化也有基本共识：一方面，现代化是从传统向现代转变的动态发展过程，是现代文明的形成、发展和转型过程，是追赶、达到和保持世界先进水平的国际竞争；达到和保持世界先进水平的国家是发达国家，其他国家是发展中国家，两类国家可以转换(何传启，2011)。另一方面，现代化表示一定的发展水平，是指在社会、经济、科学技术、文化等方面具有现代社会的先进特征，是一种可测量的状态和水平。

准确理解气象现代化内涵需把握四个基本要点：第一，气象现代化是传统气象向现代气象的不断发展过程。气象现代化并不是一个永久固定的目标，而是一个个阶段目标的递进升级，是气象事业不断继承发展的过程。第二，气象现代化是气象事业发展的目标。气象现代化是国家现代化的重要组成部分，气象现代化目标随着经济社会的发展而不断变化，指引气象事业不断发展的方向，促进气象满足经济社会发展和人民生活需求的能力不断提高；气象现代化的目标可以分解为一系列可监测、可衡量的具体评价指标，从而可以有效指导气象现代化建设。第三，气象现代化的核心是科技创新和技术进步。就世界范围来看[1]，气象现代化的科技业务特征突出，如果没有气象科技的不断进步和业务技术的更新换代，就谈不上气象现代化。第四，气象现代化是气象事业发展一般规律和各国具体国情相结合的过程。气象现代化要适应国情，在我们这样一个人口众多、气象灾害多样且频发的发展中国家，按照以人为本、执政为民的理念要求，气象现代化应更加注重公共服务能力的提高及对公共需求的满足。

链接1 我国气象现代化内涵的演变发展

早期气象现代化从“观测、通信、预报、资料”等四个方面展开。

改革开放后，提出了从“信息采集、信息传递、分析加工、预报服务”等四个功能块来推进气象现代化。

气象事业发展战略研究提出建设“综合气象观测系统、气象预报预测系统、公共气象服务系统和科技支撑保障系统”，并写入国务院3号文件。

近年来，局党组强调公共服务引领气象事业发展，提出了现代气象业务体系、气象科技创新体系、气象人才体系构成的气象现代化体系格局。中央领导对气象工作提出了依靠科技创新不断提高“气象预测预报能力、气象防灾减灾能力、应对气候变化能力、开发利用气候资源能力”的新要求。

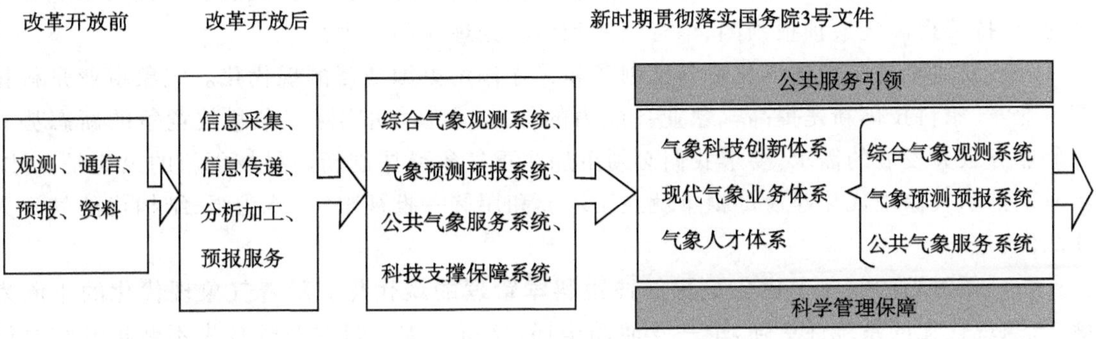

从新中国气象事业发展的历程来看，我们对气象现代化内涵与特征的认识随着气象现

[1] 2011年末美国科学院发布了《NWS现代化和相关调整的回顾性评估》，对1989—2000年间美国投人45亿元进行的国家天气局(NWS)现代化建设项目(以下简称“MAR”)进行评估。该计划执行初期，设定了5个方面的技术目标：(1)自动化地面观测系统(ASOS)计划要求，自动化系统代替所有站的人工观测；(2)下一代天气雷达计划(NEXRAD)要求，部署多普勒雷达观测网，探测龙卷、强降雨、冰雹和暴洪等极端天气事件；(3)卫星更新计划要求，新一代的静止卫星提供更高时空分辨率的数据，为短期预测预警提供技术支撑；极轨卫星提供更多的天气、大气数据，为长期预测提供有效支撑；(4)国家中心新一代计算机系统计划要求，国际中心的计算力量将提升10倍，且随着数值预报技术的改进，将提供更好的预报预警服务；(5)先进的人机交互处理系统(AWIP)计划将使预报员在可视化平台下，整合、分析所有的数据，并实现内部不同机构间的数据交流和共享。美国科学院的评估结果显示：美国十年现代化计划项目有两个重要结论和6个经验教训。两个重要结论分别是：(1)美国现代化计划国家投资巨大，最后取得了良好的效果，这表明一个国家科研业务机构在技术落后时，由政府进行巨额投资进行系统的现代化建设是非常必要的；(2)MAR计划不只鼓励技术的重大改进，同样包括相应的人员调整和事业文化发展。6个经验教训涉及预算与投资、技术现代化、管理和规划改进、职工队伍和开发合作等诸多方面。从美国科学院评估报告的内容看，NWS十年现代化建设的成就尽管囊括业务、服务、管理、队伍建设等多方面，但科技创新仍是这个综合的美国国家气象现代化的重要核心。

代化实践的推进而不断丰富和发展。早期，气象现代化主要是学习苏联，20 世纪 50 年代的台站网建设可以说是气象现代化的起步；之后一段时间，按照自力更生的原则，气象现代化在空基观测、数值模式、农业气象、气象通信等方面逐步发展；改革开放后，面向世界先进水平，逐步确立了以美国为标杆加快追赶的气象现代化建设思路，气象现代化在继续夯实观测能力的同时，逐步向重视预报和服务能力建设拓展。

在新的时期，面对经济社会快速发展对气象工作的新要求，面对国内外改革发展的新形势，气象现代化体现出新的内涵特征。

——新时期的气象现代化是更加强调需求牵引，更加注重公共服务的现代化。保障经济社会发展和人民安全福祉是气象现代化的出发点和归宿。新时期，在气候变化和我国经济社会快速发展背景下，随着政府公共服务职能的强化，要求我们更加注重满足经济社会发展对气象的更多更高需求，进一步完善基本公共气象服务体系，整体提升公共气象服务能力。

——新时期的气象现代化是更加注重以预报预测为核心的综合业务能力提升的现代化。公共气象服务水平的提高有赖于气象观测和预报预测业务能力的提升，业务现代化是气象现代化的基础和核心。新时期，不断提高"四个能力"，加强气象防灾减灾和应对气候变化工作，必须围绕重点需求领域切实解决业务发展中的关键技术，全面加强现代气象业务体系建设，持续提高气象预报预测、综合观测和信息处理应用能力。

——新时期的气象现代化是科技创新和人才作用更加凸显的现代化。气象事业是科技型事业，气象科技创新是提高气象业务能力的关键。新时期国际气象科技竞争的新态势和气象业务服务发展的需求，要求我们必须更加注重气象科技创新。科技创新的灵魂是人才，新时期推动气象现代化建设的根本就在于培养和用好一批视野宽、能力强、结构优的气象人才队伍。

——新时期的气象现代化是更加注重科学管理的现代化。随着气象现代化的不断发展，气象现代化的系统性更强，牵一发而动全局，这就要求通过改革开放来不断提升综合管理水平。相对于学习借鉴国外先进的气象业务服务技术来讲，学习借鉴其管理理念和方法，提升管理水平的难度更高，因为管理有神却无形。以科学管理为重要内容的气象软实力的提升，既是新时期气象现代化上新水平的重要内容，也是其有效途径。

——新时期的气象现代化是更加注重气象综合效益的现代化。实现气象现代化建设的速度、规模、结构、质量和效益相统一，是推动气象事业科学发展的一项根本要求，同时也是气象现代化建设面临的一个薄弱方面。新时期，随着社会主义市场经济体制的不断完善以及科学执政、民主执政理念的不断深入，政府绩效管理将不断推进，这就要求我们必须注重气象现代化综合效益的提升，最大限度发挥气象现代化的社会、经济和生态效益。

综上，新时期的气象现代化内涵更丰富、要求更全面、任务更艰巨。新时期的气象现代化是涵盖气象业务、服务、科技、人才、管理、效益、文化等诸多方面的全面的现代化，是融合提高"四个能力"和建设"四个一流"要求、统筹硬实力和软实力协调发展的综合的现代化，是速度、规模、结构、质量、效益相统一的系统的现代化。

链接2 气象现代化是气象部门现代化？还是气象行业现代化？国家气象现代化？

由于多方面原因，气象人习惯将气象现代化指标更多地理解为部门指标。气象现代化指标是指向社会还是限于部门，这是在现代化指标研究的过程中经常被提及的问题。其实，只要从承担职责来分析，结论应是确定的。

应该说，中国气象局作为我国气象工作的主管机构，不仅承担着组织各级气象部门开展气象综合观测、预报预测、公共服务等基本气象业务的职责，同时还肩负着领导和指导全国气象现代化或者说是气象行业现代化建设和管理的职责。国务院3号文件已明确赋予气象主管机构职能，要按照合理布局、有效利用的原则，推进气象资源的合理配置、高效利用和信息的有效共享，避免重复建设，充分发挥国家投资的总体效益。要进一步改进行业管理，通过建立协调机制，将各部门的气象探测设施纳入国家气象观测网络的总体布局，由气象主管机构实行统一监督、指导。新时期的气象现代化建设，不仅要持续提升部门内现代化水平，发挥气象部门在行业现代化建设中的引领带动和主导作用，还要积极推动提升全行业的现代化水平，实现从整体上提高我国气象现代化水平的目标。气象现代化指标不应限于部门指标，而应是由气象主管机构主导的国家气象现代化指标。因此，要求各级气象主管机构要协同当地政府和相关部门，强化气象现代化建设的组织领导和指导，全面推进新时期气象现代化建设。

三、构建气象现代化指标体系的原则

1. 构建指标体系的原则

气象现代化指标表征气象现代化发展方向，是监测、衡量气象现代化发展水平的基本方法。构建气象现代化指标体系总体上必须紧紧围绕我国经济社会发展需求和气象现代化建设中存在的主要问题，遵循气象事业发展的客观规律、反映气象现代化发展的继承性以及世界气象科技的最新进展，必须体现中国气象局关于新时期气象事业发展的思路要求。具体来讲，就是要把握好以下几个原则：

气象现代化指标体系要贯彻中央要求、体现发展导向。指标体系要体现国务院3号文件的要求，体现中央领导近年来对气象工作的新要求（如不断提高“四个能力”、努力实现“四个一流”等），体现国家正在推进的各项改革的总体方向和要求。中国气象局党组近年来为落实党中央、国务院对气象工作的重要指示精神，针对如何加快气象现代化建设实现2020年奋斗目标，提出了新的发展思路，做出了一系列重要部署，这些都应当在指标体系中得以体现。

气象现代化指标体系要遵循发展规律、彰显时代特征。指标体系应当既遵循气象事业发展的客观规律、继承气象事业发展的历史经验，又体现新时期气象现代化的时代特征，应当紧紧围绕我国经济社会发展的新需求，着眼于为全面建设小康社会、推进社会主义现代化建设提供有力保障。指标体系应当反映全球范围内气象现代化的共性特点和中国国情，应当瞄准世界先进水平，反映世界气象科技业务的最新进展，努力实现“气象整体实力接近同期世界先进水平，若干领域达到世界领先水平”。

气象现代化指标体系要涵盖全面、突出重点。气象现代化是涵盖气象业务、服务、科技、人才、管理、效益、文化等诸多方面的、全面的现代化。构建指标体系既要注重全面性和系统性，基本涵盖气象现代化建设各方面内容，尽量反映气象现代化的全面要求，又要注重指标的代表性和典型性，重点突出新时期气象现代化的主要任务，以点带面，促进气象现代化整体上水平。

气象现代化指标体系要立足部门、面向社会。指标体系既要从需求引领和注重效益的角度考虑社会公众的认知，尽可能简明易懂，体现满足社会需求的价值取向；还要立足部门体现气象的专业特征和行业特征，以便更好地发挥其对气象工作的指导作用。

气象现代化指标体系要力求客观定量、利于推动工作。为更好地发挥指标体系的监测评价作用和推动工作的作用，指标的设置应以定量为主。但在现实中，将一个复杂系统细化为可测量的若干定量指标，是一个极其复杂的科学问题，需要基于大量数据的深入分析。鉴于气象现代化内涵的丰富性、评价的复杂性以及数据积累比较薄弱的实际，本研究力求对每一个指标进行定量描述与评估，同时也基于实际对个别指标侧重定性描述和评价。

链接3 气象现代化指标≠气象全面工作目标

（1）不能把气象现代化指标与气象各方面工作目标等同设计。在研讨气象现代化指标和征求意见过程中，经常会碰到将气象现代化指标与气象工作目标等同看待的认识倾向。无疑，气象现代化指标的实现必须通过气象各方面工作的落实，但气象现代化指标不应也不可能等同于气象工作各方面的量化体现，否则，就会出现与气象工作目标考核的重复或冲突。气象工作各方面目标的量化要求是年度目标考核体系解决的问题，气象现代化指标回答的则是气象现代化的阶段典型性要求。如果用气象工作各方面指标的思路来设计气象现代化指标，就会使气象现代化指标体系因过于庞杂而失去其主要特征。

（2）不能把气象现代化指标体系与行动计划或实施方案等同设计。构建气象现代化指标体系重在抓住重点、体现趋势；而现代化建设行动计划或实施方案则重在落实各方面工作，要求全面具体。从某种程度上也可以说行动计划或实施方案层面的指标是全国面上气象现代化指标的细化分解。两者之间联系密切，只有行动计划或实施方案层面的指标落实了，全国面上的气象现代化指标才能实现。

2. 关于指标量值的设置

确定指标体系中每项指标的现状值及目标值是指标体系研究工作中的一大难点。不仅需要大量耗时、细致的数据查找分析工作，关键是评价方法和量值的确定要尽量科学客观。

关于指标现状值的选取。这是确定和衡量气象现代化当前水平的问题，要基于实际进展情况和数据积累情况，按最新进展或多年平均水平来合理确定。

关于指标目标值的设定。这是确定新时期气象现代化主要目标及监测评估其实现程度的问题。目标值的设定不是凭空臆造，而是要在对过去发展进程的客观评价分析基础上合理设定，要符合气象事业发展规律。既不能冒进，设置过高目标；又不能不思进取，设置过低目标。由于气象现代化内涵的复杂性、地区的差异性和发展的动态性，国际上至今尚没有形成较统一的气象现代化衡量指标，因此，在设定指标目标后，可根据发展的实际情况和阶段性目标任务，对现代化指标值进行适时调整和修订。

链接4 关于气象现代化指标体系的时间指向

气象现代化是气象人的光荣与梦想，是气象事业发展永无止境的追求，但设计气象现代化指标体系时又必须考虑一定的时间段。本研究报告主要是根据国务院3号文件精神，将2020年作为现阶段气象现代化指标的目标年来确定具体目标。

链接5 关于气象现代化实现程度的评估

设置指标体系的目的，主要还在于引导气象现代化的发展方向和重点，同时考虑可评估、可衡量气象现代化的实现程度。从一些部门和地区有关指标的评价来看，可以确定不同阈值作为气象现代化达到不同程度的标准。但需要注意的是：要避免单纯追求实现程度的数字指标。从借鉴的角度看，我们认为江苏基本实现现代化指标体系（试行）整体框架中，特设一个“评判指标——人民群众对基本实现现代化建设成果满意度”的做法是可借鉴效仿的。

链接6 关于指标权重

在指标研究过程中经常会讨论的一个问题是每个指标项是否给不同权重。有的倾向于给每个指标项一个权重，将各指标得分乘以相应的权重后相加，即得出一个综合得分，并以此判断现代化的实现程度和确定差距。我们研究认为，如果给各项指标以不同权重，难免会导致实践中厚此薄彼的发生，不利于整体协调推进现代化。

四、气象现代化指标体系框架

基于前述对新时期气象现代化内涵特征的理解和认识，从中国气象事业基本定位和气象主管机构承担管理职能的角度出发，在广泛调研国内外相关情况、认真研究气象事业发展面临的形势和存在差距的基础上，经过多次反复研讨，凝练出由5项社会评价指标（以下简称“社会指标”）和五方面20项部门能力建设指标（以下简称“部门指标”）共同构成的“立足部门、面向社会”的气象现代化指标体系（图1）。该指标体系面向经济社会发展和百姓生产生活对气象服务的需求，坚持公共气象的发展方向，紧紧围绕预报预测准确率这一核心，强调气象主管机构整体推进气象现代化建设的指导性，同时力求定量化。

之所以将气象现代化指标体系设计为社会指标和部门指标共同组成的指标体系（图2），主要是基于以下几点考虑：(1)气象虽然关系国计民生，但目前仍是一个专业性强的行业，气象现代化建设的主要力量在气象部门，因此，立足部门的指标容易为部门职工所理解认识，也有利于抓落实。(2)气象科学技术的复杂性很大程度还未被社会各方所理解，社会大众主要是从享用服务的角度关注气象预报的准确性、气象信息接收的及时性、灾害防御的有效性等，因此，面向社会的指标单独列出既体现对社会的一种承诺，也易于对外宣传和获得社会各方的理解认可。(3)即使对气象工作的同一个方面，气象人和社会的理解和要求也不尽相同。以气象预报准确率来讲，社会公众的理解更多的是综合了自身感受的整体预报准确性；而气象人理解的预报准确率则是基于专业精细化意义上的准确性，是预报技术实际技术能力水平，并且细分为不同要素、不同行业、不同天气现象以及不同时空尺度来评价；专业意义上的预报准确率的评定远比大众感受的准确性严苛。

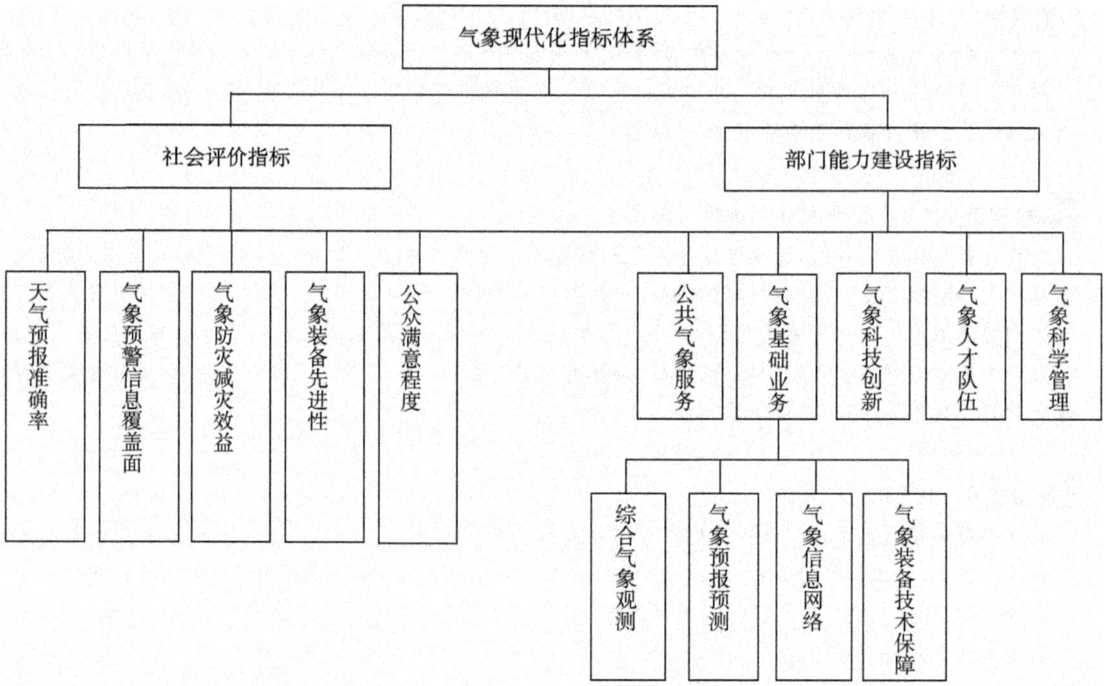

图1　气象现代化指标体系框图

图2　气象现代化指标体系示意图

1. 社会指标

社会指标既是气象现代化建设成效的典型体现，也反映政府、社会公众对气象工作的核心关注，一定程度上也可以说是气象机构对社会的服务承诺。在对气象服务需求进行分析的基础上，结合面向社会公众的相关调查结果，研究组初步凝练出政府、公众比较关注关心的 5 项社会指标：天气预报准确率、气象预警信息覆盖面、气象防灾减灾效益、气象装备先进性和公众满意程度。这 5 项社会指标（表 1）既是从社会层面评价气象现代化水平和成效的指标，也是面向社会的承诺。

表 1　气象现代化指标——社会评价指标

指标名称	现状值	目标值
天气预报准确率	68%（晴雨：86%）	71%～73%（晴雨：>88%）
气象预警信息覆盖面	—	>90%
气象防灾减灾效益	1∶47～1∶51	稳步提高
气象装备先进性	6 分（初等发达）	9 分（发达）
公众满意程度	84 分	稳定在 85 分左右

注：表中数据一律取整数，数据来源与计算方法详见“（五）指标说明与评价方法”。

（1）天气预报准确率——这是社会各方对气象的第一关注、第一关切[2]，也是气象公共服务的重要内涵。随着经济社会的发展，各级政府对气象防灾减灾高度重视，社会各方对天气预报预警的关注和要求也越来越高。如每天中央电视台一套《天气预报》节目收视率多年来高居榜首就是一个有力的明证。2011 年，中国天气网站日最高页面浏览量达 2181 万，天气预报页面日最高浏览量达 1020 万。

（2）气象预警信息覆盖面——切实提高气象预警信息的时效及覆盖面，使气象信息及时有效地传播到公众手中，开展均等、优质、高效的公共气象服务，是公众不断提高生活质量的需求，更是建设和完善服务型政府的要求。

（3）气象防灾减灾效益——防灾抗灾减灾的能力建设和成效直接关系到人民生命安全和社会稳定，是提高气象“四个能力”的重要任务。不断提高防灾减灾能力、提升气象防灾减灾综合效益是各级政府和百姓对气象机构的要求和期盼。

（4）气象装备先进性——气象科学和业务是建立在实验和观测基础上的科学和业务，气象科技的进步和气象业务服务的发展离不开先进装备的支撑。气象装备水平既是气象现代化基础水平的直接体现，又影响着气象现代化的整体水平。气象装备的先进性主要体现在气象观测领域，也反映在气象信息处理等诸多方面。

（5）公众满意程度——气象现代化是以人为本、保障人民安康福祉的现代化，充分满足

〔2〕从 2010 年、2011 年的公共气象服务满意度调查的情况看，在气象信息的准确性、实用性和气象信息的获取及时性、便捷性方面，公众始终将准确性作为首要选择。并且，研究组对中国气象局气象干部培训学院正在举办的 3 个培训班的学员进行了问卷调查。包括部门内外 131 名学员的问卷调查结果和中国天气网用户的调查结果都表明，预报准确率是大家的第一关注。

国家安全、各行业生产、公众生活、重大社会活动对气象服务的需求是气象现代化建设的核心价值所在。公众满意程度是综合反映气象现代化建设社会效益的重要指标。

链接7 国民气象意识(备选社会指标)

国民气象意识是一个国家公众科学素养的重要组成部分,也是广义上衡量气象现代化水平的一个重要指征,对气象现代化综合效益的发挥具有乘数作用。国民气象意识主要是指公众认识、理解和应用气象信息和气象知识,规避气象灾害风险、利用气候资源、应对气候变化的能力和自觉性。

2. 部门指标

为有效指导和推进气象现代化建设工作,确保气象现代化社会指标的实现,考虑气象现代化建设思路的连续性和承继性,在深入理解中国气象局党组关于气象现代化建设总体要求[3]的基础上,提出由公共气象服务、气象基础业务、气象科技创新、气象人才队伍和气象科学管理共五方面(20项)指标构成的立足部门的气象现代化能力建设指标体系(表2)。这五方面指标间有着紧密的内在联系,其中,公共气象服务是引领,气象基础业务是核心,气象科技创新、气象人才队伍和气象科学管理共为支撑保障。这20项指标可较全面反映气象现代化建设能力水平。

(1)公共气象服务——气象服务是气象事业的立业之本,是气象现代化建设的根本出发点和归宿。公共气象服务是政府气象职能的重要体现,是政府公共服务的重要组成部分。按照趋利避害并举原则,不断提升公共气象服务能力与水平,是践行"公共气象、安全气象、资源气象"理念、坚持公共气象发展方向的重要举措,也是气象现代化的价值目标。该类指标主要反映气象服务业务的建设水平和气象服务于民生、保障国家安全和社会经济可持续发展的能力,主要通过服务满意程度、气象服务效益、气象预警信息发布能力、气象灾害防御体系完备性、人工影响天气作业水平、气候资源开发利用贡献率、应对气候变化服务能力和气象科学知识普及程度等8项指标来评价。

(2)气象基础业务——包括气象观测、预报预测、信息网络、资料应用和装备技术保障等在内的气象基础业务是气象现代化的基础与核心,是公共气象服务的有力支撑。主要通过气象观测自动化水平、突发气象灾害监测率、气象预报预测准确率、气象信息网络水平、气象装备技术保障水平等5项指标来评价。

(3)气象科技创新——科学技术是第一生产力。气象科学技术的现代化是实现气象现代化的重要支撑,也是气象现代化的重要体现。该类指标主要反映气象科技自主创新水平以及科技创新支撑现代气象业务和公共气象服务的能力,主要通过数值模式发展水平、气象

---

[3] 我国气象现代化建设的思路在实践过程中不断完善,链接1对这一过程进行了初步归纳。自国务院3号文件发布以来,全国气象部门在中国气象局党组的领导下,始终抓住气象现代化建设不放松,遵循气象事业基本特征及发展规律,通过对历史经验的总结和不断的探索实践,构建了由现代气象业务体系(主要由公共气象服务业务、气象预报预测业务和综合气象观测业务构成)、气象科技创新体系和气象人才体系为主要内容的气象现代化体系,并被气象部门广大职工所认同和理解。同时,局党组根据新时期国家经济社会发展对气象事业发展的需求,强调公共气象服务对气象事业的引领作用,明确提出了加强气象公共服务和社会管理、切实履行政府气象职能的要求。根据这些,研究组提出了部门指标体系中的一级指标。

科技贡献率2项指标来评价。

(4)气象人才队伍——人才是气象事业发展的第一资源，气象人才队伍的现代化是气象现代化的重要组成部分，也是推进气象现代化不断上水平的重要基础。该类指标主要反映气象人才队伍支撑气象现代化的能力，主要通过气象人才队伍整体素质结构、气象教育培训发展水平2项指标来评价。

(5)气象科学管理——气象科学管理是提高气象工作效率和服务效益的关键，也是气象现代化的重要特征。加强气象科学管理，有助于提高行政效能，增强规范全社会气象事务、统领全国气象事业发展的能力，有助于实现气象管理科学化、气象服务社会化的时代新要求。该类指标主要反映气象科学管理支撑气象现代化建设的能力，主要通过气象可持续发展体制机制、气象依法行政能力、基层协调发展水平等3项指标来评价。

表2 气象现代化指标——部门能力建设指标

<table>
<tr><th colspan="4">指标名称</th><th>现状值</th><th>目标值</th></tr>
<tr><td rowspan="9">公共气象服务</td><td rowspan="2">1</td><td rowspan="2">服务满意程度</td><td>公众气象服务满意度</td><td>84分</td><td>保持85分左右</td></tr>
<tr><td>决策气象服务满意度</td><td>满意</td><td>保持</td></tr>
<tr><td>2</td><td colspan="2">气象服务效益</td><td>1∶47～1∶51</td><td>稳步提高</td></tr>
<tr><td>3</td><td colspan="2">气象预警信息发布能力</td><td>36%(不强)</td><td>90%(强)</td></tr>
<tr><td>4</td><td colspan="2">气象灾害防御体系完备性</td><td>62%(较完善)</td><td>>80%(完善)</td></tr>
<tr><td>5</td><td colspan="2">人工影响天气作业水平</td><td>—</td><td>稳步提高</td></tr>
<tr><td>6</td><td colspan="2">气候资源开发利用贡献率</td><td>3%</td><td>6%</td></tr>
<tr><td>7</td><td colspan="2">应对气候变化服务能力</td><td>较强</td><td>增强</td></tr>
<tr><td>8</td><td colspan="2">气象科学知识普及程度</td><td>50%～60%</td><td>80%～90%</td></tr>
<tr><td rowspan="9">气象基础业务</td><td>9</td><td colspan="2">气象观测自动化水平</td><td>70分(较高)</td><td>91分(高)</td></tr>
<tr><td>10</td><td colspan="2">突发气象灾害监测率</td><td>80%</td><td>>90%</td></tr>
<tr><td rowspan="5">11</td><td rowspan="5">气象预报预测准确率</td><td rowspan="2">灾害天气预报预警</td><td>60%(以暴雨为例)</td><td>63%～65%</td></tr>
<tr><td>台风路径和强度误差分别为107km和5m/s</td><td>100km以内和4m/s</td></tr>
<tr><td>气象要素预报</td><td>温度73%；晴雨86%(湿度、风力、能见度、气压等无定量要求)</td><td>>75%；88%(逐步开展多要素预报质量统计业务)</td></tr>
<tr><td>短期气候预测</td><td>月降水59%；月气温74%</td><td></td></tr>
<tr><td>专业气象预报</td><td>针对性不强</td><td>提高针对性和专业内涵</td></tr>
<tr><td>12</td><td colspan="2">气象信息网络水平</td><td>卫星全球观测资料获取时间3h；雷达全网数据收集时效12min；自动站10min；高性能计算机50万亿次/秒</td><td>2h以内
5min
3min
>千万亿次/秒</td></tr>
<tr><td>13</td><td colspan="2">气象装备技术保障水平</td><td>故障恢复时间48h；
全年业务可用性95%</td><td>36h；
97.5%</td></tr>
</table>

续表

指标名称			现状值	目标值
气象科技创新	14	数值模式发展水平	中等	接近世界先进水平
	15	气象科技贡献率	53%	65%
气象人才队伍	16	气象人才队伍整体素质结构	30%	49%
	17	气象教育培训发展水平	中等	较高
气象科学管理	18	气象可持续发展体制机制	不完善	完善
	19	气象依法行政能力	一般	较强
	20	基层协调发展水平	不均衡	较高

注：表中数据一律取整数，数据来源与计算方法详见“(五)指标说明与评价方法”。

链接8 气象现代化社会评价指标与部门能力建设指标之间的关系

社会指标与部门指标各有侧重、互相联系，共同构成气象现代化指标体系。社会指标的选择，侧重于面向政府、公众和社会经济发展对气象服务的需求和要求，体现气象机构对社会的承诺，反映气象事业的综合效益；部门指标的选择，则侧重于立足气象部门的能力建设和整体实力提高，体现气象现代化对气象全面工作的要求。社会指标引领部门指标，并不同程度地体现在部门指标中；部门指标的完成将有力地支撑气象现代化各项社会指标的实现。

用社会指标还是部门指标来评价气象现代化进展和水平？我们认为，应当用社会指标和部门指标的综合评价结果来衡量气象现代化的进展、水平和成效。其中，社会指标的评价结果更侧重于反映气象现代化的基本成效，便于大众所理解；部门指标评价结果在体现气象现代化基本成效的同时更侧重于反映气象现代化整体实力水平；二者是紧密联系的。一般地，部门指标评价结果与社会指标评价结果之间应是正相关。

五、指标说明与评价方法

社会指标(5项)和部门指标(20项)内涵说明和评价方法如下。

1. 社会指标

气象现代化指标——社会评价指标见表3。

(1)天气预报准确率

天气预报准确率是气象预报预测水平和能力的最主要标志，是社会各方对气象的第一关注。就社会而言，天气预报准确率更多的是与灾害性天气预报和有关阴晴冷暖等气象要素预报的准确性相关联。因此，本指标可由暴雨(雪)、干旱、大风、雷电、雾霾、台风等不同灾害性天气预报预警准确率与气温、降水、湿度、能见度等(常规)气象要素准确率的综合值来衡量。也可采用公众对预报准确性的评价调查结果来表征。

评价方法：

$$T = 0.6 \times T_a + 0.4 \times T_b$$

式中，T 为天气预报准确率综合指标，T_a 为灾害性天气预报预警准确率，T_b 为（常规）气象要素预报准确率。

T_a 可用不同时效各种灾害性天气现象预报预警准确率（T_S）加权综合表示

$$T_a = \sum_{i=1}^{n} P_i \times T_{ai}, i = 1, 2, \cdots, n。$$

式中，n 表示 n 个灾害性天气现象种类，各地可根据实际情况确定 3～5 种灾害性天气；P_i 表示权重，各地可根据各种灾害性天气影响程度确定；T_{ai} 表示第 i 种灾害性天气现象的预报预警准确率，可根据不同时效的准确率加权平均得到：

$$T_{ai} = (8/21) \times T_{ai-3} + (6/21) \times T_{ai-6} + (4/21) \times T_{ai-12} + (2/21) \times T_{ai-24} + (1/21) \times T_{ai-48}$$

式中，T_{ai-3}，T_{ai-6}，T_{ai-12}，T_{ai-24}，T_{ai-48} 分别为 0～3、0～6、0～12，24，48 小时 5 个时效的预报准确率。

若用 0～6、0～12，24，48 小时 4 个时效的预报准确率综合表示，可参考下式：

$$T_{ai} = 0.4 \times T_{ai-6} + 0.3 \times T_{ai-12} + 0.2 \times T_{ai-24} + 0.1 \times T_{ai-48}$$

T_b 为气象要素预报准确率，可用晴雨、气温、湿度等常规气象要素预报项目准确率的加权平均值表示：

$$T_b = \sum_{j=1}^{m} K_j \times T_{bj}, j = 1, 2, \cdots, m。$$

式中，m 表示参与计算的预报要素数目；T_{bj} 指第 j 个预报项目 24 小时预报准确率；K_j 指参与准确率计算所有预报项目中，第 j 个预报项目所占的权重，可根据公众关心程度确定。

表 3　气象现代化指标——社会评价指标（指标说明与评价方法）

指标名称	指标说明及评价方法（简明）
天气预报准确率	主要指多发、影响大的灾害性天气预报预警与常规气象要素预报准确率的综合。本报告暂以上海市气象局暴雨不同时效的预报预警准确率与常规气象要素预报准确率的综合为例来表征现状和目标
气象预警信息覆盖面	气象预警信息覆盖面主要指预警信息通过广播电视、智能手机、信息网络和预警发布机制再传播等手段送达用户的水平。本指标主要用气象预警信息时效和气象信息每天覆盖到人的比例来表征（或称气象信息人均覆盖面）
气象防灾减灾效益	旨在引导社会更多参与气象防灾减灾，不断推动完善“政府领导、部门联动、社会参与”的工作机制，提高气象防灾减灾效益。气象防灾减灾效益主要体现在气象灾害造成的经济损失占 GDP 比例的减少和气象服务经济社会效益（即气象服务投入产出比）的提升。可暂用气象服务投入产出比来表征
气象装备先进性	旨在引导各级政府和气象机构要坚持夯实气象事业发展的基础，不断加大基础设施建设投入。可用气象装备现代化综合指数（包括装备配置水平和装备管理与应用水平两类内容）评价
公众满意程度	指公众对气象服务的综合评价，可用第三方机构对公众气象服务满意度的调查结果来表征

以上各相关分指标详细内容见“表 6 气象预报预测准确率分项指标评价表”。

鉴于目前国内外对天气预报准确率的综合评定尚无统一标准，分天气现象分时效预报预警准确率、较精细的多要素预报准确率数据尚不完整，故本报告暂用上海暴雨预报预警准确率为例来表征灾害性天气预报预警准确率；暂用气温、晴雨预报准确率的平均值来表征常规气象要素预报准确率。随着预报业务管理的细化和数据的连续积累,各地可逐步完善天气预报预警准确率综合指标的评定方法。

现状:灾害性天气预报预警准确率(T_a)为60%[4];常规天气预报准确率(T_b)为80%(其中公众较为关注的24小时晴雨预报准确率为86%);天气预报准确率综合指标(T)为68%[5];24小时台风路径和强度预报误差分别为107千米和4.8米/秒。据调查,公众认为天气预报准确和较准确比例为74%。

目标:2020年天气预报准确率综合指标(T)提高3~5个百分点,即达到71%~73%;24小时台风路径和强度预报误差分别为100千米、4.0米/秒以内;公众认为准确和较准确比例争取达到80%~90%。

(2)气象预警信息覆盖面

在全球气候变化背景下,气象灾害呈频发、重度发、影响大、预测难、造成损失大等特点,人民生命财产安全和经济社会发展面临的气象灾害风险越来越大。各级党委政府和社会各界对提高气象灾害监测预报水平、完善预警信息发布机制、强化气象防灾减灾工作有了更为深刻的理解,提出了更高要求。提高气象预警信息时效和发布的覆盖面是防灾减灾工作的关键环节,是防御和减轻灾害损失的重要基础,也是气象现代化的重要着力点。

扩大气象预警信息覆盖面的有效前提是提高短时临近预报的准确性和保证预警时效。气象预警信息时效是指发出气象预警信息至灾害性天气实际发生之间的时间。我国目前突发灾害性天气预警一般提前0~10分钟发出,预计2020年较实况提高到提前15~30分钟发出。

气象预警信息覆盖面主要指气象预警信息通过广播电视、智能手机、信息网络和预警发布机制再传播等手段送达用户的水平。目标是尽量"全覆盖",千方百计满足千家万户对千变万化气象信息的需求,从而达到气象科技成果惠及大众、服务经济社会发展和防灾减灾的目的。本指标可以用预警信息覆盖到人的比例来度量,可称之为气象预警信息人均覆盖面。

评价方法:

$$C=(C_1+C_2+C_3+C_4)$$

式中,C为气象预警信息人均覆盖面(%);C_1为通过央视和省级电视频道的气象收视率传送到个人的气象信息到达率(%);C_2为短信和彩信的人均到达率(%);C_3为中国天气网人均点击率(%);C_4为声讯121、中国气象频道、官方微博、中国天气通发布等手段的人均到达率(%)。

---

[4] 参考上海市气象局暴雨预报数据(0~3,0~6,0~12,24,48小时)五个时效的表达式计算得到。如用上海市气象局(0~6,0~12,24,48小时)四个时效的表达式计算,则值为42%;如用中央台(0~6,0~12,24,48小时客观指导预报产品)四个时效的表达式计算,则值为13%。

[5] 参考上海市气象局暴雨预报数据(0~3,0~6,0~12,24,48小时)五个时效的表达式计算得到的暴雨数据(T_a)与常规天气预报准确率(T_b)加权平均得到;如利用上海市气象局(0~6,0~12,24,48小时)四个时效数据,则综合指标值为57%;如利用中央台(0~6,0~12,24,48小时客观指导预报产品)四个时效数据,则综合指标值为40%。

现状：$C_1=15.23\%$[6]；$C_2=51.46\%$[7]；$C_3=1\%$[8]；$C_4=3\%$[9]，四项合计现状值 C 为 71%。

目标：气象预警信息覆盖面达到 90%以上，与发达国家水平相当。

(3)气象防灾减灾效益

趋利避害是气象服务的直接效用，设置此指标旨在引导社会更多参与气象防灾减灾，不断推动完善“政府领导、部门联动、社会参与”的工作机制，不断提高气象防灾减灾效益。气象防灾减灾效益主要在两方面体现：气象灾害造成的生命财产损失占 GDP 比例的减少和气象服务经济社会效益(即气象服务投入产出比)的提升。考虑到气象服务经济社会效益与气象防灾减灾效益虽有区别但基本相同，因此，本报告采用气象服务投入产出比来表征气象防灾减灾效益。

评价方法：

气象服务投入产出比是气象服务中的劳动耗费与其产生的有效效用之间的比较。气象服务投入产出比＝气象服务成本/(公众气象服务效益＋行业气象服务效益)(许小峰等，2009)。其中，公众气象服务效益是指公众因公共气象服务获取的好处之和。按照福利经济学原理，公众消费某物品所获得的“好处”可以由公众愿为该物品付出的最大货币量(也就是“支付意愿”)来体现。行业气象服务效益是国民经济各行业的所有经济组织应用现有气象服务产品(或服务)获得效用的总和。气象服务的成本就是各级政府对气象主管机构的各类财政投入和部门科技服务资金。

现状与目标：根据 2006 年第三次全国气象服务效益分析评估的结果[10]，2006 年我国公众气象服务效益值，用货币衡量至少为 536 亿元人民币，全国行业气象服务总效益值为 1779 亿～1954 亿元，气象服务总体效用在 2315 亿～2490 亿元；气象服务的平均年成本，10 年的现值约为 49 亿元。因此，气象服务的投入产出比为 1∶47～1∶51。结合近年来气象事业的良好发展态势，以及未来气象服务需求的日益增长、用户对气象服务有偿使用意识的提高和气象服务社会化程度的逐步深化，可以初步得出，未来我国气象服务的投入产出比将稳步提高并维持在一个较高的水平。

(4)气象装备先进性

就世界范围来看，气象科技业务的发展进步过程，在某种程度上就是气象装备设施不断更新升级的进步过程；另一方面，气象基础设施也是国家重要的基础设施组成部分。因此，气象装备先进性是气象现代化基础水平的直接体现。设置该指标旨在引导各级政府和气象

---

[6] CCTV－1 天气预报年平均收视率：2010 年 5.2890%，2011 年 5.1741%；省级电视频道的气象收视率约 10%，故 C1 综合值为 15.23%。

[7] 短信和彩信的定制率全国平均 16.6%，按全国平均家庭人口每户 3.1 人计算，通过可储存短信的亲情再传播作用，初步认为人均到达率为 51.46%。

[8] 中国天气网每天点击量为 1200 万次，按全国 13 亿人口计算，人均点击率 $C_3=1\%$。

[9] 其他手段 121、广播、气象频道、官方微博、天气通等人均到达率约 3%。

[10] 此次评估开始于 2006 年，但 2007 和 2008 年又分别选取了 8 个行业进行了效益评估，对 2006 年度的结果进行了调整，这一研究结果在《气象服务效益评估理论方法与分析研究》(许小峰等，2009，气象出版社)一书中有详细介绍，本报告的数据主要采用该书提供的数据。

机构要持续加大相关投入、夯实气象事业发展的硬件基础。

评价方法：气象装备先进性评价指标可分为两级。第一级为综合指标，涉及装备配置水平和装备管理与应用水平两个方面；第二级为单项指标(共17个)。这样，装备先进性的综合水平可用综合评价指数K表示

$$K = \sum_i \left\{ A(i) \times \sum_j [B(i,j) \times C(i,j)] \right\}$$

式中，K为气象装备先进性综合指数，反映装备现代化的总体水平，K值越大，现代化水平越高；$A(i)$为一级综合评价指标的权重；$B(i,j)$为二级单项指标的权重；$C(i,j)$为二级单项指标的评价值，其值为0～10。

现状与目标：根据国务院3号文件发展目标以及现代气象业务发展的相关规划与指导意见，兼顾气象现代化体系统筹发展水平，结合上述综合评价方法，研究组对我国气象现代化装备进行粗略评估，初步给出气象装备先进性现状值为6分(初等发达)，现代化阶段目标值为9分(发达)(表4[11])。

表4　气象装备先进性综合指标

一级指标及权重 $A(i)$(%)		二级指标及权重 $B(i,j)$(%)		二级指标评价值 $C(i,j)$	
指标名称	权重	指标名称	权重	现状	目标
1. 装备配置水平	75	卫星气象业务适宜度[12]	18	7.5	9
		天气雷达覆盖程度	18	6.5	8
		高空探测装备业务适宜度	8	5.5	8
		自动站布局到位率(包含行业气象观测、观测项目)	9	4.5	9
		地面观测自动化程度	10	5	9
		风廓线、GPS/MET、闪电定位仪等专项观测业务适宜度	4	3	6
		移动观测等气象装备配备程度	3	3	7
		装备技术参数先进程度[13](与世界水平的相符程度)	6	7	9
		自主品牌装备的比重	6	8	9
		高性能计算机和通信网络配置水准	18	6	9.5
2. 装备管理与应用水平	25	装备发展规划	8	8	10
		标准体系建设	8	4	9
		装备政策体系建设	7	7	9
		信息化管理体系建设	15	5.5	8
		装备的完好率	25	8	9
		装备总体利用率和稳定性(隐含故障检修率)	30	7	9
		大型装备共享程度	7	7	9
气象装备先进性综合评价(K值)				6	9[14]

[11] 由于多种原因限制，这里仅给出初步的评价方法，对子指标项目与权重的设定、评价值的确定以及评价等级的分类还需要进一步探讨。

[12] 业务适宜度，指该项观测装备配置及其正常运行条件下，对气象预测预报和气象服务业务的适宜程度。

[13] 装备技术参数先进程度，指各类气象观测装备技术性能指标与世界先进水平相比的先进程度。

[14] 此项原始计算结果为8.6，四舍五入为9。

通过指标权重和指标评价值的赋值，可以计算获得综合评价指数，进而初步判断装备现代化程度的等级(表5)。

表5 装备现代化程度评价等级

K值	现代化程度	
$K \geqslant 9$	发达	先进发达
$8 \leqslant K < 9$		发达
$7 \leqslant K < 8$	较发达	中等发达
$6 \leqslant K < 7$		初等发达
$5 \leqslant K < 6$	不发达	较不发达
$K \leqslant 5$		不发达

(5)公众满意程度

设置该项指标主要是为了引导气象现代化建设过程中始终把握以人为本、面向民生、充分满足人民群众日益增长的气象服务需求的方向，把老百姓满意不满意作为衡量气象现代化建设成果的最终标准。可用第三方机构对公众气象服务调查的满意度结果来表征。

评价方法：目前，公众气象服务满意度的调查由中国气象局公共气象服务中心联合国家统计局社情民意调查中心共同完成。满意度是满意程度的度量指标，单位为“分”，其表达式为：

$$S = \sum_{i=1}^{n} P_i L_i$$

式中：S为满意度；n为评价等级数；P_i为第i个评价等级样本数占总样本数的比例。L_i为第i个评价等级的赋值分。

计算方法是：全国满意度＝城市居民满意度×全国城镇人口比例＋农村居民满意度×全国农村人口比例。

现状：2010年，公众气象服务的全国满意度为83.5分[15]。

目标：考虑到随着经济社会发展和人民生活水平以及受教育程度的不断提高，人们对气象服务的需求和要求也会随之提高，与此同时，气象服务的技术与能力也会逐步提高，预计2020年公众满意度可稳定在85分以上。

---

[15] 澳大利亚气象局公布的年度报告中有关满意度数据(2010—2011年)：98%的被调查者对气象局网站提供的天气信息表示满意；100%的被调查者表示，气象局提供的电话天气服务能够满足需求；96%的被调查者对公众天气预报预警的及时性表示满意；99.6%的被调查者表示气象局网站提供的天气信息能够满足他们的需求；90%的被调查者表示，公众天气预报和预警越来越准确或者维持在一个可以接受的准确率水平；95%～97%的被调查用户对潮汐预报和其他海洋服务的质量和准确性表示满意；97%的城市被调查者对气象局提供的信息表示非常或者比较满意；88%的农村被调查者对通过各种不同途径从气象局获得的信息和服务表示满意，比2008年的79%和2009年的83%有显著提高；97%的用户对气候服务表示满意(根据网站的反馈意见)。

链接9 备选社会指标——国民气象意识

国民气象意识即公众气象科学素养，主要是指公众认识、理解、应用气象信息和气象知识，规避气象灾害风险、利用和保护气候资源、应对气候变化的意识与能力。国民气象意识是一个国家公众科学素养[16]的重要组成部分，用于测度公民基本的气象科学素质的状况，也是衡量气象现代化建设水平的一个重要指征。国民气象意识是公众更好地理解、运用好气象信息的重要前提，对一个国家气象工作成果最大化应用具有乘数作用，在整个社会体系中组织动员防灾减灾、资源利用、保护环境、促进国民经济建设、社会发展和保护人民生命财产等方面具有重大的意义。该指标包括气象科普工作社会化的程度、气象科普能力建设情况和工作机制完善程度等，是对气象科普工作整体水平与成效的综合反映。可用第三方机构的调查结果来评价。

评价方法：采用中国气象局与国家统计局开展的全国公众气象服务评价结果中，公众气象科学素养[17]的得分作为国民气象意识的评价结果；仍采用四级评分标准法。

$$L=(L_1+L_2+L_3+L_4)/4\times100\%$$

式中，L 为国民气象意识；L_1 为公众对灾害性天气预警信号的认知度；L_2 为公众对雷电危害以及防范雷击常识的认知度；L_3 为公众对气候变化知识的认知度；L_4 为公众对人工影响天气工作的评价。

2. 部门指标

(1)服务满意程度

气象公共服务是气象工作的根本宗旨。面向民生、面向社会、面向生产，充分满足各方日益增长的气象服务需求是气象现代化建设的价值目标。设置此指标旨在引导持续加强公众气象服务和决策气象服务，以服务引领气象事业整体发展，使气象更深地融入社会经济生活、更好地服务国计民生。服务满意程度可通过对公众和各级政府进行满意度调查统计得到，同时，还可及时了解社会各方对不断改进气象服务的需求，进而促进气象现代化不断上新水平。

评价方法、现状与目标：

(1)公众满意度同社会指标5“公众满意程度”的评价方法。

(2)决策气象服务满意度主要用各级政府对气象部门工作的考核评价来体现。从近几

---

[16] 国际上普遍将科学素养概括为三个组成部分，即对于科学知识达到基本的了解程度；对于科学的研究过程和方法达到基本的了解程度；对于科学技术对社会和个人所产生的影响达到基本的了解程度。目前各国普遍采用这个标准，我国也一直沿用此标准进行公众科学素养调查。只有在上述三个方面都达到要求者，才算是具备基本科学素养的公众。从1992年开始，中国科普研究所已经进行过八次全国范围的公众科学素养抽样调查，其中，有关“中国公众对科技信息的感兴趣程度和获取科技信息的渠道”调查是公众科学素养调查的重要组成部分，主要内容包括：我国公众对科技信息的感兴趣程度、公众获得科技发展信息的主要渠道和方法、公众参与科普活动和利用科普设施的情况等内容。2005年第六次中国公众科学素养抽样调查的结果表明，除科技发展信息以外，排在公众最感兴趣前三位的其他信息分别是健康与卫生保健(73.1%)、农业发展(58.1%)和国家经济发展(53.5%)，其次，约半数的公众对防灾与减灾(50.0%)、生产适用技术(49.7%)、环境污染与治理(49.2%)、文化与科技教育(49.1%)等与生活、工作贴近的信息也表示很感兴趣。2010年第八次中国公众科学素养调查结果显示，排在公众最感兴趣前三位的科技信息分别是：医学与健康(82.66%)、经济学与社会发展(40.90%)、环境科学与污染治理(37.13%)。

[17] 主要包括公众对灾害性天气预警信号的认知情况、对雷电危害以及防范雷击常识的认知情况、对气候变化知识的认知情况、对人工影响天气工作的评价等。

年为各级政府和有关部门决策提供气象服务的情况看，政府部门对决策气象服务的综合评价较好。根据决策气象服务的发展趋势，2020 年政府部门对决策气象服务的综合评价总体将保持较好水平。

(2)气象服务效益

随着社会经济的快速发展和科技水平的不断提高，随着气候变化背景下极端天气气候事件的增加，气象与国计民生的关系越来越密切，气象服务的广度和深度都在增加，日渐渗透到包括农业、交通、能源、旅游、电力等敏感行业在内的多个国民经济领域，在服务和保障经济建设、社会发展、人民生活，防灾减灾和应对气候变化等方面的作用和效益越来越明显。设置此指标旨在引导不断加强公众服务和决策服务的同时，切实加强面向国民经济各行各业的气象服务，不断提高专业气象服务的科技内涵和针对性，通过提升专业服务整体效益来提高气象在经济社会发展全局中的地位和作用。

评价方法、现状和目标，见社会指标 3“气象防灾减灾效益”。

(3)气象预警信息发布能力

加强气象预警信息发布是防灾减灾工作的关键环节，是防御和减轻灾害损失的重要基础，也是公共气象服务业务现代化的一个重要方面。在极端天气气候事件频繁发生的背景下，各级党委政府和社会各界对提高气象灾害监测预报水平、完善预警信息发布机制有了更为深刻的理解，提出了更高要求。设置该指标旨在引导预报预警准确率提高的同时，切实加强预警信息发布业务系统的平台建设，使气象信息更好地造福百姓。本指标主要包括：发布网络平台建设及运行、发布规范、发布或传播的时间要求、管理制度等内容。

根据目前气象预警信息发布的现状和媒体网络化、信息碎片化、新媒体层出不穷的发展趋势，需要切实提升气象预警信息发布网络的权威性，建立优势媒体预警信息发布认证或协议制度和气象预警信息发布业务规范，实现预警信息发布的一键式、推送式、自动化、智能化、网格化、数据化和即时性，提高专业性媒体的预警发布能力建设，提高依托社会公共媒体的预警发布能力建设。本指标主要考察：权威发布网络[18]，突发公共预警信息发布系统建设运行，预警信息发布规范，预警信息发布管理制度等方面情况。

评价方法：可用包括广播电视、预警短信、天气通客户端、官方微博、突发公共预警信息发布系统等多种手段(或渠道)的气象预警信息整体发布能力(D_a)与灾害性天气预警提前量[19](D_b)来综合表征[20]：

$$D_a=(D_1+D_2+D_3+D_4+D_5)/5$$

式中，D_1 为广播电视协议传播的覆盖率；(%)D_2 为气象频道全境覆盖率；D_3 为气象预警短信及时发送能力(%)(用分钟发送用户数占全网用户数的比例来表示)；D_4 为天气通客户端、官方微博和无线城市(分钟千万级能力)的用户率(%)；D_5 为突发公共预警信息发布系统建成运行率(%)。

---

〔18〕 即与广电、网络、通信等部门合作，建立权威、畅通、互补、经认可或协议的依托公共媒体的气象预警信息发布骨干网络和中国气象频道、中国天气网、天气通手机客户端、官方微博等广覆盖、快速、专业的预警信息发布网络。

〔19〕 本报告中的灾害性天气预警提前量是指发出气象预警信息至灾害性天气实际发生之间的时间。

〔20〕 为保持表格的简明性，“表 2－1 部门能力建设考核指标表”中仅给出 D_a 的评价结果。

现状：气象预警信息整体发布能力(D_a)为36%(表6)；灾害性天气预警提前量(D_b)为0～10分钟，气象预警信息发布能力处于一般水平。

目标：气象预警信息整体发布能力(D_a)达到90%(强)；灾害性天气预警提前量(D_b)为15～30分钟。

表6　气象预警信息发布能力综合评价表

分　项	现状值	目标值
D_1：广播电视协议传播的覆盖率(%)	80[21]	100
D_2：气象频道全境覆盖率(%)	71[22]	100
D_3：气象预警短信及时发送能力(%)	25[23]	80
D_4：天气通客户端和官方微博(分钟千万级能力)的用户率(%)	0[24]	70
D_5：突发公共预警信息发布系统建成运行率(%)	3	100
D_a：D_1～D_5综合值(%)	36	90
D_b：灾害性天气预警提前量(min)	0～10	15～30

(4)气象灾害防御体系完备性

气象灾害防御体系完备性是综合反映气象灾害防御能力的关键指标，主要包括"政府领导、部门联动、社会参与"气象防灾减灾工作机制的建立情况，气象灾害防御相关法律法规、规划和应急预案的完善程度，气象灾害监测预报、预警发布、应急处置和风险管理开展情况。可通过各省(区、市)出台气象灾害防御地方法规的覆盖率，气象灾害防御规划和应急预案(预案应涵盖本地主要气象灾害)的覆盖率，农村气象灾害防御组织的覆盖率，气象灾害防御机制(如成立气象灾害防御指挥部，建设突发事件预警信息发布体系)的覆盖率，将气象工作纳入地方党委和政府工作部署和考核体系的覆盖率，村气象信息员、气象灾害应急处置、部门联动机制的覆盖率，气象灾害风险评估覆盖面等多方面来综合评价，以引导气象灾害防御工作政府化。

就全国层面而言，可用以下评价方法：

(1)评价公式为：

$$G=(G_1/G_a+G_2/G_a+G_3/G_a+G_4/G_a+G_5/G_a+G_6/G_a+G_7/G_b+G_8/G_c)/8\times 100\%$$

式中，G为气象灾害防御体系完备性；G_1为已制定气象灾害防御相关法规的省(区、市)的数量；G_2为已制定气象灾害防御应急预案的省(区、市)的数量；G_3为已落实农村气象灾害防御

[21] D_1为根据面上数据的估算结果。

[22] D_2=22个省已经覆盖/31个省=71%。

[23] 据中国气象局有关部门2011年移动、联通、电信的用户总数(按68∶16∶16的市场份额)、实际定制数和发送速率数据，可得到每分钟发送用户数占全网用户数的比例。如按突发性气象预警15分钟内发完5%区域的要求测算，则每分钟全网发送占比应大于0.33%，以此为标准来衡量发送能力，用三网中每分钟发送速率达到该标准的百分率来表征气象预警短信及时发送能力。统计结果为：移动达到该标准的为广东、福建、浙江、云南、甘肃、江西等6省，联通为天津、河北、山西、浙江、安徽、福建、江西、湖北、广东等9省，电信为江西、浙江、山西、福建、陕西、宁夏、青海、西藏等8省，占25%。故D_3=25%。

[24] 利用天气通客户端、官方微博和无线城市发布气象信息是一个很有前景的发展方向，目前部分省市正在开展，暂设D_4现状为0。

组织的省（区、市）的数量；G_4 为已落实气象灾害防御机制的省（区、市）的数量；G_5 为已建立气象灾害应急处置和部门联动机制的省（区、市）的数量；G_6 为已进入政府绩效考核省（区、市）的数量；G_7 为村屯信息员总数；G_8 为已开展气象灾害风险评估的县数（覆盖本地主要灾种）；G_a 为省区市的总数；G_b 为村屯总数；G_c 为总县数（覆盖本地主要灾种）。

（2）对本指标的考核采用四级评分标准，即较差、一般、较强（或较好、较完善）、强（或好、完善）4 个等级（表 7）。

表 7　气象灾害防御体系完备性评分标准

级别	分数范围	评价
一级	0%～25%（或 0～25 分）	较差
二级	25%～60%（或 25～60 分）	一般
三级	60%～80%（或 60～80 分）	较好（或较完善）
四级	80%～100%（或 80～100 分）	好（或完善）

现状：截至 2011 年 12 月，全国共有 17 个省（区、市）制定了气象灾害防御地方政府规章，占全国的 54.8%。截至 2011 年 9 月 21 日，在全国所有的省级单位中，已落实气象灾害应急预案的占 83.3%；已落实农村气象灾害防御制度的占 83.3%；已落实气象灾害防御机制的占 67.7%；已有 19 个省（区、市）建立了气象灾害应急处置和部门联动机制，占 61.3%；浙江、江苏、河北、江西、辽宁和内蒙古等省（区）已将气象纳入政府绩效考核，占 19.4%；村屯信息员平均覆盖率为 71%；已有省（区、市）气象局开展气象灾害风险评估，占 60%。综上，气象灾害防御体系健全程度 G 为 62%[25]，处于较完善的低级程度。

目标：结合气象灾害防御体系建设的实际情况，根据国家经济社会发展对气象灾害防御能力的要求，结合相关文件的要求[26]，2020 年，我国气象灾害防御体系健全程度应努力达到完善（即＞80%）。

（5）人工影响天气作业水平

不断提高人工影响天气作业水平是从我国经济社会发展需要和资源禀赋出发，增强气象公共服务能力的重要方面，是我国气象现代化在应用气象领域的一个特色体现。我国经济社会的快速发展，对人工影响天气在农业抗旱、防灾减灾、缓解水资源短缺和生态建设与保护等领域进一步发挥作用提出了日益紧迫的需求。国务院 3 号文件明确将人工影响天气作为科学合理开发利用气候资源的重要任务，其内涵已经从传统的防雹减灾作业向防灾减

〔25〕 (54.8＋83.3＋83.3＋67.7＋61.3＋19.4＋71＋60)/8＝62(%)。

〔26〕 《公共气象服务业务发展指导意见》提出：在每一个村屯设立一名气象信息员；《中国气象局关于加强农村气象灾害防御体系建设的指导意见》（气发〔2010〕93 号）提出：用 3～5 年的时间，实现防御规划到县、组织机构到乡、精细预报到乡、自动观测到乡、气象服务站到乡、应急预案到村、风险调查到村、科普宣传进村、气象信息员到村、预警信息发布到户、灾害防御责任到人、灾情收集到人；《关于加强气象信息员队伍建设的意见》（气发〔2009〕264 号）提出：未来五年，力争实现在城市社区、街道、学校、车站、码头、港口、医院等重点单位设置一名应急联系人，在各乡镇设置一名兼职气象协理员，在每个行政村（屯）设置一名气象信息员，优先在气象灾害频发、防灾减灾任务繁重的村（屯）设置气象信息员。

灾和开发利用空中云水资源延伸。设置本项指标旨在引导逐步增强人工影响天气观测能力、提升人工影响天气业务能力，不断提高人工影响天气的科技内涵，进而提高人工影响天气作业水平和效益。

评价方法：人工影响天气作业水平的提升主要依赖于科技支撑，并体现在作业总效率上，故本报告暂用人工增雨(雪)和防雹作业总效率[27]来间接评价人工影响天气作业水平。具体可采用用户问卷调查法来进行，也可用每年实际开发的空中云水资源与可开发的空中云水资源总量之比来表示[28]。

现状与目标：2010 年飞机人工增雨作业 1049 架次、地面增雨作业 27497 次，防雹作业 28617 次，可用高炮 6902 门，可用火箭 7034 架，增雨作业目标区面积 518.7 万平方千米，防雹作业可保护面积 51.34 万平方千米。目前全国平均人工增雨(雪)作业效率为 15%[29]，人工防雹作业还没有业内统一认可的方法与数据[30]。从目前实际和发展需求综合分析，2020 年人工影响天气作业水平将在提高科技内涵的基础上稳步提高。

(6)气候资源开发利用贡献率

科学合理开发利用气候资源既是国务院 3 号文件确定的建设具有世界先进水平的气象现代化体系的战略任务之一，也是提高"四个能力"的重要任务。设置本项指标旨在引导加强风能、太阳能和农业气候资源开发利用等重点领域的气象服务能力建设，不断提高其规模化和专业化水平，更好地实践"资源气象"的理念，体现气象在趋利方面的巨大潜力和作用。主要包括加强风能、太阳能的监测、预测和评估，农业气候资源评价的客观化、定量化、动态化及农业气候区划的精细化程度等。可用气象技术和信息服务对风能、太阳能和农业气候资源开发利用的气象服务贡献率或服务效益来综合评价。

---

[27] 人工影响天气效果检验是云和降水科学研究的重要组成部分，也是该学科领域一项亟待解决的研究性与业务性难题。目前，国内外主要采用物理检验、统计检验和数值模拟检验三种基本方法，并且科学的效果检验也已从以往单纯的统计检验向物理检验、统计检验和数值模拟方法相结合的综合性检验方法发展。由于现阶段人们对云、降水物理过程及人工影响天气原理还没有完全了解，以及探测技术和仪器设备的局限性，科学地评估人工影响作业的效果，迫切需要今后进一步加强对云和降水的监测，严格方案设计，详细完整地获取试验及作业前后的云和降水宏微观特征观测资料。除此之外，还需要努力完善人工影响天气效果统计技术和方法，使之能够客观、定量地评价出不同目的的人工影响天气作业效果。

[28] 目前中国空中云水资源的可开发潜力达每年 2800 亿吨；一年可以开发利用的空中云水资源达到 500 亿吨(中国气象局网站"媒体聚焦"版块)。

[29] 国内外人工增雨作业效果试验情况：在美、俄、以色列、乌克兰等国家的一些地区通过长期深入的科学试验研究，掌握了当地云雨特点和相应的人工增雨技术，证实了具有增雨的效果，这项工作在一些地区已作为长期业务开展；例如，在以色列北部先后开展了两期人工增雨试验计划(1961—1967，1969—1975)，得到相对增雨 15%和 13%的结果；并于 1975 年开始开展了业务性的人工增雨作业计划，据 1976—1991 年的检验结果相对增雨 6%。取得了良好经济效益，投入产出比在 1∶10 以上，此项研究得到了世界气象组织的肯定。我国在福建古田水库开展的为期 12 年(1975—1986 年)的对流云高炮空中云水资源开发试验效果明显，相对增雨 24%；河北省 1990—1995 年飞机增雨作业进行的研究表明可增雨 18%；内蒙古自治区 1974—1985 年春季飞机增雨作业，效果检验表明增雨 21%；青海省气象部门从 1997 开始，在黄河上游河曲地区实施空中云水资源开发作业，据专家测算，11 年间共增加降水 140 亿立方米，增加黄河径流 29 亿立方米；北京市气象局人工影响天气作业效率约 12%。由于我国各地人工影响天气作业效率不尽相同，故现状值暂取全国平均状况，即 15%。

[30] 国外从 20 世纪 50 年代起开始发展人工防雹技术，到现在先后大约有 30～40 个国家开展了防雹的减灾作业和试验研究。其中，前苏联(主要在其中亚部分)开展的人工防雹，技术装备先进，效果良好，曾作为实用减灾技术长期持续的进行。但防雹效果的科学论证还不够严格。

评价方法：气象服务贡献率是指现有气象服务所产生的效益在行业整体效益中所占的比重，气象服务效益值是指气象服务为行业生产带来的效益增加值和损失减少值。

行业气象服务贡献率用 E 表示，其表达式为：

$$E = \sum_{k=1}^{10} e_{\bar{k}} \times W_k$$

式中，E 为行业气象服务总体贡献率；$k=1,2,\cdots,10$，表示贡献率的 10 个等级；$e_{\bar{k}}$为第 k 等级的中值；W_k 为专家选择第 k 等级的人数/专家总数；

现状与目标：2008 年农业（含农林牧渔）气象服务效益贡献率为 4.0（许小峰等，2009），气象服务效益值为 869 亿元；2011 年，风电行业气象服务效益贡献率为 1.85%[31]，气象服务效益值约为 8.85 亿元；目前还没有开展太阳能资源开发利用服务贡献率的评估。根据目前效益研究情况，气候资源开发利用贡献率综合平均约为 3%。考虑气候资源开发利用的未来发展规模以及气象服务水平的提高，2020 年气象对气候资源开发利用的贡献率可望达到 6%。

（7）应对气候变化服务能力

气候变化问题已经成为当今世界普遍关心的重大全球性问题。加强应对气候变化能力建设既是党的十七大提出的重大战略任务，也是提高“四个能力”的重要任务之一。设置本项指标旨在引导气象工作者针对国家应对气候变化内政外交需求，切实加强适应气候变化特别是应对极端气候事件能力，提高气候变化科学研究水平，为我国适应和减缓气候变化提供更具针对性的决策咨询和服务，更好发挥气象机构在国家整体应对气候变化格局中的作用。主要包括气候系统监测、气候变化趋势预估，围绕重点区域、重要领域和重大工程的气候影响评估与气候可行性论证，在气候影响与适应方面为政府和部门提供重大决策咨询以及为气候变化国际谈判提供科技支撑等。

评价方法：可用几个主要方面的综合指数来评价。可表示为：

$$L = L_1 \times K_1 + L_2 \times K_2 + L_3 \times K_3 + L_4 \times K_4 + L_5 \times K_5$$

式中，L 为应对气候变化服务能力综合指数，表示气象部门在应对气候变化方面的综合影响力。L_1 为包括温室气体监测与分析等在内的气候系统监测能力；L_2 为气候变化趋势预估能力；L_3 为气候变化综合评估能力[32]；L_4 为包括支撑气候变化国际谈判等在内的应对气候变化决策咨询能力，可参照美国 NOAA 的指标[33]，采用区域气候影响和适应研究决策支撑能力来评价；L_5 为适应气候变化与气候可行性论证能力[34]；$K_1 \sim K_5$ 为各部分权重。

现状与目标：气象部门在气候变化及相关科技领域取得了重要进展，应对气候变化服务能力稳步提升，在满足各方应对气候变化服务需求和能力建设等方面呈现良好发展局面。目前，气候敏感区和影响关键区观测能力得到加强和改善，全国温室气体监测与分析能力逐年提高，完成了温室气体监测分析系统一期的建设，实现了多种温室气体高精度在线观测；

[31] 风电行业气象服务效益评估报告（2011），减灾司与公共气象服务中心。

[32] 气候变化综合评估包含气候变化检测归因和气候变化影响评估两方面内容。

[33] NOAA 年报中有一项类似的绩效目标，名为“重点区域气候影响评估决策服务材料数量”。

[34] 《中华人民共和国气象法》第三十四条：各级气象主管机构应当组织对城市规划、国家重点建设工程、重大区域性经济开发项目和大型太阳能、风能等气候资源开发利用项目进行气候可行性论证。

气候变化预估和综合影响评估能力不断提升,牵头编写发布了两次《气候变化国家评估报告》,编写了华东、华南等八大区域和长江三峡库区、鄱阳湖等八大流域气候变化影响评估报告,每年提供国务院的重大决策咨询报告约6~7份;气候可行性论证深入推进,2005—2011年共完成气候可行性论证1373项,包括城市总体规划、重大工程建设项目及风电场、太阳能电站项目等,其中,2010年完成了285项气候论证项目,2011完成了385项气候论证项目。但与国家和地方的应对气候变化服务需求相比,气象部门应对气候变化的服务能力还显薄弱,气候模式水平和模拟能力与国际先进水平仍有差距,气候变化检测归因、影响评估、外交谈判等决策支撑仍亟待提高。

综合分析,我们认为目前气象部门应对气候变化服务能力可综合评估为较强。随着应对气候变化服务需求的不断发展,气象部门将更加重视相关研究和决策服务,应对气候变化的科技支撑与服务能力将逐步提升,到2020年应对气候变化服务能力将稳步增强。

(8)气象科学知识普及程度

设置此指标旨在引导持续加强和改进气象科普工作,不断提高气象科学知识的社会普及程度,进一步提高公众理解和应用气象技术与信息,规避气象灾害风险、保护气候资源、应对气候变化的意识与能力以及主动参与节能减排活动和"两型社会"建设的自觉性。该指标反映气象科普能力建设情况、工作机制完善程度和科普工作社会化程度,是对气象科普工作水平的综合反映。

评价方法[35]:

$$L = (L_1/La_1 + L_2/La_2 + L_3/La_3)/3 \times 100\%$$

式中,L为气象科学知识普及程度;L_1为已经纳入全民科学素质行动计划纲要的数量,La_1为应纳入全民科学素质行动计划纲要的数量;L_2为气象知识进课堂及社区的中小学校及城乡社区数量,La_2为应普及的中小学校及城乡社区总数;L_3为气象科普进当地综合科普(科技)馆的数量,La_3为当地综合科普(科技)馆数量[36]。

现状与目标:根据目前气象科普工作的实际[37],参考气象现代化主要试点省市的实际数据,综合评价目前气象科学知识普及程度(L)约为50%~60%。综合社会经济发展背景下公众对气象信息的需求和全社会科普工作的不断加强,预期此指标(L)2020年应可达到80%~90%。

(9)气象观测自动化水平

气象科学是建立在观测基础上的科学,气象业务是建立在观测基础上的业务,因此,气象观测自动化是气象现代化基础水平的直接体现。不断发展和完善综合气象观测系统则是

[35] 该评价方法仅是提供一种评价方法,评价结果供参考。

[36] 2012年4月28日中国气象局与中国科技馆在京签署《关于加强气象科普工作合作协议》,双方将共同推进气象科普展区和数字气象科普馆建设,联合推进气象科普工作。这是中国气象局全面落实《全民科学素质行动计划纲要(2006—2010—2020年)》,加强气象科普工作的重要举措之一(《中国气象报》,2012-4-28)。

[37] 根据中国气象局有关部门2011年12月数据:2010年,静止气象卫星单星全圆盘图30分钟,区域扫描图10分钟;全球观测资料获取时效达到3小时;新一代天气雷达覆盖全部省会、中东部大部和西部部分地市,全网数据收集时效12分钟;地面自动气象站覆盖85%以上乡镇,全网数据收集时效10分钟;基本气象要素实现自动化,气象观测自动化实现率为40%。

提升公共气象服务能力和提高预报预测准确率的重要前提。设置此指标旨在引导持续加强综合观测系统建设，重点提高综合观测的质量和效率。主要包括观测要素和站网布局的科学性、先进性，气象卫星、雷达、自动站等观测设备的时空分布密度及其先进性，地面观测的自动化程度、综合观测资料的质量控制等。

1)评价方法：

$$AL=(SA+RC+GD+GA+QC)/5$$

式中，AL 为气象观测自动化水平；SA 为气象卫星先进性；RC 为新一代天气雷达覆盖率；GD 为地面自动站网密度(未含针对行业服务的专业气象自动观测站网)；GA 为地面观测自动化率；QC 为观测资料质量自动控制能力。

2)对本指标的考核采用四级评分标准(具体方法参阅前述“气象灾害防御体系完备性”指标的评分思路)。

现状[38]：见表 8。

表 8　气象观测自动化水平考核采评分现状

分项	现状	评价	得分
气象卫星先进性(SA)	世界领先	很好	90 分
新一代天气雷达覆盖率(RC)	覆盖全部省会、中东部大部和西部部分地市	较好	75 分
地面自动站网密度(GD)	85%	较好	75 分
地面观测自动化率(GA)	约 40%	一般	50 分
观测资料质量控制能力(QC)		一般	60 分
综合评价(AL)	较高		70 分

由表 8 可见，目前气象观测自动化水平较高。

2020 年目标[39]见表 9。

表 9　气象观测自动化水平考核采评分目标现状

分项	2020 年	评价	得分
气象卫星先进性(SA)	世界领先	很好	95 分
新一代天气雷达覆盖率(RC)	>80%	好	85 分
地面自动站网密度(GD)	95%	很好	95 分
地面观测自动化率(GA)	>90%	很好	90 分
观测资料质量控制能力(QC)	>90%	很好	90 分
综合评价(AL)	高		91 分

[38] 参考中国气象局有关部门 2011 年 12 月资料：2015 年，静止气象卫星单星全圆盘图 15 分钟，区域扫描图 5 分钟；全球观测资料获取时效达到 2 小时以内；新一代天气雷达覆盖 80%以上地市，全网数据收集时效 5 分钟；地面自动气象站覆盖 95%以上乡镇，全网数据收集时效 3 分钟；云、能见度、天气现象和冰雪观测实现自动化，气象观测自动化实现率提高到 90%。

[39] 《中华人民共和国气象法》第二十三条：各级气象主管机构所属的气象台站应当根据需要，发布农业气象预报、城市环境气象预报、火险气象等级预报等专业气象预报，并配合军事气象部门进行国防建设所需的气象服务工作。气发〔2007〕477 号文：拓展专业服务领域，培育专业用户群体，重点加强农业、林业、水文、海洋、交通、旅游、航空、医疗、电力、体育、保险、盐业、渔业、仓储、物流等专业气象服务。

由表9可见,2020年气象观测自动化水平将达到“高”。

(10)突发气象灾害监测率

随着经济社会的发展,气象灾害及其次生、衍生灾害对经济社会造成的损失越来越大,尤其是突发气象灾害,对人民福祉安康造成越来越严重的威胁。设置此指标旨在引导加强对突发气象灾害的监测预警能力建设,最大限度减少气象灾害造成的损失。突发气象灾害监测率是指对突发大风、暴雨(雪)、雷暴、冰雹等灾害性天气的监测率。

评价方法:主要用气象部门有效监测到的突发灾害性天气次数与实际影响当地的突发灾害性天气次数之比来进行考核,反映以多种观测手段监测气象灾害的能力。指标算法为:

$$M = P_1/P \times 100\%。$$

式中,M为突发灾害性天气监测率(单位:%);P_1为气象部门有效监测到的突发灾害性天气次数(单位:次);P为实际发生的突发灾害性天气数总次数(单位:次)。

现状:该指标针对中小尺度突发气象灾害监测,当前监测率在80%左右。

目标:预计2020年大于90%。

(11)气象预报预测准确率

气象预报预测准确率是衡量和检验气象预报预测水平的最主要指标,是全部气象工作的核心。该指标包括灾害天气预报预警准确率、气象要素预报准确率、短期气候预测准确率以及专业气象预报水平[40]。该指标设置的目的是引导气象人更加关注社会需求,不断提高灾害性、关键性、转折性天气的预报预警能力;按照定时、定点、定量的发展要求逐步提供更精细化、无缝隙的气象预报预测产品;面向国民经济重点领域和敏感行业不断增强专业气象预报的专业性和针对性。

评价方法及现状与目标:从预报专业技术能力建设的角度出发,按照现代天气气候业务发展要求(更加重视灾害性天气预报和精细化预报),气象预报预测准确率主要由分不同时效的灾害天气预报预警准确率、主要气象要素预报准确率、短期气候预测准确率、专业气象预报水平来综合表征[41](表10)。

(12)气象信息网络水平

此指标是反映气象信息网络水平的综合指标。气象信息网络系统是现代气象业务的基本支撑,设置此指标旨在引导加强信息网络建设,建成结构合理、集约高效、技术先进、功能完备、稳定可靠的气象信息网络系统,以满足快速发展的公共气象服务、预测预报、综合气象观测等业务对气象信息网络提出的新需求。该指标主要由各类自动化观测数据的收集分发时效和高性能计算机峰值计算能力来表征。

评价方法:由各类自动化观测数据的收集分发时效和高性能计算机峰值计算能力来综

---

[40] 鉴于部门指标的主要意义在于引导和指导部门能力建设,故气象预报预测准确率的部门指标不再给出整个指标的综合值,而建议由各分项总体表征(表10)。

[41] 《中华人民共和国气象法》第二十三条:各级气象主管机构所属的气象台站应当根据需要,发布农业气象预报、城市环境气象预报、火险气象等级预报等专业气象预报,并配合军事气象部门进行国防建设所需的气象服务工作。气发〔2007〕477号文:拓展专业服务领域,培育专业用户群体,重点加强农业、林业、水文、海洋、交通、旅游、航空、医疗、电力、体育、保险、盐业、渔业、仓储、物流等专业气象服务。

合评价。

表 10　气象预报预测准确率分项指标评价表

	序号		气象预报预测准确率 TS(%)				
			现状值			目标值	
			时效	准确率	综合值		
灾害天气预报预警	1	暴雨	0～3h	83.3上海(—)	60上海(13中央台客观指导产品)	—	63～65
			0～6 h	77.6上海(13中央台)		—	
			0～12 h	18.6上海(9中央台)		—	
			24h	25.5上海(17中央台)		30NOAA	
			48h	4.8上海(12中央台)		—	
	2	暴雪	0～6 h	—	[65～70]	—	[75]
			0～12 h	—		—	
			24 h	—		90NOAA	
			48 h	—		—	
	3	大风	0～3 h	—	[70～75]	—	80沪
			0～6 h	—		—	
			0～12 h	—		—	
			24 h	—		—	
			48 h	—		—	
	4	雷电	0～3 h	—	[15～20]	—	[30]
			0～6 h	—		—	
			0～12 h	—		—	
			24 h	—		—	
	5	冰雹	0～3 h	—	[5～10]	—	[15]
			0～6 h	—		—	
			0～12 h	—		—	
			24 h	—		—	
	6	沙尘暴	0～6 h	—	[30～35]	—	[35]
			0～12 h	—		—	
			24 h	—		—	
	7	大雾	0～3 h	21.2中央台预警	[30～35]	—	[40]
			0～6 h			—	
			0～12 h			—	
			24 h			—	
	8	霾	0～6 h	—	[30～35]	—	[40]
			0～12 h	—		—	
			24 h	—		—	

续表

	序号		气象预报预测准确率 TS(%)				
			现状值			目标值	
			时效	准确率	综合值		
灾害天气预报预警	9	寒潮	24 h	—	[60～65]	—	[75]
			48 h	—		—	
	10	霜冻	24 h	—	[70～75]	—	[80]
			48 h	—		—	
	11	高温	24 h	47.1中央台	[70～75]	—	[80]沪
			48 h	—		—	
	12	低温	3～5d	—	[70～75]	—	[80]
			6～9d	—		—	
			》>10d	—		—	
	13	干旱	一周预报	65%	65%	—	[80]
	14	台风	24h 路径误差(km):	107	—	100	—
			48h 路径误差(km):	199		198NOAA	
			24h 强度误差(m/s):	4.8	—	4.0	—
			48h 强度误差(m/s):	7		6.7NOAA	

	序号	预报预测准确率(%)			
		项目		现状	目标
气象要素预报	15	温度	最高气温	70	>70
	16		最低气温	75	>75
	17	降水(晴雨)		86	>88
	18	湿度		—	—
	19	风力		—	69NOAA
	20	能见度		—	70上海
	21	气压		—	—
短期气候预测	22	月降水距平百分率		59	62～64
	23	月平均气温距平		74	77～79
专业气象预报	24	农业气象预报		农用天气、病虫害发生发展气象等级、产量预报等	针对性增强
	25	交通气象预报		能见度、路面状况等	针对性增强
	26	环境气象预报		空气质量、紫外线、污染扩散条件、花粉浓度、负氧离子等	针对性增强
	27	水文气象预报		流域面雨量等	针对性增强
	28	地质灾害气象等级预报		地质灾害气象等级等	针对性增强
	29	森林草原火险等级预报		森林草原火险等级等	针对性增强
	30	电力气象预报		风电功率等	针对性增强
	31	海洋气象预报		海上大风等	74%左右NOAA
	32	航空气象预报		航空云高和能见度等	66%左右NOAA

注：

1.灾害性天气预报准确率计算方法与本项的社会指标计算方法相同(见社会指标“天气预报准确率”的评价方法)。

2. 灾害性天气预报分项指标中的灾种主要沿用《气象灾害防御条例》(以下简称《条例》)中列出的13个灾种。由于低温灾害主要侧重于对农作物的危害,全国各地影响情况不同,故本表不作统一规范,由各地针对实际情况完善评价方法和规范。霾也是一种公众关注的灾害性天气现象,《突发气象灾害预警信号质量检验办法(征求意见稿)》也将霾列入,故本表中增加霾。此项共包括14个灾种。

3. 灾害性天气预报现状数据主要参考中央气象台客观预报数据和上海市气象局数据,目标值数据主要参考NOAA年报中相关指标的2010年目标值;表中标[ ]的数据指除暴雨以外的暴雪、大风、雷电、冰雹、沙尘暴、大雾、霾、寒潮、霜冻、高温、低温等灾害性天气的预报指标现状值和目标值,主要参考气象中心、华北部分首席预报员、相关专家在成功预报灾害性天气过程中的经验设定,供各地参考。

4. 气象要素预报准确率指24小时预报准确率。温度预报现状数据主要参考《气象统计年鉴》最近2年的平均值,降水(晴雨)预报参考预报司2011年数据;短期气候预测现状值来源于预报司2010—2011年的平均值,是2010年以来实行新的质量检验办法后的数据;目标值数据根据《气象发展规划(2011—2015年)》《现代气候业务发展指导意见》等正式文件数据,以及《气象统计年鉴》多年连续数据外推获得。

5. 专业气象预报数据来源:

针对目前专业气象预报业务服务开展尚不完善的现状,仅给出部分数据如下:

●海洋气象预报:海上大风预报目标参考了2010年美国NOAA的现状。

●航空气象预报:云高和能见度预报准确率目标参考了2010年美国NOAA的现状。

其他分项指标未给出数据,有待随着专业气象业务服务工作的深入开展,逐步开展和完善。

现状与目标:目前,卫星静止星全圆盘图、区域扫描和全球观测资料获取时间分别达30分钟、10分钟和3小时,预计2020年分别可达15分钟、5分钟和2小时以内;雷达及自动站数据全网收集时效分别为12分钟和10分钟。,预计2020年分别可达5分钟和3分钟。高性能计算机计算峰值能力2020年达同期国际先进水平。

(13)气象装备技术保障水平

此指标是表征装备技术保障水平的综合指标,旨在引导建立和完善适应综合观测和预报预测要求的运行稳定、保障有力的保障业务体系,为开展预报预测、公共服务业务提供稳定可靠的技术基础。

评价方法:考虑气象装备技术保障水平的高低主要反映在装备的稳定运行情况以及故障修复时间两个方面,因此,可主要从装备故障恢复时间和全年业务可用率两个方面进行考核评价。

现状与目标:目前,初步建成了气象装备全网运行监控系统,实现了对天气雷达、高空探测、自动站等运行状态、观测质量的监控,故障恢复时间和全年业务可用率分别为48小时和95%。预计到2020年保障体系更加完善、监控系统进一步优化,故障恢复时间和全年业务可用率可分别达到36小时以内和97.5%。

(14)数值模式发展水平

在现代科技水平下,数值模式发展水平决定着气象预报预测的水平,是气象科技创新能力的典型体现,因此也就成为一个国家气象现代化的重要标志。设置此指标旨在引导进一步重视和加强我国自主知识产权的数值模式发展。

评价方法:可用中国自主研发的数值天气模式(GRAPES模式)发展水平来表征,包括可用预报天数、气象要素预报空间和时间分辨率、降水和温度预报准确率、风云气象卫星资料占同化资料比例、高性能计算机运算能力等内容。模式的发展水平可参考欧洲中期数值预报中心(ECMWF)的检验方法进行综合评估。

现状:当前中国数值天气预报业务逐步从引进吸收与自主研发并重转入了自主研发、持续发展的新格局。在国家级初步构建了包括全球和区域模式预报系统、集合预报系统及专业数值预报系统在内的较为完整的数值预报体系。TL639L60 可用预报时效达到 6.5 天以上,预报产品在业务中得到广泛的应用;GRAPES 中尺度数值预报系统 2004 年实现业务化;GRAPES 全球中期数值天气预报系统 2009 年 3 月实现准业务运行。但与国际先进水平相比仍有一定差距,主要体现在模式动力框架、物理过程、数据同化技术、业务应用软硬件支撑能力和高性能计算机运算能力等方面。根据中国气象局数值预报中心对 GRAPES 全球中期数值天气预报系统各类业务化技术指标的检验评估(数值预报产品检验评估月报),我国的数值预报水平处于世界中等水平。

目标:数值天气预报发展规划(2011—2015 年)(气发〔2010〕175 号)提出的目标,建立四维变分同化和水平分辨率 25 千米的全球中期数值预报业务系统以及全球台风数值预报业务系统、全球集合预报业务系统;建立全国 5 千米分辨率的中尺度数值预报业务系统和区域 2 千米分辨率三维变分同化/云分析的快速分析预报系统。在此基础上,到 2020 年,我国数值预报模式业务化水平可望接近世界先进水平,卫星资料占同化资料比例达 70%～80% 左右[42]。

(15)气象科技贡献率

此指标是反映气象科技进步的综合指标,旨在引导不断加强气象科技创新,引导气象科技与业务的有机结合,形成气象科技对业务服务的有力支撑。可主要通过气象科技成果转化率、新技术对气象服务的贡献率、数值预报模式对气象预报的贡献率和先进气象观测仪器装备的国产化率来综合表征。国内外理论界就科技进步贡献率测算提出了多种方法,最常用的是柯布—道格拉斯生产函数公式[43],但在实际测算中尚缺乏统一规范的指标。

评价方法:针对气象行业特点,参考柯布—道格拉斯生产函数公式,设定 4 个方面具体指标,通过加权计算得到综合贡献率,权重系数根据德尔菲法[44],并结合主成分分析得出。可具体表述如下:

$$A = (A_1 \times 0.4 + A_2 \times 0.2 + A_3 \times 0.2 + A_4 \times 0.2) \times 100\%$$

式中,A 为气象科技贡献率;A_1 为气象科技成果转化率,主要是指实际转化应用的科研项目数量占科研项目总数的比例;A_2 为新技术对气象服务的贡献率,主要评价新技术应用后形

〔42〕 目前我国卫星资料占同化资料比例仅为 40%左右,国外发达国家和地区的卫星资料占同化资料比例较高,如欧洲中心已达 90%以上,参见《数值天气预报(GRAPES)发展规划(2011—2015 年)》(气发〔2010〕175 号)。

〔43〕 柯布—道格拉斯生产函数最初是美国数学家柯布(C W Cobb)和经济学家保罗·道格拉斯(Paul H Douglas)共同探讨投入和产出的关系时创造的生产函数,引入了技术资源这一因素。用来预测国家和地区的工业系统或大企业的生产和分析发展生产的途径的一种经济数学模型,简称生产函数。柯布—道格拉斯生产函数的基本的形式为:$Y=A(t)\times L\alpha\times K\beta\times\mu$。式中,$Y$ 是工业总产值,$A(t)$是综合技术水平,L 是投入的劳动力数(单位是万人或人),K 是投入的资本,α 是劳动力产出的弹性系数,β 是资本产出的弹性系数,μ 表示随机干扰的影响,$\mu\leqslant 1$。李兴国,张令保,黄闽. 科技进步贡献率测算方法的研究与应用. 运筹与管理. 1996,**5**(4):41—44。

〔44〕 德尔菲法(Delphi Method),是采用背对背的通信方式征询专家小组成员的预测意见,经过几轮征询,使专家小组的预测意见趋于集中,最后做出符合实际趋势的预测结论。德尔菲法又名专家意见法,在实际应用中通常可以划分三个类型:经典型德尔菲法(classical)、策略型德尔菲法(policy)和决策型德尔菲法(decision Delph)。

成的新服务能力，用新增气象服务产品的比例衡量；A_3 为数值预报模式对气象预报的贡献率，用可用时效和预报准确率综合评价；A_4 为先进气象观测仪器装备的国产化程度，主要用气象卫星、新一代天气雷达、先进地面自动观测仪器的国产化率来表征。

现状与目标：按照上述测算公式，结合目前相关情况得出，目前气象科技进步贡献率(A)为 53%[45]，2020 年气象科技进步贡献率(A)设定值为 65%[46]。

(16)气象人才队伍整体素质结构

人才队伍整体素质结构的提高和改善是气象人才体系建设的重要目标，也是气象人才体系建设成效的重要体现。设置此指标旨在引导加强各方面人才的培养使用，使气象人才队伍更好支撑气象现代化不断升级。该指标的内涵主要包括气象领军人才和骨干人才[47]数量占比情况以及气象人才队伍的学历结构、岗位结构和层级分布等。领军人才和骨干人才是队伍竞争力的标杆。学历结构中本科职工比例反映人才队伍的基本知识素质和基础业务水平；研究生学历职工比例反映高层次人才队伍基本情况和发展潜力。岗位结构反映人才队伍的总体学术、业务技术水平，比如，具备高级工程师任职资格在岗职工的占比就可反映队伍中较高层次人才的总体实力。而人才的层级分布情况，则可反映人力资源与业务布局的匹配程度。

评价方法：可以用人才队伍整体素质综合指数来评价，可表示为：

$$P = P_1 \times 20\% + (P_2 \times 0.4 + P_3 \times 0.2 + P_4 \times 0.2 + P_5 \times 0.2) \times 80\%$$

式中，P 为人才队伍整体素质综合指数；P_1 为气象领军人才和骨干人才的比例[48]；P_2 为本科学历人员比例；P_3 为研究生以上学历人员比例；P_4 为高级(专业 7 级及以上)技术岗位在岗人员比例；P_5 为中级技术职称比例。

现状：根据 2010 年气象统计年鉴人才统计数据，按照上述评价方法，得出目前人才队伍整体素质综合指数(P)为 30%[49]。

目标：领军人才和骨干人才总量在现有基础上增加 40%～50%。本科以上比例(P_i)提高到 90%(2015 年 75%)，研究生以上学历比例(P_3)提高到 15%，副高以上比例(P_4)提高到 35%，中级技术职称比例(P_5)提高到 60%，人才队伍整体素质综合指数(P)提高到 49%。

(17)气象教育培训发展水平

气象现代化必然伴随着装备、技术、业务知识等的快速更新，通过在职教育培训不断提

[45] 根据中国气象局对国家级科研项目评估，目前的气象科技成果转化率为 60%；参考观测司数据，目前装备整机国产化率为 80%；综合以上数据，通过公式计算得出目前气象科技贡献率为 53%，与目前公布的农业的科技贡献率基本持平。

[46] 参考国家“十二五”科学和技术发展规划给出的目标值为 55%，按照估测气象部门的科技贡献率每年递增 1.5%的速度，预设 2020 年目标值为 65%。

[47] 领军人才和骨干人才指入选国家、省部级人才工程或计划的，具有很高的业务技术水平或学术水平，在气象业务服务或科学研究中贡献突出，包括院士、国家“千人计划”、国家“万人计划”、中国青年科学家奖、中国青年科技奖获得者、中央直接联系的高级专家；中国气象局“双百计划”人选；特聘专家、创新团队带头人等。

[48] 由于气象领军人才和骨干人才数量相对于整个气象人才队伍较少，但起到至关重要的作用，故此项赋予 20%的权重，且用每千人中的比例表征。

[49] 截至 2010 年，气象领军人才和骨干人才数量比例(P_1)为 10‰；气象部门本科学历人员比例(P_2)为 51.2%；研究生以上学历比例(P_3)为 7.9%，副高以上比例(P_4)为 14.5%，中级技术职称比例(P_5)为 48.5%。

高现有人员的综合素质成为实现气象现代化的重要保障。发达国家气象在职教育培训在新技术推广应用、岗位资格培训等方面已形成规范机制，对不断提高人才队伍的素质能力发挥了重要作用[50]。设置该指标旨在引导建立健全分层、分类、广覆盖的气象在职培训体系和不断提高气象高等教育的质量，结合重大工程、重大项目、海外交流、远程教育等多种形式，强化骨干人才的培训，开展面向全社会的气象相关岗位资格培训，促使气象人才队伍不断适应事业发展要求。

评价方法：侧重评价气象在职岗位培训特别是岗位资格培训和知识更新培训的开展情况，可表示为：

$$T = T_1 + T_2 + T_3$$

式中，T 为气象教育培训水平综合指数；T_1 为全员培训覆盖率；T_2 为主要业务技术岗位资格培训覆盖率；T_3 为重大项目培训覆盖率。

现状与目标：从目前气象在职培训开展情况看[51]，其总体水平约为中等；2020 年在上述几个方面应有明显提升，整体水平达到较高程度。

(18)气象可持续发展体制机制

气象现代化的有效推进和不断深化有赖于可持续发展的体制机制保障。气象可持续发展的体制机制是否健全完善深刻反映着气象科学管理的水平，其所涉及的内容是多方面的，主要包括不断完善双重管理部门为主的垂直管理体制、不断提高公共财政对气象的投入水平、不断增强统筹全行业气象事业发展的能力，不断增强基层气象发展活力、不断丰富发展气象文化等。考虑评价的可行性，可主要用公共财政对气象投入的增长率来表征。

评价方法：

$$M = (M_1 + M_2 + M_3) \times 100\%$$

式中，M 为公共财政对气象投入的增长率；M_1 为中央财政对气象基本运行投入的增长率；M_2 为地方财政对地方基本气象事业运行投入的增长率；M_3 为公共财政对工程性项目投入的增长率。

现状与目标：综合目前实际情况看，气象可持续发展体制机制现状为尚不完善，2020 年将努力达到完善。

---

[50] 美国、加拿大、英国、日本等国气象机构都对观测、预报、服务等专业技术从业人员实行资格管理，持证上岗，岗位培训制度严格。美国非常重视研究人员和业务人员的培训和对公众的科普教育。在世界范围内气象教学和培训中，美国的 COMET 计划以高质量和大数量的成品课件处于领先水平；重视制定长久的培训规划，将培训与机构的可持续性发展联系起来。2004 年，美国 NOAA 还制定了教育计划，更是将气象培训拓展成为面向社会普及科学的社会责任。NOAA 还成立了教育和可持续发展办公室和教育委员会，目的就是用更多 NOAA 的数据和信息影响社会。俄罗斯十分重视气象人才的培训和教育工作，从政策上鼓励在职人员尤其是青年科技人员定期参加各种专业培训，掌握新知识，不断提高科研和业务水平，以适应气象科技发展的需要。

[51] 2000 年以来，累计培训各类业务管理骨干近 3 万人次，培训人天数达 55.6 万人天，远程培训量达 167 万人学时。组织开发编写了现代气象业务系列丛书以及基层台站气象业务培训、预报员培训、县局长轮训等系列培训教材 40 余本，制作开发了约 1500 学时的远程培训课件和光盘。初步建立了领导干部培训基地、气象预报预测专业技术人员培训基地；搭建了气象监测与预报预测培训共享平台、气象远程教育培训与资源共享平台以及气象科技信息与情报共享平台，形成了“两基地、三平台”事业发展格局。数据来源于《中国气象局气象干部培训学院发展规划(2011—2020 年)》。

(19)气象依法行政能力

气象依法行政能力是依法治国方略下加强和创新气象社会管理的关键，是提高全社会气象事务科学管理水平的重要体现。设置此指标旨在引导通过立法和标准化建设、资质管理等多种方式加强对全社会气象事务的管理，进而提高效能和更好发挥气象的经济社会效益。可用气象相关法律法规覆盖面、标准体系的健全程度和国家标准采标率、气象相关资质资格管理的覆盖程度、行业管理覆盖面以及履行社会管理重点领域覆盖率等来综合评价。国际标准采标率是衡量国家标准水平的一个重要指标，可以作为今后衡量标准水平的一个重要内容；履行社会管理重点领域覆盖率暂采用气象灾害应急准备认证率、气候可行性论证的覆盖率和防雷安全检测率三项指标作为综合评价的方法。本报告暂以履行社会管理重点领域覆盖率综合情况(L)为例表征气象依法行政能力。

评价方法：

$$L=(L_1+L_2+L_3)\times 100\%$$

式中，L 为履行社会管理重点领域覆盖率综合情况；L_1 为气象灾害应急准备认证覆盖率；L_2 为气候可行性论证的覆盖率；L_3 为防雷检测覆盖率。

现状与目标：截至 2011 年，目前我国在气象领域已出台了 1 法 2 行政法规，23 部部门规章[52]及 146 部地方法规和政府规章，建成了由 11,000 多人组成的专兼结合的气象行政执法队伍，气象灾害应急认证、气候可行性论证、防雷安全检测等工作稳步推进；此外，截至 2011 年已发布气象国家标准 31 项，气象行业标准 152 项，备案气象地方标准 126 项，基本覆盖了各气象业务领域。整体来看，目前我国气象依法行政体系不断完善，气象执法力度不断加强，全社会气象法律意识不断提高，但同时也存在着法规较软、执法力量较薄弱，标准的强制性较弱、与国际接轨水准较低等不足。鉴于以上考虑，综合评定该项指标目前为“一般”水平，预计 2020 年达到“较强”水平。

(20)基层协调发展水平

基层气象现代化是气象现代化的根基和重要组成部分，是气象科学管理成效的重要体现，没有基层的现代化就没有气象整体的现代化。设置此指标旨在引导各级气象机构按照“一流台站”的目标不断加强基层气象台站建设。“一流台站”的建设水准是衡量气象台站发展水平的综合指标，可从基层台站的基础设施、公共财政投入、精神文明创建情况、职工生活水平、公共服务能力、社会管理职能履行等方面进行综合定性评价；也可制定一套涵盖多方面的一流台站考核指标，并按一流台站达标率来评价基层协调发展水平。

现状与目标：近年来基层气象事业得到了突飞猛进的发展。“十一五”期间基层新增固定投资比较“十五”时期增长了 70%，艰苦气象台站人员津补贴得到落实，“两个体系”建设等举措提升了基层履行公共服务和社会管理职能的能力。但是，由于我国东中西部经济社会发展的固有差异，我国基层气象发展也存在着显著的不均衡状况。预设 2020 年基层协调发展水平“较高”。

---

〔52〕 有效 18 部，5 项已废止：防雷减灾管理办法（中国气象局 3 号令）、施放气球管理办法（中国气象局 5 号令）、防雷减灾管理办法（中国气象局 8 号令）、防雷工程专业资质管理办法（中国气象局 10 号令）、防雷装置设计审核和竣工验收规定（中国气象局 11 号令）。

参考文献

何传启. 1999. 第二次现代化——人类文明进程的启示. 北京:高等教育出版社.

何传启. 2003. 东方复兴:现代化的三条道路. 北京:商务印书馆.

何传启. 2011. 中国现代化报告 2011:现代化科学概论. 北京:北京大学出版社.

Black C. 1966. The Dynamics of Modernization: A Study in Comparative History[M]. New York: Harper & Row.

Lerner D. 1958. The Passing of Traditional Society: Modernizing the Middle East[M]. New York: Free Press.

NOAA. 2010. FY 2011 Budget Summary. http://www.noaa.gov/.

NOAA. 2011. FY 2012 Budget Summary. http://www.noaa.gov/.

WMO 2012—2015 年战略计划. Cg—16/文件 8.1(1)附件 C.

提高"四个能力"专题研究*

胡锦涛总书记在致中国气象局成立60周年贺信中强调:"气象事业关系国计民生。随着全球气候变化加剧和我国经济社会快速发展,气象工作的作用日益突出,任务更加繁重。希望各级气象部门和广大气象工作者切实增强责任感和紧迫感,努力探索和掌握气候规律,大力推进气象科技创新,不断提高气象预测预报能力、气象防灾减灾能力、应对气候变化能力、开发利用气候资源能力,进一步推动我国气象事业实现更大发展,为全面建设小康社会、加快推进社会主义现代化提供有力保障,为改善全球气候环境、促进人类社会可持续发展作出积极贡献。"其核心就是通过推进气象科技创新掌握气候规律,不断提高"四个能力"。

提高"四个能力"要求我们准确把握"四个能力"的意义和内在要求,不断总结实践,动态分析"四个能力"的现状、差距,有针对性地明确提高"四个能力"的思路和任务。

一、提高"四个能力"的重要意义

在全面建设小康社会和社会主义现代化建设进程中,气象工作肩负着重要使命、承担着重要职责。特别是在我国处于重要发展战略机遇期和社会矛盾凸显期的新阶段,气象工作更加关系国计民生。

"四个能力"深刻反映了在当今国际国内形势深刻变化背景下我国经济社会发展全局对气象工作的新要求,是党和政府立足国际国内两个大局高度对发展中国特色气象事业提出的新要求。以提高"四个能力"为核心,全面提高气象服务保障能力对促进中国特色社会主义经济建设、政治建设、文化建设、和谐社会建设,对保障全面建设小康社会奋斗目标顺利实现和促进人类社会可持续发展具有重要意义,对实现新时期气象事业更大发展具有重要意义。

1. 提高"四个能力"是全面建设小康社会和促进可持续发展的迫切需要

(1)提高"四个能力"是保障人民福祉安康的迫切需要。在全球气候变化背景下,气象灾害呈频发、重发、影响大、预测难、造成损失大等特点,人民生命财产安全和经济社会发展面临的气象灾害风险越来越大。在频繁发生的灾害面前,各级党委政府和社会各界对提高气象灾害监测预报水平、完善预警信息发布机制、强化气象防灾减灾工作有了更为深刻的理

* 本报告完成于2011年。主要研究人员:顾骏强、朱玉洁、肖芳、汪金福、汪克付、张俊霞。

解，提出了更高要求。可以说，提高气象预报预测能力和气象防灾减灾能力，直接关系到各级政府、各个部门、社会公众防灾抗灾减灾的行动及其成效，直接关系到人民生命安全和社会和谐稳定，也直接关系到气象服务的质量和效益。今夏以来北京等大中城市暴雨的强度、频度和影响成为公众关注的热点问题，并由此引发了对政府责任、中国城市建设水平等诸多深刻讨论，就充分说明了气象灾害防御对于公众生活和政府工作的重要性和迫切性。

(2)提高“四个能力”是新形势下保障国家安全的战略选择。气候变化问题已经成为当今世界普遍关注的重大全球性问题，气候变化背景下极端气象灾害频发引起的国际粮价走高、金融市场波动、国际竞争加剧等连锁影响日益突出，对我国的发展道路和发展空间提出了严峻挑战，也对我国粮食安全、经济安全、能源安全、水资源安全和生态安全等带来了严重威胁。在应对气候变化问题上，我国既面临着国际谈判的外在压力，也面临着实现经济社会可持续发展的内在课题。如今年春季长江中下游遭遇罕见干旱就再度引发了国内外关于中国粮食安全和水资源及相关影响的热议，虽然我们在这样的条件下多措并举取得了夏粮“八连增”的好成绩，但农业生产和粮食安全所面临的气候风险确实越来越大。党中央、国务院高度重视应对气候变化工作，党的十七大提出了“加强应对气候变化能力建设，为保护全球气候作出新贡献”的战略任务。对于气象工作来讲，努力探索气候规律、掌握气候变化趋势，提高气候变化科学研究、决策咨询、影响分析和气候可行性论证能力，增强适应气候变化特别是应对极端气候事件能力，对于全面服务于应对气候变化国际谈判、在全球气候治理中赢得主动权和发言权，对于推动绿色经济、低碳经济和循环经济的发展都具有极其重要的作用。

(3)提高“四个能力”是加快转变经济发展方式的现实需要。加强能源节约和环境保护，积极应对全球气候变化，合理开发利用风能、太阳能等气候资源，既是加快转变经济发展方式、实现可持续发展的重要着力点，也是扩大内需、促进经济稳定增长的有效途径。我国气候资源丰富多样，开发利用的潜力巨大、需求迫切、前景广阔。做好气候资源普查、评估和分析，做好气候资源监测、预测和预报预警，对于推动能源生产和利用方式变革、能源多元和清洁发展，对于推动农业结构调整、发展现代农业，对于建设资源节约型、环境友好型社会和生态文明，都起着十分关键的作用。

综上，提高“四个能力”，是从我国经济社会发展全局角度也即气象外部环境角度对气象事业发展的新要求，进一步密切了气象与经济社会、内政外交的联系，进一步凸显了气象工作的全局性作用。

2. 提高“四个能力”是新时期推动气象事业实现更大发展的战略任务

关于提高“四个能力”的要求进一步明确了气象为经济社会发展和全人类可持续发展提供基本公共产品和有效公共服务保障的服务宗旨，坚持了公共气象的发展方向，与国务院3号文件关于气象事业发展的理念和要求一脉相承，是新时期实现气象事业更大发展的内在必然要求。

(1)“四个能力”进一步突出了强化公共气象服务和社会管理的要求

“四个能力”中的气象防灾减灾能力、应对气候变化能力和开发利用气候资源能力，主要是从气象服务的角度对新形势下公共气象服务重点发展领域的高度概括，反映了新形势下经济社会发展对更多更好公共气象服务产品的新期待，与国务院3号文件指出的"坚持公共气象的发展方向"的要求一致。而且，胡锦涛总书记的指示首次系统地提出气象工作国内国际两个方面的责任要求。他强调：不断提高"四个能力"，进一步推动我国气象事业实现更大发展，不仅在国内层面要为全面建设小康社会、加快推进社会主义现代化提供有力保障，而且在国际层面要为改善全球气候环境、促进人类社会可持续发展做出积极贡献。这就进一步强化了气象工作基础性公益事业的属性。

与《中华人民共和国气象法》、国务院3号文件[1]内容相比，提高"四个能力"的要求强调了气候、气候变化在气象工作中的战略地位；彰显了随着全球气候变化加剧和我国经济社会快速发展，气象工作作用的日益突出、任务的更加繁重，进一步丰富了气象工作的内涵和职能。而在气象工作全局性作用不断发挥和体现的过程中，气象工作的社会属性将不断增强，气象与社会的关联度将越来越高，这就必然要求气象主管机构加强对全社会气象事务的管理、增强统领全社会气象事业发展的能力。近年来，随着极端天气气候事件的频发和气象防灾减灾服务的加强，气象防灾减灾相关的社会管理职能也同步加强就是一个有力的明证。

(2)提高"四个能力"是对气象现代化内涵水平的新要求和具体化

实践证明，坚持气象现代化建设是推动我国气象事业发展的宝贵经验。国务院3号文件确定了到2020年要建成结构完善、功能先进的气象现代化体系，使气象整体实力接近同期世界先进水平，若干领域达到世界先进水平。何为结构完善、功能先进的气象现代化体系，如何衡量气象整体实力，总书记关于提高"四个能力"的指示给出了明确的指引。只有适应经济社会发展需求、能够支撑"四个能力"全面提高的气象现代化，才能称之为结构完善、功能先进的气象现代化。只有"四个能力"都与国际先进水平相接近，才能称之为气象整体实力接近了世界先进水平。

(3)提高"四个能力"与建设"四个一流"的本质要求相同

提高"四个能力"与实现"四个一流"从不同角度对气象事业的发展提出了要求，"四个能力"侧重于新形势下外部对气象工作的要求，强调了气象与外部之间的联系，尤其是着眼现阶段经济社会发展对气象服务的需求对气象工作提出了任务要求；"四个一流"侧重于对气象部门内部要求的角度，对气象现代化建设各方面的水平提出了目标要求。建设"四个一流"，为的是提供"一流的气象服务"；提高"四个能力"，为的是提升公共气象服务和社会管理的能力。两者虽然角度不同，但出发点和落脚点完全一致，归根结底都是"为经济社会发展和人民安全福祉提供一流的气象服务"。只有"四个能力"都达到了一流水平，才可以说"四个能力"得到了真正的提高。

综上，不断提高"四个能力"不仅是党中央国务院着眼经济社会发展大局从外部对气象事业发展的新要求，也是新时期推动气象事业科学发展、实现气象现代化宏伟目标的必然要求。提高"四个能力"需要气象部门和广大气象工作者不断增强责任感、紧迫感和行动力，但又非仅气象部门一己之力可以实现，需要气象部门以更开放的胸怀、更开阔的思路引导全社会多方之力共同推动。面向全社会，扎实提高"四个能力"必将不断开创气象事业科学发展

[1] 国发[2006]3号文件指出要积极开展应对气候变化研究，但对气象在国家应对气候变化中的定位作用相对较窄。

的新局面。

提高“四个能力”是一个动态的过程。在提高“四个能力”的实践中，我们只有不断总结新鲜经验，不断提高认识，不断明确新差距、新思路和新任务，才能稳步扎实地不断提高“四个能力”。

二、提高“四个能力”的指标框架

1. 气象预报预测能力的指标框架

气象预报预测是以大气科学理论为基础，以现代科学技术为支撑，基于地球系统的观测事实，对未来一定时间内大气变化过程与状况的预报预测和预估以及对人类生产生活、经济社会发展和生态环境可能产生影响的分析与预评估。

气象预报预测能力是气象事业科学发展的核心支撑力，是全部气象工作的生命线，也是气象防灾减灾能力、应对气候变化能力和开发利用气候资源能力以及强化公共气象服务和履行社会管理职能的基础。

提高气象预报预测能力是党和政府对气象工作的基本要求，其核心是提高气象预报预测的准确率，气象部门应当在提高气象预报预测能力中发挥主导和核心作用。根据气象预报预测科技和业务发展的内在规律以及公共气象服务与社会管理的现实需求，衡量气象预报预测能力的指标框架如下：

●科技层面：

以数值预报为核心的气象预报预测技术。气象预报预测技术是提高气象预报预测能力的关键。基于现代科学技术，特别是大气科学与技术发展的现状，提高气象预报预测能力必须大力发展以数值预报为核心以及多种资料和预报方法综合应用为支撑的预报预测技术。到2015年，实现以GRAPES为主体的全球/区域四维变分同化系统及GRAPES和T639数值预报系统的业务稳定运行；完成水平分辨率为45千米左右的新一代气候系统模式研发，模式性能接近2010年同期世界先进水平；完成以GRAPES系统为核心的新一代业务数值预报体系建设，建立四维变分同化和水平分辨率25千米的全球中期数值预报业务系统以及全球台风数值预报业务系统、全球集合预报业务系统；建立全国5千米分辨率的中尺度数值预报业务系统和区域2千米分辨率三维变分同化/云分析的快速分析预报系统；全球数值天气预报系统卫星遥感资料占所同化观测资料总量的80%以上，模式水平分辨率达到25千米，垂直分层70层，模式层顶扩展至整个平流层（至50～60千米），北半球可用预报天数达到7.5天以上。

以自动化为基本要求的综合气象观测系统。综合气象观测系统是大气科学研究和气象预报预测业务的基础。提高气象预报预测能力必须优先发展布局科学、结构合理、运行稳定可靠的综合气象观测与信息传输网络系统以及气象资料综合分析与应用系统。到2015年，形成地基、空基、天基观测有机结合，优势互补，布局合理、自动化程度高、运行稳定、保障有力、基本满足需求的综合气象观测系统；完善国家气候观测网、国家天气观测网、区域气象观测网和专业气象观测网；国家、省、台站三级数据质量控制业务基本建立，实现全过程质量控制；多种观测数据融合处理能力得到加强，数据产品质量明显提高。

面向不同行业与领域的专业气象预报技术。面向国民经济和社会发展重点行业与领域的专业气象预报预测是气象预报预测的重要组成部分，也是气象科技长入经济和社会发展的重要技术支撑。提高气象预报预测能力必须切实加强专业气象预报预测技术。

基于多学科基础理论和新技术的应用研究。大气科学基础研究、多学科基础理论与不同领域的新技术在大气科学中应用研究及其气象预报预测业务中的应用开发是提高气象预报预测能力的基础科技支撑。提高气象预报预测能力必须吸收多学科基础理论成果，凝聚相关院、校、所力量深入研究气候系统五大圈层相互作用规律和大气环流、多时空尺度天气系统演变及其相互作用规律、气象灾害发生机理；强化不同领域的新技术、新方法在预报预测业务中的应用。

●服务层面：

气象预报预测产品。气象预报预测产品是气象预报预测能力的集中体现。提高预报预测能力最根本的目的是要制作不断满足各类需求的，准确、精细、专业化的气象预报预测产品，根据公共气象服务需求，基本可分为三大类：基本气象预报预测产品、气象监测预警产品和专业气象预报预测产品。到2015年，气象要素预报、定量降水预报和灾害性天气落区预报的精细化和准确率进一步提高；以灾害性天气为主要内容的天气监测分析和预报警报业务得以完善，预报的提前量和准确率得到有效提升；基本建立针对月、季内强降水、强变温等事件的预测和关键农事、重大活动期间的气候预测业务，月、季气候预测准确率在21世纪前10年基础上提高3%～5%。

气象服务公众评价。社会公众对气象服务的评价是气象预报预测准确率、精细化和专业化水平等最基本、最现实的反映。因此，公众对气象服务的满意度也是衡量气象预报预测能力的重要指标。到2014年，公共气象服务信息覆盖率达到95%以上，气象服务公众满意度达到90%以上，气象防灾减灾效益显著提高。

●管理层面：

气象预报预测科技人员队伍。预报预测科技人员队伍是气象预报预测能力的重要因素。掌握多种资料和预报技术综合运用的专家型预报员队伍以及掌握现代气象观测和质量控制技术的综合气象观测队伍是提高气象预报预测能力的智力保障。到2015年，预报员队伍的规模适当增加，专家型预报队伍基本形成，预报员应用数值预报产品诊断分析能力和综合分析应用多种资料的能力明显提高。

气象预报预测业务技术管理。气象预报预测能力的核心支撑是科学技术，最重要的因素是预报员队伍，但是，科学合理的气象预报预测业务布局，集约化的业务流程，规范高效的业务管理制度也是提高气象预报预测能力十分重要的保障。到2015年，初步建立布局合理、功能完整、技术先进的现代天气业务；建立具有核心技术、布局合理、功能完善的现代气候业务；初步实现天气业务技术和支撑手段的现代化，业务流程的合理化，业务产品的精细化以及业务分工的专业化。

综合气象观测业务技术管理。加强气象探测环境保护、提高气象观测装备标准化和现代化是保证气象观测资料准确性、连续性的关键环节。到2020年,气象综合观测的自动化程度和时空分辨率以及观测精度高;专业气象观测规范、技术标准和业务流程健全,气象观测针对性显著提高,与相关部门的气象观测数据共享机制建立,针对相关行业专业气象保障需求的气象观测系统基本形成;建立各类气象技术装备保障体系。

2. 气象防灾减灾能力的指标框架

气象防灾减灾是指预防和减轻天气、气候异常和变化对生命与财产、生产与生活、经济与社会、生态与环境等带来的不利影响或灾难。

气象防灾减灾能力是政府保障经济社会发展和人民生命财产安全、改善民生的基础能力,是政府公共服务职能的重要内容,是政府管理能力和水平的重要体现。气象防灾减灾是全社会共同的责任。

提高气象防灾减灾能力更多体现为气象服务能力和相关社会管理能力的提升,不仅是对科技的要求,更是对服务与管理的要求。我国是世界上遭受气象灾害损失最严重的少数国家之一,气象工作的性质和责任决定了气象部门处于气象灾害应急处置链条的上游,气象部门在提高气象防灾减灾能力中应发挥决策支撑和推动作用。从气象灾害发生机理以及气象防灾减灾的要求出发,对气象部门而言,衡量气象防灾减灾能力的指标框架如下:

●科技层面:

气象灾害监测预警技术。气象灾害监测预警技术是提高防灾减灾气象应急服务能力的基础。提高气象防灾减灾能力必须大力发展暴雨(雪)、台风、干旱、沙尘暴等气象灾害及其次生、衍生灾害的监测预警技术,切实提高气象灾害监测的准确性、分辨率和时效性。到2020年,与"十一五"期间相比,气象灾害造成的人员伤亡率减少50%以上,气象灾害造成的经济损失占国内生产总值的比例降低50%。

气象灾害风险评估技术。气象灾害风险评估技术是提高气象灾害风险管理能力的核心技术。提高气象防灾减灾能力必须加强产生气象灾害的临界气象条件、分析临界气象条件出现概率、调查评估承灾体的易损性等气象灾害风险评估技术研究。

气象灾害规律基础研究。提高气象防灾减灾能力必须加强灾害性天气、气候异常等形成机理与规律以及致灾机理的基础科学研究,把握气象灾害发生、发展规律,从而提高科学防御气象灾害的能力。

●服务层面:

气象灾害监测预警。气象灾害监测预警是气象防灾减灾的"消息树"和"发令枪"。提高气象防灾减灾能力必须加强气象灾害监测预警信息发布,切实提高气象灾害预警信息发布的准确性、时效性和覆盖面。到2015年,灾害性天气预警信息提前15—30分钟以上发出,气象灾害预警信息公众覆盖率达到90%以上。到2020年,建成功能齐全、科学高效、覆盖城乡和沿海的气象灾害监测预警及信息发布系统,气象灾害监测预报预警能力进一步提升,预警信息发布时效性进一步提高,基本消除预警信息发布"盲区"。

气象灾害应急服务。应急气象服务是气象防灾减灾科学决策和应急处置的重要科技支撑。提高气象防灾减灾能力必须强化气象灾害应急处置全程跟踪服务以及突发公共事件、重大活动的应急气象服务，并着力加强脆弱区域、重点行业、重要设施、关键人群的气象灾害应急服务。

气象灾害风险管理。气象灾害风险管理是气象防灾减灾的重要环节。提高气象防灾减灾能力必须强化气象灾害风险管理，依法履行气象部门政府管理职能与气象灾害风险管理职责，在源头上加强对重大规划、重大项目与工程建设气象灾害风险评估和论证，强化对气象灾害防御工程性与非工程性措施的管理与监督，以最大限度地规避气象灾害风险，防患于未然。

●管理层面：

跨行业气象防灾减灾专家队伍。气象防灾减灾效益的发挥和科学组织，有赖一支跨学科专业的气象灾害防御专家队伍，这支队伍不同于气象预报预测队伍，但要有一定的预报预测基础知识。

气象灾害应对防范与应急管理。气象灾害应对防范与应急管理是气象防灾减灾重要基础和组织保障。提高气象防灾减灾能力必须加强气象灾害监测和预警信息发布系统以及避险设施等建设，提高气象灾害信息收集、分析和判断水平；建立健全“政府主导、部门联动、社会参与”的气象灾害防御体系；充分发挥社会力量在灾害防范与救助体系中的作用；加强气象防灾减灾科普宣传等。到 2020 年，完善“政府领导、部门联动、社会参与”的气象灾害防御体系，建设一批对国计民生具有基础性、全局性和关键性作用的气象灾害防御工程，减轻各种气象灾害对经济社会发展的影响。

气象防灾减灾科学普及与宣传。面向公众普及防御气象灾害等科学知识，对进一步提升气象灾害预警信息传播效果和提升公众防灾避灾水平具有很强的现实意义，也是提升气象防灾减灾能力的内在要求。到 2015 年，基本构建起内外联合、上下联动、资源共享、管理顺畅的气象科普工作新格局，基本实现气象科普业务化、常态化、社会化、品牌化。

气象防灾减灾法制与社会管理。气象防灾减灾法制是气象防灾减灾的基本保障。提高气象防灾减灾能力必须加强法制建设、编制防御规划、健全气象灾害应急预案等，加强气象灾害防御社会管理，依法开展气象防灾减灾活动。力争通过 10 年或更长时间，编制修订出台 1 法 3 条例：《气象灾害防御法》《气象灾害风险管理条例》《雷电灾害防御条例》《气象灾害预警信息发布与传播管理条例》。

3. 应对气候变化能力的指标框架

应对气候变化能力是指针对气候变化引发的政治、经济、社会、资源、环境、安全、科技、文化等问题的应对决策力，综合反映一个国家或地区政府保护气候环境、规避气候风险、促进科学发展的管理与决策水平，也反映社会管理主体引导社会公众适应气候变化影响、促进人与自然和谐、实现可持续发展的能力。

“气候变化既是环境问题，也是发展问题，归根到底是发展问题。这个问题是在发展进程中出现的，应该在可持续发展框架下解决。”应对气候变化是一项系统工程，需要从经济社会发展全局出发统筹考虑。气象部门作为科技型基础性社会公益事业单位，在应对气候变化工作中应发挥科技支撑和引领作用，现阶段应对气候变化的气象服务主要是做好决策服务。根据《联合国气候变化框架公约》、政府间气候变化专门委员会(IPCC)对气候变化的定义,以及《中国应对气候变化国家方案》《中国应对气候变化的政策与行动》,《中国气象局应对气候变化发展规划(2011—2015年)》(讨论稿),根据气象部门在国家应对气候变化全局中的角色定位,在科技、服务、管理三方面衡量应对气候变化能力主要指标框架如下。

●科技层面:

气候变化监测检测技术。气候变化监测主要回答气候变没变、变了多少等问题,气候变化检测则要回答气候变化的原因是人类活动因素还是自然因素。气候变化监测、检测技术是应对气候变化基础性、关键性技术,是应对气候变化工作的全部基础。通过发展气候变化监测、检测技术,建立中国区域及我国各主体功能区降水和温度百年标准序列,建立中国区域降水和温度千年标准序列,具有分离气候自然变化和人类活动影响的能力。完善区域大气本底站功能,开展区域温室气体本底观测。

气候变化预估技术。气候变化预估主要回答不同情景下未来的气候状况,是制定应对气候变化政策的重要依据。气候变化预估技术是应对气候变化的核心技术之一,通过大力发展我国气候变化预估技术,使气候系统模式在IPCC评估报告中整体性能位居中等水平,模式模拟中国气溶胶对气候作用的不确定性改进50%。气候变化预估作为国家经济社会长远发展的科学依据,并在国际上(包括IPCC评估报告)得到体现。

气候变化影响评估技术。气候变化带来的影响是什么,这是决策者和公众最为关心的问题,是气候服务的关键环节。气候变化影响评估技术是适应气候变化的重要支撑。自主开发建立一批定量评估模型,联合有关部门,全面开展气候变化对农业、能源、水资源、交通、生态系统、人类健康、海岸带开发和经济布局等的影响评估工作,评估水平接近世界先进水平。研制气候变化影响综合评估工具和方法,评估气候变化对敏感行业和脆弱地区的影响和适应对策选择。分析适应、减缓措施与可持续发展的相互作用和协同效应。

●服务层面:

气候风险管理。气候风险管理是指社会利用气候信息减少和转移气候相关风险,对气候风险进行管理的一种方式,其目的是通过一系列管理措施应对气候变化所造成的各类风险,以促进社会经济的可持续发展。气候风险管理行动涵盖范围广泛,包括:早期预警响应,多样化的适应发展战略,动态的资源分配规则,金融响应机制,基础设施的灾害风险可行性论证及气候风险相关的能力建设等。通过气候风险管理服务,及时提供明确的、实用的从季节尺度到年代际尺度的气候预测,在国家发展规划、气候机遇和风险管理等方面发挥关键作用。

全民气候变化科学普及。应对气候变化是一项影响深远、涉及面广的工作,需要全民的参与和自觉行动。通过强化全民气候变化科学普及,提高公众对气候变化工作的理解和认识,增强公众低碳生活、绿色发展意识和极端天气气候灾害应急防范的意识。

应对气候变化决策服务。开展节能减排效果评估,积极参与温室气体排放清单编制,为我国能源结构调整、土地利用、经济布局、农业发展和海岸带开发提供决策支撑。构建中国气候服务框架,强化气候变化适应能力。跟踪国际动态,为国际和多边谈判提供科技支撑。针对气候变化热点问题,提供高质量决策咨询服务。

●管理层面：

业务技术体制。应对气候变化业务技术体制更加完善，国家一区域一省三级业务分工更加合理，科研—业务—服务一体化运行机制更加高效，国家级、省级应对气候变化机构健全，职能、作用得到充分发挥，气象部门的整体优势与合力得到充分体现。

气候变化技术标准。充分发挥全国气候和气候变化标准化委员会的作用，建立和完善气象标准体系，有效发挥气候变化法规和标准化工作的技术支撑和技术保障作用。发挥WMO温室气体标校中心（设在中国气象科学研究院）的职能作用，制定温室气体观测国家标准，强化温室气体观测活动的社会管理。

发布气候变化权威声音。发挥国家应对气候变化领导小组成员单位、国家应对气候专家委员会挂靠以及政府间气候变化专门委员会（IPCC）国内牵头组织单位的作用，综合分析气候变化问题，回答对气候变化事实、规律、原因及影响结果等问题，以相对固定、规范的形式定期发布系统认识和决策建议，引导社会舆论和公众行动，强化我国国际话语权的科学基础。

4. 开发利用气候资源能力的指标框架

开发利用气候资源是指在生产和生活活动中，利用风、光、热、云水等气候要素中的物质和能量的过程。开发利用气候资源能力既是增强开发利用大气可再生资源的能力，也是致力于改善和保护自然气候环境的能力，反映了大气科学理论与现代技术在资源开发和环境保护领域交融应用的水平，是气象长入经济的重要途径。开发利用气候资源能力是气象科技转化为现实生产力的重要标志，是推动转变经济发展方式的重要举措。

气象部门在提高开发利用气候资源能力中应发挥先导作用，现阶段主要是决策服务和能源行业服务能力以及相关行业管理。根据《可再生能源发展"十二五"规划》（征求意见稿）、《风电场功率预测预报管理暂行办法》，结合国务院3号文件确定的战略目标，根据中国气象局工作职责及气象部门在开发利用气候资源工作中的角色定位，衡量开发利用气候资源能力在科技、服务、管理三方面的指标框架如下。

●科技层面：

农业和生态气候资源监测预报与评估技术。立足于现代农业发展和生态环境保护的要求，发展专业化的观测技术与装备，布局和完善重点地区、关键区域农业和生态气候资源观测站网，结合卫星遥感滚动监测，发展具有针对性的监测与评估技术，客观掌握农业气候资源和生态环境的状况和动态，形成具有实时监测、动态评估的业务能力。本着趋利避害的基本原则，融合相关学科和技术，发展农业和生态的气象预报服务技术，尤其注重发展农业气象灾害预报技术，构建贯穿农业生产全过程气象预报业务系统，形成覆盖农业和生态主要区域气象条件预报及其影响与评估的服务能力。

风能太阳能监测预报与评估技术。风能太阳能资源专业观测网的布局和功能可有效支撑相关技术研发和业务服务工作，加快建设太阳能资源专业观测网，密度平均达到2万平方千米左右，完善风能资源观测网。为保障风电、光电充分利用及电网安全，必须对风力和太阳能发电量做出准确预报，发展数据资料同化技术、边界层模式与中尺度模式耦合技术、辐射传输模式与中尺度模式耦合技术，风能预报空间分辨率达到百米级、太阳能预报空间分辨率达到千米级。日预报时效达到72小时、实时预报达到4小时，预报时间间隔15分钟，预报准确率达到85%以上。利用地基、天基气象观测网，发展风能太阳能资源评估技术，实现资源演变的动态评估，形成具有开发利用指导意义的精细化区划。

人工增雨(雪)技术。人工增雨(雪)是空中云水资源开发利用的重要方式，人工增雨(雪)技术是空中水资源开发利用的关键技术。通过发展人工增雨(雪)技术，实现人工影响天气监测水平的专业化和现代化，实现高性能飞机的广泛应用，功能先进的数值模式广泛应用于人工影响天气作业设计、作业指导和效果检验。数值模式在作业对象的预报、作业条件的识别及作业过程的科学指导等各个环节起着非常重要的作用。

●服务层面：

精细化气候资源区划。气候资源区划成果是气候资源开发利用的重要指南，是开发利用气候资源气象服务的重要内容。发展基于高分辨数值模拟和多种观测手段的现代气候资源调查评估技术，建立气候资源数据库，研发农业、生态、林业等特种气候资源精细化区划指标体系，开展精细化农业和生态气候资源，林业、山地、海洋等气候资源调查评估，完成第三次全国气候区划，气候资源区划成果在国家总体功能区划及国家和地方发展规划中被引用，农业和生态气候资源精细区划在社会主义新农村建设和生态建设中发挥重要作用。

风能太阳能开发利用气象服务。风能太阳能开发利用气象服务既是开发利用气候资源、减缓气候变化的需要，也是气象长入经济、发展气象信息产业的重要举措。以风能太阳能精细化评估和预报为基础，大力开展风能太阳能开发项目选址、工程气象参数设计、设备选型气象服务，全面开展风能太阳能发电并网气象服务，50%以上的风电场和光伏电站发电量预报使用气象部门的数值预报产品。

空中云水资源开发利用。空中云水资源是重要的气候资源，通过转变人工影响天气业务发展方式，从防灾减灾作业为主，转向防灾减灾作业与开发利用资源性作业并重，大力开展空中云水资源开发利用气象服务。开展全国大气云水资源及其开发利用潜力的详细调查和科学评估工作。在生态环境和重点干旱区建设国家级空中云水资源开发利用试验基地，开展综合外场观测试验。人工增雨作业基地覆盖全国重要水源区。

●管理层面：

业务技术体制。进一步深化业务技术体制改革，实现服务机构实体化、服务队伍专业化、服务业务集约化，打造专业化服务团队，建立以专业团队为纽带的业务分工和业务布局。

气候资源社会管理。发挥“统一规划全国陆地及海上气象探测、气象台站网、气象基础设施和大型气象技术装备的发展和布局”、“组织指导气候资源开发利用和保护”以及“中国(亚洲二区协)标准辐射仪器比对基地”(挂靠中国气象局气象探测中心，比对基地设在云南丽江)的职能和作用，加强气候资源观测活动的审查、观测资料汇交及审核。履行《中华人民共和国气象法》赋予的“组织对大型太阳能、风能等气候资源开发利用项目进行气候可行性论证”的社会职能，不断完善运行机制，全面开展气候资源开发利用项目的气候可行性论证。

气候资源开发利用法制建设。发挥“组织指导气候资源开发利用和保护”、“归口管理人工影响局部天气工作”的职能和作用，加强气候资源开发利用和保护法律法规、部门规章和技术标准建设，进一步完善以《中华人民共和国气象法》为主体的气象法规体系，促进气候资源开发利用和保护的规范化、科学化。

三、提高“四个能力”的基础

1.“四个能力”的主要进展

新中国成立60年来，特别是改革开放以来，在党中央、国务院的关心和关怀下，我国气象事业发展取得了举世瞩目的伟大成就。党的十七大以来，全国气象部门深入贯彻落实科学发展观，认真贯彻落实国务院3号文件和中央领导同志的重要指示精神，坚持不懈地推进现代气象业务体系、气象科技创新体系和气象人才体系以及气象文化建设，着力强化公共气象服务和社会管理，“四个能力”建设取得了新进展。

(1)气象预报预测能力的主要进展

提高气象预报预测能力是现代气象业务体系建设的着力点，提高气象预报预测准确率、精细化和专业化水平始终是气象工作的不懈追求。近年来，中国气象局出台了《关于发展现代气象业务的意见》(气发〔2007〕477号)、《现代天气业务指导意见》(气发〔2010〕1号)、《现代气候业务指导意见》(气发〔2011〕1号)等对气象预报预测发展具有重要意义的文件，切实加强数值天气预报模式研发，积极稳妥推进精细化预报、短临预报改革试点，强化极端天气气候事件监测预报业务系统开发和推广应用，有效地促进了短时临近和台风路径等预报水平的提升。台风24小时和48小时路径预报、沙尘暴数值预报、人工影响天气作业等某些领域达到世界先进水平。气象预报预测能力的不断增强有力地支撑和促进了公共气象服务服务水平的提升，社会公众对气象预报服务的满意率达到了85.6%。

我国预报预测能力发展基本情况

我国自主研发的全球和区域数值天气预报模式系统中期天气预报可用时效达到7天，分辨率达到30千米。

初步建成了国家、区域、省、市、县分工配合、逐级指导的预报预测体系。近几年，国家和省级月气温、降水趋势预测准确率分别为73.9%、57.3%；夏季降水趋势预测准确率69.7%；2010年，全国分县24小时最低、最高气温预报准确率分别为73.0%、68.0%；24小时晴雨预报准确率为86.8%。

初步形成了具有中国特色的动力与统计相结合的短期气候预测业务体系，使我国成为世界上少数几个能利用气候预测模式制作气候预测产品的国家之一。2006—2009年平均汛期降水气候预测准确率为72%。

气象预报预测的覆盖领域不断延伸，涵盖范围不断拓展，时空分辨程度不断细化，气象预报预测正在继续向无缝隙、精细化和定量客观化方向发展。

我国综合气象观测与资料应用基本情况

我国已基本建成以气象部门为主体，民航、水利、农垦、兵团、盐业、林业、海洋等部门气象台站为补充的，由气象卫星、新一代天气雷达网、闪电定位监测网、自动气象观测系统等组成的比较现代化的综合气象观测系统。

气象卫星已跻身国际先进行列，实现了极轨气象卫星的换代和上下午星组网观测，最高空间分辨率达到250米，静止气象卫星实现了双星运行、在轨备份，可以提供15分钟一次的高频次观测资料。形成了由164部新一代天气雷达组成的、覆盖全国重点地区的天气雷达观测网，实现了每6分钟一次的数据实时传输和联网拼图。

国家级气象观测站点达2419个，仅气象部门各类自动气象观测站就已达34427个，自动化观测站每5分钟或10分钟观测一次。

欧美综合气象观测基本情况

美国在20世纪90年代中期就建成了自动地面观测系统(ASOS)，完全取代人工观测，从1998年开始设计和建设国家气候基准网(USCRN)，建成了由159部多普勒天气雷达和134部常规雷达组成的雷达观测网，实现了静止卫星"东西双星"业务观测模式，观测时间分辨率提高到15分钟，实现了极轨卫星上、下午星组网观测。美国目前已有18个部门1000个站组成的GPS/MET网。

英国气象局在20世纪七八十年代逐步实现了气象观测的自动化，只保留了少数几个有人值守的综合气象观测站。

欧美气象卫星综合应用水平较高，卫星观测资料在数值预报模式同化中占有的比例已达90%以上。发达国家将商用飞机的气象观测资料下传，能实时获得这些资料并同化进入数值天气预报模式。

气象预报预测业务技术：构建了以数值天气气候模式为基础的专业化预报预测业务技术体系，数值预报研发和业务应用水平逐步提高，天气气候业务能力明显增强。2009年，全球中期数值天气预报系统由T213L31升级到T639L60，使我国的业务数值预报系统上了一个新台阶；我国自主研发的GRAPES全球中期数值预报模式系统于2009年投入准业务运行，标志着新一代数值预报模式进入到业务试用的关键阶段。开展了精细化的气象要素预报和定量降水落区预报业务，初步建立了灾害性天气的实时监测、短时临近预警和短期落区预报业务，全国统一的短时临近预报系统平台(SWAN1.0)在全国省级气象台站得到广泛应用；数值预报解释应用业务系统(MEOFIS)开始在部分省级气象台应用。专业气象预报技术开发得到重视，尤其是农业气象服务和农村气象灾害防御工作取得重要突破。空间气象保障工作扎实推进。

综合气象观测与气象资料综合应用。建成了具有国际先进水平、比较完善的地基、空基、天基相结合的综合气象观测系统和信息网络系统，综合气象观测能力、极端天气气候事件监测能力和资料处理应用能力进一步提高；不断优化完善综合气象观测系统布局，加强、规范和优化行业气象设施建设，强化气候观测系统以及面向农村、沿海、海洋、重要流域、易灾地区的气象监测能力建设；不断推进环境、海洋、水文等数据资料的共享共用。观测系统的改进和资料应用能力提升为近年来气象预报预测能力的提高做出了重要贡献。

面向不同行业领域的专业气象预报技术。农业气象服务和农村气象灾害防御体系建设取得显著进展；建立长江、黄河、淮河等大江大河以及中小流域水文气象机构或组织，水文气象预报技术明显改进；交通、能源、海洋、旅游、卫生等重点行业的专业气象预报业务不断取得新进展。

气象预报预测理论应用研究与科技创新。初步建成了由国家级和省级气象研究机构、气象业务单位，气象实验室以及气象相关高校和科研院所为主体组成的气象科技创新组织体系[2];制定了天气、气候、应用气象、综合气象观测四大研究计划,组织实施了一批重大科研项目;在台风、暴雨等监测与预测理论,短时临近预报技术、数值预报、气候监测和预测等方面的基础研究和应用研究得到加强[3]。

气象预报预测与气象观测业务技术管理。面向发展需求不断完善气象预报预测业务技术体制,优化了现代天气气候业务布局,加强了以集约化为目标的天气气候业务流程改革和建设,积极推进了国家级专业化业务中心建设,完善了科研开发和业务建设的考核评价机制及天气气候预报预测质量的考核评估管理体系,建立了较稳定的气象预报预测科研业务投入机制等。采取多种措施加强预报员队伍建设,中央台和省台骨干预报员上下交流互访、省以上预报员轮训等措施产生了积极作用。注重加强首席预报员队伍建设,建立了中国气象局首席预报员制度,开展了专家型预报员团队的建设;各省气象台也设立了首席预报员岗位。目前,已初步形成了一支以国家级首席和省级首席为主的骨干预报员队伍,成为进一步提高天气预报准确率的中坚力量。

(2)气象防灾减灾能力的主要进展

长期以来,在党和政府的高度重视下,气象部门扎实工作,不断强化面向农业农村、工业、交通、环保、水利、国土、卫生、海洋、旅游等重点领域的气象防灾减灾能力建设,气象防灾减灾能力不断提高。气象服务经济社会的效益进一步显现,近五年气象灾害造成的直接经济损失占 GDP 比率为 1.05%,2010 年因雷击造成的人员死亡数比 2007 年降低了 61%,气象投入产出比已达 1∶50。

应急预案体系方面:目前,全国已有 30 个省(区、市)印发地方政府气象灾害专项应急预案,全国地(市)、县政府出台气象灾害应急预案 1396 个。

气象灾害预警信息覆盖率:到 2010 年底,气象灾害预警信息覆盖率达到 82.3%。

气象灾害预警信息发布手段:2006 年 5 月,创办了中国气象频道,每天 24 小时滚动播出气象信息;中国天气网最高日访问量超过 1200 万;目前,全国接收手机短信气象服务的用户超过 9000 万,每天有 10 亿人次接收气象信息服务;常规气象信息覆盖率目前达 95%以上。

部门合作、省部合作方面:建立了由交通运输部、农业部等 24 个部委参加的气象灾害预警服务部际联络员会议制度;浙江、安徽、湖北、重庆等省(市)气象部门也建立了联络员制度;中国气象局与农业、国土、旅游、交通等多个中央部门以及上海、广东、湖北、吉林等多省(市)人民政府签署合作协议,建立了合作机制。

基层气象防灾减灾方面:全国基层气象防灾减灾队伍总数达 43.7 万余人,乡村气象信息服务站达 2.2 万余个,覆盖了全国 85%左右的农村地区;加强基层设施建设,在乡村建立了 10 万个高音预警喇叭、5 万个左右的电子显示屏等。气象部门依托自身优势建立农村经济信息网,已覆盖 31 个省(区、市)的 270 多个地(市)和 1300 多个县。

气象防灾减灾科普宣传:323 世界气象日开放活动在全国已成品牌,利用“三下乡”、“科技周”等活动把基本的气象防灾减灾知识印成小册子向农民、居民等社会公众进行防灾减灾的科普宣传。

---

[2] 形成了由中科院大气物理研究所、中国气象局“一院八所”、省级气象科研所和国家重点实验室、10 个部门重点实验室、一批共建的联合重点实验室、研究中心和工程中心等构成的气象科研与开发体系。

[3] 自 2006 年以来,共有 7 项气象科技成果获得国家级科技奖励,其中“风云二号气象卫星及地面应用系统”获得国家科技进步一等奖。

气象防灾减灾体系建设。初步建立了“政府主导、部门联动、社会参与”的气象灾害防御体系，2007年召开的全国气象防灾减灾大会对推动全社会合力提高气象防灾减灾能力具有里程碑意义。截至2010年底，全国24个省的43个县出台了县级气象灾害防御规划，浙江省出台了《浙江省气象灾害防御规划(2010—2020年)》；31个省(区、市)政府出台了加强气象灾害防御体系建设的专门文件或召开了专题会议部署气象防灾减灾工作。气象灾害预警服务部(局)际联络员会议制度逐步建立，部省合作、局地合作推进气象防灾减灾的机制逐步见效，气象防灾减灾社会参与不断深入。

气象灾害应对防范基础建设。近年来，中国气象局出台《中国气象局关于加强农业气象服务体系建设的指导意见》《中国气象局关于加强农村气象灾害防御体系建设的指导意见》，为农服务两个体系建设不断取得新成效。以山西等试点省国家突发公共事件预警信息发布平台建设为突破口，积极推进国家突发公共事件预警信息发布平台建设。建立健全多种手段综合运用、多种渠道相辅相成、覆盖城乡社区的立体化信息发布体系。加强基层设施建设，浙江、安徽等地探索发挥社会力量和金融保险机构在灾害救助体系中的作用，提高全社会应对和防范气象灾害的能力与水平。

气象灾害监测预报预警与信息发布。日前国务院办公厅专门印发《关于加强气象灾害监测预警及信息发布工作的意见》(国办发〔2011〕33号)，气象灾害监测预报预警和信息发布能力不断提高。在全国建成了以广播、电视、互联网、手机短信、电子显示屏、气象频道等为载体的气象灾害信息发布系统。气象服务信息发布平台不断优化。气象灾害预警信息覆盖率达82.3%。

气象灾害风险管理。组织开展了历史气象灾害普查和气象灾害风险区划、防御规划，推进多灾种早期预警机制建设，不断强化以雷电灾害风险评估、防雷设施安全监测为重点的气象灾害风险管理，依法开展重大规划、重大工程建设(特别是核电)气象灾害评估与论证。

气象灾害科学研究与技术开发。在极端天气气候事件发生规律与机理，气象灾害分布规律与致灾机理、风险评估技术、预报预警技术、技术支撑平台以及农业气象灾害等方面实施了一批重大科技项目；卫星、遥感、通信等技术在气象灾害应对过程中发挥了重要作用。

气象防灾减灾科学普及。中国气象局专门成立了“科普工作协调小组”并下设科普工作办公室，统一规划和部门联动机制不断完善；各地气象学会分会相应建立了科普工作机构，并组织起一支专兼职相结合的气象科普队伍。气象科普工作面向农村普及气象知识和气象适用技术，举办了全国农业资源区划展气候资源展区，编写出版了《气象知识丛书》《应用气象丛书》《各行各业用气象》等科普书籍。全国各地气象部门每年面向中小学生，利用报告会、参观、校园气象站、专门材料编写等方式开展了大量富有成效的气象科普宣传活动，受到各地教育部门的欢迎。结合世界气象日、全国科技活动周、全国科普日、全国减灾日等主题，形成一系列气象科普品牌，形式不断创新。世界气象日开放活动、气象科普教育基地建设、气象夏令营、“我为台风起名字”、“气象防灾减灾宣传志愿者中国行”等活动影响不断扩大。全国各地气象部门积极争取部门和社会资源，利用气象台站、雷达站等场地，建设各类气象科普馆、科普宣传教育基地。有不少单位积极参与地方各类综合科技(科普)馆的建设，将气象科普内容纳入其中。

气象防灾减灾法制建设。近年来，国家陆续出台了《气象灾害防御条例》《国家气象灾害防御规划》《国家气象灾害应急预案》《国务院办公厅关于进一步加强气象灾害防御工作的意见》（国办发〔2007〕49 号）和国办发〔2011〕33 号文，中国气象局积极落实各项法律法规要求，依法行政，使气象防灾减灾逐步走向规范化、制度化和法制化，并通过实践的总结，促进法律、法规和规章的不断完善。气象防灾减灾社会管理工作不断增强。

（3）应对气候变化能力的主要进展

党的十七大提出了“加强应对气候变化能力建设，为保护全球气候做出新贡献”，应对气候变化已经成为社会共识。作为负责任的发展中大国，中国政府积极采取措施，致力于全方位提高应对气候变化能力，编制《气候变化国家评估报告》，发布《中国应对气候变化国家方案》。作为国家应对气候变化的基础性科技部门、IPCC 国内牵头部门和国家气候委员会挂靠部门，中国气象局高度重视气候变化应对工作，不断强化气候变化科学研究、监测分析、预测预估、影响评估、决策服务等多方面工作，并且越来越重视在适应气候变化特别是防御极端气象灾害和利用气候资源方面发挥作用，在国家应对气候变化内政外交格局中发挥重要作用。

积极参与国家相关工作：近年来，在日趋激烈的国际气候变化外交中，中国气象局积极参与《联合国气候变化框架公约》国际谈判；积极组织协调 IPCC 国内工作，完善政府间气候变化专门委员会（IPCC）相关部门联络员制度。

应对气候变化科技支撑作用不断增强：中国科学家参与 IPCC 评估工作的人数逐次增加（图 1），中国气象局局长郑国光任 IPCC 中国的常任代表，秦大河院士任 IPCC 第一工作组的联合主席。为《中国应对气候变化国家方案》和《气候变化国家评估报告》提供支撑。制定了气候和气候变化业务发展规划，印发了《关于发展现代气候业务的指导意见》。注重加强科技支撑和开放合作，初步建成了中国气候观测系统和多圈层耦合的新一代气候系统模式。开展了气候变化对全国重点区域以及粮食安全、水资源安全、生态安全和重大工程等方面的影响评估。2009 年启动了“气候变化应对决策支撑工程”项目，构建国家—省级—地区业务交流平台，明显改善基础科研条件。

应对气象变化工作机制不断完善：发起并组织成立了国家气候变化专家委员会，积极参与国家应对气候变化领导小组工作，加强部门间交流与合作。

应对气候变化决策服务能力不断提高：围绕气候变化热点问题积极开展科学分析，为制定我国应对气候变化内政外交政策提出决策建议，如 2010 年中国气象局向国家和有关部委报送气候变化相关决策咨询材料近 20 份。

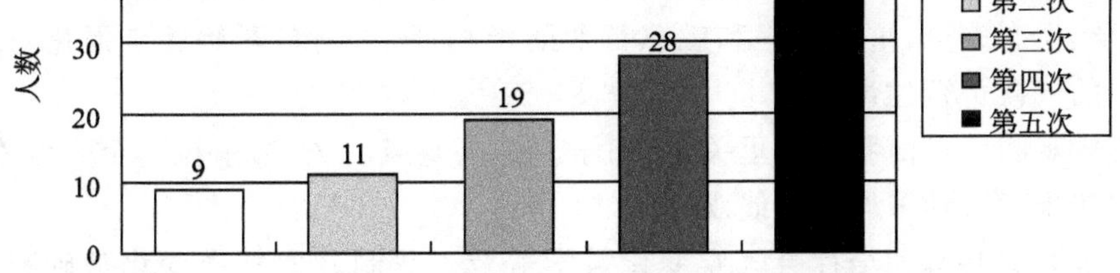

图 1　历次 IPCC 报告中国作者人数

省级应对气候变化能力方面：各省(区、市)都成立了应对气候变化领导机构，其中，内蒙古等13个省(区、市)气象局成为地方政府气候变化领导小组办公室主任或副主任单位；各省(区、市)气象局均参与了地方应对气候变化方案的编制工作，其中，青海等14个省气象局牵头编写方案；多个省(市)气象局参与了五省八市低碳省区和低碳城市试点工作；2010年全年各省(区、市)共报送80份决策咨询报告，有29份得到了省部级地方领导的批示(图2)。

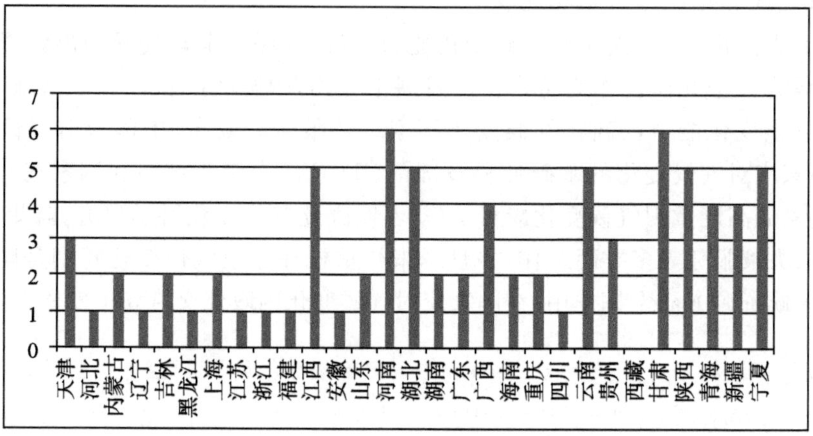

图2　2010年各省局应对气候变化决策服务情况表

气候变化监测、检测。初步建成了中国气候观测系统，2007年9月与七个部门联合印发了《中国气候观测系统实施方案》，组织编写了《气候变化观测系统建设项目建议书》，重点建设气候变化关键区敏感区观测系统。逐日滚动监测全球和国内极端天气气候事件，并自主研发了适合中国地区的极端和重大气候事件监测指标。初步建成了多圈层耦合的新一代气候系统模式。在月时间尺度上可对全球进行实时监测，监测范围包括大气圈、水圈、冰雪圈。

气候变化预估。加强了气候系统模式的研发，初步建成了多圈层耦合的新一代气候系统模式，气候系统模式在IPCC评估报告中整体性能位居中等水平，结合IPCC新情景开展预估，参加AR5的模式比对计划。能提前一季度做出可用的ENSO预测。

气候变化影响评估。气候影响评价和灾害影响评估，部分采用指标法、统计模型进行定量评估。针对干旱、洪涝、高温、沙尘暴等评估对象，已建立较为成熟的评价指标体系。开展了气候变化对华北、东北、华东、华南、西北、西南以及新疆区域的影响评估研究工作，目前华东、华南区域气候变化评估报告已基本编制完成。开展了气候变化对重点流域、水资源安全、粮食安全、生态安全、重大工程和敏感行业的影响评估工作，开始逐步强化对重大工程、城市规划中的气候可行性论证。

温室气体观测。目前我国瓦里关、上甸子、临安、龙凤山、香格里拉5个大气本底站的主要温室气体实现了自动采样和在线观测。

气候系统数据共享和全社会气候变化科学普及。研制开发气候变化基础数据集，发布了亚洲区域未来20年情景预估数据集1.0、2.0版。促进大气、海洋、水文、地质、地震、生态等各领域观测资源、资料和设备的共享。更加重视气候变化的科学普及，有关领导和专家在各种媒体，以及中央部委、地方政府等宣讲气候变化问题几十场，已连续四年编制的《气候变化——中国在行动》多语种宣传画册和电视宣传片，有效宣传了我国应对气候变化的成效，反响很好；连续举办了8届“全球气候系统与气候变化国际讲习班”，培训中外年轻专家千余人。

应对气候变化决策支撑。牵头编制了第一、二次《气候变化国家评估报告》，牵头政府间气候变化专门委员会(IPCC)国内工作，组织协调机制进一步完善，从IPCC AR1到AR5，中国气象局作者人数明显增加。发起并牵头组建国家气候变化专家委员会，成为国家应对气候变化决策的重要智囊机构。参与了《国家应对气候变化方案》的编制与实施，多个省(市)气象局参与“温室气体排放清单”的编制。

(4)开发利用气候资源能力的主要进展

《国务院关于加快气象事业发展的若干意见》(国发〔2006〕3号)明确要求做好气候资源的普查和规划利用工作，气象主管机构要负责组建太阳辐射、风力强度监测网，在全国范围内开展风能、太阳能资源的多层次普查和可利用资源的评估，为制订和修订风能、太阳能资源开发利用规划提供科学依据，为大型风电场和太阳能电站勘察、选址提供技术支持，为风电场、太阳能电站的建设、运行、调度提供实时气象监测和预报服务。开发利用和保护气候资源是气象工作的重要职责，在气候资源观测、普查、预报、服务等方面，取得了卓有成效的进展，初步形成了以气候资源普查与规划、人工影响天气、气候可行性论证等为主体的开发利用气候资源业务服务体系，气候资源开发利用的业务服务能力明显提升。

风能太阳能资源监测、评估、区划：自20世纪70年代以来，中国气象局先后组织开展了四次风能资源调查工作。初步完成风能资源专业观测网建设，实现了标准化规范化的风能资源立体观测；建立国家和省级风能资源数据库和共享服务系统；编制和制定了27项风能详查技术规定和标准；2005—2010年共开展了400多个风能资源评估报告；完成了全国陆地5千米分辨率和近海5～25米水深范围1千米分辨率的风能资源评估和区划；利用中国700多个地面气象站1978—2007年期间的观测资料计算了总辐射和直接辐射，得到了新的我国太阳能资源分布。

风能太阳能预报研究和服务试点：目前已初步开展了风能预报试点服务，有9个省对67个风电场提供风能预报；建立太阳能预报系统，选择5个左右的太阳能电站开展试点服务。

气候可行性论证：2010年，共完成了285项气候可行性项目论证；2005—2010年，共开展了104个城市总体规划的气候可行性论证、85个桥梁和高速公路等重大交通设施气候可行性论证、400个风电场、太阳能电站项目气候可行性论证。

人工影响天气：与国家发展改革委联合印发了《人工影响天气发展规划(2008－2012年)》，有10个省制定了专项人工影响天气发展规划，20个省进行了统筹设计，19个个省级人民政府或省人大也颁布了有关人工影响天气的地方法规(规章)。充分发挥“人工影响天气协调会议”制度的作用，加强与相关部门和军队的协作，积极开展人工增雨作业。据2010年统计，我国有30个省(区、市)的2235个县开展了人工增雨作业，增雨目标区面积约500万平方千米，作业队伍4.2万人，作业规模已居世界首位。

农业气候区划：20世纪80年代中后期完成了全国第二次农业气候区划，2000多个县完成了县级农业气候区划或者编写了农业气候手册。90年代后期，中国气象局组织了江西、北京、湖南、河南、贵州、黑龙江、陕西省(市)气象局开展精细化农业气候区划试点，2000年开始在全国推广。

气候资源开发利用和保护社会管理：目前共有9个省(区、市)各级能源管理部门以联合发文等形式下发13个文件，并按照文件要求积极开展风能太阳能资源监测评估和预报的管理。目前在吉林省气象局登记的测风塔200多个，已经验收测风塔近百个，保证了测风塔安全运行和测风数据质量；云南省气象局已指导安装了400余座企业测风塔，指导编制25个风电项目风能资源评估报告；湖北省机构编制委员会办公室批复成立湖北省气象能源开发中心，承担全省风能、太阳能等气候资源评估技术研发及开展相关气象服务职能；全国各级气象部门共收集1000余个企业测风塔资料，测风塔资料实现共享。

风能太阳能预报与服务。中国气象局高度重视风能太阳能预报工作，专门印发了《关于加快推进风能预报系统建设和开展风电预报气象服务的通知》(气预函〔2011〕108号)，积极推动风能太阳能预报的研发和服务。目前国家级业务单位牵头开发的风电功率预报系统在10多个省级气象部门推广使用，并已在河北张北风电场成功安装运行。14个省积极与风电场联系，获取风电场测风和功率输出资料，自主开展风电功率预报试验，建立省级风能预报系统。参加国家能源局组织的“风电接入电网和市场消纳研究工作”，截至2010年底，67项各级政府规划采纳了风能资源详查成果；依托风能详查成果，共为313个风电场提供测风塔选址、资源评估等专业服务，社会效益明显。

风能太阳能监测、评估。截至目前，建成由400座测风塔组成的风能资源专业观测网，实现了不同高度风能资源的业务化观测；太阳辐射观测方面，全国已建98个辐射站。基本完成了第四次全国风能资源详查和评价工作，建立了具有世界先进水平的精细化风能资源数值模拟、综合评价技术体系和风能资源数据库，首次获得我国陆地和近海区域不同高度、水平1千米×1千米的高分辨率风能资源图谱，其初步成果得到了广泛的应用。利用现有太阳辐射观测和日照观测资料，采用气候学统计和空间插值方法，完成了太阳能资源宏观评估，开展太阳能精细化评估预研究。推动全国太阳能资源详查立项，制定《太阳能资源辐射网布局方案》，完成了《全国太阳能资源详查和评价工作可行性研究报告》的编制。

人工增雨(雪)技术。人工影响天气作业科技水平显著提高，国家科技攻关重大计划项目“人工增雨技术研究及示范”、“人工增雨关键技术及装备研发”成果已业务运行，人工影响天气概念模型、数值模拟、探测和作业技术取得长足进展。新的观测设备和作业装备投入应用，新一代天气雷达产品已应用于人工影响天气探测和作业指挥，部分地区人工影响天气作业指挥系统已投入业务运行，有效地提高了监测和科学指挥能力。

精细化气候资源区划。开展了第二次农业气候区划工作和精细化农业气候区划试点。围绕保障粮食安全、生态安全和可持续发展，有针对性地开展了气候变化背景下农业生产布局调整、农业气候资源利用、区域农业生产力水平预估等研究与应对服务。开展相应的生态环境质量监测业务。

空中水资源开发利用。全国人工影响天气工作的统筹管理和指导工作明显加强。人工增雨作业规模不断扩大，作业装备水平及规模达到世界先进水平。作业领域由单纯的农业抗旱、防雹拓展到增加水库蓄水、改善生态环境、森林草原防火扑火以及重大活动保障等领域。《青海三江源自然保护区生态保护和建设总体规划》确定人工增雨工程边建设边发挥效益，三江源和祁连山等重要生态保护地区和粮食主产区开展的人工增雨(雪)作业效果明显。

气候资源开发利用社会管理。各级气象部门积极履行职责，加强风能太阳能资源评估成果为地方政府和风电场的共享服务，加强测风塔等审批及资料汇交和涉外风能观测审查，有效地加强和规范了风能资源开发利用活动社会管理工作，促进风能资源有序开发。国务院颁布了《人工影响天气管理条例》，中国气象局下发了《人工影响天气安全管理规定》，各地先后颁布了相应的地方法规，制定了相应的安全管理规定，使人工影响天气工作有法可依、有章可循。国家建立了人工影响天气协调会议制度，各地也成立了人工影响天气领导机构，基本建立了各级政府领导，同级气象主管机构管理、实施和指导的人工影响天气领导管理体系。作业安全责任制基本建立，作业人员培训和作业装备管理日趋规范，检查、监督力度不断加大，规范化管理不断加强。

2.“四个能力”的主要差距

(1)气象预报预测能力方面的主要差距

一是气象预测预报准确率和精细化水平仍然没有得到大幅度提高，局地突发气象灾害的监测预警能力相对薄弱，特别是气象灾害预报预测能力亟需提升。

二是作为预报预测核心技术的数值模式系统的自主创新能力和业务化水平还不高，数值预报的变分同化技术、模式物理过程的优化改进以及模式产品的解释应用水平与世界先进水平有较大差距，数值预报产品解释应用和各类气象资料综合应用能力不高，临近预报、精细化预报以及集合预报等新技术在天气业务中未得到广泛应用，基础科技支撑比较薄弱。

三是气象观测系统的综合性、一体化程度仍然较低，面向行业的专业化观测能力还较弱，观测资料质量保障体系不完善。

四是基础科技支撑比较薄弱，对一些重要天气气候事件形成的机理认识有限，短期气候预测理论没有明显进展或较大突破，气象科技创新能力有待提高。

五是基层和专业预报预测人才队伍整体素质还不能适应现代气象预报预测技术的发展和公共气象服务的需求。

六是科学合理的气象预报预测业务布局尚未形成，业务流程还不够集约，与服务需求之间的联系还不够紧密；预报预测行业管理薄弱，预报员资质、资格管理制度尚未在全行业建立和实施，已有的预报预测技术尚未在全行业形成现实服务能力。

(2)气象防灾减灾能力方面的主要差距

一是高时空分辨率的气象灾害监测预报预警能力特别是突发性气象灾害及局地强降水预报预警能力还较低；气象灾害应对防范基础设施仍不能满足气象防灾减灾的实际需求。

二是气象防灾减灾领域跨学科的综合研究还很薄弱，科技成果转化和推广应用程度还不高，灾情信息管理还需完善，气象防灾减灾科学研究与技术研发的投入还不足。

三是与国外水平相比，我国目前尚没有有效区分龙卷风、冰雹、雷暴、突发暴雨或大风的技术方法；灾害预警信息发布的时效性和覆盖面亟需提高，基于灾害预警的应急响应机制亟待完善。

四是气象灾害风险管理薄弱。气象防灾减灾区域发展不平衡，基层气象防灾减灾的公共财政保障机制还未建立；各级政府在气象防灾减灾方面的责任还需要进一步落实。基层社区气象灾害应急预案需要进一步完善，社区气象灾害风险隐患需要进一步排查，基层群众防灾减灾意识普遍偏低，企事业单位、中小学校对气象防灾减灾工作的重视程度还不够。

五是气象防灾减灾法制体制和机制仍需完善，立法层次还不能完全适应形势发展的需要；气象防灾减灾标准体系有待健全，相关灾害管理标准和技术规范尚需完善。

(3)应对气候变化能力方面的主要差距

一是气候变化监测检测能力不强。尚未建立我国的再分析气候资料数据集；在气候系统五大圈层的监测中，只实现了对3个圈层的监测；缺乏系统、科学的气候变化检测技术方法，气候变化检测业务基本上还没有开展，对气候变化基本事实科学解释的权威性作用发挥不够。

二是气候变化预估精度不高。高分辨率气候模式的研发落后于国际先进水平，对未来气候的预估能力以及对关键气候现象的模拟和预测能力较低，对业务支撑不够。

三是气候变化影响评估决策支撑作用不强。缺乏气候变化影响的定量评估技术和系统模型，尚不能细致描述气候变化对相关领域和气候敏感地区的影响，难以提供合理有效的适应对策。与国外相比，我国尚未开展气候风险管理气象服务业务。

此外，与发达国家发展水平相比，气候系统资料积累不丰富，资料共享不充分，气候变化科学普及缺乏系统性，决策咨询服务无论在数量还是影响力方面还略显不足。气象部门应对气候变化人才队伍还需加强，中国气象局系统参与IPCC评估报告人数占中国作者人数近几年来呈下降趋势，如在第四次评估报告中所占比例为25%，第五次评估报告所占比例为18.6%。

(4)开发利用气候资源能力方面的主要差距

开发利用气候资源是转变经济发展方式，建设两型社会，实现可持续发展的基础。近年来，中国气象局积极服务于开发利用气候资源，努力提升服务能力，取得了明显的成效。然而，目前的开发利用气候资源能力与我国经济社会发展现实需要和国际先进水平相比，还存在相当的差距，主要表现在：

一是风能太阳能预报与服务不适应服务需求。边界层风场预报模式、辐射传输预报模式前期研究基础薄弱；现有中尺度预报业务模式时空分辨率、预报精度等与需求差距较大；研究开发与服务对象结合不密切，服务需求把握不准，服务市场开拓不够。

二是风能太阳能监测评估发展不平衡。风能资源观测网还需进一步完善，太阳能资源观测远远不能满足服务需求，太阳能资源详查还未启动。

三是人工增雨(雪)技术储备不足。空中水资源监测、预测、评价以及人工增雨作业等能力与实际需求相比还存在一定差距，急需加强相关技术研究工作并增强科技储备，人工影响天气作业管理亟待加强。

四是缺乏空中水资源开发利用总体规划。尚未开展全国性空中水资源详查和评估，以开发利用空中水资源为目的的资源性作业不够；统筹开发空中水资源的长期规划有待进一步完善和落实，国家对各区域、各省空中水资源开发工作进行统筹协调的机制尚未建立。

五是精细化气候资源区划技术不适应服务需求。高分辨数值模拟和多种观测手段相结合的现代气候资源调查评估技术储备不足；缺乏农业、生态、草原等特种气候资源精细化区划指标体系；新一轮精细化全国气候区划缺乏项目支撑。

六是气候资源开发利用社会管理履职不到位。气候资源开发利用和保护相关法律法规、技术标准建设滞后；气候资源开发利用和保护的社会管理意识不强；气候资源管理机制不完善，气候资源开发利用的气候可行性论证缺乏有效的法规和制度保障，推行难度大。

3.“四个能力”的共性差距及原因分析

“四个能力”是相互联系的整体，从前述具体分析来看，“四个能力”各自的进展与差距不同。气象预报预测能力经过多年持续发展已有良好基础，发展成效最为显著，但是对突发气象灾害和极端气候灾害的时间预报预测能力还比较薄弱，预报预测准确率、精细化程度和面向专业领域的专业预报预测能力仍需提高；气象防灾减灾能力近年来受到高度重视，也取得了积极的成效，但是防灾减灾基础薄弱，区域发展不平衡、气象灾害风险管理水平不高等还在很大程度上制约着气象防灾减灾整体能力的提升；应对气候变化能力呈现良好开端，但科技、人才支撑和管理相对比较薄弱；气候资源开发利用虽已取得一定效益，成为新经济的一个亮点，但社会管理和应用技术滞后，能力的提升和运行机制与需求差距较大。从整体上看，“四个能力”的共性差距是相关科技水平、业务（服务）基础、人才队伍素质、科学管理（包含内部业务综合管理和对全社会气象事务的管理）以及与其相关的体制机制等。

从科学技术层面看，“四个能力”的科学基础是多学科的交叉融合，提高“四个能力”不仅需要多领域的科学理论支撑，还需要多学科新技术的广泛应用。从国家科技发展战略看，提高“四个能力”，必须要有自主知识产权的核心技术和世界一流的科技与业务人才队伍支撑，但从目前情况看，提升“四个能力”的基础理论研究支撑不足、核心技术的研究进展缓慢、跨学科联合技术应用研究乏力等还比较突出。科技管理体制、科技评价和成果评价转化机制存在缺陷，科技创新动力不足，气象主管机构在配置全社会气象科技创新资源、评价气象科技创新成果方面的作用还不够突出。

从业务（服务）层面看，支撑“四个能力”的业务（服务）基础尚显不足。“四个能力”的提高，要有坚实的业务（服务）基础作支撑，没有高水平的业务（服务），“四个能力”的提高是难以想象的。尽管近年来气象业务（服务）水平有了明显的进步，但与日益增长的需求仍有较大差距，正在着力推进的现代气象业务体系尚未完全建立，现有的气象观测、预报和服务能力还不能满足提高“四个能力”的要求，特别是在预报预测的准确率、防灾减灾的科学性、应对和适应气候变化的科学研究以及开发利用气候资源的服务水平上都存在明显的差距，有些方面甚至还没真正形成业务。

从人才队伍建设和支撑发展情况看，“四个能力”要求的人才数量、专业结构、能力水平都已远远超出了传统意义上的气象人才队伍建设内涵，我们现有的气象人才队伍是基本上围绕气象观测和预报预测能力形成的，在气象防灾减灾、应对气候变化、开发利用气候资源方面的人才严重不足、领军人才缺乏明显，特别是跨学科领域的骨干人才紧缺。“四个能力”要求的是能将自然与人文、气象科技与社会经济有机结合的人才，这方面我们的认识和实践都有差距。另一方面，在深化改革的背景下，人才工作机制活力不强，人才政策跟不上形势发展新要求和人才发展的新期待。

从管理角度看,因为提高“四个能力”关键是要做好气象与社会经济密切结合的工作,仅靠气象部门努力苦练内功难以取得突破性进展,需要“内外兼修”。但由于受体制的制约以及多年来形成的惯性思维的影响,总是比较习惯于仅着眼部门责任、依靠部门自身能力解决问题,习惯于更多地从技术层面思考问题寻找解决途径。如何将气象进一步融入经济社会发展之中,依靠完善法制、强化职能作用、充分利用社会资源来推动气象事业更大发展还有很多工作要做,双重管理以部门管理为主的制度优势还没充分发挥,地方气象事业及社会气象的发展仍有广泛的空间。这就要求我们从部门思维中解放出来,真正从国家气象主管机构的职能定位出发着眼大局、着眼全局、着眼全社会,深化改革,开放合作,充分发挥政府主导、社会力量参与和市场机制的作用,充分发挥中央和地方两个积极性,统筹谋划,合力提高“四个能力”。

一段历史回放

1988年,为了适应国家经济体制改革的需要,国务院进行了以转变职能为主的机构改革。国家气象局党组正确把握了这次机构改革的方向和气象科技发展大势,研究提出了富有远见的“三定”方案。1988年9月10日,国家机构编制委员会审议批准了《国家气象局“三定”方案》。这一方案的要点是明确提出了“三个强化”、“三个转变”,即:强化行业管理,实现从内部管理向行业管理转变;强化气候资源意识,实现由防灾减灾向趋利避害转变;强化法制观念,实现依法行政。正是由于这“三个强化”、“三个转变”,增加了气候司和法规司,即下设办公室、天气预报警报管理司、气候监测应用管理司、技术装备司、科技教育司、人事劳动司、计划财务司、政策法规司、外事司等9个职能司(室)。局机关行政编制由原有的266名减为260名。

在1993年的国务院机构改革中,国家气象局更名为“中国气象局”,由国务院直属机构改为国务院直属事业单位,局机关列事业编制252名。内设机构数保持不变,将技术装备司更名为技术装备部,外事司改名为国际合作部。另设置了离退休干部办公室(编制15名),审计署驻中国气象局审计局(编制7名),中纪委驻中国气象局纪检组(编制4名)。中央机构编制委员会办公室于1993年6月14日向各省(区、市)人民政府和国务院各部委、各直属机构下发了《关于国家气象局更名为中国气象局有关问题的通知》,明确中国气象局继续履行原国家气象局的职能,全国气象部门仍实行气象部门与地方政府双重领导,以气象部门领导为主的管理体制,原承担的工作任务不变,原财务供给渠道不变,从而最大限度地减少这次机构改革带来的消极影响。

四、提高“四个能力”的着力点

“四个能力”中每个能力的提升都有其内在特殊性(规律)和要求,必须逐步把握和遵循这个规律。对照前述“四个能力”的指标框架和基础、条件分析,建议现阶段从以下重点工作着手分别提高“四个能力”。

1. 围绕准确率　大力提高气象预报预测能力

提高气象预报预测准确率,始终是气象事业发展的核心任务,是检验气象业务发展水平的重要标志,也是提高“四个能力”的基础和关键。做好气象预测预报工作,是党中央、国务院对气象工作最基本的要求,是气象部门最重要的职责,是气象防灾减灾、应对气候变化和开发利用气候资源的基本要求。提高气象预测预报能力，要求我们始终把提高气象预测预报准确率放在首位。新形势下，要进一步解放思想，转变观念，推进从天气预报向灾害风险预估延伸，从气候预测向年景预估延伸，从常规预报向精细化预报延伸，从基本预报向专业化预报延伸。遵循气象预报预测的内在规律，坚持以公共气象服务需求为引领，以提高气象预报预测准确率、精细化和专业化水平为目标，着力推进以数值预报模式国产化为核心的预报预测技术研发、以卫星、雷达为重点的气象资料综合应用、以专家型预报预测团队为基础预报预测队伍建设、以重点行业领域为突破口的专业气象预报预测技术攻关、以预报预测业务体制为重点的气象业务管理体制改革，持之以恒、常抓不懈。

加快推进数值预报模式和短期气候预测模式研发和业务化进程，提升气象预报预测支撑能力。加快发展自主研发的新一代GRAPES数值预报模式系统，提升现代天气业务发展的核心竞争力；持续发展区域数值天气预报系统，努力提高预报准确率和精细化水平；加强台风数值预报系统研发，研制新的台风数值预报初始化技术，提高对台风强度及风雨预报能力；优化海洋模式，改进海气耦合模式系统的耦合技术，实现海气耦合模式在业务中应用。加强数值预报应用能力建设，发展模式检验新技术，建立确定型模式和集合预报检验业务系统，构建业务模式全国统一检验平台，加强业务模式评估比对工作；提高数值模式产品解释应用能力，发展基于格点和站点的精细化气象要素预报业务；加大集合预报技术的应用研发力度，发展建立基于集合预报的灾害性天气和重大天气过程的中期、延伸期概率预报业务；加强气候系统模式和短期气候预测模式研发及动力模式产品解释应用方法研究，提高短期气候预测水平。

大力加强专业化预报预测技术体系建设，着力提高灾害性天气和异常气候事件的预报预测准确率。灾害性天气以及引发的气象灾害是气象预报预测工作的重点和难点，发展基于高分辨率数值预报模式的动力诊断技术，提高灾害性天气临近短时预警能力；发展定量降水估测和预报技术，提高精细化定量降水预报能力；建立常态化的灾害性天气过程预报技术总结机制，及时总结各地重大天气过程发生的条件、机理，凝练科学问题，研发基于多种资料的灾害性天气和气象灾害特征识别技术，建立和完善灾害性天气的概念模型和预报指标体系。研究我国重大干旱与东亚和全球大气环流变化的相互影响，建立我国干旱监测、预警和预测的关键技术，提升我国旱灾发生的早期预警能力；建立月、季、年短期气候客观预测技术体系，初步建立月内重要过程预测业务。探索建立季内极端天气气候事件预测业务，针对台风、暴雨、沙尘暴、低温、高温、干旱以及关键农事季节的灾害等开展年度气象灾害展望和年景预评估业务。

加快推进综合气象观测自动化，着力提高观测系统稳定可靠运行能力和气象资料分析处理和综合应用水平。气象科学是建立在观测基础上的科学，气象业务是建立在观测基础上的业务，特别是近年来综合观测能力的提升对提高短时临近天气预报能努力的贡献十分明显。提高气象预报预测能力，必须着力提高气象观测自动化和气象资料综合应用水平。一是着力优化和完善气象站网布局。加强气象部门不同观测需求、不同观测方式气象观测系统的统筹规划与协调，统一规划和设计国家基准气候网、国家天气观测网、专业气象观测网和区域气象观测网。同时，充分发挥国家气象主管机构的行业管理职能，强化对相关部门或行业气象观测系统建设的管理、指导以及资料汇交工作。建立布局合理、结构科学、运行稳定、质量可靠的全国综合气象观测系统。二是加快推进气象观测系统自动化和观测系统稳定可靠运行能力。加快气象观测仪器自动化装备的研发进程，及时开展与观测自动化相适应的规范、标准、流程、制度的业务调整，谋划建立与自动化观测相适应的业务队伍，切实增强各级装备保障能力，抓好基层观测人员知识技能结构和职能的调整，提高观测系统的稳定性、可靠性和自动化水平，切实解决目前“双轨”运行问题。三是强化气象资料的综合应用能力。加强气象观测资料质量控制和数据处理能力，建立健全观测数据质量控制标准和规范，完善观测数据从采集、传输、处理到应用各个环节的质量控制措施，切实提高观测资料的质量和可用性。有计划地开展卫星、雷达和地面自动站资料的质量评估和数据产品建设，着力提升卫星、雷达、飞机、自动站、风廓线雷达、闪电定位仪等气象观测资料的应用水平。

不断加强数据处理新技术、新方法在气象预测预报业务中的应用，努力实现预测预报技术新突破。结合雷达、卫星资料，开展自动站降水资料实时质量控制技术研究，发展辐射地温等资料实时质量控制技术，逐步开展农气、土壤水分等观测资料的质量控制技术；大力发展基于雷达、卫星和自动站等多种观测资料的三维云分析技术、定量降水估测技术、雷达、卫星、地面和探空等观测资料融合分析技术、基于多种观测资料的快速循环同化分析技术；发展短时强降水、雷电、冰雹、雷雨大风、龙卷等强对流临近预报技术，提升新型气象观测资料的应用能力，提高强对流天气的预报能力和预警时效。

把面向国民经济和社会发展重点行业领域的专业气象预报预测作为一个重点推进。进入“十二五”时期，我国经济社会发展、社会环境出现了许多新变化，国家安全、社会稳定、防灾减灾、环境保护、能源战略、城市现代化、新农村建设等对公共气象服务提出了更高的要求，气象预报预测作为公共气象服务的核心科技支撑，必须紧密结合经济社会发展和各行各业的新需求，延伸预报预测链条，拓展预报预测领域，提高专业气象预报预测科技水平。未来三到五年重点要加强农业、水文、交通、海洋、能源、环境、卫生、旅游、保险、仓储、物流等行业领域以及城市管理、新农村建设、重大活动、和重大工程项目的专业气象预报预测业务，并不断提高科技水平。创新和完善专业气象预报预测业务体制，强化部门和行业合作，组织动员社会力量，充分发挥市场机制作用，为不断提高专业气象预报预测能力提供体制机制保障。

把预测预报员队伍建设作为提高预测预报准确率的重要保障，着力提高队伍的整体素质。建立预报员定期轮岗培训或参与科技研发的长效机制，有组织有计划地开展预报员的岗位专业培训；坚持定期举办预报技能竞赛，实施预报员职业资格认证制度，坚持预报员在上下级业务单位之间或国内外的交流制度；建立合理的预报员选拔、考评、奖惩和晋级的机制，制定相关政策，明确不同级别预报员的任职条件、岗位职责和工作待遇，调动预报员的积极性，充分发挥其才能；加强专家型预报员队伍建设，分领域组建暴雨、台风、强对流预报领域的国家级专家型预报员团队，加强对专家型预报团队的组织管理；建立团队首席专家负责机制，充分发挥专家型预报员团队在各类重大灾害性天气预报中的技术把关、业务指导作用和预报技术总结、新技术应用方面的带动和引领作用。

注重预报预测和综合气象观测领域的行业管理、行业标准规范、资格准入制度的建立和完善。合理布局国家、区域、省、市、县五级台站的业务任务和资源配置，突出国家级的技术引领和业务指导，加强区域级的技术指导和辐射，强化省级的业务组织和业务指导；建立面向服务需求的业务流程；以灾害性天气预报预警、精细化公众天气预报和决策气象服务为流程目标，以数值预报释用、大气观测信息综合应用为基础；以预报预测分析制作平台为依托，按照需求导向、集约运行的原则，重新分析、定义业务流程中的各基本要素，实现各类天气各时效预报的有机衔接，将原来面向业务工作过程的业务流程调整为以服务需求为目标的业务流程，提高灾害性天气预报预警、公众天气预报和决策气象服务水平；强化全社会气象观测预报预测管理水平，加强探测环境保护立法和执法，加强部门合作，完善协调机制，强化相关标准规范引领，促进资料汇交共享，建立气象预报预测职业资格和执业资格制度，推广气象预报预测关键技术平台；建立专业化的气象预报预测业务体系，大力发展台风、暴雨、干旱、雷电、大风、沙尘暴、大雾、空间天气等专业预报技术。

2. 完善体系机制　全力提高气象防灾减灾能力

做好气象防灾减灾工作，是新时期党中央、国务院对气象工作的基本要求，也是现代气象业务发展的驱动力和着力点。提高气象防灾减灾能力，要求我们必须坚持面向民生、面向生产、面向决策，把防御和减轻气象灾害、切实提高气象灾害监测预警水平作为提升气象防灾减灾能力的重要任务，依靠科技进步和社会资源，着力提高气象防灾减灾能力。

新形势下，我们要进一步解放思想，转变观念，重点做好极端灾害、异常灾害、突发灾害、衍生灾害的防御，重点抓好脆弱区域、重点行业、重要设施、关键人群防灾减灾，统筹做好灾害监测预警服务、应急处置、灾后救助、风险评估、基础建设等工作，还要深入贯彻落实国办〔2007〕49号文件和国办〔2011〕33号文件精神，切实按照法律、法规、规划、预案等的规定和要求，切实履行气象灾害防御规划编制、气象灾害预警信息发布、气象灾害应急响应、重大工程建设和城乡规划气象灾害风险评估、重大自然灾害和事故灾难的气象保障等公共服务和社会管理职能，认真做好重大自然灾害、突发事故灾难、公共卫生事件应对防范和抗灾救灾的气象保障服务。

重庆气象灾害敏感单位认证案例

重庆市气象局通过开展气象灾害敏感单位类别认证管理工作，进一步强化了气象社会管理职能，初步探索出了一条社会单位依法防灾、科学防灾的新路。一是市政府先后出台相应的规章、规范性文件界定了“气象灾害敏感单位”概念、明确了气象灾害敏感单位是防御气象灾害的责任主体、规定了气象灾害敏感单位由市气象主管机构进行确认、明确了重庆市气象局对气象灾害敏感单位的安全监管职责。二是制定了国内首部气象灾害敏感单位安全管理的强制性地方标准——《气象灾害敏感单位安全气象保障技术规范》。三是探索建立了气象灾害敏感单位类别认证管理“五项机制”，即类别认证、应急服务、应急响应、考核督查、效益评估等五项机制。四是与北碚、大渡口两个区县和市交通行业部分单位开展了试点工作，取得了明显的效益。

安徽政策性农业保险气象服务案例

在省政府主导下，安徽省气象局与省国元农业保险公司创新合作机制，共同创建了“农业气象灾害评估和风险转移联合实验室”，加强科研开发与农业气象科技创新成果的转化，有力推动了该省种植业保险的发展，提升了农业防灾减灾能力。

(1)政府主导，局企携手，构建全面合作机制。安徽省气象局通过参与政策的制定，与保险部门联手开展政策性农业保险试点，与承担安徽省政策性农业保险业务的国元农业保险公司正式签订全面合作协议等构建了全面的合作机制。

(2)因应需求，技术联姻，共建联合实验室。通过共同分析农业保险的技术需求，安徽省气象局与国元农业保险公司决定在科研方面加强合作，并共同创建了农业气象灾害风险评估和风险转移联合实验室。双方共同投入经费、共组科研队伍、共建实验平台、共议科研规划，推动农业气象灾害风险评估等技术的研发。

(3)研用并重，规范服务，支撑农业保险发展。联合实验室双方通过开展基础技术研究，为费率设计、灾害评估、定损理赔、防灾减损提供了有力的技术支撑。开发了新型保险产品，启动了小麦天气指数保险产品的开发。制订了《农业气象灾害现场调查规范》和《政策性农业保险勘灾定损气象认证业务规范》，减少了政策性农业保险理赔工作的主观性和盲目性。制定了“政策性农业保险气象服务产品制作发布业务技术规范”，并根据技术规范为农保公司和参保农户提供种植业保险气象评估报告、灾害预评估、理赔气象认证报告、农业保险气象预警服务、专题研究报告等5类服务产品，为科学承保、快速理赔、减灾防损和专项需求提供针对性的服务。

加快建立“监测预报、预警服务、风险评估、应急处置、应对防范”有机统一的气象防灾减灾工作体系。气象防灾减灾是一项由政府主导、各部门联动和全社会广泛参与的系统工程，需要各个部门和社会各界通力协作，自觉地履行好各自的职责。气象工作是气象防灾减灾的基础性工作，是重要的科技支撑。气象部门在气象防灾减灾工作中的职能和职责归纳起来主要包括气象灾害风险管理和气象灾害应急处置两个重要方面。近年来的工作实践表明，履行好气象防灾减灾职责，必须加快建立“监测预报、预警服务、风险评估、应急处置和应对防范”有机统一的气象防灾减灾工作体系。一是要加强干旱、台风、暴雨、雪灾、沙尘暴、低温冷害等气象灾害，洪涝、山洪、风暴潮、山体滑坡、泥石流、森林(草原)火灾等次生灾害以及磁暴、太阳耀斑等空间天气灾害的监测预警和服务。二是要开展气象灾害风险评估，建立气象灾害灾前预评估业务，在气象灾害发生前对可能的发生灾害的地点、时间、规模、危害程度、成灾程度做出预评估，为制定抗灾减灾预案提供依据；建立气象灾害灾时跟踪评估业务，对灾害实况和趋势做出实时性评估，为政府决策和社会及时了解灾情和组织防灾减灾提供依据；建立气象灾害灾后终评估业务，对灾害种类、灾害特征、人员伤亡、财产和经济损失以及防灾减灾措施做出总结性评估，为总结经验和教训提供依据。三是要依据地方实际，加快推进分灾种应急预案制定；依据气象灾害预警信息及时发布启动和终止相关气象灾害响应；建立健全与相关部门的应急联动机制和社会动员机制。

进一步提高监测预报的准确性、灾害预警的时效性、气象服务的主动性、防范应对的科学性。一是加强气象灾害监测能力建设。在完善现有综合气象观测站网的基础上，增加气象灾害监测科学性，提升对大中城市、农村、沿海、重要江河流域、重要铁路公路沿线、地质灾害易发区域的气象灾害监测能力，实现对气象灾害，尤其是对重点区域主要气象灾害的全天候、高时空分辨率、高精度的综合立体性连续监测。建立和完善跨地区、跨部门的包括各类专业监测网在内的气象灾害综合监测网，全面提高气象灾害的综合监测能力。针对农村气象防灾减灾需求，按照粮食产区优先、易旱区优先的原则，推进农业气象干旱监测，据《农业气象服务体系建设指导意见》和《农村气象防灾减灾体系建设指导意见》，开展农村气象灾害观测网的规划和建设。二是强化气象灾害预报预警能力建设。以提高灾害性天气，特别是突发性局地或区域强降水预报准确率、精细化和针对性为核心，大力发展台风、暴雨、干旱、雷电、大风、沙尘暴、大雾等灾害性天气预报以及灾害风险预估技术；加强雷电、龙卷风、冰雹等强对流天气的短时临近预报预警，提高预报预警的准确率和时效性，实现对各种灾害性天气气候事件的实时动态诊断分析、风险分析和预报预警。三是加强气象灾害信息发布体系建设。提高防灾减灾信息管理水平，科学规划并有效利用信息资源，加强灾害信息获取手段和能力，提高信息自动化处理与分析水平，健全完善灾情信息采集、传输、处理和存储等方面的标准和规范。建设气象防灾减灾信息化网络平台和业务系统，建立统一标准的国家气象防灾减灾分布式数据中心，完善灾害信息动态更新机制，提高信息系统的安全防护标准，保障防灾减灾信息安全。提高气象防灾减灾信息集成、互联互通与智能处理水平，加强防灾减灾信息共享能力，提高防灾减灾信息服务水平，充分利用卫星通信、广播电视、互联网、导航定位和移动信息终端等手段，提高信息上报、远程会商、公众服务和应急保障能力。加快国家突发公共事件预警信息发布平台建设，完善多种手段综合运用、多种渠道相辅相成、覆盖城乡社区的立体化信息发布体系。

不断完善“政府主导、部门联动、社会参与”的气象灾害防御体系和立法工作，进一步加强气象防灾减灾科普知识的普及工作，提高公众的气象防灾减灾意识和技能，将气象防灾减灾工作全面融入到经济社会各行各业和人民的生产生活中。一要健全气象防灾减防灾体制机制。落实好国办发33号文件，提高全社会应对和防范气象灾害的能力与水平。强化气象灾害特别是极端气象灾害应急处置，在国家级、省级逐步建立防御重大气象灾害的分级响应、属地管理的纵向组织指挥体系和信息共享、分工协作的横向部门协作联动体系，通过议事协调机构，发挥气象职能；延伸基层气象防灾减灾组织管理体系、完善基层气象灾害防御机制工作长效发展机制；完善分灾种的应急预案，特别是制定防范雨雪冰冻、台风、暴雨、大雾、大风等极端气象灾害的应急预案；完善乡镇、街道自然灾害应急预案并适时组织演练。加强基层灾害信息员队伍建设，每个村至少有一名灾害信息员，推动气象灾害信息员技能培训工作。二要完善气象防灾减灾社会动员机制。强化各级人民政府的气象防灾减灾责任意识，提高各级领导干部的灾害风险管理和应急管理水平，结合全国“防灾减灾日”和“国际减灾日”，经常性地开展疏散逃生和自救互救演练，提高公众自然灾害应对能力；建立畅通的气象防灾减灾社会参与渠道，制定鼓励企业、非政府组织、志愿者等参与气象防灾减灾工作的政策措施；探索推进气象防灾减灾产业发展，发挥市场机制在气象防灾减灾中的作用。三要加强气象防灾减灾科学普及。统筹资源，搭建气象科普共享平台，切实增强气象科普综合实力；广泛动员，调动各方社会力量参与气象科普工作，切实提升气象科普效益；丰富形式，拓展创新气象科普内容和方法，切实提升气象科普品牌影响力；突出重点，针对重点人群和重点区域，切实扩大气象科普知识覆盖面。四是坚持依法开展防灾减灾，全面推进气象防灾减灾法制建设，促进《气象灾害防御法》立法，切实加强气象防灾减灾工作的统一监督管理。开展气象防灾减灾战略研究，立足当前，着眼未来，明确发展方向。通过立法，完善气象防灾减灾投入机制、社会动员机制、人才教育培养机制、国际合作交流机制等，保障气象防灾减灾工作的有力、有序和有效地进行。

切实重视和加强气象灾害风险管理。第一，全面开展气象灾害风险普查。全面开展我国气象灾害风险隐患与减灾能力调查，以县级为调查单位，由县级以上地方人民政府负责组织实施，对本行政区域内发生的气象灾害种类、次数、强度和造成的损失等情况开展气象灾害普查，摸清我国气象灾害风险和减灾能力底数，建立完善气象灾害风险隐患与减灾能力数据库，并定期更新。第二，加强气象灾害风险区划。在普查的基础上，制定气象灾害风险和减灾能力调查指标体系与成果数据缩编技术规范，按照气象灾害的种类进行气象灾害风险评估，尤其对人口密集和经济发展影响比较大的地区进行评估，并根据气象灾害分布情况和气象灾害风险评估结果，编制全国气象灾害风险图。开展典型灾种灾害风险评价、多灾种和灾害链风险评价，编制全国、省、市及灾害频发易发区县级行政单元气象灾害风险图和区划图，为中央和地方政府减轻自然灾害风险、提高防灾减灾能力提供科学依据。第三，开展重大工程项目灾害风险评估。将气象防灾减灾与区域发展规划、主体功能区建设、产业结构优化升级、生态环境改善紧密结合起来。开展重大工程项目、生产建设项目和区域开发计划等气象灾害风险评估工作，合理利用自然资源，注重生态保护，建立重大项目气象灾害风险评价制度，建立预防人为因素破坏自然环境与环境引发气象灾害的监督控制机制；加强城乡交通、通信、广播电视、电力、供气、供排水管网、学校、医院等基础设施的抗御气象灾害风险能力评估；加强恢复重建规划选址、建设工程风险评估工作。第四，开展气象灾害风险防范认证管理工作。参照全国综合减灾示范社区创建标准，积极参与创建5000个综合减灾示范社区建设，组织开展示范社区气象灾害应急准备认证工作。组织开展城乡气象灾害敏感单位类别认证管理，强化气象灾害社会管理职能。第五，推动建立健全气象灾害保险制度。充分发挥保险在气象灾害风险补偿中的作用，拓宽气象灾害风险转移渠道。加强社会参与防灾减灾的管理，推动建立政府和社会协同的灾害风险分担机制。

高度重视跨领域、专业化的气象防灾减灾专业队伍建设。气象灾害的突发性、引发次生灾害以及衍生灾害的特点决定了气象防灾减灾是全社会共同的责任，提高气象防灾减灾的决策、应对和处置能力必须充分依靠科技以及掌握专业技能的防灾减灾专业队伍。一是建立跨行业跨领域的专家队伍以及合作机制，提高重大气象灾害联防和应急处置的科学性；二是气象部门要在国家和省级建设分灾种的气象灾害评估专家队伍，充分了解各行各业对气象的敏感程度，在气象预报预测信息的基础上，加强对气象灾害可能造成的影响进行预估分析；三是充分利用社会资源，采取灵活的用人机制，在城市社区、街道、企事业、学校、车站、码头、港口、医院、大型商场等重点单位建立气象灾害防御责任人、联系人以及信息员队伍，加强气象预警信息的传播和灾情收集工作。

3. 强化科技支撑　着力提高应对气候变化能力

科学应对气候变化是新时期国家经济社会可持续发展面临的重大挑战和战略任务，也是提高"四个能力"的重点。我们必须积极主动，有所作为，充分发挥气象部门在国家参与应对气候变化国际谈判中的重要作用，为国家适应和减缓气候变化决策提供科技支撑。提高应对气候变化能力，要求我们发挥部门整体优势，坚持依靠科技进步，充分发挥气象科技的支撑作用。

华东区域气候变化影响评估案例

华东区域气象中心组织区域六省一市、历时三年完成了《华东区域气候变化评估报告》，这是我国第一个区域级气候变化评估报告。该《报告》利用了华东区域478个国家气象站观测资料，在对资料进行均一性检验时，80%的台站不能通过检验，为保障区域面上平均气温评估的可靠性，项目组利用观测资料和NCEP资料，通过融合分析插值得到区域格点资料，进而得到区域面上平均气温。启示：(1)高质量的气候资料序列是做好气候变化监测、提高应对气候变化能力的重要基础；(2)资料分析技术是做好气候变化监测的重要支撑。

气象部门在减缓气候变化科技支撑方面也能有所作为

我国政府承诺，到2020年我国单位国内生产总值二氧化碳排放比2005年下降40%～45%，作为约束性指标纳入国民经济和社会发展中长期规划，并制定相应的国内统计、核算、考核办法。编制国家"温室气体排放清单"是实施温室气体统计、考核的重要举措，陕西、江西等省气象部门积极参加低碳省区和低碳城市试点工作，主持或参与编制温室气体排放清单，从能源活动、工业生产过程、农业、土地利用变化和林业、废弃物处理等五方面核定温室气体排放。山西省虽然不是试点省，但山西省气象局申请到省发展改革委经费支持，开展温室气体测算研究。启示：气象部门应主动参与到国家应对气候变化行动中，在减缓气候变化科技支撑方面也能有所作为。

发挥气候变化科技支撑牵头组织作用

中国气象局作为国家气候变化专家委员会挂靠单位，近年来组织有关专家先后举办了8期"气候系统与气候变化国际讲习班"，今年7月，成功组织了"适应气候变化能力高层研讨会"，为我国应对气候变化工作提供了有力的科技支撑。作为IPCC国内牵头组织单位，中国气象局组织中国科学家出色地参与完成了IPCC历次气候变化评估报告的编写工作，中国科学家参与人数从AR2的11人上升到AR5的43人，其中，中国气象局参与人数从1上升到8人，中国作者比例从2.4%上升到5.2%；向IPCC秘书处推荐了26名《2006年IPCC国家温室气体清单指南2013年附录：湿地》作者的候选专家，较好地履行了相关职责。

启示："有为才有位"，只有充分发挥好科技支撑作用，才能巩固和强化专家委员会挂靠单位和IPCC国内牵头组织单位地位。

大力推进气候变化科学研究。加大气候变化规律研究、气候变化趋势预测、气候变化影响分析、气候变化应对措施制定等方面的科技投入。开展海陆气相互作用的过程和机理及其与全球气候的关系研究。完成新一代高分辨率气候系统模式研发，参与国际模式比较计划。研发地球系统模式，开展人为温室气体和气溶胶排放对全球碳收支作用等的模拟。发展高分辨率区域气候模式，增强区域气候模式与陆面植被、农业及水文等模块的耦合和嵌套功能，着力解决区域模式与全球模式的嵌套协调性问题。研发适用于东亚气候预测和气候变化预估的第二代区域气候模式。开展大尺度土地与近海利用变化、人为气溶胶排放对全球气候变化的影响研究。研发气候变化对农牧业及生态系统、水资源、能源安全、海岸带、人类健康的影响评估的定量评估模型，开展气候变化对我国不同区域和领域的影响评估和适应对策研究。

全面发展气候变化业务服务。开发我国极端气候事件监测、检测、异常信号识别技术和提取方法，开展区域性极端事件诊断业务，建立我国极端天气气候事件监测平台。启动气候变化检测和归因分析，开展全球与区域气候异常监测与气候变化检测，分析全球和区域近千年气候演变、近百年气候变化的自然和人为原因。滚动开展国家气候变化评估报告、区域气候变化评估报告编写工作，开展气候变化对农牧业及生态系统、水资源、能源安全、海岸带、人类健康的影响评估。开展我国主要行业、重点区域减排潜力和成本效益的分析与评估。不断完善业务技术体制，进一步明确国家一区域一省级业务分工，优化业务布局。

全面推动适应气候变化能力建设。坚持减缓和适应并重，以适应优先的战略，加强适应气候变化特别是应对极端气候事件的能力建设。加强对极端天气气候事件的监测、预警和预报。积极建设中国气候服务系统，以基本气候业务为主，发展气候变化业务，开展全球和区域气候变化影响评估，制定科学应对的政策措施，为提高农业、生态、环境、水资源以及城镇化、工业化等领域适应气候变化能力提供支持，不断提高全社会改善生活、改进生产、发展经济能力。编制气象灾害风险管理办法和技术指南，对主体功能区战略发展、城乡规划、基础设施、国家重点建设工程、重大区域性经济开发项目等，进行气候适宜性、风险性以及可能对局地气候产生影响等方面的分析与评估。加强气候可行性论证技术体系、管理体系建设，完善气候可行性论证机构确认制度。

全面发挥应对气候变化内政外交的职能和作用。进一步发挥好 IPCC 国内牵头单位和国家应对气候变化专家委员会办公室挂靠单位的组织作用，在应对气候变化科技支撑方面发出权威声音，发挥好引领作用。积极推进应对气候变化体制机制的建立和完善，充分发挥气象部门在制订和实施国家和地方主体功能区规划、制定防御和减轻极端气候事件的战略措施中的作用。积极参与国家温室气体排放清单的编制工作。加强对 IPCC 开展科学评估及国内相关工作的组织协调，科学分析和应用评估结果，积极参与气候变化领域国际谈判并提供有力的科技支持，增强我国在 IPCC、UNFCCC 中的发言权和影响力。

积极推进气候变化监测系统、温室气体等大气成分监测系统建设。完善中国气候观测系统(CCOS)，形成能够准确反映我国基本气候状态和气候变化事实的国家基准气候站网，在气候系统关键区和敏感区开展基准辐射观测，推进和完善区域大气本底站建设。开展温室气体监测，重点增强我国京津冀、长三角、珠三角等地区联网观测能力，初步构建能基本覆盖我国国家大气成分本底代表性区域的温室气体及相关微量成分观测网。基于台站观测和再分析资料，建立全球、亚洲、中国及中国分区域的气候要素均一化观测资料集，建立不同深度中国地温监测系统，开发北极海冰和青藏高原积雪监测指标，建立全球海洋资料同化系统数据库。大力推进气候系统数据共享、履行相关社会管理职能。

加强气候变化科普宣传和舆论引导，提高全社会应对气候变化意识和能力。开展全方位、多形式应对气候变化科普宣传，提高公众对气候变化工作的理解和认识，增强气象灾害应急防范的意识。面向社会公众制作发行气候变化问题宣传画册和科普读物。积极开展气候变化知识进教材试点，组织气象专家进课堂及气候变化科普宣传材料进学校活动，让中小学生了解、掌握应对气候变化知识。

4.服务管理并举 努力提高开发利用气候资源能力

开发利用气候资源既是保障能源安全、促进可持续发展的需要，也是减缓气候变化、转变经济发展方式的需要，《国务院关于加快培育和发展战略性新兴产业的决定》(国发〔2010〕32号)已将风能太阳能开发利用作为战略性新兴产业重点推进。科学合理地开发利用气候资源，过去是将来更是气象工作的重要任务，也是提高"四个能力"的重点。提高开发利用气候资源能力，要求我们面向国家需求，加快科技创新、气候变化预测预估业务发展和提高气候变化决策服务能力，积极为发展绿色经济、循环经济、低碳经济提供支撑。

内蒙古风电预报系统市场开拓案例

针对风力发电量波动大、并网难的特点，内蒙古自治区气象局转变工作思路，积极主动与自治区电网公司联系，向风电企业行文，明确规定风力发电企业必须建立风力发电预报业务，以确定并网发电量。目前，内蒙古气象局目前已与32家风力发电站签订了风电预报合同，极大地增强了风能资源开发利用气象服务能力。

启示：完善运行机制是提高气候资源开发利用能力的重要保障。

吉林风能资源监测社会管理案例

近3年来，吉林省气象局登记的测风塔200多个，已经验收测风塔近百个，已经制作完成100余个风电场(每个5万千瓦)的风能资源评估报告。吉林省气象局的做法是从社会管理入手，与省发改委联合下发了《关于加强全省风能资源监测及评估工作管理的通知》，明确规定，"风能资源监测与评估的管理工作由省气象局负责，未经气象主管部门授权的单位和个人不得开展此项工作，对其所做出的评估报告，省发展改革委不予作为立项依据。"联合下发了《关于规范吉林省风电项目风能资源测量工作的通知》，明确规定，设立测风塔须由省气象局批准，经省气象局验收合格后，出具"重要气象设施建设项目审核批复"，测风数据满一年后由气象部门出具测风数据是否合格的证明。

启示：发挥职能作用，强化社会管理，是提高开发利用气候资源能力的重要途径。

强化风能太阳能资源评估和预报业务能力。研发高分辨率风能、太阳能资源数值模拟和预报技术，大力发展边界层模式、辐射传输模式及其与中尺度数值模式耦合技术，开展风能、太阳能资源精细化评估，推进评估成果的深层次应用，为风能太阳能大规模开发基地建设和分散式开发布局以及风电场、太阳能电站的微观选址提供科学依据。积极开展风能、太阳能预报业务服务，将其作为新时期可再生能源发展气象服务的核心，重点推进，重点突破。

强化风能太阳能资源监测。一是优化和完善风能资源观测网。围绕风能资源监测评价和预报服务的需求，增建观测试验示范基地，形成比较完善的风能资源专业观测网，并纳入综合气象观测系统实现长期稳定运行。开展近海风能观测，根据海上风能资源开发利用发展需求，与外部门合作开展海上垂直风切变、湍流、沿海风速变化、台风特性等观测及研究。二是建设太阳能资源专业观测网。根据太阳能资源开发利用评估和预报服务的需求，依托全国气象台站网，加密建设辐射观测站。针对太阳能资源开发利用方式的多样性，面向光伏发电开展硅基辐射表的倾斜面总辐射观测，面向光热发电开展直接辐射的观测。

强化气候资源开发利用评估。一是尽快启动第三次全国气候区划，大力发展高分辨数值模拟和多种观测手段相结合的现代气候资源调查评估技术，建立精细化的气候资源区划指标体系；二是加强农业气候资源的精细化评估和区划，研究适应气候变化的农业气候资源利用途径及农业生产力布局，积极开展农业气候资源开发示范基地建设服务；三是积极拓展气候资源开发利用的领域，大力发展基于多样气候的特色农业、特色旅游、特色生态的气候资源开发利用，引导农业、旅游、生态向特色化方向发展，按照试点先行、示范带动原则，建立森林与湿地气候资源、草原气候资源、旅游气候资源等开发利用示范基地，大力发展城市气候环境调控及城市气候资源开发利用服务。四是加强气候资源未来演变趋势及对环境、生态和社会经济系统的影响分析。

强化空中水资源的开发利用。一是转变人工影响天气发展思路，把人工影响天气作为开发利用气候资源的重要任务，工作职能从防雹减灾转变为防灾减灾和开发利用空中云水资源，加强人工增雨(雪)工作，改善工农业水资源利用状况，缓解极端高温热浪天气下对能源的过度需求。二是开展全国空中水资源及其开发利用潜力的详细调查和科学评估工作。组织力量制定相关计划和技术标准，调查、评估、掌握我国县级以上行政区域和各主要自然区域空中水资源的时空分布特征及其开发利用潜力。三是统筹开展空中水资源开发工程建设。加快推进全国人工影响天气发展规划的落实，做好东北区域人工增雨工程建设，积极推进西北、华北、华中和南方等重点地区的人工增雨工程建设，全面提高国家级和区域级统筹开发空中水资源综合能力。四是加强空中水资源开发利用关键科学技术研究。组织各方面力量联合开展攻关研究，加强空中水资源开发利用的若干基础科学问题研究和关键技术开发。

强化气候资源开发利用的社会管理。一是加快气候资源开发利用的立法进程，将《气候资源法》或《气候资源开发利用保护条例》列入重要议事日程大力推进。强化国家对气候资源开发利用保护的政策扶持，强化气象部门履行气候资源开发利用保护社会管理职能。加强风力强度、太阳能辐射等观测的审查及资料汇交和涉外观测的审批；加强风能太阳能资源利用相关的能源气象、电力气象标准的制修订工作。二是依法组织大型太阳能、风能等气候资源开发利用项目的气候可行性论证。加强气候资源的管理，通过局地气候资源规划，对重大工程建设等进行气候监测与影响评估。三是加强风能太阳能标准化建设和管理。依托中国(亚洲二区协)标准辐射仪器比对基地，建设全国太阳能综合试验比对中心，对全国不同厂家不同型号的太阳能电池组件及其他太阳能应用设备进行比对考核和性能评测，在为太阳能电池的生产以及太阳能应用工程的设备选型、项目建设、生产运行提供服务服务的同时，加强相关活动社会管理。

五、提高“四个能力”的总体思考

从整体上看，“四个能力”的差距从本质上反映的是气象事业发展中“两个没有改变”的基本状况，即气象服务能力与经济社会发展和人民生活日益增长的需求不相适应的矛盾没有改变，我国气象科技与世界先进水平存在较大差距的事实没有改变。贯彻落实胡锦涛总书记重要指示精神，不断提高“四个能力”，既面临着前所未有的机遇，也面临着前所未有的挑战；既面临艰巨的发展重任，也面临复杂的改革难题。我们必须立足基本国情和事业发展实际，坚定信心、坚持方向，开拓创新、加快发展，坚定落实既定的方针政策，采取切实有效的创新举措，为提高“四个能力”打牢基础、创造条件、提供动力。

提高“四个能力”的问题实质上是推动新时期气象事业实现更大发展、科学发展的问题。不断提高“四个能力”、推动气象事业实现更大发展，要求转变气象事业发展方式，坚持公共气象发展方向，努力构建气象现代化体系，更加注重发挥公共气象服务需求的引领作用，促进气象工作全面融入经济社会发展大局，走科技创新驱动发展之路、服务需求引领发展之路、改革开放助力发展之路、社会管理促进发展之路，最大程度地激发气象事业发展的活力，最大限度地发挥气象工作的经济社会效益。

1. 加快气象科技进步和创新，不断夯实提高“四个能力”的科技基础

加快气象科技进步和创新，是提高“四个能力”的关键所在，是推动气象事业实现更大发展的根本途径。要坚持走中国特色、气象特点的自主创新道路，把增强自主创新能力贯彻到提高“四个能力”和气象现代化建设的各个方面。

提高自主创新能力。自 20 世纪八九十年代以来，我国气象现代化取得了巨大的成就，特别是在追踪以美国为代表的发达国家的先进水平方面有了实质性进步。随着我国综合国力的增强和气象事业的发展，气象现代化正在逐步实现转型——由主要依靠学习引进国外先进技术到更加强调自主创新，由主要依靠国外先进科学技术到主要依靠具有自主知识产权的先进科学技术发展现代气象业务，这是加快实现气象现代化、占领世界气象科学技术制高点的必然选择。要面向科技发展前沿和国家需求，面向提高“四个能力”和发展现代气象业务的要求，围绕解决关键问题持续攻关，加强基础性研究、前沿技术研究和关键技术研发，着力突破预报预测数值模式的关键技术，努力摆脱预报预测业务技术对国外的依赖，大力发展现代综合气象观测技术，真正解决地面观测自动化问题，在气象防灾减灾、应对气候变化和开发利用气候资源等跨专业领域的科技创新方面取得实质性进展，发挥自主创新对提高气象综合实力的关键作用[4]。

健全科技创新体系。进一步健全气象科技创新体系，完善气象科研院所管理运行机制，合理布局部门重点实验室，强化基础条件平台、科学试验和业务中试基地建设，加强气象科技创新团队建设，建立气象科技成果分类评价体系，加快气象科技成果转化、推广和应用，增强科技创新对现代气象业务、服务和产业发展的支撑。

推进国际国内合作。要坚持以我为主、务求实效、有的放矢的原则，深化国际气象科技合作，发起和参与全球性、区域性气象科学、资源环境等领域的国际合作计划，分领域、有重点地加强双边气象科技合作。要坚持以用为本、服务引领、业务优先，研究制定国家气象科技创新战略，围绕提高“四个能力”，有针对性地加强部门合作、省部合作、局校（局院、局所、局企）合作，注重发挥资源配置的协调作用，进一步发挥好公益性行业（气象）科研专项在组织引领社会相关科技资源、服务气象科技创新中的作用，形成全方位、宽领域、多层次的科技

---

〔4〕 2007 年党的十七大进一步指出，“提高自主创新能力，建设创新型国家，这是国家发展战略的核心，是提高综合国力的关键。”2006 年初编制完成的《国家中长期科技发展规划纲要》提出我国新时期科技工作的指导方针是：自主创新，重点跨越，支撑发展，引领未来。自主创新的三种方式：原始创新、集成创新、引进消化吸收再创新。

合作局面，提高开放合作的水平和效果(建议吸取20世纪中美十年大气科技合作计划经验，围绕数值模式研发和业务化等核心科技，持续选派科技管理骨干到欧洲中心、美国、英国等进行为期1～2年的学习进修)。

2. 发展完善现代气象业务，全面巩固提高“四个能力”的业务优势

加快发展现代气象业务是贯彻落实国务院3号文件、构建气象现代化体系的正确决策，也是巩固和发展气象在国家经济社会全局中地位和作用的关键所在。提高“四个能力”对发展现代气象业务提出了新的要求。

统筹现代气象业务体系协调发展。以公共气象服务为引领、气象预报预测业务为核心、综合气象观测系统为基础，加强规划指导，强化系统集成，注重标准统一，促进互动融合，统筹资源配置，强化科技支撑，完善体制机制，改善结构功能，改进业务流程，提高质量效益，促进现代气象业务体系协调发展(建议在中国气象局层面设立总工程师专业技术职务岗位，以增强现代气象业务体系的系统性、协调性[5])。

大力发展公共气象服务业务。坚持需求牵引，注重公共气象服务的外延发展，围绕气象防灾减灾、应对气候变化、开发利用气候资源的工作职能，大力发展现代天气业务、现代气候业务，进一步强化公共气象服务体系建设，强化气象灾害风险管理，促进气象服务全面融入经济社会发展之中。

着力完善现代天气业务。加强气象预报预测核心技术研发和成果转化，提升数值预报预测业务化水平，构建专业化的预报技术体系，完善集约化的预报预测业务流程，加快推进技术先进、产品精细、分工专业、流程集约的气象预报预测系统建设，显著提高预报预测准确率和精细化水平。

加快发展现代气候业务。随着气候变化在科学、经济、政治等领域的全面升温，气候业务服务日益受到世界气象组织和发达国家的重视。建立实施中国气候服务框架[6]既是适应国际气象发展趋势，也是提高“四个能力”的迫切需要，离开了气候业务服务的发展，提高“四个能力”也将无从实现。要深化和细化“四个能力”专业领域气象服务需求分析，延伸公共气象服务业务系统的能力建设，加快推进针对性强、科技含量高的专业气象服务业务系统建设，注重提倡互动式服务，不断完善业务系统功能，不断提高专业气象服务质量。

重点发展现代综合气象观测业务。加快构建地基、空基、天基观测有机结合、布局合理、运行稳定、保障有力的综合气象观测系统，加快观测自动化步伐，加强装备保障和信息网络建设，加强综合观测气象系统建设和运行的科学管理，提高系统运行的稳定性可靠性和应用

〔5〕目前，我国水利部、环保部、农业部、工业和信息化部、国土资源部、铁道部、测绘地理信息局、海洋局、林业局、统计局等国务院部分下设机构都设有总工程师(或总经济师、总规划师等)一职，部分总工还担任其他职务，其中，工业和信息化部、国土资源部和国家统计局的总工还是该部(局)的党组成员。

〔6〕全球气候服务框架：2011年5月16日至6月3日在瑞士举行的第十六次世界气象大会上，通过了“全球气候服务框架(GFCS)”，该议题是本次大会上讨论耗时最多、争议最大、最后才获通过的议题。GFCS的目标是：建立一个端到端的系统，以提供气候服务，广泛应用于社会各阶层的决策，避免和管理气候风险。GFCS主要由五部分组成：用户界面平台，气候服务信息系统，观测和监测，研究、模拟和预测，能力建设。GFCS未来四年优先领域：农业、减轻灾害风险、水和卫生。

效果。

3. 强化公共气象服务，促进提高"四个能力"与履行管理职能并进

提高"四个能力"有赖于公共气象服务和社会管理职能的充分履行。要贯彻落实中央加强和创新社会管理的战略部署，顺应建设服务型政府的大势，不断丰富公共气象服务内涵，强化气象社会管理职能，促进气象工作不断政府化。

把握公共气象服务重点，不断提高基本公共气象服务能力。我国《国民经济和社会发展十二五规划纲要》明确了推进基本公共服务均等化的政策导向。国家气象主管部门要站在统筹全社会公共气象服务协调发展的角度，坚持以人为本、服务为先，按照寓社会管理于公共服务之中、寓公共服务于社会需求之中的原则，在服务中实施管理、在管理中体现服务，通过管理和服务提高"四个能力"，不断满足社会对更多更好公共气象服务的新需求。要准确把握公共气象服务的重点，健全统一与分级相结合的公共气象服务管理体制，强化政策和业务指导，构建完善的基本公共气象服务体系，按照提高"四个能力"的要求，凝练基本公共气象服务能力建设项目，逐步缩小城乡区域间基本公共气象服务差距。各地气象主管部门应结合实际，在上级部门指导下，因地制宜地明确基本公共气象服务范围、标准和工作内容，充分衔接各级政府推动当地社会基本公共服务的发展进程，完善公共财政体制机制，保障基本公共气象服务体系能力建设和运行维持的支出（建议围绕服务民生的发展宗旨，尤其是针对"三农"、城市化进程中有关气象防灾减灾和应对气候变化问题，涉及社会安全运行、重大经济和社会活动保障、气象敏感行业和领域的公共气象服务问题，以及流域性洪涝、区域性干旱等方面的重大气象服务问题，凝练实施基本公共气象服务重大项目，比如可借鉴中小学防雷示范工程的思路，探索实施"气象灾害预警信息村村达"工程、"大中小学应对气候变化科普行动计划"等）。

切实履行好政府公共服务和社会管理职能。"四个能力"更加密切了气象与经济社会的联系，必须树立动员社会力量办气象的意识，增强管理全社会气象活动的能力，按照内外兼修的要求，充分挖掘和加强与"四个能力"有关的社会气象事务的管理和服务内容，强化气象部门公共服务与社会管理职能。健全气象行政执法体系，推行气象行政执法属地化管理，推进气象灾害防御社会化，强化气象社会公共事务管理，加强气象信息安全和使用管理。对外做好与政府有关职能部门、相关行业主管部门的职能关系的梳理工作，既加强开放合作，又明确公共服务和社会管理各自的职责、任务和要求，建立有关协同机制，落实相关政策制度；对内进一步明确各个管理层级的职能关系，既要明确基本的工作要求，依法促进地方公共气象服务和社会管理，又要鼓励各级气象机构结合当地经济社会发展实际，积极探索强化公共气象服务和社会管理的体制机制。通过应对气候变化、开发利用气候资源工作引领经济社会以及社会生产生活向低碳、节能、减排、可再生能源充分利用方向发展，通过建立和完善政府主导、部门联动、社会参与的气象防灾减灾机制，把全社会的气象防灾减灾工作组织起来，通过探索气象服务特别是专业气象服务的社会化和气象信息产业的规模发展，为提高"四个能力"创造有利条件。同时，使公共气象服务和社会管理真正融入社会、融入各行各业、融入生产生活（建议：为适应逐步加强社会气象事务管理的需要，结合应对事业单位分类改革，适

当时候可进一步调整机关内设机构的设置,比如,可增设气候资源管理司、人工影响天气司等)。

依法建立社会多方参与支持气象的体制机制。提高“四个能力”涉及气象与经济社会发展多方面的关系,要坚持依法管理、综合施策,落实好《全面推进气象依法行政规划(2011—2015年)》和《气象立法规划(2011—2020年)》(气发〔2011〕66号),加快应对气候变化和气象灾害防御、气象设施和气象探测环境保护、气候资源开发利用与保护、雷电灾害防御和气象服务等重点领域的气象立法工作进程。要通过法律法规,强化各级政府、各个部门的职责,加强地方各级政府履行气象防灾减灾、应对气候变化、开发利用气候资源等政策措施执行情况的绩效考核,引导社会力量积极参与公共气象服务。要围绕“四个能力”建设和现代气象业务发展的需求,加大标准制修订步伐。通过法律、法规、规划、标准等手段加强气象行业管理,形成全社会提高“四个能力”的整体合力(建议成立国家层面的“国家气象事务协调委员会”〔7〕,以统筹全社会气象事业发展,统一规划气象事业发展,统一制定和执行行业气象标准,统一设计气象业务布局,统一协调气象现代化建设。推进全行业人员规范化的职业资格和岗位培训制度)。

4. 建设气象人才体系,造就有利于提高“四个能力”的人才队伍

人才是气象事业发展的第一资源,也是提高“四个能力”的智力支撑。要认真落实气象人才体系建设的有关举措,加快建设有利于提高“四个能力”的气象人才队伍。

着力建设适应“四个能力”要求的多元化的气象人才队伍。坚持人才优先发展,把提高“四个能力”所需的人才作为气象人才发展规划的重点,不断创造吸引人才、培育人才的软硬政策环境。不断优化人才资源配置方式,以高层次科技领军人才、业务服务一线创新人才、基层气象人才为重点,着力建设多元化、高素质的气象人才队伍。在继续加强预报预测队伍建设的同时,高度重视跨领域、复合型的气象防灾减灾人才、应对气候变化人才、气候资源开发人才培养使用。抓住留学人才归国的新高潮,加大相关留学归国人才引进(建议深化局校合作,加强与教育部的直接合作,推动相关高校的专业和课程设置能面向“四个能力”的人才需要,从根本上解决四个能力的基础人才需求)。

着力提高各级领导干部领导气象事业科学发展的能力。领导干部是否具备领导气象事业科学发展的能力,是决定提高“四个能力”成功与否的关键。要强化气象部门各级领导干部战略思维,提高对气象事业发展规律的认识,增强工作的系统性、预见性、创造性。要增强各级领导干部的创造性和主动性,结合本单位工作实际,创造性地开展工作,不要事事请示、

〔7〕 为解决分散在不同联邦机构的气象事务缺乏系统协调的问题,1963年,美国在国家层面成立了联邦气象服务和支撑研究委员会(Federal Committee for Meteorological Services and Supporting Research,FCMSSR),由商务部副部长、国家大气海洋管理局局长任主席,委员来自从事气象活动或有气象服务需求的15家联邦机构,包括:商务部(DOC)、国防部(DOD)、交通部(DOT)、农业部(USDA)、能源部(DOE)、国土安全部(DHS)、内政部(DOI)、国务院(DOS)、环境保护局(EPA)、国家宇航局(NASA)、国家科学基金会(NSF)、国家运输安全委员会(NTSB)、核能管理委员会(NRC)、白宫科技政策办公室(OSTP)和白宫管理与预算办公厅(OMB)。并专门成立了气象服务和支撑研究联邦协调员办公室(OFCM)(挂靠在NOAA)作为其工作部门,来协调整个国家的气象业务、服务和支撑研究等活动,支持气象资源在各联邦机构中的有效利用。[摘自:《气象软科学》,2006,(2)]

步步环视，确保中国气象局党组决策部署得到有效执行。各级领导干部不仅要善于发现问题、提出问题，还要善于研究问题并提出解决问题的措施来解决问题。

着力加强青年气象人才队伍建设。牢牢把握青年人才成长规律和气象科技创新规律，注重对青年人才的引导、鼓励、教育和锻炼，使青年人才在气象事业科学发展的大潮中发挥聪明才智、体现人生价值，在提高“四个能力”科技创新、业务服务的广阔舞台上发挥生力军作用。

建立职业资格认证制度和岗位培训制度。气象相关业务服务具有技术含量高、知识更新快的特点，对专业技术人员的专业素养能力有较高要求，全面提高“四个能力”需要借鉴国外发达国家气象人才管理好的做法和经验，逐步建立完善对全社会气象相关专业技术从业人员的资格认证管理，同时要逐步完善面向行业的岗位培训制度，以促进专业技术人员的知识技能更新，从而促进气象科技成果及时有效转化为对社会的气象服务能力[8]。

5. 深化改革开放，加快完善提高“四个能力”的体制机制

当前，国家继续推进经济体制改革，政治体制改革稳步探索，以教育、卫生、文化等为重点的事业单位分类改革加快推进，部门之间的竞争日趋激烈，在这样的形势下，气象部门面临改革的挑战与困难不可低估。制约气象事业科学发展的体制机制障碍躲不开、绕不过，必须深化改革、扩大开放，为提高“四个能力”提供强大动力，促进气象与经济社会更加紧密融合。

深化公共气象服务体制改革，加快调整气象事业结构。加强和创新社会管理、推进基本公共服务均等化已成为现阶段我国政府转变职能、构建和谐社会的重要内容。同时，国家事业单位分类改革和服务业改革等也要求理顺政府的职能关系，强化公共服务和社会管理职能。公共气象服务是政府公共服务和社会管理职能的重要组成部分和重要支撑，因此，在强化服务型政府建设的进程中，迫切需要加快建立和完善符合国情、覆盖城乡、可持续的基本公共气象服务体系，不断为公众提供更多更好的气象服务。要围绕科学合理地发挥政府、市场、社会在提供公共气象服务中的作用，不断研究完善公共气象服务政策和体制机制，努力解决气象服务中有限能力与无限需求的矛盾。要大力发展基本公共气象服务，积极探索推

---

[8] 第十六次世界气象大会通过修订后的“气象学家”和“气象技术员”定义：1. 气象学家——成功达到气象学家基本专业课程要求的人员，大学学历。气象学家基本专业课程(BIP－M)主要内容包括两个主要方面：(a)数学和物理学基础课以及涉及其他科学有关课程(如：通信、资料分析和应用等)的辅修课。(b)大气科学课程：物理气象学(即：大气成分、辐射和光电现象、热力学和云物理学、边界层气象学和微尺度气象学、常规观测和仪器、遥感)；动力气象学(即：大气动力学、数值天气预报)；天气学和中尺度气象学(即：中纬度和极地天气系统、热带天气系统、中尺度天气系统、天气观测、分析与诊断分析、天气预报、服务提供)；气候学(即：全球大气环流、气候与气候服务、气候变率与气候变化)。除了成功完成并达到上述(a)和(b)课程基本要求之外，凡希望获得专业要求的个人还可深入学习一些课程，如：航空气象学、大气化学、气候监测和预测等。2. 气象技术员——成功达到气象技术员基本专业课程要求的人员。气象技术员基本专业课程(BIP－MT)主要内容包括两个主要方面：(a)数学和物理学基础课以及涉及其他科学有关课程(如通信、资料分析和处理等)的辅修课；(b)普通气象学课程：基础物理气象学和动力气象学、基础天气学和中尺度气象学、基础气候学、气象仪器和观测方法。除了成功完成并达到上述(a)和(b)课程基本要求之外，凡希望获得专业要求的个人还可深入学习一些课程，如：专业观测和测量、资料质量控制和存档、设备标定和维护、通信和计算等。

进非基本公共气象服务社会化，调动全社会参与气象服务的积极性，满足多样化的气象服务需求。要按照国家服务业改革的方向，结合气象部门实际，稳步发展壮大气象信息产业，出台促进产业发展的政策文件，逐步构建与公益气象服务互为补充、与社会主义市场经济发展要求相适应的气象服务运行机制，逐步完善对气象信息产业的有效监管，稳步推进气象服务的社会化进程(建议以中关村气象科技产业园区为示范先导，积极、有序地在上海浦东、浙江舟山、天津滨海新区等经济特区开展试点工作，以点带面、辐射带动，形成全国中、东、西部不同主体功能区的产业发展的战略布局，带动全国气象信息产业健康发展)。

深化气象业务技术体制改革，加快调整气象业务结构。积极推进现代天气业务、现代气候业务、公共气象服务、综合气象观测业务、气象信息网络业务等改革，加快建立相互支撑、协调发展的现代气象业务体系，注重优化和集约体系运行流程，注重不同层级业务体系的对接，注重健全技术和装备保障措施，统筹公共气象服务业务、预报预测业务、综合气象观测业务协调发展。通过业务技术体制改革，逐步完善气象业务布局、业务分工，构建集约化的业务模式、科学化的业务流程，不断优化现代气象业务体系的整体功能。

顺应国家推进事业单位改革和行政管理体制改革要求，深化气象管理体制改革。2011年3月，中共中央、国务院下发了《关于分类推进事业单位改革的指导意见》，标志着涉及126万事业单位的改革大幕已经拉开。全国各级气象部门是履行政府行政职能的事业单位，多年来形成了垄断公共气象服务的格局，如何适应国家加快推进社会事业体制改革，构建政府主导、社会力量参与的公益服务新格局，如何利用社会力量、调动社会资源提高公共气象服务水平是我们面临的新课题。我们要按照中央的总体部署和要求，进一步梳理国家法律法规和中央有关文件赋予气象部门的行政管理职责、社会管理职责，深入研究并推动气象管理机构纳入行政机构；要深入研究各类事业单位的发展政策，根据各业务服务单位承担的职责，推进事业单位的公益属性分析和初步分类，整体谋划气象部门事业单位机构设置、岗位设置、人员编制和经费保障等基本问题；要积极探索适合气象部门事业单位特点的“管办分离”有效实现形式和建立健全法人治理结构，逐步建立功能明确、治理完善、运行高效、监管有力的管理体制和运行机制。在继续加强国家与地方气象发展的统筹规划和组织领导、完善现行领导管理体制的同时，通过深入开展省部合作、部门合作和局地合作等，促进地方气象事业发展，促进气象更好地融入到经济社会的发展中(建议继续探索深化省部合作机制，明确新形势下地方政府发展气象事业的职责，明确地方气象事业发展的主要领域和重点任务；强化基层气象组织机构建设，在没有设立气象局的县级地方政府增设气象机构，鼓励结合地方经济社会需求增设相应的基层气象服务机构，加快推进新形势下地方气象事业的发展)。

深化基层气象台站综合改革，增强基层气象活力。基层气象工作是提高“四个能力”的根基和重要环节。“四个能力”的提升需要我们根据新形势和新任务的要求，明确基层台站的职能定位和发展方向，逐步实现从主要承担基本观测等业务为主的业务型气象站向承担气象监测预警、公共气象服务和社会管理等综合职能的综合型气象局的发展转变，强化基层公共气象服务体系建设，充分发挥基层台站在气象灾害防御规划、气象灾害普查和风险区划、气象灾害预警和应急管理、专业气象服务、为农服务、人工影响天气、乡镇自动气象站运行维护等方面的职责作用。积极探索建立具有地方编制和运行维持经费的县级气象防灾减灾机构(见附件3中的案例7),进一步强化对农村气象防灾减灾和信息服务的社会管理职能等。

深化气象科技体制改革,完善气象科技创新体系。要通过科技体制改革,增强科技创新能力,充分发挥科技第一生产力的作用,充分发挥科技对于提高“四个能力”的重要支撑作用。气象科技主管部门要解放思想、转变观念,通过创新科技管理体制,为气象科技发展提供一个良好的政策环境、体制机制环境、创新平台和氛围,促进科技效益的不断提高。要不断深化气象科技管理体制、资源配置机制、成果转化应用机制等的改革与完善,使科技能够在遵循自身发展规律的前提下,通过体制机制的完善,通过自身能力的提升实现快速健康发展。

加快开放合作步伐,完善开放合作体制机制。着力加强国际合作,不断缩小“四个能力”与国外先进水平之间的差距。扎实推进部门合作,加强与农业、国土资源、水利、旅游、交通、环保等部门开展适应气候变化特别是应对极端气候事件方面的合作,推进信息共享、资源共用、应急联动。深入推进省部合作,加大政策引导和项目支持,拓展共建领域,完善共建机制。还要注重在气象事业发展宏观政策和重大举措研究层面,加强与各级党政宏观决策研究咨询部门的合作,联合开展重大调研活动、联合开展重大问题研究,使气象工作与国家宏观政策相结合,以促进气象事业切实融入大局(建议与中编办、财政部、发改委等国家宏观决策管理机构定期、不定期地开展气象与经济社会发展等问题的相关研究,使气象事业发展更好地融入和体现在国家宏观决策中;与国务院发展研究中心建立合作研究机制,就气象事业发展的重大问题、重要政策开展联合研究,提升气象发展研究的层次和开放程度,促进气象重大决策与国家重要政策的结合)。

参考文献

胡仙芝.加强政府职能整合改善人力资源服务.人民日报,2008－03－12(12).
矫梅燕.加强气象防灾减灾科学管理.光明日报,2011－05－14.
矫梅燕.探索公共气象服务发展的体制机制创新.中国气象报,2009－09－25.
李慧中,李明.2008.改革30年中国服务业的发展:经验和解释.世界经济情况,(8).
孙长学.2010.“十二五”社会事业领域政府公共服务能力提升重点及目标.宏观经济管理,(6)
汤绪.适应新要求、新形势、新期盼:创新公共服务和社会管理机制.中国气象报,2011－04－28.
王澜明.2009.改革开放以来我国六次集中的行政管理体制改革的回顾与思考.中国行政管理,(10)
王澜明.2010.改革开放以来我国事业单位改革的历史回顾.中国行政管理,(6)
张维迎.2010.市场的逻辑.上海:世纪出版集团,上海人民出版社.
郑国光.2009.中国气象事业改革开放30年研究.北京:气象出版社.
中国气象局.2009.气象现代化60年.北京:气象出版社.

党的十七大以来 气象事业发展主要成就总结*

概　述

党的十七大以来的五年是我国经济社会发展中不平凡的五年，科学发展观更加深入人心，以人为本、执政为民的理念更加突出，防灾减灾和应对气候变化得到更加重视，发展的机遇和发展的挑战交织，重大活动和重大事件不断，全面建设小康社会迈出新的步伐。伴随着中国经济社会的新发展，气象事业在过去的五年中也经历了新考验、创造了新辉煌、获得了新启示，在气象事业发展史上写下了新篇章。

这五年，面对极端天气气候事件频繁发生的严峻形势和经济社会发展对气象服务日益增长的迫切需求，面对世界气象科技快速发展的挑战和气象现代化建设艰巨繁重的任务，在党中央、国务院的正确领导下，中国气象局党组深入贯彻落实科学发展观，以求真务实的作风和改革创新精神，将气象工作放在国家经济社会发展的大局中谋划和推动，带领全国气象部门始终坚持并不断丰富中国特色气象事业发展道路，科学发展形成新思路，推动气象事业发展取得新的重大成就。

这五年是更加注重落实以人为本理念，公共气象服务得到大发展、大进步的五年。五年来，我们坚持以人为本、服务民生，始终把保障人民生命财产安全和经济社会发展放在气象工作的首位，把百姓对气象工作的需求作为气象工作者努力的方向，强化城乡基本公共气象服务体系建设，改进和丰富公共气象服务产品、改进和丰富公共气象服务形式，气象预警信息发布能力显著提高、气象灾害防御机制明显改善，公众获取气象信息更加便捷，以奥运气象服务为契机一系列重大活动气象服务保障精彩难忘，决策服务更加主动及时。公共气象服务的有效开展有力提升了气象事业的社会影响力。

这五年是更加注重以提高预报预测准确率为核心，现代气象业务内涵不断丰富的五年。五年来，我们坚持需求引领，千方百计提高气象预报预测能力，并且不断适应防灾减灾的要求，将传统气象预报向气象灾害监测预警预报延伸，更加重视自主创新的数值模式发展，更加重视预报预测的精细化和针对性，灾害性天气短临预报准确率明显提高，交通、能源等专业气象专业化水平明显提升，综合气象观测能力明显加强，公共气象服务业务融入现代气象业务。以现代气象业务为统领，气象基本业务能力的全面加强有力地提升了气象事业的核

* 本报告完成于2012年。主要研究人员：于宏敏、申丹娜、韩佳芮、林霖、秦爱民、冯国标、盛军。

心竞争力。

这五年是更加注重软实力和硬实力协调，气象现代化建设效益明显发挥的五年。五年来，我们坚持抓牢气象现代化不动摇，按照国务院三号文件确定的目标扎实推进，观测自动化取得实质性突破、气象卫星业务技术升级、天气雷达建设发挥重要作用，气象监测和预报预测服务业务平台的智能水平提高，气象现代化体系建设的系统性更强，气象科技创新体系和气象人才体系与现代气象业务体系同步谋划推进，气象教育培训的基础性战略性作用得到新的重视，气象科技创新更加注重面向业务服务需求。涵盖气象科技和人才在内的更加全面综合的气象现代化体系建设有力地提升了气象事业的综合实力。

这五年是更加注重改革和开放合作，气象工作更深更广融入国计民生各方面的五年。五年来，我们坚持以改革促发展、坚持试点先行，改革的步骤更积极稳妥，现代天气业务试点、现代气候业务试点、为农服务“两个体系”试点、专业气象试点、基层气象综合改革试点、率先基本实现气象现代化试点等扎实推进，示范带动作用明显。我们坚持以合作促融入，省部合作、部部(局)合作、局校合作、局企合作的力度和成效空前，合作促进了气象服务的针对性提高、开拓了气象事业发展的空间、优化了气象事业发展的环境。

这五年是更加注重寓管理于服务、寓服务于管理，气象法制标准建设和社会管理取得显著突破的五年。五年来，我们坚持气象服务的公益性和基础性，注重公共气象服务和社会管理的有机结合，把强化气象社会管理融于强化公共气象服务之中，通过强化公共气象服务推动气象社会管理，围绕气象灾害防御的相关法制、政策、标准建设不断实现新突破，政府主导、部门联动、社会参与的气象工作机制逐步建立和巩固。

这五年是更加注重统筹各方面，气象部门党建、文化建设等各项工作同步取得新进展的五年。五年来，我们遵循全面、协调、可持续的要求，按照中央部署切实加强部门党的建设，通过深入学习贯彻落实科学发展观和开展创先争优集中学习教育活动，进一步深化了对气象事业发展规律的认识，进一步调动了气象职工的积极主动性；通过年年持续的党风廉政宣传教育活动强化了风清气正的部门形象，作风建设促进了对基层的关注，艰苦台站津贴改善等举措不断让基层气象焕发出新活力。在文化强国的春天里，气象文化蓬勃发展，技术竞赛激发了职工的热情，学习型组织建设已经融汇在职工的习惯之中，气象事业发展正呈现一种生动活泼的局面。

一、公共气象服务引领作用得到充分发挥

五年来，中国气象局党组以经济社会发展需求为引领，不断拓展服务领域、创新服务能力、丰富服务产品、完善服务体系，努力提高监测预报的准确性、灾害预警的时效性、气象服务的主动性，在防灾减灾、经济建设、社会发展以及国防建设中发挥了重要作用，受到了党中央、国务院的充分肯定和社会各界的普遍赞誉，气象工作在国家经济社会发展中的地位明显提升，对社会的贡献和影响力明显提高。

1. 强化公共气象服务宗旨

中国气象局明确了“面向民生、面向生产、面向决策”的战略方向，提出了以需求为牵引、

公共气象服务引领气象事业发展的战略思想，对气象服务内涵的认识不断深化。2008 年 9 月 26 日召开的第五次全国气象服务工作会议，明确了新形势下气象服务的内涵、定位等，提出了“需求牵引、服务引领”的气象业务发展理念，也是气象工作的重要理念，以此为标志，我国气象服务进入一个新阶段。从气象服务到公共气象服务是中国气象事业发展历程中在思想观念和发展方式上的重大而深刻变革，是从部门气象向社会气象发展的重大转变，是强化气象社会管理和公共服务职能的关键。公共气象服务是政府公共服务的重要组成部分，是建设服务型社会的重要内容，其发展方向涵盖决策气象服务、公众气象服务、专业专项气象服务和气象灾害防御；以服务需求引领预报预测、综合观测项目的发展、业务布局和流程的调整，引领公共气象服务机构的建立，加快公共气象服务体系建设，提高公共气象服务能力和水平；转变发展方式，调动各种资源发展公共气象服务，使气象工作真正融入社会，融入国民经济各行各业，融入百姓生产生活。通过发展公共气象服务，进一步明确气象事业的公益属性，为气象部门在行政事业改革中赢得了更多的主动权和更广泛的发展空间。

当前，我国公共气象服务的整体水平位居世界前列，其中独具中国特色的决策气象服务和重大活动专项服务达到世界先进水平。发展公共气象服务的理念与全球气候服务框架(GFCS)的理念一致，GFCS 认定中国气象服务为主流化气候服务，中国气象局与多部门开展了有效的合作，共同制作的产品和信息已在社会经济活动和防灾减灾方面发挥了积极的作用，并且与社会各行各业开展互动，通过科普宣传和讲座向公众介绍气象灾害以及异常气候变率和变化对社会的影响，推动社会参与气候服务，并促进了解和广泛传播气候信息。

2. 气象防灾减灾机制取得历史性突破

2007 年 7 月国务院办公厅印发了《关于进一步加强气象灾害防御工作的意见》(国办发〔2007〕49 号文件)，同年 9 月 18 日全国气象防灾减灾大会成功召开，回良玉副总理到会并做重要讲话。以 49 号文件和防灾减灾大会为标志，初步确立了“政府主导、部门联动、社会参与”的气象防灾减灾工作新机制，气象灾害监测预警、信息发布、防灾抗灾科普组成的气象灾害防御体系初步形成，推动了以天气预报服务为主向以灾害性天气监测预警预报服务的转变。2009 年 12 月《国家气象灾害应急预案》作为气象防灾减灾第一个国家级预案由国务院办公厅发布、2010 年《气象灾害防御条例》作为国务院第一个关于气象灾害防御的行政法规、《国家气象灾害防御规划(2009—2020 年)》作为第一个由国务院批准的气象防灾减灾专项规划正式施行，以及 2011 年国务院办公厅出台的《关于加强气象灾害监测预警及信息发布工作的意见》(国办发〔2011〕33 号)，在这几个重要法规、文件的指导下，使“政府主导、部门联动、社会参与”的气象防灾减灾工作机制以及气象灾害应急响应机制、应急管理组织体系的建设纳入法制化轨道，加大了利用社会资源强化气象防灾减灾工作力度，取得历史性的突破，实现了气象防灾减灾由部门行为向政府行为的转变。目前，政府主导作用不断强化，长效机制逐步建立，全国 31 个省(区、市)政府均印发了气象灾害专项预案，90%的地市级政府和 65%的县级政府出台了本级气象灾害专项预案，基本建成了从中央到地方的气象灾害专项应急预案体系，28 个省级政府将国家突发公共事件预警信息发布系统建设列入规划或文件；部门联动机制不断健全，建立了 25 个部门参加的气象灾害预警服务部际联络员会议制度以及多部门间的联合预警制度、公共突发事件气象保障机制、信息共享与交换机制、共同发布气象预警信息的合作机制，气象部门参与国家防总、国家减灾委、国务院安委会等国家综合防灾减灾决策机制的地位和作用显著提升；社会参与机制稳步推进，气象服务传播主体不断扩大，社会媒体在气象服务信息传播中发挥了举足轻重的作用，初步形成以气象部门直接提供为主、气象信息员及商业企业等其他社会力量间接传播为辅的气象服务提供机制。

3. 气象防灾减灾和重大活动保障服务效益卓著

五年来，重大自然灾害频发重发、重大社会活动频繁。自 2008—2011 年这 4 年间，共完成了 15 项重大灾害和突发事件、25 项重大活动的气象保障服务工作。全国气象工作者经受住了考验，应急处置能力明显增强，气象服务效益明显提高，气象灾害造成的人员伤亡和财产损失明显减少，气象灾害造成的经济损失占 GDP 的比例由 20 世纪 80 年代的 3%～6%下降到目前的 1%～3%。全国因气象灾害造成的死亡人员数由 20 世纪 90 年代平均每年 5000 人左右，下降到 21 世纪以来每年 2000 人左右。气象服务效益日益显著，气象投入产出比达 1∶50(图 1)。

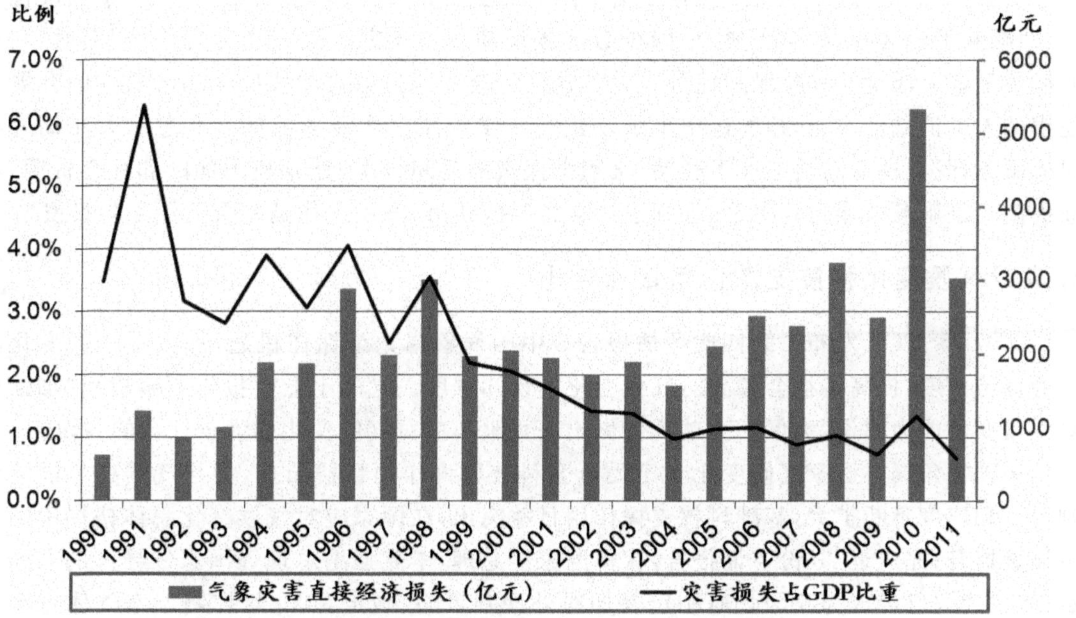

图 1　我国气象灾害直接经济损失及其占 GDP 的比重

（选自国家气候中心姜彤"气候与气候变化影响评估 PPT，**2012**；数据来源：中国气象灾害年鉴和 **2011** 年中国气候公报，中国统计局）

气象灾害监测预警和防范应对能力明显增强。基本建成了由天基、空基和地基组成的气象灾害监测网，建成国家、省、市、县四级灾情上报系统和灾情信息共享平台，完成全国 2300 个县的历史气象灾情普查，近 500 项县级主要农业气象灾害风险区划，灾害风险评估业务系统建设得到加强；极端天气气候事件监测能力明显提升，形成了包括 35 项监测指标的多尺度极端事件监测指标体系，建立了极端天气气候事件监测系统；开展全国暴雨诱发中小河流洪水、山洪地质灾害气象风险预警试验业务;建立了国家级气象灾害预警信息发布系统,每天向国务院及29个部委的近600名领导发送气象手机报和气象灾害预警信息,受到各部委一致好评,创建中国气象局重大天气预警信息共享平台,注册用户达697个;建立与各大网络媒体间的信息发布联动机制,有效扩大了预警信息覆盖面,气象灾害短信发送条次数由2008年的20亿条次上升到2011年的43亿条次,决策服务短信用户超过160万。有效应对了2007年淮河流域特大暴雨洪涝、2008年南方低温雨雪冰冻、2009年冬麦区特大干旱和初冬北方大范围暴雪、2010年西南地区特大干旱等重大气象灾害。"5·12"汶川特大地震发生后,中国气象局立即启动地震灾害气象服务Ⅱ级应急响应,迅速组建抗震救灾指挥部,紧急抽调中央气象台和有关省(市)气象台的9名预报专家赴四川灾区协助做好预报服务工作,选派专家参加汶川地震专家委员会工作;玉树强烈地震、舟曲特大山洪泥石流等突发事件应急气象保障措施得力、服务高效。及时开展了日本福岛核电站事故污染物扩散气象条件监测预报应急服务,不仅为国家有效应对提供了技术支撑,而且有效化解了公众恐慌。

重大活动气象服务保障的社会影响日益扩大。圆满完成了北京奥运会、新中国成立60周年庆祝活动、上海世博会、广州亚运会、深圳大运会、西安世园会、建党90周年系列庆祝活动、西藏和平解放60周年庆典、全国少数民族运动会、"天宫一号"和"神舟八号"发射、利比亚撤侨等重大活动的气象保障任务。尤其在奥运会开(闭)幕式和残奥会闭幕式期间开展大规模的人工消减雨作业,是奥运史上成功进行人工消减雨作业的范例。通过重大活动气象保障服务,既重视部门内部上下联动,又积极探索部门间合作,充分利用部门和社会资源,不断提高气象服务的能力和水平,得到了社会各界的认可,气象工作的社会关注度与日俱增。

4. 应对气候变化科技支撑作用日益突出

2007年IPCC发布了第四次评估报告。中国气象局党组抓住机遇,加大了气候变化问题的宣传力度,提高了社会各界对气候变化的认知程度。党的十七大报告明确提出"加强应对气候变化能力建设,为保护全球气候做出新贡献",应对气候变化成为全社会的共识。

中国气象局在国家气候变化专家委员会科技咨询作用日益凸显,参与气候变化国际谈判力度和广度不断扩大,基础科技支撑作用日益突出,在国家应对气候变化总体格局中的地位显著提升;完成近20份咨询报告,获得温家宝总理、李克强副总理等国家领导人的系列批示,有关建议已经成为我国政府制定参加对外谈判策略、确定2020年控制温室气体行动目标的主要依据,并成为"十二五"规划纲要制定能源总量和排放约束性指标的基础。参与编制并实施《中国应对气候变化国家方案》,编制完成第一、第二次《气候变化国家评估报告》。积极参与《联合国气候变化框架公约》国际谈判。牵头协调IPCC国内工作,有44位专家入选IPCC第五次评估报告主要作者。成立了中国气象局气候变化中心,强化了应对气候变化基础研究和气候变化影响评估业务。初步开展了近百年来全球和我国气候变化的自然和人为原因的检测归因研究并取得进展,建立了近500年我国东部历史气候旱涝等级变化数据集,提高了对强降水和特大干旱等极端天气气候事件发生等级的监测能力,建立了权威的近50年中国区域月平均气温和月降水量格点数据集。高度重视气候评价和气象灾害风险评估，加强全球和区域气候变化对粮食安全、经济运行安全、水资源安全、生态安全、环境安全、重点工程建设和运行安全的影响评估，全面开展了全国八个区域和八大流域气候变化影响评估工作；发挥部门优势和特色，就气候变化关键科学问题、气候变化事实及其影响、极端气象灾害应对、粮食安全、水资源安全、温室气体浓度变化以及黑碳气溶胶等领域向党中央、国务院提供了近 50 份决策咨询报告，获国家领导人批示 20 余份。联合多部门建设中国气候观测系统，与科技部等六部门共同颁布《中国气候观测系统实施方案》，加强了温室气体观测和分析，促进了大气、海洋、水文、地质、地震、生态等各领域观测资源、资料和设备的共享。初步建成了中国气候观测系统和多圈层耦合的新一代气候系统模式，成为 IPCC 第四次评估报告认可的全球 23 个气候系统模式之一。广泛开展了应对气候变化专题科普宣传，提高各界应对气候变化意识；自 2007 年起连续 6 年制作的中、英、法、西多语种《应对气候变化——中国在行动》电视外宣片和画册，成为中国政府代表团主要外宣品牌之一；中国气象局领导受 20 多个省委省政府邀请，为各省领导干部作防灾减灾和应对气候变化专题报告，针对各省特点提出依靠科技进步、应对气候变化、转变发展方式的政策建议，对各省适应气候变化和防灾减灾新情况、促进经济发展极具启发和重要意义。

5. 气候资源开发利用服务取得成效

积极开展风能太阳能资源监测、评估、区划和开发服务。完成了第四次全国风能资源详查和评价，建成了由 400 座测风塔组成的国家风能资源专业观测网和风能资源数据库，研发了高分辨率风能资源数值模拟系统，建立了具有世界先进水平的精细化风能资源评价业务体系。风能资源评估实现从科研到业务的转变，专业化特色更加明显；评估方法实现由统计外推到数值模拟的转变，评估技术更加先进；评估结果分辨率由 60 千米提高到全国 1 千米、局部地区 200 米，成果精细化程度高，可用性更强。首次获得 1 千米分辨率全国风能资源图谱，给出了风资源储量及气象风险等级，摸清了我国风能资源的立体分布特征及开发潜力，为风电发展规划和风电场建设布局提供了科学依据。完成了全国太阳能资源宏观评估，建成了吉林乾安、新疆吐鲁番等太阳能观测示范站，正在有序推进全国太阳能资源详查和评价的立项和组织实施工作。各级气象部门为 73 项全国和地方风能资源开发利用规划、20 项太阳能发展规划提供支持，为近 600 个风电场、太阳能电站选址提供了专业化服务；初步建成风能、太阳能预报系统和风能数值天气预报公共服务平台，为 180 多个风电企业提供风能预报服务。风能资源预报业务流程和服务体系的建立，实现从无到有的历史突破，为全国开展风电气象服务奠定了基础。

2009 年 1 月 1 日《气候可行性论证管理办法》正式施行，同年底制定了配套的《气候可行性论证机构确认管理暂行办法》，规范了全国气候可行性论证管理工作。到目前为止全国气象部门已有 36 家机构获得气候可行性论证机构确认书。加强气候可行性论证技术体系建设，组织制定了核电厂选址、桥梁建设、输变电线路和城市规划气候可行性论证技术指南，完善了气候可行性论证工作的技术规范，初步建立论证技术集成系统。2005—2009 年共完成论证项目 705 项，2010 年完成 285 项，2011 年完成 385 项，较 2010 年增长 35%，在保障政府规划的科学性和重点工程项目的科学设计、趋利避害等方面发挥了重要作用。

开展了第二次农业气候区划工作和精细化农业气候区划试点。围绕保障粮食安全、生态安全和可持续发展，有针对性地开展了气候变化背景下农业生产布局调整、农业气候资源利用、区域农业生产力水平预估等研究与应对服务。农村防灾减灾、农业生产和粮食安全气象保障水平明显提升，全国粮食总产量预报准确率稳定在98%以上，夏收夏种等专题服务惠及近40万农机手，为全国粮食“八连增”、夏粮“九连增”做出了积极贡献。

6. 人工影响天气服务能力和整体效益不断提升

人工影响天气事业为保障国家粮食安全、水安全、生态安全和重大社会活动的运行安全做出了重要贡献。推进了国家和东北等区域人工影响天气中心建设。2012年5月22日第三次全国人工影响天气工作会上，回良玉副总理强调，人工影响天气在抗旱增雨、森林火灾扑救中“功绩卓著”，“保障粮食安全功不可没”，“服务生态建设成效明显”，“重大活动保障成功精彩”。到2012年5月，全国30个省(区、市)、新疆生产建设兵团和黑龙江农垦等行业的2235个县(市、区、团、场)开展了人工影响天气作业，配备高炮6902门、火箭发射架7034台、使用飞机50余架，人工增雨作业面积达500余万平方千米，人工防雹作业保护面积50余万平方千米，从业人员4.77万人。全国利用雷达指挥作业的覆盖率接近90%，较10年前提高1倍，提高了作业的科学性。作业装备和规模达到世界先进水平。2011年全国人工影响天气投入达12.25亿元，是2006年的2.27倍。

7. 专业气象服务领域不断拓宽

五年来，面向需求，不断拓宽气象服务领域，大力发展农业、林业、水利、环境、能源、交通、海洋、城市、医疗、旅游等专业气象服务，加强服务产品的针对性和科技含量，使气象真正融入到经济社会各领域，提高了气象服务的经济社会效益。

环境气象业务服务快速发展。随着社会经济的发展和人民生活水平的提高，社会公众和舆论日益关注环境空气质量状况，中国气象局党组高度重视环境气象工作，2011年冬至今春制定下发了《关于加强雾霾监测预报服务工作的通知》《关于进一步加强环境气象有关工作的函》等一系列文件，开展了环境气象业务服务专题研究，加强顶层设计，推动环境气象业务服务的发展。近年来，各级气象部门加强了环境气象观测站网建设，初步形成了全国大气环境观测站网。基本形成了由74个$PM_{2.5}$，73个PM_1，95个PM_{10}质量浓度自动观测站，7个大气本底站、28个大气成分观测站、29个沙尘暴观测站和357个酸雨观测站组成的国家级大气成分观测网络，气象卫星也具备观测环境空气质量的能力；中国气象局不断改进大气环境数值预报模式和技术方法，开发CMAQ—ASM源同化预报系统，实现了从潜势预报发展为考虑化学输送模式的、可预报多种污染物浓度和指数的定量预报；开发了城市大气污染数值预报系统，中国气象科学研究院开发了化学天气预报平台(CUACE)，并在此基础上建立了沙尘暴数值预报系统，自2005年投入业务运行以来，在国际上首先实现了沙尘暴数值预报。

交通气象服务能力不断加强。交通运输安全对气象服务的需求持续增长，提高交通气象灾害的监测预警水平既是交通运输安全保障的迫切要求，也是防灾减灾气象服务的一个重要领域。2008 年和 2010 年中国气象局与交通运输部的两次沟通座谈，有力地促进了气象、交通运输部门的合作，为保障百姓安全出行、减少灾害性天气的影响发挥了积极作用。2012 年 6 月 8 日中国气象局召开了全国高速公路交通气象业务电视电话会议，对加快推进高速公路交通气象业务能力建设进行了部署，推进全国高速公路交通气象服务业务的规模化发展。截至 2011 年底，气象部门在全国高速公路路段建有交通气象观测站 853 个，27 个省(区、市)气象局开展了公路交通气象预报服务业务；中央气象台专业气象台根据全国气象灾害实况监测及预报预警落区开展了公路交通干线监测预报预警服务业务。其中，江苏、安徽、湖北等省气象局在公路交通气象观测站网建设、预报预警技术方法研发、创新服务方式和保障模式等方面积极探索，取得了较好成效。17 个省(区、市)气象局开展了公路交通气象科技服务，其中江苏、上海年度创收超百万元。气象服务对公路交通行业的贡献率较高，2011 年公路交通气象服务效益评估显示，气象服务对公路交通行业的总体贡献率为 1.09%，效益值约为 61 亿元。

空间天气业务服务成绩显著。国家空间天气监测预警中心业务能力不断提高，目前已达到国内领先，并接近国际先进水平，在国际和国内赢得了广泛的认同。基本建成了基于风云气象卫星和地基空间天气监测站的天地监测网，5 类 16 台空间天气监测设备装载在风云气象卫星上，分布在 15 个省(区、市)的 9 类 20 台(套)地基监测设备形成了“三带六区”布局，同时利用 800 多个全球定位系统气象观测(GPS/MET)站实现了对太阳、中高层大气、电离层等的多方位监测。构建了以空间天气因果链为依据的数据流程、以气象预报标准规范为蓝本的预报业务系统的技术流程，形成了对太阳活动、行星际、磁层、电离层、中高层大气等关键区域要素的现报和预报预警能力。形成了以决策服务、专业服务、公众服务和用户培养为主要内容的应用服务框架，确立了以决策服务为首位、以针对航天的专业服务为重点、以为无线电通信与卫星导航定位服务为突破口的服务思路。五年来，成功地完成了神舟七号航天员出舱时间预报、鑫诺卫星突发故障预报、嫦娥二号测控电离层天气实时保障、国庆 60 周年卫星安播保障、天宫一号与神舟八号、神舟九号交会对接等重大活动的空间天气保障服务，得到了广大用户的高度赞扬。

气象科技服务效益稳步提高。坚持按照公共气象服务的方向发展气象科技服务，以需求为牵引，不断拓展领域，逐步扩大市场规模。加强和改进管理，推进气象科技服务规模化、集约化发展，整合气象信息产业资源，推进气象科技园建设。初步形成了包括气象观测仪器装备制造与系统研发、专业领域气象服务、气象信息增值服务、气象工程技术服务、气候资源开发利用服务和其他气象关联产业等在内的具有一定规模的产业体系，形成了气象基本业务与气象科技服务相互促进、共同发展的良好局面。

8. 公众气象服务现代化快速发展

公众气象服务信息发布能力显著增强。初步建成了包括广播、电视、报纸、声讯电话、手机短信、网络、微博、电子显示屏、警报系统、海洋预警电台等多种传播手段的气象服务信息发布平台，常规气象信息公众覆盖率达 90%以上。2008 年 12 月 26 日，气象服务热线 400－6000－121 正式开通，并组织完成 31 个省级气象服务热线的建设，实现了“统一号码、统一平台、全国联网、资源共享”，建成“一地呼入、全国咨询”的集约化的服务系统，为公众提供优质的本地化服务。2010年短信息用户已达1.6亿户，比2006年的5000万户提高了三倍多，2010年天气公报达到102744期，比2006年的78694期提高了30%多，2010年气象服务网站达到1022个，比2006年的802个提高了27%(图2)；截至2012年初，省级以上气象部门已开通41个气象官方微博，粉丝人数超过800万，气象声讯电话月均拨打量超5000万人次。近几年来，中国气象局先后组织了多次公众气象服务满意度调查评估工作，2006年气象服务满意率为74.2%，2008年为84.9%，2011年已达到85.7%，位居各社会服务行业公众满意度前列。特别是在2008年，公众对奥运气象服务保障服务的满意率达到了93.1%，残奥会期间气象服务满意率更是高达96.8%(图3)。

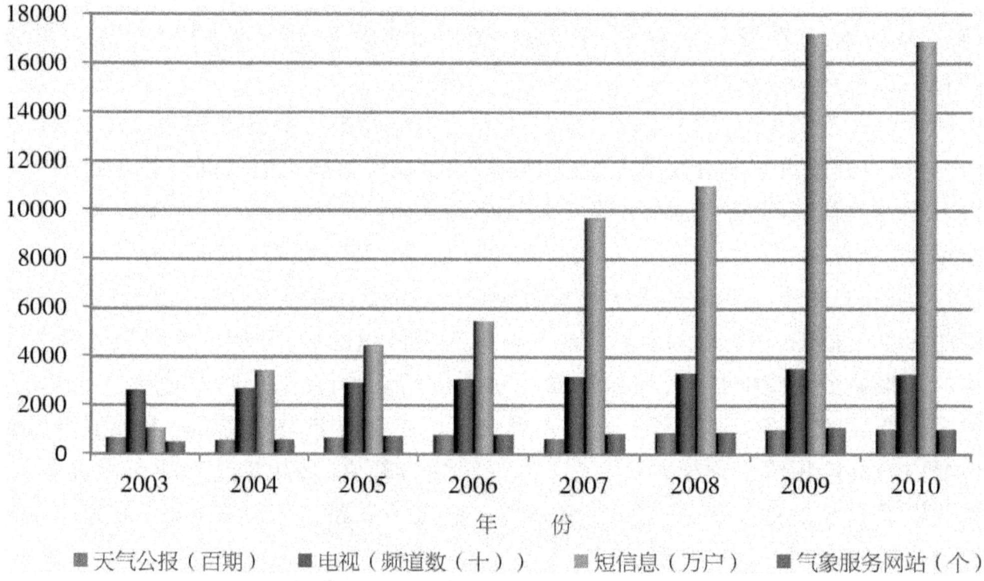

图2 2003—2010年公众气象服务情况

气象信息服务品牌化效应初显。中国气象频道、中国天气网、中国天气通成为中国气象局三大气象服务品牌。中国气象频道自2006年开通，近几年快速发展，影响力日益扩大，节目制作及技术装备已达到发达国家水平。目前，中国气象频道在全国30个省(区、市)的294个地级及以上城市落地，覆盖全国70%(约7000万)有线数字电视用户，18个省(区、市)实现全境数字电视用户基本覆盖，21个省(区、市)实现本地化节目插播。中央电视台、中国气象频道及省级社会公共电视媒体播出的天气预报节目分别达到70余档和3000余档，提供24小时不间断天气预报服务，实现了天气预报发布无缝隙覆盖，观众可以在15分钟内获知所在地区最新天气实况和未来3小时至一周的天气变化。中国天气网在2008年5月上线运行，至2011年与各省、区、市气象局共同打造了31个天气网省级站、1个特区站和4个市级站，形成了国家、省、市、县四级垂直立体的公共气象网络服务格局，成为一个统一的、权威的公共气象网络服务品牌。中国天气网4年页面总浏览量超过117亿页，通过天气插件服务，平均日访问量超1.5亿次，单日突破两千万，在国内网站排名最高达到37名，全球网站

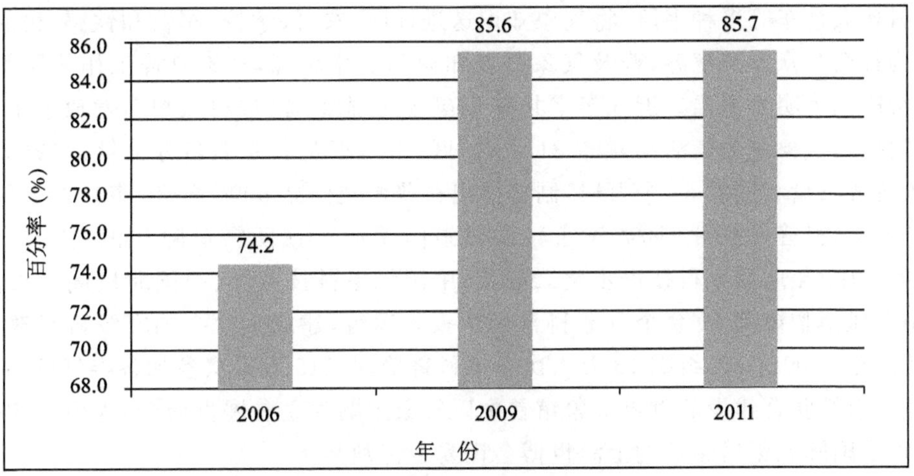

图3 2006—2011年气象服务公众满意率变化情况

（本图引自国家气候中心姜彤，2012，气候与气候变化影响评估，PPT）

排名最高达到301名，在国内生活服务类网站排名第1，国际气象网站排名第2，为公众气象服务做出突出贡献（图4）。中国天气网还与企业合作开发过敏指数，开创了服务产品研发的新模式。2012年5月，中国旅游天气网上线，提供全方位、多角度、集约化的网络旅游气象服务。2011年推出了国内首款具备气象预警信息推送功能的“中国天气通”3G手机客户端，覆盖了苹果、诺基亚、摩托罗拉等十几个品牌上百款主流型号，目前用户量已经超过1000万。

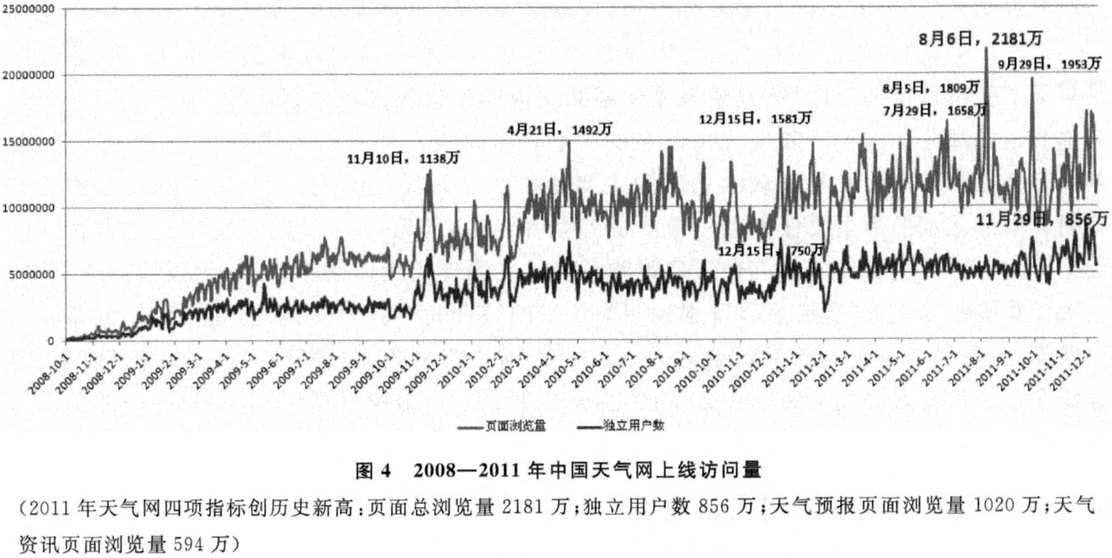

图4 2008—2011年中国天气网上线访问量

（2011年天气网四项指标创历史新高：页面总浏览量2181万；独立用户数856万；天气预报页面浏览量1020万；天气资讯页面浏览量594万）

气象科普社会影响力进一步扩大。推进气象科普宣传的规模化效益化建设，不断创新科普工作思路与形式，打造了“气象防灾减灾宣传志愿者中国行”、“气象夏令营”等科普活动品牌。通过科普报告、科普沙龙、法制宣传、科普场馆（基地）开放、气象知识竞赛、青少年绘画竞赛、科普大篷车等多种手段，将气象知识送进社区、农村、学校、军营和铁路、民航、地铁、公交等，为社会公众释疑解惑，普及气象科普知识和法律法规，气象科普工作的覆盖面不断扩大，社会影响力明显增强。近5年来共有6000余名志愿者“进村入户”，发放近1000万份气象科普材料，气象夏令营活动遍布31个省(区、市)，惠及5万多名青少年；气象部门出版发行气象科普书籍和读物50余万册，制作播出科普影视作品5000多部(集)，发表气象科普文章近9万篇，科普电视片《远离灾害》《防雷避险手册》与《防雷避险常识》挂图分别荣获2009年度、2011年度国家科技进步奖二等奖；中国气象科技展厅、中国北极阁气象博物馆、浙江岱山台风博物馆等50余个气象科普场馆投入运行，建成142个国家级科普教育基地，举办科普展览4000余次，组织13万人次参加科普培训、115万人次参加各类气象知识竞赛。与世界气象组织联合建设的世界气象馆首次以气象主题独立参展世博会，吸引了80多万人参观，获得了国际展览局颁发的上海世博会评委会特别奖。

二、气象现代化体系架构基本形成

中国气象局党组高度重视气象现代化建设，加强了现代气象业务体系的总体规划和顶层设计，统筹建设了公共气象服务系统、气象预报预测系统和综合气象观测系统；深入推进了国家气象科技创新体系和气象人才体系建设。

1. 气象现代化体系形成新格局

国务院3号文件提出到2020年建成具有世界先进水平的气象现代化体系，包含了“综合气象观测系统、气象预报预测系统、公共气象服务系统和科技支撑保障系统”；中国气象局〔2007〕477号文件《关于发展现代气象业务的意见》中，进一步明确提出了现代气象业务体系与国家气象科技创新体系、气象人才体系共同构成气象现代化体系，是中国特色气象事业的主要组成部分。构建气象现代化体系的中心任务是发展好现代气象业务，其重点是完善以提高气象服务覆盖面和公众满意度为主要任务的公共气象服务系统，以提高预报预测准确率和精细化水平为主要任务的气象预测预报系统，以提高中小尺度天气监测能力和气候变化监测水平为主要任务的综合气象观测系统。气象现代化体系新格局，更强调需求牵引，注重公共服务的现代化，注重以预报预测为核心的综合业务能力的提升，注重科技创新和人才保障，注重科学管理和气象综合效益，是融合提高“四个能力”和建设“四个一流”要求、统筹硬实力和软实力协调发展的综合现代化，是速度、规模、结构、质量和效益相统一的高水平现代化。

2. 以试点带动全国气象现代化建设

中国气象局党组审时度势提出在江苏、上海、北京、广东等地进行率先基本实现气象现代化试点。通过试点，充分体现试点省(市)自身特色，发挥各自优势，在气象现代化建设的进程中闯出一条改革创新、科学发展的新路子，创造新经验，树立好样本，以带动全国气象现代化建设不断走向深入。2012年5月，中国气象局出台《关于推进率先基本实现气象现代化试点的指导意见》，提出了率先基本实现气象现代化试点工作的原则、目标要求、主要任务和保障措施，以及气象现代化社会评价5项指标和部门能力20项指标。提出了到2015年，试点地区和单位要通过加快建设“四个一流”，深化改革开放，创新体制机制，全面提高“四个能力”，率先建成结构完善、功能先进的气象现代化体系，为确保全国2020年建成气象现代化体系奠定基础。

3. 气象预报准确率和精细化水平明显提高

通过稳步推进预报业务技术体系建设，使各级气象台站天气预报业务技术能力得到有效提高。建立了国家、省、市、县四级预报预测平台，系统的配置和规模基本达到世界先进水平；建成了全国电视会商系统，实现了国家级与省级气象台远程天气会商；GRAPES全球数值天气预报系统和GRAPES－RUC区域快速循环同化系统实现准业务运行，数值预报业务发展逐步从引进吸收与自主研发并重转入了自主研发、持续发展的新格局。发展完善了中尺度天气分析、强对流天气实时监测和短时临近预警、定量降水估测预报、台风海洋精细化预报以及城镇气象要素精细化预报等预报技术方法，初步构建了专业化的预报技术体系。发展了气象信息综合分析处理系统（MICAPS），除了在全国气象部门应用外，已经在民航、水利、海洋、军队、学校等10个行业部门应用，并捐赠巴基斯坦、蒙古、菲律宾、印度尼西亚、吉尔吉斯斯坦等17个国家应用；推进了全国标准化与地方化相结合的短时临近预报业务系统（SWAN）平台的集成应用，使大城市、农村、中小河流域防汛和山洪地质灾害防治精细化气象预报以及灾害性天气落区精细化预报水平得到提升。2011年全国24小时晴雨预报准确率达到87.1％（图5），24小时暴雨预报准确率比2006年提高2.8％，台风24小时、48小时路径预报和沙尘暴数值预报水平达到世界先进水平（图6）。开展了多模式超级集合、动力与统计集成等客观化气候预测新技术的研发和应用，实现了第二代月动力延伸预测模式的准业务化运行。第一代动力气候模式预测系统正式投入业务，使我国成为世界上少数几个能够制作气候预测产品的国家之一，全国月气候预测准确率达66％，五年来汛期降水气候预测准确率保持在70％以上，较前五年平均提高9％左右，达到世界先进水平。

4. 综合气象观测系统建设成效显著

五年来，综合观测系统建设明确新定位，在观测系统设计、运行保障、数据管理、应用以及建设效益评估等各环节协调发展，取得明显进展，基本建成了地基、空基、天基相结合，门类比较齐全、布局比较合理的气象观测系统，为气象事业发展打下了坚实基础，支撑了气象预测预报和公共气象服务的发展，也成为气象现代化的重要标志。

综合气象观测能力、观测规模和密度处于世界先进水平。气象卫星事业快速发展，风云气象卫星技术水平、应用效益和国际影响不断提高，成功发射4颗同时在轨运行气象卫星，实现了极轨气象卫星技术升级换代和上下午卫星组网观测、静止气象卫星双星观测和在轨备份，气象卫星的技术水平、运行稳定性和寿命、应用能力都有了重大突破；我国成为国际上同时拥有静止气象卫星和极轨气象卫星的三个国家和地区之一，风云卫星被世界气象组织纳入全球业务应用气象卫星序列。全面实现了高空探测技术的升级换代，不断提升大气垂

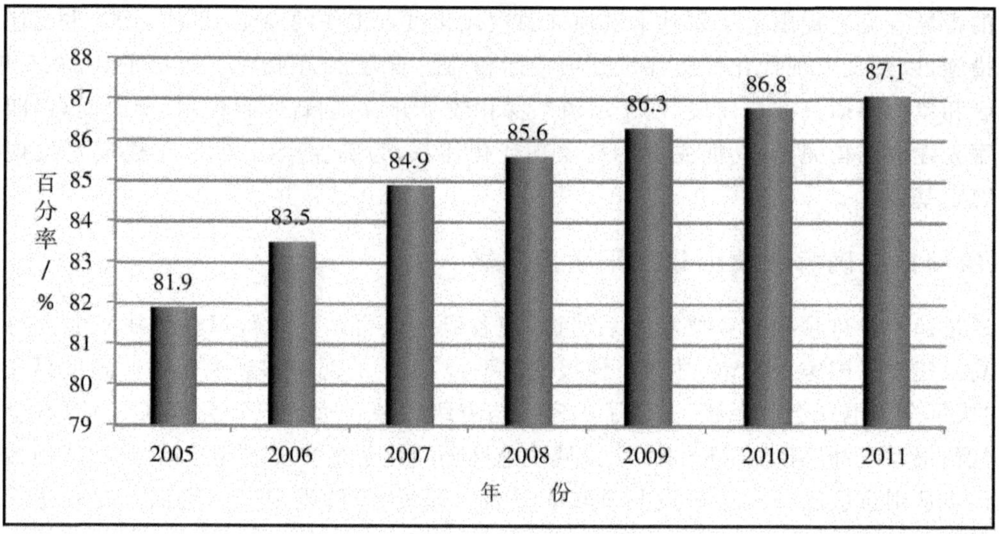

图5 2005—2011年全国晴雨预报准确率

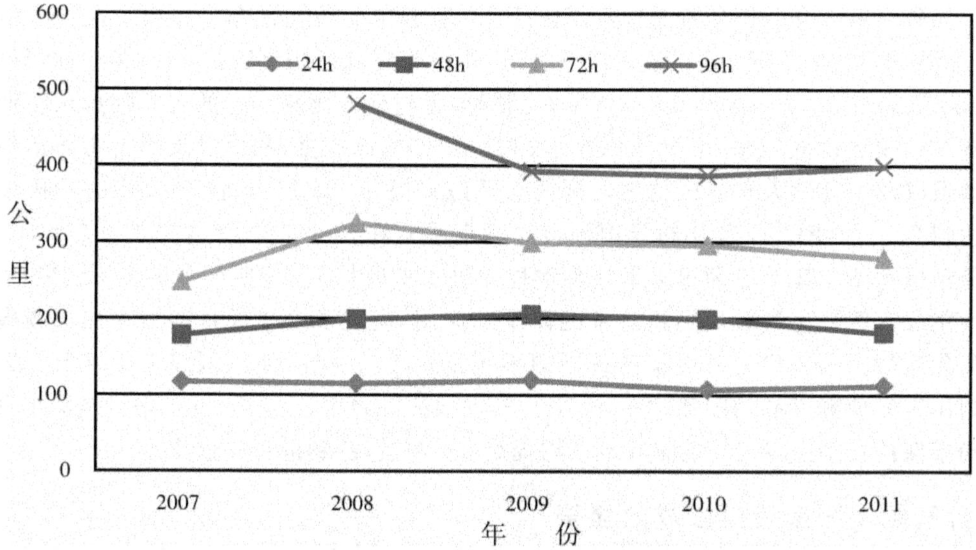

图6 2007—2011年台风路径预报误差

直观测能力，新建风廓线雷达37部，使总数达到45部，形成了华北、华东、华南三个区域业务试验网，开展了高空风全天候、连续观测；L波段探空系统新建30部、完成全国高空观测系统的装备换代，自动化程度、观测精度和观测密度明显提高；全球定位系统气象观测(GPS/MET)站数量增长了近18倍，总数达到612个。新建62部新一代多普勒天气雷达，建成了由172部雷达组成的雷达观测网(图7)，实现6分钟一次的数据实时传输和拼图联网，对突发性暴雨、大江大河流域强降水等重大灾害性天气的监测预警能力明显增强，在定量估测降水、临近预报等方面发挥着重要作用。地面气象观测现代化水平明显提升，包括基准气候站、基本气象站、一般气象站在内的2423个国家气象站常规要素全部实现了自动观测，观测精度达到了WMO的观测要求，观测频率达到分钟级，稳定运行率超过99%；建成34979个自动气象站覆盖全国85%以上乡镇(图8)，其中新建了19000多个，观测资料时空密度大幅提高，全国局地暴雨灾害监测和预警能力明显提升，在江河湖泊防汛、山洪地质灾害防治、农业防渍涝和抗旱、城市内涝防控等防灾减灾工作中起到了重要作用。建设1669个自动土壤水分观测站，数量增长了近16倍；1个全球大气本底站、6个区域大气本底站，400座风能观测塔、13个空间天气观测站、122个强风观测站、16个青藏铁路沿线冻土带地温观测站，填补了相关领域的观测空白；建成了覆盖我国大陆大部分地区的具有自主知识产权的325个云地闪电定位站，成为世界上少数几个实现雷电联网监测的国家之一；温室气体实现在线观测，覆盖了我国14个大气成分代表性区域中的5个区域。提升了移动观测能力，从无到有新建了2个L波段移动探空系统、30部移动天气雷达和431个便携式自动土壤水分观测仪，新建20部移动风廓线雷达，总数达到22部，提升了气象综合保障和气象灾害应急防御水平等。建立了全国基本观测业务设备运行监控系统和适应现行观测系统稳定可靠运行要求的气象技术装备保障体系。

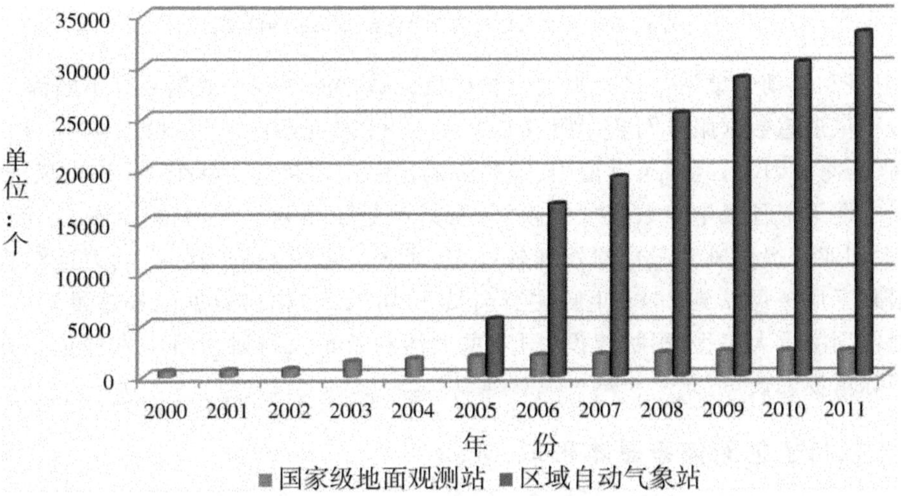

图7 2000—2011年国家和区域自动气象站数

气象信息网络对现代气象业务支撑能力稳步增强。全国高性能计算机系统总运算能力由不足30万亿次/秒提高至70万亿次/秒。建成地面与卫星结合、有线与无线结合的气象通信网络，新增到欧洲气象卫星组织(EUMETSAT)、欧洲中期天气预报中心(ECMWF)、美国等的直接通信连接，国际通信系统成为4个最早获批的世界气象组织全球信息系统中心(GISC)之一，为WMO资料收集和制作中心，发挥了世界气象组织全球气象电信系统亚洲区域气象通信枢纽的作用，提升了我国在气象领域的国际地位。国内通信系统实现了网络结构从“单网”(SDH)到“双网”(SDH+VPN)、网络带宽从6Mbps(省级)到16Mbps(区域中心)和12Mbps(省级)的飞跃；卫星广播系统广播速率达到70Mbps，数据广播能力超过150GB/日，国内接收站超过2400个；向16个亚洲国家气象部门赠送了中国气象局卫星广播系统(CMACast)接收站；卫星资料同化量由2007年的15%上升到40%。建立了天气雷

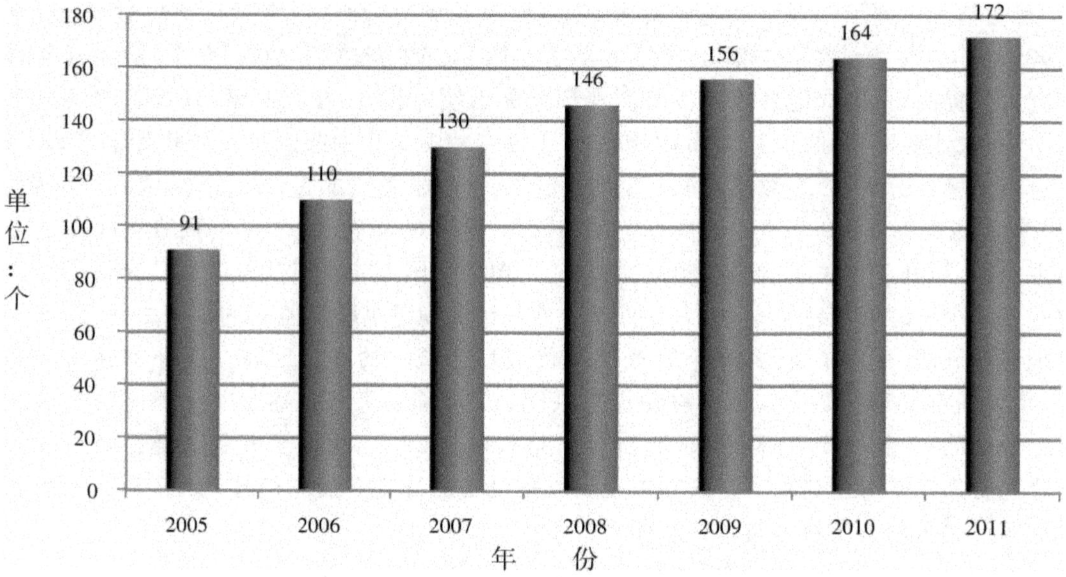

图 8　新一代多普勒天气雷达数量(2005—2011 年)

达、气象卫星和自动气象站等多种观测资料构成的数据库。卫星数据共享不断深入,到 2011 年底风云卫星遥感数据服务网数据服务总量达 369TB,网站注册用户数 24655 个(图 9),创历史新高(杨军,2012),其中来自德国、美国等的国际用户超过 300 个(图 10);风云卫星资料进入欧洲中期天气预报中心数值预报模式,有效改进预报效果。为德国、荷兰、波兰、美国、英国、澳大利亚等提供风云三号预处理软件包,风云卫星资料的国际影响力逐渐提升;气象科学数据共享服务网站到 2011 年底注册会员 4.46 万人,提供数据服务总量近 30TB,气象科学数据在国家重大工程、国防建设、国家重大活动及重大科研项目中发挥重要作用,并逐渐得到国际重视和认可。

5. 国家气象科技创新体系基本形成

构建了由“一院八所”、省级气象科研所和 1 个国家重点实验室、12 个部门重点实验室、26 个联合共建的重点实验室、研究中心和工程中心、国家和省级业务单位、众多高等院校和科研院所等构成的国家气象科研与开发体系新格局,为气象科技研发和气象业务服务提供了科技支撑。随着国家气象科技投入的加大,“一院八所”和国家重点实验室的科研基础条件实现了系统性、跨越式发展,所有 14 个优势领域都已建成国内领先的大型野外试验基地,在气象综合观测、灾害性天气、大气成分和大气化学、大气物理、农业气象、气候与气候变化等领域发挥了重要作用,对省科研所的辐射带动作用不断强化,共建设野外观测试验基地 31 个,其中 4 个进入国家野外观测研究站序列;申请获批修购专项经费 5.5 亿元。

与财政部、科技部设立了公益性行业(气象)科研专项,气象科技研发投入力度加大。启动实施了天气、气候、应用气象和综合气象观测四项研究计划,科研与业务紧密结合的气象科技创新体系初步形成,自主创新能力不断提升。自主研发的新一代多尺度通用资料同化与数值预报系统(GRAPES)逐步投入业务试运行,缩小了我国数值预报与发达国家的差距;

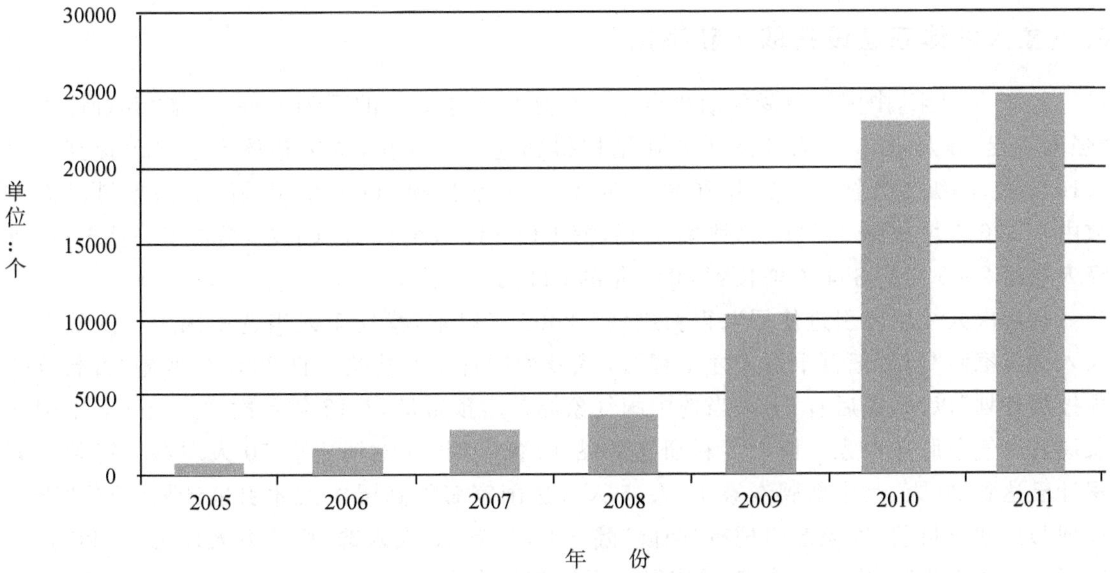

图 9　2005—2011 年风云卫星遥感数据服务网站注册用户数

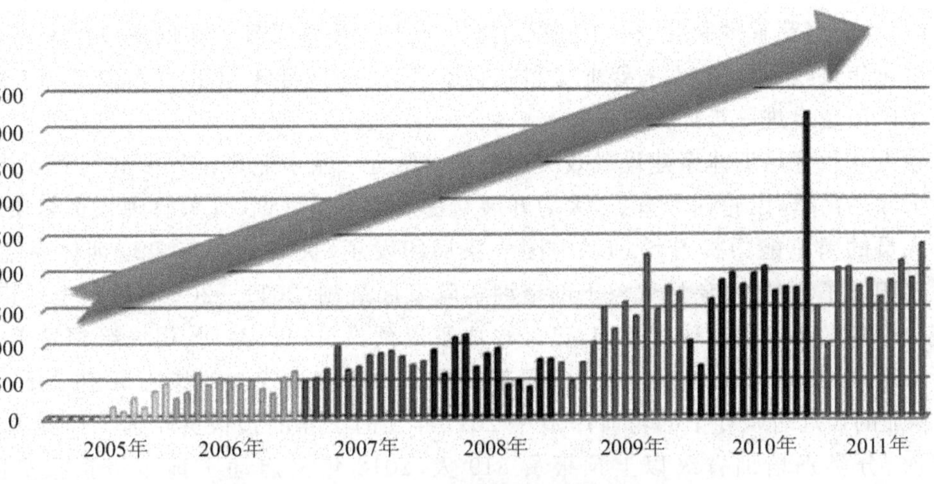

图 10　2005—2011 年风云卫星遥感数据服务网络订单数

自主研发的耦合全球碳循环气候系统模式(BCC_CSM v1.1)达到国际同类气候系统模式水平;风云系列气象卫星定标、辐射校正及地面应用系统达到国际先进水平。组织实施了一批重大科研项目,获批 2010 和 2011 年度行业专项 106 项。五年来,争取国家科技计划、气象行业专项和自然基金科研经费投入累计达 17.2 亿元,年均经费为“十五”期间年均经费的 6.1倍,2011 年、2012 年两年年均达 3.5 亿元。围绕数值预报、灾害天气监测预报、气候预测与气候变化影响评估、农业气象精细化预报、气候资源利用、气象服务和综合气象观测等重点领域和关键环节科技研发的资源投入占总科技研发投入比例的 84.3%。获国家科技进步一等奖一项,二等奖七项。

6. 气象人才体系建设采取了新举措

2007 年以来，中国气象局党组出台了 9 个加强人才培养的系列文件，实施“双百计划”、“强基工程”等人才工程，人才队伍专业结构得到进一步优化，队伍整体素质显著提高。到 2010 年底，高级专业技术人员由 2006 年的 4852 人增长到 7009 人，增幅 44%；本科以上人数由 15336 人增长到 24741 人，增幅 61%，博士由 332 人增长到 764 人，增长了一倍多；正研级人数由 2006 年的 354 人增长到 2012 年的 641 人，增幅 81.1%。

高层次人才培养引进使用取得新进展。2006 年以来，我局 1 人当选中国工程院院士，4 人入选国家级“新世纪百千万人才工程”，1 人获中国青年科技奖。自 2007 年实施“百名首席预报员计划”以来，先后有 61 人当选中国气象局首席预报员，2012 年首次评选出 6 名中国气象局首席气象服务专家。博士后科研工作站 12 家，年均在站博士后 50 人左右。特聘专家累计已达到 20 人，其中新聘专家 10 人，5 人入选国家海外高层次人才引进计划（简称“千人计划”）。截止目前，气象部门现有“两院”院士 8 名，有 13 人入选“百千万人才工程”和“新世纪百千人才工程”国家级人选，5 人获得中国青年科技奖，28 人被确认为中央直接联系专家，519 人次享受国务院政府特殊津贴（在职 74 人），五年来，院士等国家级专家增加 22 人。2010 年组建了首批 4 支国家级科技创新团队起，到 2012 年共组建了 7 支国家级科技创新团队，建立了动态跟踪管理制度；建立了公开择优选拔业务科研骨干访问进修的制度，国家级业务单位每年接收 50 名左右省级业务科技骨干进行为期半年以上的访问交流，使气象业务科研骨干队伍建设进一步加强。

气象人才教育培训体系建设成效突出。紧密结合气象事业科学发展和气象现代化体系建设对人才的需求，以轮训为重点，大力开展新进人员上岗培训、气象管理人员素质培训、一线业务人员的岗位能力提升培训。中国气象局印发了《关于加快气象培训体系建设的意见》，批转印发了《中国气象局气象干部培训学院发展规划（2011—2020 年）》，全面谋划了新时期气象干部教育培训工作。目前，已经形成了以预报员岗位系列、司局级领导干部系列、处级干部系列、县局长系列、党校班、气象新技术新方法等为代表的核心班型。开展了 5 期 249 人参加的司局级领导干部轮训；2009—2011 年历时三年的预报员轮训工作圆满完成，累计分层次、分类别培训省级以上预报员 819 人，2012 年又启动了地市级预报员的轮训；2009—2011 年县局长综合素质轮训历时三年，是我国气象事业发展史上受训人数最多、持续时间最长、培训力度最大的一次基层干部培训，共举办 8 期 46 个培训班，培训县局长 2217 人。采取“1＋6”模式，加强气象干部培训学院和六个培训分中心建设，建成了具有部门特色的三级气象远程培训系统，基本形成了开放式的气象教育培训体系。组织开发编写了《现代气象业务丛书》（15 卷）、《基层台站气象业务培训教材》（16 卷）等系列培训教材 80 余本，制作开发了 500 余个远程培训课件，初步形成了领导干部、现代气象业务、预报员和基层台站人员培训等四大类培训系列教材。

7. 基层台站建设呈现新面貌

五年来，中国气象局党组把加强基层气象工作放在更加突出的位置，重视和加强了对基层气象工作的领导。先后印发了《关于进一步加强基层气象工作的若干意见》《关于推动西藏气象事业又好又快发展的意见》《关于推进四川云南甘肃青海省藏区气象事业实现更大发展的意见》《关于推进新疆气象事业跨越式发展的意见》以及《气象部门基层台站基础设施改善专项规划方案》《气象部门建设“一流台站”指导意见》和《全国基层气象台站建设指导标准》,全面开展气象部门对口支援和交流工作,区域气象事业协调发展取得了明显成效。五年共投入 30 亿元用于基层气象台站基础设施建设,基层气象台站的工作生活条件得到极大改善;中央财政对西部和基层艰苦台站加大投入力度,在正常经费到位的基础上增加投入 27 亿元,集中力量解决基层和西部气象工作以及职工切身利益方面的困难和问题;落实西藏、新疆和四省藏区中央专项投资 9.12 亿元,全力支持藏、新疆和四省藏区加快发展气象事业。气象台站基础设施状况得到明显改善,涌现了一大批“花园式”气象台站。基层气象台站的工作领域逐步拓宽,观测技术和水平不断提高,公共气象服务能力得到加强,社会管理职能日趋扩大,为推动国家经济社会发展和保障人民安全福祉发挥了重要作用,成为公共气象服务、综合气象观测和气象灾害预警的重要载体。

三、气象事业发展环境明显改善

十七大以来,中国气象局党组坚持以开放式发展的思维和理念加大了开放合作力度,省部合作、部门合作、局校合作、局企合作、国际合作的力度和成效空前。五年来,中国气象局先后与 25 个省(区、市)人民政府,25 个国务院部委和大型企事业、19 所高校签署了合作协议,建立了涵盖公共气象服务、气象防灾减灾、率先基本实现气象现代化、重点工程建设、科技、人才等多领域更加紧密的合作关系;与 20 多个国家签订了气象科技合作协议。通过开放合作,极大地推进了气象事业融入经济社会发展各领域,使气象服务更好地满足各界需求,提高了气象服务的针对性、敏感性、综合性和时效性,开拓了气象事业发展的空间;通过开放合作,极大地调动了社会各界共同关心气象事业发展,大力支持气象防灾减灾、应对气候变化和开发利用气候资源工作,优化了气象事业发展的环境;通过开放合作,建立了与社会各界多渠道的沟通协作机制,实现了互利共赢。

1. 省部合作开创了新局面

在省部合作中,根据各省特点,注重气象事业与地方经济社会的协调发展、注重提高气象服务的针对性,促进了地方政府加大对气象工作的支持力度,气象事业发展速度明显加快,气象为地方经济社会发展的支撑和保障能力明显加强。通过定期召开联席会议制度,不断完善合作机制,扩大合作领域。2012 年 6 月中国气象局与上海市政府召开了第四届部市合作联席会议,确定了共同支持并推进上海率先实现气象现代化,共同探索上海气象事业体制机制改革创新,充分发挥上海气象在国家气象现代化中的先行先试作用。自签署部市合作协议以来,双方积累了机制顺畅、执行有力、重点突出、重在实效的宝贵合作经验,取得了丰硕的合作成果,成为中国气象局与地方政府开展合作的典范。如多灾种早期预警系统成为联合国世界气象组织(WMO)向全球推广的技术规范;世博气象服务的精细化预报科学组织新形态和业务系统新理念，成为全国天气预报业务的亮点，推动了我国现代天气业务的发展。

2. 部门合作更广更深

在与各部门、各行业的合作中，注重建立起稳定、长期、务实、有效的合作机制，提高社会资源在气象事业发展中的利用率；在与军地、局校(院所)、局企间的共建中，注重工程建设、人才培养、科技攻关的集约化发展。几年来，农业部与中国气象局的合作，双方认真贯彻落实中央农村工作会议和中央一号文件精神，在保障粮食生产、畜牧业生产、渔业生产以及农业有害生物和草原火灾监测预警方面的合作成效明显，经济社会效益显著。在进一步的合作中，将着重建立健全信息共享与灾害会商预警机制、农业防灾减灾的服务机制、完善农业与气象合作的研究机制、共同推动地方农业、气象部门深化合作。中国气象局与中国长江三峡集团公司成立了合作协调办公室，共同编制了《长江流域气象中心专业气象服务体系建设规划方案》，初步实现长江流域气象服务业务常态化，开展了三峡水库防汛调度服务，战略合作成效明显。在三峡工程的气候效应分析评估、加强长江流域气象中心能力建设、开展三峡工程水资源开发利用效率关键气象问题专题研究工作、加强三峡水资源调度气象服务、清洁能源开发利用气象服务等方面，双方将深化合作，共同提供建设资金，提升气象服务能力，更好地为三峡集团提供气象服务。通过合作，提升了气象在各部门、各行业的贡献率和影响力。

3. 国际交流与合作深入推进

在国际气象交流与合作中，注重引进、消化和吸收国外先进技术和管理经验，提高我国气象科技自主创新能力和国际竞争力；在参与全球气候变化等事务中，注重强化我国科技优势、人才优势、制度优势，不断提升气象服务在国家内政外交大局中的影响力。

积极开展多边、双边气象科技合作与交流活动。目前与我国进行气象科技合作和交流的国家和地区达140多个，协议合作项目超过400个；推动与欧洲气象卫星应用组织、欧洲中期天气预报中心、国际山地综合开发中心等机构形成长期合作机制；推动2008北京奥运预报和研究示范项目(B08FDP/RDP)、上海多灾种早期预警系统示范项目的国际合作；积极参与联合国气候变化框架公约的气候变化谈判工作等重大国际活动；举办召开国际会议、多国别考察和国际培训班等，加强与国外气象部门，特别是发展中国家气象部门的交流与合作。2006年以来先后派出125人次赴英国、荷兰、美国、加拿大、法国和澳大利亚等国家进行中短期业务和管理培训，为我国气象部门培养造就了一批具有国际视野的科技和管理人才。

国际地位和影响力不断提升。目前，有100多位中国专家在世界气象组织、政府间气候变化专门委员会等国际组织的机构、计划中担任职务。中国气象局被WMO指定为区域气候中心、全球长期预报制作中心、WMO沙尘暴预警咨询和评估系统亚洲/中部太平洋区域中心。始终坚持气象国际交流与合作服务于国家总体外交，服务于我国气象事业发展大局，积极参与世界气象组织、政府间气候变化专门委员会、联合国气候变化框架公约、地球观测组织、台风委员会等国际组织的活动和科学计划。通过世界气象组织自愿合作计划向50多个国家提供包括气象仪器设备在内的多方面援助。

4. 各项改革迈出重要步伐

2007年起，加快构建了现代气象业务体系。对现代天气、现代气候、综合观测、气象信息网络业务的布局及流程进行了调整。

推进气象预报预测业务体制改革。积极探索建立了面向需求的科学合理气象预报预测业务布局和业务流程体系，以国家级专业化业务中心为引领，通过指导产品的上下反馈和预报意见的会商交流等机制，建立上下紧密衔接的业务流程体系，切实提高预报预测准确率和预报结论一致性。建立集约化的预报预测业务体系，充分发挥上级台站的技术优势和下级台站的地域优势，最大限度避免重复劳动，提高业务工作质量和效率。2011年，省、市、县三级天气业务布局与流程调整工作在试点省全面实施。

深化综合气象观测业务体制改革。完善观测系统的综合统筹机制。加强不同观测方式、不同观测需求、不同部门行业相关观测的统筹规划，统一设计，合理设置站网布局和观测内容。统筹国家与地方、业务与科研观测布局，促进各种观测资源和信息共享，提高效益。完善自动观测与人工观测相互衔接的机制。继续做好自动观测和人工观测资料的比对，在保证观测数据可靠性的前提下实现“单轨”运行，统筹制定观测人员转岗管理办法，有序推进观测人员转岗工作，使原来从事人工观测的人员能顺利实现岗位胜任与角色转换。2012年3月31日地面气象观测业务改革调整完成了地面气象观测资料传输业务的切换，基本结束了人工观测与自动观测并存的时代。2011年开展了气象技术装备保障综合试点，积极探索分级分类保障模式、装备社会化保障机制。

气象服务体制改革做出重大调整。推进公共气象服务业务体制改革。2008年5月8日中国气象局公共气象服务中心成立，这是中国气象局党组在新时期面向国家经济社会发展需求，进一步做好气象防灾减灾工作，不断加强公共气象服务系统建设，积极推动现代气象业务发展的重要举措。建立促进资源统筹集约的管理机制，将分散在各单位的公共气象服务资源集中起来，实现公共气象服务业务现代化、实体化、专业化。形成了集决策气象服务、公众气象服务、专业专项气象服务和气象灾害防御于一体的服务业务体系；气象服务专门机构从无到有，建立了国家、省两级决策气象服务专门机构和专职队伍，到2011年31个省（区、市）都成立了气象服务中心。明确了气象科技服务改革定位。2007年8月初中国气象局制定下发了《气象科技服务管理暂行办法》，是气象科技服务发展20多年来的第一个内容全面的规范性文件，明确了气象科技服务的定位、发展思路和发展方向以及运行机制、监督机制等；8月30日召开的全国气象科技服务工作会议，进一步深化气象科技服务改革。气象科技服务是气象事业的重要组成部分，是依托基本气象业务充分发挥气象服务效益的重要途径，是促进气象事业全面、协调和可持续发展的重要保障。坚持公共气象服务的方向，依托基本气象业务，面向经济社会发展需求，坚持以人为本，不断拓展气象科技服务新领域；适应市场需求，大力开发科技内涵丰富的气象科技服务产品，提高服务效益，完善发展机制，优化资源配置，增强竞争能力，加强规范管理；坚持统筹协调指导发展，构建充满活力、特色鲜明、优势突出的气象科技服务发展格局，充分发挥气象科技服务在国家防灾减灾和经济社会可持续发展中的重要作用。

四、气象工作影响力明显扩大

中国气象局党组高度重视加强和创新气象社会管理。2007 年 12 月,中国气象局在河北石家庄召开了部分省市气象局长座谈会,专题研讨强化公共气象服务和社会管理职能问题;2008 年全国气象局长会议专门就强化社会管理职能和科学管理进行部署,强调要把强化公共气象服务和社会管理职能作为重要任务抓紧抓好;2008 年 4 月党组中心组学习会议再次研究强化公共气象服务和社会管理职能的问题;2009 年 3 月中国气象局机关机构和职能调整中新建了应急减灾与公共服务司,成立了专门的管理机构——社会管理处;新增了气象灾害应急管理、公共气象服务、空间天气监测预警等职能,强化了应对气候变化、气候资源保护与开发利用、气象标准化、气象资料管理与应用等业务管理职责,增加了 18 个编制,形成了与现代气象业务发展相适应的管理机构,更好地推动公共气象服务发展和社会管理职能的履行。2010 年,中国气象局党组以为农服务"两个体系"建设为着力点,大力推进气象业务现代化、气象工作政府化、气象服务社会化,使县级气象机构以此为抓手,强化基层服务能力,推动气象社会管理职能向乡村延伸。2011 年春季党组中心组学习会又认真学习理解党中央关于加强和创新社会管理的部署和要求。自此,"寓管理于服务之中"的理念基本形成,通过法制和标准化建设,社会管理职能进一步强化,通过为农服务"两个体系"向基层延伸,社会管理的范围不断拓展,形成了全社会支持和发展气象事业的新局面。

1. 气象公共服务和社会管理延伸到乡村

党中央、国务院一直把解决"三农"问题摆在重要位置,气象部门始终坚持把为农服务作为气象服务的重中之重。随着农业农村对气象服务的需求日趋多样,气象为农服务的内涵日益丰富,气象为农服务的功能空前凸显,气象为农服务发展思路发生深刻转变。坚持面向民生,更加重视以人为本和保障农民的根本利益,把气象防灾减灾和确保农民生命安全作为首要任务。坚持面向生产,更加重视保障农业农村经济的平稳增长,把为稳定现代农业生产和保障主要农产品有效供给服务作为工作重点。坚持面向决策,更加重视保障国家粮食安全服务,把应对气候变化和气候资源开发利用作为战略任务。坚持需求牵引,更加重视拓展服务领域,把农民农村需求放在优先位置、把农民农村满意作为根本标准。

为贯彻《中共中央 国务院关于加大统筹城乡发展力度进一步夯实农业农村发展基础的若干意见》(中发〔2010〕1 号)关于健全农业气象服务体系和健全农村气象灾害防御体系的精神,中国气象局党组下发了加强农业气象服务体系和农村气象灾害防御体系建设的指导意见,使"两个体系"建设成为气象工作向基层延伸、气象服务向基层深入的重要途径,成为气象社会管理新的突破点和着力点。中国气象局以"提能力、建机制、促合作、强基层"为工作重点,促进气象基础设施向农村延伸、公共气象服务向农村覆盖、人才和资金向农村倾斜,为农服务能力大大提升,效益逐步显现,得到了温家宝总理、回良玉副总理和地方各级党委政府的高度肯定。提能力,夯实气象为农服务基础。农业农村气象灾害监测和预报能力显著增强，关键农事季节和关键生产环节的农用天气预报在各省全面推开，13 个粮食主产省（区）完成了干旱洪涝等农业气象灾害风险区划和小麦水稻等作物的精细化农业气候区划；农村气象灾害预警信息覆盖面显著拓宽，全国农村气象手机短信用户达 3000 万，农村高音喇叭逾 10 万个，村屯覆盖率 24%，乡村气象电子显示屏近 7 万块，乡镇覆盖率 65%。建机制，推动"两个体系"长效发展。气象服务成为政府公共服务体系的重要组成部分，31 个省（区、市）人民政府出台政策性文件支持"两个体系"建设，河北、浙江、重庆、甘肃、宁夏 5 省（区、市）政府发文明确将气象为农服务工作纳入政府绩效考核，吉林、浙江、江西、广西、重庆、四川等省（区、市）政府将气象为农服务工作纳入经济社会发展规划，河北、山西、内蒙古、辽宁、吉林、黑龙江、浙江、安徽、江西、湖北、重庆、四川、陕西等省（区、市）成立了具有地方编制的基层气象灾害防御管理或服务机构，中央财政专项投入近亿元，带动地方匹配资金约 1.1 亿元，支持"两个体系"建设。形成了以浙江德清、重庆永川等为代表的气象为农服务新模式，推广了乡镇气象灾害应急准备认证、涉农专家联盟、重大服务对象信息库、农业气象"直通式"服务等好做法，农村气象防灾减灾能力进一步提升，气象服务"三农"越来越广泛和深入。促合作，形成为农服务强大合力。2008 年 7 月，中国气象局与农业部签署合作备忘录以来，双方在传统农业气象和畜牧业、海洋渔业等方面的气象保障合作，促进了大农业的发展。近几年，加强了与农业部门的全面合作，将两部门的科技创新活动、农技推广能力建设、农业社会化服务紧密结合起来，促进"两个体系"的融入式发展。全国 30 个省（区、市）气象局与农业部门签订了合作协议或建立信息交流共享机制；与国土资源部联合发文推进市县地质灾害气象预警预报，与国家林业局联合开展森林火险气象等级预报。内蒙古、安徽、广东等省（区）气象局与民政部门合作，将气象灾害应急准备认证纳入到全国综合减灾示范社区建设中，与农业、水利等部门全作，联合开展农村信息服务站建设。强基础，农村公共气象服务信息覆盖面扩大。各级气象部门采取有效措施，创新思路，积极构建以基层气象部门为核心、以气象信息服务站为载体、以气象信息员等社会力量为补充的农村社会化气象服务体系，为气象服务"三农"提供了坚实的组织基础。气象部门按照有固定场所、有信息设备、有信息员、有定期活动、有管理制度、有长效机制的"六个有"标准，在气象灾害频发的乡镇建设了农村气象信息服务站 4.5 万个，覆盖 66%的乡镇，农村气象信息员队伍 55 万余人，覆盖 71%的村，为农民提供气象灾害预警信息、农业气象服务信息、农业气象适用技术信息、农村经济信息、农村气象科普宣传和培训等服务。气象部门依托自身优势建立农村经济信息网，已覆盖 31 个省（区、市）的 270 多个地（市）和 1300 多个县；改版后的中国兴农网新版中国兴农网于 2011 年 6 月 1 日正式上线，频道增加到 14 个，栏目增加到近百个，可提供全国的农业用天气预报等针对性产品。气象为农服务不断拓展、深入。农业气象服务已从传统农业向现代农业拓展延伸，由过去主要为种植业服务，拓展到包括农、林、牧、渔业以及农产品储运加工等大农业服务；由过去为单一生产环节服务，拓展到产前、产中、产后全部生产过程服务；由过去为农业"避害"服务，拓展到既"避害"又"趋利"服务；由过去主要为党政机关决策服务，拓展到同时为决策者、生产者、经营者服务。

2. 气象法律法规体系不断完善

初步形成了以《中华人民共和国气象法》为主体，气象行政法规、部门规章、地方性气象法规、地方政府规章和其他规范性文件相配套的气象法律法规体系框架。我国气象观测、预报、预警、服务和防雷减灾等工作得到了有效规范。2010年4月1日,《气象灾害防御条例》正式实施,这是继《人工影响天气管理条例》之后,我国制定的第二部与《中华人民共和国气象法》相配套的气象行政法规,对于增强气象灾害防御能力,调动全社会力量共同参与气象灾害防御,有效避免、减轻气象灾害造成的损失,保障经济社会发展和人民安全福祉具有重要意义。2011年8月,中国气象局首次制定下发了《全面推进气象依法行政规划(2011—2015年)》《气象立法规划(2011—2020)》。截至目前,已经形成1部法律、2部行政法规、23部部门规章以及155部地方性法规和政府规章组成的气象法规体系。其中,近5年来制定出台的行政法规1部、部门规章11部、地方性法规和政府规章76部。2012年6月,中国气象局首次召开的全国地方气象立法工作座谈会指出,地方气象立法对贯彻落实《中华人民共和国气象法》、促进地方经济社会和气象事业依法发展做出了突出贡献。各省(区、市)气象局全部建立了法制工作机构,黑龙江等9个省(区)建立了地(市)级气象法制工作机构,完善了执法队伍的组织形式,6个省(区、市)气象局、282个地(市)气象局、809个县气象局进入当地政府行政审批大厅,建立起一支近5000人的行政许可人员队伍,共有1.1万多人经培训、考核,领取了气象行政执法证或执法监督证,形成了由11420人组成的专兼结合、以兼为主的气象行政执法队伍。气象行政执法检查监督体系逐步完善,气象违法案件的执法力度和气象法律法规宣传普及工作得到加强,全社会气象法律意识不断提高,气象部门的社会管理成效得到进一步凸显。

3. 气象标准化工作进展突出

气象标准化在规划编制、体系建设、修订力度以及国际合作等方面取得了突破性进展,为气象部门履行社会管理和公共服务职能、引领气象事业科学发展提供了重要支撑和保障。印发了《全国气象标准体系构建与2009年至2011年标准化发展规划》和《气象标准化"十二五"发展规划》等2个发展规划,批准成立了"全国气象防灾减灾标准化技术委员会"、"全国基本信息标准化技术委员会"、"全国气象卫星与空间天气标准化技术委员会"、"全国人工影响天气标准化技术委员会"、"全国农业气象标准化技术委员会"和"全国气候与气候变化标准化技术委员会"等六个国家标准化机构,为全面推进气象标准化工作奠定了良好基础。截止目前,共有气象国家标准35项、气象行业标准152项,备案的气象地方标准170项。其中,近5年来发布国家标准22项,行业标准106项,备案的地方标准132项。"气象干旱等级"获2008年度中国标准创新贡献奖二等奖;"地震过渡安置房防雷技术规范"和"沙尘暴天气等级"分别获得2009年度和2010年度三等奖、二等奖;2011年,启动首个气象标准化试点项目——深圳市国家级气象服务标准化试点。

4. 气象规划编制取得新成果

中国气象局党组重视和加强战略规划及顶层设计,通过规划引领事业发展,通过气象重点工程加快气象现代化建设步伐。2008年11月与国家发改委联合印发了《人工影响天气发展规划(2008—2012)》,这是我国第一个人工影响天气发展规划;与国家发展改革委联合印发了《气象发展规划(2011—2015年)》,并首次与其联合召开了气象发展"十二五"规划工作会议;气象事业发展内容在《国民经济和社会发展第十二个五年规划纲要》中首次系统阐述,充分显示了气象事业在国民经济和社会发展中的地位和作用;气象防灾减灾、应对气候变化、气象为农服务等建设任务还体现在《全国农村经济发展"十二五"规划》《统筹经济建设和国防建设规划(2011—2015年)》《全国生态保护与建设规划(2011—2020年)》《全国中小河流治理和病险水库除险加固、山洪地质灾害防御和综合治理总体规划》《全国新增千亿斤粮食生产能力建设规划》等30余项国家重大规划中;国家发改委批准立项并实施了气象灾害监测与预警工程、气候变化应对决策支撑系统工程、国家突发公共事件预警信息发布系统工程、风云二号03批气象卫星工程、新一代天气雷达信息共享平台建设工程、新一代天气雷达工程增补建设,山洪地质灾害防治气象保障工程、东北人工影响天气工程等重点工程建设,立项总额达到242亿元;省级重大项目争取地方支持力度不断加大,落实地方投资近60亿元。组织参与全国农村、海洋、生态保护、可再生能源、国防建设等专项规划编制,气象相关建设任务在规划中得到体现。2007—2011年,中央财政对气象事业共计投入370.07亿元,年均增长10.25%,地方财政对气象部门共计投入达141亿元,年均增长18.80%。

五、党建文化建设得到有力推动

在推进中国特色气象事业发展进程中,中国气象局党组坚持以改革创新精神,把中国特色社会主义理论体系和科学发展观集中体现到气象部门党的思想、组织、作风、制度建设和反腐倡廉建设的各个方面,围绕中心工作,抓好党的建设、气象文化建设、党风廉政建设、精神文明建设,不断推进学习型组织建设,气象队伍的思想道德和科学文化素质得到显著提高,活力得到进一步显现,为气象事业又好又快发展提供了坚强保证。

1. 党建工作科学化水平不断提高

中国气象局党组出台了《关于贯彻落实〈中共中央关于加强和改进新形势下党的建设若干重大问题的决定〉的意见》《关于推进学习型党组织建设的实施办法》《关于加强领导干部党性修养树立和弘扬优良作风的意见》。搭建了"六个学习平台",党组中心组理论学习平台、机关学习报告会平台、集中教育培训平台、业务技能竞赛平台、"强素质,做表率"读书活动平台、主题教育平台,形成了具有部门特色和社会影响的学习品牌。连续举办6届全国气象行业职业技能竞赛,涌现出一批国家和省级"五一劳动奖章"和"技术能手";2007年建立的中国气象局机关周三学习报告会,截至目前共举办了213期报告会,被评为"中央国家机关十大学习品牌"。2008—2009年开展了学习实践科学发展观活动,群众满意率为99.1%,得到回良玉副总理和中央第21指导检查组的充分肯定。

党组织覆盖面不断扩大,党员队伍建设取得长足发展。目前,全国气象部门共有4361个基层党组织(党委93个,党总支261个,党支部4007个),基本实现了党组织全覆盖。在2341个基层台站中,单独建立党支部的2266个,占96.8%;与外部门联合建立党支部的73个,占3.1%;无党员台站2个,占0.1%。党员人数从2007年底的41545名发展到2011年底的 47419 名，净增党员 5874 名，增长率为 14%。五年合计发展新党员 5117 人。

2. 气象文化建设新成果

这几年来始终继承和弘扬优良气象传统，围绕社会主义核心价值体系，不断提高气象队伍的思想道德素质，大力营造部门和谐进取氛围，气象文化建设取得了一系列新成果。弘扬“艰苦奋斗、爱岗敬业、精益求精、无私奉献”气象人精神，形成了“坚持发展、求实创新、管天为民、争创一流”的新时期气象人精神，保证了气象业务的稳定和事业的发展，保证了历次“急、难、险、重”气象保障服务任务的完成。2012 年 1 月中国气象局党组印发 1 号文件《中共中国气象局党组关于推进气象文化发展的意见》，充分发挥了气象文化在体现气象事业前进方向、凝聚气象队伍力量、推动气象事业科学发展和为全社会提供优质气象服务等方面的保障作用。五年来，宣传全国气象部门 200 余位先进人物事迹，《中华儿女》杂志推出《中国气象人》专刊，中国气象报、中国气象网、中国天气网、中国气象频道等宣传基层台站先进人物事迹近 400 次。

3. 党风廉政建设新举措

五年来，中国气象局党组认真贯彻落实十七届中央纪委历次全会精神，坚持标本兼治、综合治理、惩防并举、注重预防的方针，围绕中心，服务大局，党风廉政建设取得了明显成效。深入推进《中国气象局贯彻落实建立健全惩治和预防腐败体系 2008—2012 年工作规划实施办法》各项任务的落实，以廉政风险防控工作为主要载体，提高气象部门党风廉政建设的科学化水平。开展了气象科技服务、重点工程项目、人工影响天气专项经费管理等领域的廉政风险防控试点工作。以“活动月”为载体，连续 6 年开展机关作风建设月活动，连续 11 年开展党风廉政宣传教育月活动，坚持多年的各单位主要负责人集中述职述廉述学活动，受到中央纪委的高度评价，为气象事业发展营造了风清气正的良好环境。党风廉政宣传教育月活动已经成为气象部门党风廉政建设宣传教育工作的重要品牌。2008 年起开展廉政文化示范点创建评选工作，有 38 个单位被命名为“全国气象部门廉政文化示范点”，省(区、市)气象局已创建廉政文化示范点 360 个。

4. 文明单位建设新进展

中国气象局党组高度重视精神文明建设，先后开展了文明单位创建、文明机关、文明台站标兵和文明社区“四大创建”活动。气象部门成为中央文明委为数不多的给予文明单位推荐权的行业部门。一是坚持开展创建学习型、服务型、效能型、开放型、节约型、廉洁型“六型”机关，中国气象局机关被评为第三批全国文明单位；二是创建文明单位，全国 31 个省(区、市)气象局机关均建成了省级以上文明单位，共有 63 个全国文明单位，占全国气象部门单位总数的 2.02%，99.2%的基层单位被命名为各级文明单位；三是创建文明台站标兵，从 2006 年开始，中国气象局在已经建成省以上文明单位的基层台站中评选文明台站标兵，目前已评选 3 批 197 个；四是创建文明社区，多年来，中国气象局园区连续 17 年获得中央国家机关文明标兵单位称号，连续 9 年获得首都文明标兵单位称号等。

5. 和谐部门建设得到有力推动

中国气象局党组十分重视加强部门和谐建设。科学管理水平不断提高，着力推进目标管理综合考评的科学化建设，建立年度创新工作评比机制，推进应急管理法制化制度化建设和综合管理信息系统的集约化建设；先后成立了发展研究中心、工程咨询中心等机构，加强科学管理和科学决策水平；努力营造气象事业发展和谐舆论环境，五年来，累计举行专题新闻发布会、新闻通气会 180 余次，组织中央主流媒体采访 2000 余人(次)。重视抓好青年和老干部工作，下发了加强和改进青年工作指导意见、进一步加强新形势下气象部门离退休干部工作的实施意见，离退休干部的政治待遇和生活待遇进一步得到落实和提高，通过建立"自我管理委员会"的有益尝试，让老干部实现自我管理、自我教育和自我服务，探索了一条促使老干部工作进入良性循环的途径；组织开展全国气象行业运动会和气象人演讲比赛等群众性文体活动；安全生产和信访工作保持良好态势，切实维护部门和谐稳定大局。

总之，党的十七大以来的五年，气象事业发展成就卓著，气象工作在国家经济社会发展中的地位更加突出。但是，随着经济社会的不断进步，随着以人为本执政理念的不断深入，气象业务服务能力与保障经济社会发展和人民福祉安康需求不相适应这一矛盾仍将长期存在，气象事业发展中不平衡、不协调的问题依然突出。迎接新机遇新挑战，我们要深入学习贯彻落实党的十八大精神，坚持解放思想，立足国情，面向需求，瞄准科技前沿，坚持以科学发展为主题、以转变气象事业发展方式为主线，坚持公共气象的发展方向和公共气象服务的引领作用，以改革开放为根本动力，发展完善现代气象业务体系、气象科技创新体系和气象人才体系，加强和创新气象社会管理，全面提高气象现代化水平。

参考文献

陈雷. 2011. 沿着中国特色水利现代化道路，奋力推进水利改革发展新跨越. 求是，(6).

陈锡文. 2007. 走中国特色农业现代化道路. 求是，(22).

陈锡文. 2009. 我国农业农村的 60 年沧桑巨变. 求是，(19).

何孟洁，等. "十一五"十个精彩亮点回顾. 中国气象报社，2010－12－31.

王晨. 创先争优：贵于长久　重在实效——中国气象局建设创先争优长效机制纪实. 中国气象报社，2012－5－17.

中国气象局. 气象统计年鉴，2001—2010 年. 北京：气象出版社.

第二部分

气象服务篇

完善公共气象服务提供方式若干问题研究*

一、现阶段公共服务的主要提供方式

1. 国外公共服务主要提供方式

各国采取的公共服务提供方式与各国的经济体制、政治体制、科学技术发展水平以及社会文化都存在密切联系。各国根据自身公共服务发展水平和国情的不同而选择不同的公共服务提供方式。当前，比较典型的有（郭宏宝，2008）：以美国为代表的“效率与公平并重型”公共服务模式，强调政府和市场共同发挥作用；以北欧国家为代表的“全面公平型”公共服务模式，强调以政府提供为主；以新加坡、智利为代表的“效率主导型”公共服务模式，强调市场机制在公共服务提供中的作用。

我国区域、城乡差异较大，经济社会发展不平衡现象比较突出，“全面公平型”和“效率主导型”的公共服务模式可能不太适合我国当前国情，既坚持政府主导，又适度引进市场机制的“公平和效率并重”模式，对我国具有较强的借鉴意义。

2. 我国公共服务提供方式改革方向

目前，国家已出台了多项涉及公共服务提供方式改革的纲领性文件。《国家基本公共服务体系“十二五”规划》明确规定：“在坚持政府负责的前提下，充分发挥市场机制作用，推动

* 本报告完成于 2013 年。主要研究人员：姜海如、彭莹辉、辛源、龚江丽、肖芳。

基本公共服务提供主体和提供方式多元化”。党的十八大报告要求“改进政府提供公共服务方式，发挥企事业单位、人民团体、社会组织的基础作用”。党的十八届三中全会《关于全面深化改革若干重大问题的决定》中提出，政府要加强各类公共服务提供，推广政府购买服务，凡属事务性管理服务，原则上都要引入竞争机制，通过合同、委托等方式向社会购买；同时提出，适合由社会组织提供的公共服务和解决的事项，交由社会组织承担。

中央关于公共服务提供方式改革的总体思路已十分明确。一方面要大力发展社会服务组织，将适合由社会组织提供的公共服务和解决的事项交由社会组织承担；另一方面要积极引导和鼓励市场力量参与公共服务供给。未来我国的公共服务提供将具备以下三个特点：一是政府的责任主导地位将进一步加强，特别是在公共服务均等化方面；二是政府将逐步退出部分公共服务的直接生产过程，更加注重制定规则和发挥监管职能；三是提供机制将更加多样化，政府、市场、社会组织将联合发挥提供主体作用。

3. 当前我国公共服务提供的主要方式

我国现阶段公共服务的提供方式主要有六种。

（1）政府直接生产。由政府直接提供公共服务，如信息公开、治安联防、九年义务教育等。借助事业单位生产是我国政府直接提供公共服务的重要方式。其优点在于，政府直接掌握生产过程，容易管控，执行效率较高；不足在于容易产生垄断、对公众需要反映不及时，有时会影响服务效率和质量。

（2）政府财税支持。政府通过对生产单位提供补助、减免税收、发放消费券等方式扩大公共服务覆盖面。政府补助的主要形式有直接拨款、贷款优惠、补贴等；减税实际上相当于变相政府财政支出；近年来，不少地方通过向公众发放消费券，用于食物、医疗、教育、养老等公共服务项目。

（3）政府委托外包。又称“政府购买”，即政府通过招投标方式向私营部门采购公共服务，与公司企业、社会组织等签订公共服务生产合同，将公共服务的生产、运输等外包出去，政府只负责支付、监督以及制定规则等。这种方式有利于精简公务人员，节省公共财政支出，提高服务专业化水平，以及控制质量、提高效率等，但是政府需要提高监管成本，转变管理方式。

（4）政府特许经营。指政府赋予某些公司或社会组织在一定时间内享受特定的垄断经营权，以政府限定的价格向公众提供政府指定的物品或服务，并允许其向消费者收取一定费用作为成本和合理利润的来源。在特许经营中，政府要对公共服务的规格、价格、质量等做出规定。特许经营的优势在于既“解放”了政府，同时也兼顾了市场效率。如 2008 年北京奥运会期间，北京奥组委对奥运纪念品的生产、销售就采用了特许经营，北京奥组委只负责统一纪念品的定价、宣传形象把关等。

（5）非营利性机构提供。非营利性机构一般指志愿者组织、慈善机构、专业协会、民间机构等社会组织。这类社会组织根据政府的委托或政策许可，以自愿方式自主提供公共服务，不追求经济补偿或报酬。其优势在于专业性强、公民参与性高、对公众的公共服务需求回应及时；其资金来源主要为政府资助、社会善款捐助、少量服务性收费。目前，香港特区 2/3 的公共服务预算都给了在港各类社会服务组织，特区政府主要负责资金资助、制定和监管服务标准等(丁元竹，丁潇潇，2013)。

(6)混合提供。即针对某一公共服务采用上述所有可能的提供方式进行供给。实际上，混合提供是当前各国应用最多的方式，因为社会群体中的个人需求也是千差万别的，混合提供方式可以在满足全体基本需求的前提下，兼顾效率和个体的细分需求。

二、当前我国公共气象服务主要提供方式分析

近些年来，我国公共气象服务发展迅速，逐步形成了包括决策服务、公众服务、专业专项服务和气象科技服务在内的中国特色公共气象服务体系。各级地方政府把气象服务纳入地方公共服务体系建设，进一步强化了气象公共服务职能，受到各级党政部门和广大人民群众的好评。

总结当前我国公共气象服务的主要提供方式，可主要归结为三种：(1)以公共财政投入为主体的无偿提供方式。这是当前公共气象服务的主要提供途径，各级气象部门和地方政府是提供主体；(2)部分成本补偿性提供方式。主要涉及由各级气象事业单位承担的各类专业、专项气象服务，带有一定“政府购买”的色彩；(3)市场参与提供方式。这种方式目前基本还处于初级阶段，从国内外相关部门的经验来看，未来可能具有较好的发展前景。

总体来看，目前我国公共气象服务提供主体还比较单一，公共气象服务基本还是由气象部门包揽。近些年来，尽管中国气象局非常强调需求牵引，强调推进气象服务社会化，但是在这种大包大揽的体制下，社会化程度和市场参与度仍然较低，难以及时反映社会公众对公共气象服务需求的变化，从而可能导致：(1)气象部门有限能力与社会公共气象服务需求日益增长之间的矛盾越来越突出，尤其是基层气象部门有限人力物力与公共气象服务任务不断增长之间的矛盾越来越突出；(2)气象部门有限资源与基本公共气象服务均等化要求加快进程之间的矛盾越来越突出，各级地方政府、各类社会组织参与公共气象服务还不够充分，“部门”特色比较明显；(3)与国家提出的公共服务机制对接还不够，在服务和管理环节容易造成缺位。

三、完善公共气象服务提供方式的几点思考

根据十八届三中全会改革精神，完善公共气象服务提供方式，需要进一步统筹社会资源，充分利用社会资源参与气象服务，增加公共气象服务提供主体，增强公共气象服务供给能力，不断推进城乡基本公共气象服务均等化，大力推进气象服务社会化。具体建议如下。

1. 完善公共气象服务政府提供方式

一是加强政府全额保障性提供。对于受益者是全体社会公众的基本公共气象服务类别，应当争取全部由国家和地方财政全额保障，这些年来气象部门始终坚持公共气象服务方向，已经创造了良好条件。二是发展政府财政补助性提供。对于有特定受益群体的公共气

象服务，如涉及水电、交通、建设、能源、市政等部门的专业专项公共气象服务，可以通过财政补贴与适当收费相结合的方式弥补成本，这类服务在未来可以由各级公益二类气象事业单位承担。三是探索政府购买服务。发展公共气象服务的特许经营、服务外包等途径，通过政府购买向社会提供公共气象服务产品。这种提供方式在一些地方已经进行了探索，特别在基层气象机构人员编制不足、“事多人少”的情况下，可以考虑采取政府购买方式为社会提供公共气象服务。

2. 探索混合提供方式

混合提供方式即由政府、企业单位共同承担公共气象服务成本，由气象事业单位生产和提供公共气象服务产品的方式。这是探索解决传统公共气象服务满足一些社会行业气象服务需求的重要补充形式。近年来，许多省市在公路、铁路、水电、旅游、烟草行业的专业气象监测网和灾害预警系统建设和部分人工影响天气服务方面采取了这种混合提供的方式，值得进一步探索实践。

3. 规范社会组织提供方式

近些年来，在推进气象服务社会化进程中，各级气象学会、防雷协会、人工影响天气协会和各有关行业协会组织、各类社会组织已经承担了相应公共气象服务，是实现公共气象服务均等化的重要力量，其作用越来越大。各类社会组织参与公共气象服务已经形成了相当规模，包括电视、电信、广播、网络、报刊等社会资源都在自愿参与非经营性的公共气象信息加工与传播。因此，在推进气象服务社会化进程中，必须进一步规范社会组织承担公共气象服务的行为和责任，建立相应的激励机制，以引导各类社会组织更好地发挥作用。

4. 为尝试市场提供方式创造条件

通过市场方式提供公共气象服务需要建立相应的气象政策和法规，允许一些企事业单位、社会组织参与非营利性的公共气象服务活动。这是当前和今后满足人民群众公共气象服务需求的重要补充手段。但是，由于我国在经营性气象信息服务法规建设方面还比较薄弱，气象信息服务进入市场还面临许多制度性阻碍，所以当前应加快制定《气象信息服务条例》，通过气象服务立法，设立气象服务准入制度，对气象服务从业者的资质、资格、申报审批程序、从业领域等进行规范，为尝试市场提供方式创造条件，以引导社会力量利用市场机制补充提供公共气象服务，实现公共气象服务主体多元化，同时进一步加强气象服务市场监督管理。

5. 创新公共气象服务提供理念

加强对完善公共气象服务提供方式的认识，依据不同属性的气象服务，政府和气象主管机构在公共气象服务的介入程度上应有所区别。主要根据气象服务公共属性的强弱，区分政府、市场、社会组织提供的途径，涉及公共安全的气象防灾减灾服务、公众基本气象服务、国防气象服务和农业气象服务，必须坚持由政府主导供给；对具有个性化需求特点的专业气象服务类别，可以鼓励建立社会参与机制，政府主要负责提供法规、政策和标准服务，负责监管；同时应根据服务生产与分配环节的不同特点，探索发挥政府、市场、社会组织三者作用的最佳组合方式，创新公共气象服务体制机制，不断提高公共气象服务供给能力。

参考文献

丁元竹，丁潇潇. 2013. 基本公共服务供给方式的国际视角. 开放导报，2(1).
郭宏宝. 2008. 公共服务均等化：理论评价与实际应用. 当代财经，(3).
中共中央关于全面深化改革若干重大问题的决定. 北京：人民出版社，2013.

完善气象服务市场机制专题研究*

党的十八大报告指出，要“全面深化经济体制改革”，“经济体制改革的核心问题是处理好政府和市场的关系，必须更加尊重市场规律，更好发挥政府作用。”在推进气象服务社会化的进程中，如何处理政府和市场的关系也是我们需要解决的关键问题。正如市场经济给我国经济社会带来了翻天覆地的变化一样，我国气象部门从 1985 年开始开展有偿服务，市场机制有效激发了气象工作者的创业激情和积极性，从影视制作、手机短信、12121 到智能手机终端，从施放气球、防雷工程到防雷检测、雷击灾害风险评估，气象服务手段日益丰富，服务方式不断创新，服务领域不断拓展，为公众带来了更多更好的气象服务，凸显了气象工作的经济社会效益。纵观气象科技服务的发展历程，毋庸置疑，市场机制的建立不仅为气象事业提供了资金支撑，更重要的是创新和丰富了气象服务提供方式和运行机制。正是因为我们在坚持公共气象发展方向的前提下，针对不同的气象服务采用了不同的运行机制，即以公共部门为主体发展公共气象服务，初步采用市场手段发展气象科技服务，从而较好地适应了经济社会发展的需要，实现了气象事业的快速发展。但是到今天，当我们不断拓展服务领域、尽最大努力去满足社会需求的时候，却不得不面对社会舆论对气象服务的质疑，我们不得不思考为什么类似的质疑会不断出现，是技术问题，还是体制、机制问题？因此，现阶段，我们有必要在气象服务技术问题之外，深入研究气象服务的管理和运行机制问题，理清政府和市场的界限，进一步完善气象服务市场机制，以有效提升公共气象服务的供给能力和效率，逐步满足经济社会发展和公众生活对气象服务的需求。

一、完善气象服务市场机制需要解决的主要问题

改革开放特别是进入 21 世纪以来，我国气象事业发展取得了巨大成就，公共气象服务能力显著提升，经济社会效益日益凸显；与此同时，通过积极探索建立气象服务市场机制，气象服务市场已初具雏形并形成一定的市场规模，但总体来讲，我国气象服务的市场机制还很不完善，仍存在诸多亟待解决的问题。

1. 完善气象服务市场机制的总体思路亟待明确

建立和完善气象服务市场机制的前提是合理界定可以引入市场机制的气象服务范围，

* 本报告完成于 2013 年。主要研究人员：彭莹辉、姜海如、辛源、龚江丽、肖芳。

并明确总体的发展思路和重点任务。因此现阶段,需要在国家相关政策法规的框架下,结合气象事业发展实际,合理界定可以引入市场机制的气象服务项目,并在此基础上明确我国气象服务市场机制改革的主要特征、总体思路、具体步骤等,为进一步完善气象服务市场机制提供前提条件。

2. 气象服务管理体制方面需要新的突破

科学的气象服务管理体制是充分发挥市场机制作用的重要条件。二十多年来,尽管我国的气象服务已经取得了重大成就,产生了巨大的经济社会效益,但是气象部门“在保证公益气象服务前提下,开展有偿专业服务”的总体思路一直没有改变,其总体的管理体制一直没有改变;尽管气象部门一直在探索气象服务引入市场机制问题,但由于总体思路和运行体制没有改变,因此一些探索只能是局部、分散和暂时的,从而影响了气象科技服务通过竞争而获得规模发展和深度发展的机会。也就是说,因为多种因素综合造成的部门内长期存在的政、事、企不分,重内部管理、轻社会管理等问题并没有实质性改变,这也在一定程度上制约气象服务市场机制的完善。

3. 市场机制运行所需的动力不足、基础薄弱

总体来讲,我国气象服务多元化的市场格局虽已初步形成,但还很不完善,市场运行机制所需的激励机制和运行机制都有待健全,市场活力尚未有效激发,服务实体的竞争力不强。

一方面,目前大部分气象部门的服务机构还没有建立法人治理结构,大多还是按照事业单位的方式运行,在市场中生存发展的主动性不强,用人机制、决策机制不灵活,激励机制和约束机制不健全等直接影响市场机制的进一步完善。同时,气象科技服务结构不合理,经营实体规模小,政策依赖性大,划地经营,市场竞争能力不足。

另一方面,气象服务市场供给和有效需求开发不足。长期以来,气象部门对气象服务的供给主要集中在防灾减灾、城市运行安全等关系国计民生的气象服务方面,虽然相关行业、企业对气象服务需求在日益增长,但由于社会对气象信息有偿使用的认识不足等原因,导致市场中有效需求开发不足。同时,由于专业气象服务领域科技创新能力不足和市场意识缺乏,对专业服务需求的培育和挖掘不足,导致气象服务缺乏有效的互动与创新动力,使气象服务的针对性、时效性和有效性难以真正满足市场用户需求,市场有效供给不足。市场供给和有效需求的不足将直接影响市场机制的建立和完善。

4. 政策法规体系尚不适应市场机制的要求

良好的制度环境是气象服务市场健康发展的前提和重要保障。一方面,现阶段,法律层面虽然对引入市场机制、开放气象服务市场并没有限制,但专门的法律法规尚属空白,与气象服务从业机构与人员的资质管理、气象知识产权保护、服务标准等相关的法律法规还不完善,而且部分现行规章也在一定程度上阻碍了市场机制的完善。另一方面,与测绘、环保等行业相比,气象服务的市场管理有待进一步完善,横向协调上尚存不足,与发展与改革、财

政、工商、海关、质量监督、税务、人事等相关部门在产业发展与市场监管方面的合作有待加强。

5. 公共财政投入机制不健全

目前，公共财政不足以保障基本气象事业的发展，还需要气象科技服务支撑和反哺气象事业的发展。但是随着市场化的推进，政策保护作用的减弱，现有的气象部门经营实体（特别是基层）的服务收益可能受到冲击，有可能因“断粮”影响稳定、因“降薪”影响工作、因“粮草不足”影响发展。这是制约气象服务市场机制进一步完善的一个重要因素。

二、可以引入市场机制的气象服务

合理界定市场主体可以进入的气象服务领域是进一步完善气象服务市场机制的前提。从经济学角度，气象服务可分为公共气象服务和私人气象服务（即通过市场方式运作的、为特定用户提供的个性化气象服务）。公共气象服务是指运用公共资源，为政府、公众和社会群体的公共利益提供气象信息与技术的活动。

1. 公共服务提供与生产的分离

公共服务的提供主体是政府，但政府的责任是确保服务以一种令人满意的形式和效率得以提供，而不一定是直接生产公共服务（世界银行，2005 年），也就是说公共服务的提供（或称供给）与生产是可以分离的。公共服务的生产是把资源投入转换成产出的过程，而公共服务的提供则是消费者获得服务的过程（卢映川，万鹏飞，2007）。具体到公共气象服务：公共气象服务的提供是指社会公众获得气象服务的过程，实际上是表明政府的责任和承诺，主要包含确定服务的内容和标准，资金来源和投入方式，规范服务行为以及采取何种供应组织方式等。公共气象服务的生产是指具体的生产过程，也就是把一系列的资源投入转化为具体产品和服务的过程。

显然，作为公共服务提供主体的政府，不一定直接生产公共服务，它既可以直接生产，也可以从其他的生产者（比如企业那里）购买并提供给消费者[9]。正是基于这种区分，我们认为，政府提供公共服务有两种基本方式：政府直接生产与政府间接生产（即政府利用公共财政和政策安排形成经济刺激，引导市场资源参与公共服务的生产）。

因此，我们可以在明确公共服务的提供与生产差异的基础上，合理界定政府间接生产，即市场主体可以参与生产的公共气象服务内容。

2. 可以引入市场机制的公共气象服务

从理论层面看，由政府直接生产的气象服务之外，是可以由市场主体参与生产的领域。

---

〔9〕《国民经济和社会发展第十二个五年规划》也规定，改革基本公共服务提供方式，引入竞争机制，扩大购买服务，实现提供主体和提供方式多元化；推进非基本公共服务市场化改革，放宽市场准入，鼓励社会资本以多种方式参与。也就是说，在公共气象服务领域，可以由市场主体来承担部分生产任务。

在我国现阶段，适宜由政府生产的气象服务主要包括如下几种(表1)。

(1)气象服务中的纯公共产品，即同时具有消费的非排他性和非竞争性，市场主体不愿意生产提供的公共产品。根据公共服务理论，非竞争性是指一部分人对某一产品的消费不会影响另一些人对该产品的消费，一些人从这一产品中受益不会影响其他人从这一产品中受益，受益对象之间不存在利益冲突；非排他性是指产品在消费过程中所产生的利益不能为某个人或某些人所专有，要将一些人排斥在消费过程之外，不让他们享受这一产品的利益是不可能的。对于纯公共产品，由于消费上没有排他性和竞争性，无法制定价格，也不可能收费，市场生产这些物品是没有效率的，没有一个理性的市场主体愿意生产这些产品，因此只能由政府生产提供。在气象服务领域，基本公众气象预报、灾害性天气预警、人影作业、基本气象资料服务等都具有很强的消费非排他性和非竞争性，属于纯公共产品，不适宜由市场主体生产提供。这种分类既符合公共产品理论的要求，也体现了世界主要国家对气象服务领域划分的共同特点，并兼顾了气象行业的特点。

(2)出于国家安全、公共安全和其他公共利益考虑，适宜由政府生产的气象服务。比如为保障国家安全、公共安全和国防建设而提供的气象信息服务，为政府提供的应对气候变化服务和气候资源开发利用服务等。

(3)由我国的国情、传统和体制优势等决定的、适宜由政府生产的气象服务。如：决策气象服务、农业气象服务、重大活动气象服务、气象基础设施建设、部分气象科普以及为政府部门提供的专业气象服务等。这些气象服务在其他国家多数全部或部分交由市场主体生产，但鉴于我国的实际国情和气象事业发展的历史传统，由政府直接生产更能发挥我国的体制优势，并符合我国农业农村问题突出等特殊国情。

表1　现阶段适宜由政府生产的公共气象服务

类别	具体内容
气象服务中的纯公共产品	基本公众气象预报、灾害性天气预警、人工影响天气作业、基本气象资料服务等
出于国家安全和其他公共利益考虑，适宜由政府直接生产的气象服务	为保障国家安全、公共安全和国防建设而提供的气象信息服务，为政府提供的应对气候变化服务和气候资源开发利用服务等
由国家性质和体制优势等决定的、适宜由政府直接生产的气象服务	决策气象服务、农业气象服务、重大活动气象服务、气象基础设施建设、部分气象科普以及为政府部门提供的专业气象服务等

需要特别注意的是，虽然从理论上讲，在上述必须由政府自己生产的气象服务之外是可以引入市场机制的领域；但在实践中，尤其是在现阶段不可能也没有必要一步到位、全面放开，而应逐步、分领域的引入市场机制。

三、气象服务市场机制改革的主要特征

在建立和完善我国气象服务市场机制的过程中，一方面要借鉴发达国家的先进经验和合理做法，另一方面必须遵循发展规律，结合我国实际国情，努力探索有中国特色的气象服务市场机制改革之路。在分析研究国外气象服务发展的基础上，我们初步认为我国的气象

服务市场机制改革具有以下几方面特征：

1. 目的的公益性

气象服务市场机制改革的根本目的是通过完善气象服务体制机制，提高气象服务供给效率，进而提高公共气象服务的能力和水平，更好地满足经济社会发展对气象服务的需求。气象服务市场机制的建立与完善是气象服务社会化的重要基础和途径，其核心是进一步将市场机制引入部分气象服务领域，逐步实现气象服务提供主体的多元化，在竞争市场中实现资源的有效配置和服务的高效供给。

2. 过程的渐进性

我国气象服务的市场机制改革是一个长期的、循序渐进的过程。一方面，改革面临特殊的发展环境——市场经济不发达、市场机制不完善、法制体系不健全、政府职能转变未到位、先进科学技术支持不够、老百姓对政府过度依赖、区域经济发展不平衡等，这些基础条件客观上决定了我国的气象服务市场机制改革应当是一个循序渐进的过程。另一方面，发达国家的气象服务市场化也经历了一个较长的发展过程。如美国商业气象服务从 20 世纪 40 年代开始起步，到 1977 年国家海洋大气局(NOAA)颁发指令要求所属各单位给予私营气象部门适当的支持，到 1995 年国家天气局(NWS)停止提供包括海运气象信息广播等在内的三种分类气象信息，再到 1996 年 NWS 停止播发农业分类气象信息，随着其国内公共服务市场化的推进，气象服务也经历了国家气象部门逐步缩小服务范围，商业气象服务逐步拓宽领域、逐步发展成熟的过程，并基本完成了气象服务的市场化。综合上述各种因素，我国的气象服务市场化应当是一个循序渐进、谨慎适度的开放过程。

3. 主体的多元化

公有制为主体、多种所有制经济共同发展，是我国社会主义初级阶段的一项基本经济制度，社会主义市场经济是同社会主义初级阶段基本经济制度结合在一起的。我国气象服务市场机制改革必须坚持公有制的主体地位不动摇，完善多种实现形式的公有制经济，大力发展各种非公有制经济。因此，气象服务的生产主体是多元的，包括政府、社会组织和企业等。其中，气象服务的市场主体主要包括国有、集体企业和民营公司，同时公益二类事业单位也可以依据政策要求一定程度地参与市场活动。

4. 政府的主导性

在我国，政府在气象服务市场机制改革的过程中处于主导地位。

一方面，政府作为管理主体，应当承担气象服务供给的“掌舵者”职责，即对公共气象服务发展的总体设计、质量、进程等进行决策、监督和监管。政府在部分服务领域的退出决不意味着可以脱离公共气象服务的供给。事实上，鉴于我国市场经济尚不完善、市场化经验不足的问题，在公共气象服务提供上仍应强调政府的主导地位，但在市场机制改革的过程中，政府要改变以往“大包大揽”的做法，加快管理职能的转变，侧重宏观管理和制度创新，促进市场健康有序发展。

具体的,首先,我国气象服务市场的主要管理主体是气象主管机构,同时,国家工商、税务、科技、人力资源社会保障、知识产权等方面的管理机构也在不同的方面参与气象服务市场的管理与规范。上述管理主体,通过制定、完善和实施相关的法律法规、政策、标准等多种方式,来逐步引导、培育和规范气象服务市场的发展。其次,气象服务市场机制改革要求政府将一些监管和服务职能转交社会组织来实施。但与美国等国相比,我国的社会组织(包括相关行业组织、基层群众自治组织等)尚待培育,其在管理中的作用也有待进一步加强和规范。最后,在管理方式方面,发达国家的气象服务市场管理已经从单一的行政强制手段发展到采用激励机制进行管理的新阶段,其综合采用制定法律法规、政策、规划、标准,开展资质认证,签订绩效合同等方式进行气象服务的管理。在政府的气象社会管理中,发达国家十分注重在国家层面建立和完善气象相关事务的协调和管理机制。而我国,可能相对注重强制手段的应用,特别是在市场化的初期阶段,对合同管理等激励手段的应用则会相对薄弱。

另一方面,作为公共服务的生产主体之一,政府必须承担一部分不适宜引入市场机制的公共气象服务产品的生产(具体项目见本报告的第三部分)。

四、完善气象服务市场机制的思路与步骤

1. 总体思路和基本原则

气象服务市场机制的建立与完善是提高气象服务水平、不断适应经济社会发展对气象服务需求的有效手段。然而,由于公共服务领域市场机制的建立是经济社会发展到一定程度的产物,需要相关的政治、经济、社会和文化等基础,可引导不可冒进。在我国市场机制不完善、法制体系不健全、政府职能转变未到位的条件下,推进气象服务市场机制改革必须结合我国国情,遵循循序渐进、适度有序的原则,以促进气象服务科学、有序、可持续发展。

(1)总体思路

坚持公共气象发展方向,以提升气象服务能力与水平、更好满足经济社会发展需求为最终目标,以引入市场机制、培育和规范气象服务市场为着力点,以体制机制创新和科技创新为动力,积极推进气象服务市场机制的建立与完善,提升气象服务整体能力和综合效益。

通过深化改革,健全以政府为主导、部门为基础、全社会共同参与的气象服务体系,以法规、政策、规划和标准的制定与实施为抓手,初步建立与市场经济发展要求相适应的气象服务管理体制和运行机制,逐步形成开放、竞争、有序的气象服务市场体系;逐步培育形成一批运行规范、自主经营、自负盈亏,具有发展潜力和市场竞争力的气象服务市场主体;逐步形成以公有制为主体、多种所有制共同发展的气象服务格局,提高气象服务能力与水平,更好地满足经济社会发展和人民群众对气象服务的需求,并推动气象经济成为国民经济新的增长点。

(2)基本原则

气象服务市场机制改革必须坚持“政府引导、企业为主;分清责任、有序推进;多元并进、

互动合作;积极培育、稳步规范”原则。

政府引导、企业为主——把企业作为发展主体,充分发挥市场在资源配置中的决定性作用;将市场运作与政府引导相结合,通过深化改革,完善市场机制,优化市场环境,促进产业集聚和健康发展。

分清责任、有序推进——根据不同发展阶段的要求,区分可以引入市场机制的服务范围,明确政府提供基本公共服务的责任,分阶段、分步骤、有序地推进气象服务市场机制改革。

多元并进、互动合作——推进气象服务市场机制改革要结合中国国情,在确保公有制的主体地位的前提下,推进国有气象服务企业与民营企业共同发展,相互合作,共同提高气象服务供给能力水平。

积极培育、稳步规范——有针对性地采取改革试点、政策扶持、规范管理等措施,培育服务企业;根据气象服务市场机制的要求,不断完善相关法规、政策和标准,促进气象服务市场的规范管理。

2. 主要步骤

(1)近期

近期(3～5年内)推进气象服务市场化的主要思路是:其一,做大做强现有气象服务,促进气象服务主体公司化。包括:对气象服务机构逐步推行规范化管理和市场化运作,促进市场竞争;培育和开发新的气象服务领域,扩大市场规模;通过推进气象服务集约发展,提升市场竞争能力。其二,以试点方式逐步引入社会资本。其三,着手制定和完善气象服务市场的配套政策,适时发布实施。

(2)远期

在做大做强气象服务机构的基础上,全面引入社会资本,推动气象服务公司引入社会资本,融资上市。在这一过程中,需要继续坚持以公有制为主体,多种所有制共同发展的基本原则。

逐步出台与气象服务市场相适应的法律法规和政策文件。在进一步深入细致研究的基础上,根据国家相关法律法规和市场发展的实际需求,适时出台相关文件,逐步构建与气象服务市场发展相配套的政策法规体系。

逐步开放气象服务市场,培育社会化提供主体,形成多元化提供局面。气象服务市场开放是一个渐进的过程,随着国家市场经济体制的完善、服务型政府的建立、政策法规的健全、百姓共识的形成、社会化提供主体的形成,远期将形成政府主导,社会力量充分发挥,百姓积极参与的多元化气象服务格局。

五、现阶段完善气象服务市场机制的主要任务

根据上述总体思路,围绕需要解决的主要问题,建议现阶段气象主管机构着重从以下几方面着手,进一步推进气象服务市场机制的建立与完善:

1. 逐步优化管理职能，构建与市场机制相适应的政策法规体系

逐步完善气象主管机构管理职能。气象服务的市场机制改革要求作为管理机构的气象主管机构要进一步推动完善管理体制，根据气象服务市场机制的要求，调整和建立相应的职能机构或服务协调机构，加强宏观管理。具体的，在市场机制逐步完善的过程中，气象主管机构应该逐步加强发展与改革、人员发展、政策与法规建设、标准化建设、气象资料应用管理、行业与市场监管、气象预报与警报管理、气象科研管理等职能，并完善相应的机构设置。

逐步完善气象服务市场法律法规体系。根据国家有关法律法规，建立和完善与市场经济环境相适应的气象服务市场政策法规体系(图 1)，从行政手段逐渐转向以经济和法律手段为主，使气象服务市场各环节的行为都有法可依。进一步完善由行政执法、行业自律、舆论监督、群众参与共同构成的气象服务市场监管体系，从市场准入、市场竞争、标准执行、运行效益评估、项目引导等方面加强监管和执法力度，积极为气象服务市场的健康发展创造良好的政策和发展环境。重点围绕气象观测预报管理、气象信息发布管理、气象服务质量管理、气象从业人员和机构资质管理、气象知识产权保护和管理、气象资料使用管理等方面，制定和完善法规、政策和标准。

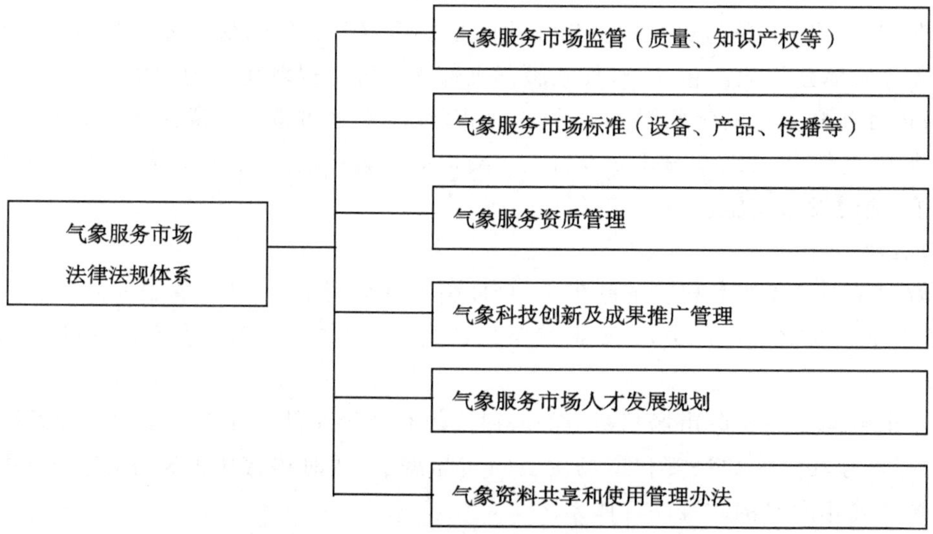

图 1　气象服务市场制度体系框架

2. 注重提升现有气象服务机构的市场竞争力

对气象服务机构逐步推行规范化管理。出台相关政策、改革运行机制，从资格资质、服务规范、产品模式、服务渠道、运行方式等方面对气象服务机构进行规范，逐步建立法人治理结构，实行企业化管理，在管理和经营上引入竞争机制，逐步打破地区保护，促进竞争，提升其适应市场的能力与水平。

积极开发新的气象服务领域。逐步开发新的气象服务产品，延长气象产业链，扩大气象

服务市场规模。比如，开发并探索智能手机终端的盈利模式，探索短信服务的盈利模式，探索开展当地主要气象灾害的风险评估，开展农产品品质的气象条件认证等。

通过集约化，提升气象服务竞争能力。对现有的气象科技服务经营实体进行规划，按照优势互补、风险共担、效益共享、合作共赢的思路，通过资产的整合重组和资源的优化配置来集成各方面优势，构建国家级和省级（含部分市级）气象服务企业和经营实体为龙头，市县级灵活参与的格局，改变目前经营实体散、小的格局。特别是要推动专业气象服务的集约化发展，通过出台部门内相应的配套政策，尽快启动专业气象服务体制机制改革，进一步完善专业气象服务运行机制。

3. 逐步培育气象服务市场主体

(1)提高认识，从争取优惠政策入手主动推进

推进气象服务市场机制的建立与完善，必须强化相关主管部门的市场管理职责。各级气象主管机构应充分认识气象服务市场机制对提高气象服务能力、促进气象事业科学发展的重要性。国家气象主管机构要进一步协调与发改、财政、工商、税务等部门的合作，争取有利政策，推动和指导气象服务市场机制的完善。2012 年 7 月 20 日，国务院发布了《国家战略性新兴产业发展"十二五"规划》，与此同时，国家发改委正会同有关部门编制《"十二五"现代服务业发展规划》。这些规划的制定与出台对服务业和战略性新型产业的发展具有非常重要的现实意义，完善气象服务市场机制必须抓住机遇，积极争取将气象信息产业纳入国家战略性新型产业和国家相关规划中，争取国家层面政策支持（如减免税、投融资等政策）。

(2)抓住基本条件，逐步推进基本气象资料共享开放

提供基本气象资料是培育气象服务市场的基本条件。现阶段，我国的气象资料共享不仅仅是技术问题，更是政策法律环境的建设问题。然而，从国家层面来讲，一方面，我国在公共信息资源公开方面的法律法规仍不健全，并主要侧重于行政事务的信息公开；另一方面，相关规定主要局限于部门或行业内，而且有明显的部门保护痕迹。因此，虽然气象行业在资料共享和开放方面已经走在了我国科学数据共享的前列，但是真正实现基本气象资料的共享仍需要一个过程。

在气象资料共享和开放方面，建议首先做好资料共享的标准和技术环境，为气象资料开放共享奠定基础；同时，根据国家层面公共信息公开制度建设的情况，结合气象服务市场机制改革的需要，开展涉密和不涉密资料划分、资料分级使用的研究并建立相关制度，建立全国统一的气象资料管理机制和收费标准；并探索建立针对有特殊需求的市场主体使用气象资料的合理补偿机制和鼓励机制。可考虑专门设立为市场主体和社会力量服务的协调管理机构（可放在中国气象局某个直属事业单位），负责向社会提供气象服务市场化所需的气象资料，并对资料使用情况进行监控。建立气象信息数据中心和共享中心，确保数据资料质量和传输时效。最后，鼓励气象数据挖掘和深加工企业的发展，统一培育商业气象数据的提供方，促进气象数据应用商业领域的发展。

(3)建立示范基地，引导气象服务产业集聚发展

在气象服务市场机制建立的初期，由于市场主体相对缺少，气象主管机构要根据各地实

际情况，建立气象服务产业示范基地或产业孵化园，积聚科技、产业、资金、人才等资源，培育更多有实力的气象服务市场主体，奠定气象服务市场有序发展的主体基础。其一，围绕重点领域，建立以重点企业或科研机构为龙头，相关科研机构、产业链各环节企业以及投资者参与，涵盖全产业链的开放性技术创新平台。其中，政府负责牵头组织和提供必要支持，企业和科研机构是主体，并采用市场方式运作。其二，完善创新创业服务体系建设，并通过示范引导更多的资本向气象高技术服务业集聚区汇集，进而通过产业孵化推出更多优秀的气象服务机构，培育出一批产品研发能力强、市场竞争能力强、特色突出、发展潜力大的气象服务主体，引导形成以国有气象龙头企业为核心、中小企业协同发展的气象高技术服务企业集群。

(4)依托观念和制度创新，充分发挥公共财政和民间资本的积极效用

拓宽支持渠道，加大政府购买气象服务力度。公共财政对基本公共气象服务投入不足是制约气象服务市场机制完善的重要因素。要在推进事业单位改革、服务业改革的过程中，积极谋划和应对，争取有利于事业发展的政策，将气象事业发展所需要的财力纳入政府公共预算体系，确保基本气象事业有充足经费、人员保障，避免在短期内因气象服务市场机制的引入而影响气象部门从业队伍的稳定。同时，加大财政资金采购高技术服务的力度，鼓励将可外包的信息技术服务、维护保障服务、软件开发等业务发包给相关企业，实现服务提供主体和提供方式多元化。

引导社会资本进入气象服务领域。党的十八大报告提出要“推动服务业特别是现代服务业发展壮大，支持小微企业特别是科技型小微企业发展”。具体到气象服务，要在国家每年30亿元支持小微企业发展等政策的基础上，出台气象服务小微企业发展优惠政策(因为小微企业善于发现需求、方式灵活且敢于创新，能够有效地拓展气象服务领域)，建立和利用创业投资、引导基金、科技型中小企业创新基金等社会资金投向气象高技术服务业。探索气象服务市场机制相应的投融资体制，有序引导社会资源进入气象服务市场。与相关部门合作，制定更优惠的政策引导社会资本更充分、有序地进入气象服务产业。鼓励社会资本通过参股、项目合作等多种方式介入气象服务产业。支持气象服务企业采取多种方式经营和管理，鼓励市场竞争；积极发挥资本市场的作用，积极促进气象服务企业的成长，支持符合条件的企业在资本市场上市，提升气象服务市场的影响力。

参考文献

陈军，王春卿. 2003. 关于科学数据共享机制的思考. 中国基础科学，(1).
刘润达，彭洁. 2010. 我国科学数据共享政策法规建设现状与展望. 科技管理研究，(13).
卢映川，万鹏飞. 2007. 创新公共服务的组织与管理. 北京：人民出版社.
闵锐. 2008. 西方国家政府公共服务市场化及其启示. 黑龙江大学硕士论文.
史丹，夏杰长. 2012. 中国服务业发展报告 2012——新兴服务业发展战略研究. 北京：社会科学文献出版社.
世界银行. 2005. 中国：深化事业单位改革，改善公共服务提供. 经济研究，(8).
苏晓红. 2011. 社会主义市场经济概论. 北京：科学出版社.
吴先华，等. 2010. 气象经济学. 北京：气象出版社.
薛恒等. 2011. 公共气象管理学基础. 北京：气象出版社.

推进气象科技服务集约化发展专题研究*

一、气象科技服务的内涵和集约化现状分析

自1985年国务院批准气象部门开展有偿服务和综合经营以来，关于气象科技服务的内涵多次变化，先后出现的相关概念有："有偿专业服务"、"气象综合经营"、"气象科技产业"、"气象科技服务与产业"、"气象信息产业"等（表1）。这一方面反映了气象科技服务产生和发展的有其独特的规律和历史必然性，另一方面也客观上造成对气象科技服务概念上有些"混杂"，迄今为止，包括很多从事气象科技服务具体工作的人在内也很难清晰地给气象科技服务下一个内涵界限分明的定义。

在这种情况下，各地气象部门开展的气象科技服务基本呈现出"大同"和"小异"并存的局面，即一方面各地在气象科技服务基本项目上保持了一致性，另一方面各地也根据本地需求的不同开展了一些特色服务项目。总体来看主要包括：(1)气象装备制造、技术研发、运维、系统集成等服务；(2)防雷科技服务，含防雷设计审核、检测验收、防雷工程、雷电灾害评估等，这是目前基层气象科技服务收入的主要来源，在很多地区占总收入的80%～90%以上；(3)交通、电力、风能、太阳能、大气环评、旅游等专业专项气象服务；(4)气象影视、121、气象短信、新媒体等传播信息类科技服务项目；(5)气象应用软件开发、3G和4G气象服务、导航气象等特色新兴科技服务项目等。

另外，气象科技服务作为公共气象服务的重要组成部分，是气象"服务社会化"的重要内容，是履行公共服务职能的重要方面。本研究着重关注气象科技服务的市场行为，对其公共服务属性不作过多着墨，但必须清晰认识到这一点，特此说明。

围绕经济社会发展需求，气象科技服务通过主动适应形势、积极调整思路，基本实现了服务领域不断拓宽、产品不断丰富、手段不断创新、发展方式不断升级，初步形成了服务规模，取得了显著的社会效益和经济效益。为不断推进气象科技服务发展，全国各级气象部门在推进气象科技服务集约化方面进行了积极探索，并取得一些进展和成效。

1. 气象科技服务集约发展取得一些进展

多年来，各级气象部门为提高气象科技服务发展的速度、规模、质量和效益，不断增强气

* 本报告完成于2012年。主要研究人员：彭莹辉、冯国标、姜海如、辛源、韩佳芮、王喆、林霖。

象科技服务集约意识，在一定程度上推进了集约化进程。

表1　气象科技服务的发展阶段和基本历程

发展阶段	年份	基本情况
有偿专业服务时期	1985	国办发文："有偿专业服务包括为农业、工矿、城建、交通运输、海洋开发、水利电力、环境保护、财贸、旅游以及文化教育等行业的企事业单位和个人提供的各种专业专项服务"(见《国务院办公厅转发国家气象局关于气象部门开展有偿服务和综合经营的报告的通知》，1985年3月)，气象部门开始开展有偿专业气象服务。
	1986	国家气象局设立专业气象司，主管全国气象部门有偿气象服务工作。
	1990	第二次全国气象服务工作会议(上海)要求要紧密结合国民经济发展需要，提高服务能力，拓宽服务领域。
科技服务、综合经营并存时期	1992	该年全国气象局长研讨会提出：气象事业由基本气象系统、科技服务、综合经营组成。其中： ——气象科技服务指"公益气象服务以外的、依托基本气象系统的专业气象有偿服务和科技开发、咨询服务等"； ——综合经营指"科技服务之外的科技开发、经贸、生产、加工、服务等经营项目"。
气象科技产业时期	1994	中国气象局提出了发展"气象科技产业"，包括"气象部门的综合经营以及气象应用技术、气象技术装备社会化服务等"。
	1996	全国气象部门产业工作会提出，"调整产业方向，依托气象基本业务系统，发展以气象信息服务为重点的高新技术产业"。
气象科技服务与产业时期	1999	——九届人大通过《中华人民共和国气象法》，提出"发展气象信息产业"； ——该年全国气象局长研讨会提出"建立由气象行政管理、基本气象系统、气象科技服务与产业'三部分'组成的气象事业发展新格局"，指出气象科技服务与产业主要包括"气象影视服务、专业气象服务、声讯气象服务、施放气球服务、防雷工程与监测服务、房地产开发与宾招等"。
	2002	全国气象科技服务与产业工作会议定位：气象科技服务与产业是气象事业的重要组成部分、是气象事业深化改革和可持续发展的重要支撑、是推动气象科技向现实生产力转化的重要途径。"
气象科技服务作为公共气象服务组成部分时期	2006	"业务技术体制改革"提出公共气象服务体系包括"决策气象服务、公众气象服务、专业气象服务和科技气象服务"，这明确了气象科技服务是公共气象服务的组成部分，但也把专业气象服务与科技服务分开。
	2008	第五次全国气象服务工作会议再次明确"气象科技服务属于公共气象服务范畴，是公共气象服务的延伸和拓展"，同时强调"只有坚持公共气象服务的发展方向，气象科技服务才能够具备更大的发展空间和更强的生命力。"
	2011	郑国光局长在春季党组中心组学习会议的讲话中强调："要着眼于探索利用市场机制和改革服务体制，逐步培育一批运行规范、自负盈亏、自主经营，具有发展潜力和市场竞争力的气象服务组织"，引入市场机制促进气象科技服务的方向更加明确。

目前，全国大多数省级气象部门基本实现了气象科技服务不同项目的集约管理。在中国气象局指导下，2009年在浙江、安徽试点成立了包括专业专项、气象影视、短信、电话、网络、报刊等气象服务于一体的省级气象服务中心，一方面加强了公共服务，另一方面将省级气象科技服务项目集约运行，统一了服务出口，协调了内部管理，增强了服务有效性，提高了

社会认可度。由于建立了统一的气象科技服务业务系统，集约了气象科技服务的人力、资产、市场资源，因此提高了服务质量，效益明显提升。之后，全国各省级气象部门90%以上推行了气象服务中心集约模式，许多地市级也相继成立气象服务中心。

此外，根据气象科技服务发展的内在需求，许多省级和地市级气象部门推行了气象科技服务分项目的纵向集约，主要集中在短信、影视、声讯和防雷技术服务等领域。据调查，短信服务目前省级已全部实现集约；影视只在部分省市、市县集约；防雷检测在上海和个别省的市县集约（表2）。

表2　部分省（区、市）气象科技服务已集约项目概况

项目	浙江	广西	黑龙江	青海	山西	上海	广东	四川	湖北	辽宁	……
防雷技术	省会同城	省会同城	省会同城	省会同城	省会同城	集约	省会同城	省会同城	省会同城	—	……
短信	省市县	省市县	省市县	省市县	省市县	市区（县）	省市县	省市县	省市县	省市县	……
影视	市县	省市	—	省会同城	—	市、部分区	省会同城、部分市县	50%市县	市县	—	……

2. 气象科技服务集约机制在探索中逐步建立

在推进气象科技服务发展的进程中，各级气象部门不断加强气象科技服务的机制探索，特别在推进项目实体化、实体企业化、企业规模化、经营管理规范化等方面都有一定探索（崔讲学，姜海如，2011）。如浙江省气象短信服务集约后，建立了财务统一结算机制。武汉市气象局近年来推进了市区县气象影视、网络、防雷等气象科技服务体制机制一体化，不仅有效提升了服务质量，还大大节约了基层气象机构的人力资源。浙江省嘉兴市气象局对市县气象科技服务体制机制按照集约原则进行全面创新，极大地提升了硬实力和软实力，气象事业发展进入一个全新的阶段。

3. 气象科技服务集约与市场运行机制初步接轨

在中国气象局的指导下，全国各级气象部门基于与市场机制接轨的需求，对气象专业专项服务、气象影视服务、气象信息电话服务、防雷技术服务等逐步进行了集约整合。同时，由于气象科技服务发展必须利用一些社会资源，因此，在利用社会媒体资源、通信资源、网络资源、技术资源和信息资源方面，通过一些市场机制进行资源配置取得了明显成效，许多媒体、通信、技术单位成为气象科技服务的重要合作伙伴，极大地促进了气象科技服务发展，产生了华云集团公司、华风集团公司和部分省级气象科技服务公司。

二、推进气象科技服务集约发展总体思路

1. 推进集约发展的主要难点

推进集约发展的难点主要在于三个方面：一是如何根据气象服务社会化需求和

市场化特点对现有气象科技服务资源进行有效整合,明确具体集约领域和项目;二是如何构建与集约化相适应的组织结构,建立与市场接轨的现代企事业法人治理制度和相应运行机制;三是如何根据集约发展的要求,既打破现有气象科技服务的利益格局,打破属地服务的原则框框,又重构集约体制下各级主体间的利益分配机制和服务功能定位。简而言之,即解决"集约什么"、"怎么推进集约"、"集约后利益怎么协调"三个问题。

2. 推进集约化的总体思路与主要目标

当前,推进气象科技服务集约发展的总体思路:加强行政协调,创新体制机制,打造龙头企业,分类推进集约,强化技术支撑,完善集约管理。

加强行政协调。推进气象科技服务集约发展是气象事业发展更深层次的一项改革举措,核心问题是明确集约领域和项目,推进现有利益格局的调整,做好行政协调。如果没有强有力的国家级和省级气象行政协调,气象科技服务资源分散、分割的局面就难以从根本上改变,推进集约发展的利益新机制就难以建立,气象科技服务集约发展目标就不可能实现。因此,推进气象科技服务集约化关键在于加强领导、强化国家级和省级行政协调。

创新体制机制。根据集约化、市场化目标和集约对象的特点,改革现有气象科技服务组织形式,调整现有气象科技服务主体利益格局,合理配置资源;以市场取向和契约观念为指导,创建各集约参与主体的"存量保底,增量共享"的利益协调机制;对集约进程中利益受损的单位,通过财政转移、项目倾斜等方式予以全额或增额补偿。

打造龙头企业。充分发挥有一定市场前景、并且目前在气象科技服务领域具有一定规模的企业的带动效应,全面整合相近科技产业的人才、装备、技术、资金、信息、管理等资源,着力打造国家级和省级"龙头"企业,重视品牌创建和建立现代企业制度,形成未来能够引领气象科技服务发展的龙头企业。

分类推进集约。根据各气象科技服务发展状况和集约的条件判别,对条件具备的优势气象科技服务项目国家级可以先行集约;对条件具备的省或地市可以推进同类气象科技资源整合集约;对条件暂不具备的项目或地区不宜强行推行集约。推进气象科技服务集约化必须因事制宜、因地制宜,应兼顾不同地区、不同发展阶段的差异性。

强化技术支撑。气象技术支撑是气象科技服务龙头企业的核心竞争力所在,也是气象科技服务社会影响力的重要指标。因此,必须加强气象科技服务骨干队伍的建设,必须加强面向市场需求的气象科技开发,针对市场用户不同需求开发多样化、个性化服务产品,不断提高服务的科技含量和核心技术水平。

完善集约管理。集约化是一个循序渐进、不断完善的过程,因此需要根据市场的特点,调整、完善、配套相关管理措施,根据市场发展趋势,建立长效机制,这也是保证提高集约化效益的必要条件。

推进气象科技服务集约发展的主要目标:按照推进气象科技服务集约化的总体思路,力争用5年左右时间,充分发挥气象部门管理体制和科技优势,科学规划,合理布局,整合资源,创新机制,基本形成上下联动、优势互补的集约化、规模化气象科技服务发展格局。培育形成一批能够带动全国和区域气象科技服务发展的“龙头”企业，建成 2 到 3 个规模较大的气象科技产业园，基本形成与市场经济和社会需求相适应的气象科技服务体系，并形成相应的运行机制和监管机制，使气象科技服务企业具有较强的市场竞争力和国际影响力。

3. 推进气象科技服务集约化的总体步骤

推进气象科技服务集约化的重点是国家级和省级层面的集约，核心是行政推动，尤其是国家级和省级行政的分步和分级推动。

国家级层面推动：中国气象局要明确推进气象科技服务集约化、规模化发展思路，制定具体可行的推进方案，成立专门机构和人员具体负责，狠抓落实；同时提高各级管理部门对推进气象科技服务集约化总体思路的认识，加强组织领导；培育一批能够带动全国和区域气象科技服务发展的“龙头”企业和集团公司；壮大北京和南京气象科技产业园实力；在优势专业气象服务领域，打造“国字号”的专业气象服务企业；完善与市场和社会需求相适应的气象科技服务体系，建立相应的运行和监管机制。

省级层面推动：解放思想，转变观念，结合各省气象科技服务实际，有步骤有节奏地推进集约化；着力培育和打造省级龙头企业，重点整合现有气象科技服务组织，建立与市场相适应的企业和实体；整合省、市、县同类气象科技服务资源，形成全省优势，提高效率和收益；探索一定区域范围内、省际间同类或优势气象科技服务资源集约；探索开展大城市气象科技服务集约；推动与基层综合改革相协调的市县气象科技服务集约。

三、当前主要气象科技服务项目的集约条件

做大做强气象科技服务，必须走集约化道路，但也需要认清不同气象科技服务项目的集约条件，因为不同项目的发展阶段、利益主体不同，必然带来集约要素、集约范围的不同。从“集约”的内涵和项目成长规律来看，集约判别应考虑两个基本条件：一是“规模性”条件；二是“生长期”条件。

1. 气象科技服务集约发展的“规模性”条件

集约的规模性条件，是指气象科技服务集约的规模应保持多大合适，是否所有的项目都适合集中开展。规模化发展是“集约”的重要表现，可以有效改变目前气象科技服务“小、低、散”分散经营的不足，充分发挥规模经济的优势开展集中经营，提升总量经济效益。但是，并非所有情况下集中规模都能提升效益，过大的规模或不合时宜的集中都可能会反过来制约效益的提升。如图 1 所示，在“最佳生产规模点”以左，组织处于生产上升期，适宜通过集中扩大规模，在“最佳生产规模点”以右则由于组织机构庞大、管理成本上升等因素，一味扩张或规模过小反而会导致效益下滑。因此，推进气象科技服务集约化，就要明确哪些项目适合集中规模？集中规模到什么程度适宜？

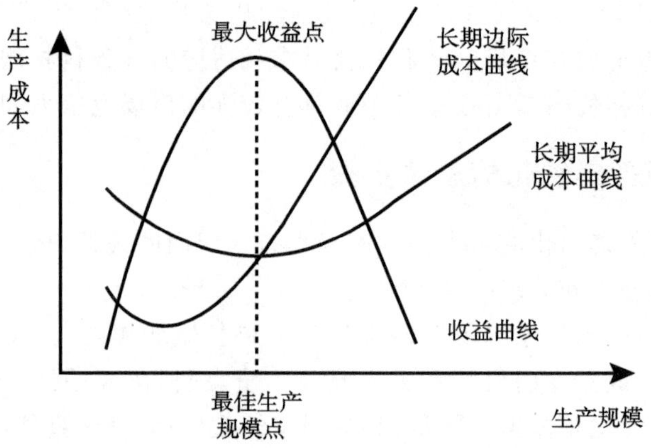

图 1 规模经济曲线

关于规模经济的几个基本概念

规模经济，指厂商由于扩大生产规模而使经济效益得到提高的过程；规模不经济，指当生产扩张到一定规模以后，厂商继续扩大生产规模，会导致经济效益下降的过程。

引起规模经济的原因有：(1)专业化和工人之间的互相学习，有利于提升技术熟练度和工作效率；(2)大的组织可以更加有效地承担研发费用，进行新产品开发；(3)物流、原材料等单位成本的下降；(4)价格谈判上的强势地位。

引起规模不经济的原因有：(1)规模过大造成内部消耗；(2)管理成本上升；(3)产生巨额浪费

2. 气象科技服务集约的“生长期”条件

“企业生命周期理论”认为，一般企业都有其成长规律：形成期、成长期、成熟期和衰退期。形成期具有市场先发优势，生命力旺盛，发展空间较大；成长期和成熟期是效益极大提升的过程；衰退期效益下降，并有替代品出现。不同生命周期阶段，企业应选择不同的发展战略(图 2)，否则过于激进或保守的战略都可能造成战略失当，给企业带来损失。结合成长规律看项目主体的集约意愿：项目在形成期和衰退期相对愿意集约，但衰退期更希望在保证原有利益条件下的集约；处在成长和成熟期的科技服务产品则集约意愿较低。

3. 不同气象科技服务项目的集约条件分析

立足集约的“规模性”条件和企业“生长期”条件，经初步研究，对目前气象科技服务主要项目的集约条件分析如下：

气象服务公司、装备制造企业。如前所述，目前大部分气象科技服务类公司都在市、县级层面经营，处于“小、低、散”状态，同时社会需求又较大，企业处于形成期，应当加快集约，发挥规模经济效应，提高收益。

防雷服务。防雷检测目前处在成熟期，是各地气象科技服务的主要内容，可加强规范和标准的统一；雷电风险评估处在成长初期，但由于其涉及专业的技术，需要在技术层面进行集约；防雷工程目前已基本向市场全面开放，社会需求较大，社会企业进入较多，气象部门承

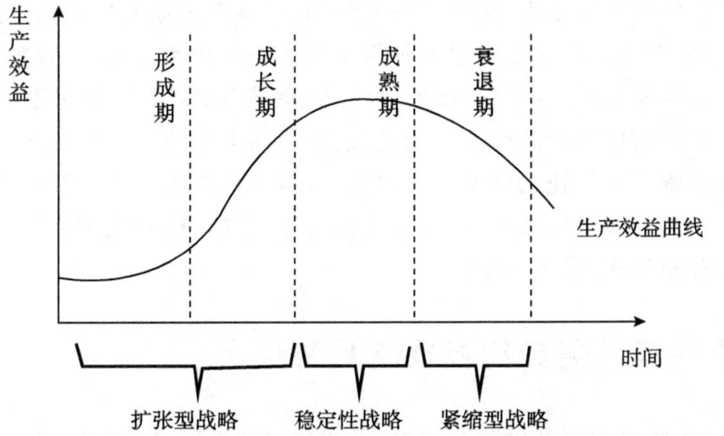

图 2　企业生命周期与战略选择

担该业务的实体比较分散,竞争力较弱,应加强集约,提升规模,提高品牌度。

气象影视。传统气象影视业务目前处在成熟期,在气象科技服务中的权重有减小趋势,需要维持经营格局,可在影视制作方面通过集约减少投入、降低成本、提高质量,适合纵向主体间的制作集约;新型气象影视业务将向多元化方向发展,伴随新媒体技术尤其是信息定位技术、3G、4G 的迅猛发展,多媒体气象科技服务将是一个新的发展方向,这类新媒体项目建议按集约发展的需要提前进行规划;此外,中国气象频道还处在成长期,发挥制作、加工的技术优势,拟由华风牵头整合和共享全国资源,应逐步向直播星、地面数字电视、列车电视、移动终端影视服务等媒体业务形式延展,开展面向公众的气象影视信息采集(含新闻)、加工、制作、发布和经营,应进一步构建现代商业模式,实现融合发展、特色发展、全媒体发展。

专业气象服务。仍处在形成期和成长初期,适宜集约,可以看作是未来气象科技服务集约效率发挥较佳的领域。如交通气象、能源气象、旅游气象等,但由于当前各地专业气象服务的地域差异显著、利益格局复杂,技术制约明显,因此集约难度较大,迫切需要通过统一规划和行政推动,打造专业服务团队,融合行业特征,推进核心项目的整体发展。目前,成功的案例是气象科研所向专业所方向的改革,在各省形成了 1～2 个专业特长,推广辐射了附近一片区域,最终形成了龙头品牌。

121 声讯电话。121 的合作对象是电信、移动和联通。由于移动和联通的运行平台以地市为单位,电信最小结算单元为县级,因此在同一利益主体内或同一区号内(区间费取消后)可以集约,通过集约结算机制,可以开放异地拨打业务和集约运行平台,有利于扩大拨打和减少投入、劳力。

气象短信。目前需要推动国家级与省级之间以客户端为纽带的有效集约,如广东、江苏、黑龙江、湖北等许多省早已实现了气象短信的省级集约。集约解放了市、县级气象部门的人力物力,也基本实现了各地原始利益不变基础上总量有所提升的目的。但是,由于集约后的配套管理、市场化改革等没有及时跟上,也逐渐产生一些问题,甚至出现一些“反复”。因此,未来需要立足市场要求进一步改革体制机制,有效配置各类资源,调动集约参与主体的积极性,提高集约效益。

工程气象。应特别关注重大、重点工程气象项目,从形成期开始集约发展,其前景看好。

气候论证。处在成长期,立足点是发挥国家和省级的技术优势,适宜集约。

新兴项目。如气象商城、3G、4G服务、导航气象服务、能源气象服务、天气网的网络广告、空间气象等,应在初期阶段就确立集约发展目标,加强顶层设计和推进实施力度,避免走弯路。例如可以探索筹建依托天气网的气象商城,将气象科技服务与互联网经济"挂钩",作为气象科技服务产品的线上服务平台,发展类似德国天气在线和我国凡客诚品、淘宝商城等气象服务电子商务新模式,发展前景广阔。

四、推动气象科技服务集约发展的几种途径

如前文所述,气象科技服务的项目很多,推进气象科技服务集约化发展并不是把所有的科技服务项目都进行集约,而是要因地因事制宜,有针对性地集约。整体来看,推进气象科技服务集约化发展可以从培育几个"龙头企业"、整合几项示范性科技服务核心业务、利用垂直管理优势发挥科技服务规模效应等方面入手进行一些集约化探索。本研究紧密结合气象科技服务发展的现状,初步提出了培育龙头企业、加强优势领域、推进同类资源整合和打造气象科技产业园等四种集约途径,并分别初步设计了相应的集约构架,供参考。主要内容见表3。

表3 四种集约途径的主要内容

集约模式	集约对象	承担集约进程的组织		集约方式	集约重点	集约难点	集约要素
		层级	示例				
龙头企业	气象装备制造、技术、研发、运维、应用软件、系统集成等	国家级、省级	华云、气象商城	企业集约	调整利益格局,股权改革、法人治理结构等现代企业制度	法人治理结构	劳动力、资本、企业家
优势领域集约	交通、能源、旅游、导航等专业专项气象服务	国家级、省级	能源中心、维艾思	纵向项目集约	组织重构、流程再造、信息化和专业化、利益分配	利益分配	资本、信息、技术
同类资源集约	同一区域内防雷技术,气象影视、121、气象短信等服务项目	省市、市县	省会同城、市县	横向资源集约	业务合并、资源整合、规制统一	机制问题	劳动力、资本、信息
科技产业园	产业链各环节,以及金融、信息、产品研发等和配套服务支撑平台	国家级、区域级	北京、南京产业园	综合集约	土地空间集约高效、优惠政策,信息化,研发成果、项目聚集转化	招商引资能力	资本、土地、企业家、信息和技术

1. 培育龙头企业

(1)龙头企业的内涵

龙头企业是指,在气象科技服务领域中,对其他气象科技服务企业具有较大的影响力和示范引导作用,并对经济社会发展做出突出贡献和具有较大规模的企业。

气象科技服务龙头企业，应当具备规范的现代企业制度、合理的组织结构、鲜明的特色产品、较强的创新能力、较高的服务水平、稳健的利润增长，并掌握有核心技术，在气象科技服务领域中处于龙头地位，具有较大的可持续发展空间，在国内外气象科技服务行业中具有较强竞争力和影响力。

(2)龙头企业应具备的条件

(1)规模较大。一般气象科技服务企业资产规模东部地区在5000万元以上，中部地区在3000万元以上，西部地区在2000万元以上；气象科技服务年收入国家级3亿元以上，东部地区1亿元以上，中部地区5000万元以上，西部地区3000万元以上。(2)经济效益好。气象科技服务企业资产负债率小于60%，利润率不低于9%。(3)带动能力强。气象科技服务产品生产、加工、营销各环节关联机制健全；有稳定的、与规模相适应的科技研发能力；具有发展子公司的潜力。(4)产品具有市场竞争优势。科技含量高、市场潜力大；有较健全的市场营销网络，市场份额在同类产品中居前列，且较稳定。

(3)龙头企业的适用对象

龙头企业适用对象大致可以分为两类：

一是目前已初步建立企业制度、具有一定市场规模、具备较强竞争力的大中型气象科技服务企业，如华云集团、华风集团及部分省级气象科技服务实体等。这些公司和实体可以按照整合资源、优化配置、协调利益、规范运营、规模发展的集约思路，提高实力和市场竞争力，取得行业“龙头”地位。

二是对依托互联网、物联网等新兴技术发展起来的新兴产业的集约，这种集约重点应着力于平台的统一构架、服务产品的个性化建设等方面。具体来讲，比如构建类似淘宝网的气象电子商务平台、“气象电子商城”等。

气象电子商务

电子商务=电子化的市场+电子化的交易+电子化的服务。气象电子商务，简单说就是利用互联网平台和气象传媒优势，集聚气象科技服务产品的买卖双方，打造气象科技服务产品的“网上超市”品牌和供需撮合平台。电子商务具有集成、高效、便捷、安全、社会化等特点。当前，社会影响力较大的电子商务平台如淘宝、京东商城、凡客诚品等。

目前，气象领域比较著名的电子商务平台是“德国天气在线”。该网站是一家专业气象服务网站，由四名博士在内的二十多名专业气象工作者和IT专家为网站提供技术支持，主要产品有全球10000多个城市(地区)的天气预报、5000多个站点的天气实况和历史资料，以及卫星云图、雷达图、闪电图、水温、海洋气象和风暴信息等，在盈利模式上采用会员制，会费800元/年，目前累计用户已达3000多万，覆盖全球一百多个国家和地区，号称全球最大中文气象商业网站。

我国气象电子商务可以依托中国天气网，借助移动互联网、云计算、物联网等新技术，开发商务新模式，开辟网上气象科技服务市场，并以此为基础扩展气象科技服务受众，提高气象科技服务市场占比。详细内容见附件1。

2. 加强优势领域集约

(1)优势领域集约的内涵

优势领域集约是指,针对气象科技服务领域某一类优势项目,以优势项目为载体、以利益共享机制为核心、以增产增效为取向、以统一组织制度为保障、以国家、省、市级为主体组建科技服务实体化公司,并通过对市场、信息、人力、物力、财力、管理等资源进行统一优化配置,提高竞争力和可持续发展力,形成品牌项目,达到降低成本、高效运营、创新发展的目的。

优势领域集约,应当按照项目实体化、规模化、规范化和专业化的发展要求进行集约,对气象部门某一气象科技服务项目进行跨单位、跨地区、跨层级重组,优化项目资源配置,集中专业人才优势,推进气象科技服务项目资源整合,形成具有项目特色的竞争能力,实现提高效益的目标。

(2)优势领域集约应具备的条件

①资源配置优化。以优势项目为纽带,通过统一规划设计和加强上层指导,在一定层级上实现优势资源(信息、技术、资本、人才等)的统一配置,通过资源的集中调整和重新组合来提高效益。②科学管理。必须具备较高的科学管理水平,合理设置内部运行机制,减少中间环节,降低边际成本,提高总体效率和效益。③效益共享。集约后要基本实现在保证原有效益基础上,新增效益有明显增长;为相关优势领域提供技术支撑的单位在新增效益中能获益;纵向各层级气象科技服务单位原有利益不降低,新增效益能共享。

(3)优势领域集约的适用范围

该种类型的集约适用于目前气象科技服务领域中具有一定行业优势、已初具规模和长远上升空间的服务项目,主要涉及如交通气象、旅游气象、能源气象等专业气象服务领域。

(4)优势领域集约的组织构架设计(图 3)

3. 推进同类资源集约

(1)同类资源集约的内涵

同类资源集约是指,同一层级相近性质的气象科技服务资源,通过对相关资源的整合、优化、科学管理,向同一实体集中(如把广播、电话、短信、网络、影视及新媒体等资源集中)的过程,最终达到资源整合、业务完善、分工合理、运行高效的目标。

同类资源集约,应当以科学的业务流程、现代化的业务平台、合理的业务分工、高效的业务运行机制为基础,基本实现气象科技服务机构实体化、资源集约化、队伍专职化、手段现代化、产品多样化、管理规范化。

(2)同类资源集约应具备的条件

相近项目集约。相关气象科技服务项目之间具有一定技术共通性,具备较好的横向整合潜力,通过集约,最终形成统一的气象服务产品制作加工系统,共享的气象服务渠道,以及科学的管理结构和合理的利益分配机制等。

运行管理集约。不同气象科技服务项目之间以管理科学化、效益最大化为目标,实现科学分工,建立相应的协调、沟通机制,确保同类资源的高效运用。

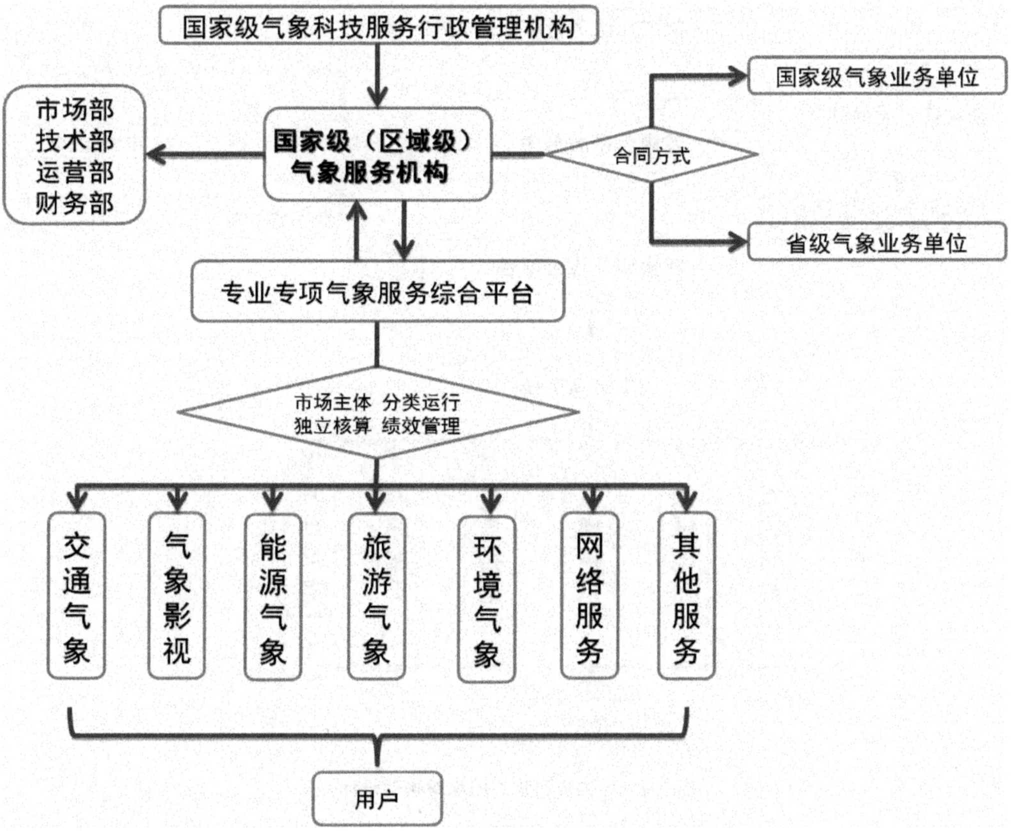

图 3 优势领域集约的构架设计

部门内外集约。通过合同管理、业务外包等方式，构建开放的市场环境，集约社会上相关企业的资源，有效整合社会资源，共同参与相关气象科技服务产品的市场供给。

(3)同类资源集约的适用范围

同类资源集约适用于同类气象科技资源相对分散的项目，如气象短信服务、气象影视等，以及同城气象科技服务项目集约、市县级气象科技服务项目集约等。

(4)同类资源集约的组织构架设计(图 4)

4. 发展气象科技产业园

(1)气象科技产业园的内涵

气象科技产业园是指集聚气象高新技术服务领域企业的产业园区。园区中包含了较为完整的气象科技产业链相关的各类企业，配套了相关的商业服务平台、金融服务平台、研发中心、产业服务平台和技术支持平台等各类组织机构。

发展气象科技产业园，要依靠相对完善的产业园促进政策和健全的气象科技服务企业孵化机制，发挥产业园的规模效应和集聚效应，通过打造产业服务平台和气象科技服务科技企业孵化器，掌握领先技术，聚集产业精英，形成若干产业特色鲜明、比较优势突出的产业基地和创新型企业，提升国内国际影响力，引领气象科技服务产业走向。确保土地的增值和良

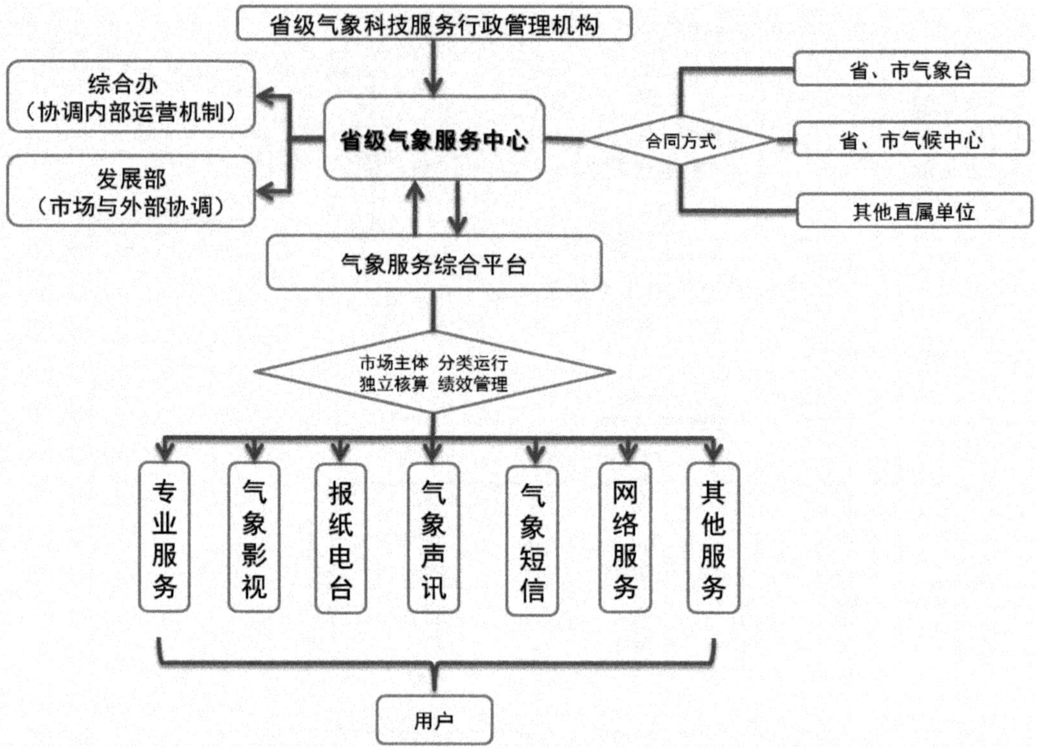

图 4　同类资源集约的组织构架设计

好的使用权益。

(2)气象科技产业园应具备的条件

第一,优惠政策集中。包括优惠的园区土地政策、绿色通道政策、税收政策、融资政策、高新战略产业推动政策及人才吸引政策等。第二,具备较为完善的产业支持服务平台和机制。包括建立完善科技成果转化和产业化促进机制,支持一批国家科技重大专项、科技基础设施和重大科技成果产业化项目,推动气象新技术、新产品的市场应用;健全气象科技与资本对接机制;建立规划建设服务工作机制,加快推进重大项目落地和小微企业孵化。第三,独具特色的示范项目。为做大做强企业,园区应设立启动相关支持项目,重点培育一批创新性强、增长速度快、发展前景好的气象科技企业,以整合聚集企业等创新资源为重点,提升持续创新能力,推动气象科技企业在新兴战略领域的创新与发展。第四,具有较大经济效益。产业园建成后,气象科技产业园近期年产值规模国家级能达 50 亿元以上、区域级能达 30 亿元以上。

(3)气象科技产业园的适用范围

发展气象科技园要做到四个集约:一是实现对气象部门现存具有一定规模企业实体的集约;二是实现对气象部门内其他事业体制下气象科技服务综合资源的集约;三是实现对社会相关资源的集约,通过产业园的开放平台,吸引社会力量参与;四是实现产学研用链条的延伸和节点间的交叉关联。目前,我国有北京中关村、南京两个气象科技服务产业园。

五、推进气象科技服务集约发展的具体建议

1. 依托中国华云气象科技集团公司打造气象装备龙头企业

集约主体及基础：中国华云气象科技集团公司，负责标准、研发、运维和资本运作。2012年8月25日，原中国华云技术开发公司在兼并整合的基础上正式更名为中国华云气象科技集团公司，朝着集约化方向迈出了重要一步。更名后的华云集团基本形成了从气象综合观测领域到地基、空基到天基门类齐全的专业化经营、规模化生产和集约化研发的工业格局，为打造中国气象装备制造和服务领域龙头企业品牌奠定了良好基础。

企业结构：以中国华云气象科技集团公司为基础，建立现代企业法人治理结构，设总部管理层，下属企业分为四种：全资核心企业、控股企业（股权在51%以上）、主导权参股企业（股权为50%～30%，但有人事管理主导权）、参股企业（股权低于30%）。

集约要素：以资本为纽带，分阶段实施改造、改制、改革，改革股权结构，可允许经营管理高层和核心技术人才持股，充分发挥企业家的才能，激活人的创造力；开辟资本运营渠道，利用资本运营占领防雷工程领域；发挥企业是创新主体的作用，成为行业标准的主要引领者，做好人才引智工作，加强与科研、行业的合作，加强自主创新和吸收、消化、引进再创新，加强产学研用的结合，建立研发生产体系和自主品牌，如结合物联网研究传感技术；以信息化为抓手，建立以北京为主，省级或区域为辅的网格化的气象装备保障网络体系；加强营销网络整合，注重营销策划，开拓国际市场。打造气象探测设备、装备保障与信息服务、资本运营、内外贸易四大特色业务板块，引领行业标准。

运行机制：实行企业化的资产、资本、财务、人事、分配运行机制，提高管理效率；探索多元化的投入，允许个人和社会参股，提升发展的能动性；事企分开，自主经营，自负盈亏、管理规范。

企业愿景：气象装备龙头企业应当具备规范的现代企业制度、合理的组织结构、鲜明的特色产品、较强的创新能力、较高的服务水平、稳健的利润增长，并掌握有核心技术，拥有自主品牌，在气象装备领域中处于龙头地位，具有较大的可持续发展空间，在国内外气象装备行业中具有较强竞争力和影响力，力争3～5年有两个优质子公司上市。

2. 依托中国天气网、中国天气通打造互联网气象服务龙头企业

集约主体及基础：组建中国天气网络信息服务技术股份公司，负责两大品牌的运营。以公共气象服务为主要职能的中国天气网已经具有品牌优势，目前国内生活服务类排名第一、国际排名前1000的知名气象服务垂直网站；基于互联网的应用软件中国天气通客户端品牌影响力，华风的客户端市场占有率相对较大，并具有市场和广告运营的经验优势。两者目前是中国气象局最重要的气象信息服务品牌，但是也面临着服务能力不足、内容单一、国际国内互联网气象企业渗透以及内部无序竞争等问题。发挥两者的整体优势，将品牌效应转化为增值效应，增值效应反哺品牌的建设，进一步做强做大品牌，需要组建中国天气网络信息

服务技术股份公司，负责两大品牌的运营，将之打造成中国网络气象信息服务龙头企业，并赋予引领国际市场的社会责任，进一步将中国天气网、中国天气通在短时间内打造成为国际知名公共服务品牌。

企业结构：企管委领导，物色品牌运营官，指定中国气象局公共气象服务中心部分资产转经营性资产，以此联合华风作为中国天气网络信息服务技术股份公司的共同发起人，募集8000万元资本组建公司，建立现代企业制度，授权中国天气网络信息服务技术股份公司以中国天气网、中国天气通为核心业务应用平台。中国气象局公共气象服务中心仍履行原定职责，并以合同关系为公司提供技术支撑。

运行机制：中国天气网络信息服务技术股份公司以中国气象局及其下属省(区、市)气象局的国有资产为投资主体，可以吸纳部分公有制的社会行业机构和5%的经营管理层投资，禁止国外气象服务公司参股，组建具有企业法人治理结构和现代企业管理制度的国家级公司。参股单位以信息技术、市场资源、现金等方式入股，以董事会的方式对公司进行管理，并以各省级公共气象服务中心为依托，建立省级分支机构，公共气象服务中心、华风、各省中心以合同关系为公司提供技术支撑、运行支撑、内容支撑等。事企分开，自主经营，自负盈亏、管理规范。

盈利模式：一是开发在公众服务领域的品牌影响力，以网站广告作为主要收入来源；二是借台搭建气象服务商城，采取资源产品售卖的方式和会员制方式获取收益，同时为供需双方提供撮合平台，创新客户关系和开放需求；三是与全球媒体和机构采取资源交换、产品加工和销售的形式作为主要收入来源；四是利用品牌优势和网络服务覆盖面，推广气象频道、华云、国内外专业气象服务产品、设备产品等资源，获取推广费用或代理费用。集约要素：中国天气网络信息服务技术有限公司需要集约两大品牌的运营权和相关的未转化成现金空闲状态的气象媒体；集约全球气象基础气象数据和产品、全国的特色气象服务产品、气象应用相关行业的信息、专业气象服务产品等，建立满足公众个性化、针对性的网络气象信息服务业务体系；同时，以网络交易为主服务渠道，建立扁平化的营销业务体系，面向全球开展气象信息服务；招募网络经营和品牌运作人才。

企业愿景：中国天气网络信息服务技术股份公司将发展成为国际化的网络气象信息服务公司，为全球的公众和机构提供国际一流的气象信息服务。竞争对手主要为美国气象频道、气象预报公司(Accuweather)、日本天气新闻公司(WNI)等国际气象服务公司。为此，公司需要着力构建完善的业务服务产品体系，初期投入预计为7000万元，计划在两年内通过国际先进气象模式引进，集成全国各省特色服务产品、产品合作或自主研发等方式实现基础业务服务体系的构建，计划3年平衡盈亏，7年谋求上市。

3. 依托华风集团打造气象新媒体服务信息技术龙头企业

集约主体及基础：以气象影视节目资源、制作装备经验、人才队伍、多年产品加工、市场运营等资源为基础业务平台，联合全国各省(区、市)气象服务单位，按股份制组建国内最具规模的气象新媒体服务信息技术企业。面向手机、网络、移动电视、触屏媒体、数字电影、3D电影、数字杂志、数字广播等新媒体业务，开发气象新媒体服务信息技术应用系统产品；面向新媒体和用户需求、各省气象部门的专项业务需求，开发精细化、个性化、可视化、定向化的气象服务产品，并开展相关服务经营。

企业结构：企管委领导，由华风集团、各省（区、市）气象局、公共气象服务中心投资，吸收社会企业或个人参股方式，将华风集团及各省（区、市）气象局新媒体相关运营资产资源划归，募集8000万元资本组建股份制公司，建立现代企业制度，此公司提供技术开发、系统搭建、业务经营，各省（区、市）气象局、公共气象服务中心提供内容支撑。

运行机制：中国气象新媒体服务信息技术公司以华风集团为投资主体，各省（区、市）气象局、公共气象服务中心参股，同时可以吸纳部分公有制社会行业机构和5%的经营管理层投资，组建具有企业法人治理结构和现代企业管理制度的国家级集团公司。参股单位以信息技术、市场资源、现金等方式入股，以董事会的方式对公司进行管理，并以各省公共气象服务中心为依托，建立省级的分支机构，以合同关系确立各合作关系，自主经营，自负盈亏、管理规范。

此企业申办跨地区电信增值业务经营许可证资质，可以开展全网业务的电信增值业务；申办《信息网络传播视听节目许可证》及三网融合许可证资质，获得手机电视、IPTV、网络电视等新媒体经营资质，具备发展3G业务，开展4G业务资格。

成为国内外电信运营商、广电运营商气象基地运营支撑方，为其提供统一的技术服务平台和服务运营支撑。

盈利模式：打造气象新媒体的品牌影响力，包括移动互联网气象频道、IPTV气象频道、高清互动电视气象频道、智能电视气象频道，实现有屏的地方气象服务全面覆盖。最终发展成为集技术开发、产品研发、平台支撑、市场运营的全方面服务气象媒体机构，经营方面一是以广告经营方式作为收益的最大来源；二是以技术支持、技术转让、技术服务作为次之收入来源；三是采取资源产品销售或资源渠道交换经营、联合经营，媒体之间互联互通，实现资源的综合利用获取收益；四是以获得的各类经营资质联合其他非气象影视信息资源开展综合类的新媒体业务服务。

集约要素：气象影视信息资源集约、媒体渠道集约、技术集约、市场经营能力集约。

企业愿景：中国气象新媒体服务信息技术公司将发展成为国际化的新媒体信息技术服务公司，为全球的公众和机构提供国际一流的气象新媒体领域信息服务产品和技术平台，为此，公司需要统筹资源、引进培养人才、开发新媒体技术平台，拓展新媒体渠道，申办新媒体资质，着力构建完善的业务服务产品体系，初期投入预计5000万元，逐步完善现代企业治理结构、运行机制和管理制度，吸引社会优质资源以资本形式参与，力争5年上市。

4. 依托风能太阳能资源中心打造能源领域优势气象服务机构

集约主体及基础：中国气象局风能太阳能资源中心或华新天力（北京）能源气象科技股份有限公司（事业实体或企业均可运营），主营能源领域气象服务。能源气象服务涵盖及风能、太阳能、水电、核电、火电、电网及石油石化等多个领域。气象部门掌握了能源气象服务产业链各环节的关键基础和核心技术，在开展能源气象服务，尤其是风能、太阳能资源开发方面具有先天优势。但是，当前能源气象服务还存在人才短缺、技术分散、产品重复、市场分割等问题，因此，需要依托优势整合资源，打破各自为战、分散服务的属地化发展模式，走集约化、规模化的发展路线，面向能源行业提供专业气象服务。

组织架构：以中国气象局风能太阳能资源中心事业实体承担具体运营。如由运营企业，可通过对北京华新天力能源气象科技中心进行股份制改造而成，并在相关省设立分公司或子公司；股份面向省（市、区）气象局及部分地市气象局招募，允许技术、渠道、现金入股，适当吸纳国家电网下属企业、科研单位参股；公司设董事会、总经理及科技委员会，其中科技委员会主要负责技术研发及科技成果转化应用。

集约要素：完善已有的风能、太阳能等专业观测网，积累基础观测数据；健全国际领先的风能太阳能资源评估系统、风电功率预报系统及国家风能数值天气预报平台，形成强大的业务支撑体系；集聚高层次的专业技术队伍和管理团队；整合营销渠道，注重营销策划，开拓国内国际市场；加强管理，减少内耗，统一发展战略和服务标准，打造品牌。

运行机制：以“风能太阳能气象服务”为能源气象集约发展的“特区”，以打破属地化为“突破口”，以“股份制”为手段，建立事企分开、自主经营、自负盈亏、管理规范的企业运行机制，建立人才激励机制，在利益分配方面，重点是增量的共享。构建核心业务的时间长度约为 2～3 年，首期建设成本约 5000 万元，平衡盈亏时间点约 3 年。及时向广义的能源行业拓展。

企业愿景：整合气象部门的专业服务优势，打造具有“产品自主生产能力、科技自主创新能力和产业链完全把控能力”的能源气象服务高科技企业，充分调动各个环节的积极性和主动性，显著提升能源气象服务社会经济效益和气象部门的市场领导力，用 3～5 年左右的时间取得全国主要市场份额。

推广应用：在获取成熟经验的基础上，关系国家安全和国民经济命脉的重要行业和关键领域，建议国有资本为主投资，加强与相关行业管理部门的紧密、交叉、融合性合作。可以在铁路、电子商务、高速公路交通、卫星导航、海洋气象等领域推广应用。

5. 依托省级气象服务中心推进省会同城同类气象服务集约

集约主体及基础：××省（市）气象服务中心，可以企业或事业实体。目前省级气象服务中心都已建成，省会城市的气象服务中心大多建成，两者都以公共气象服务为引领，兼营信息类的气象科技服务，两个机构，两套班子，两个平台、同一种管理模式和运行机制，在同一个城市运转，服务同一城人，因利益的问题，造成许多重复建设和劳动。

组织构架：组建××省（市）气象服务中心，设为省局直属正处级经营性事业单位，也可以此名称设立省市同城气象事业单位投资的有限责任公司，下设办公室（协调内部运行机制）、市场管理部（协调市场与外部关系）、技术支持部（综合业务平台，集中基础产品加工，信息技术支撑、技术开发与创新）、信息服务中心（运行短信、声讯、电台、报纸、网络）、影视服务中心（省、市影视集中制作、广告经营）、专业服务中心（设能源、交通、电力、评价评估等专业专项气象服务部）等机构。

集约要素：统一业务平台，以合同契约方式把分散在省市气象台、气候中心、信息中心等单位的气象监测和预报产品集中，统一入库并建立综合业务平台；生产集约，原来省市两条制作、加工、服务的生产线进行优化整合成一条;组建一个专业团队,将同城的客服人才、专业人才、营销人才集约成一个团队;集中管理,统一运行;统一服务,分散的服务出口集约,提高服务的专业性、权威性、可信度。

运行机制:各类气象科技服务项目实行相对独立的单项任务量化考核,对应建立相应效绩考核与效绩分配办法;新开拓、新专项等项目实行事业部制管理;各岗位人员工资都由基本工资(津贴)和绩效工资两部分构成,绩效工资按量化管理执行。

发展愿景:同城同类资源集约,是以科学的业务流程、现代化的业务平台、合理的业务分工、高效的业务运行机制为基础,基本实现气象科技服务机构实体化、资源集约化、队伍专职化、手段现代化、产品多样化、管理规范化。

推广领域:同类资源集约适用于同类气象科技资源相对分散的项目,如气象短信服务、气象影视等,较适用于省会同城和市县同城的大城市气象科技服务项目集约,也可与基层综合改革配套,在地市—县级气象科技服务项目集约中加以推广应用。

六、相关政策措施建议

1. 出台《气象科技服务集约化发展指导意见》

中国气象局加强气象科技服务集约化发展的顶层设计,出台《加快气象科技服务集约化发展指导意见》,明确气象科技服务集约化发展方向,统一集约化发展指导思想,明确气象科技服务集约化发展的主要目标和任务,提出推进气象科技服务集约化发展的举措和鼓励政策,以指导全国推进气象科技服务集约化发展工作。

2. 推进气象科技服务组织制度改革

(1)根据气象科技服务集约化发展的不同要求,调整现行气象科技服务组织制度,加快组建或完善国家级、省级或市级气象科技服务机构,加强对气象科技服务的行业管理和市场行为监管。

(2)对由事业单位提供技术支撑的气象科技服务机构,按照市场化资源配置原则,建立气象科技服务机构与事业单位两者之间的契约合同关系,实现产权和经营分离。

(3)指导新组建的气象科技服务机构建立现代企事法人治理结构,以市场效益原则建立内部运行机制。

(4)适应形势要求,改变气象科技服务称谓。气象科技服务是部门用语,气象现代化指标体系和指导意见出台后,面向社会和公众的社会指标被公众接受,因此有些省份弱化了气象科技服务的称谓,转而采用一批社会术语和指标:如社会服务、检测率、覆盖率等。这种尝试也更利于政府、公众接受和理解,建议少用气象科技服务,改用气象信息服务。

3. 推进气象科技服务集约发展试点

(1)发挥部门主导优势,在3～5年时间内组建1～2个全国性的气象科技服务产业集团公司,作为"龙头企业"先行先试,并以之为依托,逐步推进气象科技服务市场化运行。如中国天气网、天气通和气象频道的集约。

(2)以较成熟的专业气象服务为抓手,作为优势领域开展试点。如以维艾思公司目前比较成熟的领域能源气象为对象进行集约;也可以选取一到两个省(区、市)作为优势领域跨区域集约的试点,如组建华东高速公路气象服务公司,由华东六省市气象部门投资,设立具有企业法人治理结构和现代企业管理制度的国家级或区域级集团公司。

(3)选取某一副省级城市的同城气象科技服务资源进行整合,作为同类资源集约的试点。在试点基础上,可以边试点边总结、边在面上推广,加快推进全国气象科技服务集约化进程。

(4)总结引进地方相关科技类产业园的发展经验,大力推进北京、南京气象科技产业园建设,充分发挥两大产业园对全国气象科技产业的带动作用。

4. 优化气象科技服务集约发展的政策环境

(1)完善气象科技服务气象法规、标准和政策,规范市场行为。重点规范气象资料管理、气象信息发布、网络气象服务的同一管理、PC 端、客户端的管理、气象服务质量管理、气象从业人员和机构资质管理、气象知识产权保护等方面的法规标准。

(2)建立气象服务准入制度和认证体系,一方面通过建立或授权原气象属事业单位按照法规申请组建专业气象服务机构;一方面允许具备条件的社会组织参与资格申请,以资格认证为手段,对专业气象服务市场实施监督管理。

(3)在政策上应明确允许有资质的气象服务机构制作除灾害性天气以外的任意时空的气象预报和专业专项预报。

(4)立足当前,管好当下,引领发展。分类建立绩效管理办法,最大限度调动广大科技人员积极性、能动性、创造性,激发全社会创新活力;出台促进科研成果转化应用管理办法:建立已有成果可应用、可转化评估制度、成果产权认定、交易、技术和专利等参与投资细则等管理办法,推进已有成果及时转化为产业投资项目。

5. 建立气象科技服务创新机制

(1)发挥企业作为创新主体的作用,设立科研创新扶持政策,培育企业在基础预报、专业气象预报与服务、信息收集与分析等领域的创新能力,为应用研究、可产业化项目提供科研保障。

(2)立足市场原则,建立"重本领、重实绩、重奉献"的人才评价标准和评聘机制,出台优先发展气象科技服务市场人才的支持政策,积极培育创业、创新和管理精英,鼓励事业单位人才到企业或实体创业,建立职业经理人招聘制度,加强对市场营销、财务管理、技术创新人才的吸纳。

(3)改变现有事业管理核算制度,建立与市场接轨的财务管理制度。

参考文献

彼得森 H C,刘易斯 W C. 2003. 管理经济学(4 版). 吴德庆,译校. 北京:中国人民大学出版社.

冯国标.2008.气象信息服务商业化研究.上海财经大学硕士论文.
何亮亮,蒋洁.2010.国外气象服务的商业化趋势及启示.产业观察,(3).
秦远建.2010.现代信息服务业集约化发展途径和政策引领研究.集团经济研究,(1).
秦远健.2003.产业集约化理论与中国汽车产业集约化发展研究.武汉科技大学博士论文.
辛吉武.2002.新西兰商业化气象服务概况.甘肃气象,20(3).
胥学跃.中国电信体制改革历程及其反思[OL].http://d.g.wanfangdata.com.cn/Conference_6567298.aspx.
许欢科,蒋玉莲.2010.渐进主义与中国电信体制改革.系统信息工程,(3).
赵妙文.2009.省级气象影视现状分析及集约化模式研究.科技信息,(29).

发展气象信息产业若干问题研究*

一、气象信息产业的内涵、特征与定位

自1985年3月国务院办公厅下发《国务院办公厅转发国家气象局关于气象部门开展有偿服务和综合经营的报告的通知》(国办发〔1985〕25号)以来，先后出现了“有偿专业服务”、“气象综合经营”、“气象科技服务”、“气象科技产业”、“气象科技服务与产业”、“气象信息产业”等与气象信息产业相关的概念。2008年9月，第五次全国气象服务工作会提出，“气象科技服务属于公共气象服务范畴，是公共气象服务的延伸和拓展”，自此“气象科技服务”概念沿用至今。由于到目前为止还没有对“气象信息产业”形成统一认识，因此，有必要研究界定气象信息产业的内涵、特征以及主要领域和内容，才能有针对性地推动其发展。

1. 气象信息产业的内涵

信息是事物的内容、形式、事物之间的联系及其发展变化的反映，它一般表现为信号、消息、情报、科研成果、资料等。信息产业特指将信息转变为商品的行业，主要是指从事信息技术研究、开发与应用、信息设备与器件的制造以及为经济发展和社会公共需求提供信息服务的综合性生产活动。根据信息产业的定义，结合气象工作的特点，我们可以将气象信息产业初步界定为，在社会经济活动中，围绕气象信息和气候资源开展的气象信息采集、生产、加工、传递、应用以及相关设备研制生产、相关工程技术服务的生产活动，是一个涵盖面较广的产业集合体。

《中华人民共和国气象法》明确提出了“发展气象信息产业”的要求，《中华人民共和国气象法释义》认为气象信息产业主要包括气象仪器装备业、气象信息服务业和气象资源与专用软件开发业三大领域(卞耀武，2001)。《中华人民共和国气象法》实施10多年来，随着我国经济、社会的快速发展，气象信息产业的内涵和主要领域不断拓展，社会效益和经济效益也日益凸显。基于上述解释，结合国外商业气象服务经验及我国气象服务需求，我们初步认为，气象信息产业主要包括以下七个领域的内容：

气象观测仪器装备制造与系统研发。包括气象卫星应用技术，多普勒气象雷达，自动探测系统等遥感、遥测仪器设备，物联网和新型传感器，气象通信网络设备，雷电探测设备以及

* 本报告完成于2012年。主要研究人员：汪金福、肖芳、韩佳芮、申丹娜、朱玉洁。

农业气象、交通气象、能源气象、海洋气象、生态气象等专业气象观测仪器设备等的制造与系统开发建设。

专业领域气象服务。包括面向各行业的专业气象服务，气象预测预报服务，应用气候服务，气候可行性论证等。

气象信息增值服务。包括电视气象服务，气象广播服务，手机气象服务，电话气象服务，网络气象服务，气象影视传媒文化创意技术开发与应用等。

气候资源开发利用服务。包括风能、太阳能、空中水资源等的监测、评估，风能、太阳能利用微观选址服务，风电、光电、光热气象预报服务。

气象工程技术服务。包括雷电防护工程的设计、施工，雷电防护仪器、设备制造，雷电防护装置监测，雷击风险评估，人工影响局部天气工程技术服务，人工影响局部天气仪器、设备制造等。

气象信息衍生金融服务。包括天气风险管理服务和气候风险披露等气候风险管理服务。

其他气象关联产业。包括气象软件开发、气象工程项目可行性研究与设计、气象工程项目预研究、气象装备维修保障等外包服务以及气象教育培训等。

2. 气象信息产业的特征

一般来说，作为一个产业存在应该同时六个基本特征：具有独立的经营组织；具备基础的设施条件；能够产生一定的经济社会效益；有广泛的社会需求；产品能以商品形式存在；有比较系统规范的管理。这也是衡量气象信息产业发展是否成熟的主要标志。当然，与其他产业相比，气象信息产业还有其特殊性，主要体现在以下几个方面：

一是技术含量高，进入门槛要求也高。气象信息产业是一种知识密集、技术含量高、多学科互相渗透的产业，支撑气象信息产业发展的是多种技术的集成，是一个系统工程，完成这一产业化过程需要专门的技术和人力资源，因此进入这个服务领域的门槛也相对较高。

二是能耗少、潜力大、收益高。气象信息产业知识技术密集，以高科技制胜，占用物质资源少，平均单位能耗低，综合效益好。我国人口众多、气象灾害多、气候资源丰富，加快发展气象信息产业，对于建设资源节约型和环境友好型社会具有重要的现实意义。而且经济学中的德尔菲气象定律也表明气象信息产业的投入产出比是较高的(1∶98)。

三是更新速度快、产业渗透性强、成本相对较高。气象要素每时每刻都在发生变化，而在突发性灾害天气和重大天气转折节点等关键时刻表现得尤为突出，气象信息产业必须跟上这种更新速度，为消费者提供最新的气象信息产品，及时满足社会和用户的各种需求。另一方面，作为知识技术密集产业，许多新技术，比如高端设备制造技术、计算机技术、信息传输与通信组网技术等都可在这个产业领域得到较快较好应用，推动产业的快速更新，而气象信息产业的发展反过来又会推动相关技术的发展，与此同时也不可避免地会推高产业发展的成本。

3. 气象信息产业的产业定位

气象信息产业属于战略性新兴产业和高技术服务业交叉的现代服务业，主要基于以下分析。

《国民经济行业分类》(GB/T 4754—2011)将气象探测、预报、服务和气象灾害防御、气候资源利用等活动列入“科学研究和技术服务业”门类、“专业技术服务业”大类。现代服务业是我国特有的提法，一般认为其三个基本特征是“三新”(即新生产方式、新组织形式和新技术)与“三高”(即高附加值、高知识人才和高技术含量)。上述基本特征与气象信息产业特殊属性高度一致，因此，可以将气象信息产业归类为现代服务业。例如，《北京市现代服务业统计标准(试行)》就将“专业技术服务业”归类于现代服务业。近年来，随着我国市场化程度逐步提高，高新技术产业发展迅速，传统产业与新兴产业专业分工不断细化与深化，在统计上又将人才密集、知识密集、附加值高、低能耗、支撑并服务于经济、产业发展的高技术服务归类为“高技术服务业”。

气象信息产业除包含上述气象探测、预报、服务和气象灾害防御、气候资源利用等活动外，还包含卫星、雷达、传感器以及人工影响天气作业装备等高端设备制造。《国务院关于加快培育和发展战略性新兴产业的决定》(国发〔2010〕32号)明确将新一代信息产业、高端装备制造业、新能源产业等列为战略性新兴产业，战略性新兴产业是以重大技术突破和重大发展需求为基础，具有知识技术密集、投入收益高、涉及面广、物质资源消耗少、成长潜力大、综合效益好等基本特征，是近年来我国为抢占新一轮经济和科技发展制高点而提出的一项重大国家战略。专业领域气象服务、气象专用软件开发等属于新一代信息技术产业；气象卫星应用技术、多普勒气象雷达等气象仪器、设备装备业属于高端装备制造产业；气候资源开发利用服务等属于新能源产业。因此，气象信息产业还具有战略性新兴产业的属性。

综上所述，无论从气象信息产业的产业特征来看，还是从气象信息产业的内容构成来看，气象信息产业都与战略性新兴产业及高技术服务业关联度最大，因此可以基本认定，气象信息产业属于战略性新兴产业与高技术服务业交叉的新业态。

为鼓励战略性新兴产业和现代服务业发展，国家相应制定了一系列产业政策，包括财税政策、投融资政策、研究开发政策、人才政策、知识产权政策和市场政策等。作为战略性新兴产业和现代服务业的一部分，气象主管机构要抓住时机，积极会同相关部门及时制定气象信息产业发展政策，推进气象信息产业的科学发展。

二、我国气象信息产业的发展现状及前景展望

1. 气象信息产业的发展现状

(1)气象观测仪器装备制造及系统研发。目前，部分气象仪器装备的生产和流通已形成一定的市场规模，年产值约为20亿元，从业机构约有80家。但总体来讲，与国外相比，无论是科技水平、生产规模，还是资本投入和市场运作等都相对薄弱。

(2)专业领域气象服务。从事专业气象服务的主要有气象台、专业气象台、气候中心、科研所、科技服务中心等机构以及境外的一些公司。近年来专业气象服务收入稳步增长，但是，相对于日益细化的服务需求和巨大的潜在服务市场，目前的服务技术水平、产品内容和

运作机制都亟待完善。

(3)气象信息增值服务。主要指通过各种媒体渠道开展的气象服务,2008 年该领域的相关收入为 157263 万元。

(4)气候资源开发利用服务。目前,风能预报服务的市场竞争局面已经形成,据捷迅卡斯特的统计,国内已有风电功率预报系统供应商约 80~100 家,其中比较活跃的有 20 多家。相关的风电产业快速发展,一个集原材料、零部件、整机和服务业的完整产业体系已初具轮廓。我国部分风电机组制造企业进入全球前十强,国内制造商已经占据中国市场份额的 85%以上,并开始出口海外。据统计,截至 2009 年底,我国从事风电机组研制的企业大约有 80 家,累计安装风容量约 2412 万千瓦(李俊峰等,2008)。

(5)气象工程技术服务。人工影响天气工程服务方面,目前已经建立人工影响天气服务体系和一支专业队伍,作业规模居世界首位。伴随着人工影响天气作业的发展,其衍生产业,比如在催化剂、播撒设备、探测设备等方面也逐步形成了一定的产业规模,一批企业,如华云公司、陕西中天、西飞公司、飞龙公司等都参与了人工影响天气产业的市场活动。雷电防护服务方面,经过 20 多年的发展,目前该服务已经成为气象产业的支柱项目。以 2008 年为例,防雷服务收入占全国气象科技服务收入总额的 44.6%。目前从事该项服务的包括防雷中心、防雷检测所以及 52 家防雷工程专业甲级资质公司和数百家乙级和丙级资质公司。从业人员方面,2009 年经省级气象学会考核合格的防雷技术从业人员达到近 2 万人。施放气球服务近年有萎缩趋势。

(6)气象信息衍生金融服务。天气风险管理市场是金融领域最具潜力的市场之一。按照运作模式的不同,天气风险管理工具可分为天气衍生品和天气保险产品(许李彦,2010)。在我国,一些省(区、市)气象局正在积极尝试开展天气保险业务,但总体来讲,产品单一、销售形式简单、覆盖面窄。另外,金融市场也出现了许多与自然灾害、气候变化相关的风险管理模式,如:灾难债券、保险合同、天气期货以及其他金融衍生模式(祝燕德等,2007)。

(7)其他气象关联产业。气象软件开发方面,2010 年信息技术、信息管理软件的开发设计达到 24 项,合同金额为 7049.82 万元。气象通信技术研发及应用服务方面,近年来,培育并形成了以巨型计算机、中型计算机以及相关的通信设备、卫星广播及预警设备等为主的一定规模的产业,如华云通达公司主要从事卫星数据广播技术与产品,北京北斗星通公司和华云天仪公司主要从事卫星定位技术与产品在气象领域的应用,海南北斗通信公司和华云通达公司主要从事卫星预警信息发布技术、产品及应用服务等。气象培训方面,主要包括气象相关管理人员和专业技术人员等的培训。

综上,经过多年的发展,作为我国气象信息产业雏形的气象科技服务领域不断拓展,市场规模达到了近百亿,初步形成了包括气象观测仪器装备制造与系统研发、专业领域气象服务、气象信息增值服务、气象工程技术服务、气候资源开发利用服务和其他气象关联产业等在内的具有一定规模的产业体系。

2. 气象信息产业目前存在的主要问题及原因分析

虽然我国的气象信息产业体系已经初步形成,但总体来讲,我国气象信息产业的规模还较小，机制尚不健全。综合来看，气象信息产业发展目前存在的问题主要表现在以下几个方面：

(1)气象信息产业规模小、市场竞争力不强

与地理信息、环保产业相比，现阶段我国气象信息产业的规模较小，对公益气象事业的支撑能力和对国民经济的贡献率有待提高。据粗略统计，目前我国气象信息产业的总产值约百亿元，并主要集中在防雷技术服务和气象仪器装备等领域；而我国地理信息产业从业单位已超过2万家，从业人员40多万人，年产值达到了1000亿元，并一直在保持持续增长，2010年环保产业的年收入总值也达到了8800亿～10000亿元。

与此同时，现阶段气象服务产品基本属于气象部门单一供给，气象服务机构市场竞争力不强。以专业领域气象服务为例，目前，跨国气象服务机构已经在我国许多地方抢得了专业气象服务市场的大部分份额(林华，2003)。比如新西兰气象服务公司已经为中国南方航空公司提供导航服务；美国国际气象服务公司(WSI)、日本天气新闻公司(WNI)已先后在广州、上海设立分公司，并取得信息咨询服务的营业许可证，从事远洋导航信息服务；WNI麾下的上海海洋气象导航有限公司已经占据了上海、广州大部分远洋航运公司70%的气象服务份额。另外，在风电功率预报领域我们也面临激烈的国际竞争，国外已经有丹麦Predikto预报系统、丹麦科学技术大学WPPT风电功率预报软件和美国Truewind的EWind风电功率预报软件，同时美国3tier公司已为全球许多大型风能、太阳能开发商及设计咨询机构提供资源信息。而我国的专业气象服务却还在真正市场机制的边缘徘徊，其科技创新能力、市场意识、市场竞争能力都亟待提高。

(2)气象信息产业的市场供给和有效需求不足

由于多方面原因，长期以来，我国对气象服务的需求主要集中在防灾减灾、城市运行安全等基本公共服务方面，虽然企业对气象服务的个性化需求在日益增长，但由于许多企业对气象信息有偿使用的意识不足等原因，导致市场中的有效需求不足。同时，由于专业气象服务领域科技创新能力和市场意识的缺乏，导致难以提供真正满足市场用户需求的气象服务产品，市场供给不足。

(3)气象信息产业相关政策和规范管理滞后

良好的制度环境是产业健康发展的前提和保障。现阶段我国对开放气象服务市场虽无基本法律层面的限制，但针对气象信息产业的专门法规尚属空白，与气象服务从业人员和组织的资质管理、气象知识产权保护和管理等相关的法律法规不完善。同时，关于气象信息产业发展的思路和基本政策不够明晰、规范和稳定，缺乏统一的发展规划。

在气象标准化建设方面，第一，强制性标准数量总体偏少，截至2009年底共发布各级气象标准231项，其中，20项现行国家标准全部为推荐性标准，112项行业标准中仅有6项为强制性标准，98项地方标准中仅有12项强制性标准。第二，某些重点领域缺乏相应的标准。目前，我国气象标准主要集中在气象仪器与观测方法、气象防灾减灾领域，而气象影视服务、气候与气候变化等方面的标准相对较少；到2009年底，在风能太阳能资源监测预报评估、雷电灾害防御、人工影响天气、气象影视服务、气象基本信息等方面，尚无一项国家标准。第三，国家标准数量偏少。目前，我国气象国家标准仅有20项，而国家测绘局制定的测绘国家

标准已达93项(截至2011年5月底),环境保护类的现行国家标准达到365项(截至2010年6月底)。

在社会管理方面,以资质管理为例,与国外气象产业和我国测绘行业相比,气象信息产业的资质管理相对滞后。主要发达国家对气象观测、气象预报、广播和电视气象节目主持人等从业人员和机构的资质都有明确的规定。我国的测绘部门也十分重视资质管理,先后制定了多个相关文件将各种测绘相关活动纳入资质管理范畴,面向全社会进行专业资格考试和认证,并将对测绘组织和人员的资质管理作为一项管理职能不断加强。而在我国气象行业,纳入资质管理范围的主要有从事防雷工程专业设计或施工、施放气球、人工影响天气作业的组织和人员,天气预报员和气象观测员,资质管理刚刚起步,尚未社会化;其他气象服务领域基本没有开展资质管理。

分析气象信息产业目前存在的主要问题,其原因主要有以下几个方面:

一是长期以来,我们习惯于运用气象部门内资源和力量来发展气象,不善运用社会资源,视野思路不宽,气象社会管理相对薄弱。气象信息产业的发展,要求我们必须转变发展理念,创新管理方式,充分利用市场机制和社会力量,促进气象服务能力的整体提升。

二是我们对气象服务的认识还不够全面。侧重于强调气象服务公益性的一面,对如何引入市场机制丰富气象服务产品的同时保持气象服务的公益属性认识不够。因此,在实践中,我们更多地采用事业运行机制来开展气象服务,这也导致服务需求不断增长的情况下,人少事多的矛盾日益突出。而随着市场经济的不断完善,越来越多的公共服务可以通过市场机制来更好地实现。

三是公共财政对基本气象业务服务和管理的投入不足使部门创收成为必要。资料显示,“十一五”期间,中央和地方对气象部门的财政拨款虽然逐年增加,但仍然很难满足气象部门各项支出的需要,气象部门必须依靠气象科技服务创收来弥补事业发展经费的不足。据统计,2010年气象部门经费来源中创收部分的比例为26%,在部分地区甚至达到了50%。在这样的情况下,气象行业的健康发展需要由公共财政保障气象业务和基本公共气象服务,同时,通过积极培育市场、发展气象信息产业,来形成多元化的经费来源渠道,构建多元主体参与的气象服务格局。

3. 气象信息产业发展前景展望

随着社会经济的快速发展,国家事业单位分类改革和服务业改革的逐步推进,作为战略性新兴产业和高技术服务业交叉的气象信息产业,其服务领域、运行机制和相关管理都将会不断发展。

(1)气象服务的市场有效需求将快速增长

我国持续的经济快速增长已经带来了居民消费结构的变化。2010年我国的人均GDP达到4382美元,真正进入了国际公认的“中等收入”发展阶段。与此相适应,居民消费结构也正在发展变化,对服务消费的需求和质量要求意识逐步提高;信息服务、休闲旅游、文化教育等服务成为消费热点(赵萍,2011)。相应的,对气象信息服务的消费需求也将会持续增加。

另一方面，气象信息与经济各行各业的天然联系也决定了气象信息产业具有潜在的发展空间。通过市场调查发现，需要商业气象服务的企业很多，最大的业务是航运业，其次是商业，气象环境专家认为：流通类销售额的65%取决于天气，因为天气直接影响人的生理、心理，支配他们的消费行为。气温相差1摄氏度或降水量增减1毫米，反映到商场和客流及销量都有明显变化(郑文清，2011)。在旅游行业，据中国旅行家协会同零点调查公司对中国5000名旅客的一项调查表明，有91.3%的人在出行前要关注天气预报。面对如此巨大的潜在需求空间，只要政策引导及时、措施得当，市场运行机制将会逐步完善，市场的有效需求将会快速增加。

(2)气象信息产业的市场机制将不断完善

大量的社会资本将会逐步进入气象信息产业，产业的所有制形式呈现多样化，部分产业企业将实现上市融资，产业运行的市场化程度也会提高。

随着我国社会主义市场经济体制的不断完善，随着国家事业单位分类改革和服务业改革的逐步推进，在基本公共气象服务之外，需要由市场机制提供的气象服务将会逐步由相应的市场主体承担，企业将会逐步取代事业单位成为气象信息产业市场主体；同时，企业内部治理结构也将会逐步完善，其经营管理也将从具体业务创新的微观层面上升到企业战略的宏观层面，跨行业、跨地区经营将成为趋势，大型气象信息产业集团将会逐步形成。

(3)气象信息产业领域的领域将不断拓展

随着我国经济社会的发展以及气象信息产业与相关产业领域的相互融合，气象信息产业的主要领域和内容将会不断变化并日趋丰富，对于国家经济社会发展的直接和间接贡献也会不断增加。气象信息产业将在发展中逐步形成多类并存、结构合理、重点突出的产业格局。传统的气象观测仪器装备制造与系统研发、人工影响局部天气工程技术服务等将会稳步发展；专业领域气象服务将会获得较大发展；一些新兴产业领域，如天气和气候风险管理市场、风能太阳能预报服务等必将迎来较大发展。

(4)对气象信息产业的管理将会不断规范完善

就产业发展的一般规律来看，产业的发展与相关政策规范是相伴而生的。气象信息产业的发展要求制定相应的发展战略和规划，不断制订完善法律法规、标准和政策等。另一方面，在气象信息产业逐步发展的过程中，也会促使国家按照市场经济原则制定相应的法律法规来规范气象服务活动，逐步减少行政干预，以管理的规范性确保产业的可持续发展。

三、促进气象信息产业发展的若干建议

发展气象信息产业既是一次新的实践和探索，更是一场新的变革。为加快推进气象信息产业的发展，作为国家气象行政主管机构，中国气象局应结合自身职能，发挥主导作用，利用行业管理优势和现代管理手段，在气象行业内转变观念、统一思想，推动全行业将气象科技优势提升为国家战略性新兴产业优势。

1. 坚定发展气象信息产业的方向，明确总体发展思路

我国从计划经济体制转变到市场经济体制经历了二十多年的时间，在国家政策允许下，

不仅气象部门在开展有偿服务，许多部门和行业也都经历了既适用计划手段，又运用市场机制的“双轨”运行阶段。在一定历史阶段，这种双轨运行不仅促进了社会经济快速发展，而且也有效解决了发展公益事业经费保障严重不足的问题。但随着市场经济发展，所暴露出的问题越来越多。因此，党的十四大以后，国家就着手不断解决双轨制的问题。党的十七大明确提出，要加快推进政企分开、政资分开、政事分开、政府与市场中介组织分开，规范行政行为，减少政府对微观经济运行的干预。在加快构建基本公共服务体系的背景下，相关改革步伐明显加快。

经过 20 多年的实践探索，气象科技服务虽有长足发展，但随着社会主义市场经济体制不断完善和改革的不断深化，气象科技服务体制与机制不适应的问题日益突出，必须转向适用比较完善的市场机制来推动其进一步发展——走发展气象信息产业之路。

建议按照“政府引导、企业主体，积极培育、稳步规范”的原则，深化改革，力争用 3～5 年的时间，逐步培育一批运行规范、自主经营、自负盈亏，具有发展潜力和市场竞争力的气象产业经济实体，构建以公有制为主体、多种所有制共同发展的气象产业新格局，形成统一、开放、竞争、有序的现代气象服务体系。

改革公共气象服务体制机制，按照事业单位分类改革、服务业改革政策要求，科学厘定基本公共气象服务和非基本公共气象服务内涵，根据我国经济、社会发展现实水平，明确基本公共气象服务保障范围和非基本公共气象服务内容。改革基本公共气象服务提供方式，引入竞争机制，扩大购买服务，推进非基本公共气象服务市场机制改革，鼓励社会资本以多种方式参与提供气象服务。为此，需要相应改革重大气象装备运营机制，探索气象卫星、天气雷达、风廓线雷达、GPS/MET、GPS 探空、雷电监测等新型重大气象探测装备的专业化、市场化运营服务；改革气象装备保障机制，全面放开气象仪器装备供应市场，扩大列装许可和特许经营范围；引入市场机制，大力推进各类气象仪器、装备保障和气象信息网络的市场化运营促进气象软件开发、气象工程可行性研究与方案设计、重大气象工程项目预研究等气象基础保障事项的市场化、社会化运营，形成专业化的服务外包市场。

2. 制定产业发展规划和指导意见，出台相关扶持政策

关于发展气象信息产业问题《中华人民共和国气象法》第 7 条已有明确规定，从法律角度而言，发展气象信息产业有法可依。但如何依法发展气象信息产业没有相应的规章、规划、政策引领，建议制定发布《关于加快发展气象信息产业的指导意见》，明确气象信息产业定位，以及发展气象信息产业指导思想、重点领域、政策措施等，引导气象信息产业快速健康发展。当前，国家发改委正会同有关部门编制《国家战略性新兴产业发展“十二五”规划》和《“十二五”现代服务业发展规划》。“规划”的出台将对服务业和战略性新型产业的发展具有非常重要的现实意义，发展气象信息产业必须抓住这一历史机遇，抓紧研究编制《气象信息产业发展“十二五”规划》，争取将气象信息产业纳入国家战略性新型产业。建议借鉴国外商业气象服务发展经验，结合现有气象信息产业基础及发展趋势，分步重点推进气象观测仪器装备制造与系统研发、专业领域气象服务；气象工程技术服务；气象信息增值服务、气候资源开发利用服务；气象信息衍生金融服务等领域的发展。建议在加快建设北京中关村中国气

象科技产业园的基础上,加大实施产业化示范工程力度,再在其他地区遴选几个发展规模、发展环境较好的经济开发区或高新示范区开展协作,再建3个左右气象信息产业示范园区,推进重大科技成果产业化和气象产业集聚发展,依托产业集聚区,培育一批创新能力强、创业环境好、特色突出、集聚发展的气象信息产业示范基地,辐射带动区域经济发展。

3. 完善法规标准体系,强化气象服务市场管理

气象相关法规、政策、标准,决定了气象信息产业的发展方向、技术水平、服务能力、需求总量和市场容量,应统筹考虑产业发展要求,在现有的基础上,不断完善气象法规、政策和标准。“十二五”期间,应重点围绕气象观测预报管理、气象信息发布管理、气象服务质量管理、气象从业人员和机构资质管理、气象知识产权保护和管理、气象资料管理等方面,制定和完善法规、政策和标准。

同时,按照国家关于战略性新型产业及现代服务业改革和管理的有关要求,建立公平、规范、透明的气象服务市场监管规则,打破地区封锁、行业垄断,鼓励和引导社会资本投向气象信息产业。建议借鉴测绘部门和民航部门的相关做法,结合气象信息产业的发展需要,逐步完善从事气象观测、气象预报、气象服务、信息网络与技术保障等活动的人员和机构的资质管理规定。

加强企业的气象科技创新能力建设,加强资源共享,引导和帮助企业不断提升气象信息产业技术创新的能力,培育气象信息产业自主品牌。

4. 整合资源增强实力,以集约化规模发展促气象信息产业繁荣

现阶段,建议整合全国气象部门现有经营性实体,组建几个在全国乃至国际有影响力的气象信息产业集团公司,发挥产业示范作用,促进气象信息产业集约化发展。

采用市场运作机制,采用现代企业制度促进企业健康发展;培育企业自身发展能力,促使其在业务范围内找到主攻方向,形成核心竞争力;同时,把握国有企业改革发展方向,充分发挥不同种类国企的政策优势,促进龙头骨干企业的发展。加强企业的气象科技创新能力建设,加强资源共享,引导和帮助企业不断提升气象信息产业技术创新的能力,培育气象信息产业自主品牌,强化气象信息知识产权的保护。

充分发挥我国在WMO成员国中大国地位和优势,支持我国企业和研发机构积极开展全球研发服务外包,鼓励我国企业和研发机构参与气象仪器设备、商业气象服务国际标准的制定,抢占国际商业气象服务制高点,培育海外潜在市场。

参考文献

卞耀武. 2001. 中华人民共和国气象法释义. 北京:法律出版社.

国家发改委能源研究所. 2010. 中国2030年风电发展展望——风电满足10%电力需求的可行性研究.

李俊峰,高虎,王仲颖,等. 2008. 中国风电发展报告. 北京:中国环境科学出版社.

林华. 2003. 中外机构分食“气象经济”. 中国经济周刊,(16).

许李彦. 2010. 恶劣气候带来商机,天气风险管理市场潜力大增. 中国三星经济研究院.

赵萍. 2011. 消费结构升级与我国消费增长潜力[OL]. [2011-8-2]. http://www.caitec.org.cn/c/cn/

news/2011－08/02/news_2825. html.
郑文清. 2011. 气象服务产品营销的 4 大策略[OL]. [2011－7－28]http://www. thldl. org. cn/news/1107/56863. html.
中国资源综合利用协会可再生能源专业委员会和绿色和平组织. 中国风电发展报告 2010.
祝燕德，胡爱军，何逸，熊一鹏. 2007. 经济发展与天气风险管理. 气象软科学，(4).

构建现代农业气象业务服务体系专题研究*

农业气象业务经过新中国成立以来60多年的发展，特别是改革开放以来的持续建设，取得了长足的进步，已初步形成国家、省、市、县四级农业气象业务服务体系，初步建成包括广播、电视、报纸、电话、手机短信、网站等多种传播手段的农业气象服务信息发布平台；部分地区面向基层农业生产、广大农民的需求，逐步推进“信息下乡进村入户”工程，农业气象服务覆盖面逐渐扩大。但随着现代农业的快速发展，特别是粮食高产、超高产创建以及气象为农服务“两个体系”建设的需求，农业气象业务服务面临更多的挑战，积极探索建立健全现代农业气象业务服务体系，全面提升现代农业气象服务水平，是做好气象为农服务的重要基础。

一、气象为农服务的现实需求和薄弱环节

1. 气象为农服务现实需求

农业气象一直是气象为经济社会发展服务的重点领域，及时提供准确可靠的农业气象服务信息，对于科学指导农业生产、提升农业气象灾害防御能力、提高科学种粮水平，最终确保粮食增产减损具有十分重要的意义。我国正处于转型期，社会主义新农村建设、发展现代农业、农业防灾减灾、国家粮食安全保障、应对气候变化等无一例外地对农业气象业务发展提出了新的、更高的要求。

(1)发展现代农业的需求

当前，我国正处在由传统农业向“高产、优质、高效、生态、安全”的现代农业加快转变的关键时期。进一步提高土地产出率、资源利用率、劳动生产率，以及增强农业的抗风险能力与可持续发展能力等，都对气象为农业的服务与支撑提出了更新更高的要求。随着我国经济社会的发展，人民群众的物质生活需求不断提高，具有地方特色的名特优农产品和绿色、生态、安全农产品的市场需求量越来越大。特色农业、设施农业、创汇农业、观光农业、都市农业、精准农业等新兴农业产业都呈现出强劲的发展态势，成为满足社会民生、农民持续增收的重要高效农业门类，也是气象为农业服务新的增长点。种植业、林业、畜牧业、水产业以及农产品储运加工业等的全面发展也对气象服务提出了更多更具体的要求。

* 本报告完成于2011年。主要研究人员：王建国、陈怀亮、薛昌颖、孔德芝、余卫东、杨国锋、李飞等。

(2)保障粮食安全的需求

从中长期发展趋势来看,我国粮食供需将长期处于紧平衡状态,粮食安全问题面临严峻挑战。国家在保障粮食等重要食物基本自给的发展目标,在商品粮基地建设、核心产区粮食产量的稳步提高、后备产区生产潜力的挖掘等方面,都需要农业气象围绕增产和减灾两大目标提供决策服务和技术支撑。在国家粮食战略工程中,农业气象需要围绕农业生产和农业产业的播种、灌溉、施肥、防病、治虫、收获、储运、加工等全过程提供更具针对性的农业气象业务服务,为保障国家粮食安全做出贡献。

(3)开展农业防灾减灾的需求

建立健全农业气象防灾减灾体系,实现重大农业气象灾害的灾前及时预警、灾中跟踪服务、灾后影响评估,加强农业气象防灾减灾业务服务,增强农业抗御自然灾害风险能力与粮食安全的气象保障服务能力,可以显著减轻灾害损失。现代农业发展、农业防灾减灾规划的实施和农业政策性保险等工作,也迫切需要开展农业气象灾害风险区划、评估,并提供定量化的分析产品。

(4)应对气候变化的需求

农业是对气候变化最敏感和最脆弱的领域,全球和区域气候变化将改变我国部分地区的作物生育期,种植地带北移趋向明显,产量波动加大,农业气象灾害、农作物病虫害呈现增多、并发和加重的趋势,气候变化对水资源的影响也将加剧农业用水的供需矛盾。深入研究气候变化对农业及生态环境的影响,为农业产业结构和农业生产力布局调整提供科学依据,保障粮食安全,提高农业应对气候变化的决策服务能力,已经成为新形势下现代农业气象业务发展刻不容缓的着力点。

(5)强化公共气象服务的需求

强化公共气象服务能力,加快建设现代气象业务体系,为发展现代农业气象业务带来了新机遇。作为公共气象服务体系重要组成部分的农业气象业务服务,长期以来发展滞缓,既滞后于综合观测体系的发展,也滞后于预测预报体系的发展。大力推进现代农业气象业务的发展,努力开创现代农业气象业务发展的新局面,是现代农业气象业务在新形势下适应我国气象事业科学发展的必然选择。加快发展现代农业气象业务服务是体现公共气象服务引领气象事业发展的一项重要而紧迫的任务,是实现气象服务城乡均等化、广覆盖的有力举措。

2. 农业气象业务服务的现状和薄弱环节

我国农业气象业务服务取得的成就:一是农业气象观测、试验网络初具规模,基本实现对主要农业气象要素的专业化观测,为农业气象业务服务和科学研究提供基础信息;二是国家、省、市、县四级布局的农业气象业务服务体系逐步发展完善;三是农业气象情报预报业务领域不断拓展,特色农业、设施农业、水产养殖业气象业务服务等在部分省区市已经开展,服务效益不断提高,农业气象产量预报已成为国家和各地党政决策部门的重要参考;四是农业气候资源利用、农业气候资源区划不断深化,农业适应气候变化业务逐步发展;五是以兴农网、手机短信等为主的农村气象与经济信息服务逐步发展,已成为气象为农信息服务的重要手段。

但是，面对我国现代农业发展的新形势和新要求，农业气象业务也还存在很多不适应发展需要的问题。主要表现在：一是农业气象业务产品有限、针对性不强、时效不高、覆盖率不够，不能充分满足现代农业发展、基层农业生产管理、新农村建设的需求，尤其是农业防灾减灾、农业应对气候变化、国家粮食安全等对农业气象工作提出的新需求；二是农业气象观测能力明显滞后，观测仪器落后，资料共享、标准化处理和观测时效不够，农业气象观测资料效益没有充分发挥，农业气象试验站发展十分缓慢，农业气象试验基础落后、示范推广与辐射带动能力不足；三是农业气象业务的科技支撑乏力，分析评估产品定性多、定量少，农业气象业务技术仍显落后；四是农业气象业务队伍尤其是基层力量薄弱，业务管理不够规范；五是农业气象业务与天气气候业务有机结合不够，不能充分形成整体优势、共同推进现代气象业务体系的科学发展等。

二、现代农业气象业务服务体系的构建思路和建设目标

1. 现代农业气象业务服务体系的构建思路

现代农业气象业务服务要依托完善的业务服务组织体系、坚实的科技支撑体系、先进的业务技术体系、现代化的综合观测体系、强大的信息服务体系，以及专业的人才保障体系，为现代农业的合理布局、防灾减灾、应对气候变化以及国家粮食安全提供有效的气象科技支撑与保障服务。因此，现代农业气象业务服务体系应由业务服务组织体系、科技支撑体系、业务技术体系、综合观测体系、信息服务体系和人才支撑体系六个部分构成。

2. 现代农业气象业务服务体系的建设目标

构建适应四级业务、六级服务布局的组织体系，创建多层次科技支撑体系，创新系列化技术体系，建立自动化、现代化综合观测体系，探索重长效、广覆盖、直通式的信息服务体系，夯实专业化、懂农需、高素质的人才支撑体系，实现农业气象观测自动化、预报精确化、评估定量化、服务社会化、流程科学化、管理规范化、科研集约化、队伍专业化；各层级之间责任明确、分工具体、各具特色、优势互补、上下协同、有效服务；与现代气象业务体系、公共气象服务体系其他组成部分融为一体、协调发展，从而构成完整的现代农业气象业务服务体系。

三、现代农业气象业务服务体系的主要内涵

现代农业气象业务服务体系由组织体系、科技支撑体系、技术体系、综合观测体系、信息服务体系、人才支撑体系等六大体系构成。其中综合观测体系是基础，技术体系是核心，信息服务体系是关键，科技支撑体系和人才支撑体系是保障；另外还包括较为完善的信息反馈机制。

1. 现代农业气象业务服务组织体系

现代农业气象业务服务组织体系以国家级农业气象中心为龙头、省级农业气象中心为核心、市级农业气象中心为骨干、县级固定农业气象人员为基础，各层级由明确具体的业务职责和分工。

在国家、省、市、县四级农业气象服务组织体系基础上，建立以国家、省、市农业气象专家为骨干，由市县农业气象人员、农科院所技术员、农业专家、种田能手、乡村气象信息员共同组成的农业气象服务专家联盟，充分依靠乡村气象协理员、信息员，将农业气象服务、气象预警信息延伸到乡镇、村庄，形成国家、省、市、县、乡、村六级农业气象服务体系（表1）。其中县级是服务的关键环节，乡、村两级以部门外、兼职人员为主，充分体现工作政府化、服务社会化。

表1　六级农业气象服务体系

单位	国家级	省级	市级	县级	乡镇	村庄
业务服务实体	国家级农业气象中心	省级农业气象中心	市级农业气象中心	专职或固定农业气象人员	乡镇气象工作站，发展气象协理员	村庄气象信息服务站，发展气象信息员
业务分工	制作分发业务指导产品；研究技术方法，开发系统平台；组织全国业务会商等；培训、指导省级业务	制作分发业务指导产品；研究技术方法，开发系统平台；组织全省业务会商；向国家级业务单位上传信息；培训、指导市县级业务	释用并订正上级业务产品，上传下达信息；提出平台改进意见；组织本市会商和培训；培训、指导县级业务等	负责县级决策和直通式业务；释用上级业务产品；开展田间观测并上传信息；反馈基层需求和产品应用意见		
服务分工	制作全国农业气象情报、预报、农用天气预报服务产品及各类不定期服务产品；通过多种渠道服务于国家级用户；培训、指导省级服务	制作全省农业气象情报、预报、农用天气预报服务产品及各类不定期服务产品，通过多种渠道服务于省级用户；培训、指导市县级服务。	制作全市农业气象情报、预报、农用天气预报服务产品及各类不定期服务产品，通过多种渠道服务于市级用户；培训、指导县级服务	向县级用户提供常规服务产品；开展特色农业气象服务；面向乡村、大户、合作社等开展直通式服务培训、指导乡村级服务	调用上级服务产品并服务于乡镇级用户；上传下达信息；指导气象信息员服务	调用上级服务产品并分发；反馈灾害调查信息；深入田间地头指导农业生产

2. 现代农业气象科技支撑体系

专业化的农业气象科技支撑能力是开展粮食增产气象服务的重要保障，因此，现代农业气象业务服务需要有坚实的科技支撑体系作后盾。现代农业气象科技支撑体系由国家级农业气象业务科研单位、省级农业气象业务科研部门（部门或省农业气象重点实验室、省级气象科研所、省气候中心等）、农业气象试验站和现代农业气象科技示范园等不同层次的业务科研、试验示范及推广应用单位组成。

国家级和省级农业气象业务科研单位针对现代农业气象业务服务发展急需解决的关键

科技问题，凝练科研课题，积极申请相关科研经费资助；部门或省农业气象重点实验室面向全国或省域支持农业气象领域科研立项，为农业气象领域科研工作提供很好的平台；农业气象试验站面向区域，充分发挥试验、研究、示范、辐射带动作用，开展现代农业气象新技术、新方法、新指标、新标准的中试、示范、推广和转化应用，以业务转化促进相关农业气象科研项目的凝练和技术的完善优化；现代农业气象科技示范园面向县域，融观测、试验、服务于一体，紧紧围绕县域气候特点、农业产业结构调整中心任务和特色农业生产需要，通过需求调研、观测分析、试验研究、建立指标、构建业务平台，最终能够提供特色服务。

3. 现代农业气象业务服务技术体系

现代农业气象业务服务技术体系是指系列化的农业气象业务服务指标、标准、流程、规范、方法、模型等，以及功能齐全的现代化农业气象业务服务平台。现代农业气象业务服务技术体系的建立，将逐步实现农业气象业务服务产品加工制作的规范化、标准化，以及信息管理与共享的自动化、集约化。

农业气象指标和标准是开展农业气象监测、预报预警以及评估等业务的基础，包括各种作物不同时期长势评价指标、农业气象灾害监测指标、农业气象灾害预报预警指标、农业气象灾害灾损评估指标、农业气象灾害等级标准、病虫害发生发展气象等级评价指标等。农业气象指标和标准的建立应根据农业产业布局，分区域建立，以便推广；一些局地特色或设施作物应根据其特定的生长环境分别建立指标。

农业气象业务服务流程和技术方法是各级业务服务组织针对各自承担的具体任务，制定的规范化业务服务流程、方法、模型等，如农业气象情报(周、旬、月、季、年)、农业气象预报(动态产量预报、作物发育期预报、土壤墒情预报、农业气象灾害预报等)、农用天气预报(灌溉、施肥、喷药、夏收、夏种、秋收、秋种等)、农业气象灾害遥感监测、农业气象灾害评估、精细化农业气候区划、灾害风险区划等业务，均有各自的流程、方法、模型等。

农业气象业务服务平台的功能是按照集约化、科学化、规范化的要求，进行农业气象业务服务产品制作、精加工、标准化集成，实现农业气象业务服务产品形式多样化，为业务服务信息实时交换与共享奠定基础，以满足粮食生产对气象服务的特殊需求。根据国家、省、市、县四级业务组织承担的任务不同，农业气象业务服务平台同样需分国家、省、市、县四级建立。

国家级业务服务平台以面向国家粮食安全保障、粮食生产防灾减灾、粮食生产国家布局与结构调整等重大需求为主，加工跨省区域粮食作物气象灾害监测预警和评估、病虫害气象等级预报、土壤水分监测、农用天气预报、农业气候资源利用等各类农业气象服务信息，同时向省级提供服务指导产品。

省级业务服务平台主要用于实现国家级农业气象业务服务指导产品和本省农业气象信息的调取与释用，制作发布全省范围内的粮食作物的精细化农业气象服务产品，主要包括农业气象灾害监测预警和评估、农业病虫害气象等级预报、土壤水分监测预报、作物生长条件气象评价、农用天气预报、作物产量预报、农业气候资源利用与区划等业务服务产品，发布针对本省内市、县级的农业气象服务指导产品。

市级业务服务平台主要是实现对国家级和省级农业气象服务信息的调取和订正，根据当地气候与农业生产特点，围绕粮食作物产前、产中、产后全程性的服务需求，制作有针对性的本市区域精细化农业气象服务产品，开展主要农业气象灾害监测预警、农用天气预报、农业气象评价以及作物产量预报等服务，并向所辖县提供农业气象服务产品。

县级业务服务平台主要实现对省级和市级农业气象服务信息的调取和订正，围绕当地农业生产特点，制作有针对性的、乡镇级的精细化农业气象服务产品，开展本县主要农业气象灾害监测预警、农用天气预报、农业气象评价等服务。

4. 现代农业气象信息服务体系

信息发布渠道和传播手段是现代农业气象信息服务体系的重要内容，传播手段主要包括各类农业气象信息服务网站（中国天气网、兴农网、现代农业气象信息服务网）、农业气象信息发布平台、农村气象信息服务站、农业气象信息接收客户端（手机、电子显示屏、气象预警大喇叭、兴农网多媒体信息机、GTV 电视终端）等。

气象信息员是成为现代农业气象信息服务体系新的亮点。气象信息员主要以乡、镇、村领导、生产大户、大学生村官为主，同时还可发展“村邮站”工作人员、乡村供销网点人员、乡村治安巡防人员等为气象信息员。气象信息员队伍的壮大、完善，将显著提升现代农业气象基层公共服务能力。

5. 现代农业气象综合观测体系

农业气象观测是农业气象业务、服务和科研的基础，是粮食生产气象保障的“排头兵”。与粮食生产密切相关的农业气象观测包括农作物生长、田间小气候、土壤水分、主要农业气象灾害、农业病虫害等，农业气象观测资料在农业防灾减灾及粮食生产气象保障服务中发挥着重要作用（王建林等，2009）。因此，建立完善的农业气象综合观测体系是现代农业气象业务服务体系中不可或缺的一部分。根据现代农业气象业务服务的需求，农业气象观测体系应包含布局合理的农业气象观测站网、自动化土壤水分观测网、自动化农田小气候观测网、粮食自动化作物长势观测网、卫星遥感观测网、移动观测调查网、农业气象观测保障系统等。

农业气象观测站为现代农业气象业务服务积累连续的第一手观测资料；自动土壤水分观测网、农田小气候观测网、作物长势观测网以及卫星遥感观测网主要提供全国或各区域粮食产区作物种植地段实时、动态、连续的作物长势、农田小气候演变、灾害发生发展等农业生产全过程的农业气象业务服务信息；移动调查观测网为进行灾害性天气发生时或发生后对灾情的影响范围、作物受灾程度等农业气象应急服务调查，获取作物长势、高度、密度、病虫害发生情况音视频及图片信息、灾害范围、灾害程度、土壤特性（水分、温度、养分等）等第一手资料，第一时间做出灾损评估；农业气象观测保障系统是自动化农业气象观测的基础，是保证观测系统正常运行和数据准确的关键，因此要具备完善的国家级农业气象仪器测试分系统、省级维修分系统和市级备品备件分系统以及县级日常维护保障能力。

6. 现代农业气象人才支撑体系

国家级和省级需同时承担农业气象业务和科研工作，人才队伍既要有学科带头人、领军人才，也要有科技骨干和专业人员，其中学科带头人和科技骨干是现代农业气象业务服务的中坚力量。市级农业气象人才队伍以经验丰富的科技骨干和专业人员为主，县级以专业人员为主。

国家、省、市、县、乡、村六级农业气象服务人才队伍，以国家、省、市农业气象专家为骨干和市县农业气象人员、农科院所技术员、农业专家、种田能手、乡村气象协理员、信息员组成。乡村协理员和信息员以部门外、兼职人员为主，通过培训等方式，不断提高其素质。

四、现代农业气象业务服务体系构建模式

河南省气象部门经过三年多的试点建设，探索形成了“三级业务五级服务布局、六大体系支撑、服务业务科研一体化发展”的现代农业气象“河南实践”，以“观测自动化、预报精细化、评估定量化、服务社会化、流程科学化、管理规范化、科研集约化、队伍专业化”等为主要特征的现代农业气象业务服务体系在河南初步形成，气象为农服务的科技内涵日益丰富，业务能力和服务水平明显提升，为河南省的现代农业发展和粮食产量连年增产和连创新高提供了准确、及时、富有成效的气象保障，同时也为全国全面开展现代农业气象业务服务探索了路子、积累了经验。

1. 三级业务、五级服务组织体系模式

河南省通过试点探索，逐步形成了三级现代农业气象业务组织体系和五级现代农业气象服务组织体系。细化了各级职责分工，其中省局以科研开发、业务带头、技术培训、对下指导为主，省辖市局以上传下达、释用培训、推广应用为主，县局设立固定农气业务服务人员，以田间观测、反馈信息、向下延伸为主。同时建立了以省级农气专家为技术骨干，市县农业气象人员、农科院所技术员为核心，乡村气象协理员和信息员、专业大户、种田能手等“专兼结合”的农业气象服务专家联盟，将农业气象服务、气象预警信息延伸到乡镇、村庄。

2. 现代农业气象业务服务平台集约化开发模式

基于C/S架构，河南省集约开发了省、市、县级现代农业气象和卫星遥感等业务平台。其中省级平台在2010年被中国气象局评为优秀专业气象平台，市县级农气业务平台从2011年开始全省推广投入业务化应用。后针对县级业务现状，将原有市县级现代农业气象业务平台进行分离，开发了独立的简单易用的县级业务平台。基于B/S架构，全省统一开发了省、市、县一体化的现代农业气象服务平台，并业务化运行。

3. 气象信息员发展模式

除了发展乡镇和村庄领导、生产大户为气象信息员外，由省委组织部统一发文，明确大学生村干部气象信息员职责，纳入组织部门绩效考核和管理培训，形成了有效的“大学生村官模式”；与邮政部门合作，将遍布乡村的“村邮站”工作人员发展为气象信息员，探索“邮政模式”；与供销社系统合作，利用其遍布乡村的供销网点，形成“农村超市模式”；与公安部门

合作，利用其延伸到乡、村的治安巡防队伍，形成“治安哨亭模式”；还与安监局、农机局合作发展了大量气象信息员。以大学生村官、乡村干部、乡村超市工作人员等为主体的气象信息员队伍得到快速发展，多渠道发展气象信息员的“河南模式”逐步形成并趋于完善。

4. 农业气象试验站管理模式

建立了农业气象试验站管理新体制，由省级业务科研单位向农试站选派科技副站长，对各农试站的科研工作进行技术指导；省科研所与农试站建立合作联盟，共同发展；多方筹资，为各农试站配置现代化观测、试验仪器；发挥农试站在科研项目申报、试验研究、观测调查等方面的辐射带动作用；鼓励相关农气技术人员到农试站学习交流，促进了农业气象试验站试验、示范和带动作用。

5. 现代农业科技示范园发展模式

紧紧围绕当地气候特点、农业产业结构调整中心任务和特色农业生产需要，在各县建设现代农业气象科技示范园，这是河南现代农业气象业务服务试点中的一大特色。现代农业气象科技示范园融观测、试验、服务于一体，气象信息服务是其中重要职责。通过需求调研、观测分析、建立指标、构建平台、提供特色服务的技术思路，目前全省已建立的 113 个现代农业气象科技示范园，有的融入地方政府发展规划，有的与涉农企业合作，有的与种植大户联合，开展农气观测和特色服务。

6. 气象信息员培训的“阳光工程”模式

与农业部门结合，从 2011 年起，利用中央财政阳光工程培训项目，近 20000 名农村气象信息员分批接受农业气象和农村防灾减灾知识培训。气象信息员参加阳光工程培训为河南首创，是全国气象部门第一家。“阳光工程”是一项直接为农民提供培训服务的政府公共行为，由财政出资，对参加培训的农民给予补贴。农村气象信息员参加阳光工程培训，既可提高气象信息员的素质和技能，又有利于将气象防灾减灾意识强化到农村基层、将气象灾害防御技术传授到农村基层、将气象灾害预警信息及时准确地传递到农村基层（许小峰，2012）。

五、现代农业气象业务服务试点的制度设计

1. 加强现代农业气象业务服务体系建设顶层设计与指导

为顺利推进现代农业气象业务服务发展，必须加强顶层设计与指导。根据中国气象局《现代农业气象业务发展专项规划（2009—2015 年）》，河南省气象局制定并下发了一系列管理制度和指导方案，包括《河南省气象局现代农业气象业务服务试点建设实施方案》、印发了《现代农业气象业务发展专项规划河南省实施方案》《河南省气象局关于发展现代农业气象业务的实施意见》《河南省气象局加强农业气象服务体系建设实施方案》《河南省气象局加强农村气象灾害防御体系建设实施方案》《现代农业气象业务服务试点建设验收标准》《关于下

发河南省农业气象会商业务规定的通知》《河南省县级现代农业气象服务试点方案》等一系列管理规定、指导意见，从而为现代农业气象业务服务体系的构建奠定了基础。

2. 加强现代农业气象业务能力与服务水平提高

制定下发了《河南省现代农业气象观测方法》《河南省气象灾害预警发布办法》《河南省气象灾害预警信号发布与传播实施细则》《格点化土壤水分预报制作发布流程》《河南省农用天气预报业务方案》《河南省农用天气预报业务服务工作细则》《冬小麦干旱动态定量评估业务服务细则》《河南省现代农业气象业务服务体系与流程》《河南现代农业气象周年服务大纲》《农业气象科技示范园区建设技术指导方案》《河南省自动土壤水分监测网建设方案》《河南省现代农业气象业务服务流程》等一系列技术方案，从而为现代农业气象业务能力与服务水平的提高奠定了基础。

3. 加强农试站发展管理和现代农业气象科技示范园建设

印发了《关于推进农业气象试验站发展的指导意见》《关于开展农业气象科技示范园区建设的通知》《关于调整郑州农业气象试验站管理体制的通知》《农业气象试验站科技副站长管理办法(试行)》等文件，促进了农试站发展理和现代农业气象科技示范园建设，为形成“农业气象重点实验室—农业气象试验站—现代农业气象科技示范园”的现代农业气象科技支撑链条奠定了基础。

4. 加强气象信息员发展与培训

下发了《河南省气象局信息员管理办法》《关于加强气象信息员培训的通知》《关于加强乡镇气象信息服务站信息服务工作的通知》等，并制定了气象信息员参加“阳光工程”培训的相关规定，为推进基层农业气象服务奠定了基础。

六、现代农业气象业务服务试点的推进措施

河南省气象局以现代农业气象业务服务试点作为统领各项工作的“总抓手”，结合“两个体系”和“三农”专项建设，积极构建现代农业气象业务服务体系。主要推进措施如下。

1. 抓机制，促发展，注重长效

一是形成气象为农服务发展的长效机制。积极争取各级政府加强对气象为农服务的组织领导，提出“四纳入”、“四列入”的工作思路，把气象为农服务纳入各级政府公共服务体系、纳入政府目标考核、纳入各级财政投入、纳入经济社会发展规划，把相关重点工作列入政府重要议事日程、列入政府推进计划、列入督查督办要点、列入重点建设工程。全省16个省辖市58个县通过当地政府下文建立了稳定的气象为农服务投入保障机制。如漯河市把乡镇气象信息服务站管理维护纳入当地政府职责，明确一名站长，政府负责管理，解决维持费用；鹤壁市政府每年拨款100万元用于鹤壁农试站的建设和人员经费维持；各地人工影响天气

作业人员由政府财政予以补贴；部分市、县政府将气象为农服务纳入政府目标考核体系。二是完善气象信息员队伍管理机制。充分利用社会资源，把气象信息员队伍建设纳入地方政府防灾减灾建设体系和考核体系中，不断发展壮大信息员队伍。与组织、邮政、供销等部门一道，对气象信息员进行年度考核、评先评优、工作奖励或补助，在争取地方编制和机构比较困难的情况下，积极建立长效发挥气象信息员作用的“河南模式”。

2. 抓创新，促转变，力求突破

在“两个体系”建设中着力实现“七个转变”：一是服务理念——从“我有什么服务什么”向“社会需要什么就服务什么”转变；二是观测手段——从“一把尺子、一杆秤”向自动化、数字化、信息化、可视化转变；三是科技支撑——从科研业务结合不甚紧密向一体化转变；四是服务产品——由主观、定性、随意、简单向客观、定量、规范、丰富转变；五是服务载体——由纸质材料、邮寄为主向多媒体、多渠道转变；六是工作机制——由部门推动向“政府主导、部门联动、社会参与”转变；七是效果评价——由单纯注重业务考核向以社会满意度为取向转变。

3. 抓督查，重内涵，突出实效

一是分阶段提出验收目标。年初提出硬目标、硬任务，制定具体验收标准，列入年度综合考评。二是定期督查通报。编印《现代气象业务科技动态》《现代农业气象试点建设工作督查》及工作参考，每月对建设情况进行通报。三是注重内涵式发展。以重点实验室为依托，不断强化科技支撑。在现代农业气象科技示范园、农村信息服务站等项目建设中不搞“空壳”和“形象工程”，真正把落脚点放在提高为农服务水平和农村防灾减灾水平上。四是突出可推广性。凝练出可在全国和区域范围内推广的 22 项技术和规程，部分已经推广。

4. 抓典型，树榜样，示范带动

一是精心培育典型。选择现代农业发展基础较好的鹤壁、漯河、商丘等地，给予资金、技术、设备、人才扶持，先行先试，快走一步，走好一步，积累经验。二是加强面上指导。不局限于个别台站，充分调动全省积极性，多点竞发、全面开花。三是交流观摩推广。先后在鹤壁、漯河、许昌、开封、安阳、新乡、南阳等地组织了多次现场观摩、交流研讨活动。各省辖市局也多次自发到省内外参观学习，通过典型引导、示范带动、相互对照，推进单点深入发展，多点共同推进。

5. 抓培训，强素质，全面推进

一是组织开展培训。根据试点建设推进情况，适时聘请河南农大、河南农科院的农业专家和省气象局的农气专家，开展全省性现代农业气象基础理论及现代农业生产技术培训，对现代农业气象观测方法、业务服务平台应用、农用天气预报技术、农学知识进行培训。二是开展交流培养。加强领军人才和学科带头人培养，组织农业气象创新团队；通过上挂下派、技术指导、一对一帮扶、带访问学者、联合培养研究生等形式，培养基层科技业务骨干人才。

三是编印教材及指导手册。拍摄制作了 2 套农业气象多媒体教程，编印了 3 本农业气象业务服务教材和其他技术资料专辑供基层学习。另外，还通过网站开辟专栏，利用视频系统进行指导等，及时答疑解惑；与地方组织部、农业局等联合开展气象信息员培训等。

参考文献

王建林. 2010. 现代农业气象业务. 北京：气象出版社.
许小峰. 2012. 气象防灾减灾. 北京：气象出版社.

我国太阳能开发利用气象服务市场潜力分析*

一、我国太阳能资源开发利用现状与预估分析

1. 太阳能开发进展及前景

太阳能是取之不尽，用之不竭的能源，不仅具有广泛的开发利用前景，而且使用太阳能与石油、煤炭等矿物燃料不同，不会导致“温室效应”和全球性气候变化，不会造成环境污染，也不受能源危机、燃料市场或不稳定地缘因素对输送的影响等优点（陈正洪等，2011）。正因为如此，太阳能的开发利用受到许多国家的高度重视，正在竞相开发各种光电新技术和光电新型材料，以扩大太阳能利用的应用领域。

清洁能源是指在生产和使用过程不产生有害物质排放的能源，能源使用的清洁性要符合一定的排放标准。可再生能源是指原材料可以再生的能源，即消耗后可得到恢复补充，不产生或极少产生污染物，如水力发电、风力发电、太阳能、生物能等。可再生能源具有资源分布广、利用潜力大、环境污染小、可永续利用等特点，是有利于人与自然和谐发展的重要能源（中国21世纪人口、环境与发展白皮书）。目前，中国的能源结构建立在不可再生的化石能源的基础上，必然逐步导致化石能源资源耗竭，是不可持续的。因此，必须寻求一条可持续发展的能源道路。

2011年5月，IPCC发布最新研究报告《可再生能源资源与减缓气候变化特别报告（SR-REN）》，对六种可再生能源资源（生物能、太阳能、地热能、水电、海洋能、风能）进行了评估（IPCC，2011）。报告指出，如果得到有力的政策支持，到2050年可再生能源最高将能够供应全球80%的能源，比德国全球气候变化咨询委员会2004年的预测结果提前了将近50年。评估结果表明：太阳能资源可开发潜力是所有可再生能源中最高的。由于发布机构的权威性，该报告受到广泛的关注。

第二次世界大战结束后的20年中，一些有远见的人士已经注意到石油和天然气资源正在迅速减少，呼吁人们重视这一问题，先后成立了太阳能学术组织，举办学术交流和展览会，兴起太阳能研究热潮。进入20世纪80年代后不久开始落潮，逐渐进入低谷。世界上许多国家相继大幅度削减太阳能研究经费，其中美国最为突出。导致这种现象的主要原因是：世界石油价格大幅度回落，而太阳能产品价格居高不下，缺乏竞争力。核电发展较快，对太阳

* 本报告完成于2012年。主要研究人员：陈正洪、汪金福、彭莹辉、郑治斌、李芬、申丹娜、王林等。

能的发展起到了一定的抑制作用。

随着人类无节制地大量燃烧矿物能源,造成了全球性的环境污染和生态破坏,对人类的生存和发展构成威胁。在这样背景下,1992年联合国在巴西召开“世界环境与发展大会”,会议通过了《里约热内卢环境与发展宣言》,这次会议之后,世界各国加强了清洁能源技术的开发,将利用太阳能与环境保护结合在一起,使太阳能开发利用工作开始走出低谷,逐渐得到加强。特别是进入21世纪的10多年来,在石油可开采量逐渐枯竭和生态环境日益恶化这两大危机的夹击下,如何开发环保能源成为一个全球性热门话题。太阳能作为一种清洁能源,重新受到世界各国的高度重视。从取暖、热水、制冷到发电,各种各样太阳能采集和转换装置层出不穷,应用十分广泛,太阳能的利用已开始进入大规模、实用性阶段。其中最有代表性的是光伏发电(Photovoltaic Solar,PV)和聚光热发电(Concentrated Photovoltaic Solar,CPV)的发展。

光伏发电起源于20世纪的一项科学发明,一些半导体材料在太阳光照射下便可产生电子空穴对,也就是正负极,电就产生了,这项发明成就了人类的航天事业。随着技术的成熟、太阳能电池价格的迅速下降,光伏发电逐渐进入人们的生活,并将最终改变人们的生活。欧洲、日本、美国等已完成了试验示范,进入大规模高速增长阶段,近10年(2002—2011)全球新增光伏发电装机容量年平均增长率在34%以上。2010年全球新增光伏装机容量1800万千瓦,比上年增长150%以上。根据全球风能理事会(GWEC 2010)统计,虽然2010年全球新增风电装机绝对量增加,但是风电市场的年增长率却出现了20年来的首次下跌,较2009年新增的装机容量下降了7%。在欧洲,2010年新增光伏装机容量为1325万千瓦,占全球新增光伏规模的80%,且首次超过了新增风电装机容量(990万千瓦),光伏产业成为欧洲应对经济危机和促进就业的重要支撑之一。

2011年,日本福岛核事故促使许多国家和政府重新思考未来的能源战略,当年全球新增并网光伏容量高达2800万千瓦,比上年增长55%(EPIA,2012),大有追赶风电之势(当年风电新增装机4200万千瓦)。截至2011年,全球光伏累计装机容量超过6800万千瓦,光伏发电已成为全球可再生能源中继水电、风电之后最重要的来源。图1是最近10年全球累计光伏装机容量演变曲线,可见呈快速增长趋势。

1991年美国加利福尼亚州首座槽式聚光太阳能发电系统建成,时隔15年之后,2007年新的聚光太阳能发电系统才在美国内华达(规模6.4万千瓦)和西班牙(规模1.1万千瓦)投产。最近三年以来,在政策的支持下,聚光太阳能发电技术正得到前所未有的迅猛发展,2007—2009年间各国(主要是西班牙和美国)纷纷宣布建设的一些项目,如美国,超过450万千瓦的聚光太阳能发电电厂目前正在商谈购电协议的合同,按照不同的合同约定,这些聚光太阳能发电厂必须在2010—2014年开始提供电力,且美国已提出超过1000万千瓦的新增聚光太阳能发电规模。在西班牙,皇家法令(2007/661)是聚光太阳能发电系统建设和扩张的一个主要动力,截至2009年12月,已有234万千瓦的聚光太阳能发电项目按皇家法令的关税规定了预注册。截至2009年底,全球累计聚光太阳能发电规模达70万千瓦。全球五十多个电厂聚光太阳能发电目前正处于规划阶段,主要分布在北非,西班牙和美国(IPCC,2011)。

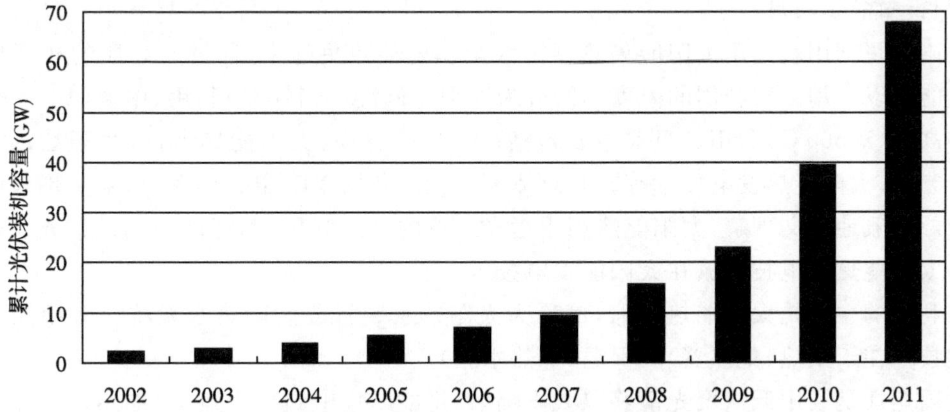

图 1　最近 10 年(2002—2010)年全球累计光伏装机容量图

太阳能发电存在巨大的潜能，大面积区域如屋顶，建筑物表面，大面积休耕土地和沙漠可以用来支持太阳能发电。平均而言，利用现有技术，地球上每平方米土地每年接收的太阳辐射能量为 1700 千瓦时。例如，在欧盟所有合适的屋顶和外墙覆盖着太阳能电池板，则在 2020 年可以满足其 40%的用电需求。欧洲光伏产业协会(EPIA)的研究表明，只要欧洲陆地面积的 0.34%上安装光伏组件，就可以满足欧洲的全部电力需求。国际能源署研究表明，只要全球干燥沙漠面积的 4%上安装光伏组件，就可以满足全球能源需求。

2. 太阳能资源开发利用方式分类

太阳能利用主要有热利用、发电利用、生物利用、建筑利用等，如图 2 所示。太阳能发电是未来的主要发展方向，其中光伏发电是最有效的太阳能利用方式，商业化晶硅电池转换效率已达到 20%，聚光光伏电池甚至可达 25%～30%(远大于生物 1%～2%的利用率)。本研究根据中国发展实际，以热利用和发电利用为主开展研究和讨论。

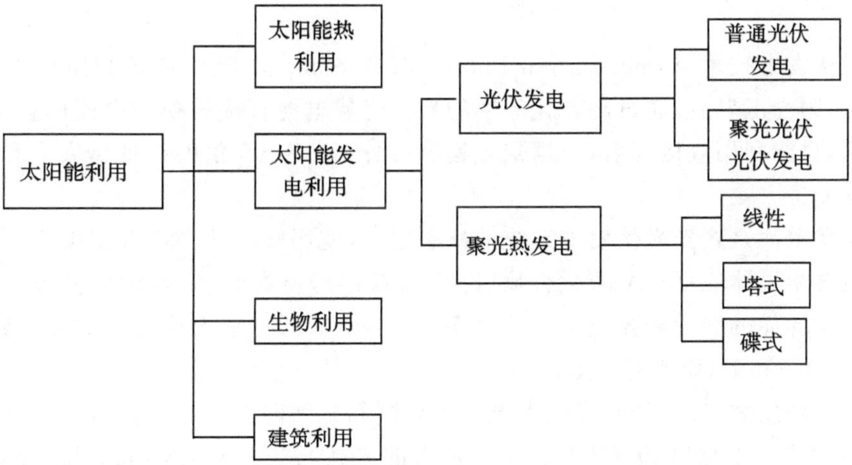

图 2　太阳能利用方式分类图

(1)太阳能热利用

太阳能热利用就是用太阳能集热器将太阳辐射能收集起来，通过与物质的相互作用转换成热能加以利用。按利用的温度不同分为太阳能低温（<100℃）利用、中温（100～500℃）利用和高温（>500℃）利用。目前主要包括以下几个方面：太阳能热水器，太阳灶、太阳房，太阳能制冷，太阳能热发电技术等。其总体原理就是利用太阳能的热效应，来实现人们的某些目的。一般地狭义理解，太阳能热利用指光到热的直接利用，而把高温利用的光—热—电转换的太阳能热发电技术放在太阳能发电技术中。

热利用的主流是太阳能热水器，也称为太阳热水装置或太阳热水系统。太阳能热水器的关键技术在于集热（集热器）和保温（贮热水箱）。

太阳能灶是利用低倍聚光镜获取太阳辐射，将能源集中到一个点上，加热热水壶或烹饪食物的一种装置。

太阳房是利用太阳能采暖和降温的房子，是一种既可取暖发电，又可去湿降温、通风换气的节能环保住宅。最简便的一种太阳房叫被动式太阳房，建造容易，不需要安装特殊的动力设备。比较复杂一点，使用方便舒适的另一种太阳房叫主动式太阳房。更为讲究高级的一种太阳房，则为空调致冷式太阳房。

所谓太阳能制冷，就是利用太阳能集热器为吸收式制冷机提供其发射器所需要的热媒水。热媒水的温度越高，则制冷机的性能系数（亦称COP）越高，这样空调系统的制冷效率越高。经过十几年的发展，太阳能制冷技术已经迈入实用化阶段。

(2)太阳能发电利用

目前太阳能发电技术主要有两大类：光伏发电、聚光热发电。其中太阳能光伏发电（Photovoltaic Solar，PV），就是利用光伏电池的光伏效应原理把太阳辐射能直接转变为电能的发电方式。所谓光伏效应，指半导体材料表面受到太阳光照射时，其内产生大量电子一空穴对，在内建电场作用下运动，产生光生直流电。光伏发电又可分为普通光伏发电和聚光光伏发电，通常意义的光伏发电是普通光伏发电（本研究重点），采用普通的光伏电池，不需要聚光。

聚光光伏发电技术（Concentrated Photovoltaic Solar，CPV），是指利用聚光器（透镜或反射镜）将太阳光汇聚后，通过高转化效率的聚光光伏电池直接转换为电能的技术。聚光光伏发电技术，只能利用直接辐射，根据聚光程度可分为2～100倍的中低倍聚光和1000倍以上的高倍聚光。

聚光光伏电池是聚光光伏发电系统的核心之一，使用转换效率高和温度系数低的电池。目前主要由硅半导体或Ⅲ－Ⅴ族化合物（砷化镓GaAs）材料制造，电池转换效率高，但成本贵。基于硅半导体的商业聚光光伏电池效率为20％～25％；基于砷化镓的商业聚光光伏电池效率为25％～30％，而实验室效率可达40％。

通常根据利用方式的不同，光伏发电分为离网和并网两大类，目前太阳能光伏并网发电已成为主流方式。根据欧盟2009年3月发表的光伏报表（photovoltaic barometer）统计，2008年年底欧盟累计的并网光伏发电系统占98.7％，离网光伏系统只占1.3％。而根据solarbuzz公司（2010）统计，2009年新增的离网光伏系统不到新增装机容量的3.7％，新增并网系统占到96.3%以上。

并网光伏发电通过并网方式向电网提供大量电力，其中有一个非常独特的装置，就是光伏并网逆变器，它负责管理整个光伏并网系统的电力输出，可对太阳能光伏阵列输出直流功率曲线进行动态调节，实现最大功率点跟踪控制，并最终将光伏阵列输出的直流电变换成交流电能并入电网。

聚光太阳能发电(Concentrated Solar Power，CSP)，指利用聚光集热器将太阳能聚集起来产生高温热能，加热介质(如蒸汽)来驱动发电机发电的技术。

(3)光伏发电与聚光热发电技术的对比分析

截止目前，光伏发电技术是绝对的主流，技术最为成熟，国外已完成试验示范，且大规模商业化应用已持续多年，最近几年发展趋势非常快；与光伏发电相比，聚光太阳能发电，生产过程中污染小，能源消耗少，且由于带有热量存储系统，对电网冲击小，但目前尚有许多技术问题需要解决，仍处于商业化示范阶段，成本仍然较高，与成熟的光伏发电技术相比还不具备竞争力，发展存在的不确定因素很多。据GTM研究(Brett，2011)，随着光伏发电成本得到更快的削减，聚光太阳能市场将开始衰退。也有相关专家预测，2020年前后，聚光太阳能发电将在发达国家实现商业化。

无论光伏发电和聚光太阳能发电，都与气象条件密切相关，由于太阳能能量密度低，输出功率具有随机性和间歇性等缺点。虽然光伏发电和聚光太阳能发电都是利用太阳能发电，但两者对太阳辐射的利用迥然不同。光伏发电根据电池材料特性的不同，可以利用太阳能电池俘获直接辐射、散射辐射、反射辐射等直接变成电，无需旋转机组，而聚光太阳能发电只能利用直接辐射去加热介质，然后利用高温介质带动旋转机组发电，其他组成部分与常规发电设备类似。

与聚光太阳能发电相比，光伏发电的主要优点如下：

①光伏发电无噪声，无公害，不产生温室及有毒气体[1]；

②光伏发电(除跟踪式)不像风力发电或常规能源发电(旋转电机)，无旋转部件，不易损坏，安装容易，维护简单；

③光伏发电安全和可靠，不受能源危机或燃料市场不稳定影响；

④光伏发电组件使用寿命长，超过25年；即使25年后，转换效率仍只有20%衰减；

⑤光伏发电系统可回收，重新使用；

⑥适宜于偏远无电地区，降低长距电网建设及输电损失；

⑦光伏发电方式灵活，易于在建筑物上集成；

⑧制造光伏系统(光伏组件及配套组件)的能量可以迅速回收(目前能量偿还时间为6个月至3年)，且随技术进步会不断下降[2]。

---

[1] 光伏发电系统光伏组件及配套部件等制造过程中会产生温室气体排放，而安装好后运行不产生排放，根据EPIA的调查，光伏发电系统在制造过程排放CO_2折合15～20克/(千瓦·时)，而世界平均常规能源发电排放CO_2是600克/(千瓦·时)。且随着技术的进步，光伏发电系统制造过程的排放逐年下降。

[2] 能量偿还时间定义：在系统寿命周期内输入的总能量与系统运行时每年产生的能量之比率。

二、太阳能资源开发利用与气象服务的关系

1. 太阳能资源开发利用气象服务必要性分析

(1)太阳能资源监测和评价服务的必要性

无论是国家和各级政府对太阳能资源开发利用的宏观决策，还是具体的太阳能工程应用，首先都要清楚地了解太阳能源资源的状况及其与工程设计的关系。科学、准确的太阳能资源监测和评估可以掌握太阳能资源的时空分布及其在工程应用上的特点，是国家宏观决策规划和具体项目立项的基本依据。

众所周知，我国的太阳能资源十分丰富，绝大部分地区都适宜大规模或分散型的太阳能利用。然而，尽管资源总量很大，但由于受气象条件的影响，不同地区的太阳能资源存在较大差异，同时还由于太阳能利用方式多样，特点各异，使得国家在制定太阳能发展规划和激励政策时还需要依据太阳能资源的特点做出科学决策。具体表现在以下几个方面。

①我国太阳能资源的实际可开发量。

②我国太阳能资源空间分布特征及等级划分。

③我国不同类型太阳能资源的精细化分布特征。

④我国太阳能资源的变化及与气候变化的关系。

与国家宏观决策的需求不同，工程应用对太阳能资源评估的需求更直接，也更具针对性，具体表现在以下几个方面：

①不同地区太阳能资源的辐射形式和光谱特征。

②不同地区的太阳能利用设备选型与最佳安装倾角。

③不同地区太阳能利用设备不同安装方式资源获取量的差异。

④不同地区实际天气条件下太阳能利用设备产出量与气象要素的关系。

对于太阳能资源利用而言，额定功率和效率是在标准条件下测定的。然而，实际天气条件却是千变万化的，阴雨天气、不同形态的云、沙尘暴、工业气溶胶、极端高温、低温、冰雪覆盖等等都有可能对资源利用效率产生影响。究竟太阳能资源利用效率与气象要素之间存在着什么样的关系，不同天气条件对效率影响有多大，只有通过不同地区实际天气条件下太阳能资源的测量和进一步的理论计算才能做出合理评价。

综合以上分析，太阳能开发利用的监测和评估环节均与太阳能资源的特点有密切的关系，由于我国国土面积大、气候类型多、大气环境复杂、太阳辐射区域特点差异明显，这种关系在不同的地区必然会有所不同。为了满足国家对太阳能大规模开发利用的需求，开展全国性的太阳能资源监测与评价工作，获得面向国家宏观决策的精细化资源评估数据和面向工程应用的针对性资源参数显得非常迫切和重要。

目前，气象部门拥有一个由2400余个基本、基准气象站和6万余个区域气象站组成的庞大、完善的地面地气系统观测网络，拥有超过60年的站网建设、运行和管理经验，管理科学，运行规范。已开展了太阳能资源的宏观评估、精细化评估方法研究、业务系统建设、相关

国家标准制订、观测示范站建设、工程应用服务等工作，同时还进行了太阳能资源与气候变化影响、太阳能发电功率预报技术方法等多项研究，具有进行太阳能资源评价服务的业务和技术基础。随着科技创新成果的不断推出和高性能计算机系统的建设，资源评价所需的技术方法将获得进一步改进。

(2)太阳能发电功率预报和气象保障服务的必要性

2007年以来兆瓦(MW)级并网光伏电站大量涌现，全球并网光伏发电步入大规模发展阶段。由于光伏发电出力受气象要素变化的随机性的影响具有不连续性和不确定性，随着光伏发电装机容量在电力系统中比例的增大，会对电网安全性、稳定性、经济运行造成较大影响和冲击。根据美国学者 Edward(2002)的研究，在一个电网中光伏发电装机容量比例一般不宜超过电网总容量的10%～15%，否则整个系统将难以运行。

为了避免并网光伏发电系统输出功率固有的间歇性和不可控等缺点对电网的冲击，人们开始关注光伏发电量或功率(以下简称光伏发电)预报技术。通过数值天气预报模式对未来1～3天逐小时(15分钟)太阳辐射量的预报，结合光伏电站基本参数和历史发电功率数据分析，对光伏发电功率进行预报。太阳能光伏发电功率预报是太阳能光伏发电自动化控制系统中的一个重要组成部分。光伏发电功率预报技术对于电力系统调度、电力负荷配合、常规能源发电规划和光伏发电规划等具有重要参考和指导意义。

另外，无论哪种太阳能利用方式，都有大量电气部件、机械装置和建(构)筑暴露在自然大气中，必然对灾害性天气高度敏感。气象服务可发挥优势，开展灾害天气预报预警，保障电站、电网安全，提高发电效率。

无论是风能发电预报还是太阳能发电预报，其核心都是对某种气象要素的预报。目前对太阳辐射预报的空间分辨率可小于3千米、时间分辨率小于1小时，通过MOS(模式输出统计)订正后的相对误差完全可以控制在20%以内，从而为发电功率预测提供最有效的保障。对影响太阳能利用装置产生危害的气象灾害的预警也是近年来气象部门的能力提升和服务重点，气象部门有能力做好太阳能利用的气象保障服务。

(3)太阳能开发利用气象监测预报与评估问题分析

——太阳能资源监测方面

①现有的辐射观测并非针对太阳能利用而设置。当前我国国家级的辐射观测网布设于20世纪50年代，其间在观测项目、站点布局、仪器设备等方面经过若干次较大的业务调整，但其基本目的未变，主要是满足天气、气候的业务和研究工作的需求，而并非根据太阳能利用的需求而设置。由于目的的不同，当前辐射观测网在仪器设备的选型上与太阳能利用的需求有较大差异，例如所选用的总辐射表都是热电型的，观测的是290～3000纳米波段的太阳辐射，而并非硅材料(光伏电池的原材料)所能吸收的400～1100纳米。

②观测项目比较单一。目前我国的辐射观测网按照观测项目分为三个等级，只有水平面总辐射是基本观测项目，而直接辐射和散射辐射这两个与太阳能利用密切相关的辐射分量则只有17个一级站才进行观测，依靠这17个站的资料，既无法给出我国直接辐射和散射辐射的空间分布规律，更无法面对太阳能工程项目进行服务。至于其他太阳能利用需要的辐射量，如倾斜面和跟踪面的总辐射、分光谱辐射等，则尚未开展业务观测。

③站网密度较低，空间布局不符合太阳能资源的分布特点。与我国每个气象站及大部分自动站均有10米风速风向观测相比，辐射站网的密度不能满足要求，仅能通过日照观测来对辐射进行反演。我国国家级的业务辐射观测站总数为98个，就我国的国土面积而言，平均约为10万平方千米一个站，站网密度较低。从空间分布来看，辐射台站在东部较密而西部较疏，105°E以西地区仅有36个，以东地区则有62个，这种分布特征与我国太阳能资源西部大于东部的基本特点是不相符合的，由此所得到的太阳能资源评估结果其空间分辨率也无法满足国家对于太阳能宏观评估的需求。

④观测质量不高。当前在我国所有的业务辐射观测站上所采用的仪器，与风、温度等其他要素观测相比，其精确度方面存在一定问题，主要表现为：总辐射表存在着较大的方向性误差(包括余弦响应误差和方位响应误差)，随着太阳相对于地球位置的不断变化，太阳照射到总辐射表上的入射光线轨迹也在变化，特别是在太阳高度角低时，由余弦响应和方位响应造成的测量误差较大；直接辐射的太阳跟踪装置存在问题，常出现缺测、误测等现象，由于跟踪问题，有的观测站只能用理论计算值代替，使观测结果不具备客观性，直接辐射观测数据无法实际应用；散射辐射的测量是在总辐射表上附加一个遮光环，测量值用遮光环订正系数进行修正，该遮光系数是通过实验，把天空散射作为均匀分布推算出来的，而且以一旬为一个修正系数，误差较大。

——太阳能资源评估方面

①针对工程应用的理论评估结果难以有效验证。目前我国已建成400座测风塔构成的风能资源专业观测网，其观测数据可以直接应用于工程设计。但在太阳能评估方面，由于地面辐射观测以水平面总辐射为主，因此在已有的评估结果中也只有水平面总辐射的数据相对可靠，其他如直接辐射、散射辐射、倾斜面辐射、最佳倾角以及光伏发电的理论发电量等均可能存在较大误差(且误差难以通过观测数据进行评估)，所得数量值的相对意义大于实际意义，很难作为太阳能资源开发利用的准确参考。此外，目前的评估结果中还没有关于我国不同地区光谱分布的内容，需要在实际观测的基础上才能进行分析和计算。

②评估结果的空间分辨率难以提高。气候学方法完全依赖同一气候类型区的地面辐射观测，在辐射站点稀疏而地形又比较复杂或者云和大气状况的时空变化较大的地区，采用内插方法得到的经验系数可能会给计算结果带来较大误差，而且这种误差还难以评估，因此该方法计算结果的空间分辨率无从谈起，难以给出精细化的太阳能数据，与太阳能产业界的需求有很大差距。

基于卫星遥感资料的物理反演法虽然可以从根本上提高结果的空间分辨率，但在不同的下垫面和大气环境下，物理参数的选择和设定仍然需要依据地面辐射观测资料来进行。

因此，当前的辐射观测站无论是在数量上还是在空间布局上都无法实现太阳能资源评估结果空间分辨率的有效提高。

③评估结果的时间分辨率受到限制。气候学统计方法主要依赖日照百分率与辐射量之间的相关关系，要保证计算结果的稳定性则其时间分辨率只能到月及以上尺度，无法得到逐日、逐时、逐15分钟值。相对于实际应用，这是该方法最主要且无法解决的问题。

基于卫星遥感资料的物理反演方法虽然可以得到逐时的地面辐射量，但需要一定密度、较高精度地面观测结果的验证。

④评估结果的精确度难以提高。对于气候学统计方法，其计算的总辐射累年平均年值的相对误差在部分地区在10%以上。更重要的是，由于日照时数与辐射记录本质的差别，决定了二者不可能实现精确的换算，也就是说其误差是由于方法本身所引起的内在系统性误差，计算结果达到目前的精确度之后很难再有进一步的提高。

基于卫星遥感资料的物理反演方法所得结果的精确度也需要利用观测资料加以校验并订正，而目前辐射观测站在数量上和空间布局上均使得大面积的计算结果无法得到检验。随着卫星观测技术的提高和地面观测台站的加密，采用这种方法得到的太阳能资源评估结果其精确度也将逐步提高。

⑤评估结果对太阳能发电量计算和预报的支持能力不强。受昼夜、天气、污染影响，太阳能利用时间上不稳定、不连续。据介绍，目前电网中光伏发电容量比例一般不宜超过10%～15%，否则整个电网将难以运行；即便低于10%，也需加强太阳能光伏发电功率预测的研究，通过预报获得光伏发电系统的日发电量功率曲线，从而协调电力调度部门制定发电计划和及时调整调度计划。目前辐射观测体系时空分辨率、观测项目无法满足未来太阳能资源预报工作。

——太阳能预报和气象保障服务方面

国际上的太阳能大规模开发利用起步较早，相关的太阳能预报技术也已有所发展。总的来说，太阳能预报的基本思路都是基于数值天气预报模式和太阳能发电(光伏/光热)系统的实际发电功率数据，将动力模型和统计方法相结合实现太阳能发电功率的短期预报。

我国的大规模太阳能发电起步较晚，因此对于太阳能的预报技术尚没有成熟的经验可以借鉴。基于数值天气预报模式的太阳能预报应该是气象部门尽快研究和解决的重点问题。随着近两年光伏发电的快速发展，太阳能预报已引起气象部门的重视。目前，气象部门仅有湖北省气象局、青海省气象局、内蒙古气象局等少数几个单位涉足了太阳能光伏发电预报和气象保障服务领域，对实际光伏电站进行预报服务和气象保障服务的经验还较缺乏，太阳能预报系统和服务尚不能完全满足电力调度部门和太阳能电站的需求。

2. 太阳能资源监测

(1)我国太阳能资源监测网络布局现状

目前我国国家级的业务地面辐射观测站点布局，其中一级站17个，观测项目为总辐射、直接辐射、散射辐射、反射辐射和净辐射；二级站33个，观测项目为总辐射和净辐射；三级站48个，只观测总辐射。全国平均每十万平方千米1个辐射观测站。

利用现有的辐射观测站的总辐射资料可以反映出我国水平面太阳能资源的宏观特征，即西部大于东部，高原大于平原，干燥区大于湿润区，内陆大于沿海。但直接辐射站的观测资料过于稀疏，只能反映其所在地的时间变化特征，无法给出全国的总体分布情况，同时也无法满足工程应用中关于“直散分离”的要求，这远远不能满足太阳能开发利用的需要。

(2)太阳能资源监测工程应用服务

近年来，中国气象局风能太阳能资源中心、大气探测中心以及湖北、吉林等省气象服务部门在针对太阳能资源工程利用监测方面也做了大量探索性的研究与针对性服务。

2010年起，风能太阳能资源中心在新疆吐鲁番建设了“吐鲁番太阳能观测站”，除常规气象要素和辐射各要素观测外，还增设了云量观测、能见度(气溶胶)等特种观测项目。2012年在北京中国气象局大院新建了“光伏发电试验站”，该站包含了薄膜、多晶硅、单晶硅多种光伏面板材料，并同步进行气象和辐射要素观测。

中国气象局大气探测中心在北京南郊和云南丽江建有两个太阳能资源观测示范站，对气象各要素和光热、光电辐射、光伏发电功率等要素进行对比观测，为资源评估和利用提供最为精确的原始数据。

2010年，湖北省气象服务中心在武汉建设了“太阳辐射能量转换效率气象观测示范工程”。该工程装机容量约16kWp，包含单晶硅、多晶硅、薄膜硅等不同材料，多个固定倾角、单跟踪、多跟踪等不同安装方式的光伏组件，并包含气象和辐射观测自动站。是目前国内观测测试项目最齐全的电站之一，可为太阳能光伏工程数据分析和验证获取第一手资料。

吉林省气候中心在乾安县建设有光伏发电实验系统，包含固定式、单轴跟踪式、全跟踪等多种安装方式。并设计了太阳能资源观测系统并在省内外安装多套。

气象部门这些面向工程服务的太阳能资源监测系统，大大提高了气象服务的针对性，在气象观测业务与太阳能利用工程化应用之间架起了一座沟通的桥梁。

(3)我国太阳能资源数据库建设

为了太阳能资源监测数据的分析和使用必须建立基础数据资源支撑环境，建立我国太阳能资源数据库系统，集中管理太阳能资源数据(太阳能资源专业观测网观测数据、历史气候资料、大气成分资料、卫星资料以及反演产品、地理信息数据)，为下一步评估和预报等应用和服务业务提供数据服务。

完整的太阳能资源基础数据库系统包括数据收集、数据处理、存储管理、数据访问四个子系统，还需落实资料管理与服务的规章制度以及运行环境设计与实施等基础性工作。

①数据收集系统。依托全国气象宽带网络系统，建立实时传输系统，实现“观测台站—省级传输节点—国家级数据中心”太阳能资源专业观测网观测数据的实时传输。

制定太阳能数据交换规范和编码体系，建立临时文件库，收集各种太阳能数据(已建台站辐射和气候背景资料、太阳能资源专业观测网资料、站网基础信息、卫星遥感资料与反演产品)，并提供元数据编辑器，对收集的数据进行编目。

逐月对数据收集情况进行统计。

②数据处理系统。依照入库规范，对收集的太阳能资源数据进行规范化处理。对太阳能资源专业观测网资料进行实时解码、数据质量控制以及统计计算；对现有辐射观测资料和气候背景资料进行整编与气候统计；对卫星遥感资料与反演产品进行格式转换和规范化命名；依据太阳能观测站网的分布，处理全国和观测台站周边的地理信息数据，形成可以服务的图形产品，并规范命名。

③数据存储管理系统。太阳能资源数据存储管理子系统，设计太阳能资源数据的数据模型与物理存储结构，实现太阳能资源专业观测网的基础信息，观测实时数据、历史气候资料、卫星资料等数据的标准化、规范化存储管理，建立完整的描述型元数据信息、存储型元数

据和服务型元数据，实现太阳能资源数据的入库、存储、备份、归档流程。

④数据访问系统。太阳能资源数据访问子系统，设计太阳能资源基础数据的检索与获取的访问接口，实现国家级和省级业务单位从数据库中提取太阳能资源相关的基础数据，包括 WEB、FTP、API 直接访问、数据订阅和主动推送等功能与业务流程。

⑤基础性工作。编制太阳能资源数据库管理办法，规范太阳能资源数据的收集、存储、备份的方法和策略。

编制太阳能资源共享服务管理办法，对太阳能资源数据分级、用户分类，制定服务策略与访问权限，规范太阳能数据资源共享服务流程。

制定太阳能资源数据元数据标准和数据交换标准，规范太阳数据资源的描述，便于数据交换与共享。

形成如下管理办法与标准规范：《太阳能资源数据存储管理办法》《太阳能资源数据共享服务管理办法》《太阳能资源数据分类与编码》《太阳能资源数据元数据标准和 Schema》《太阳能资源数据的交换文件格式》。

⑥运行环境设计。设计太阳能资源基础数据库的运行环境，选择合适机房环境（电源与空调），设计合理的机柜场地布局和网络物理布线，构建与风能数据库系统兼容的操作系统，建了网络共享的文件系统，完成服务器组与网络基础设施的搭建。

3. 太阳能资源评估服务

（1）我国太阳能资源时空分布与变化趋势分析

20 世纪 50 年代起，通过采用苏联学者等的学术理论，傅抱璞、王炳忠、祝昌汉等通过总、直、散射辐射与日照时数的关系，推算了全国以县为最小单位的太阳能资源分布情况，以及坡面辐射的计算方案。近年来中国气象局风能太阳能中心、南京信息工程大学、南京大学等采用基于辐射传输理论的物理反演法，结合卫星遥感、地面观测资料，获取空间分辨率千米级的格点化太阳能资源评估数据，并研究了时空变化趋势。湖北、陕西、新疆等地省级气象部门也都采用日照、地形等资料建立了本省的总辐射和直接辐射推算模型，并进行了资源区划和时空变化特征研究。

①空间分布

从日照时数年分布来看，日照时数最多的区域位于青藏高原南部，最大值超过 3400 小时，并由此向北向东扩展到河西走廊和内蒙古高原。这些地区气候干燥，海拔较高，年日照时数普遍超过 3000 小时。日照时数低值区主要分布在四川盆地及其周边，其中以四川盆地为最低，不足 1200 小时。显然，这主要与当地气候湿润、多云雾有关。高、低值中心年日照时数相差 3 倍左右。总的来看，“高原大于平原，干旱区大于湿润区”是我国日照时数分布的基本特征。但有两个相对低值区值得注意：一是青藏高原东南部及横断山脉，虽然海拔较高，但是由于地处迎风坡地带，水汽充沛，云量较多，日照时数较同海拔其他地区明显偏少；二是南疆盆地，受沙尘天气影响，年日照时数较周边地区略低，约为 2800 小时。

四季分布与年分布大体一致，但是就具体区域而言，受大气环流及大气环境季节变化的影响，分布型会有一定变化。南方表现较明显，受夏季风影响，天气多变，夏季日照分布的规律性遭到破坏。新疆也存在较明显的季节差异，春夏季，南疆盆地日照明显较周边偏少，形成一个相对低值中心，而秋冬季，该低值中心消失，日照由南向北递减，这显然与该区沙尘气溶胶的年变化有关。

中国气象局风能太阳能资源中心根据日照百分率与地面总辐射和直接辐射的气候学关系，利用全国2400余个气象站的日照观测资料计算了我国的太阳辐射分布，比较清晰地反映了我国太阳能总辐射量的分布，即新疆东南部、内蒙古西部、甘肃西部、青海和西藏大部分地区可达1700千瓦·时/平方米以上；川、渝、黔及鄂西、湘西地区在1000千瓦·时/平方米以下；我国其他地区太阳能总辐射在1000～1700千瓦·时/平方米。这些结果为我国太阳能资源开发利用的宏观决策提供了基础。

②时间分布

从全国平均来看，日照时数在夏季最多，冬季最少，春季好于秋季。但就不同地区而言，差异很大。影响日照年变化的因子可以分为两类：一类为天文、地理因子，决定了日照“冬小夏大”的特点，是“共性”因素；一类是气象和环境因子，这是形成日照年变化区域特点的决定因素，是“个性”因素。对后者而言，云对阳光的遮挡和大气污染物对阳光的削弱是关键，主要表现为雨带的进退、雨季持续时间的长短及大气中水汽和污染物的多少，而日照百分率则是反映该类因素的最佳指标。

③变化趋势分析

近几十年来，全球和我国大部分区域的地面太阳辐射都经历了一个从减少到增加的过程，也就是所谓的地球“变暗”到“变亮”。我国气象部门对于地面太阳辐射的业务观测从20世纪50年代开始，其间经过几次观测项目、观测台站数目和布局的调整，一定程度上影响了辐射观测资料在时间和空间上的连续性。尽管如此，研究者还是可以从近50年的观测资料中分析得到我国地面太阳辐射长期变化的基本特征。这方面的研究大致从20世纪90年代开始，到2005年之后，随着地面观测资料的进一步积累以及国际上的广泛关注，我国地面太阳辐射的长期变化也再一次受到重视。

综合这些研究成果，可以发现除了很少一部分台站以外，我国大部分区域近50余年地面太阳辐射的总体变化特征是：在1960—1990年左右呈下降趋势，之后从1990年前后开始逐渐增加。同时，任国玉等(2005)所给出的我国日照时数的长期变化也表现出类似的特征，从另外一个侧面反映了地面太阳辐射的长期变化。这种变化特征与全球的研究结果基本一致，但由于不同学者研究的时间区间以及采用的观测台站数目不同，所给出的变化幅度也不尽相同。此外，还有研究者对我国的两北地区、东部地区和青藏高原等地区的地面太阳辐射变化情况也进行了分析，其结果进一步印证了上述变化特征。

(2)我国太阳能资源评估方法及指标

目前，对太阳能资源评估根据用途不同，侧重点和指标也不尽相同。根据气象行业标准《太阳能资源评估方法》和国家标准《太阳能资源等级 总辐射》，气象部门多采用三项指标对太阳能资源进行评估，即太阳总辐射年总量、稳定度和直射比，其中稳定度又有两种表达方式。

在进行评估时，所用数据应采用具有气候意义的30年气候平均值。

①年总量指标

以太阳总辐射的年总量为指标，进行太阳能资源丰富程度评估，具体等级见表2。

表2 太阳能资源丰富程度等级表

太阳总辐射年总量	资源丰富程度
≥1750kW·h/(m²·a)	资源最丰富
6300MJ/(m²·a)	
1400～1750kW·h/m²·a)	资源很丰富
5040～6300MJ/(m²·a)	
1050～1400kW·h/(m²·a)	资源丰富
3780～5040MJ/(m²·a)	
＜1050kW·h/ m²·a)	资源一般
＜3780 MJ/(m²·a)	

②稳定度指标

太阳能资源稳定程度可用各月的日照时数大于6小时天数的最大值与最小值的比值表示(见下式)，其等级见表3。

$$K=\frac{\max(Day_1, Day_2\cdots Day_{12})}{\min(Day_1, Day_2\cdots Day_{12})}$$

式中，K为太阳能资源稳定程度指标，无量纲数；Day_1，Day_2，…，Day_{12}为1～12月各月日照时数大于6小时天数，单位为天(d)；max( )为求最大值的标准函数；min( )为求最小值的标准函数。

表3 太阳能资源稳定程度等级表

太阳能资源稳定程度指标	稳定程度
＜2	稳定
2～4	较稳定
＞4	不稳定

此外，用全年中各月总辐射量(月平均日曝辐量)的最小值与最大值的比值亦可表征总辐射年变化的稳定度，在实际大气中其数值在(0,1)区间变化，越接近于1越稳定。可划分为四个等级：很稳定(A)、稳定(B)、一般(C)、欠稳定(D)。划分标准见表4。

表4 稳定度等级表

等级名称	分级阈值	等级符号
很稳定	$R_w \geqslant 0.47$	A
稳定	$0.36 \leqslant R_w < 0.47$	B
一般	$0.28 \leqslant R_w < 0.36$	C
欠稳定	$R_w < 0.28$	D

注：R_w表示太阳总辐射稳定度，计算R_w时，首先计算多年平均(一般取30年平均)的总辐射各月平均日辐照量，然后求最小值与最大值之比。

③直射比指标

总辐射由直接辐射和散射辐射两种形式组成，不同气候类型地区，直接辐射和散射辐射占总辐射的比例有明显差异，不同地区应根据主要辐射形式特点进行开发利用。直射比可以用来表征这一差异，它表示一段时间内直接辐射量与总辐射量之比，在实际大气中其数值在(0，1)区间变化，越接近于1，直接辐射所占的比例越高。采用直射比作为衡量指标，将全国太阳能资源分为四个等级：很高(*A*)、高(*B*)、中(*C*)、低(*D*)，划分标准见表5。

表5 直射比等级表

等级名称	分级阈值	等级符号	等级说明
很高	$R_D \geqslant 0.6$	*A*	直接辐射主导
高	$0.5 \leqslant R_D < 0.6$	*B*	直接辐射较多
中	$0.35 \leqslant R_D < 0.5$	*C*	散射辐射较多
低	$R_D < 0.35$	*D*	散射辐射主导

注：R_D 表示年直射比，计算 R_D 时，首先计算水平面直接辐射和总辐射年辐照量的多年平均值(一般取30年平均)，然后求二者之比。

(3)太阳能光伏发电量估算和工程应用服务

受限于工程化研究较少，过去气象部门对于太阳能资源评价多为资源丰富程度的估算，而较少涉及太阳能光伏发电量的估算研究。进行太阳能光伏发电量估算，对于已知太阳能光伏电站容量的情况下，需要先找出全年能够得到最大发电量所对应的方阵最佳倾角，并且计算出系统各个月份的发电量及全年的总发电量。这些计算均需要气象部门掌握电力系统知识，并能把握光电转换各环节的计算方法。

科学、准确的太阳能资源评估可以掌握太阳能资源的时空分布及其在工程应用上的特点，是国家宏观决策规划和具体项目立项的基本依据。近年来针对企业和政府的工程化应用需求，气象部门也开展了大量工程化应用服务。

为更好地开展服务，湖北省气象局于2010年成立了湖北省气象能源技术开发中心，负责承担湖北全省风能、太阳能等气象能源的检测、调研和开发利用工作，并将开发气象能源评估技术、开展气象能源精细化规划布局研究和气象能源开发技术服务。中心自成立以来，参与了省发改委“湖北省太阳能光伏发电十二五规划”、“湖北省低碳发展规划“等材料编制和审核工作。承担了多项光伏电站的资源评价、区域太阳能资源评价及相关科研工作，如咸宁、黄冈、武汉等地光伏电站资源评价，湖北省太阳能资源精细区划等。还完成开发了“光伏电站最佳倾角优化设计系统”，用于光伏电站资源评估和优化设计领域。

此外，中国气象局风能太阳能中心和吉林、陕西等省级气象部门面对日益增长的太阳能资源工程化评估需求，也开展了大量研究和服务。包括太阳能电站资源评估与设计，光伏太阳能资源区划与评价等。

4. 太阳能光伏发电气象预报服务

(1)光伏发电功率预报方法分类

总的说来，国内外光伏发电量预报技术主要可分为如下三类：一是基于辐射预报和光伏

I/V 特性曲线仿真模型的仿真预报法。仿真模型预报法是基于理想条件下光伏组件的电气特性数学公式推导和求解，由于假设为理想条件，不能适应天气变化，预报误差较大，故此忽略。

二是基于辐射预报和光电转换效率模型的原理预报法。根据太阳能电池光伏发电的物理原理、光电转换效率和逆变器转换效率的定义，建立影响光电转换效率及逆变器效率的经验公式和合理的经验系数，输入辐射预报，进行光伏发电量或功率预报。

三是动力一统计预报法。基于历史气象资料（天气情况或（和）辐射资料）和同期光伏发电量资料，采用统计学方法（如多元回归、神经网络等相关算法）进行分析建模，再输入数值模式预报结果，实现光伏发电量或功率预报。图 3 给出太阳能光伏发电预报原理图（框内为原理预报法，框外为动力一统计法）。

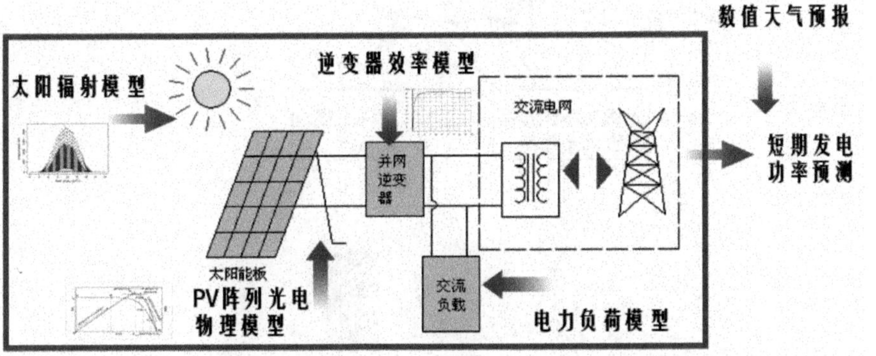

图 3　太阳能并网光伏发电原理图（框内位原理预报法，框外为动力一统计法）

目前重点研究和开发两种光伏发电预报方法：原理预报法和动力一统计预报法。

一套预报系统可包含多种预报方法，这样既避免单一方法的可能失误，又能及时更新模型参数，提高预报准确率。太阳能光伏发电预报思路的确定，既为系统关键技术的研发指明了方向，也是整个预报系统的核心。

(2)光伏发电功率预报流程

太阳能光伏发电预报流程为：以中尺度数值模式预报为基础，采用原理预报法和动力统计预报法，结合常规天气形势预报，由预报员综合分析各自预报结果，形成综合意见，制作预报产品提供给电网部门。

进行太阳总辐照度和光伏发电功率预报的主要依据为：

①中尺度模式输出的逐时或更小时间间隔的气象要素预报；

②预报对象光伏发电系统历史发电功率资料，及停机检修状况资料等；

③预报对象光伏发电系统所在地或附近，逐时或更小时间间隔的气象辐射实况资料；

④当地和气候背景和常规天气预报。

预报应以各类预报和实况资料为基础，综合利用以光电物理过程为基础的原理预报模型和采用线性或非线性统计方法建立的统计预报模型，由预报员加以判断和订正，形成预报产品。预报以 08 时或 20 时模式逐时预报产品为基础每天制作 1 次或 1 次以上，按照服务对象要求当天及时提供未来 3 天或具体要求时效的预报结果。具体光伏发电功率预报技术和工作流程可参考图 4。

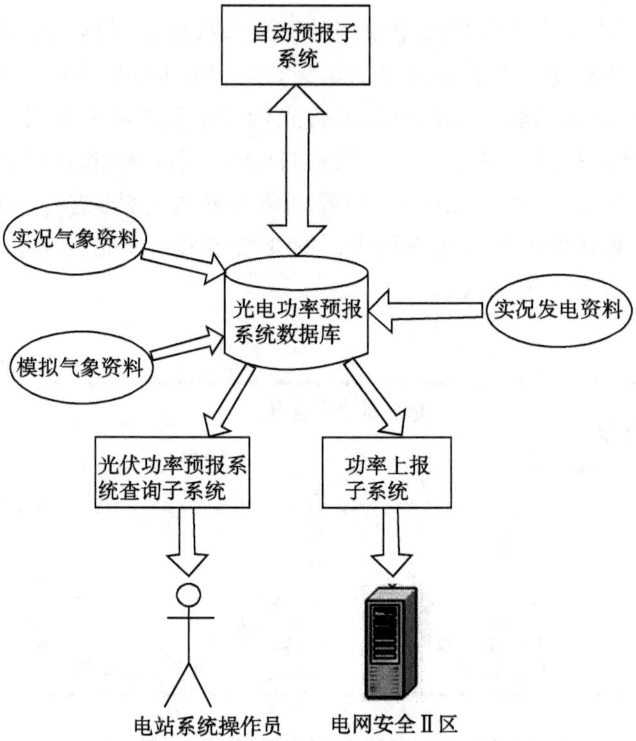

图 4　光伏发电量预报制作技术流程参考图

(3)光伏发电功率预报系统

目前发达国家加快了太阳能预报方法的研究。如美国国家可再生能源实验室(NREL)用卫星遥感和地面观测的云量、气溶胶光学厚度、大气可降水量、反照率、气压和臭氧等资料建成了美国和全球太阳能资源数据库,包括太阳总辐射、直接辐射和散射辐射等,2008 年启动的太阳资源和气象普查项目将提供更高质量的太阳辐射观测,生成的数据可为改进太阳辐射模式和发展研究太阳能预报提供依据。加利福尼亚大学默塞德分校(University of California Merced)研究开发了一种地面太阳辐射照度观测站,利用它的实时观测数据,结合卫星和雷达图像处理数据开发出计算实时太阳能和临近预报的方法。在此基础上建成太阳能 24～36 小时的短期预报系统。在美国从事可再生能源普查和预报的 3TIER 公司在西部的风能和太阳能一体化研究项目中为 NREL 提供太阳能预报,并开发太阳总辐射、直接辐射和散射辐射的预报模型。

国外已有少数研究机构建立了以数值天气预报为基础,进行光伏发电系统输出功率预测的系统。比如丹麦 ENFOR 公司的 SOLARFOR 系统将光伏发电系统的历史发电量数据和短期数值天气预报输出要素结合,从而实现光伏发电的短期功率预测。美国 WindLogics 公司正着手开发适合光伏发电功率预测需求的数值天气预报模式,计划将卫星遥感数据以及地面云量观测信息纳入整个模式体系，形成多信息融合的综合预报系统。

2010—2012 年，以湖北省气象局牵头、10 多个单位参加的太阳能光伏发电预报系统研究项目组进行了一系列的研究和开发工作，包括机理研究（模式及其辐射参数化方案的遴选，中尺度模式输出辐射及其统计订正，光电物理转换气象机理模型研究）；预报方法研究（光伏发电量与环境气象因子关系的诊断分析、发电量预报方法的分类与构建）、系统开发（系统框架设计、数据库设计、系统实现）。在这些基础工作之上，2011 年 3 月，项目组完成了太阳能光伏发电预报系统（测试版），技术手册、使用手册（含操作手册和安装手册），并在湖北率先投入应用。6 月初，推出系统 1.0 版（次年获国家软件著作权），并开始在宁夏、青海，甘肃 3 个试点省区推广。该系统可充分融合中尺度数值天气预报、系列光电物理模型、动态统计方法，可实现未来 3 天逐小时太阳总辐射量以及光伏电站发电功率（或发电量）的预报及误差分析等功能。

(4)国内外太阳能资源评估及光伏发电系统设计

欧盟委员会联合研究中心（Joint Research Centre）以 ESRA 月平均数据为基础，并结合高分辨率地形数字高程数据和 3 维空间，研发出交互式在线 PV 地理信息系统（PVGIS 系统），给出了欧洲太阳能光伏发电可开发潜力分布，可为欧洲建筑业者和太阳能规划设计者提供基础数据和建议。该系统的最大特点是增强了地形数据的空间分辨率，基于一种数字化高程模型，分辨率从以前的 1000 米精确到 100 米。特定位置高程的更准确定位和邻近山脉遮挡影响的计算，大大改进了多山地区太阳辐射的估算。随着发展，目前该系统还可以为用户提供非洲、地中海盆地以及亚洲西南地区的太阳能资源及发电情况评估。

美国采用卫星反演方法得到太阳能资源精细化评估。采用 SUNY 模式可以给出美国绝大部分地区逐小时的纬度倾斜面总辐射（光伏资源）和法向直接辐射（聚光资源）的估计值，散射辐射则由总辐射和水平面直接辐射计算得出。由联合国环境规划署和加拿大自然资源部开发的 RETScreen 清洁能源项目分析软件，包括资源评估（太阳辐射数据、环境温度、10 米风速、气压等）、不同安装和运行方式下的辐射量计算（固定安装，不同朝向和不同倾角，单轴跟踪，双轴跟踪等）、设备选型和容量计算（太阳能电池、蓄电池、系统各个环节的效率、发电量测算）、成本分析（可研、设计、设备、土建、运输、安装、运行维护、周期性投资等）、温室气体减排分析（按照 IPCC 标准）、财务评估（贷款、赠款、利息、税收、CDM、光伏电价测算、IRR、现金流、资金回收期等）、敏感性分析和风险分析。商业软件 PVSYST，由瑞士人 André Mermoud 博士开发研究的仿真光伏系统，能够较完善的对光伏发电系统进行研究、设计和数据分析，它涉及到并网、离网、抽水和直流电网（公共交通）光伏系统，并包括丰富的的气象数据（全球约 330 个站点，来源于 Meteonorm，美国 TMY2，欧盟 Helioclim－2，世界辐射数据中心 WRDC，美国 NASA－SSE，欧盟 PVGIS－ESRA，以及加拿大 Retscreen 软件等辐射和其他气象数据资源）和光伏系统的组件数据库。该软件提供了三种水平上的光伏系统研究，基本对应对实际项目不同发展阶段：初步设计、项目设计和详细数据分析。

国内，上海电力学院太阳能研究所利用美国 NASA 中有关中国太阳辐射数据及 Klein 和 Thecilaker 提出倾斜面月辐射量计算法方法，开发出“太阳辐射量与光伏系统优化设计软件”，可以计算出各地不同方位和不同倾斜面上 12 个月的太阳总辐射量，提供各地最佳倾角选择及离网、并网两种不同系统年总发电量输出结果。湖北省气象服务中心自主开发的《光伏发电预测预报系统 V2.0》(《光伏发电预测预报系统 1.0》升级版(登记证号2012SR029175))采用了原理预报法”和“动力统计预报法”每天预报未来三天白天的逐15分钟太阳辐射及发电功率,同时进行超短期4小时的辐射计功率预报。

(5)光伏发电功率预报效果评价

预报效果评价、检验是本项研究的重要工作之一,旨在根据评价、检验结果,不断完善、修正相关参数或系数,使预报准确率不断提高。

选取相关系数CORR和均方根误差RMSE、平均误差MBE、平均绝对误差MAE及对应的相对误差,对水平面总辐照度(如果电站所在地含有水平面辐射量观测)和逐1分钟、逐日光伏发电功率预测值进行评价、检验,检验项目见表6。

表6 预报效果检验项目表

内容	检验项目	评估指标
水平面总辐照度	0～24小时逐15分钟总辐照度	CORR、RMSE、MAE、MBE
光伏发电功率	0～24小时逐15分钟发电功率 逐15分钟发电功率	CORR、RMSE、MAE、MBE CORR、RMSE、MAE、MBE

目前辐射预报方式可分为:超短时(1小时以内)和短时临近(0～5小时)的辐射预报,使用卫星云图资料外推;短期辐射预报(5小时以上到3天),主要使用MM5、WRF、NDFD、ECMWF、GFS/WRF等中尺度数值预报模式,并对模式结果进行订正和解释应用;短期辐射预报也可采用回归或神经网络方法等统计学方法。数值预报模式得到了广泛的应用,以ECMWF、GFS/WRF为例,对德国未来一天的太阳能总辐射进行预报试验,不同模式误差情况如表7所示。可见,ECMWF模式预报效果最好。

表7 不同模式对德国未来一天太阳辐射预报误差分析表

中尺度模式	研究机构	时空分辨率	运行方式	RMSE(W/m²)	MAE(W/m²)	MBE(W/m²)
ECMWF	Oldenburg 大学(德国)	0.25°×0.25	结合清晰	92	59	−7
		3h	指数统计处理	(40.3%)	(26.2%)	(−2.9%)
GFS/WRF	Meteotest(瑞士)	5km×5km	水平面总辐	118	74	−1
		1h	射直接输出	(51.8%)	(32.6%)	(−0.3%)

注:RMSE为均方根误差,MAE为平均绝对误差,MBE为平均误差,(%)内数值为相对误差。

2011年起,湖北省气象服务中心开发完成的太阳能光伏发电预报系统开始在武汉地区试用,包括华中科技大学18kW太阳能光伏发电试验电站、武汉日新1.2MW太阳能光伏发电示范园区,根据资料统计,三种方法(原理法、线性回归法、神经网络法)的预报误差为11.9%～21.6%,以原理法预报效果最好。

5. 太阳能光伏发电气象保障服务

(1)常规天气气候服务

光伏发电利用的是一个气象要素——辐射,而辐射随地理、年内、日内、天气状况而变化

(云量、能见度或气溶胶),这就决定了光伏发电出力的波动性和不确定性与气象条件息息相关。

常规天气气候服务包括从短时预警直至月、季、年尺度的预测均对光伏发电具有服务价值。如月以上尺度的短期气候预测可给电网部门制定运行计划提供指导,年以上尺度的气候变化预估可对电网规划提供帮助,而短时预警则为光伏电站避免设备损失提供服务。

(2)极端和灾害性天气气候影响服务

无论哪种太阳能利用方式,都有大量电气部件、机械装置和建(构)筑暴露在自然大气中,必然对灾害性天气高度敏感。高温热浪使光伏发电效率下降、使电池寿命缩短;大风冰雹损坏露天发电设备、建(构)筑物;雷电击坏电子与电器部件、建(构)筑物;沙尘暴可以损坏电站、聚光部件及降低发电效率;暴雪冰冻则不仅会使发电输出降为零、甚至损毁输电线路及设备。气象服务可发挥优势,开展灾害天气预报预警,保障电站、电网安全,提高发电效率。

三、太阳能开发利用气象服务市场潜力分析

1. 太阳能开发利用气象服务产品分类

(1)宏观决策类产品

太阳能资源是国家的战略资源,对其科学监测与评估是开发利用的基础性工作。宏观决策主要涉及区域太阳能资源监测、评估等领域,可提供的专业气象服务产品如下:

我国及各省太阳能资源总储量评价;

我国及各省太阳能资源精细化空间分布;

我国及各省光伏、光热发电潜力估算;

地区布局适宜性、规模的科学评估;

地区光伏、光热发电设备选型气象评价;

太阳能开发预期经济收益评估。

(2)规划设计类产品

由电站太阳能资源评估、后评估衍生的一类产品,包括以下丰富内容:

电站气象灾害等级标准和气象风险区划;

电站微观选址评估;综合考虑资源、土地利用、交通、电网接入点、接纳能力等,根据不同气候和地理环境(南、北方不同地域辐射分布特征),及采用不同的利用方式(地面大规模并网光伏发电、建筑一体化等分布式光伏发电和聚光热发电等),进行微观选址评估。

电站设计规划;评价最佳倾斜角、方位角,适合当地气候的材料选型(单晶、多晶、薄膜等)、设备类型、规模(面积)、跟踪方式等。

地区精细化纬度倾斜面总辐射(光伏资源)、法向直接辐射(聚光资源)的估算;

地区不同倾角、不同朝向太阳能资源评估;

电站太阳辐射、环境温度、10米风速、气压等资源评估;

电站不同安装和运行方式下的辐射量测算，固定安装、同朝向和不同倾角、单轴跟踪、双轴跟踪等；

电站设备选型和容量测算，太阳电池、蓄电池、系统各个环节的效率、发电量测算；

电站温室气体减排评估分析；

电站区域太阳能资源评估与气候可行性论证；

电站防雷风险评估等。

(3)管理增效类产品

主要为电站太阳辐射及光伏发电功率、电力负荷等预报类产品，按不同性质可细分如下。

根据算法分类：基于辐射预报和光伏 I/V 特性曲线的仿真法预报产品；基于辐射预报和光电转换模型的原理法预报产品；基于历史气象资料和同期光伏发电量资料的动力统计法预报产品。

根据预报时效分类：超短时(1 小时以内)、短时临近(0～4 小时)、短期(5～72 小时)、中长期(5 天以上)的辐射或功率预报；

太阳辐射预报分类：辐射水平面辐射量、斜面辐射量，直接辐射量、散射辐射量和总辐射量预报。

成立能源气象工程技术中心，建立高效的市场服务体制机制，实现科研成果快速转化，与市场密切对接，大力开拓服务市场，提供优质服务，形成规模化、品牌化效应，在服务中不断并发现和培育新的需求，扩大服务规模，提高服务水平。

(4)气象保障类产品

高温热浪使光伏发电效率下降、使电池寿命缩短；

大风冰雹损坏露天发电设备、建(构)筑物；

雷电击坏电子与电器部件、建(构)筑物；

沙尘暴可以损坏电站、聚光部件及降低发电效率；

暴雪冰冻则会使发电输出为 0、输电设备损毁；

暴雨山洪地质灾害则会淹没、摧毁电站基础设施。

为保障电站、电网安全，提高发电效率，气象部门需提供高温、大风、雷暴、暴雪等灾害性天气 0～30 分钟、0～1 小时、0～2 小时、0～3 小时、0～6 小时、0～12 小时、0～24 小时预警预报类产品。

此外，还包括常规要素短期预报、月气候预测与评估、季气候预测与评估和年气候预测与评估。

2. 太阳能开发利用气象服务产品的市场潜力分析

太阳能资源开发利用，依靠的就是气象要素之一太阳辐射，对气象服务的需求是多方面的，基本贯穿整个过程，包括太阳能资源监测及评估(含可行性论证、区划)、太阳能发电功率预报、气象风险评估、气象灾害预警等。把气象服务扩展到太阳能开发利用，尤其是光伏发电领域势在必行，其市场潜力和前景都十分可观。

(1)国外太阳能气象服务现状

近年来,气象科技飞速发展,服务手段越来越先进,气象产品质量和使用权价值越来越高。为了实现能源和环境的可持续发展,世界各国将光伏发电作为发展的重点,针对其制定规划,增加投入,其中以太阳能产品为纽带的气象服务发展更是蒸蒸日上。美国气象服务的成功和日本丰富的气象服务内容值得借鉴。美国著名的私营气象公司——美国全球天气动力公司(GWS)、美国全球天气服务公司(ACCU)、美国天气频道公司(Weather Channel)、阿姆斯风险管理决策公司(RMS)和夏顿(Alden)电子公司等根据太阳能光伏产业发展需求对气象数据进行加工、处理,与媒体合作并向太阳能电池制造行业、太阳能光伏电站、电力部门、太阳能热水器营销及太阳能建筑等领域提供各类气象服务。在太阳能光伏发电领域,国营的美国国家气象局负责无偿提供一般性的气象信息,包括普通天气预报和重大灾害天气的基本警报,私营气象服务公司根据国家气象部门提供的一般气象信息,进行分类加工,向地面大规模光伏发电、建筑一体化光伏发电和光热发电等多种太阳能利用方式电站提供相关工程应用气象参数及气象灾害预报预警产品,建立飓风、沙尘暴、高温、雷暴、冻雨、台风、冰雹等主要影响太阳能发电的气象灾害监测预警预报业务专项服务体系。

日本在新能源领域的气象服务内容具体丰富。在太阳能光伏发电领域,由日本气象业务支援中心向民间私营气象公司提供气象厅的各种气象观测值和数值预报产品资料,气象公司对这些数据资料进行再加工。日本最大的私营气象公司为光伏电站提供基础预报和气象环境信息,并以卫星和世界范围的观测资料为基础,提供电站所在区域的遥感图像解析、数字化处理和地理信息系统服务,对暴雨及台风等异常气象提供最新的预报,同时为建立太阳能资源信息网,开展综合信息分析提供服务。在太阳能采暖设备安装领域,气象公司利用电话、有线电视和户外大型电子屏提供日照时数、温度、湿度等基本气象要素信息,发布紫外线指数、空气污染指数等相关太阳能利用的气象指数,促进了太阳能领域气象服务的发展。

近十年来各国太阳能热利用技术得到迅速发展。太阳能热利用包括低温、中温和高温利用三种辐射,分别对应产热温度0～80℃、80～250℃、250℃以上,分别适宜于热水器、热能系统、热电领域。日本为太阳能热水系统及太阳建筑领域推出气象相关服务。美国在太阳能采暖技术方面提供详尽的选址、区划、风险评估等气象服务,处于研究领先地位。法国和德国充分利用太阳能热资源对建筑材料的性能研究,在太阳能辐射形式和光谱分析上取得诸多研究成果。

(2)资源监测及评估(区划)市场潜力

合理评估太阳能资源分布、光伏发电潜能、风险,有利于国家、政府决策层面整体把握我国光伏发电潜力、光伏发电投资收益状况、能否平价上网,为光伏发电规划、与常规能源规划配合以及评估提供指导;为光伏电站可行性研究编制和建设,根据局地气候和地理环境,选择最佳倾角及材料、发电方式等进行优化设计提供理论依据。

通过太阳能资源特性的深入研究分析,能够为提高利用效率和大幅增加发电量提供科学、可靠的依据。

市场应用潜力包括计算获得多种方式下的太阳能利用资源技术可开发量和经济开发量,结合其对太阳能资源利用特点,获取与光伏系统运行直接相关的工程应用参数数据,研究不同材料、方位角、倾角及跟踪条件下的发电量与气象环境因素的关系，研究太阳能利用设备在不同气候和地形特点下气象要素变化的相应特点，建立影响发电量工程应用的气象参数模型，确定最佳方位角、最佳倾角等工程参数，通过优化材料、倾角、跟踪手段等使太阳能利用效率最大化。

根据太阳能光伏工程设计和大规模应用中亟待提高效率的需要，2011 年湖北省电力勘测设计院委托湖北省气象服务中心进行固定式光伏阵列最佳倾角研究。项目以湖北及周边省份各辐射站辐射资料及气象资料为基础，采用科学的算法和模型，计算出武汉地区不同倾角斜面太阳辐射，并给出全年和一年中某一段时间(月、季)不同倾角的辐射总量，由此得到最大太阳辐照量及其对应倾角。并利用湖北省气象局不同倾角光伏组件发电功率的实验数据对计算模型和计算结果进行验证和修正。最后利用一定的算法模型将武汉地区最佳倾角推广到全省范围，制作出可面向工程应用的全省年最佳倾角空间分布图，并开发了武汉地区及湖北省其他地市年最佳倾角计算软件一套。

研究还表明，获得年最大资源量的最佳倾角，其实是牺牲了夏季部分相当可观的太阳能资源，最大限度地获取了冬半年有限的太阳辐射资源，达到年值的最大。若工程应用方面能够采纳气象服务相关决策理论指导，例如变固定式倾角安装为可调式倾角安装，每年调整 1～2 次最佳倾角，那么在有限的设备基础上将能获得最大资源利用潜力，能够提高光伏发电效率，增加经济收益。

近年来，湖北省气候中心根据经济社会发展需要，积极转变观念，主动大胆地履行法律赋予的社会管理职能，以需求为牵引，夯实业务基础，重视科研开发，加快人才培养和团队建设，以防灾减灾和应对气候变化为重点，积极拓展太阳能服务领域，延长服务链条，为开发利用可再生能源，努力提升应对气候变化及社会可持续发展的技术支撑能力，先后在风能、太阳能资源社会管理、规划编制、技术评估、风电场电价核准、太阳能电站工程可行性研究报告编制，工程气象参数研究、技术咨询，气候可行性论证等方面开展了大量工作，取得了较好的经济社会效益。

(3)光伏发电功率预报技术市场潜力

太阳能资源开发利用不可避免地受到各种气象条件的影响，太阳能发电存在着功率密度小、时空不稳定和波动等特点，由此光伏发电所产生的电力也是瞬息万变的，为一种不可控电源，当其占比达到电力系统容量比例超过一定程度后，将对电网产生较大冲击。充分利用气象科技，开展太阳能发电预报，变不可控为可控，从而极大地增加可再生能源入网和调度的科学性，不但有利于保障电网安全，还可减少旋转备用容量及储能设备，提高光伏电站发电量(高峰，2010)。

气象部门在光伏发电量预测上有着不可替代的优势，气象部门拥有广布的立体观测体系、数值天气预报技术、精细化预报技术、大型并行计算资源，可以提前对太阳辐射做出较为准确的精细化预报。将天气预报数据、卫星遥感数据以及地面云量观测信息纳入整个模式体系，形成多信息融合的综合预报系统是未来预测技术的方向，气象服务在光伏发电预报方面具有巨大的市场潜力。

目前对太阳辐射预报的空间分辨率可小于 3 千米、时间分辨率小于 1 小时，通过 MOS

(模式输出统计)订正后的相对误差完全可以控制在20%以内,从而为发电功率预测提供最有效的保障。

2011年6月国家能源局发布的《风电场功率预测预报管理暂行办法》,该办法强制性规定所有并网运行的风电场在2012年1月1日前均应具备风电功率预测预报能力,否则不能并网,并在2012年7月1日起正式实行考核;虽然太阳能光伏电站接入电网规定,只要求上报辐射和峰值功率,尚未要求开展功率曲线预报,但随着光伏电站的大型化和占比增加,光伏电站功率预测的相应管理或标准将会很快出台,宁夏等地电力部门已提前制定规定。气象服务须紧抓机遇、拓展市场,充分发挥精细化数值预报技术优势,开展辐射及光伏发电预报服务。

(4)光伏发电的气象风险评估与灾害性天气预警

获取与光伏系统运行直接相关数据,收集历史沙尘暴、能见度、高温、雷暴等相关气象要素观测资料,针对中国不同气候和地形特点,研究与太阳能发电设备相关的近地层气象参数特征,分析研究高温效应、沙尘效应、持续阴雨效应等对太阳能发电造成的影响。结合太阳能不同利用方式特点,开展太阳能发电气象风险评估。对影响太阳能发电的沙尘暴、高温、雷暴、持续阴雨等气象要素确定其相应的阈值,建立相应的太阳能发电气象灾害指标,制定影响太阳能发电的气象灾害等级标准等。

发展太阳能电站运行过程中的气象灾害预报预警技术,建立沙尘暴、高温、雷暴、持续阴雨等主要影响太阳能发电的气象灾害监测预警预报业务专项服务体系,分析不同气象灾害的影响机制及防御措施。建立台风、大风(寒潮大风、雷雨大风)、雾、强降水、雷电、冰雹等突发性、灾害性天气监测预警预报业务服务体系,为光伏产业提供灾害预报预警指导产品,为太阳能电站发电安全稳定运行提供有力的气象科技支撑和优质的气象保障服务。

3. 太阳能聚光发电气象服务市场潜力分析

(1)太阳能聚光光伏发电气象服务市场潜力

太阳能聚光发电又可分为聚光光伏发电和聚光热发电。太阳能光伏发电利用的是太阳总辐射,而太阳能聚光发电利用的是太阳直接辐射,因此聚光发电的微观选址(区域条件)限制性更大。

太阳能光伏发电预报服务方面,还有待调整太阳能光伏发电预报思路,由于我国西北内陆特有的气候条件,预报模型应当与南方散射辐射较大的地区有所区别。气象保障服务应当重点关注北方特有气象灾害,如扬沙、沙尘暴、暴雪、冰冻、极端低温等恶劣天气,建立相应指标与服务体系,及时准确做好预警预报服务。

目前聚光光伏业生产规模较小,2011年1月15日,由青岛哈工太阳能股份有限公司建设的200千瓦高倍聚光太阳能示范电站并网发电。聚光光伏系统的设计必须充分考虑光伏电池的光电转换效率、太阳电池散热、性能衰减、跟踪系统的误差、热变形、风压变形及抗风能力、雨雪、风沙灰尘等各方面原因对系统性能的影响。聚光系统多用在西北内陆直射比较高的地区,聚光资源关注的是法向直接辐射,市场开发潜力应当集中在直射比较高的地区。资源精细化评估、电站设计规划、气象风险区划等方面都应当集中在直射光的评价中。目前有待开发针对直接辐射(非总辐射)的一套太阳能评估、规划系统。

(2)太阳能聚光热发电气象服务市场潜力

为推动太阳能发电技术的商业化,减少对电网的冲击,必须考虑太阳辐照和发电出力的不连续性,太阳能聚光热发电则应运而生。太阳能聚光热发电可先将太阳辐射能转化为热能,再在最需要的时候按某种发电方式将热能转化为电能,共有塔式、槽式和碟式等三种方式,目前槽式和塔式太阳能光热发电站实现了商业化示范运行,而碟式发电系统仍处于示范阶段(陈昕,2012)。

国内首座70千瓦塔式太阳能光热发电系统于2005年10月底在南京江宁太阳能试验场顺利建成,并成功投入并网发电。由中国科学院电工研究所、皇明太阳能集团联合实验室研制的单轴跟踪的槽式太阳能聚光器,于2004年10月在通州实验基地开始成功运行。该聚光器单面面积20平方米,共由32面"定日镜"组成,传热工质输出温度达400℃,峰值热输出功率为10千瓦,具有自动跟踪精度高、热流密度大等特点。太阳能光热发电技术具有高效率、大容量、高聚光比的太阳能光热发电系统是新能源发展可期待的主要方向。

对太阳能热发电开展的服务包括电站选址、可行性论证、辐射预报、灾害天气预警,气温预报(考虑保温问题)等。

4. 太阳能热利用气象服务市场潜力分析

我国太阳能热利用技术相对其他国家来说起步较晚,但由于太阳能热技术含量并非很高,太阳能利用设备产业发展非常迅猛,对气象服务的需求也愈加明显和重要。太阳能热利用气象服务包括微观选址、工程设计、设备选型的精细气象资源评估、区划、气象风险分析、预报服务、后评价等。另外还包括开展面向工程应用的太阳能参数研究,包括太阳能资源的辐射形式和光谱特征,太阳能利用设备选型与最佳安装倾角,太阳能利用设备不同安装方式资源获取量的差异,实际天气条件下太阳能利用设备产出量与气象要素的关系,企业热利用经济效益评估分析等。

5. 我国太阳能发展气象服务市场存在问题

我国正处于太阳能气象服务商业化发展的初始阶段,虽然气象专业服务的数量和质量都有所增加,尤其在防雷、手机短信方面发展较快,为商业企业等专业客户赢得了利润,但与国外相比,我国气象专业化、个性化服务依然处于"低温"状态。

(1)专业气象服务社会认知度不高。目前的太阳能光伏电站及太阳能热利用技术研发及制造产业很少考虑气象因素,仍将气象灾害造成的损失视作不可抗拒、不可避免,防灾避灾意识淡薄。

(2)气象服务观念跟进不足。气象部门的市场观念较缺乏,难以抓住太阳能产业发展的市场需求,不能提供针对性强、应用效果好的专业气象产品。造成接受气象信息的企业和政府职能部门偏少,服务的社会效益及经济效益未能充分体现。

(3)需求与服务发展不合拍。为太阳能相关产业提供的气象服务层次较低,提供的产品多是单纯的气象信息。尽管现在的服务内容有明显扩展,但是有时用户提出的要求从科学技术角度来讲是无法全部满足的。气象产业的一个特点就是差异化、个性化服务,因此气象信息服务种类的缺乏将直接阻碍它的发展。

(4)气象产业缺乏营销观念。这包含两个方面,一是缺乏对于已开发产品的推销与宣传,这就阻碍了产品在市场上的认知度的提高,也没有唤起相关企业运用气象产品提高经营绩效的意识。这种供求关系还受制于需求方的消费习惯和消费观念。二是缺乏与信息需求者之间更多的沟通和联系,没有深入了解市场的需要和客户的需求。有些企业认为有了传统的天气预报就够了,不愿尝试采用专业的气象服务。这也在一定程度上给专业气象服务的发展设置了障碍。

6. 我国风能、太阳能气象服务市场潜力对比

我国面临着越来越大的温室气体减排压力,加强我国风能、太阳能资源监测网建设,开展资源监测、评估技术、工程应用技术以及太阳能各种技术规范、标准的研发势在必行。但风能开发利用的基础研究较太阳能开发利用技术成熟。

(1)资源监测方面。中国气象局针对风能资源规划和风电场选址需要,采用规范、统一的标准,在中国大陆风能资源可利用区域设立了400座70～120米高的测风塔,初步建成了全国陆上风能资源专业观测网。全国范围的太阳能资源监测网共准备建设337个观测站,构成覆盖全国的太阳能资源专业观测网,实现全天候、高精度、针对性的太阳能资源监测。

(2)资源评估方面。中国气象局风能太阳能资源评估中心根据中国地理、气候特点,开发了适于中国气候和地理特点的风能资源评估系统(WERAS/CMA),数值模拟的水平分辨率达到1千米以下,风能参数模拟精度能够满足各级风电规划和风电场选址需要。湖北省气象服务中心自主开发了风能的“象脉风电功率预测预报系统”WPPT及太阳能的《光伏发电预测预报系统V2.0》(《光伏发电预测预报系统1.0》升级版(登记证号2012SR029175))。

(3)预报方法方面。风电功率预报和光伏发电功率的预报方法同出一辙。按预报的时间尺度划分可分为超短期预报(未来几个小时)和短期预报(未来1～3天或更长时间);按预测的物理量分类可分为两种,一种为先预测风速(辐射量)再预测输出功率(物理法),另一种为直接预测输出功率(统计法);按数学模型分类,可分为持续预测法、时间序列法、卡尔曼滤波法、支持向量机法、人工神经网络法等。

(4)技术规范方面。中国气象局研究编制了《风能资源详查和评价工作测风塔选址技术指南》《测风塔塔体及其防雷技术要求》《测风塔风能观测技术要求》和《风能资源短期数值模拟技术规定》等规范性技术文件。太阳能方面完成了国标《并网光伏电站太阳能资源评估规范》、国标《太阳能资源测量方法 总辐射》、国标《太阳能资源术语》及行标《太阳能光伏发电功预报方法》。

(5)并网发电方面。风力并网发电系统能够并行使用市电和可再生能源作为本地交流负载的电源,降低整个系统的负载缺电率。同时,风力发电并网系统可以对公用电网起到调峰作用。而太阳能光伏发电就是利用太阳电池的光伏效应原理把太阳辐射能直接转变为电能的发电方式,通常根据应用场合和利用方式的不同,分为离网和并网两大类。目前风能并网发电和太阳能光伏并网发电已成为主流。

四、推进太阳能开发利用气象服务市场化对策

1. 优化太阳能资源监测网

(1)太阳能资源监测网络优化的原则

目前,在中国气象局地面辐射观测网的基础上,从以下四个方面综合考虑对太阳能资源观测网进行优化,这是解决监测网络存在问题的必要前提。

1)设置针对性的观测项目。在观测项目的设置上,应针对太阳能资源的多种利用方式,提高评估产品的多样性。不仅有总辐射的观测,还要有直接辐射和散射辐射等的观测;不仅具有水平面上的辐射观测,还要有倾斜面上的辐射观测;不仅要有辐射量的观测,还要有太阳能光伏发电量的观测;不仅要用传统的热电表测量全波段(290～3000 纳米)的短波辐射,还要用光电表测量光伏电池吸收波段(400～1100 纳米)范围的短波辐射;同时还应考虑增加大气透明度的观测。

2)增强空间布局上的针对性。太阳能资源观测站网的空间布局应立足于太阳能资源利用,结合太阳能资源的基本特征,在地形复杂、太阳能资源丰富且空间变化较大的区域加强观测,从而为在这些地区进行大规模的太阳能资源开发利用做好基础数据资料的储备。

3)加大观测密度。对于统计方法而言,需要一定数量的地面观测数据来建立统计关系;而对于基于卫星遥感资料的物理反演法而言,也需要一定数量的地面观测数据对计算结果进行校验和订正。因此,要从根本上提高太阳能资源评估结果的空间分辨率和精确度,必须在现有辐射观测的基础上在密度上有所增加。

4)提高观测质量。高质量的太阳辐射观测数据是太阳能资源评估的基础。任何评估方法的都需要利用地面观测资料进行校验和订正,因此提高观测的质量是提高评估结果精确度和准确度性的根本。

(2)太阳能资源监测网络建设

在综合考虑以上四个方面的基础上,全国范围的太阳能资源监测网还需建设 337 个观测站,构成覆盖全国的太阳能资源专业观测网,实现全天候、高精度、针对性的太阳能资源监测。根据观测目的、观测项目和观测精度的不同,将所有观测站分为三类进行布局和建设。

1)太阳能资源观测一类站

一类站主要针对全国气候系统关键观测区和太阳能资源丰富区开展基本太阳辐射量、与太阳能利用直接相关的工程参数、光伏电池组件发电量和气溶胶光学厚度等的观测,观测要素最多,观测仪器最全,对观测环境的要求最高。主要用于卫星反演模型建立、卫星数据校准、模式参数调整、历史数据校正及针对太阳能特殊利用的观测实验等。

一类站的观测项目,包括:

水平面、纬度倾斜面、双轴跟踪、单轴跟踪的光热型总辐射,光热型直接辐射,光热型散射辐射,光热型反射辐射;

水平面、纬度倾斜面、纬度±5°倾斜面、纬度±10°倾斜面、纬度±15°倾斜面、东南西三个

垂直面、双轴跟踪、单轴跟踪的光电型总辐射，光电型直接辐射，光电型散射辐射，光电型反射辐射；

分光谱辐射，光合有效辐射，紫外辐射，向上向下长波辐射；

多晶硅、单晶硅和薄膜三种材料的光伏电池在水平面、纬度倾斜面、双轴跟踪、单轴跟踪安装方式下的电流和电压；

气溶胶光学厚度。

全国共布设22个太阳能资源观测一类站。

2)太阳能资源观测二类站

二类站主要依托太阳辐射辐射观测站并在太阳能资源丰富区补充部分站点开展基本太阳辐射量和太阳能利用相关工程参数的观测，观测要素较多，观测仪器较全。主要用于太阳能利用工程参数模型的建立、历史数据校正及针对太阳能特殊利用的观测实验等。

二类站观测项目，包括：

水平面、纬度倾斜面、双轴跟踪、单轴跟踪的光热型总辐射，光热型直接辐射，光热型散射辐射，光热型反射辐射；

水平面、纬度倾斜面、纬度±15°倾斜面、东南西三个垂直面、双轴跟踪、单轴跟踪的光电型总辐射，光电型直接辐射，光电型散射辐射，光电型反射辐射。

全国共布设127个太阳能资源观测二类站。

3)太阳能资源观测三类站

三类站主要针对我国气候和环境特点的复杂性开展基本太阳辐射量的加密观测。主要面向太阳能资源的精细化评估，用于太阳能资源数值模拟结果的检验和订正。

三类站观测项目

水平面光热型总辐射；

水平面、纬度倾斜面的光电型总辐射，光电型直接辐射，光电型散射辐射。

全国共布设188个太阳能资源观测三类站

太阳能资源的监测活动应当执行国家、行业有关技术标准和规范，并不得破坏生态环境。同时，还应将各能源企业建立的太阳能观测纳入监测体系，对从事太阳能资源监测活动的单位，应当按照国家规定向气象主管机构指定的技术审查单位汇交太阳能的监测资料，技术审查单位应当对汇交的资料进行复核，实行统一管理，并实现观测数据的共享与使用。

2. 大力推进太阳能气象服务业务体系建设

太阳能气象服务业务体系包括太阳能资源观测、评估、预报和灾害预警四个方面，这几方面在业务开展过程中是相互关联、相互促进的(图5)。当前，应当大力推进太阳能气象服务业务体系建设。

(1)资源评估服务

太阳能资源评估主要包括三个方面，一是宏观决策，太阳能资源是国家的战略资源，在太阳能资源观测的基础上，开展全国范围的太阳能资源评估，进一步了解掌握全国太阳能资源分布状况，为政府部门正确决策及企业合理投资开发提供基础技术支持和科学依据；二是

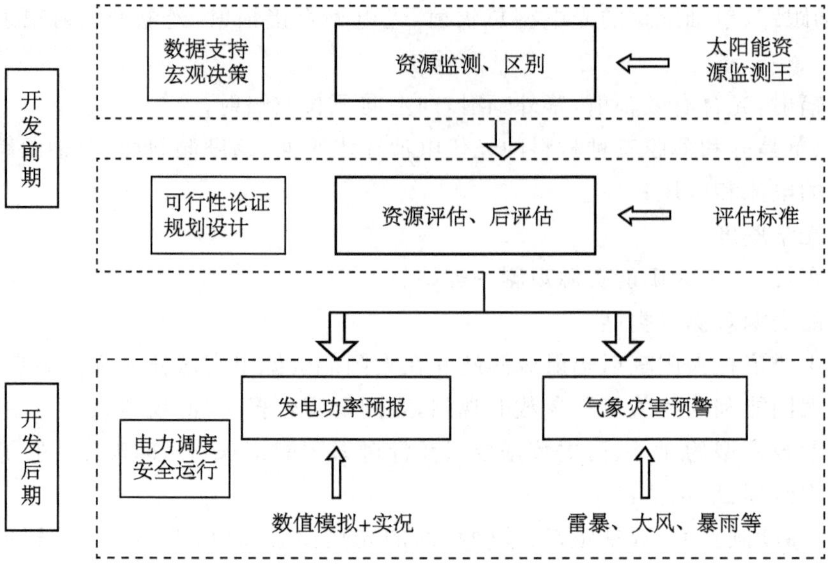

图5　太阳能气象服务业务流程图

微观选址，各省气象部门还可根据各级政府出台的相关政策及企业需求，综合考虑资源、土地利用、交通、电网接入、电接纳能力等，根据不同气候和地理环境，提供光伏发电站的太阳能资源评估服务，在资源开发前期做好气候可行性论证工作，对电站区域的太阳能资源给出客观、准确的评估结论，在电站建成后开展后评估，对电站实际运行效益等进行论证；三是电站设计，根据电站所在地理及气象条件，计算最佳倾角、方位角，并提供适合当地气候的材料选型(单晶、多晶、薄膜等)、设备类型、规模等。

(2)发电功率预报服务

光伏输出功率短时波动大，随着并网光伏发电穿透功率的增加，会对电力系统稳定性带来影响，因此在光伏发电站建成后，应结合数值预报、辐射及发电功率监测资料，通过光伏发电功率预报系统提供光伏发电功率预测预报服务，为光伏发电安全并网和合理调度提供服务。

(3)气象保障服务

在电站建设过程及运行期间，发挥气象部门优势，针对电站区域进行精细化气象灾害预警，降低气象灾害对电站、电网安全运行带来的风险。气象灾害主要包括对电站安全运行影响较大的雷暴、大风、暴雨、冰雹等，其中高温热浪会使光伏发电效率下降、使电池寿命缩短；大风冰雹会损坏露天发电设备、建筑物；雷电会击坏电子与电器部件、建筑物；沙尘暴可损坏电站、聚光部件及降低发电效率；暴雪冰冻会使输电设备损毁；暴雨山洪地质灾害则会淹没、摧毁电站基础设施。

3. 大力开发太阳能气象服务市场

加快太阳能气象服务市场开发，不断适应和满足太阳能开发利用的发展需求。太阳能气象服务要按照观测、规划、选址、评估、预测和气象灾害预警等“一条龙”服务的总体要求，提供全方位的气象服务，大力提升太阳能气象服务的科技含量和市场化服务能力。

鼓励符合准入条件的单位（企业）和个人参与（进入）太阳能气象服务市场。同时逐步开放太阳能气象服务市场，气象部门要扶持部门服务实体，并逐步将服务实体市场化。

国家应对为太阳能开发利用的企业提供气象服务的单位（实体）实行财政补贴，并制定具体的补助范围和标准。

4. 大力加强太阳能开发利用气象服务科学研究

当前，应当重点组织与太阳能气象服务相关的潜势产品开发，使其尽快转变为适用的太阳能气象服务产品，为开拓太阳能气象服务市场提供支持。

国家应当加强对太阳能开发利用气象服务科研项目的支持，加强基础理论、评估模型和预警预报的研究，促进自主创新与科技进步。应在不同地域（区域）建立太阳能开发利用试验站，提供基础性数据，开展应用性研究。

政府每年应拨出一定比例的财政资金，针对国内太阳能产业发展过程中技术问题，按照招投标的方式，有选择性地资助某些技术领域的研发，引导国内研究机构的研究方向。太阳能产业技术涉及基础研究领域和应用研究领域，但高校、科研院所以及企业出于自身的利益考虑，往往更多地关注短期效益，绝大多数都着眼于当前热门领域或能够较快获得经济回报的领域，对与太阳能产业长远发展密切相关的技术领域涉猎较少（刘慧芬，2008）。这时，政府就需要介入研究领域，对研究机构的研究重点加以引导，兼顾研发的经济效益和社会效益，从而促进社会整体效益的提高。

5. 加强太阳能开发利用的部门和行业合作

太阳能开发利用气象服务是政府公共服务的重要内容，也是各有关部门的共同责任，需要气象、发展和改革、科技、规划、电力、安监、住房和城乡建设等有关部门，在各自职责范围内，共同做好太阳能探测和保护、开发利用等工作。气象部门应主动与有关部门形成合作的常态机制，共同履行太阳能气象服务社会职能。要不断完善多部门协作联动机制，形成合力，建立长期有效的协调配合和协作机制，共同做好太阳能开发利用气象服务工作。

太阳能开发利用气象服务从产品制作到服务产生效益，是一个社会化生产的过程，需要充分利用有关行业的信息资源，只有广泛开展合作，才能充分利用社会资源，丰富太阳能开发利用气象服务产品。

6. 加强太阳能开发利用气象服务政策法规建设

目前，太阳能气象服务具体立法还刚刚起步，依据《中华人民共和国气象法》《中华人民共和国可再生能源法》和《中国应对气候变化国家方案》《中国可再生能源中长期发展规划》，需要进一步制定太阳能开发利用气象服务和市场化的法律法规，强化气象服务经济社会社会管理，加快制定如《气候资源开发利用和保护条例》《太阳能开发利用论证管理办法》《太阳能开发利用气象服务市场准入办法》《太阳能开发利用气象服务技术人员职业资格管理办法》等。

同时,建立完善系统的政策体系,包括市场扩展、强制购买、鼓励竞争、产业促进、经济补偿和技术开发等在内的一系列政策,从多个方面多角度对太阳能产业发展进行推动。

在电网入网方面,制定太阳能电力的强制上网政策,在发展初期,通过强制要求电网企业将范围内生产的太阳能电力以规定的优惠价格无条件并入电网,由此产生的额外成本,政府再通过其他方式进行补贴。依靠政府的强制手段为太阳能产业建立一个稳定持续的消费市场,这种方法在国外非常普遍,是国外太阳能产业发展的基石。

在财政补贴方面,太阳能开发利用项目的各个阶段都涉及大量的资金,需要长期的资金支持,同时太阳能产业自身的成本缺陷,导致其无法直接与常规能源进行竞争,所以政府应对投资者进行补贴,可以通过投资补贴和产出补贴进行。另外政府也需要制定补贴政策来促进消费市场的形成与扩大,通过对最终用户进行经济上的补贴达到扩大消费市场规模的目的,进而刺激供给,激发投资者技术创新、扩大生产量规模,而大规模的生产可以摊薄固定投资成本,最终达到降低单位成本的目的。

在税收政策方面,政府通过税收手段调节供给市场和消费市场上个体的行为。一方面对太阳能产业的投资者以及生产企业提供各种形式的税收优惠。另一方面,制定强制性税收政策,主要是针对能源消费市场上的主体征收的,通过对能源的最终使用者收取一定数额的"能源税"、"环境税"等强制方式,引导能源消费市场调整能源使用结构,扩大太阳能产业的使用比例(韩卫东,2012)。

在价格优惠方面,按照不同的太阳能产业类型,制定相应的价格政策,要求地方电网以优惠的价格将"绿色电力"并入电网。对于同一种太阳能产业,由于太阳能产业具有间歇性,许多太阳能产业项目实际上是混燃项目,应制定多级优惠价格。不仅使所有参与太阳能产业发展中的项目都能够获益,而且多级优惠价格能够起到很好的激励项目主体改进技术提高太阳能开发利用比例的作用。

7. 加强太阳能开发利用气象服务标准建设

随着太阳能开发利用气象服务领域的不断拓展和服务产品的不断增加,建立全国统一的气象服务产品标准已显得非常必要,必须强化太阳能气象服务有关标准建设,建立完善如《太阳能气象服务相关产品标准》《太阳能气象服务专用气象仪器与观测方法标准》《太阳能资源监测预报评估标准》《太阳能气象服务标准》《太阳能资源论证标准》《太阳能开发利用气象服务建站验收标准》等,有些已经比较成熟的部门相关规范、业务规定也可以尽快上升为国家标准。要充分发挥气象标准化委员会及相关单位的作用,切实加强太阳能气象服务标准化工作。

参考文献

陈昕,范海涛.2012.太阳能光热发电技术发展现状.能源与环境,(1):90－92.

陈正洪,李芬,成驰,等.2011.太阳能光伏发电预报技术原理及其业务系统.北京:气象出版社.

杜凤丽.2011.降低聚光太阳能热发电成本的途径.太阳能,(7):11－13.

高峰,孙成权,刘全跟.2010.太阳能开发利用的现状及发展趋势.科技前沿与学术评论,23(4):35－39.

韩卫东.2012.律师专业气象服务参与市场化运作的一些思考[OL].韩卫东律师网.

李芬，陈正洪，何明琼，等. 2011. 太阳能发电的现状及前景. 水电能源科学，29(12)：188－192.

刘慧芬，史占中. 2008. 我国发展太阳能产业政策刍议. 科学技术与工程，8(22).

马全涛，杨华，等. 2010. 太阳能资源评估及其开发利用探讨. 科技创新导报，(19)：23－23.

任国玉，郭军，徐铭志，等. 2005. 近 50 年中国地面气候变化基本特征. 气象学报，63(6)：942－954.

王炳忠. 1983. 中国太阳能资源利用区划. 太阳能学报，(3).

王克红，赵黛青，等. 2006. 槽式和塔式太阳能热发电的热效率及环境影响分析与评价. 新能源及工艺，(6)：26－29.

杨金焕，于化丛，葛亮. 2009. 太阳能光伏发电应用技术. 北京：电子工业出版社.

European Photovoltaic Industry Association (EPIA). 2011. Global market outlook for photovoltaics until 2015 [R]. EPIA：1－50.

Intergovernmental Panel on Climate Change (IPCC). IPCC Special Report on Renewable Energy Sources and Climate Change Mitigation. Cambridge：Cambridge University Press，2011.

第三部分

气象防灾减灾篇

完善我国基层气象防灾减灾体系的思考*

党的十八大明确提出要"建立'政府主导、覆盖城乡、可持续'的基本公共服务体系","加快完善城乡发展一体化体制机制,着力在城乡规划、基础设施、公共服务等方面推进一体化",并首次提出"加强防灾减灾体系建设,提高气象、地质、地震灾害防御能力"。同时全球变暖背景下,我国气象灾害呈现多发、频发、重发、广发态势,气象灾害造成的损失和社会影响越来越大,我国经济社会发展对气象灾害的敏感性和脆弱性越来越强。这些对我国气象防灾减灾体系建设提出了新的要求,加强基层气象防灾减灾体系建设已成为当前的一项迫切任务。

一、我国基层气象防灾减灾体系建设取得的成绩

十七大以来,我国气象防灾减灾取得显著成效。一是气象防灾减灾的贡献率稳步提高。全国因气象灾害造成的死亡人口以及经济损失占GDP的比例都显著下降;二是气象保障经济社会发展的作用逐步凸显。气象工作在重大气象灾害防御、重大活动和突发公共事件保障、重大工程建设、为农服务以及国家生态文明建设中的作用日益明显和突出;三是社会对气象的认可度明显提升,公众对气象服务的满意度大幅度提高。全国气象服务满意度调查评分保持较高水平。

这些成绩的取得很大程度上得益于我国基层气象防灾减灾体系的建设和基层防灾减灾能力的逐步提高。

* 本报告完成于2014年。主要研究人员:冯建民、肖芳、刘冬、林霏、韩佳芮。

第一，基层气象防灾减灾组织体系逐步建立。许多地方政府成立了气象防灾减灾管理机构或气象灾害防御领导小组。气象防灾减灾组织体系正向乡(镇)村(社区)延伸，努力实现气象服务站覆盖乡(镇)、气象信息员覆盖村(社区)，气象灾害预警信息覆盖到人，基层气象灾害防御体系得到延伸。

第二，基层气象防灾减灾机制逐步建立。各级地方政府高度重视气象防灾减灾工作，积极制定出台气象防灾减灾规章，将气象防灾减灾纳入政府绩效考核和地方公共财政保障。地方气象防灾减灾相关部门签署合作协议，逐步建立信息共享、重大气象灾害联合会商等制度。社会参与逐步拓展，新闻媒体、气象信息服务站、气象信息员、城乡社区正逐渐成为气象防灾减灾的坚实力量，全社会共同参与气象防灾减灾的氛围正在逐步形成。

第三，基层气象防灾减灾能力稳步提高。主要表现在：气象灾害的监测逐步延伸到乡镇，气象灾害的预报精细化到乡镇。气象灾害信息发布手段更加丰富，发布机制更加完善，基层气象灾害信息覆盖“盲区”逐步减少。气象灾害风险管理逐步加强，主动防灾逐步成为共识。同时，通过开展气象灾害风险普查和区划，基层气象灾害风险识别能力不断提高；通过建设基层气象灾害应急预案，基层气象灾害应急处置能力不断提高；通过开展气象灾害应急准备认证，基层乡镇、社区气象灾害防御能力不断提高；通过加强气象防灾减灾科普宣传，基层公众气象防灾减灾意识不断增强。

二、基层气象防灾减灾体系存在的主要问题

我国基层气象防灾减灾体系建设虽已取得了长足的进步和发展，但是，适应我国基层行政管理体系和全面建成小康社会要求的、“多灾种、多层次、全覆盖”的、全社会共同参与的基层气象防灾减灾体系尚未完全建立。城市基层气象防灾减灾体系滞后，农村基层气象防灾减灾体系基础不够牢固，已建成的气象防灾减灾体系普遍存在支撑保障不足的问题。

1. 基层气象防灾减灾组织体系尚未完全建立

气象防灾减灾组织机构不够健全，队伍不够完善。县区级气象防灾减灾组织机构发展不够平衡，一些县级政府尚未建立，许多城市区级政府还没有建立相应机构；乡镇、街道以及行政村、社区的气象防灾减灾组织体系建设严重滞后。

2. 基层气象防灾减灾机制不够完善

“政府主导、部门联动、社会参与”的气象灾害防御机制在基层落实不够有力。各级政府工作部门、社会组织、公民等防灾减灾主体的职责和任务不够明确，责任制及考核机制还不完善，部门和单位联动反应机制不够及时，全社会共同参与的氛围尚未形成，约束不够有力，运行机制不够科学、迅速、有效。

3. 基层气象灾害风险管理较为薄弱

基层气象灾害风险管理工作开展不到位，作用未充分发挥。气象灾害风险防范工作的

许多法规和制度不够完善，已有法规和制度的落实不够；气象灾害防御规划在制定和实施城市建设和新城镇、新农村建设中并没有得到高度重视和充分应用；气象防灾设施建设水平不高，电力、交通、通信等生命线工程的抗灾保障能力有待提高，特别是农村基础设施和生活设施薄弱，抗灾防灾能力普遍较弱；公众的气象灾害风险防范意识和能力有待提高，特别是边远农村和城市边缘地区公众的风险意识较低，整体避灾能力较弱。

4. 基层气象灾害防御技术能力亟待提高

气象灾害监测预报准确率和精细化水平需进一步提高。气象灾害的监测布局还不够合理；基层气象灾害预警信息传播在边远、边缘地区和人群“最后一公里”、最后一户的问题未全部解决。

基层公众及时接受和科学使用气象灾害预警信息防御气象灾害的能力急需提高，特别是农村气象灾害防御水平不高仍然是气象防灾减灾的明显短板。

5. 基层气象防灾减灾保障能力不足

以《中华人民共和国气象法》和《气象灾害防御条例》等为主、以地方气象防灾减灾法规为补充的气象防灾减灾法律法规体系已不能完全满足现代气象防灾减灾的要求；气象防灾减灾信息传递和应急队伍建设不能满足气象防灾的需要；气象防灾减灾的财政支持与投入能力仍然较弱；引导全社会和市场力量参与气象防灾减灾的机制和氛围尚未形成。

三、加强基层气象防灾减灾体系建设的建议

1. 建立与我国基层行政管理体系相适应的、与综合防灾减灾相衔接的基层气象防灾减灾组织体系

我国基层行政管理体系，主要分城市[即区(县)—街道—社区(单位)]和农村(即县—乡镇—行政村)两类。县区及以下基层政府和组织是与一般老百姓接触面最多、最广的政府，是人民能够直接感受到的政府的具体形式，其社会性和基层性等特点尤为突出，是我国行政管理的重要组成部分。

我国基层行政管理体系的特点决定了在我国的气象防灾减灾工作中，基层气象防灾减灾工作不仅十分重要，而且占有非常重要的比重。行政村和社区(单位)直接面对广大基层人民群众，是气象防灾减灾的最后一道或最基础的防线。乡镇和街道办事处是我国气象防灾减灾的行政基础(没有气象机构)，是气象防灾减灾组织体系中最关键的防线，县(区)政府是综合工作部门最全的基层政府(县级一般设有气象局，许多区级没有设气象局)，是气象防灾减灾工作组织管理的关键，是气象灾害风险管理的关键，是气象灾害监测预警的关键，是气象灾害预警信息发布和传递的关键，是气象灾害防御科学普及和培训的关键，更是基层气象防灾减灾体系建设的关键。

同时，气象灾害或气象因素往往带来或诱发严重的次生衍生灾害，气象防灾减灾在综合

防灾减灾中具有基础性、先导性和全程参与的特点，我们必须把握好气象防灾减灾与综合防灾减灾的关系，实现气象灾害防御从单一灾害处理向综合或全灾害管理转化，逐步建立以气象防灾减灾为主体的基层（特别是乡镇、街道等）综合防灾减灾组织体系。

（1）建立与我国新农村、新城镇建设需求相适应的农村基层（县、乡镇、行政村）三级气象防灾减灾组织体系

主要是建立和完善县级气象防灾减灾指挥部、乡镇（以气象灾害防御为主的）防灾减灾工作站、行政村（以气象灾害防御为主的）防灾减灾指导员三级气象防灾减灾组织。

1）县级

根据《气象灾害防御条例》和《国务院办公厅关于进一步加强气象灾害防御工作的意见》，县级政府负责领导和组织本区域气象防灾减灾工作，指导和监督各乡镇开展气象防灾减灾，落实上级气象灾害防御指挥部各项指令。

为完成上述工作，县政府必须建立负责日常组织协调的气象防灾减灾工作管理机构（气象防灾减灾指挥部）和负责日常监测预警、应急减灾的气象防灾减灾工作实体（气象防灾减灾指挥部办公室或气象灾害预警中心），来协调或牵头完成县级政府的气象防灾减灾任务。

2）乡镇

乡镇政府在县气象防灾减灾指挥部的指导下，主要负责组织和领导本行政区域内的气象防灾减灾工作，落实上级气象灾害防御指挥部各项指令，指导和监督检查各行政村气象防灾减灾工作。

为完成上述工作，乡镇政府必须建立以气象防灾减灾为主要内容的综合防灾减灾工作站，来承担和完成上述任务。（气象）防灾减灾工作站受乡镇、街道和以县级气象局为主的减灾部门的领导，主要负责本区内的气象防灾减灾管理和组织工作，指导行政村开展气象防灾减灾工作。在极端气象灾害多发、频发、重发的地区，乡镇和街道应建立独立的气象防灾减灾工作站或气象分局。

3）行政村

在我国农村，村级组织往往在灾害发生时处在第一现场、第一时间，是农民在受灾时最近、最信任的组织，他们对环境十分了解，对灾民熟悉，管理效率高，应急响应快。

行政村在防灾减灾工作站的指导下，落实上级气象灾害防御各项指令，开展并负责本区域的气象防灾减灾工作。

为完成上述工作，行政村必须建立防灾减灾指导员队伍，明确防灾减灾指导员及其职责，来承担和完成气象防灾减灾任务。

（2）建立与现代城市发展相适应的城市基层（区、街道、社区（单位））气象防灾减灾组织体系

主要是建立和完善区级气象防灾减灾指挥部、街道（以气象灾害防御为主的）防灾减灾工作站、社区（单位）（以气象灾害防御为主的）防灾减灾指导员（信息员）三级气象防灾减灾组织。

1）区级

根据《气象灾害防御条例》和《国务院办公厅关于进一步加强气象灾害防御工作的意

见》,区政府负责领导和组织本区域气象防灾减灾工作,指导和监督各街道开展气象防灾减灾,落实上级气象灾害防御指挥部各项指令。

区政府具有和县政府相类似的气象防灾减灾职责和任务,但由于我国许多区级政府没有气象机构,区级气象防灾减灾任务的落实更加困难,区级政府对下辖各街道气象防灾减灾工作的组织和领导更加艰巨,区级气象防灾减灾管理机构和工作机构的建立显得尤为重要和迫切。

为完成上述工作,区政府必须建立负责日常组织协调的气象防灾减灾工作管理机构(气象防灾减灾指挥部)和工作机构(指挥部办公室或气象灾害预警中心),来协调或牵头完成区级政府的气象防灾减灾任务。同时没有气象机构的区级政府应加快建立气象部门,承担气象防灾减灾办公室或气象灾害预警中心的职责。

2)街道办事处

街道办事处是区级政府的派出机构,与乡镇、村的行政管理优势和特点相比,街道对所辖社区的管理较弱,对所在区域内各个单位(如大型企业事业单位,其级别高、类型多)的管理能力更弱,是城市气象防灾减灾工作中的薄弱环节。

街道办事处主要负责组织和领导本街道内的气象防灾减灾工作,落实上级气象灾害防御指挥部各项指令,指导和监督检查各社区气象防灾减灾工作,特别是要加强对街道所在各事业、企业、社会组织等单位以及公共场所、交通要道等的气象防灾减灾工作的指导和监督检查,特别是应加大街道对辖区各单位防灾减灾的组织和管理。

为完成上述工作,街道办事处必须建立以气象防灾减灾为主要内容的综合防灾减灾工作站或信息服务站,来承担和完成气象防灾减灾任务。

3)社区(包括各事业、企业单位、社会组织等)

社区是我国城市居民实施自我管理的最基层单位,直接面对广大市民,各个企事业单位和社会组织独立性相对较强,往往具有对本单位职工进行自我教育、自我管理、自我建设、自我服务的优势和特点,他们是基层气象防灾减灾重要的责任主体,应该承担气象防灾减灾的任务。

社区和单位在防灾减灾工作站或信息服务站的指导下,落实上级气象灾害防御各项指令,开展并负责本区域(单位)的气象防灾减灾工作。

为完成上述工作,社区和单位必须建立防灾减灾指导员(信息员)队伍,明确防灾减灾指导员(信息员)及其职责,来协助社区和单位完成气象防灾减灾任务。

2. 建立以气象灾害预警为先导的全社会共同参与的气象防灾减灾机制

充分发挥气象灾害监测预警在气象灾害防御中的先导作用,进一步强化气象灾害预警信息在气象灾害防御中的“发令枪”作用,在完善“政府主导、部门联动、社会参与”的气象防灾减灾机制中实现气象先行。通过完善气象防灾减灾运行机制,进一步明确基层政府各部门以及社会组织、单位和个人在气象防灾减灾中的职责;通过完善气象防灾减灾指挥部和灾害预警中心,进一步强化气象部门在气象防灾减灾中的发令枪作用;通过强化部门联动,进一步加强民政、安监、国土、农业、林业、海洋、水利、环保等防灾减灾部门联动,明确职责,提高防灾减灾应急效率；通过强化社会参与，进一步明确社会组织和个人在气象防灾减灾中的责任和义务，增强约束力，逐步形成全社会共同关注和积极参加的氛围和机制。努力实现政府统一领导、气象部门及时预警、各相关部门有效联动、各社会组织（单位）广泛协同、广大公众积极参与配合。

（1）政府主导

根据《气象灾害防御条例》和《国务院办公厅关于进一步加强气象灾害防御工作的意见》，各级政府负责领导和组织本区域气象防灾减灾工作，指导和监督下级开展气象防灾减灾，落实上级气象灾害防御指挥部各项指令。主要职责是：制定气象防灾减灾的政策和法规，下发和落实气象灾害防御规划；下发和启动气象灾防御应急预案组织应急工作和群众转移；组织气象灾害防御设施（工程和非工程）的建设以及气象灾害预防、监测（含移动）、信息传播等基础设施建设；组织建立监测和信息传递及应急队伍；组织开展应急培训和演练；组织开展灾后重建等；组织开展气象防灾减灾各项工作的监督检查等。

政府主导的作用主要是通过气象灾害防御管理机构协调组织来实现。

（2）气象先行

气象部门承担气象防灾减灾指挥部的日常管理工作，牵头落实气象防灾减灾责任制，指导、监督和检查下级行政区域气象防灾减灾工作。

主要工作：组织制定气象防灾减灾规划和气象灾害防御规划，并牵头组织和指导实施；组织制定气象灾害防御应急预案；组织提出气象灾害防御设施（工程和非工程）建设方案并牵头指导实施；组织提出气象灾害预防、监测（含移动）、信息传播等基础设施建设方案并指导或组织实施；组织提出以公共财政为主的气象防灾减灾投入机制建立方案并牵头指导执行；组织提出监测预警和信息传递队伍组织方案和运行方案并牵头组织运行；指导灾后重建方案的科学建立；牵头组织提出气象防灾减灾的政策和法规等。

同时，承担气象防灾减灾办公室（或气象灾害防御中心）的各项工作。

（3）部门联动

农业、国土、林业、海洋和水利等涉灾部门，负责与气象灾害和气象因素相关的次生和衍生灾害的监测和灾害风险管理；在气象部门发布的气象次生和衍生灾害气象风险预警的基础上，与气象部门联合发布气象次生和衍生灾害预警信息，启动相应应急预案等；负责所管理单位开展气象灾害风险排查，组织制定应急预案，传递气象灾害预警和应急信息，并指导和监督其执行应急预案。

民政、安监、教育、卫生、旅游、煤监、建设、交通、电力和通信等防灾部门，负责组织所管理的学校、医院和工地、厂矿等单位开展气象灾害风险和隐患排查，组织制定应急预案，传递气象灾害预警和应急信息，并监督其执行预案。

发改委、财政等综合部门，负责气象防灾减灾的政策、资金等支持；科技和科协、团委等负责气象防灾减灾的科技支持、科普和防灾技能培训。

（4）社会协同

广播、电视、报纸、电信等媒体及通信运营者要建立绿色通道，及时向社会播发或刊登适时的气象灾害预警信息和警报；负责传播气象科普知识。

各企事业单位要按照上级单位或主管单位及所在乡镇、街道的气象防灾减灾要求，制定应急预案，组织开展气象灾害防御科普和应急演练，根据上级或主管单位及乡镇和街道的要求，及时启动应急预案，组织人员开展气象灾害防御。

社会组织(包括企业)和志愿者应积极支持和参加气象防灾减灾的科普培训、设施建设、信息传播和气象灾害应急以及救灾工作。

气象信息员及时向受影响的公众传播预警信息，并参与气象科普知识的宣传、气象观测设备的维护等。

(5)公众参与

公众应把气象防灾减灾作为个人义务和责任，积极参加科普和应急演练，掌握必要的灾害防御知识和技能，注意收听、收看预警信息，服从气象灾害应急要求，听从应急工作人员的安排，及时采取措施，进行自救和互救。

3. 建立以气象灾害风险管理为基础并将其贯穿气象防灾减灾全过程的科学防御体系

实现气象灾害灾前、灾中、灾后风险管理，减少灾害损失。

第一，开展气象灾害隐患点排查、风险评估和区划，编制和完善到乡镇的气象灾害防御规划，通过媒体以及显示屏、标志牌等标示公示气象灾害隐患点、灾害种类、防御和应急指南；加强气象灾害应急避难场所等防御设施建设；科学设置和提高当地气象避灾设施设防标准，加强通信、电力、供气、供排水等生命线以及、学校、医院等公共基础设施的抗灾能力建设；制定和完善到村、社区(单位)的气象灾害应急预案。强化风险管理决策，在城市、新城镇和新农村建设中必须将气象防灾减灾规划切实融入和科学用于城市、新城镇和新建设规划。全面推行气候可行性论证，特别是气象灾害风险高的区域必须建立和实施气候可行性论证制度。大力推行乡镇、街道和社区、行政村气象灾害防御准备认证制度。以气象防灾减灾示范村和社区建设带动村级和社区组织灾害处置和应急救援能力的提升。

第二，大力加强气象灾害监测预警系统建设，特别是在气象灾害易发、多发地区和隐患点切实提高短时和临近气象灾害的监测预警能力，提高精细化水平和准确率。同时，要加强气象次生和衍生灾害的联合监测和预警，建立联合工作机制和流程。

第三，加强气象灾害预警信息发布和传递系统建设，完善气象灾害应急协调和联动机制，努力建成气象灾害预警全社会响应机制。在学校、医院、车站和等人口密集点和气象灾害易发地段建立电子显示屏，并充分利用城市媒体和网络、手机短信、微博等，建立预警信息发布“绿色通道”，实现预警信息快速全网发布。特别要加强城乡结合部和城市防灾能力较弱的建筑等以及旅游景点、重要交通干线等的气象灾害预警信息传递和应急工作。进一步加强气象防灾减灾责任和义务及防御指南的宣传和公示，切实落实“政府主导、部门联动、社会参与”机制中气象灾害预警信息发布、传播、应急的责任和义务。

第四，树立气象灾害的“减缓”观念，在主动防灾减灾上探寻新途径，提高通过人工影响天气技术消除灾害天气隐患的能力。

第五，强化风险转移意识，发挥市场机制在气象灾害风险转移环节的作用，借鉴美国经验逐步建立强制性气象灾害保险机制，减少灾害损失。同时，加大对保险公司在气象防灾减灾方面的支持力度。

第六，加强气象灾害防御科普、培训和应急演练。县区政府和乡镇、街道以及行政村、社区要根据县区的气象灾害防御规划结合本区域的实际制定和完善本区域气象灾害应急预案，并根据气象灾害应急预案的要求，认真开展本单位和本区域的气象灾害科普宣传和培训，提高社会公众的危机意识、自我保护、自救与互救的能力，加强应急预案的宣传和演练，对公众开展有针对性的培训和应急演练，主要人员必须熟悉应急预案、避险通道和应急避难场所，确保行政村村民和社区市民了解并掌握气象灾害防御基本常识，具备基本自救和互救能力。每年在气象灾害易发季节到来之前开展有针对性的组织群众应急演练，检验应急预案的实效性，提高群众对预案的掌握程度和知晓度，提高群众掌握自救和互救的能力。

4. 加强基层气象防灾减灾保障能力建设

将基层气象防灾减灾工作纳入基层政府基本公共服务重要组成部分。建立基层气象防灾减灾绩效考评制度，列入政府绩效考核序列，形成由服务对象、所在地政府和气象主管机构三方参与的考评机制。

加强气象防灾减灾法律法规标准保障。完善气象防灾减灾政策、法律和法规，加快气象灾害防御法的出台；各省（区、市）要出台灾害防御条例和办法，对已出台的条例和办法加强落实执法检查。加大气象标准化工作力度，特别是加强气象灾害防御标准的制定等工作。

加大气象防灾减灾财政支撑保障。各级政府要加大对气象灾害监测预警、信息发布、应急指挥及防灾减灾工程等重大项目以及气象防灾减灾基础设施日常维护等方面的投入，基本建设支出列入各地公共财政预算。充分发挥市场机制的作用，按照“谁受益，谁投入”的原则，尝试建立多元投资政策和机制。

参考文献

陈振明. 2011. 公共服务导论. 北京：北京大学出版社：1－254.

崔讲学，姜海如. 2011. 县级气象局综合管理. 北京：气象出版社.

郑国光. 2013. 气象灾害如何防. 求是，(5).

城市脆弱性分析及非工程性应对研究*

——以北京"7·21"特大暴雨为例

2012年7月21—22日,北京市经历自1951年有完整气象记录以来最大降雨,持续的特大暴雨引发北京西南区县的山洪暴发,导致北京城区多处道路和桥梁积涝,造成重大的人员伤亡和财产损失。洪水导致城市交通瘫痪,部分山区道路和基础设施冲毁,供水、供电系统中断,给居民正常的生产生活带来诸多不便。城市在暴雨这一极端气候事件下是如此脆弱。

现代大城市孕灾模式、成灾机理与以往农业社会的水灾风险特性已经有了明显的不同(程晓陶,2010)。这些城市型灾害因越来越多的社会经济活动而被放大。城市人口、经济社会发展导致城市对土地、资源和环境的过度需求,加剧了城市发展与生态、环境、土地、水资源矛盾。城市化和工业化在促进了人口和财富的快速聚集的同时,承灾体的暴露度和脆弱性不断增加,气候风险和损失增加。我国城市普遍存在的水灾问题,大多与城市不断向低洼地扩张,侵占河道、湖泊,不渗水地面增加有关。过度的城市建设和开发阻碍了洪水的出路,城市水灾更加频繁。城市化下的不均衡发展导致城市贫困群体、非常住人口等社会脆弱群体不断增长。由此,城市经济、社会、环境等各种脆弱性条件的叠加,使得城市气候脆弱性愈加突显。

随着城市气候灾害的社会经济属性更加突出,单一灾害管理理念逐渐向综合灾害管理理论转变。以城市水灾为例,治水理念由"控制洪水"向"洪水管理"的综合治水理念转变(程晓陶,2010)。城市气候灾害管理具有系统性、复杂性、综合性,既涉及气象学、水文学等自然科学,也涉及社会学、经济学、法律学、管理学等社会科学理论与方法。洪水风险管理的本质,就是综合利用法律、行政、经济、技术、教育等非工程性手段及工程手段,合理调整客观存在于人与自然之间及人与人之间基于洪水风险的利害关系。

一、北京"7·21"特大暴雨灾害特征分析

灾害是自然因素和社会经济因素共同作用的结果,灾害具有自然属性和社会经济属性。灾害形成包括三个要素,即致灾因子、孕灾环境和承灾体,三者的共同作用决定灾害影响程度。在"7·21"暴雨中,北京市受灾严重,这与致灾因子强、暴露度高,以及孕灾环境和承灾体的高脆弱性密切相关。"7·21"特大暴雨降雨量大、强度高、范围广、持续时间长,是造成灾害损失严重的主要原因。房山区的降雨量最大,造成80万人口受灾,死亡44人,财产和

* 本报告完成于2013年。主要研究人员:潘家华、姜海如、谢欣露、彭莹辉、郑艳、韩佳芮、辛源等。

基础设施损失最为严重，直接经济损失61亿元；其次是门头沟区直接经济损失10.58亿元，朝阳区直接经济损失2.21亿元。“7·21”暴雨灾情分布与降雨量分布一致，与历史气象灾害分布特征一致，与降雨强度成正比。

1. 北京“7·21”特大暴雨基本情况

2012年7月21—22日，北京市经历自1951年有完整气象记录以来最大降雨，全市日降雨强度超百年一遇。北京城区平均雨量达231.0毫米；最大降雨量出现在房山区河北镇，降雨量达460.0毫米；丰台、石景山及门头沟区部分地区降雨量较大，为250～338毫米，部分地区降雨量相对较小为100～250毫米；朝阳区降雨为100～250毫米。

2. 北京“7·21”特大暴雨的自然地理特征

北京暴雨分布与自然地理环境有关，有一定的规律性。北京地区位于华北平原的西北边沿，地势由西北向东南倾斜，西部属于太行余脉，北、东北为燕山山脉，形成一个向东南展开的山湾，北京小平原面积约占全市面积的三分之一。北京三面环山，形成一条山脊平均海拔高度约1000米的山前、山后的天然分界线。山前迎风坡正对夏季风的来向，由于暖湿气流沿山坡的抬升作用，故山前一带多暴雨山洪、冰雹、雷电、泥石流等灾害。北京地区位于中纬度季风气候区，夏季受偏南季风暖湿气流的影响，是暴雨的活跃期。由于季风的不稳定性，年际间旱涝灾害频繁出现。年降水量四分之三集中在夏季，夏季降水量主要由几场暴雨形成，降水历时短，强度大，导致旱涝灾害几乎年年都有。北京市西部山区、北部山区多暴雨，平原局地、城近郊及大兴、通州易涝。

3. 北京“7·21”特大暴雨灾害的社会经济特征

除自然因素外，暴雨灾情程度与土地利用、人口、经济、基础设施规划布局不合理密切有关，与承灾体的气候脆弱性过度以及普遍缺乏气候风险意识、准备不充分等气候适应性缺失密切相关。

北京城区位于平原地带，人口和财富密度大，基础设施的气候防护标准相对较高，主要通过排水管道排水，河道排水能力较弱。城区建设范围不断扩张、人口和产业增长对城市排水系统造成较大压力，城市排水系统建设落后于城市社会经济发展。暴雨主要造成城市道路桥梁、小区积水，地下空间进水等，导致较大的财产损失和人员伤亡。

北京郊区和山区是暴雨洪涝多发区，地形复杂，易发洪水、泥石流等灾害，人口和财富密度较小，基础设施的气候防护标准相对较低，排水设施不足，主要依赖于河道的天然排水能力。随着郊区和山区的社会经济持续发展，以及常住人口继续向郊区扩散，这增加了对土地的需求，出现了占用河道、不合理开发等现象。围绕拒马河河道及沿岸，开发出鱼塘、养殖场、农家乐等设施和产业，促进了房山区旅游业的发展，同时也面临着气象灾害的高风险。

暴雨是城市必须面对的事实，只有通过降低城市孕灾环境和承灾体的脆弱性，提高城市气候适应能力，才能降低城市暴雨灾害程度。

二、北京"7·21"特大暴雨社会经济影响评估

1. 受灾、死亡人口

根据北京市防汛指挥办的统计,全市受灾人口160.2万人,紧急转移9.7万人;房山区80万人受灾,损失61亿,转移人口6.5万人。北京"7·21"暴雨死亡人数79人。在确认身份的69人名单中,房山区死亡人数为44人,朝阳区6人,丰台区和石景山区各5人,通州3人,密云2人,东城、海淀、大兴、怀柔各1人(图1);按死亡原因分类,溺亡人数为50人,占死亡人数的72.5%,因暴雨造成触电身亡、房屋倒塌、创伤性休克等间接死亡14人,因公死亡5人(图2)。

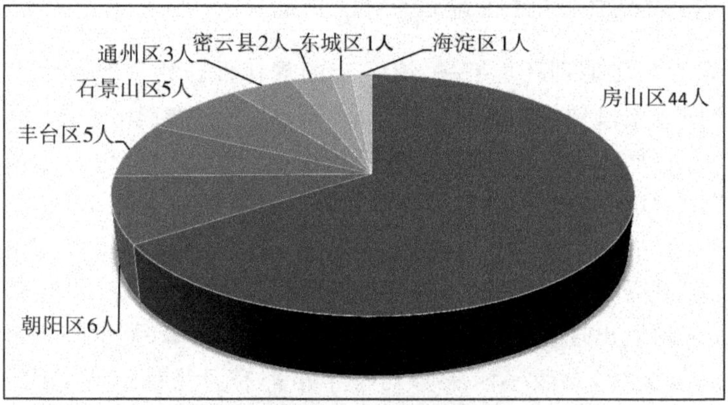

图1 各区县死亡人数(人)(不包括未确认身份者)

数据来源:http://news.sohu.com/s2012/6566/s349125246/)

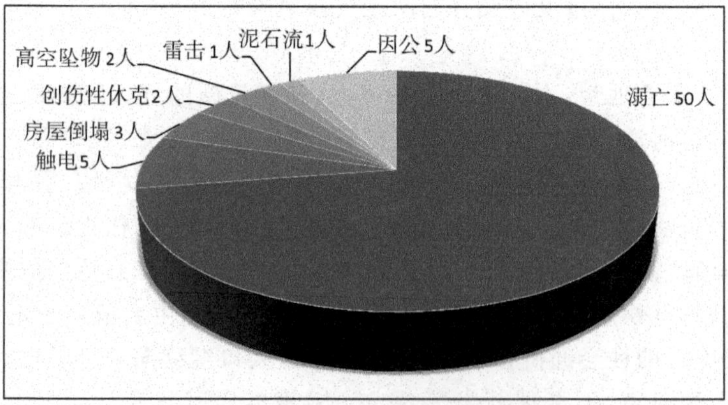

图2 死亡原因(人)(不包括未确认身份者)

数据来源:http://news.sohu.com/s2012/6566/s349125246/)

2. 直接经济损失

北京"7·21"特大暴雨导致冲毁道路桥梁、房屋、养殖场、旅游设施、淹没农田等，对农业、交通运输业、加工业、旅游业等造成重大损失。据市防汛抗旱指挥部直接经济损失共计116.4亿元。

农业——据防汛抗旱指挥部，暴雨导致成灾面积47.9万亩[1]；绝收面积12.2万亩。根据北京市农委估算，强降雨对全市农业生产造成的经济损失近4.5亿元。全市畜牧业规模养殖场共损毁圈舍17.83万平方米，全市因灾损毁设施设备103台套，全市恢复生产共需种苗707149头(只)，生产需饲料7235.8吨，财政补助共计3100万元。全市渔业受灾面积约5900亩，种苗、设施恢复、设备购建也需要大量资金支持。灾后恢复重建需要大量资金投入、财政补助。

交通运输业——城区95处道路因积水断路；广渠门5辆车被淹，1人死亡；9条地铁线进水，6号线甜水园站在建工程发生坍塌，机场线东直门至T3航站楼段停运；京港澳高速公路南岗洼段积水达6米深，被泡车辆127辆，死亡3人；京原等8条铁路线路临时停运；首都机场滞留旅客8万人。

基础设施——全市道路、桥梁、水利工程、电力设施等受损，道路塌陷、桥梁冲毁、电力中断、民房倒塌。1条110千伏变电站水淹停运，25条10千伏架空线路发生永久性故障。倒塌房屋1.07万间，停产企业761家；公路中断4万余条次，损坏水闸230处。

财产损失——居民家中进水导致各种财产损失，家具、电器等冲走或泡坏；道路小区积水导致车辆被淹。据北京市保监局23日公布的数据显示，大雨造成北京市近2万辆汽车受损。

其他——北京具有悠久的历史文化，文化古迹众多，是北京的宝贵财富。北京市文物局7月25日对外发布消息称，受特大暴雨影响，全市约160处不可移动文物遭受不同程度损失，受损面积约21万平方米，经济损失约为8亿多元人民币。

3. 间接社会经济影响

(1)间接经济影响

1)对相关产业的影响

首先是旅游业。北京"7·21"特大暴雨及山洪对房山旅游业的影响巨大，受到影响的景点包括十渡、上方山森林公园，一些基础设施、道路、农家乐房屋、鱼塘等被冲毁，水、电力中断。旅游业基础设施损坏严重、经过修整后才能重新接纳游客，正值旅游业旺季，造成经营户财产和收入的巨大损失。课题组在2013年4月的走访中，看到房山区一些受损景区仍未恢复正常营业；有些十渡景区农家乐经营户表示客流与往年同期相比下降很多，经营相对惨淡，认为这与北京"7·21"暴雨的影响有一定关系。

其次是保险业。北京市保监局统计，截至2013年7月30日24时，在京保险公司共接

[1] 1亩=1/15公顷。

到因强降雨造成损失的各类报案4.7万件,估损金额约7.9亿元。其中,机动车辆保险接报案4.2万件,估损金额3.9亿元;企业、家庭、工程等财产损失估损金额约5.1亿元;种植养殖业估损约9142.6万元;人身保险预计赔付金额457.6万元。

2)物价

农业受灾造成减产、绝收,对蔬菜供给造成的短期影响较大。相关部门及时采取措施,促进畜牧业、渔业、蔬菜等生产恢复,对稳定物价起到重要作用。

3)就业

旅游业、加工厂、养殖场等设施被冲毁,导致经营活动暂停或关闭,就业受到短期负面影响。受损设施的修复、基础设施恢复重建带动相关产业的就业。由此,灾后就业受到一定程度的冲击。

(2)社会影响

1)“生命线”系统

由于受暴雨影响,北京城区多处积水,导致交通中断,乘客、路人等滞留在机场、车站、公交车等处,以及导致相关财产损失和人员伤亡。房山区东关上村断水、断电、通信也中断。由于水利设施遭到破坏,道路不通致使灾民饮水困难,东关上村有320户饮水困难。救灾物资只好放在路边,由居民背回家。这对灾后生活、生产恢复和救济增加了难度。经过11天抢修,通信、水电才基本恢复正常。

2)生计恢复

灾害往往破坏人们赖以生存的土地、道路、设施,增加了灾后恢复重建的困难,居民可持续发展受到阻碍,导致因灾返贫、因灾致贫。课题组房山区调研[2]及相关文献资料表明许多农家乐设施、养殖鱼塘、猪舍、鸡场等被冲毁,部分农户有相关保险,以及国家相关的救济措施,农户可以得到部分赔偿。对部分经营户来说,生计恢复需要较长时间。一些利用河道土地开办的石材厂、养殖场、种植物等被冲毁,经济损失更为惨重,生计恢复受到的影响更大。对于城市外来务工低收入群体,灾害救助缺乏相关制度和标准,受灾后生计恢复困难。

3)公共服务需求增加

暴雨导致道路设施因暴雨造成交通中断,城市公共交通服务供给能力降低,大量乘客、旅客被困车站、机场,城市公共交通服务供需矛盾突出。暴雨导致水电等公用事业供给中断,企业不能正常生产,居民生活不便。灾害造成一些家庭痛失亲人,带来心理创伤、抚养、赡养等社会问题,社会心理服务需求及社会救助需求增加。灾后急需公共卫生服务,增加救治、防止疫病传染等。灾中及灾后救援、公共治安也可能成为问题,需要加强公共安全治理。

4)生态环境影响

城市不同下垫面的透水性强弱对径流的冲刷效应有直接影响。降雨与各种不同下垫面

[2] 2012年11月23日,中国社会科学院城市发展与环境研究所石尚柏研究员、谢欣露博士、孟慧新博士与中国气象局发展研究中心梅连学司长、姜海如研究员、韩佳芮副研究员和辛源助研等课题组成员,会同北京市气象局、房山区气象局等相关人员到房山区进行调研。调研组于上午实地考察了房山区黄山店村和韩村河镇受灾点,下午在韩村河镇就北京“7·21暴雨”引发的城市抗灾能力问题与区应急办、区民政局、韩村河镇和周口店镇的相关人员进行座谈。

径流水质污染程度差异较大，天然降雨、绿地径流水质相对较好，屋顶径流水质次之，城区道路路面雨水径流污染最为严重，尤其是初期径流污染物严重程度可接近生活污水（廖日红等，2007）。由此，暴雨对城市道路、屋顶等的冲刷效应将各种污染物流入河流湖泊，造成面源污染；暴雨还可能造成水土流失、泥沙淤积，可能造成水质污染、生态环境的破坏。暴雨对生态环境的污染和破坏在短期内不易发现，长期内不容易恢复，应引起城市管理部门的重视，加强暴雨次生灾害影响研究。

三、城市孕灾环境的暴雨脆弱性分析

气象灾害的发生是自然因素与社会因素共同作用的结果。现代大城市孕灾模式、成灾机理与以往农业社会的水灾风险特性已经有了明显的不同，暴雨灾害的社会属性更加突出。城市化推动人口向城市集中，道路、桥梁、高楼大厦密集分布，改变着城市局地气候和孕灾环境，加强了同量级暴雨条件下洪水的强度。

1. 土地利用规划不合理

地质环境和条件是洪涝风险的载体。随着人口的增长，城乡经济和社会发展对土地需求不断增加，人与水争地的矛盾将不断增强。全国 18 亿亩土地红线的划定，用于居住、建设用地有限，这也对城乡合理利用土地和发展提出挑战。

（1）侵占河道，影响行洪能力

随着北京市城市化进程以及郊区、山区的社会经济持续发展，北京市常住人口持续增加并向郊区扩散，城乡建设对土地的需求不断增加，城市建设范围扩大、基础设施建设和新开发区增多。城市不断向低洼地扩张，侵占河道、湿地等生态用地，“人与水争地”不利于河道行洪。

胡晓静等（2012）对上方山小流域主沟道 3 个点进行了洪痕调查（图 3）。结果表明，由于沟道侵占，造成 3 个调查断面防洪空间均不足，洪水宽超过原沟宽 9～35 米，洪水漫溢，共冲毁了 1793 立方米岸坡、1 座漫水桥、3 处房屋、880 米道路和 0.67 亩农地。发生灾情的沟段大部分均有侵占情况，受侵占的沟段损毁数量大于无侵占的沟段。

（2）土地利用方式变化，城市地表径流增加

2011 年，北京常住人口 2018.6 万人，城镇人口 1741 万，道路长度达到 6258 千米，道路面积 9164 万平方米，桥梁 1885 座。北京建成区面积达到 1231 平方千米，比 1949 年的 109 平方千米增加了 10.3 倍。城市化过程中，清除树木杂草、填埋低洼地、建楼修路、侵占河道等，改变了流域下垫面条件，城市路面硬化程度增加，不透水面积不断增长。北京近十年来总汇水面积保持年均大约两位数的比例增加。北京市地表径流系数明显增加，建筑屋面与道路的可达 0.9，城市中心区一般取 0.60～0.85，一般规划区取 0.45～0.60；洪峰时间提前，峰值变尖变瘦（图 4）（杨元辉等，2005）。这些均减少城市雨水下渗，改变城市地表径流和调蓄洪水的能力。

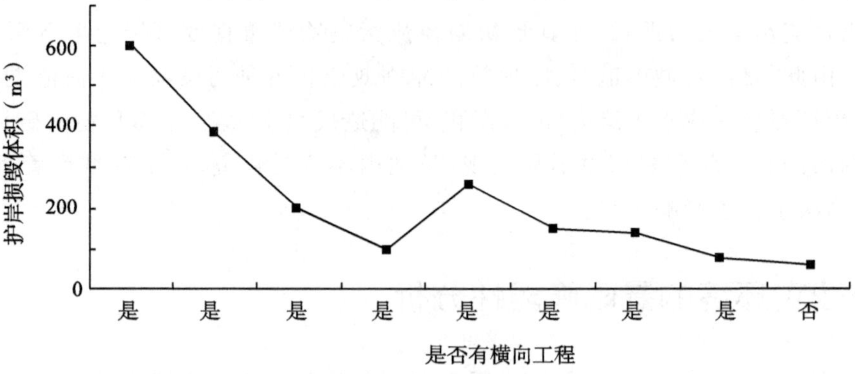

图3 上方山小流域横向工程与主沟道两侧护岸损毁数量关系
（胡晓静等，2012）

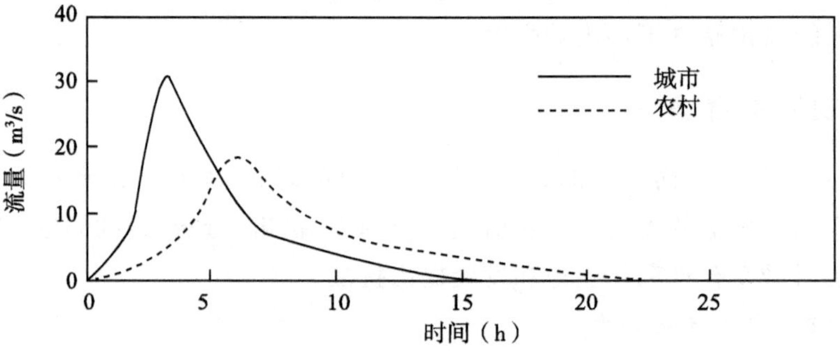

图4 城市化对流域出口流量过程的影响示意图(郭金燕,2004)

2. 城市建设缺乏气候标准及论证

城市建设缺乏气候标准、气象灾害风险评估、气象灾害安全论证等，也是导致道路桥梁、城市排水系统、地下空间和小区高气候脆弱性的重要原因之一。这些标准及论证等应成为防灾减灾的前置条件，并加强相关法律法规建设。

（1）基础设施

重大项目建设缺乏气候可行性论证，如机场、核电站、道路建设等对风雨雷雾等气象条件要求较高，一旦建在高气候风险区，就增强了基础设施自身的暴露程度，导致设施自身脆弱性增加，进而造成城市人口、产业、生命线工程等重大损失。根据相关报道，京港澳高速公路南岗洼段、东南章村的岳琉路、广渠门桥等道路桥梁的下凹式、横断河道等不合理设计阻碍了行洪或排水，导致道路积水过深，进而造成车辆被淹、人员伤亡等重大损失。

（2）地下空间

随着城市化发展，城市地下空间利用程度越来越高，城市建设未充分考虑地下空间的气候风险。北京“7·21”暴雨时，出现地下室、地下车库、地铁、商场进水现象，暴露出城市地下空间的气候脆弱性。北京地下空间建有地铁、通信管线、电力水力管线等，缺乏统一规划，各部门各自为政。北京下水道管理分属市政、排水、环保、电力、通信等不同部门，责权不分，缺乏统一协调。

城市发展对城市排水系统造成较大压力，排水系统建设落后于城市社会经济发展，城市气候适应能力缺乏相应的标准。北京排水管道复杂，有老标准、有新标准，如果上游管道粗而下游管道细也无益于整体排水能力的提高。

城市地下空间开发利用应建立相关的气候防护标准。

(3)小区建设

多处小区积水导致车辆损失、人员伤亡，暴露出小区建设的暴雨脆弱性。小区气候防护有许多先进的设计理念，如铺设渗水砖、建立地下水库、下沉式花园、雨水利用系统等。这既能够减少小区的地表径流和排雨量，也能够综合利用水资源，减少面源污染。我国目前已开始防灾减灾示范小区建设，但一些先进的气候防护理念和实践没有普及。

四、城市承灾体的暴雨脆弱性分析

1. 脆弱群体

(1)城市外来低收入群体

地下室地势低，易进水，相关部门对地下室管道设施缺乏日常检修，管理相对混乱。这些居住者多是外来务工人员，在超市、餐饮、快递、保安等工作，收入低，地下室被淹后，断电断水，居无定所，生活缺乏保障。他们的物品及财产损失缺乏保险，因受户籍限制，没有及时得到救助。

(2)河道附近居民

“7・21”暴雨导致山洪暴发，河道附近居民受损严重。河道被侵占是暴雨灾害扩大的主要原因之一。因洪水冲毁堤坝、改道等导致附近村民被洪水围困，造成重大财产损失和人员伤亡。一些河道年久失修、没有经常性的治理和管理，增加了河道附近居民的气候脆弱性。

(3)路上行人及游客

“7・21”暴雨当天，大量行人和游客被困道路或旅游景点，一些人甚至因洪水失去生命。路上行人和游客直接暴露于极端气候事件下，不了解当地气候特征、地形，缺乏相应的暴雨避险自救知识，缺乏组织性，这些人的暴雨脆弱程度很高。课题组在房山区调研结果也表明一些行人及游客不听从当地人警告，或不配合政府组织的安全转移活动。此外，暴雨导致一些景区交通、通信、电力中断，游客对暴雨和山洪的适应性会更差。

2. 基础设施

(1)脆弱地段的基础设施

由于一些基础设施建设时，没有开展气候风险评估论证，建在了高气候风险区，增加了基础设施受灾的潜在风险。一些设施建设违背自然规律，裁弯取直、阻碍行洪及排水，也会扩大洪水灾害影响程度。建在较高气候风险区的设施，由于缺乏与气候风险相配套的气候防护标准，气候适应性不强。京港澳高速地势低洼，下水道位置也低，下水道排水量无法适应强降雨量,造成积水过高,泵站一度无法工作,泥沙导致排水困难。采空区和泥石流区的村庄及设施的暴雨脆弱性大。

(2)质量不高的基础设施

基础设施脆弱性与质量标准有关,在同等气候强度和暴露度下,基础设施的质量标准越低则越脆弱。"7·21"暴雨导致多个楼盘因质量问题屋顶漏水、外墙脱落、地面塌陷、地下室和电梯进水等。

(3)气象灾害高相关的基础设施

暴雨、雷电等气象灾害可能导致变电站、通信等基础设施受损,其故障可能影响城乡正常运营,更应加强气候安全论证,以及加强气候防护配套建设。

(4)城市"生命线"系统

城市生命线系统是指公众日常生活中必不可少的支持体系,是保证城市生活正常运转的重要的基础设施,是维系城市功能的基础性工程,包括:电力、交通、输油、供气、供水、通信、互联网等系统。该系统覆盖范围广,呈网络状结构,具有公共性、复杂性、相互关联性等特征。自然灾害对"生命线"某一薄弱环节的破坏易导致次生灾害,并造成城市生产和生活较大范围的影响。例如,电力系统的破坏影响城市供水、通信等功能,也不利于灾害救援。在大城市,即使不是极端气候事件,一场小雨、小雪也能导致城市交通拥堵。因此,"生命线"系统的气候脆弱性应引起广泛关注。

五、城市气候脆弱性的制度因素分析

暴雨考验了城市气候灾害综合管理能力,暴露出基础设施建设、日常灾害管理组织体系、制度建设等方方面面的脆弱性过度和适应性缺失。城市气候灾害具有系统性、复杂性、扩散性等特征,单一灾害的"条块分割"管理模式、自上而下灾害管理过程不能适应城市气候灾害综合管理的需求。气候灾害综合管理仍存在部门职责不明确,缺乏资源和信息共享机制、组织协调与联动机制,以及依法行政的法制体系。

1. 管理体制

我国传统体制建立在危机处理而不是危机管理理念上,着眼于突发事件发生后的应付,是一种消极被动的反应;建立在动员行政而不是法治行政基础之上,表面上有收效快、效率高的特点,背后付出的代价是巨大的;建立在分散的而不是综合的管理基础之上,难以协调各部门之间减灾抗灾工作(万鹏飞,2007)。

从应急管理来看,我国自然灾害应急工作的基本原则为"统一领导、分级负责、条块结合、属地管理",建立和完善了政府管理部门和相应业务部门及研究机构,逐步形成了"政府统一领导,部门分工配合,上下分级管理"的灾害管理制度。我国灾害管理的综合协调机制是在国务院统一领导下,中央层面上设立国家减灾委员会、国家防汛抗旱总指挥部、国务院抗震救灾指挥部和全国抗灾救灾综合协调办公室等机构,负责灾害管理的协调和组织工作。基本上是分类别、分地区、分部门,根据灾害产生、发展和结束的各个环节,各职能部门分别管理。部门间可能存在职责的交叉和缺位，一旦出现重大自然灾害，在上升为政府统一指挥之前，就可能会出现短暂的指挥不灵，可能造成灾害难以最佳时机做出避险选择。

在总结气候灾害综合管理经验和教训中，北京市提出了由规划、建设、水务等部门牵头，全面分析评估城乡防洪排涝、防灾减灾系统和能力，科学制定总体方案和近期任务，纳入全市经济社会发展规划，加大投入，加快实施，着力解决系统性不强、标准不高、城乡脱节、局部地区隐患严重的问题，并提出了进一步完善防汛应急指挥的运行机制、加强防灾减灾知识普及、提高社会动员能力。

2. 管理机制

我国灾害管理机制包括灾害预警机制、紧急救助机制、救灾资金投入机制、救灾物资储备制度、社会捐助制度等灾害管理机制（李学举，2006），在灾害应急中发挥重要作用，但也存在一些不足。我国灾害管理还缺乏气候风险评估机制、常态化灾害管理机制、社会公众参与机制等，部门间组织协调机制。

（1）气候风险评估机制

作为重大项目建设的前置条件之一，气候风险评估机制仍缺位。气候风险评估是土地合理规划、制定灾害应急预案、气候适应性管理的前提条件，是降低气候致灾因子暴露度、孕灾环境和承灾体脆弱性的依据。道路、桥梁、工厂、社区、乡村建设前缺乏气候风险评估及认证，则可能导致基础设施、资产和人口等规划布局在高气候风险区，增加承灾体的气候暴露度；缺乏气候及水文特征的综合评估，如降雨量、强度等区域汇水面积、地表径流、洪峰等的影响，可能导致土地利用的不合理规划，增加孕灾环境和承灾体的脆弱性。缺乏与高风险区配套的气候防护设施及风险管理，气候适应性不足，气候风险增加。灾后风险评估同等重要，可以不断总结灾害发生的原因、薄弱环节及改善防灾减灾措施。

（2）日常灾害管理机制

在日常灾害管理上，各部门存在职责和管理上的交叉及缺位，日常灾害管理和沟通机制缺乏。目前，对气象灾害的影响及管理仍缺乏足够的重视，气象灾害指挥部缺位，气象灾害相关的一些管理责任没有落实到位。北京“7·21”暴雨前，交通部门没有设置醒目的路面积水警戒水位线。营救广渠门桥下被淹人员和车辆时，相关施救部门不能确认车辆位置，导致救援组织不力、缺乏联动、救援不及时等问题，这反映了城市管理部门日常灾害管理准备不足，缺乏多部门联合应急演练。以地下室为例，地下室空间有配电室、暖气管道、燃气管道等设施，地下空间管理混乱，水、电等配套设施缺乏或不达标，缺乏日常维护检修、隐患排查，漏电、渗水等管理上的漏洞为地下室安全埋下了隐患。北京“7·21”暴雨相关报道也反映了相关部门对灾害隐患点、防灾设施的检修、排水管道清污、违章建筑拆除等日常灾害管理重视不足，执行力度不够。相关部门忽视日常灾害管理、应急演练和部门间沟通的重要性，导致灾害应急时措施不力，应引起足够重视。

（3）预测预警机制

从预警的广泛性看，预警信号仍存在盲区。北京“7·21”暴雨中，气象部门通过气象信息平台发送了1170万人次预警信息，社会单位也纷纷转发，但仍存在信号盲区，如山区通信信号不好，暴雨导致通信中断后，旅游公司和游客无法接收预警信息。一些电视频道仍缺乏全频道滚动播出灾害预警信号的机制。

“7·21”暴雨预警信息尚未转化为所有部门和公众及时普遍的避险行动。“7·21”暴雨前，气象部门就及时发布了暴雨预报和预警，但在一些地方公众仍照常观看演出，参加各种户外活动，旅游景点照常接纳游客等，一些管理部门也没有提前到岗待命。有些山区居民接到洪水通知后不听从指挥，擅自行动，导致不必要的损失。一些司机在暴雨中贸然涉水，存在侥幸心理。有媒体做了相关调查，受访人员有七成不知道或说不清暴雨预警分为几级，有些公众并不能理解灾害预警信号的含义。

此外，还应加强气候灾害引发的次生灾害预警机制，如暴雨引发的滑坡、泥石流预报和预警。

(4)应急联动机制

北京“7·21”暴雨暴露出应急预案与应急联动的一些不足。目前虽已建立了气象灾害会商制度，但真正意义上的联动还是要政府统一协同。在北京“7·21”暴雨中，广渠门救援事件中体现出交通、市政、救援等部门间应急和联动的不到位。京港澳高速公路南岗洼积水很深后，首发集团管理的多条公路仍坚持收费，导致交通拥堵、车辆被淹。灾害发生后，运营单位采取相关应急措施(如指挥疏导、封路、提示其他行车路线等)不及时，致使大量车辆在积水很深情况下仍向深坑驶去。一方面暴露出交通管理部门应急预案设计中，缺乏与运营单位的沟通和协调，缺乏明确的公路收费单位应对突发事件的责任及联动机制等，导致预案缺乏实战细则、可操作性差。另一方面也暴露出某些“生命线工程”经营企业气候风险和社会责任意识薄弱。虽然管理部门制定了相关的应急预案，但由于管理部门和运营单位灾害中的目标不一致，无法实现联动，应急预案不能落到实处。

贴罚单事件中，交通协管员在大暴雨中仍在履行贴罚单的职责，引起公众不满，这表明交管部门未明确灾害应急时期工作人员的职责。部分出租车司机在暴雨中不出车或宰客，也不是简单的道德问题，而与激励和奖惩制度的缺失等有关。出租车因暴雨造成的损失，司机要承担车辆被淹的全部风险，包括维修费、误工费以及每月固定上交运营公司的“份子钱”。这种制度安排不鼓励出租车司机出于公共利益去冒险救援。这说明应急预案未考虑“生命线”运营企业及其员工的职责，缺乏强制性或激励性的措施。即使在这种不合理制度安排下，暴雨中仍有出租车司机、私家车主自发组成爱心车队，在雨夜运送滞留旅客回家，体现灾害中群众互助、互救的精神。

(5)社会参与机制

我国灾害管理体制和机制，主要涉及政府管理部门机构和职责。预警、应急、救灾等信息和组织等主要是政府内部层面，自上而下的单向、行政层面传输，缺乏公众参与。北京“7·21”暴雨中，某小区出现漏电漏水、部分租户没有收到通知、地下室断电断水后会出现露宿广场等问题。这暴露出社区在灾害预防、风险宣传和教育、救援组织、相关设施和管理制度方面存在薄弱环节。

政府往往拥有救灾所需的更多的资源和能力，但同时拥有较少的关于灾区的信息(冯俏彬，2012)。社会公众、媒体和非政府组织等在防灾减灾中发挥着不可替代的作用(中国洪水管理战略研究项目组,2006)。发达国家应急管理中,形成政府、非政府组织、公众责任共担的应急管理体系。美国应急管理主体由FEMA(联邦应急管理局)、联邦地区、州、县、市、志愿义务组织、民间团体、私人企业等组织,并且政府将它们之间的合作纳入联邦应急计划。日本东京市政府则特别重视建立与社区居民的伙伴关系(左雄,2011)。在北京"7·21"特大暴雨中,一些农民工自发组织救援队伍,一些受灾者在公共求救电话打不通的紧急情况下,通过微博发送求救信息,一些社会公众通过互联网自发建立爱心车队进行组织救援,这些自发的社会动员在灾害救助中起到非常积极的作用。但是,我国社会参与防灾减灾仍然主要是自发行为,仍缺乏相关制度和法律依据,社会参与机制不足。

3. 气候灾害法制建设滞后

我国防洪区土地利用尚缺乏明确的法律依据,相关部门职责不明确,缺乏明确的奖惩措施。我国的《防洪法》明确规定了河道中修路、建房、堆积沙土、建养殖场、农业种植等些行为的非法性。但是,这种乱建行为并没能被禁止住,也没有采取相应的防御措施,导致行洪河道堵塞,迫使洪水改道,增加洪水风险。这反映了相关管理部门在城乡发展规划中的气候风险意识不强,忽视法律法规的存在,未严格执法。有专家指出行政执法对于乱建行为的局限性,行政执法不具有强制力,将合理规划上升到法律程序仍需要一个过程。

《防洪法》《防震减灾法》等防灾减灾法律法律具有行业性和部门性特点,社会灾情的多元化及开放性(如城市交通瘫痪、城市大面积停电、突发性公共卫生事件等)决定仅有这些法律法规不能满足政府的灾害综合管理。长期以来,指导规范救灾管理的仅是法律位阶较低的民政行政规章,其法律效力级别低,规章内容有重复和漏洞。这种部门式的分割管理造成的弊端就是缺乏统一有力的应急管理指挥系统。重大救灾活动是一种全景式立体化的活动,救灾工作涉及面广,参与部门多,涉及人口多,需整合社会和各部门资源,这需要以更高法律位阶的国务院行政法规或人大法律的形式,调整规范国务院各部门及地方政府的职责、权限和任务,理顺救灾体制。

以日本为例,日本已经形成了相对完善的灾害管理法律体系,主要包括"灾害管理基本法体系"、"灾害预防法体系"、"灾害应急对策法体系"、"灾害恢复、重建及其财政金融措施法体系"等。其中,日本1961年出台的"灾害对策基本法",被称之为"灾害管理宪法"。在此之前,灾害防范应对的相关法律有多种,这一法律的出台改善了过去防灾体制上存在的不足与缺陷,达到灾害对策的系统化,以实现综合性与计划性防灾目的(左雄,2009)。

我国灾害管理法规体系与发达国家灾害管理相比存在很大的差距,尚需不断完善。大灾后图大治的治理模式,缺乏长期的具有法律约束力的城市防灾减灾规划,不利于气候灾害的综合管理。

4. 气候灾害综合管理信息系统不完善

气候灾害综合管理信息系统是灾害管理的重要技术支撑,对于管理决策的科学性、准确性、及时性具有重要意义。

我国仍缺乏权威的气候灾害综合管理信息系统,从气候灾害数据采集、处理、传递、发布和共享等缺乏统一管理，导致气候灾害数据不全面、多来源、不准确等问题，给气候灾害科学决策与管理带来不便。

城市气候灾害具有系统性、复杂性、连锁性等特征，涉及气象、市政、城市规划、国土管理、交通、消防、媒体等诸多部门，部门间组织协调和联动机制日益重要，气候灾害综合管理信息系统应当成为部门联动的重要技术支撑。例如，北京“7・21”暴雨预警后，交通部门未及时将相关积水路状信息通过交通告示屏或交通台等传媒手段告知行人、司机，未及时采取交通管制等行动。从报警救援部门来看，暴雨中的紧急报警系统失灵，一些人求救电话打不通，耽误了宝贵的救援时间。营救广渠门桥下被淹车辆时，相关施救部门不能确认车辆位置，延误时机。交通、市政、救援部门与气象部门的联动不紧密、不及时。灾害信息系统应当整合相关部门的监测预警设备、人员、信息及救灾物资，加强对重点道路、桥梁等基础设施、行业和区域的气象灾害管理，建立气象预报预警与交通、市政、消防、媒体、社区等利益相关者职责之间的联系，促进气象预报预警信息转化为利益相关者防灾减灾行动。

基层气象信息员、灾害信息员在气象信息传达、灾情信息收集整理中占有重要地位，有利于区、镇、村各级领导干部和公众及时得到气象灾害信息，组织防灾减灾活动，降低了灾害损失。北京“7・21”特大暴雨事件中，仍有部分居民表示没有接到预警通知和转移信息，如地下室受灾居民，这可能说明灾害信息传递的组织和制度不完善。基层气象信息员、灾害信息员队伍有待扩大。。

管理部门及时发布灾情信息，有利于正确引导社会舆论，维持社会稳定。北京“7・21”暴雨灾害后，在公众不知灾情的情况下，网络上出现死伤人数的猜测，对政府部门的不信任。直至相关管理部门公布灾情，才平息了谣传。

5. 保险保障机制不健全

保险是风险分担与转移的重要手段，是灾后恢复重建中重要的财力支撑。在北京“7・21”暴雨中，直接经济损失约为116.4亿元，截至2012年7月30日，保险估损金额约为10亿元，约占总损失的8.6%。灾害保险覆盖的范围小，大部分因灾损失得不到赔付，不利于经济社会总体的恢复重建。这与社会保险意识薄弱、灾害保险品种不全、灾害承保面、保险制度等不完善有关。

社会保障和救济制度不健全。北京市政府在灾后开展了相关的灾情评估和补偿，但补偿标准等仍存在不足，如外地户籍受灾人口未在保障范围内。常规化、制度化、普遍化的保障措施仍存在不足。

六、城市气候灾害非工程性应对措施

城市气候灾害治理应加强生态性、技术性、制度性等非工程性措施的作用，由单一的工程性措施过渡到工程性与非工程性措施相结合的综合治理。通过转变气候灾害治理理念，化害为利，将控制洪水转变为洪水管理，将洪水转变为城市水资源。

1. 坚持保护地理和气候自然环境

利用经济、法律、行政措施加强自然地理和气候环境保护，合理规划开发利用土地，使洪水有去处，促进人与洪水和谐相处。通过蓄滞洪水，补充地下水资源，促进城市自然生态系统恢复，这既有利于增加城市的美观，改善城市环境质量，同时也具有很强的气候服务功能。

2. 着力改善孕灾环境和条件

随着城市化发展，气候防护基础设施落后于城市经济社会发展，增量型气候适应不足。政府应改变“重地上，轻地下”的发展理念，加强气候防护基础设施建设，投入更多技术和人力，建立气候适应型城市。充分利用城市的空间规划，加强城市绿色基础设施建设投入，如增加绿色屋顶、“低冲击模式”的道路、花园、绿地、修建小区地下蓄水池、铺设渗水砖等雨水滞留蓄积的措施，可以减少城市街道的地表径流，并且可以将雨水收集、净化、重复利用、补给地下水等，从而减少城市内涝、缓解城市水资源缺乏、减少水污染。

3. 不断完善气象灾害防御规划

区县级以下人民政府应当组织有关部门结合本地气象灾害特点、风险评估结果以及经济社会发展趋势，编制本行政区域的气象灾害防御规划，并根据气象灾害变化情况及时修订。气象灾害防御规划应当包括气象灾害现状及发展趋势的预测、预估和评估；气象灾害易发区域和重点防御区域；气象灾害防御标准；气象灾害防御项目、措施和实施方案；气象灾害防御设施建设和管理；气象灾害应急处置措施。同时各地应当把气象灾害防御规划作为编制城乡规划，区域、流域建设开发利用规划和土地利用总体规划的重要依据。国土资源、环保、交通、农业、林业、水利、通信、能源、旅游等重大基础设施项目的选址和建设，应当符合防御气象灾害的要求。

4. 全面推行气候可行性论证和气象灾害安全认证

把气候风险评估作为城市发展规划和重大建设项目的前置条件，通过气候可行性论证以促进城市功能区、人口和产业的合理布局。一些重大工程项目建设、一些气候脆弱地段的项目建设和开发、一些大片土地的开发利用都应当进行气候可行性论证。例如，在小区建设前，事先进行雨水排放评估，建立雨水排放标准及雨水蓄滞设施，可以减少园区排水系统对城市总体排水系统的压力，以减少城市内涝。每个社区和乡村都需要进行气象灾害安全认证，在防洪防渍安全、防风安全、防雷安全、防冰冻安全、防雪灾安全等方面是否存在隐患，这样可以大降低气象灾害风险。

5. 广泛设置气象灾害风险标识标志

在防洪防渍重点区域建立警示性、指引性和保护性标志标识，以提示群众在紧急情况如何避险和自救。在主要道路桥梁应设立积水警戒线标识，在社区、公共场所、交通路口等地，加强公共显示屏、风险图、避难所等标识标志的建设，以全面提高人民群众的气象灾害风险意识。在河道堤坝等高气候风险区,建立保护性和警示性标识,促进河道生态功能恢复,保护河道、堤坝等的防洪功能。除此之外,对容易遭受风灾、雷灾、冰冻雪灾的危险区域和建构物都可以设置相应的气象灾害风险标识标志。

6. 切实加强社区、乡村和企事业单位防灾能力建设

"生命线工程"运营企业不仅需要应对自身面临的气候灾害,也应考虑行业性质涉及公共生命、财产安全,从而建立和完善行业的气候安全应急预案。政府部门在签订"生命线工程"的有关合同和文件时,应明确企业的气候安全责任,确定气候安全管理条款,保障灾害事件发生时"生命线"的畅通。

应加强社区、乡村气候防护设施建设,明确社区、乡村组织、企事业单位在气候风险教育与培训中的责任和地位,加强责任范围内气候敏感区域的设施(如供电、给排水设施等)的日常灾害检修与维护。

7. 大力开展气象灾害防御知识教育和应急演练

基层组织要着力解决防御风险知识、预警信号的宣传和教育存在重大盲区问题,由于气候风险意识薄弱,一些公众、社区、企业、管理部门等对气象预警信息缺乏足够重视,防灾减灾准备不充分,自防自救能力弱、组织性救灾不及时。因此,需要通过多种措施、多种形式进行气象灾害防御知识教育和宣传,组织开展应急演练,全面提高全民灾害防御和自救能力。

8. 大力加强气象灾害监测预警系统建设

气象灾害监测预报预警是科学防御气象灾害的核心,应坚持不懈地加强。要加强气象灾害立体监测系统建设,发展先进气象卫星、天气雷达、地面自动观测,构建全天候、高密度、更完善的灾害监测预警网络。加强重点战略经济区、生态功能区、城市、农村、沿海以及农业、交通、环境、旅游等气象敏感地区、行业气象灾害监测预警基础设施建设;根据全国气象灾害分布情况组织实施好中小河流治理和山洪地质灾害防治等相关重大气象灾害防御工程。

9. 积极推进气象灾害预警信息传播系统建设

加快推进国家突发事件预警信息发布系统建设,形成国家、省、市、县相互衔接、规范统一的气象灾害预警信息发布体系,实现预警信息的多手段综合发布;大力发展农村气象灾害预警信息发布手段,加强农村预警喇叭、气象电子显示屏、手机短信和乡村预警接收终端系统的建设,推动将气象频道从付费电视频道转为开路频道或者纳入直播星,使广大农村电视用户能够免费收看。加强气象信息员和气象信息服务站的建设和管理,充分发挥其在农村气象灾害预警信息传播的作用;面向海洋、牧区预警服务需求,强化广播电台和天气预警收音机等发布终端的建设,在少数民族地区开展多种语言预警信息发布和传播;加强人员密集区、灾害易发区的预警信息发布手段建设,实现气象灾害预警信息进学校、进社区、进企业、进乡村、进厂矿、进工地;进一步加强新技术和新手段的发展应用,推动官方气象微博实现业

务化运行。

10. 建立形成气象灾害预警全社会响应机制

乡镇人民政府、街道办事处的气象灾害防御协理人员，社区、村（居）民委员会的气象灾害防御信息人员和学校、医院、体育场（馆）、机场、高速公路、车站等公共场所的管理单位确定的气象灾害防御联络人员，收到灾害性天气警报、预警信号后，应当及时向受影响的公众传播。收到气象灾害预警信息后，社会各方面均应当按照预案级别自动进入应急状态，如停课、停业、停止聚众性的各类活动，解除常态情况下可能影响救灾的关卡、红灯、阻碍、收费、检查，各类人员应当及时到岗到位等，形成全社会性灾害响应机制。

11. 不断完善气象灾害应急协调机制

要进一步健全“政府主导、部门联动、社会参与”的气象防灾减灾机制，更加注重部门联合防灾能力，更加注重体制机制建设，更加注重组织保障，更加注重社会力量参与。各级政府要对跨部门和跨区域信息、资源进行整合，应进一步明确各部门职责，建立政府部门间组织协调和应急联动机制，加强气候灾害综合管理的协同作用。气象部门与当地政府应急办要开通信息共享通道，实现突发事件预警信息统一、权威发布；气象、广电、电信部门应通过合作，建立预警信息发布“绿色通道”，争取设立预警短信统一特服号码，减少预警信息发布审核程序及处理环节，实现预警信息通过电视、手机短信的快速全网发送；社会媒体应合作和联动，建立与社会媒体的气象灾害预警信息第一时间共享机制，利用好微博的即时、裂变及跨平台传播性，实现气象预警信息在预警时效内通过媒体第一时间快速传播；强化部门分工合作，建立健全气象灾害预警服务部际联席会议制度，依托各部门的力量实现预警信息在相关敏感行业和领域的快速传播。

12. 大力推行气象灾害保险

开发金融与气象灾害防御相结合的产品，将金融工具用于自然灾害的风险管理，为气候灾害风险转移提供了新的途径，能够促进保险公司、政府、企业、居民风险共担。保险赔偿的相关制度、标准和程序有待完善，促进核灾、定损、补偿的及时、准确、有效。加强气候灾害保险宣传教育，扩大保险范围，加强气候保险保障政策研究，防止因灾致贫、因灾返贫，促进脆弱群体的可持续发展。

13. 建立气象灾害综合指挥部，加快落实国家综合防灾减灾工程建设

建立气象灾害综合指挥部，加强气象灾害日常管理和应急管理能力，促进气象灾害综合管理的协调工作。重点推进自然灾害预警体系、四级应急救助指挥系统、救灾物资储备库、综合应急避难场所等建设。

14. 进一步完善气象灾害防御法律法规

在《中华人民共和国防洪法》《中华人民共和国气象法》《气象灾害防御条例》等相关法律

法规的基础上，进一步明确各方的法律责任和义务，全面推进贯彻落实，提升法规执行力度。严格落实气象灾害风险论证制度，对灾害脆弱易发区进行提前预防管理。进一步修订气象灾害防御规划和防御标准，加强防灾减灾的标准化、规范化，依法有序推进气象防灾减灾体系建设。同时，应将灾害管理、应急预案、灾害保险保障等制度上升到法律层面，通过法律法规解决气象灾害防御中还存在的一些具体问题。

参考文献

北京晚报. 北京暴雨保险报案达10亿[N]. 2012－08－01:14.

程晓陶. 2010. 城市型水灾及其综合治水方略. 灾害学,25(s1):10－15.

多个楼盘雨中上演"现形记"[N]. 新京报,2012－7－27(B10).

法制日报. 用什么来管理自然灾害. 2005－06－24.

范传贵. 暴雨过后地下室"蚁族"生存状况调查[N]. 法制日报,2012－7－31(4).

冯俏彬. 2012. 应急财政:基于自然灾害的资金保障体系研究[M]. 北京:经济科学出版社:43.

郭金燕. 2004. 北京城市化地区降雨产汇流变化规律初探//2004北京城市水利建设与发展国际学术研讨会论文集.

胡晓静,等. 2012. 北京"2012·7·21"暴雨洪灾调查与影响因素分析. 中国防汛抗旱,22(6):1－3.

京石高速暴利调查:暴雨救援时刻仍拦车收费[OL]. http://finance.qq.com/a/20120725/000661.htm. 来源:中国广播网21世纪经济报道.

李学举. 2004. 中国的自然灾害与灾害管理. 中国行政管理,(8).

廖日红,丁跃元,胡秀琳,等. 2007. 北京城区降雨径流水质分析与评价. 北京水务,(1):14－16.

万鹏飞. 2007. 中国城市灾害应急管理的理念、体制与对策//李立国,陈伟兰. 灾害应急处置与综合减灾. 北京:北京大学出版社:306－339.

杨元辉,等. 2005. 北京城市土地资源利用变化对雨洪径流的影响//国际农业论坛——2005北京都市农业工程科技创新与发展国际研讨会论文集. 247－252.

姚国章. 2009. 日本灾害管理体系:研究与借鉴. 北京:北京大学出版社:11－13.

灾难的颜色[OL]. www.legaldaily.com.cn/index_article/content/2012－08－01/content_3743262.htm.

张海英. 暴雨倾城,治理须"道高一丈"[N]. 法制日报,2012－7－23(7).

中国洪水管理战略研究项目组. 2006. 中国洪水管理战略框架和行动计划[J]. 中国水利,(23):17－23.

左雄. 2011. 突发气象灾害应急管理研究与实践. 北京:气象出版社:333.

社区防灾减灾建设的若干思考*

一、引言

近年来，随着全球极端气象事件在数量、强度和导致的损失明显增加，以及应对极端气象事件过程中暴露出的减灾组织问题，以社区为核心的减灾战略成为国际社会减灾的潮流和热点。2011 年联合国气候谈判德班会议召开之前，政府间气候变化委员会（IPCC）专门发表《管理极端事件和灾害风险促进气候变化适应特别报告》（SREX）指出，气候变化将导致极端气象事件的发生频率增加。2005 年 1 月，在日本神户世界减灾大会上通过的 2005—2010 减灾规划中，社区减灾已被列为重要内容。

作为自然灾害最严重的国家之一，中国的防灾减灾部门也在大力推进社区减灾：2007 年 9 月，民政部印发《全国"减灾示范社区"标准》；2009 年 5 月，国家减灾委办公室印发《全国综合减灾示范社区标准》，对 2007 年的标准进行了深化；2008 年以来，各地分三个批次累计创建"全国综合减灾示范社"1562 个。

社区防灾减灾建设在于防灾的主体多元化和重心下移。这是因为，公众是最直接面对和应对灾害的主体，公众的自救和互救是应对危机的关键因素；而且地方社区情况千差万别，尊重和调动地方性的知识、经验和资源，培养和组织公众的应急能力对于更加快捷、有效和低成本地应对灾害具有重要意义。也就是说，防灾减灾的科学知识和国家的防灾减灾的规划需要与基层社会相联结。

2012 年北京"7・21"特大暴雨事件作为一次 61 年一遇的极端气候事件，造成全市受灾人口 160.2 万人，79 人遇难，经济损失 116.4 亿元。程晓陶等（2004）指出，在城市化进程中，大城市形成的雨岛效应、路面硬化、城外行洪道成为内河而难以拓宽河道空间等导致水灾风险增加，并提出排蓄结合的工程性防灾减灾对策。本报告则试图在社区防灾的框架下，通过分析北京"7・21"暴雨中人们的应对方式，探讨在与基层社会和广大公众相联结方面，防灾减灾凸显出的问题，为社区防灾减灾建设，以及在根本的意义上为更有效地应对气候变化和气候灾害提出建议。

* 本报告完成于 2013 年。主要研究人员：潘家华、姜海如、谢欣露、彭莹辉、郑艳、韩佳芮、辛源等。

二、资料来源

本报告主要通过三种方法获取资料:文献资料、机构访谈资料和社区调研资料。首先,检索收集国内外社区防灾减灾方面的文献资料,以及收集关于“7·21”暴雨的大量媒体报道,包括《三联生活周刊:北京“7·21”特大暴雨全记录(增刊)》《南方周末》《法制日报》以及其他网络的报道。其次,中国社会科学院城市发展与环境研究所与中国气象局、北京市气象局相关研究人员在2012年11月与房山区气象局、应急办、民政局、韩村河镇、黄山店村等机构进行座谈,讨论北京“7·21”暴雨的应对经验与问题;第三,中国社会科学院城市发展与环境研究所相关研究人员分别于2013年2月和3月前往房山区防灾减灾示范社区长阳镇加州水郡居委会、与加州水郡一河之隔但推平河堤的碧桂园小区、农家乐大量侵占河道的十渡镇、重视社区防灾减灾工作并在暴雨期间完成村民转移的南窖乡,进行实地调研。

三、灾害预警的内容与途径

灾害预警涉及对灾害的准备,是灾害发生前的应急网络的建立和灾害信息的发布。随着气候变化以及各种自然灾害的上升,一整套完善的灾害预警系统能够及时向社会发布规避自然灾害风险的警告,提示公众做好自救互救准备。在北京“7·21”暴雨的预警中,我们发现两种预警问题,一是预警的方式或途径,二是预警的内容。

1. 预警途径

北京市气象台早在5天前就开始关注这次降雨,并且在7月19日正式对外预报了暴雨天气。此后随着预测雨量的增加,气象台陆续向公众发布蓝色、黄色和橙色暴雨预警:21日上午9时发布暴雨蓝色预警;14时各电视台和广播电台播出了黄色预警“受强降雨云系的影响,预计本市房山、门头沟、通州以及城区大部分地区未来3小时降雨将超过30毫米/小时,请注意防范山洪泥石流及城市积涝”;18:30,黄色预警变成橙色,是北京2005年建立天气预警制度以来的第一个暴雨橙色预警机制。当时预计这场暴雨还将持续20小时。

而灾情严重的房山气象台更是早在7月20日就加重级别,于20日下午发布蓝色预警,而发布红色预警的时间比市区发布橙色预警的时间早一个小时。而且所有预警随时发给区委区政府以及和区应急办。21日9时,气象局给各乡镇发送了信息提示。随后,1小时向主管区长、应急办电话汇报一次降水和未来天气预测,3小时提交一次对降水和天气预测的文字描述。从20日17时—22日08时,房山气象台发送手机预警短信给处级单位、乡镇镇长书记、农业乡镇长、农发办主任等四大部门,以及462个村支部书记,总计短信2万多条,并转发了市气象台预警信号3次,重要天气预警提示信息和山洪地质灾害预警2期。这些预警信息使得区政府做出决策,转移位于低洼地区和山区的群众,并在房山两条主干道实行断路措施。

但是,公众对于暴雨预警普遍没有足够的重视和响应。据媒体报道,21日当天仍有大量游客前往拒马河畔的房山十渡镇旅游；北京乃至上海等其他地区的家长依然把孩子送到房山青龙湖基地的少年军校参加夏令营；仍有大量球迷前往工体观看19:30如期进行的足球比赛；依然有单位前往河北涞源开半年总结会……

在我们的调研中，政府相关部门也提到，预警信息在政府内部行政层面的传递和响应效率很高，而对公众发布预警信息的效率相对较弱。普通公众接收不到手机预警短信，有的电视台也没做到随时滚动播出预警信息。因此，需要建立多元化立体全覆盖体系的预警系统，尽一切可能的渠道通知每一个个体，不遗漏地让每个群众及时接收信息，并引起公众的关注和重视。要进一步解决预警信息发布“最后一公里”问题：

(1)建设城乡数字广播系统：该系统遍布每个村庄、社区和主要道路，由不同层级的政府部门分级控制，应急办是最高控制级别，可以在必要时屏蔽其他播报，强制性地主动及时播报预警信息。

(2)电视台滚动播出预警信息。

(3)开发手机自动接收预警信息技术。

(4)利用现有设备，并在景区、进京路口、重点社区等建设电子显示屏，发布预警信息。

(5)探索公众在遇险，手机中断的情况下，如何实现自身报警的技术。

(6)发挥单位、居委会、村委会优势把信息准确送达每个个体。

2. 预警内容

影响公众行动的信息不仅仅是气象预警，还包括交通等其他重要信息。及时的交通等预警信息将影响公众的出行计划和出行路线，实时规避风险。而不能及时发布交通信息，不仅危及人、车的安全，而且造成的大面积交通瘫痪会严重影响排水和救援行动。

实际上，2004年、2005年和2011年的几次大暴雨都让北京出现内涝，交通瘫痪。但这些经验没有引起足够重视。2012年7月21日12时北京卫视和北京新闻频道并机直播的“特别关注”节目还提到，“北京市防汛办表示，北京市90座下凹立交桥已经做到了一桥一预案，力保不积水，保畅通。市应急办和排水集团已经做好了充分准备，一旦出现大到暴雨，将会及时作出反应，减少对城市的影响。”

17:30，北京已经处处排水告急。比如，根据北京市排水集团的记录，当天18:40开始，夕照寺街附近四个排水井开始向上冒水，19:20，又有十个井冒水，水深高达1.5米左右。但公众依然没有及时了解到相关信息。驾车在广渠门桥溺亡的丁志健19:30离开单位，19:40陷于广渠门桥下。17时多从西客站发往房山途经京港澳高速公路的公交车则由于沿途立交桥积水堵车，一再改变行车线路，困在路上达16个小时。

交通瘫痪也使抽满水的车堵在路边，不能继续排水；广渠门桥附近滞留的大量车辆，使得消防车开不进去，无法发挥牵引车辆的作用，只能靠人力从水里拉车；壹基金救援联盟的各路专业救援人员被堵在路上。

因此，通过上述广播、电视、手机和电子显示屏等方式及时向公众发布交通信息，也是防灾减灾的重要措施。

四、多方参与合作的伙伴关系

社区防灾减灾的一个重要内涵是尊重和动员全社会各种政府、非政府组织，以及企业和公众参与防灾减灾工作，乃至建立由地方政府，基础设施、住房、交通等职能部门，企业，非政府组织，志愿者代表组成合作关系小组，所有成员都对减灾负有一定责任(沙勇忠，2010；杨新红，2012；叶宏，2012；Schilderman，2004)。在中国，社区防灾减灾基本还在政府及街道和居委会的行政主导之下开展工作(吕方，2010；2011)。但在北京“7・21”暴雨事件中，我们看到志愿组织以及公众即时自发地志愿参与救援的热情和行动。

1. 志愿组织行动

在北京“7・21”救援过程中，有几支专业救援队伍自发参与救援行动。比如壹基金救援联盟的成员“绿野救援队”、专门负责交通的指南针救援队、饕十二救援队、V2 救援队成员，以及多次参与国际国内救援活动的专业人员，根据微博上的受灾信息，各自带着冲锋舟、橡皮艇、救援指挥车等专业装备和必要给养，分别在救援行动中负责协调、交通、通信、导航、收集分析现场情况，分组赴房山山洪发生山村篓子村等进行救援。

联络壹基金救援联盟成立于汶川地震一周年之际，主要工作是联合全国各地的志愿力量，逐步完善、整合、扩大救援队伍，为民间志愿救援力量提供支持和服务，普及公众安全和救生常识，以更好地配合政府应对和防止各种灾害，开展救援工作。截至 2010 年 12 月，已有全国各地 174 支志愿队伍加入壹基金救援联盟。这些队伍分布在 24 个省(区、市)，大多数由户外精英或资深人士组成，均在登山、越野驾驶、潜水、飞行、攀岩、无线电通信等户外技能中有突出的能力。

此外，北京、山东和天津的蓝天救援队也自带潜水装备连夜出发，参加了京港澳高速公路被淹汽车和人员的打捞工作。

2. 自发志愿行动

在专业的救援队伍之外，很多公众也自发发起救援活动。这些活动主要是，提供免费接机和避难所、直接参与营救等救援行动，以及在网络上进行各种信息的传递和支持。

(1)救援行动。由于机场快轨停运，机场巴士因大多堵在路上而不愿再发车进城，出租车司机大多因为没有涉水险而不愿承担修车的费用和损失，机场滞留 8 万旅客。在出租车等日常交通工具普遍放弃了机场乘客的时候，志愿者的车队起到了关键作用。望京网友看到机场情况，在微博上发起组织了机场免费接机志愿活动。他把自己的电话写到微博里，敲定了活动细节，向望京网报备车号，确定路线以及送达旅客的地点，同时强调车主一定要义务行动，不能收费。北京“7・21”一夜参与接机志愿活动的望京私家车出车 100 多辆，去机场的北京私家车总共近 300 辆。

同时，也有越来越多的人通过微博发布信息，愿意提供免费避难所。比如，位于 SOHU 尚都的民谣、相声剧场“微博之盐”的负责人接待了 30 多人。特别是，在政府未能有效地调动、开发所有公共资源成为安全庇护所，而有些宾馆开出高价的情况下，公众自发提供的免费避难所更显重要。

而京港澳高速公路附近工地上的农民工带着绳子和救生圈等工具参与营救危境中的车主和公交车乘客，在当晚的生死逃亡中发挥了重大作用。

(2)信息传递。在北京"7·21"事件中，网络，特别是微博成为重要的多元化的信息传递方式。灾害情况发展迅速，网络为各地受灾情况的信息传递，和各种临时发起的救援活动提供了多元的信息通道。公众对灾情的了解，乃至专业的壹基金联盟等救援组织获得灾情信息的途径都是微博上发布的各种信息，以及微博下面的各种评论。机场接机和提供免费避难所等志愿活动也全部通过微博发布信息、组织活动。甚至在110等各种求救电话难以应对大量求助信息的情况下，临产孕妇的家属也通过微博救助，询问到达医院的合适线路。该微博被转发了1万多次，评论1800多条。

特别值得一提的是，有专业IT人士临时成立救援信息网站。由于网络上发布和转发的大量信息具有重复性，也未被核实，重复和不实信息给救援造成很大障碍。网友中的IT专业人士发挥程序员的功力，建立一个高效且真实的救援信息网站——"北京7·21暴雨机场救援信息"网站，统一调度参与接机的志愿者车主。网站凌晨开始建立并上线，经@名人微博的转发，在线用户迅速攀升。陌生人通过电话、短信、私信，报告前方情况和需求。各航站楼都有志愿者为网站提供即时信息。网站建立者分头负责联系各航站楼的负责人，将凌乱的信息整理过滤，通过电话、短信、私信核实，并以最简洁的方式发布在网站上。经过一个不眠之夜，存活了4个小时的网站帮助了60多名私家车主的志愿救援行动，接送数不清的陌生人回家。

3. 志愿行动的组织方式

如前所述，现有文献和我们的调研都发现，目前的社区防灾减灾工作主要是在政府及其基层机构的主导下开展，公众和社会组织等力量参与不够。但在北京"7·21"暴雨的救援过程中，涌现出大量自发的多元的志愿行动。在政府自上而下的信息传递和救援力量不足的情况下，这些志愿行动为救援提供了重要的帮助和支持。虽然现在城市社区的交往不同于过去单位大院的频繁互动方式，也有不少批评指出，城市社区居民关系淡薄，难以组织。但实际上，城市社区的联系和组织依然活跃，只是方式有所改变。许多单位、学校、社区都有局域或社区网络。人们通过社区网络交换信息、物品，发展各种兴趣娱乐和解决生活问题的论坛或小组。也就是说，在新的生活和交往方式和新的技术条件下，民间基层的多元化的志愿组织和活动依然有有效发展的基础。

五、科学的社区减灾规划

社区减灾规划可以分为国家宏观层次、省市县中观层次和社区的微观层次。国家社区减灾规划从宏观角度把握减灾型社区的发展方向及提供相关的资源支持；省市县级政府在国家规划的总体指导下，结合本区域的发展特点，建立适合本区域的具有指导意义的社区减灾规划;社区层次结合本社区的实际情况,制定出操作性较强的减灾规划。社区减灾规划需要对社区灾害进行评估,确认社区易受灾的脆弱地点和脆弱人群;对减灾资源进行合理配置,包括建设符合国家标准、具有减灾作用的各种项目和物资;以及制定减灾计划。社区减灾规划需要灾害专家、社区居民及各利益相关者的参与,才能保证规划制定的科学性与实施的有效性(沙勇忠,2010;杨新红,2012)。北京"7·21"暴雨中体现出的我国社区减灾规划中的诸多问题,包括灾害的脆弱地点、脆弱人群和防灾设施中的问题,为我们进行科学的社区减灾规划提供了重要的启示。

1. 脆弱地点

(1)道路。北京"7·21"暴雨中大量伤亡事故发生在道路上,特别是各种下凹式立交桥成为重灾区。京港澳高速公路上的南岗洼铁路桥就是一个典型例子。由于采用下穿式设计,这一段京石高速是北京段最大的一个下坡,不仅比前后两段都低,跟两边的地势比起来,也低了三四米。斜坡没有固定土石的铁丝网,坡顶种了树,树后面就是房子。下穿式路段的排水设计,在计算汇水面积的时候,一般是从路两段开始下坡的地方算起,可是,像这次特大暴雨下得时间长,来水就不光是两头路上的积水,四周无法排掉的积水都一股脑涌过来。路两侧的平原区农田的排水基本依靠渗漏,几个小时的大雨后,渗漏排水效果丧失,周围自然的排水系统饱和后,坡上的水发生漫溢,积水形成倒灌,两边树林里的水也一下子涌下来。京石高速变成了"四面受敌"的湾区。市区内积水路段也都是因为雨势太猛,雨水从河湖倒灌导致。而且,由于北京常年少雨,一般排水设施的设计标准不会定得太高。长长的桥只有一个泵站,如果常年用不上,养护跟不上,水压过大,又混杂着冲击下来的淤泥,泵站在大雨中也"熄火"了。

事实上,北京市各个凹式立交桥的桥区在下午就开始积水。17时,北京城几乎已经处处排水告急,排水集团和环卫集团应急出动。而没有环卫工人赶到的广渠门桥、京港澳高速等地也就埋下死亡阴影。也就是说,这些路段面对大暴雨的脆弱程度很高。在排水设施不能按"百年一遇"的标准设计的情况下,非工程性的防灾减灾规划尤其重要。不幸的是,在这些脆弱路段,泵站缺乏维护,生活垃圾堵塞下水道,灾难临近却没有及时出动警力封路断路,也没有警示牌等任何管理措施。驾私家车、骑自行车在这些路段通行的人身处险境,甚至多人遇难。即使交通和驾驶经验丰富的专业公共汽车司机也依然按时驾车穿行于这些危险重重的路段,乘公交车的乘客,包括许多老人、孩子身处洪水险境,并有乘客遇难。更不用说在这些路段,因没有任何准备而导致私家车被淹,或没有食品和水而在车上滞留近20个小时的人,所遭遇的财产损失和人身伤害。

(2)流动人口聚居区。流动人口生活和工作的城乡接合部或城中村也是遭受灾害侵袭的脆弱地区。这些地区的桥梁、房屋、道路设施中存在的种种问题导致多人遇难——住在朝阳区东风乡辛庄村的农民工的儿子晚上出去上厕所,因桥面隐没在雨水中,落水溺亡;在遭遇大风袭击的通州张家湾枣林庄村,仓库被压坍塌,两名农民工被压死在在建的彩钢板房屋内的一扇门下;来自山西的王娇娇在朝阳区金盏乡三岔路口,落入没有防护栏的水沟溺亡;来自山东的王永惠在石景山区古城大街憨豆面馆门口一个围栏很矮的施工处,被绳子绊住摔入深坑溺亡。

(3)地下空间。另一个脆弱地点是地下室、地下旅馆、地下仓库、地铁等地下空间。地下空间地势低,而且北京的大量地下空间已经被电力、热力和电讯等管道占据。如果没有适宜的规划和准备,这些地下空间将被灌水。一些燃气、暖气管道的混乱也确给地下室漏水留下了隐患。这次暴雨一共导致全市 278 处人防工程受灾,全市 4 个批发销售中心进水,最深的有 1 米。因灌水和漏电,地下室和地下旅馆中多人遇难。

2. 脆弱人群

流动人口成为此次暴雨事件中的脆弱人口。这些农民工工作和生活条件简陋,缺乏对当地情况的了解,也容易被社会管理部门所忽视。比如,娄子水村一个石板厂所在地地势低洼,一下大雨就会淹水。打工的人平常就住在石板厂里,而且没有电视机,从没看过天气预报。“7·21”当天,厂房的大门被洪水冲开,眼瞅着水位就往上涨的时候,打工的工人们才慌了。在自发转移的过程中,张艳艳跌倒,5 岁的孩子被水冲走溺亡。通州枣林村独自看守荒废的建筑工地的单身老人死在工地的铁门内侧。这位来自河南的老人,孤身过着几乎与世隔绝的日子。在房山区青龙湖镇常乐寺村租住的曹付香在村里的家具厂打工。7 月 21 日的暴雨引发了山洪,冲垮了位于村子东面河岸的小院的围墙。曹付香慌乱向老板求救后,与女儿被湍急的洪水吞噬。

3. 防灾设施

防灾设施属于社区硬件方面的资源配置,包括:土地利用规划,如避难的场地,逃生道路的选择与设计,针对本区域的多发灾难有针对性地进行土地规划与设计等,以及建筑管理与监督,包括建设符合防灾标准的建筑物以及相关的管理、维修与监督等(沙勇忠,2010;杨新红,2012)。

房山处于山洪易发地,而泄洪防洪的重要设施河道、河滩被侵占,河堤被平成为灾难的隐患,也是北京“7·21”暴雨重灾区的重要原因。因此,在防灾规划中合理有效地配置防灾资源对于避免重大伤亡和损失具有生死攸关的意义。

六、防灾减灾安全教育

对公众进行防灾减灾安全教育对社区防灾工作具有重要意义。比如,美国联邦紧急事务管理局在 911 后在其网站上公布了长达 200 多页的报告“你准备好了吗?——市民灾害准备工作的详细指南”,针对个人、家庭、社区的灾害准备工作提供了最全面的指导。具体内容包括:(1)灾害准备工作向读者提供了一个如何进行灾害准备的详细方案,例如,如何得知当地的应急规划,如何确定灾害,如何保持应急通信计划,如何收集应急救助包等。除此之外,还对公众应急避难场所,以及残疾人如何应急等方面提供了指导;(2)如何应对各种灾害向读者提供了针对不同类型灾害的灾前准备、灾期应对、灾后重建的详细指导信息。如洪水、泥石流、酷热等自然灾害;危险品事故、家用化学物品紧急事件等技术灾害;生物威胁、化学威胁、核爆炸等恐怖主义灾害(沙勇忠,2010;杨新红,2012)。

中国公众目前的防灾减灾知识、能力,意识都很欠缺。水利专家程晓陶说,"过去说到暴雨蓝色预警、橙色预警、黄色预警是什么意思,北方很多的市民根本就不知道。很多防灾意识确实没有,包括我们专门做防洪的人。"调研中相关部门也一再强调对公众进行教育,以及进行防灾减灾演习的重要性。而在房山遭遇暴雨和山洪的山村黄山店和南窖乡,由于做过相关防减灾的宣传和演习,都没有人员伤亡。群众转移及时,而且很有秩序。因此,需要通过教育和演练普及知识,提高能力,引起重视。政府相关部门建议,要强化教育引导,完善防灾减灾宣传体系。将防灾减灾纳入全面中小学教育,气象科普进校园,进企业,进社区。随着政府财政强大,应建立培训和演习基地,模拟各种灾害及应对。防减灾教育从示范到普及,从孩子到家长到其他伙伴。此外,还应充分利用媒体和网络,宣传讨论防减灾知识。专业物品和工具的使用也应纳入防减灾内容,比如培训驾驶技术的驾校应将相关防灾知识纳入其中。

七、结论

在气候变化的背景下,社区[3]减灾在国际和国内都被高度重视,因为社区公众最直接地面对灾害,培养公众防灾减灾意识和行动是成本更低和更灵活有效的应对方式。社区防灾减灾建设,也就是将国家的防灾减灾规划与基层社区公众相联结,涉及信息的传递、知识的传播、能力的培养以及基层社会的组织动员。本文对北京"7·21"暴雨事件中社区防灾减灾建设问题和经验的分析初步得出以下结论:

(1)在预警信息的传递方面,气象预警信息在政府内传递效率较高,但对公众发布预警信息的途径相对单一,同时交通等重要预警信息也未及时传递。因此,需要建立多元化立体全覆盖体系的预警系统,尽一切可能的渠道通知每一个个体,不遗漏地让每个群众及时接收信息,并引起公众的关注和重视,进一步解决预警信息发布"最后一公里"问题,及时有效地发布道路交通等其他重要信息,对公众做出充分有效的避灾警示。

(2)在防灾减灾教育方面,防灾减灾知识的有效传播和演习训练,被证明能够极大地减低灾害伤亡和损失。政府和相关专业、商业机构需要强化教育引导,向公众普及知识,提高能力。

(3)在公众的志愿活动组织方面,公众的志愿行动和专业化的志愿组织,利用网络和自身的资源、技术,在传递信息、参与救援方面发挥了重要作用,弥补了政府自上而下的信息传递和救援力量的不足。民间基层的多元化的志愿组织和活动表现出极大的积极意义,及其有效发展的基础,需要得到政府足够的重视、尊重和培育。

(4)在防灾减灾规划方面,道路、桥梁、地下室、城乡流动人口聚居区成为易遭受严重损失的脆弱地点,流动人口成为易遭受侵害的脆弱人群,河道、河堤等防减灾设施的维护成为

[3] "社区"意指一定地域范围的生活共同体,本文更侧重于探讨社区防灾减灾的实质内涵,即国家的防灾减灾规划如何与基层公众相联结的问题。

影响灾情的重要问题。因此,需要政府相关部门加强科学的社区减灾规划和有效管理,同时加强不同利益相关群体对社区防灾减灾规划的参与。

参考文献

程晓陶.2004.关于洪水管理基本理念的探讨.中国水利水电科学研究院学报,(1).

吕芳.2010.中国社区减灾面临的挑战.中国减灾,(3).

吕芳.2011.社区公共服务中的“吸纳式供给”与“合作式供给”——以社区减灾为例.中国行政管理,(8).

沙勇忠,刘海娟.2010.美国减灾型社区建设及对我国应急管理的启示.兰州大学学报(社会科学版),(1).

杨新红.2012.美国减灾的应急及社会联动机制研究——以卡特里娜飓风为例.中国安全生产科学技术,(1).

叶宏,王健,张建.2012.“社区灾害管理”的本土化策略——以西部民族地区为例.西南民族大学学报(人文社会科学版),(6).

Schilderman T. 2004. Adapting traditional shelter for disaster mitigation and reconstruction: experiences with community-based approaches. *Building Research & Information*, 32(5): 414-426.

第四部分

气象与生态文明篇

推进气候文明建设专题研究*

党的十八大把生态文明建设纳入中国特色社会主义事业五位一体总体布局，明确提出大力推进生态文明建设，努力建设美丽中国，实现中华民族永续发展。生态文明建设是一个需要当代人和其子孙后代长期努力才能实现的复杂的社会系统工程，牵涉国家社会各个层面，事关每一个公民，需要社会每一个部门出谋划策、攻坚克难。各部委各行业也正在抓紧落实生态文明建设重大任务、制定有关政策措施。

大气是生态系统最活跃的因素，气候是自然生态系统的重要组成部分，是人类赖以生存和发展的基础。气候在生态系统演化和文明发展中具有重要基础作用，气候变化是当前全球面临的最突出生态环境问题，简单应对很难解决，需要我们从建设新的文明高度去解决，生态文明建设中需要气候文明。气候文明是利用和改造气候条件所取得的物质、精神和制度成果的总和，是生态文明的应有之义和重要组成部分，是人类社会与自然气候和谐共处、良性互动的一种文明状态。更好地发挥气象工作在生态文明建设中的作用需要我们准确把握气象工作在生态文明建设中的保障者、推动者和先行者地位，切实遵循气候规律，扎实推进气候文明。

一、充分认识气候文明在生态文明建设中的重要性

建设生态文明，必须树立尊重自然、顺应自然、保护自然的生态文明理念。认识、利用和保护自然气候，推动气候文明正是体现了生态文明建设的内在要求。

---

* 本报告完成于2013年。主要研究人员：蔡荣辉、朱玉洁、陈正洪、刘冬、陈鹏飞、唐伟、林霖。

1. 气候是人类赖以生存和发展的基础

生态系统是由生物群落与无机环境构成的统一整体，其中无机环境就是一个生态系统的基础，其条件的好坏直接决定生态系统的复杂程度和生物群落的丰富度。气候就是构成生态系统无机环境最重要、最活跃的基础部分，在气候系统五大圈层中，大气圈是最活跃的圈层，影响着生物圈、水圈、冰雪圈和岩石圈，关系着人类生产生活的环境条件和质量，气候环境发生改变生态系统必然会发生与之相适应的变化，人类文明也会相应地受到影响，一些古文明的兴衰典型地揭示了气候、生态、文明之间的密切关系。一部自然生态变迁史、一部人类文明发展史某种程度上也是一部气候环境变迁史、一部人类不断认识利用影响气候的气候文明史。气候促进人类进化、孕育人类文明、也正在影响人类的现在和未来，优良的气候环境是人类赖以生存和发展的基础背景和前提。因此，遵循气候规律才能有效保护生态、修复生态、发挥好生态产品的生态价值，才能不断推动生态文明建设取得扎实进展。

2. 气候文明是生态文明建设的重要组成

气候是人类赖以生存的根本要素。气候及气候变化问题的全球性、长期性、综合性和不可逆性以及与其他生态环境问题的高度关联性，决定了气候及气候变化问题是诸多生态环境问题中的重中之重。简单应对很难解决，需要我们从建设新的文明高度去解决。需要我们在改造客观物质世界的同时，不断克服气候及气候变化带来的负面效益，建立有序的减缓和适应气候变化的机制，需要形成人与气候和谐相处的进步的社会秩序和社会状态，这就是气候文明。气候文明是利用和改造气候条件所取得的物质、精神和制度成果的总和（李静云，2010），是生态文明的应有之义和重要组成部分。气候文明是生态文明历史进程中的一个重要方面，是人类在处理与自然气候关系时所达到的一种文明程度，是人类社会与自然气候和谐共处、良性互动的一种文明状态。气候文明的核心就是人类认识、运用、把握气候规律水平的不断提高，其本质是对自然规律的尊重、顺从和保护。气候文明的提出是人与自然气候关系认识的新发展。

中华民族是一个善于与自然和谐共生的智慧民族，对气候的认识利用是中华文明的一个重要内容，其中二十四节气文化就是中华文明善于顺天应时的典型体现，也是传统中国气候文明的典型体现。可工业革命以来，由于气候变化作为生态问题的典型反映日益显现，迫切需要丰富、发展气候文明，进一步提高对人类活动与气候变化关系的认识水平、进一步提高对气候资源的利用水平、进一步提高气候灾害和极端天气灾害的防御水平、进一步提高对自然气候的保护意识，坚定地走气候文明之路。在科学应对气候变化中提升丰富气候文明的过程就是建设生态文明的具体实践。

3. 遵循气候规律是建设美丽中国的战略保障和必然途径

遵循气候规律，推进气候文明，是从气候背景源头上扭转生态环境恶化趋势，是建设美丽中国的战略保障和必然途径。推进生态文明，建设美丽中国，实质上就是要创造经济社会发展与环境保护和建设共同繁荣的良性循环；就是要让人民过上美好的生活，国家更加富强，人与自然更加和谐；就是要实现山绿、水清、天蓝，环境优美，天气风调雨顺，气候温暖宜人。气候及气候变化问题是当前人类面临的诸多生态环境问题中的重中之重，应对气候变化的措施常常可减少其他生态环境问题的产生。气候及气候变化问题得以解决，意味着诸多生态环境问题也得以解决。所以，气候及气候变化问题是生态文明建设所需要解决的核心问题。推进气候文明，充分利用气候资源的同时预留适当的气候条件缓冲阈值，充分发扬每一种生态功能区的气候资源禀赋而又不破坏生态环境，充分考虑气候容量和生态修复而又不延误城市规划与经济发展从气候背景上扭转生态环境恶化趋势，是在更深层次、更广范围、更高水平上推动生态文明建设的重要实践，是早日实现人与自然和谐发展，人民生命财产有所保障，国家更加强盛，民族更加兴旺发达的重要任务，是建设美丽中国的战略保障和必然途径。

二、正确把握气象工作在生态文明建设中的重要定位

大气是自然生态系统最活跃的因素，气候是自然生态系统的重要组成部分，是美好自然的综合反映。气象在生态文明建设中的基础性、公共性和科技性特点，决定了气象工作在生态文明建设中处于基础性科技保障地位，是生态文明建设的保障者、推动者和先行者。

1. 正确把握气象工作的基础性，做生态文明建设的保障者

气象在生态文明建设中的基础性是由气候在生态系统演化和文明发展中具有重要基础作用所决定的。气象事业是经济建设、国防建设、社会发展和人民生活的基础性公益事业，气象工作是生态文明建设的重要基础和必要前提。在资源约束趋紧、环境保护形势严峻、生态退化三个方面，气象工作发挥着数据采集、环境和大气状况预报预警、气候资源开发和服务等基础性作用。气象从观测到预报、再到服务，气象工作在生态文明建设总体布局中发挥着基础性作用。

气象在生态文明建设中的基础性主要表现在：(1)适宜的气候背景是人类生存发展的重要基础。如果不是因为地球大气适宜人类生存，人类文明可能诞生并延续在其他星球。大气环境是地球上一切生物赖以生存和进化的基础。适宜和多样的气候为人类生产生活创造了重要的环境，为形成多样性的生态系统和不断发展的经济社会系统提供了重要的资源。但恶劣的天气所导致的自然灾害，也在人类社会发展史上制造出许多成千上万生命亡于一夕、美好家园毁于一旦的惨痛灾难事件。一部人类发展史某种程度上也是一部人们认识利用气候规律并不断适应气候环境变化的历史。(2)气候资源是生态文明建设中需要的重要可再生资源，经济和社会发展的重要物质基础。随着经济社会的发展，人口膨胀、资源短缺、环境恶化等问题日益严重，迫使许多国家寻求新的资源，调整产业能源结构，实施新的能源战略，积极开发和利用无污染、可再生的气象资源。从国际能源调整趋势和我国资源、环境面临的巨大压力来看，科学开发利用可再生、无污染的气象资源是关系我国经济社会可持续发展和中华民族生存的长远大计。(3)气候变化问题是生态文明建设中的需要解决的核心基本问题。进入工业文明时代以来，随着生产力水平的不断提高，人类一改对自然气候的单

纯依赖和适应,人类活动对气候影响的广度和深度日益明显,工业化过程中大量化石能源的使用,导致大气中温室气体浓度不断增加,引起了近100年来以全球变暖为主要特征的显著气候变化,对自然生态系统产生了显著影响。气候变化不仅直接导致淡水资源短缺、土地荒漠化、农业生产不确定性增强、生物多样性减少、冰川消融、海平面上升、臭氧层破坏、极端天气气候事件频发重发等等,对人类健康也具有不可忽视的影响,全球生态安全和人类发展正面临气候变化危机。作为最大的发展中国家,伴随着近些年来工业化、城镇化进程的加快,中国受全球气候变化影响显著,经济社会发展面临着资源约束趋紧、环境污染严重、生态系统退化的严峻形势,因此,必须坚持共同但有区别的责任原则、公平原则、各自能力原则,同国际社会一道积极应对全球气候变化。把握气候规律,维护气候安全,才能保障生态安全。(4)良好的气候环境,是社会文明进步程度和人与自然和谐的基本标志。人类要与自然和谐相处最客观、最直接、最形象的表现特征就是拥有良好的气候环境。良好的气候带给我们的是生活空间宜居适度、生态空间山青水秀;带给我们的是天蓝、地绿、水净的美好家园。人类不科学地、无节制地向大自然索取,气候环境遭到破坏,就会招致自然界的报复,就会带来灾难性后果,人类自身也就会陷入生存危机。良好的气候是人和自然和谐相处的重要标志。

深刻认识气象在生态文明建设中的基础性定位,做生态文明建设的保障者。(1)强化气象防灾减灾,做保障生态安全、有效防范环境风险的第一道防线。我国气象灾害种类多、分布广、发生频率高,是社会经济发展的重要威胁,切实提高气象防灾减灾能力是保护人民群众生命财产安全必由之路。(2)开展全方位气象服务,保障经济社会发展。气象事业关系国民经济各行各业特别是农业、水利、林业等基础性行业,关系人民群众的切身利益,需要不断提高气象服务水平,促进经济社会发展。(3)为社会提供丰富的气候生态产品,做公众健康宜居生活的保护者。适宜的气候是"天蓝、地绿、水净"美好家园的综合体现,丰富的气候生态产品是生态文明建设的必然要求,也是顺应公众健康宜居生活的需要,通过提供不可或缺的前端气候保障,做美丽生活的保护者。

2. 正确把握气象工作的公共性,做生态文明建设的推动者

气象在生态文明建设中的公共性是由气象事业所具有的"公益、公共、公有"特性所决定的。这种公共性指在生态文明建设中气象部门的工作是为社会公众服务,走公共气象的道路。公共性的特征体现面向全社会的内涵,渗透在为全社会各行各业的服务之中,事关经济发展的各个部门和社会进步的各个方面。通过强化气象公共服务职能,健全气象公共服务体系,改善气象公共服务手段,增加气象公共服务产品、提高气象公共服务质量,更好地发挥气象事业对生态文明建设所具有的现实性作用。

气象在生态文明建设中的公共性主要表现在:(1)气象是公共性的社会资源,政府公共服务的重要组成部分。公益性气象服务是气象工作的首要任务。公共气象服务是政府公共服务的重要组成部分,属于基础性公共服务范畴,是建设服务型政府的重要内容。(2)气象工作涵盖生态文明建设的众多过程、领域、节点。气象部门的工作覆盖社会生活的各个方面和生态文明建设的方方面面。在"优化国土空间开发格局"中,离不开气候区划、气象灾害风险管理,气候可行性论证工作,只有这样才能使国土空间开发真正建立在科学决策基础上。

在“全面促进资源节约”中，需要合理开放利用风能、太阳能、空中云水资源等气候资源，以降低水、化石能源、土地消耗。在“加大自然生态系统和环境保护力度”中，需要加强防灾减灾体系建设，提高气象灾害防御能力；需要加强气候系统观测、科学研究和基础数据建设，科学应对全球气候变化。(3)气象与各行业关系密切，涉及工业、农业、渔业、商业、能源、交通、运输、建筑、林业、水利、国土资源、海洋、盐业、环保、旅游、航空、邮电、保险、消防等多个行业和部门。一次准确的气象监测预报可以服务各行各业较大程度减少经济损失。气象工作在政治、经济、文化建设中的地位越来越突出，服务范围越来越广泛。

深刻认识气象在生态文明建设中的公共性特点，做生态文明建设的推动者。(1)加强包含生态环境气象服务在内的公共气象服务，推动更好地惠及民生。提升公共气象服务水平，加快基本公共气象服务全覆盖，推进城乡和区域公共气象服务均等化发展，全面履行政府公共服务职能，为全面建成小康社会，建设美丽中国而服务。(2)全方位的服务于生态文明建设各节点，深入推动美丽中国建设。增强实施主体功能区战略气候区划作用，为构建科学合理的城市化格局、农业发展格局、生态安全格局服务；科学开发风能、太阳能、空中云水资源等气候资源，服务于全面促进资源节约的需求，积极应对全球气候变化，加强生态保护和防灾减灾体系建设。(3)坚持以人为本，做好各行各业的气象服务，推动各行各业生态文明建设。强化空气质量预报、紫外线预报、酸雨监测评估、雾霾预报、沙尘暴预报，加强环境、海洋、水文、交通、能源、旅游、卫生等气象敏感行业气象服务。通过广播、电视、报纸、电话、手机短信、网络等多种传播手段惠及千家万户。

3. 正确把握气象工作的科技性，做生态文明建设的先行者

气象在生态文明建设中的科技性是由尊重自然、顺应自然、保护自然生态文明理念所决定的。气候规律具有不以人的意志为转移的客观性，是气候运动内在规律的反映，遵循气候规律是尊重自然必然要求。气象科学技术就是对气候规律的综合体现。气象工作是科技型公益事业，气象现代化需要适度超前国家现代化，这使得在生态文明建设进程中，气象部门的科技性尤为突出。气象部门不仅形成天基、空基和地基相结合、门类比较齐全、布局基本合理的现代化大气综合观测系统，而且建立了以数值预报为核心的预报系统，组成了由天气预报、气候预测、人工影响天气、干旱监测与预报、雷电防御、农业气象与生态、气候资源开发利用等构成的气象服务系统，每个环节都体现了最新的科学技术发展水平。气象部门的科技性为生态文明建设提供了大气科学技术方面的支撑和贡献。

气象在生态文明建设中的科技性主要表现在：(1)充分发挥气象事业在国家应对气候变化工作中基础性科技性作用。适应和减缓气候变化对人类社会的影响，是经济社会发展的必然要求，是当今国际政治和外交斗争的热点，在环境外交中维护国家权益，推动国家科学发展，需要气象科学数据和研究成果的支撑。(2)充分发挥气象事业对可持续发展具有深远的前瞻性作用。促进人与自然的和谐，是国家乃至世界发展的重要课题。开展气候资源变化分析，评估气候资源的承载能力，合理开发、利用、保护气候资源，是我国经济社会可持续发展的重要内容之一。(3)充分发挥气象对地球环境立体化、自动化的综合观测和精细化的预报预测作用。随着未来气象的科技的发展，气象部门将建成立体化、自动化的综合气象观

测网，实现对重点区域气象灾害全天候、高时空分辨率、高精度连续监测；建成以短时临近和24小时精细化预报预警为核心的无缝隙气象预报业务体系。气象工作在科学技术方面将对未来生态文明建设产生直接和长远的科技支撑作用，同时做出自身特殊的贡献。

深刻认识气象在生态文明建设中的科技性定位，做生态文明建设的先行者。生态文明建设需要先进的科学技术引领发展方向，气象与气候条件是生态文明建设的前置条件，气象事业将为生态文明建设提供重要科技支持。(1)做好气候变化的科技支撑，走在自然生态系统和环境保护前列。100多年来的全球变暖已对经济社会和人类健康产生了不可忽视的影响，未来若发生气候突变，将会给人类社会带来灾难性后果。因此，适应、减缓气候变化的影响，已成为守护生态安全、国土安全、资源安全、食物安全的焦点。(2)科学合理地进行气候区划，开发利用气候资源，在全面促进资源节约中先行。有针对性地为各地工农业生产、社会经济建设与发展及人类遵循气候规律提供科学依据。(3)做好适应气候环境的科技支撑，当优化国土空间开发的先锋。加强与气候条件密切相关的规划和建设项目进行气候适宜性、风险性以及可能对局地气候产生影响的分析、评估活动，科学控制气候资源和环境所能容纳的人口规模和经济规模的总量。

三、切实找准气候文明建设的主攻方向

推进生态文明建设，气象大有可为。我们将以科学发展观为指导，面向建设美丽中国的总目标，全面贯彻党的十八大关于生态文明建设战略部署，把生态文明理念融入到应对气候变化、气候资源开发利用保护、环境气象的各方面和气候规划、建设、管理的各环节，通过加强制度法规建设和监管，创新体制机制，主动顺应气候规律，合理利用气候容量，统筹开发气候资源，科学应对气候变化，有效防御气候灾害，着力改善气候质量，树立气候文明发展理念，大力推进生态文明的建设，促进经济社会可持续发展。

1. 建立红线制度，合理利用气候容量

加强相关立法，采取最严格的红线制度，合理利用气候容量。在优化国土空间开发格局、大力推进主体功能区划的决策和部署过程中，要优先考虑气候容量和承载能力，将气候可行性论证列入项目审批程序，作为重大工程项目立项审批的前置条件。充分利用现代化装备与技术，建立和完善覆盖面广的区域气候容量优化控制指标，强化国土空间开发气候综合评估。积极开展项目温室气体排放的评估工作，把重大工程项目的碳排放作为工程项目建设的重要指标。

2. 搞好普查规划，统筹开发气候资源

组织好气候资源普查，全面掌握气候资源情况，充分认识气候资源的特殊性，深入研究对气候最敏感的领域与气候资源的关系，加强对气候资源保护，编制气候资源开发利用规划。加强政策引导，出台优惠政策，加大对气候资源合理开发利用的基础研究的投入，提升我国清洁能源开发利用的能力，带动相关产业的崛起和发展。深入开展更加精细化的气候

变化影响评估，滚动开展农业气候资源区划，进一步提高农业气候资源开发利用水平。在城市建设和运行管理中充分考虑天气气候条件，推广低碳建筑、低碳交通、低碳供暖，不断提高城市气候资源利用效率，为节约资源和保护环境提供服务保障。继续强化监督管理，引领和规范社会力量依法从事气候资源开发利用活动，促进经济社会发展与人口资源环境相协调。加大对全社会合理开发利用气候资源的宣传力度。

3. 增强适应能力，科学应对气候变化

坚持“发展、适应、减缓”并举的理念，充分发挥技术进步的作用，完善体制机制和政策体系，提高应对气候变化能力，服务自然生态系统保护。全面参与全球气候服务框架实施，构建以气候监测、诊断归因、影响评估、气候预测等为主要内容，以基础综合数据库和气候模式系统为支撑的中国气候服务系统。以农业与粮食安全、水资源管理、公共卫生、灾害风险管理以及森林湿地等领域为重点，建设用户互动平台，着力提高气候服务水平，逐步形成有中国特色优势的气候应用服务。坚持从代际公平、地区公平、社会公平统筹考虑设计气候变化适应机制，根据不同地区内不同人口集中度与资源、经济、环境禀赋来制定不同的发展目标与考核标准，建立气候环境下游地区对上游地区、受益地区对受损地区、城市对乡村的气候变化生态补偿机制。

4. 强化风险管理，有效防御气候灾害

针对气候灾害覆盖广、传递强、破坏大、持续长的特点，建立完善灾害风险管理体系，深入研究气候灾害发生发展的机理，加强极端天气气候事件的防御，降低气候灾害风险，减轻气候变化对自然生态和经济社会的影响。加强灾害风险评估，实现风险调查到村(社区)、规避风险到人。大力开展全国气候灾害风险与减灾能力调查，研究气候灾害风险评估方法和临界致灾条件，开展气候灾害风险区划、风险评估，不断提高灾害评估水平。建立气候灾害风险转移机制，发展天气指数保险，合理利用社会资源和市场机制减轻气候灾害损失。强化各级政府的防灾减灾责任意识，提高各级领导干部的灾害风险管理和应急管理水平。加强科普宣传，提升社会公众气象防灾减灾和应对气候变化的意识和能力。

5. 加强监测治理，着力改善气候质量

建立完善现代化气象预报预测系统，切实加强气象监测预警和应急能力建设，进一步提高监测预报的准确性、灾害预警的时效性、气象服务的主动性、防范应对的科学性。科学组织开展气候环境监测，充分发挥雷达、卫星遥感监测在分析判断气候环境状况变化中的作用。加强包括$PM_{2.5}$在内的大气成分监测，加快推进重点城市雾、霾监测预报预警、环境空气质量预报，制定发布生态气候公报，提供城乡发展和人民生活水平提高所需要的更多的生态环境气候服务产品。进一步提高灾害预警能力，改善气候质量，为人民生活提供更加清新的空气、更加舒适的环境、更加宜人的气候。

参考文献

谌中和. 2009. 气候与中国文明的起源. 湖南师范大学社会科学学报，(5).

杜祥琬. 2013. 气候的深度——多哈归来的思考. 科技导报,(9).
郭华杰. 1996. 文明起源与气候环境. 科学之友,(6).
姜海如. 浅谈气候生态文明内涵. 中国气象报,2013－07－09.
李静云. 2009. 生态文明与气候文明. 世界环境,(5).
李静云. 2010. 走向气候文明——后京都时代气候保护国际法律新秩序的构建. 北京:中国环境科学出版社.
田家康. 2012. 气候文明史:改变世界的8万年气候变迁. 范春飚,译. 北京:东方出版社.
王嘉川. 2007. 气候变迁与中华文明. 学术研究,(12).
周生贤. 2012. 中国特色生态文明建设的理论创新和实践. 求是,(19).
Behringer W. 2012. 气候的文明史——从冰川时代到全球变暖. 史军,译. 北京:社会科学文献出版社.

气象在生态文明建设中的主要任务和作用*

党的十八大把生态文明建设纳入中国特色社会主义事业“五位一体”的总体布局，强调要加强生态文明建设，“积极应对全球气候变化”。十八届三中全会更是提出“紧紧围绕建设美丽中国深化生态文明体制改革，加快建立生态文明制度，健全国土空间开发、资源节约利用、生态环境保护的体制机制，推动形成人与自然和谐发展现代化建设新格局。”生态文明将是我国未来发展的战略基础和重要飞跃，具有重大的历史意义。

生态文明建设是庞大、复杂、长期的系统工程，牵涉国家经济社会发展各个方面，涉及人们生活的各个环节。紧密围绕大气环境污染、资源环境约束、生态环境保护、生态安全威胁等一系列重大问题，气象部门应找准工作切入点，明确当前和今后气象工作在生态文明建设中的主要任务，切实发挥出气象保障生态文明建设不可或缺的基础作用。

一、深刻认识气象在生态文明建设中的重要意义

十八大提出建设生态文明和美丽中国，对不断优化和改善人类生活环境提出了更高要求。我国生态文明建设和可持续发展面临着与气象相关的气候环境“四大问题”，包括大气环境污染问题、全球气候变化问题、生态环境恶化问题以及资源环境破坏问题等。

1. 有效预防和治理大气环境污染是紧迫任务

大气环境污染事件频发重发，以雾霾天气为聚焦点的城市大气污染是当前我国面临的首要亟待解决的问题。随着人们生活水平不断提高，群众对健康环境的需求越来越迫切。而伴随我国工业化、城镇化的快速发展，雾霾天气频发重发，一些重点城市和地区的$PM_{2.5}$浓度高、范围广并且持续时间较长，几次雾霾事件在国内和国际上都引起很大的关注。同时，大气环境污染、突发有毒有害气体泄漏、极端高温风寒等环境气象问题凸显，公众对保护环境、保障健康的愿望越来越强烈。如何治理大气污染，是全人类面临亟待解决的问题之一。

目前，国务院已印发并开始实行《大气污染治理行动计划》(以下简称“《行动计划》”)，对2017年以前全国各级城市、重点地区污染治理情况制定详细指标，并设立明确目标，对京津冀、长三角、珠三角等重点区域实行更高标准，这是我国有史以来最为严格的大气治理行动计划。气象部门应在积极贯彻落实《行动计划》过程中找准切入点，充分发挥好气象在大气

* 本报告完成于2013年。主要研究人员：蔡荣辉、朱玉洁、刘冬、陈正洪、陈鹏飞、唐伟、曾维和。

污染监测、预报、预警以及防御治理中的重要作用。

2. 科学应对气候变化是重要主题

气候变化是受到广泛关注和研究的全球性环境问题。随着全球气候变暖，我国极端天气气候事件发生的概率进一步增大，气候灾害的突发性、反常性和不可预见性日益突出，灾害的风险日益增加，流域性特大洪涝、城市内涝、区域性严重干旱、高温热浪、极端低温、特大雪灾和冰冻等灾害的频繁发生。随着人民生活水平的提高，气象防灾减灾已成为牵动面越来越广的社会公共事务，公众对气候变化引起的气候环境和灾害等问题更为关注。如何科学应对气候变化带来的气候灾害，是摆在当代中国特别是气象工作者面前的重大课题。建设生态文明是中国应对全球气候变化的重大贡献。

人类活动排放的各类大气成分导致的气候变化，是国际环境外交的重要议题，也是目前全球最重大的环境问题之一。作为气溶胶、温室气体等大气成分的排放大国，我国正面临着巨大的环境外交压力，面临着为维护国家权益而提供科学成果和权威数据的严峻挑战。然而，中国目前的经济发展水平仍较低，面临消除贫困和发展经济的巨大压力。国内发展需求、国际减排压力以及环境问题交织，如何科学减排，又不影响经济社会可持续发展，亟待气象科技的有力支撑。

3. 加强气候环境保护是攻坚方向

生态环境严重恶化是经济社会发展衍生的环境危机，随着经济社会发展，粗放型和大规模工业化的发展模式，使生态环境长期破坏、不断恶化。我国生态环境总体在恶化，局部在改善，治理能力远远赶不上破坏速度，生态赤字逐渐扩大的状况仍然是困扰我国经济社会发展的难题，如水土流失严重、沙漠化迅速发展、草原退化加剧、森林资源锐减、水体污染明显加重、大气污染严重等等。我国生态环境破坏、生态系统恶化形势严峻，建设美丽中国的目标任重道远。

近年来，我国加大了生态环境保护力度，环境法制建设进一步完善，环境污染治理力度逐步加大，生态环境保护建设得到加强，污染治理投入稳步增加。气象部门亟须紧密围绕国家生态环境保护和治理大局，加强生态气象业务，以保护气候环境为着力点，加强生态质量监测评估等有关工作，为科学恢复生态环境提供科技支撑和保障。

4. 合理开发利用气候资源是战略要义

资源环境约束愈发突出，资源的浪费与枯竭日益严重，使得资源环境问题成为中国经济社会发展过程中的最大困惑。随着我国工业化和城镇化推进，能源资源需求总量还会增加，经济发展面临的资源约束矛盾将长期存在。节约能源资源，大力促进能源资源的高效利用和循环利用，合理利用可再生资源是缓解能源资源约束矛盾的根本出路。自然气候资源是人类赖以生存和发展的基本条件。自然气候资源具有资源数量无限性和有限性并存的特点，它是一种可再生资源性、清洁性资源。开发利用气候资源是生态文明建设的必然要求。

十八届三中全会提出“要健全自然资源资产产权制度和用途管制制度，划定生态保护红线，实行资源有偿使用制度和生态补偿制度，改革生态环境保护管理体制。”要充分发挥气象在科学开发保护和利用自然气候资源中的作用，发挥气象优势，积极参与自然气候资源生态制度建设。

二、充分发挥气象在生态文明建设中的重要作用

推进生态文明，建设美丽中国，不仅要创造经济社会发展与环境保护共同繁荣的良性循环，而且要建成天蓝、地绿、水净的宜居气候环境，实现人与自然和谐。因此，必须充分发挥气象在生态文明建设中的作用。尤其在风险防范、服务保障、科技支撑、资源开发等方面，气象工作发挥着不可替代的重要作用，为生态文明建设做出了应有的贡献。

1. 风险预防作用

气象灾害、气候环境恶化对生态安全构成严重威胁。避免和减轻气象灾害，预防生态风险是生态建设重要战略任务之一，也是公共气象服务的重要职责。为降低气象灾害风险，减轻气候变化对自然生态和经济社会的影响，近些年来，气象部门基本建成了气象灾害防御体系，全国因气象灾害造成的人员死亡数明显下降，造成的经济损失占 GDP 的比例明显降低，气象防灾减灾取得了显著的经济、社会和生态效益。同时，我国已经建立了较为科学的气象风险评估体系，建成了国家、省、市、县四级灾情上报系统和灾情信息共享平台，完成了以县为单位的全国历史气象灾情普查和暴雨洪涝、干旱、台风等气象灾害风险区划，开展了城市大气成分监测和污染气象条件预报，加强了气象与公共卫生预防。气象灾害风险评估已成为建设工程设计和施工的基本依据，大大降低重大工程建设项目的气象灾害风险。

2. 服务保障作用

中国特色公共气象服务是生态文明建设的重要内容，是改革发展成果惠及民生的重要途径，是建设美丽中国，实现中国梦的基础保障。近年来，各级气象部门组织开展气候环境监测，已建有多个大气成分观测站以及多个气溶胶浓度、酸雨、沙尘暴等观测站，气候生态监测能力不断增强，生态灾害预警能力不断提高。目前已有 31 个省(区、市)气象部门不同程度地开展了雾霾预报、沙尘暴预报、空气污染气象条件和空气质量预报、酸雨监测、生活指数、高温中暑预警、紫外线预报等生态环境气象业务服务，为城乡生态安全和提高人民生活生态环境质量提供日益丰富的生态气象服务产品(秦爱民等，2013)；同时，丰富的气象服务产品，强化了气象的政府决策支撑服务，为各级党、政、军领导和决策部门进行科学决策时提供及时、准确的气象服务信息和科学依据，为气象部门在国家生态文明建设中进一步发挥作用奠定了良好的基础。

3. 科技支撑作用

生态文明建设既是发展问题，也是科学技术问题。如果没有科学技术支撑，生态文明建设就难以持续，也难以避免盲目性。尊重自然气候规律是生态文明建设的基础，在过去的发

展中，由于违背自然气候规律已经有过无数的失败教训。现在搞生态文明建设，在经济社会发展布局和建设中就必须充分考虑不同区域气候条件和气候资源特点，自觉遵循和利用自然气候规律，以促进经济社会的安全和可持续发展。这就要求必须大力发展气象科学技术，揭示全球和区域气候变化事实，深入研究气候规律，研究全球气候变化机理和归因，为生态文明建设提供基础性的科学技术依据和支撑。特别是天气预报、气候预测、人工影响天气、干旱监测与预报、雷电防御、农业气象与生态、气候资源开发利用等领域的科技成果，为生态文明建设发挥了基础性的科技支撑作用。

4. 资源开发作用

气候资源是经济社会可持续发展的重要基础资源，科学合理开发利用气候资源，不仅可以有效缓减资源日趋紧张和生态系统退化的严峻局面，而且可以减少对石化能源和资源的依赖，优化生态环境。气象部门在气候资源开发利用工作中发挥着重要作用。这些年来，全国各级气象部门充分发挥独特的资源和技术优势，积极开展气候资源普查、详查、测量和评估等基础工作，尤其是多次组织开展风能、太阳能资源评估以及可再生能源等专业服务，为合理开发及保护气候资源提供了科学数据。而且气象部门通过人工增雨(雪)手段开发利用空中云水资源，有效缓解了许多地区的旱情和水资源短缺的问题，优化了生态环境。各级气象部门深入开展了农业生态气候资源开发利用研究，将气候资源优势转化为经济发展优势，促进产业结构的优化调整和经济发展方式的转变，实现了经济的可持续发展。

三、切实找准气象在生态文明建设中的重要抓手

确定新时期气象工作在生态文明建设中的主要任务，必须面向需求、立足实际、着眼未来、认清形势、明确任务，将气象工作放到经济社会发展大局和国家现代化总体布局中来统筹思考和谋划。充分发挥气象在生态文明建设中的基础性科技保障作用，当务之急就是要以加快发展环境气象业务为切入点和突破口，切实把握四个“点”，大力推动四大“任务”。

1. 把握切入点，加快发展环境气象业务

随着人们生活水平不断提高，以及雾霾天气频发、大气环境污染、突发有毒有害气体泄漏、极端高温风寒等环境气象问题的凸显，公众对保护环境、保障健康的愿望越来越强烈。加快发展环境气象业务，是满足公众对建设天蓝、地绿、水净美丽家园的迫切需求，是充分发挥气象工作在生态文明建设中重要作用的切入点和突破口。大力发展环境气象业务要求我们，进一步强化服务牵引、统筹集约资源、避害趋利并举，切实加强环境气象观测能力建设，建成覆盖全国、重点地区加密的环境气象观测站网；进一步提高环境气象预报预警精细化水平和准确率，建立规范化的预报预警流程；加强各气象机构之间环境气象业务的集约联动，加强针对性、公益性的环境气象服务，加强环境气象关键技术研发，建成专业化的环境气象服务体系；加强环境气象学科建设、加强环境气象相关法规、标准和技术规范建设；从而推动形成集约化、专业化的环境气象业务体系，形成环境气象业务发展的良好环境，切实发挥环

境气象业务综合效益，使环境气象业务服务更好地满足人民群众对健康生活的需求。

2. 找准关键点，科学应对全球气候变化

科学应对气候变化是新时期国家经济社会可持续发展面临的重大挑战和战略任务，也是充分发挥气象在生态文明建设中重要作用的关键点。我们必须积极主动，有所作为，发挥部门整体优势，坚持依靠科技进步，科学认识气候变化规律，强化基础数据建设，积极推进气候变化监测系统、温室气体等大气成分监测系统建设；大力推进气候变化科学研究，建立多层次气候变化监测业务，增强气候变化监测、检测和归因分析能力，发展高分辨率区域气候预估集成技术，加强气候变化分析和预估业务，提高未来气候变化特别是极端气候事件变化预估能力；构建和完善中国气候服务系统（CFCS），提高气候服务内涵，拓展服务领域，扩大服务覆盖面，增强服务科学性、针对性和时效性；强化气象灾害风险评估和管理工作，加强气候可行性论证制度建设；充分发挥 IPCC 工作国内牵头组织部门作用和国家气候变化专家委员会国家级思想库作用，加强气候变化科普宣传和舆论引导，提高全社会应对气候变化意识和能力，提供更多更高质量的国内战略和国际谈判策略决策咨询服务，全面发挥应对气候变化内政外交的职能和作用。

3. 明确着力点，合理开发利用气候资源

开发利用气候资源既是保障能源安全、促进可持续发展的需要，也是减缓气候变化、转变经济发展方式的需要，《国务院关于加快培育和发展战略性新兴产业的决定》(国发〔2010〕32 号)已将风能太阳能开发利用作为战略性新兴产业重点推进，科学合理开发利用气候资源，过去是将来更是气象工作的重要任务，也是发挥气象在生态文明建设中重要作用的着力点。提高开发利用气候资源能力，要求我们面向国家需求，加快科技创新，加强气候资源的普查和规划利用；不断强化风能太阳能资源评估和预报业务能力，建立较完善的风能太阳能资源评估和预报技术体系，强化风能太阳能资源监测和气候资源开发利用评估；强化空中云水资源的开发利用，完善国家人工影响天气协调会议制度和地方各级组织领导体系，建立统筹集约、部门协调的人工影响天气工作体系；强化气候资源开发利用的社会管理，提高气候变化决策服务能力，积极为发展绿色经济、循环经济、低碳经济提供支撑。

4. 抓好落脚点，有效推进气象防灾减灾

做好气象防灾减灾工作，是新时期党中央、国务院对气象工作的基本要求，是充分发挥气象在生态文明建设中重要作用的驱动力和落脚点。我们必须坚持面向民生、面向生产、面向决策，把防御和减轻气象灾害、切实提高气象灾害监测预警水平作为提升气象防灾减灾能力的重要任务，依靠科技进步和社会资源，着力提高气象防灾减灾能力。新形势下，我们要进一步解放思想，转变观念，全面实施气象灾害风险管理，重点做好极端灾害、异常灾害、突发灾害、衍生灾害的防御，重点抓好脆弱区域、重点行业、重要设施、关键人群防灾减灾，统筹做好灾害监测预警服务、应急处置、灾后救助、风险评估、基础建设等工作；提高气象预报预测准确率、精细化和专业化水平，着力推进从天气预报向灾害风险预估延伸，从气候预测向年景预估延伸，从常规预报向精细化预报延伸，从基本预报向专业化预报延伸；不断完善气象灾害防御机制，提高气象灾害预警综合发布能力，切实履行气象灾害防御规划编制、气象灾害预警信息发布、气象灾害应急响应、重大工程建设和城乡规划气象灾害风险评估、重大自然灾害和事故灾难的气象保障等公共服务和社会管理职能；大力推进气象科普，认真做好重大自然灾害、突发事故灾难、公共卫生事件应对防范和抗灾救灾的气象保障服务。

参考文献

李佳. 2011. 中国应对气候变化的责任和使命：访国家发改委应对气候变化司司长苏伟. 财经界，(2).
马凯. 2013. 坚定不移推进生态文明建设. 求是，(9).
秦爱民，朱玉洁，刘冬，等. 2013. 关于推进环境气象业务发展的思考. 气象软科学，(1).
石建平. 2008. 生态文明建设的战略地位和实施途径. 红旗文稿，(13).
王书明，崔璐. 2012. 从工业文明走向生态文明的契机. 自然辩证法研究，**7**(5).
赵洪祝. 2010. 加强气象防灾减灾服务生态文明建设. 浙江气象，(4).
赵树丛. 发挥林业作用，建设生态文明. 人民日报，2012－11－26.

环境气象业务发展专题研究*

《关于加快环境气象业务服务发展的意见》(中气预发〔1999〕30号)印发以来,环境气象业务经过十几年的发展,气象部门已经形成了一定的业务规模,并取得了一定的社会经济效益。但面对日益增多的大气环境服务需求,环境气象业务现状不适应的问题凸显,有必要在系统梳理和综合分析基础上,进一步规划设计环境气象业务发展目标,丰富和完善环境气象业务体系,以满足国家生态文明建设、社会公众健康生活的迫切需求。

一、环境气象学科内涵及业务发展定位

研究进一步发展环境气象业务问题,首先必须弄清楚环境气象的学科内涵,在此基础上才能科学客观地定位和开展现阶段环境气象业务。

1. 环境气象学科内涵

经查阅国内外相关文献,以及《大气科学名词》《大百科全书》等权威工具书,目前对"环境气象学"尚无统一的定义。对相关高等院校学科和课程设置的初步调查发现,少数院校本科阶段开设有环境气象[1]专业课(教材多选用:吴兑,邓雪娇. 2001. 环境气象学与特种气象预报. 北京:气象出版社.),一些院校研究生阶段设有大气物理与大气环境专业方向,少数研究机构有大气化学研究生培养方向。

为此,研究组针对"什么是环境气象?"、"什么是环境气象业务?"以及"如何对环境气象业务进行分类?"等问题展开各种形式的调研。研究发现:不同的专家、学者、管理人员从不

* 本报告完成于2012年。主要研究人员:秦爱民、朱玉洁、刘冬、王喆、林霖、姜海如、张俊霞。

〔1〕《环境气象学与特种气象预报》一书对环境气象学的内涵描述为:所有研究与人类生活息息相关的大气现象及其变化规律的学科,称之为环境气象学。在人类的生活环境中,许多现象都与气象具有密切的关系。广而言之,环境气象包括的内容十分广泛,涉及空气质量、大气污染物扩散规律等大气边界层问题;酸雨、大气臭氧与紫外线辐射等大气化学问题;建设项目的大气环境评价、区域大气环境评价、住宅小区大气质量评估等污染气象学问题;温室气体引发的气候变暖问题、通过大气传播的传染病与特质性过敏症以及与大气参数相关联的医疗气象问题;大型户外活动的气象保障任务;在人工生态系统中日益突出的城市高层建筑、大型户外活动的气象保障任务等工程气象问题;高速公路、机场、港口面临受到浓雾严重影响的问题;及其人类通过人工手段抗击干旱、暴雨、冰雹、霜害、雾害、雷电等人工影响天气问题,均属于环境气象学研究的范畴。环境气象学的基础知识相当广泛,涉及气象学、气候学、大气物理学、大气化学、地理学、生态学、生物学、农学、林学、水利学、工程学、流行病学、环境卫生学、社会学、经济学、法学、民俗学、家政学,等等。

同的角度有各自不同的认识；而且谈到环境气象时，会涉及许多相关或近义名词，如“大气化学”、“城市气象”、“城市环境气象”、“健康气象”、“卫生气象（或医疗气象）”、“污染气象”、“大气成分”等，很难形成清晰、一致的认识。这说明，环境气象学科是一个仍在发展中的、交叉特点明显的学科，尚未形成稳定的学科内涵和体系。

环境气象相关近义名词含义辨析

“环境气象”与“城市气象”、“城市环境气象”、“健康气象”、“卫生气象”、“污染气象”、“大气成分”、“大气化学”等概念既有区别也有联系。

从空间范围上看，城市环境气象面对的是城市人群密集、污染物排放较为集中的特殊空间，而环境气象更宏观，面对的空间除了城市尺度之外，还包括区域尺度甚至全球尺度。

从内容上看，健康气象、卫生气象、污染气象等均属于环境气象的范畴，但环境气象还包括诸如影响生态系统和交通的相关大气污染问题、影响气候的相关大气成分及其引发的区域污染分布和变化问题等。

城市环境气象是城市气象的重要内容，但城市气象还包括因城市的建筑、人口密度、人类活动强度、功能区的差异等因素带来的特殊性气象探测、预报、服务等需求。

大气化学与大气成分概念虽然联系密切，区别也是明显的。大气化学是一个学科方向的概念，是大气科学和环境科学的重要分支学科，它研究大气成分及其化学机制，诸如地球大气的形成与演化、温室气体、反应性气体及其他微量大气成分的循环、气溶胶的形成、化学变化和循环。可见大气成分是大气化学的研究对象，其排放以及在大气中的分布、迁移与转化机制等是大气化学的主要研究内容，但大气成分的研究又不仅仅涉及大气化学，还涉及大气物理与大气环境等等。

由于环境气象的重要任务包括对大气成分及其引发的大气污染的监测、预报与预警、影响评估等，因此大气成分（尤其是其中的污染物，以及具有对天气、气候、生态有影响的微量成分）也就成为环境气象的核心对象，而大气化学则是做好环境气象工作所需要的一个重要学科方向。

为了理解和把握环境气象学科内涵，进而为环境气象业务发展准确定位，我们有必要首先回到对“环境”、“气象”、“气象学”、“大气科学”这样的基本概念内涵的分析上。广义的环境包括自然环境和社会环境，根据《中华人民共和国环境保护法》，自然环境是指影响人类生存和发展的各种天然和经过人工改造的自然因素的总体，包括大气、水、海洋、土地、矿藏、森林、草原、野生生物、自然遗迹、自然保护区、风景名胜区、城市和乡村等。更广义的自然环境还应包括外太空环境（如宇宙射线、紫外线、太阳风暴）[2]。大气是自然环境中最重要、最活跃的部分，从气象学基础上发展而来的大气科学[3]就是研究大气的各种现象、这些现象的

[2] 正因为如此，所以 NOAA 给自己的定义是：NOAA's mission is to understand and predict changes in the Earth's environment，from the depths of the ocean to the surface of the sun，and to conserve and manage our coastal and marine resources.（摘自 NOAA 网站）

[3] 大气科学在很长的历史发展过程中，先是以气候学、天气学、大气的热力学和动力学问题以及大气中的物理现象和比较一般的化学现象等方面为主要研究内容，传统称之为“气象学”。20 世纪 60 年代后，由于人类活动对大气产生的影响，出现了较严重的大气污染。于是，大气化学引起人们广泛的注意。同时，随着大气化学研究的深入，加深了对气象的认识，气象由传统的研究天气现象和变化规律等的学科，逐步发展为以大气为研究对象，主要研究大气的成分、结构、现象及其物理、化学变化机制的大气科学。它的分支学科也日益丰富，有大气探测、气候学、天气学、动力气象学、大气物理学、大气化学、应用气象学等。

演变规律(包括大气的成分、结构、现象及其物理、化学变化机制等[4])以及如何利用这些规律为人类服务的一门学科。因此,从广义或根本上来看,环境气象学内涵其实应包括气象学(大气科学)以及研究气象与其他环境要素之间关系的学科。

从环境气象业务开展的实际来看,环境气象更多的是与大气质量[5](空气质量)预报、雾一霾预报预警、医疗气象、大气成分、气象指数预报等具体联系意义上的广泛内涵,既有传统气象学(大气科学)意义上的内涵,也有气象与卫生、环保交叉学科(属应用气象学)意义上的内涵。

综上,我们认为分析认识环境气象学科内涵,很重要的是要认识到环境气象最终目的是服务人的健康与发展,根本性的科学问题是认识大气成分以及与之紧密联系的大气环境特性和变化,及其与人类活动、生态系统等的相互作用。环境气象应更加关注大气环境对人体健康的影响。从学科基础上而言,发展环境气象关键是加强大气化学、大气物理与大气环境等学科的发展,同时加强气象与环境、卫生结合的研究,丰富应用气象学内涵。借用周秀骥院士的一句话:环境气象领军人才必须是能够同时通晓大气物理、大气化学、大气动力三方面的综合性人才,这或许可以提供一种较简明地理解环境气象学科内涵的方式。

2. 环境气象业务定位

作为学科意义上的环境气象,内涵丰富,且是一个正在发展中的学科。而分析确定"环境气象业务"的内涵则主要应从三个方面考虑:一是需求在哪里、是什么? 二是满足需求的业务可能性如何(或者说是支撑业务的科技基础是否存在?)? 三是气象部门的职责和优势是什么? 在这三个方面中,需求和科技基础是不断变化的,因此,部门履行职责和发挥优势的具体领域也是不断发展丰富的,也就是说环境气象业务也是不断发展的,不是也不能一成不变。

从以下文本框我们就可以大概看出环境气象业务范畴在气象部门的变化情况,也说明我们的认识随着实践在深化和不断调整。

环境气象业务认识演变过程回顾

从目前查阅的材料看,正式提出环境气象业务是1998年底在北京市昌平县召开的"城市环境气象服务研讨会",在此次研讨会基础上,1999年中国气象局印发《关于加快环境气象业务服务发展的意见》(中气预发〔1999〕30号),确定了2005年前环境气象业务服务三个主要领域——城市空气污染气象条件和空气质量预报;与人体健康和医疗关系密切的紫外线强度、花粉浓度、人体舒适度、疾病的发生和流行等气象预报服务;城市雾害、含尘量、能见度、雷电预测等其他气象服务。

---

〔4〕 商务印书馆.2012.《现代汉语词典》(6版),224页、1027页。大气科学——以大气为研究对象的科学。主要研究大气的成分、结构、现象及其物理、化学变化机制等。20世纪60年代由气象学发展而来。气象学——研究天气现象和变化规律等的学科。20世纪60年代发展为大气科学。气象——大气的状态和现象。气象台——对大气进行观测、研究并预报天气的机构。规模较小的还有气象站、气象哨。

〔5〕《普通高中课程标准实验教科书》(化学 选修1〈化学与生活〉)(人民教育出版社.2007年2月第2版):第四章(保护生存环境)第一节(改善大气质量)从两个方面展开介绍:一、大气污染的危害(包括酸雨、臭氧层受损、温室效应与全球气候变化);二、改善大气质量(包括减少煤等化石燃料燃烧产生的污染、减少汽车等机动车尾气污染、减少室内空气污染)。

2000年发布施行的《中华人民共和国气象法》中明确气象灾害是指台风、暴雨(雪)、寒潮、大风(沙尘暴)、低温、高温、干旱、雷电、冰雹、霜冻和雾等所造成的灾害,也明确规定了气象部门发布城市环境气象预报、火险气象等级预报和气候影响评价的发布职责。《中华人民共和国气象法释义》(法律出版社.2001.46页)中指明:城市环境气象预报主要包括空气污染气象条件预报、空气清洁度预报、紫外线强度预报、人体舒适度预报、医疗健康气象预报、花粉浓度预报以及雾、雷电、旅游气象预报等。

2004年为了贯彻落实中国气象事业发展战略研究成果,中国气象局在其部门重点实验室——大气化学重点开放实验室的基础上,组建了大气成分观测与服务中心,定位为研究性业务单位,主要负责大气成分观测、分析、预报和预测等相关业务运行与科学研究。该中心的成立从学科基础上和业务的角度丰富发展了环境气象业务内涵,但由于定位为研究性业务单位,实际运行中对研究较为重视。

2006年《国务院关于加快气象事业发展的若干意见》(国发〔2006〕3号)指出:要重点强化气象灾害预报功能,切实加强气象灾害的监测、调查和影响评估的能力建设,增强对农林业病虫害、地质灾害、沙尘暴灾害、森林草原火灾等自然灾害和有毒有害气体及核泄漏扩散、区域环境污染、生态破坏等突发公共事件的气象预警和应急保障能力。要建立城市气象灾害监测预警系统,建立气象与卫生、环保等部门的合作机制,积极开展天气、气候和气候变化对疾病发生规律、病理影响机理的综合研究,建立气象环境变化对疾病发生发展影响的业务服务系统,为突发公共卫生事件、环境事件等应急处置提供气象保障服务。要加快空间天气监测预警网络建设,发展空间天气预警预报业务,提高空间天气灾害监测和空间环境变化预警能力。各级气象主管机构要依法组织对城市规划编制、重大基础设施建设、大型工程建设、重大区域性经济开发项目进行气候可行性论证,避免和减少重要设施遭受气象灾害和气候变化的影响,或对城市气候资源造成破坏而导致局部地区气象环境恶化,确保项目建设与生态、环境保护相协调。

2007年中国气象局以第16号令发布《气象灾害预警信号发布与传播办法》,其中规定预警信号分为台风、暴雨、暴雪、寒潮、大风、沙尘暴、高温、干旱、雷电、冰雹、霜冻、大雾、霾、道路结冰等。相比于2004年试行办法(气发〔2004〕206号)[6],雪灾改为暴雪,雷雨大风改为雷电,并增加了干旱、霜冻和霾三种灾害预警。

2010年4月1日起施行的《气象灾害防御条例》再次重申了《中华人民共和国气象法》明确的气象灾害,明确气象灾害预警信号的种类和级别由国务院气象主管机构规定。同时明确各级气象主管机构应当做好太阳风暴、地球空间暴等空间天气灾害的监测、预报和预警工作。在应急处置一章专门提到了水利、国土资源、农业、林业、海洋、民政、卫生、交通运输、住房城乡建设、电力、通信、公安等部门的职责,但没有规定环保部门的职责。

从以上这些规章文件中明确的气象部门在防控大气污染方面的职能作用,可以得出这样的结论:气象部门是大气环境服务中的重要主体部门,发展好环境气象业务是气象部门责任义务之所在,经济社会的发展进步要求气象业务不断发展、不断提高大气环境服务的能力。从这个意义上讲,发展环境气象业务正是发展现代气象业务的重要内容和要求,发展环境气象业务是气象部门的职责所在。

理解和准确把握现阶段环境气象业务发展不能割断历史,必须从气象事业发展的总体上来思考和定位。考虑发展的继承性、考虑现阶段需求,我们认为现阶段环境气象业务应主要定位在与人民健康直接相关、与人类活动密切联系的大气成分及其引发的大气环境现象

〔6〕 2004年8月16日中国气象局颁布《突发气象灾害预警信号发布试行办法发布办法》(气发〔2004〕206号)中预警信号分为:台风、暴雨、高温、寒潮、大雾、雷雨大风、大风、沙尘暴、冰雹、雪灾、道路积冰共11种。

观测监测、预报预警、评估服务方面，如霾、雾、沙尘暴、紫外线辐射、光化学烟雾、酸雨、空气质量预报等；同时兼顾间接影响人民健康的其他大气环境问题。

雾、霾、沙尘暴属环境气象范畴吗？

高温、(城市)暴雨、雷电属环境气象范畴吗？

空间天气属环境气象范畴吗？

森林火险气象等级预报属环境气象范畴吗？

研究过程中发现，不同的专家和管理人员因为从事的工作领域重点不同，对环境气象业务的范畴理解也往往不同。于是在讨论中就经常会碰到提问，诸如：雾、霾、沙尘暴是天气现象，怎么会属环境气象范畴？雷电、高温、(城市)暴雨也是影响市民健康的大气环境现象，为什么就不属环境气象范畴？空间天气特别是空间磁暴也对市民生活和城市运行影响很大，也应属环境气象范畴？森林火险气象等级预报当然也应是环境气象范畴吗？

从广义的环境气象出发理解，气象就是环境气象，上述业务当然都属于环境气象业务。而从发展实际看，气象部门对环境气象业务的理解是有特定含义的，特指与环境保护和治理密切相关、与人类活动和人体健康密切相关的一些气象业务，本研究基本沿用这一思路。按照这个思路，雾、霾、沙尘暴属环境气象业务范畴，而高温、(城市)暴雨、雷电、空间天气、森林火险气象等级预报则不属环境气象范畴，但从气象灾害防御的角度看都是应当加强的工作。

二、环境气象业务的现状基础

1999 年中国气象局印发《关于加快环境气象业务服务发展的意见》(中气预发〔1999〕30 号)，明确了到 2005 年环境气象的发展目标[7]与服务领域[8]。2000 年《中华人民共和国气象法》发布施行，明确提出气象部门发布城市环境气象预报的职责。环境气象业务在这一文件一法的指导下得到较大发展，2004 年以后大气成分观测与服务业务的发展进一步丰富了环境气象业务的内涵。

从初步调查了解的情况来看，经过十几年的发展，总体上基本实现了中气预发〔1999〕30 号确定的环境气象业务发展目标，积累了较好的科研、业务、服务基础，取得了一定的社会经济效益，为气象部门在国家生态文明建设中进一步发挥作用创造了条件。但也应看到，环境气象业务总体发展水平还不高，主要表现在：环境气象科研业务的发展规划与目标不够系统清晰；环境气象业务服务体系尚不完备；环境气象业务各地发展不平衡，宏观指导和管理还不到位；环境气象观测预报科技基础还较弱，科技成果转化为业务服务能力的机制尚不健全；专职专业队伍不足，重大社会活动和应急保障中的“应急性”特点明显，常态化业务运行与管理还不够。

---

〔7〕 发展目标：“2000 年底以前，力争全国二分之一的省会城市开展环境气象业务服务工作；到 2003 年，全部省会城市开展符合当地特点的环境气象业务服务；到 2005 年，气象部门环境气象业务服务初具规模，业务服务能力和水平进一步提高，取得比较突出的社会经济效益”。

〔8〕 服务领域：1)城市空气污染气象条件和空气质量预报；2)与人体健康和医疗关系密切的紫外线强度、花粉浓度、人体舒适度、疾病的发生和流行等气象预报服务；3)城市雾害、含尘量、能见度、雷电预测等其他气象服务。

以下分几个主要方面对环境气象业务现状进行分析：

1. 预报服务方面，开展项目不少，但分散性强、效益不突出

目前，31 个省（区、市）气象部门均开展了环境气象业务（图 1），但发展不平衡。各省普遍开展的环境气象业务主要有空气质量预报、空气污染气象条件预报、紫外线强度预报，霾（或灰霾）及能见度预报，酸雨监测评估等。部分省市，如北京、上海、广州、辽宁、浙江等地，在观测站网布局、预报技术研发、业务流程集约化、服务产品精细化方面取得了一定经验，在奥运会、国庆 60 周年、世博会、亚运会等大型社会活动中发挥了作用。

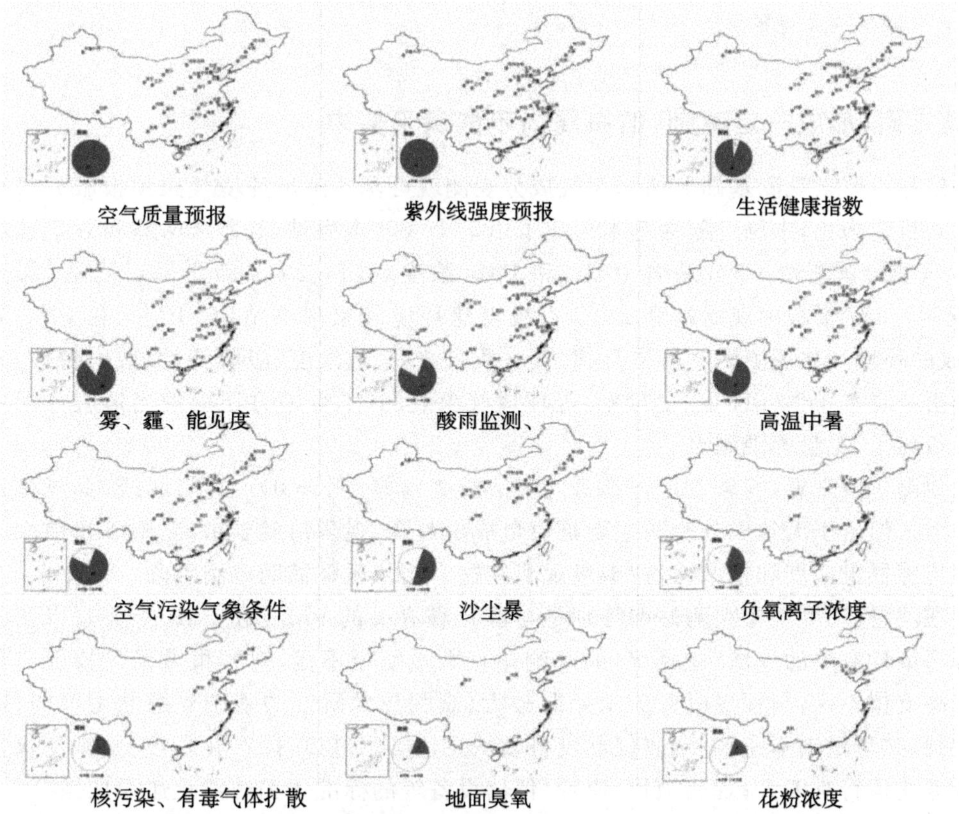

图 1　31 个省（区、市）气象部门环境气象业务开展情况统计图

存在问题：环境气象预报服务总体较“散”，业务发展不够集约，社会效益尚不突出。国家级对下指导不足，除霾、紫外线指导预报产品以及部分卫星监测图像产品（如臭氧浓度）外，没有其他更好用的指导产品；部分业务（如空气质量预报、紫外线强度预报、大气负离子浓度预报等）由省级自成一体、零散开展；各级业务承担单位职责不清，国家和省级均缺乏专

职的机构和人员;服务还未形成常态机制,社会认可度还不高[9]。

省级环境气象业务开展单位及人员调查

开展单位主要为各级气象服务中心、气象科学研究所、气象台、探测中心等。具体来讲,空气质量预报业务开展单位在气象台的占48.4%,在气象服务中心的占35.5%,在气象科学研究所的占12.9%,个别在省气候中心。紫外线预报业务开展单位以气象服务中心为主,比例达67.7%,其次为气象台(占29%)。健康生活指数预报业务开展单位以气象服务中心为主,比例达76%,其次为气象台(占21%)。酸雨业务开展单位以气象科学研究所为主,比例达41.6%,其次为气象台(占16.7%),个别在气象服务中心或气候中心。

从业人员主要为兼职人员。除上海等个别省(市)有少数专职人员外,大部省从事环境气象业务的专职人员比例极少,大多为兼职。

2. 观测方面,形成一定基础,但布局尚不能满足需求

气象基本要素观测基础上增加大气成分观测就可基本满足环境气象预报服务对观测的要求。到目前为止,中国气象局基本形成了由7个大气本底站(1个全球站和6个区域站)、28个大气成分观测站(部分站含$PM_{2.5}$和PM_1浓度观测)、29个沙尘暴观测站(部分站含PM_{10}观测)、357个酸雨观测站和28个省级自建环境气象观测站(含$PM_{2.5}$和PM_1浓度观测)组成的环境气象观测网。可进行气溶胶(质量浓度、数浓度、吸收特性、散射特性、光学厚度)、酸雨及降水化学(pH值、电导率)等环境气象观测,不少地方还根据当地服务需要建立了大气负离子、花粉等观测点。

从观测手段来看,气象卫星也具备对气溶胶光学厚度(AOD)、臭氧廓线、臭氧总量等的监测能力。但由于大气成分观测主要是痕量成份观测,观测精度要求高,限于目前大气成分遥感的传感器灵敏度和精度,目前卫星观测在这个领域还是辅助观测手段。

存在问题:环境气象观测站网特别是与雾一霾有关的$PM_{2.5}$和PM_1等要素以及与光化学烟雾污染均有关的气体(臭氧等)的观测站点数量明显不足,对预报效果的检验与预报水平的提高支撑不足,与预报服务需求差距较大;观测技术研发的基础支撑能力薄弱;资料的质量控制、共享机制不完善;观测仪器设备多从发达国家进口,国产化程度低;观测仪器维护保障业务化运行难度大;观测项目、流程、仪器设备等的标准化和规范化还需加强。

3. 科技研发方面,积累了部分成果,但科技支撑仍显薄弱

中国气象局在环境气象方面研究起步不晚,总体科技水平相比国内其他部门还有自身明显优势。气象科学研究院在大气环境特别是大气化学方面经过多年积累,有一定科研基础,特别是在温室气体监测评估和气溶胶研究方面在全国处于先进水平,在其他大气成分及相关要素的长期监测及质量控制方面在国内外(包括WMO)也有良好的口碑。近年来,中

[9] 通过近期网上调查,结果显示:知道或熟悉空气质量预报、污染气象条件预报、灰霾(及能见度)预报预警、健康气象指数和紫外线强度预报等5项产品的网友人数超过总数的77%;对酸雨公报、花粉浓度预报、臭氧监测预报、负氧离子监测预报及有毒有害气体泄漏预警等产品,知道的还很少,仅占总数的26%~40%。

国气象局不断组织改进大气环境数值预报模式和核心技术方法，国家级开发了 CMAQ－ASM 源同化预报系统，实现了从潜势预报发展为考虑化学输送模式的、可预报多种污染物浓度和指数的定量预报；开发了城市大气污染数值预报系统（CAPPS），将大气平流扩散箱模式由原来的单城市模式升级为区域空气质量预报模式，实现了区域大气污染浓度分布的预报，预报系统在各省市得到较普遍的应用。开发了化学天气预报平台（CUACE），并在此基础上建立了沙尘暴和雾－霾数值预报系统。

部分省市开展了区域光化学污染特征、大气气溶胶光学厚度以及区域性霾（或灰霾）发生频率变化趋势等方面的分析研究；不少省（市）气象部门结合本地天气气候和地形特点，针对沙尘暴、雾、霾天气特征进行分析研究，并在紫外线预报、人体舒适度指数、医疗气象等方面开展了相关研究。

存在问题：环境气象观测技术研发还落后于站网建设的需求，需进一步重视和支持观测新技术开发，系统集成优化、观测质量控制/数据质量评估方法、技术保障方法等研究；模式发展方面，大气化学模式与数值天气模式的融合发展还需加强，对相关物理化学过程以及机制机理等还有许多认识不清的地方；关键预报技术研究成果（如雾－霾预报方法）较少，成果转化机制也不完善，科研对业务的支撑能力还不强，业务对科研的反馈支撑也不够，科研与业务互动结合、相辅相成的局面尚未形成。

4. 业务管理方面，形成一定规范，但仍缺乏系统性

自 1999 年以来，气象部门相继发布了一系列环境气象政策文件及相关标准，形成了基本的业务管理基础。目前，中国气象局已印发相关规章和文件近 40 余项[10]；组织编制大气成分方面相关标准 18 项[11]（由环保、卫生等部门组织编制和发布的大气成分方面相关标准有 72 项）；已发布实施雾和霾的相关标准 6 项[12]。针对环境气象业务的发展需求，“十二五”期间，气象部门还将加快出台近 50 项业务技术相对成熟的环境气象相关标准。

环境气象业务相关文件一览表
中国气象局发文
《关于加快环境气象业务服务发展的意见》（中气预发〔1999〕30 号）
《关于进一步加强气象部门环境影响评价工作的意见》（中气预发〔2000〕1 号）
《紫外线指数预报业务服务暂行规定》（中气预发〔2000〕11 号）
《空气污染气象条件预报业务服务暂行规定》（中气预发〔2000〕21 号）
《关于开展重点城市空气质量预报工作的通知》（中气预发〔2000〕33 号）
《医疗气象预报业务服务暂行规定》（中气预发〔2001〕2 号）
《关于开展空气质量预报有关技术问题的通知》（气预发〔2001〕16 号）

〔10〕《关于加快环境气象业务服务发展的意见》《空气污染气象条件预报业务服务暂行规定》《医疗气象预报业务服务暂行规定》《人体舒适度指数、体感温度预报业务服务暂行规定》《关于开展省会城市紫外线预报业务服务工作的通知》等 243 项。

〔11〕《大气成分观测数据格式》《大气黑碳气溶胶观测光学衰减方法》《TFU－AB 型宽波段太阳紫外辐射测量仪》《气传花粉暴片法观测规范》《酸雨观测规范》《空气质量预报》《紫外线指数预报》《霾的观测和预报等级》等 18 项。

〔12〕《雾的预报等级》《霾的观测和预报等级》《高速公路能见度监测及浓雾的预警预报》等 6 项。

续表

环境气象业务相关文件一览表
中国气象局发文
《气象部门城市空气质量预报质量考核和管理暂行办法》(中气预发〔2001〕33号)
《人体舒适度指数、体感温度预报业务服务暂行规定》(气发〔2002〕8号)
《关于开展省会城市紫外线预报业务服务工作的通知》(气发〔2002〕87号)
《关于开展地市级城市空气质量预报有关问题意见的函》(气预函〔2002〕108号)
《关于气象部门开展生态环境监测与信息服务的指导意见》(气发〔2002〕367号)
《气象部门城市紫外线预报质量考核和管理暂行办法(试行)》(气发〔2003〕190号)
《关于城市紫外线预报业务有关问题的补充通知》(气预函〔2004〕62号)
《关于印发中国气象局大气成分观测与服务中心职能及内设机构和人员编制方案的通知》(气测函〔2004〕297号)
《关于做好大气成分站网建设的通知》(气测函〔2005〕15号)
《关于尽快进行大气成分观测站网建设的通知》(气测函〔2005〕199号)
《关于做好大气成分资料传输试运行工作的通知》(气测函〔2005〕236号)
《关于采购全国大气成分观测站网仪器设备等的通知》(气测函〔2006〕236号)
《关于做好大气本底站数据传输业务工作的通知》(气测函〔2006〕321号)
《关于做好大气成分观测资料管理工作的函》(气测函〔2007〕44号)
《中国气象局关于落实国务院领导批示建立温室气体监测分析系统的意见》(中气发〔2007〕11号)
《关于下发区域大气本底站技术手册与大气成分站技术手册的函》(气测函〔2007〕110号)
《关于做好大气成分质量控制信息传输工作的通知》(气测函〔2007〕133号)
《关于开展国家气候观象台试点站大气成分观测系统配套建设的通知》(气测函〔2007〕145号)
《关于下发大气成分观测数据质量控制方法的函》(气测函〔2007〕167号)
《关于上报〈中国温室气体监测分析系统建设规划(2007—2011年)〉的函》(中气函〔2007〕227号)
《关于开展温室气体在线观测项目的通知》(气测函〔2007〕206号)
《关于传输大气成分、空间天气预报产品及实测数据的通知》(气预函〔2007〕174号)
《关于开展大气成分观测维护工作的通知》(气测函〔2008〕7号)
《关于规范大气成分观测质控信息传输与录入工作的函》(气测函〔2008〕42号)
《关于温室气体在线观测项目内容调整的通知》(气测函〔2008〕66号)
《关于完成全国大气成分站网运行状况调查表和运行评估报告的通知》(气测函〔2008〕75号)
《关于印发大气成分观测业务调整实施方案的通知》(中气函〔2011〕80号)
《关于气科院大气成分有关人员划转到探测中心的函》(气测函〔2011〕56号)
《关于发布＜大气成分观测数据格式＞等5项气象行业标准的通告》(气发〔2011〕51号)
《关于加强雾霾监测预报服务工作的通知》(气办发〔2011〕64号)
《关于进一步加强环境气象有关工作的函》(便函)
《关于做好大气本底站温室气体在线观测系统数据文件传输工作的通知》(气预函〔2012〕15号)
《关于反馈＜关于建立和完善应对气候变化统计指标体系及温室气体排放统计制度的意见＞(征求意见稿)意见的函》(气办函〔2012〕79号)
《关于开展本底站卤代温室气体观测数据传输试运行工作的通知》(气预函〔2012〕93号)
其他部委或国发文
《国家环境与健康行动计划(2007—2015)》(卫办监督发〔2007〕279号)
《关于开展环境保护重点城市空气质量预报工作的通知》(环发〔2000〕231号)
《国务院办公厅转发环境保护部等部门关于推进大气污染联防联控工作改善区域空气质量指导意见的通知》(国办发〔2010〕33号)
《国务院关于加强环境保护重点工作的意见》(国发〔2011〕35号)
《关于实施＜环境空气质量标准＞(GB 3095—2012)的通知》(环发〔2012〕11号)

存在问题：环境气象业务发展整体设计和分步实施不够，1999 年文件确定了到 2005 年的发展目标，但 2005 年之后就相对有一个管理小断层；国家、省、市各层级业务职能分工不清晰，环境气象业务未全面纳入常态化业务考核管理；环境气象业务各环节业务流程、产品统一规范和标准都还亟待完善；环境气象业务专职人员落实不够，岗位培训机制缺乏。

雾，霾，灰霾——名词使用的规范问题

在气象观测规范中，雾和霾是两种不同的但又较难区别的天气现象，其间的主要区别在于成分、水含量、粒子尺度、空间厚度、颜色、边界和日变化等特征。目前业务执行中，雾、霾还是靠观测员的目测经验来区分。中国气象局出台了《霾的观测和预报等级》(QX/T 113—2010)行业标准，以便更明确区分雾和霾，此两种灾害性天气分别有三个和两个预警信号发布等级。

由于“灰霾”一词已较多在社会应用，气象部门内部相关文件有时也正式出现“灰霾”用语。湖北、江苏两省 2012 年 6 月首发霾预警。广东则从 2006 年起就开始探索发布灰霾预警。

环保部门多用“灰霾”名称，香港天文台和澳门地球物理暨气象局称霾为“烟霞”，北美、欧洲、澳洲、东南亚的华语电视台均称“烟霞”或者“灰霾”。

三、环境气象业务面临的新形势

从国内外情况来看[13]，环境气象业务都是随着经济社会发展以及人们对生存环境的日益关注而逐步发展起来的。随着中国全面建设更高水平的小康社会不断推进，各级政府和社会公众对环境气象方面的服务需求将日益增多、要求也会更高。这就要求我们必须高度重视和进一步加快环境气象业务发展。

1. 公众对大气环境质量越来越关注

伴随我国工业化、城镇化的快速发展，环境污染影响人民群众健康的问题凸显，保护环境、保障健康成为人民群众最紧迫的需求。随着经济社会的快速发展和人们生活质量的逐步提高，健康生活的理念渐渐深入人心，人们对其所生活的大气环境的关注度越来越高。去年以来，美国大使馆 $PM_{2.5}$ 风波在社会上引发强烈反响就是一个表征。这之后，2012 年 6 月在江苏南京、湖北武汉等地出现的灰霾天气引致的舆论关切再次说明大气环境质量已经成为公众关注的一个基本需求。面对快速增长的公众需求和关注度，气象部门环境气象业务服务能力显露不足。这就要求气象部门尽快强化环境气象科研、观测、业务、服务等一系列能力建设，以更好地满足经济社会发展和人们健康生活的现实需求。

2. 国家推进生态文明建设的力度越来越大

推进生态文明建设在党的十七大报告里面已有论述，2012 年 7 月 23 日胡锦涛总书记在

[13] 加拿大各地气象预报业务中心从 2011 年起才正式将空气质量预报作为中心的三大业务之一，与其他公众天气预报一起业务运行和进行管理。世界气象组织通过全球大气观测计划(GAW)统筹全世界的大气环境气象观测，并以制作更精准、及时和可靠的天气、气候、水和相关环境要素的预报和预警作为首要目标，并在 2012—2015 战略规划中更加强调减轻相关环境灾害风险和潜在影响的能力。

省部级主要领导干部专题研讨班开班式的重要讲话中谈到推进生态文明建设时，进一步强调指出：推进生态文明建设，是涉及生产方式和生活方式根本性变革的战略任务，必须把生态文明建设的理念、原则、目标等深刻融入和全面贯穿到我国经济、政治、文化、社会建设的各方面和全过程，坚持节约资源和保护环境的基本国策，着力推进绿色发展、循环发展、低碳发展，为人民创造良好生产生活环境。应当看到，虽然我们国家"十一五"将主要污染物排放总量显著减少作为经济社会发展的约束性指标，在着力解决突出环境问题方面取得重要进展，全国大气环境质量基本稳定。但当前我国污染物排放总量依然较大，区域性大气污染问题仍很突出。因此，迫切要求气象部门抓住党政领导和社会关注的热点问题，加强大气环境观测监测、预报预警、评估服务等工作，在国家推进生态文明建设中发挥好作用。

3. 国家气候变化外交的支撑要求越来越高

人类活动排放的各类大气成分导致的气候变化，是目前全球最重大的环境问题之一，不但严重影响着国家经济发展和人民生活质量，也是气候变化背景下国际环境外交的重要议题。随着我国经济社会发展，作为气溶胶、温室气体等大气成分的排放大国，我国正面临着巨大的环境外交压力，面临着为维护国家权益而提供科学成果和权威数据的严峻挑战。统筹国际国内两个大局，为转变发展方式和环境外交服务，迫切要求我们进一步加强包括温室气体监测评估在内的环境气象业务，更好地发挥气象部门的科技支撑作用。

四、进一步发展环境气象业务的总体思路

1. 总体思路

确定新时期环境气象业务发展思路必须面向需求、立足实际、着眼未来，并将环境气象业务发展放在现代气象业务的不断发展完善中来统筹思考和谋划。

从前述分析可以得出两个基本观点：第一，环境气象业务是气象部门的职责之所在，经过多年探索已有较好的科技、业务基础；第二，在全面建设小康社会的新时期，经济社会多方面对环境气象业务服务的需求强劲，迫切需要加大相关科技创新和业务发展力度。这两点是新时期发展环境气象业务的两个重要基点。新时期发展环境气象业务还必须继承气象部门环境气象业务以往发展过程中的经验，并与以往的工作有机衔接，体现继承性发展，同时又要借鉴环保等部门的有效做法。按照这样的分析，我们建议新时期环境气象业务发展遵循以下思路开展：强化服务牵引、统筹集约资源、避害趋利并举、加快能力建设，推动形成集约化、专业化的环境气象业务体系，加强对大气环境的综合监测评估、预报预警和服务，切实发挥环境气象业务综合效益，使环境气象业务服务更好地满足人民群众对健康生活的需求。

——强化服务牵引就是要面向公众和各级决策部门对环境气象的服务需求，重点围绕公众健康和生活质量提高关切，在现有气象观测预报预警服务基础上进一步加强对大气环境质量的监测评估、预报预警和服务，重在加强更加精细化、更具针对性的环境气象决策服务和公众服务。

——统筹集约资源就是要在综合气象观测系统、气象预报预测系统、公共气象服务系统建设中统筹考虑环境气象业务发展的需求，使环境气象业务融入现代气象业务各环节一体化发展，成为现代气象业务发展的一个重要体现。另一方面，也要特别注意气象部门各层级之间环境气象业务系统的上下联动，避免业务重复劳动，使之形成上下一体的环境气象业务系统。

——避害趋利并举就是要坚持气象部门开展环境气象业务趋利避害两手抓的历史经验，既要强化大气污染防治和突发大气环境事件应急等方面的气象监测预报预警服务工作，也要继续开展有利于人民生活质量提高的多种形式的环境气象服务。

——加快能力建设就是要明确目标任务，采取有效措施，切实加强环境气象观测能力、预报预测预警能力、科研和关键技术、学科基础、专业人才队伍等能力建设，使环境气象业务形成可持续发展的局面。

总体目标：2015 年底以前，基本形成省市县一体、融入现代气象业务布局的环境气象业务系统，全部地（市）级以上城市和全国一半以上的县开展符合当地特点的规范化的环境气象业务服务[14]，环境气象服务效益明显提升；到 2020 年，环境气象业务服务在各层级气象机构得到加强，布局进一步完善，业务科技内涵显著增强，服务精细化、针对性、满意度显著提高，环境气象业务整体水平接近发达国家先进水平。

2. 重点领域

根据上述环境气象业务发展总体思路，在开展专家咨询和网上需求调研分析的基础上，我们认为把握和确定环境气象业务发展的重点领域需注意三个结合：服务需求与科技可行相结合、当前重点和长远发展相结合、现有优势和潜在优势相结合。

考虑需求情况、业务科技基础、部门发展等方面，可先按以下三类情况来分析现阶段环境气象业务发展的重点领域。

Ⅰ类：决策和公众服务需求突出，有较好业务基础，但科技支撑需加强。包括雾、霾、沙尘暴监测预报预警，突发大气环境事件应急气象服务（包括核泄漏应急、有毒有害气体泄露扩散应急服务等），大气环境质量（含空气质量）监测预报预警，酸雨监测评估等。此类业务，未来 3～5 年需完善优化布局、持续提高集约化、精细化水平。

Ⅱ类：有决策和公众服务需求潜力，有业务发展前景，但科技基础薄弱或布局分散。包括光化学烟雾（地面臭氧浓度）的预报预警，紫外线强度预报预警，花粉浓度、大气负离子监测预报、医疗气象等。此类业务发展起来会成为气象部门在环境气象业务方面的新特色，未来 3～5 年需在核心技术上取得重点突破，业务布局方面有步骤地规划推进。

Ⅲ类：有决策服务需求，有一定科研基础，但服务效益不易直接被公众感知。包括温室气体浓度监测评估、臭氧（平流层、对流层）浓度监测评估。此类业务与公众健康不直接

[14] 目前，开展空气质量预报业务的地级以上城市比率为 45.9%，开展空气污染气象条件预报业务的地级以上城市比率为 25.7%。（为进一步摸清气象部门环境气象业务的现状，以及社会公众对环境气象的了解、关注和需求程度。发展研究中心联合局办和中国天气网，分别对气象部门内和社会公众开展了相关问卷调查。本数据来源于问卷调查统计结果。）

关联，但属于气象部门的职责和优势所在，从长远发展环境气象业务考虑，应持续加强应用基础研究的同时，加强国家级层面为国家环境外交和应对气候变化方面的决策服务能力。

需要特别指出的是：在研究过程中与专家交流，较多的意见认为气象部门在环境气象业务发展中既要注意巩固发挥现有业务科技基础，也要注意培育未来重点领域，并且特别提到光化学烟雾[15]、$PM_{1.0}$应引起高度重视。

五、发展环境气象业务的主要任务

根据上述发展思路和重点领域，针对环境气象业务发展需求和现状基础，紧紧围绕尽快形成集约化、专业化的环境气象业务、进一步发挥气象部门在大气环境服务方面的作用这个目标，现阶段应大力加强以下六个方面工作。

1. 加强环境气象观测能力建设

目前气象部门环境气象监测系统尚不完善，要本着急用先建的原则加快建设，加大建设力度，以便从监测系统建设上给力环境气象业务发展。

——加快完善大气成分观测业务。环境气象业务的观测要求就是基本气象要素基础上的大气成分观测，因此要在现有大气成分观测站网基础上，根据综合气象观测系统的总体规划，加快建设覆盖全国、布局合理、代表不同区域和环境特征的业务化大气成分观测站网。加强对气溶胶质量浓度(PM_{10}、$PM_{2.5}$、和 $PM_{1.0}$)、吸收特性(黑碳)、散射特性(浊度)、臭氧及其前体物、能见度、紫外线、酸雨等的地基观测；加快推进全国主要城市建立完善城市雾、霾自动观测站网建设，特别是增强京津冀、珠三角、长三角、东北城市群监测能力；完善温室气体监测网络。在旅游景点等一些地区开展大气负离子观测。不断加强遥感遥测产品的应用，提高卫星产品在大气环境监测和预报、评估中的应用能力。

——建立健全环境气象观测质量控制和保障体系。对大气环境观测相关仪器进行评估定型，推进观测仪器入网许可工作，建立统一的气象部门环境气象观测仪器入网许可行业规范，建立观测仪器定期标定制度。建立观测数据质量控制和动态业务质量管理平台，提高观测数据的可利用率。建立区域级的环境气象观测仪器标定检定和维护维修中心，增强新仪器设备的业务试验考核和检测能力。有计划组织进行仪器设备检测和维护技术培训。

——推进环境气象观测数据资料共享。在现有气象信息网络系统中，建立国家级、省级环境气象监测数据管理子系统，实现站点观测数据快速传输、质量控制、分析处理和存储管理。参照现有综合气象观测业务，通过 CMACast 系统和新一代国内气象通信系统对各级气

[15] 光化学烟雾：汽车、工厂等污染源排入大气的碳氢化合物(HC)城市上空的光化学烟雾和氮氧化物(NOx)等一次污染物，在阳光的作用下发生化学反应，生成臭氧(O_3)、醛、酮、酸、过氧乙酰硝酸酯(PAN)等二次污染物，参与光化学反应过程的一次污染物和二次污染物的混合物所形成的烟雾污染现象叫做光化学烟雾。光化学烟雾指的是一系列对环境和健康有害的化学品。它们称之为光化学烟雾是因为它们由最初的污染物质光解而产生的。光化学烟雾是一种淡蓝色烟雾，属于大气中二次污染物。

象部门进行实时观测数据广播分发，实现历史和实时资料一体化和充分共享，确保资料应用的准确、齐全、统一和高效。特别是要尽快实现大气成分观测历史资料的充分共享。同时继续加强与环保、卫生等部门的环境气象观测数据共享。

2. 加强各气象机构之间环境气象业务的集约联动

面向环境气象业务发展的现实需要，重点强化国家级气象业务机构的技术指导能力，强化省级气象机构的综合业务服务能力，强化市（县）级气象机构的观测保障及特色服务能力。建立融入气象信息综合分析处理平台（MICAPS）的国家、省、市（县）一体环境气象业务平台。建立和完善上级指导、下级补充订正的集约化工作流程，包括基本观测资料收集、质量控制、数据库建立与管理、规范产品的统一制作和共享等，改变现有部分业务自成一体，硬软件重复投入、上下衔接不够的局面。

——强化国家级业务机构的指导能力。按照有机衔接、相互支撑、集约高效的要求，改革完善国家级相关业务科技单位运行模式，将环境气象业务观测、预报、服务职责融入国家级基本气象业务机构布局中，增强国家级环境气象业务能力，带动全国发展。在国家级现代天气业务平台基础上，增加环境气象预报业务功能模块，制作发布全国规范化的环境气象业务指导产品；在GRAPES模式基础上，研发并加入包括相关物理过程和大气化学过程在内的环境气象模块，增加环境气象数值预报产品检验和订正业务，以及其他各类预报产品检验业务；全国环境气象预报会商纳入现有业务会商安排之中。在国家级气象数据共享平台基础上，增补环境气象数据共享模块，建立环境气象业务服务产品库。加强国家级观测技术保障单位的仪器设备综合保障能力，建立观测数据质量控制和动态业务质量管理平台，定期组织进行观测仪器标定工作。

——强化省级气象机构环境气象综合业务服务能力。在省级天气业务平台基础上，增补完善省级环境气象业务模块和预报平台，在上级产品指导下结合本地观测资料，制作全省精细化的环境气象产品，为市（县）级开展环境气象业务服务提供指导产品；在省级气象数据共享平台基础上，增补省级环境气象数据共享平台，负责环境气象观测数据质量控制、数据汇总和分发工作；开展有针对性的环境气象业务培训。省级仪器装备保障单位应在国家级业务机构指导下，定期组织进行观测仪器标定工作。

——强化市（县）级气象机构基础观测和本地化服务能力。在上级业务指导下，重点开展环境气象监测、预报产品的应用与服务，开展面向本地需求的环境气象服务。负责当地环境气象观测仪器设备的运行维护和初步数据质量控制工作。

——开展环境气象监测预警预报业务试点。选取京津冀、长三角、珠三角及东北城市群部分重点城市，开展$PM_{2.5}$、PM_{10}质量浓度、能见度、霾、光化学烟雾等环境气象监测预报预警业务试验，建立业务示范平台和流程，并在此基础上根据需求有重点的研发环境气象预警指标体系。

3. 加强针对性、公益性的环境气象服务

气象服务是立业之本。环境气象服务能力、水平和效益也深刻影响着环境气象业务整

体发展进度。就现阶段的环境气象业务而言，既有整体科技支撑不够的问题，确也存在着服务敏感性、针对性不强的问题。因此，推动环境气象业务获得一个良好的发展环境，加强有针对性的服务非常重要。

——把环境气象公众服务列入日常服务一同规划实施。针对公众健康生活、污染防治、应对气候变化等需求，研究制定环境气象预警服务指标。挖掘现有大气成分业务的服务潜力。将环境气象业务需求调研分析列入整体气象服务需求调查分析之中，形成机制，逐步建立贴近百姓生活的产品体系，并在服务的过程中规范各类预报产品质量的检验业务，形成的科研、业务、服务相互促进的良性循环机制。研究环境气象灾害风险评估及预警技术，将环境气象服务融入现有国家、省、市(县)公共气象服务系统之中，做好环境气象业务服务产品的设计开发，形成监测、预报、预警、评估等多种服务产品，提高服务产品针对性和精细化程度，规范产品内容、发布形式、标准用语、服务对象、发布渠道、发布时次和发布时效等。

——强化环境气象决策服务和应急保障服务。要加强国家、省两级环境气象业务、科研单位与决策气象服务中心的服务联动，提高环境气象的决策服务质量和水平。建立雾—霾、光化学烟雾等重大大气环境事件的评估服务机制，完善有关有毒气体排放等突发事件应急预案，挖掘温室气体监测研究成果在国家和区域应对气候变化方面的决策服务，提高环境气象决策服务的敏感性、主动性、针对性。

——切实重视环境气象科普宣传。加大对环境气象相关政策法规、标准规范、服务产品等的宣传力度，将其作为气象科普的重要内容统一规划实施。宣传环境气象监测、预报、预警、评估、服务和科研工作情况，宣传雾—霾决策服务、重大环境事件气象应急保障服务、履行社会管理职能中的举措等。加强对社会公众进行大气质量、雾、霾、光化学烟雾、酸雨等相关知识科普，在电视、广播、手机短信、网站、博客、电子显示屏等媒体的气象预报栏目中增加环境气象预报产品，扩大环境气象业务的公众认可度和显示度，提高公众防御意识和应对能力。

4. 加强环境气象关键技术研发

以应用基础技术研究为重点，瞄准发展前沿，深化环境气象基础理论研究，不断推动原创性科研成果与创新性应用技术和方法的突破。组织国家、省两级业务科研单位开展雾、霾、能见度、空气污染、紫外线、大气负离子、臭氧(对流层、平流层)等环境气象预警业务新技术、方法和工具的研发。研究环境气象灾害形成机理和风险评估技术。加强气象和大气成分对健康的影响研究。

——狠抓大气成分观测关键技术攻关。不断总结大气成分站网运行的实践经验，针对性地开展观测技术的研究工作。包括新观测技术方法、系统集成优化、技术标准规范、数据质量控制、数据质量评估方法和技术保障方法研究等。重点开展雾、霾观测技术和标准研究。依托国内现有一定技术基础的机构，引导支持相关社会力量，开展重点攻关，逐步推进环境气象观测和分析仪器研发和国产化。

——狠抓环境气象数值模式研发。建立国家、区域两级环境气象(大气化学)数值预报系统，国家级模式产品突出对省级指导和区域污染输送；区域级模式产品为市（县）提供更精细化的预报产品。国家级数值预报中心牵头负责国家级环境气象（大气化学）数值模式系统建设工作，在天气数值模式中融入环境气象业务需要的物理、化学过程，建立国家级排放清单，组织化学同化技术研究，建立集天气动力学、大气物理、大气化学于一体的天气预报数值模式系统。推进“中国雾、霾数值模式系统（CUACE/Haze ver. 1.5）”的业务化应用并不断改进完善。开展多模式产品在雾、霾预报中的应用研究。

——狠抓环境气象预报方法技术研发。开展区域雾、霾形成机制研究，基于大气化学模式建立雾、霾和能见度的客观预报技术。建立基于地面观测、地基遥感、探空观测和卫星遥感为一体的综合数据处理平台，开发融合多种观测资料和模式产品的环境气象预报平台。开展天气、大气污染对人体健康和疾病的影响研究及预报预警评估技术研究。开展面向城市安全运行和市民日常生活的指数产品研究，开发核（污染）泄漏应急预报评估技术，以及公众出行、健身、生活等各类指数预报和评估技术。有重点的研发分区域的环境气象预警指标体系。

5. 加强环境气象学科建设

业务与学科的发展是相伴相生相成的，在环境气象服务需求日益迫切的情况下，发展环境气象业务必须切实加强环境气象学科建设。

要在深入分析研究环境气象学科建设现状和科技人才需求的基础上，与教育部合作推动环境气象学科建设，建立完善与相关高校和科研机构的合作机制。研究提出完善大气科学学科建设及课程设置的建议方案，重点加强大气化学学科在高校的建设与发展，推动相关高等院校气象（大气科学）专业课程设置中增加大气化学、环境气象专业课学时学分，从政策层面和科研项目、实验室建设等方面加强对高校的引导，支持高校改进环境气象高等教育工作。

积极探索与相关高校合作开展环境气象在职研究生教育工作；进一步加强环境气象在职培训工作，推动环境气象在职教育与高校基础教育之间的衔接和促进作用。高度重视和加强中国气象科学研究院大气化学专业研究生培养。

6. 加强环境气象相关法规、标准和技术规范建设

环境气象相关标准、规范、法规是环境气象业务高效持续发展的重要保障，对气象主管机构来讲，这也是发展环境业务的一个重要内容。特别是与其他部门相比，我们更善于抓具体业务，从宏观上用法规、标准手段促进业务服务发展方面仍然薄弱。

要组织相关领域专业技术、科研人员细化和完善环境气象观测预报预警服务标准体系、急需的标准项目，完善配套规章。加快已立项环境气象相关标准的制修订步伐，在确保质量的前提下，为已立项环境气象相关标准征求意见、审查、报批、复核、发布实施等环节建立“绿色通道”。根据空气质量新标准和社会发展的新需求，及时修订完善《气象部门城市空气质量预报质量考核和管理暂行办法》《空气污染气象条件预报业务服务暂行规定》等一系列相关规章制度。

六、主要保障措施建议

1. 要注意宏观规划指导与鼓励各地探索有机结合

目前发展环境气象业务的需求很迫切，面临的竞争和挑战也很严峻，因此，一定要从环境气象的长远可持续发展出发，尽快统一认识，系统谋划推动环境气象业务进一步发展，建立业务导向的科技管理制度和考核机制，将环境气象业务质量纳入常态化的业务管理。同时，要特别注意鼓励各地结合实际和地方需求特点，因地制宜探索发展环境气象业务，因为回顾环境气象业务发展历程可以看出，地方需求和积极性是业务发展的重要推动力量。

2. 要加快完善国家级业务和管理运行机制

国家级业务和管理布局、运行机制对全国是重要的示范和带动，因此，要按照环境气象业务服务运行有机衔接、相互支撑、集约高效的要求，加快优化完善国家级环境气象业务运行机制，将环境气象研究、观测与资料质量控制、预报、服务等业务职能落实到现有国家级业务机构中，以使环境气象业务融入国家级基本气象业务机构布局，并强化相互之间的配合协作。

3. 要切实加强环境气象人才队伍建设

没有高质量的专业人才队伍，就不可能干出高质量的工作。要按照业务发展的一般规律和环境气象业务发展的现实需要，科学设置环境气象研究、业务、服务专职岗位，落实环境气象业务专职队伍，落实相关责任。

在中国气象局“创新团队计划”中设立环境气象国家级创新团队，加强支持。在各层级设立环境气象观测、预报、服务、研究首席岗位，培养造就环境气象带头人。

建立环境气象专业人员定期培训制度，可以举办专题研修班形式加强相关培训。

4. 要注重借力开放合作与部门联动

在气象服务方面(包括环境气象服务)气象部门一家能够独立做好的毕竟是有限的，大量的事情要靠和其他部门合作完成，各自发挥各自的优势。这就需要在部门全体干部职工思想上树立开放的意识，在运行方式上建立更加开放的机制。建立健全、多形式、多渠道、多层次、全方位的国内外交流与合作。加强与国际相关机构的交流，学习借鉴国外先进经验。强化与环保、卫生等部门之间的合作，落实相应的合作机制，实现相关数据实时共享，加快推进突发公共事件预警信息发布平台建设，完善应急联动机制，协力提高服务水平。加强与相关高等院校、研究机构的密切合作与共建，推动相关学科建设，利用社会资源加快重大科技攻关。

参考文献

邓涛，吴兑，邓雪娇，等. 2012. 珠江三角洲一次典型复合型污染过程的模拟研究. 中国环境科学，(2).

吴兑，邓雪娇，等.2001.环境气象学与特种气象预报.北京：气象出版社.
吴兑，廖碧婷，吴晟，等.2012.2010年广州亚运会期间灰霾天气分析.环境科学学报，(3).
吴兑.2012.近十年中国灰霾天气研究综述.环境科学学报，(2).
徐祥德，等.2010.城市环境综合观测与大气环境动力学研究.北京：气象出版社.
燕湖.2012.大气污染对生态环境的影响及对策研究.现代农业，(3).
祝玉敏.2012.新《环境空气质量标准》与 $PM_{2.5}$——访环境保护部科技标准司司长赵英民.世界环境，(1).

第五部分

基层改革篇

基层气象机构综合改革专题研究报告(2011)*

本研究旨在前期调研和综合分析工作的基础上，主要运用案例研究方法，针对当前基层气象机构发展中究竟碰到什么问题、为什么要不适时机地推进基层气象机构综合改革、综改的重点任务是什么以及如何推进综合改革等四个方面展开分析和研究。

一、基层气象机构的发展现状

1. 基层气象机构改革发展的主要进展

基层气象工作是气象事业发展的基石，是气象业务与服务的基础。近年来，中国气象局党组高度重视基层气象的发展与改革，制定下发了一系列关于加强和推动基层气象工作的政策措施，在提高基层气象业务与服务能力、完善运行机制、改善队伍结构、提高队伍素质、加强基础设施建设、改善职工生活条件等方面取得了显著进展和成效。

综合气象观测能力显著增强。国家气象站已基本全部实现观测准自动化；根据气象服务需求，建立了高时空密度的区域气象自动观测站；在农业、生态、交通、电力、海洋、环保等领域建立了一批专业化的综合气象观测系统。所有观测资料实现了实时汇集与共享，气象观测对预报和服务的支撑作用显现增强。

气象预测预报能力有所提升。通过加强上级对下指导、调整预报业务布局、优化工作流程等途径，多数省市建立了精细化的乡镇预报业务系统、短时临近预报业务系统、市县短临

* 本报告完成于2011年。主要研究人员：汪克付、彭莹辉、辛源、陈正洪、申丹娜。

预报和订正业务平台，县级预报业务能力有所提升。

公共气象服务能力明显增强。积极推进农业气象服务和农村气象灾害防御体系建设，初步建立了“政府主导、部门联动、社会参与”的农村气象灾害防御工作体系。建立了广播、电视、手机短信、声讯电话、无线大喇叭等手段丰富的气象信息传播网络，基本实现了气象信息进村入户；组建了以乡镇综合信息服务机构、气象灾害防御责任人、气象信息员队伍为基础的基层气象服务组织体系，逐步推进气象服务组织向基层延伸。

气象工作逐渐向政府化转变。更加注重气象工作融入地方政府工作和地方经济社会发展。通过地方政府组织召开气象工作会议，出台促进气象工作的相关政策文件，设立地方气象机构，推动基层气象防灾减灾体系建设；积极推动气象行政许可纳入政府行政审批中心，基层气象机构依法行政和管理的意识不断增强、能力有所提高；中央和地方财政对基层气象的支持力度进一步加大，基层台站基础设施和工作、生活条件有较大改善，艰苦台站津补贴问题得到有效解决。

科学管理能力进一步增强。各地更加注重正确处理发展、改革与稳定的关系，基层气象机构“三人决策”机制广泛推开，局务政务公开和廉政风险防控水平明显提升；基层党建和文化建设增加了新内涵，干部职工团结进取、积极向上的工作氛围更加浓厚。

可以说：目前基层气象事业正处在发展的黄金期和机遇期。近年来基层气象工作所取得的成效不仅赢得了地方政府的高度重视和支持，更为实现“十二五”乃至国务院 3 号文件第二阶段目标打下了坚实的基础。

2. 基层气象机构发展中存在的问题及原因分析

面对县域经济的发展和对基层气象服务需求不断提高的新形势，我们也清醒地看到，在基层气象事业取得快速发展的同时，基层气象机构在进一步提高公共服务能力和社会管理水平等方面面临的压力也越来越大。截至 2010 年，全国县级气象机构 2423 个（其中，艰苦台站 715 个），编制内职工 19594 人，占气象部门国家编制总数的 37%（气象统计年鉴·2010）。从实地调研和基层反映的情况看，主要有下列问题需要进一步加强研究和解决。

问题一：“事多人少”是目前县气象局反映最普遍和最强烈的问题

“事多人少”的表象特征。从表象上看：一是现阶段基层气象机构承担的综合气象观测、气象预报预测、决策和公众气象服务、特别是农业气象服务和农村气象灾害防御以及社会管理的任务越来越重，要求越来越高，导致编制内人员在数量、素质和专业结构上都难以满足和适应新形势的需求；二是编制外用工在解决当前基层人员不足和改善队伍结构中发挥了很好的作用（目前全国县级气象局编外用工人数约为编制内人数的 42%，东部地区高达 56%），但是，在数量和质量上仍然难以满足实际需求和发挥应有的作用。

“事多人少”的问题本质。从调研和基层反映的情况看，这个问题确实普遍存在，需要正视。但是，如何正确地看待这个问题，则需要辩证地分析。一是这个问题不仅仅在基层存在，在国家、省、市级层面也相当普遍，甚至其他部门也有类似的情况。二是“事多”不仅是经济社会发展的必然结果和趋势，更是基层气象发展的动力和源泉，如果基层的事越来越少，那就失去了发展的基础；三是“人少”问题，除了编制少的因素外，也是相对于目前基层气象机构职能和任务拓展、要求提高而凸显出来的。预计,"事多人少"、"一人多岗"的局面仍将继续存在,对此,基层要有清醒的认识。

原因简析

一是县局人员编制是基于县局承担地面观测、单站预报和最基本的公众、决策服务任务而确定的,而目前县局的职能和工作任务已大大拓展,要求也明显提高,但编制仍保持不变,从而导致人数不足。

二是随着气象现代化的不断进步,由于编制总数有限,人员老化是自然规律,队伍结构不合理和人员综合业务素质偏低几乎成为县局普遍存在的问题。尤其是西部欠发达地区,由于经济基础薄弱、工作环境、待遇相对较差,难以吸收应届本科毕业生的问题仍然存在。

三是除沿海发达地区外,其他大部地区的编制外用工主要集中在防雷检测技术服务、驾驶以及勤杂工作岗位上,对解决技术要求较高的气象业务和服务问题贡献不大;其次,由于对编外用工的聘用、管理、使用尚不够规范,大部分地区编制外用工的待遇与在编人员相比差距较大,在职称评定等个人发展方面考虑欠缺,甚至根本不予考虑,导致无法招聘和留住优秀人才;此外,由于编外用工的工资、福利和保险主要来自科技服务收入,欠发达地区受困于本地科技服务收入不高而不敢根据实际需求增加外聘人员名额。

研究认为,从深层次看,目前出现的"事多人少"问题不仅是经济社会发展的必然结果,更是对基层从主要强调气象业务向强调公共气象服务和社会管理转变的必然结果,如果不实现这种转变,基层气象机构不仅不能很好地履行法律赋予的职能,而且还会极大地削弱整个国家气象事业发展的根基与基础。其次,也正是由于这种工作思路以及发展方式的重大转变,而在短期内尚未来得及根据基层气象机构职能和任务拓展的实际情况及时对其定位和职能进行调整而导致的,应当属于改革和发展中的问题。

基层气象机构职能定位问题的发展历程

由于体制的原因,我国气象系统的基本定位是以气象业务与服务为核心的"事业单位",推动我国气象事业发展的基本思路主要是以提升"气象观测、气象预报预测、公众与决策气象服务"这三大业务能力为目标,坚持不懈地推进气象业务现代化建设。县级气象机构的定位则更加单纯,基本上是定位为整个气象业务体系中最基本、最基层的"业务单位——气象站",承担的任务也非常明确,即"气象观测、单站预报、基本的公众和决策服务",并且根据气象预报预测业务的需求,将其分为"一般站、基本站和基准站"三大类。

但是,随着经济社会发展对基层公共气象服务和社会管理的需求不断增大、要求不断提高,基层气象机构的职能定位问题逐渐显现出来。具体地说,可以分酝酿、发展和凸显三个阶段。

第一阶段(20世纪80年代):酝酿阶段。尽管我国气象管理体制经历了多次改革,但是,在这个时期县级气象机构的职能和定位几乎没有发生本质或明显的改变,始终作为最基本和基层气象业务(事业)单位,承担最基本的气象观测、单站预报、公众和决策气象服务。直到80年代中期,在"全民经商"的大背景下,开展了主要为砖瓦生产、粮食储运等行业提供"有偿气象服务",职能开始拓展。

第二阶段(20世纪80年代末—20世纪末):发展阶段。1988—1998年,由于国家对事业单位进行了三次大的改革,气象部门事业与人员经费不足成为当时最突出的问题和矛盾,为了求生存和发展,又逐渐拓展了施放气球服务、防雷检测服务、电话气象信息、气象影视广告服务以及多种经营等活动,基层气象机构的服务领域得到了更大的拓展,基层气象机构的职能进一步拓展。

第三阶段(2000年—今)：凸显阶段。到2000年《中华人民共和国气象法》正式颁布实施后，基层气象机构被赋予了行政管理职能，特别是2003年机构改革，地市气象行政管理机构开始参照公务员管理，而县级气象管理则仍然没有“参公”编制，这就为县级气象行政管理带来了很大问题；其次，随着气象现代化建设的不断推进、气象服务面的不断扩大，基层气象机构人员数量和素质与发展要求、服务能力之间的矛盾进一步显现，好在这一阶段，防雷技术服务取得了突飞猛进的发展，基层经济实力大大增强，开始有条件地使用编外人员，在一定程度上缓解了人员不足的压力。2008年以来，由于进一步强化了基层气象机构的气象灾害应急管理和公共气象服务职能，大力推进气象为农服务“两个体系”建设，基层公共气象服务和社会管理职能进一步增强，同时，随着国家各类改革的不断推进和深入，又进一步加剧了基层气象机构“具有社会管理职能，但无行政管理机构和公务员身份”、“人员数量、素质不适应发展需求和要求”的矛盾。至此，基层气象机构职能定位问题进一步凸显。

问题二：气象业务与服务能力不足、水平不高是制约县气象局巩固基础地位、发挥基础作用的重要因素

“能力不足”的表象特征。从表象上看：一是基层技术人员数量和素质不够，不少应该开展的工作无法进行，如不少县局对海量的资料不会分析应用，根据中国气象局发展研究中心的调研数据显示，目前有29％的县气象局未开展预测预报业务，其中东、中、西部地区未开展此项业务的比例分别为27％、37％和24％；二是县气象局没有专门从事公共气象服务的机构、岗位和队伍，大部分公共气象服务工作由观测员或预报员兼任，存在着用预报产品代替服务产品，导致服务产品的针对性不强、科技含量不高。

“能力不足”的问题本质。提升气象业务服务能力和水平是一个长期的目标，也是体现基层气象工作作用和地位的重要支撑。从问题的本质上看：一是气象业务技术体制“上下一般粗”、业务布局、流程和分工不够科学合理；二是基层气象业务与服务支持系统建设滞后，上级业务机构指导产品的针对性不强；三是公共气象服务体制与机制不够完善，“双重管理，部门为主”的管理体制在资源整合与统筹方面的优势尚待强化。

问题三：改变基层气象社会管理能力薄弱的现状是县气象局领导干部迫切期盼解决的问题

“社会管理薄弱”的表象特征。从表象上看：一是行政机构不健全，以事业单位身份履行社会管理职能，社会认可度低；二是地方气象法律法规不健全，部门职责交叉，政府支持力度不够。

“社会管理薄弱”的问题本质。从本质上看，一是基层对气象社会管理的职能职责、公共气象服务与社会管理的关系认识不到位，把气象社会管理等同于行政执法；二是由于“政、事、企”不分，行政执法与气象科技服务的矛盾日益突出，担心引起社会不良反应；三是履行社会管理职能普遍存在着标准不健全、程序不规范，技术水平较低的问题。

问题四：公共财政与经费保障机制不够健全，资金运行风险增大是县气象局普遍担忧的问题

“经费保障问题”的表象特征。从表象上看：一是县气象局发展资金不足，特别是中西部地区缺乏常态化、可持续的投入机制。如在气象防灾减灾经费投入方面，仅有30％的县气象

防灾减灾经费纳入地方政府经常性预算，有16%的县气象局所在当地政府对气象防灾减灾无任何经费投入；在信息员队伍建设经费方面，仅有5%来自中央政府，有16%来自地方政府，没有资金支持的达到57%；二是县级气象部门人员津补贴经费缺口仍然较大。约70%的县气象局认为经费支出的最大缺口是人员津贴补贴，个别的县气象局尚未完全落实职工医疗保险制度(如黑龙江密山市气象局)。

"经费保障问题"的本质。从本质上看：一是基层气象部门经费来源由中央财政拨款、地方财政补助以及科技服务收入"三大块"构成，但是随着国家财政体制改革的深入，现行的部门管理体制和双重计划财务体制面临的矛盾日益凸显；二是基层科技服务预算单位多、规模小、差异大，收入管理不够规范，加之基层气象机构决策管理机制方面存在缺陷，科技服务收入管理存在漏洞，监督管理不到位，导致资金管理与使用风险增大；三是基层财务人员基本是兼职，财务专业能力不足现象突出，同时，上级监督远、同级监督软，廉政风险大。

此外，基层反映比较多的问题还有：探测环境保护、综合观测"双轨运行"工作量大与运行不稳、培训机制不健全等等。

二、基层气象机构综合改革的重点任务

1. 综合改革的主要特点

这次基层气象机构综合改革与过去历次重大改革面临的形势与背景、改革的主体、改革的目标与要求都具有显著的不同。其主要特点有以下三个方面：

从改革的形势看，既面临国家分类推进事业单位改革、行政体制、财政体制等改革的大背景和要求，又面临基层气象机构在发展中存在的突出问题。

从改革的主体看，承担这次综合改革的主体是基层气象机构，但是，推进综合改革需要国家、省、市气象局以及地方政府共同推动和实施。因此，改革的重点任务将涉及各个层面。

从改革的目标看，过去的历次改革主要是为求生存，而且主要是着眼于部门内部的调整，而这次改革目标则是主动应对发展挑战，实现更大发展，更注重于组织和调动社会资源，增强发展实力，从而更好地满足经济社会发展对基层公共气象服务和社会管理的需求。

因此，基层气象机构综合改革的难度更大，是一项复杂的系统工程。

2. 综合改革的总体目标、基本原则

总体目标。通过实施综合改革，夯实基层气象机构发展基础与实力，增强发展生机与活力，使基层气象机构既适应气象事业整体发展的要求，又适应地方政府对基层气象工作的需求，为当地提供更好的公共气象服务。

基本原则。坚持有利于推进基层气象事业发展，使之更好地融入和服务地方经济社会发展；有利于气象业务服务和社会管理等各项工作效益的提高；有利于充分调动基层气象干部职工工作的积极性和主动性"三个有利于"的原则，统筹规划，扎实推进，积极开展试点探索。

需要关注的两种模糊认识

究竟如何推进综合改革，应该改什么？从基层的反映来看，他们不仅迫切希望推进改革，而且对改革充满信心。事实上，随着地方经济社会的发展和对气象服务需求的不断增加，基层对改革的探索和实践就从来没有停止过，而且创造出许多新鲜的经验。

但是，我们也应当看到，还有相当一部分人对推进基层气象机构综合改革的认识还比较模糊。

第一种模糊认识：对于“事多人少”、“业务与服务能力不足”、“社会管理能力不强”、“经费保障”等等问题的解决，容易沿用传统习惯性思维，希望以“减事或增人”、“增加中央财政”，甚至希望中国气象局以一纸行政命令的方式把问题解决掉，把改革寄希望于“等、靠、要”。不能说这种想法是完全错误的，但至少可以说是改革思路不宽、方法比较单一。实际上，这也是不现实的。一是“事”不可能减少，而且随着经济社会发展，需求会越来越大、要求会越来越高，“事”会越来越多。二是在国家分类推进事业单位改革和不断完善社会主义市场经济的大背景下，增加“国家编制”、增加“中央财政投入”，其困难是可想而知的。

第二种模糊认识：也有一些同志希望结合国家分类推进事业单位改革一步改到位。实际上，这既有一定的难度，同时也没这个必要。一是鉴于未来五年仍然处于国家分类推进事业单位改革的起步阶段，加之中间将召开党的十八大、十二届人大，分类改革的进度将存在着一个循序渐进的过程；二是从分析当前发展中存在的主要问题以及产生的原因看，有的需要立法解决，有的需要政府层面解决，因此，也不可能一步改到位；三是目前基层仍然处在发展的黄金时期和机遇期，尤其是气象科技服务仍处在发展的黄金时期，基层发展的经济实力明显增强，应当充分利用好当前有利时机，以“做实、做大、做强”基层基础为目标，实施综合改革。

3. 综合改革的重点任务

综合改革到底要改什么？说到底就是要解决当前基层气象机构存在的那些与发展需求和要求不相适应的矛盾和问题。根据各方面大量调研和分析研究，我们认为基层综合改革的重点任务有五项：一是进一步探索完善基层气象机构职能定位与组织架构；二是进一步探索完善集约化的基层气象业务服务技术体制；三是进一步探索趋利避害并举的基层公共气象服务和社会管理有效途径；四是进一步探索完善基层气象事业可持续发展的经费保障机制；五是探索完善基层气象机构人力资源和人才队伍保障机制。

（1）探索完善基层气象机构职能定位与组织架构

明晰新时期基层气象机构的职能定位是解决当前基层气象事业发展中所存在的问题和推进综合改革的基础。只有明晰职能定位、才能准确确定基层气象机构的组织架构、机构设置、人员数量等基本问题。

关于基层气象机构职能定位。首先，从法律、条例的规定看（具体地说就是要以“一法三例”作为明确基层气象机构职能定位的基本依据），基层气象机构职能应当包括：气象行政管理职能和气象业务、公共气象服务工作职责，其中，气象行政管理职能有 12 项，气象业务与公共气象服务职责有 9 项。其次，从当前的现实需求看，基层气象机构承担的雷电安全管理与技术服务、农村气象灾害防御管理、农业气象服务等已得到社会各界的广泛认同，并且随着经济社会的发展，这些工作还将进一步深化。基于这二点考虑，我们认为：基层气象机构的定位应当包括行政管理机构（即××县气象局）和气象事业单位（即××县气象台）两个组成部分。这不仅是法律法规的要求，更是强化公共气象服务和社会管理的现实需求。

关于基层气象机构职能调整。调整基层气象机构的职能是解决“事多人少”，提升能力的重要措施之一。省、市气象主管机构应当根据各地的具体实际，坚持以法律、法规和规范性文件为依据，以融入和服务地方经济社会发展需求为牵引，以有利于气象业务服务和社会管理等各项工作效益的提高为目的，采取“加减法”、“合并同类项”、“一县一议”等方式，统筹协调省、市、县资源，积极争取地方政府资源和调动社会资源，对基层气象机构的职能进行调整，并以正式文件或黄皮书的形式予以明确。使基层气象机构的职能共性与特色并存，更好地融入当地经济社会发展和提供更具特色的气象服务。这方面工作，浙江、广东、辽宁、内蒙古等省(区)已做了很好的探索，各地可以借鉴。

职能调整的原因与思路简析

从“一法三例”确定的职能、职责看，基层气象机构的社会管理职能与承担气象业务与服务职责，与市级以上气象机构相比相对要少，但是，从编制、人员素质等条件看，履行法定职能和完成法定工作任务，的确存在较大困难，这也是基层普遍反映“事多人少”的基本因素。因此，建议把适当调整基层气象机构的职能列为综合改革的重要内容。一是根据中央加强公共服务与社会管理的要求，进一步明确基层气象机构的农村气象灾害防御管理与服务、雷电安全管理与服务、气候可行性论证管理与服务以及公众与决策气象服务等社会管理和公共服务职能。二是对于承担的基本气象业务与服务工作，各地可以根据基层气象机构的实际能力作适当调整，尽可能发挥省、市级气象业务单位的技术优势，建立集约化的业务支撑体系，从而减轻基层的工作压力和缓解能力不足。三是对于越来越多样化的气象服务需求要进一步分析研究，从服务成本考虑，如果是国家需求，中央财政应当“埋单”，如气象为农服务“两个体系”建设，中央财政设立“乡村气象服务专项”就是典型案例；如果是地方政府需求，就应当由地方财政“埋单”；市场有需求，必须由市场“埋单”；并建立科学合理的服务体制与机制，而不宜由气象部门大包大揽所有的服务需求。

关于基层气象机构的组织架构。明晰了基层气象机构的职能定位之后，就应当根据法律、法规的基本要求，同时充分考虑我国不同区域经济社会发展状况与需求以及台站类型等因素，积极探索不同地区基层气象机构合理的组织架构。可以从履行好法定职能与工作职责、满足地方需求和经费保障三个方面来综合考虑。我们对基层气象机构的基本组织架构和规模提出三类方案，供各地参考。

(2)探索完善集约化的基层气象业务服务技术体制

提升基层气象业务与服务能力是综合改革的关键环节和重中之重的任务。从改革的要求看，应当建立适应现代气象业务发展的业务服务技术体制，充分发挥省、市气象机构的技术与人才优势，通过科学合理的布局、分工和流程进一步明确基层应该和可以承担的职责与任务，将基层气象机构的“技术难事”调整到省、市气象机构承担。与此同时，进一步强化气象业务与服务技术支持系统建设，从而使基层气象机构“假舆乘舟”提升气象业务与服务能力。

丰富和明晰基层气象业务与服务内涵。丰富和明晰基层基本气象业务内涵，一方面要以法律、法规为根本依据，在明确省、市、县分工的基础上，确保法定职能和职责履行到位；另一方面又应当充分考虑地方经济社会发展对气象工作提出的新需求和新要求，以服务特色需求为引领，明确服务重点项目和内容，强化公共气象服务的基础业务保障与支撑。建议基层气象机构强化下列六个方面的基本气象业务与服务工作：第一，承担综合气象观测业务，并且在推进观测自动化的同时，强化观测质量控制、资料分析和设备基本维护与保障；第二，在省级气象主管机构的统一布局下，承担面向为当地经济社会发展提供特色服务的专业气象观测；第三，承担面向防灾减灾和气候资源开发利用的气象灾害预警和短临预报业务；第四，承担公众气象预报服务和决策气象服务；第五，在上级气象业务单位的技术支持下，承担农业气象服务业务；第六，承担防雷技术服务业务。

优化气象业务布局、分工与基层工作流程。目前的气象业务布局与分工主要是根据气象科学与技术内在规律而设置的，而对不同区域气候、气象灾害特点和气象服务的不同需求考虑不够。事实上，对于某个具体的县级气象机构，除了应当承担最基本气象观测和预报预警业务外，更加突出的任务应当是满足该县经济社会发展对气象服务的特色需求。基层业务工作流程及业务支撑系统建设，除了基本气象观测、公众基本气象预报服务工作比较严密和完备外，气象预报预警，决策气象服务、农业气象服务等工作流程则不够规范和严谨，导致有些基层气象机构对气象灾害监测预警、决策服务、农业气象服务等敏感性不强。因此，在推进综合改革过程中，各省级气象主管机构应当统筹规划省、市、县资源，科学分工、各有侧重、减少重复、上下联合，共同做到严密监视、精心分析、滚动预报、及时预警、广泛服务。下大力气将气象业务与服务分工和流程固化在技术支持系统中，一方面基层业务技术人员按照分工和流程完成各项业务与服务工作，另一方面进一步完善基层气象业务与服务考核制度。

（3）探索完善趋利避害并举的基层公共气象服务和社会管理有效途径

强化基层气象机构公共气象服务和社会管理是推进基层气象机构综合改革的重要目标和任务。但是，若仍然只着眼于基层气象机构现有的编制和人员，只着眼于气象部门内部的修修补补，很难取得实质性进展和改革成效。因此，应当坚持“政府主导、部门联动、社会参与”的工作思路，主动推动、主动融入，选准政府热点、难点作为工作的切入点，以“两个体系”和突发公共事件应急预警信息发布平台建设为抓手，进一步强化基层气象机构气象灾害应急管理、灾害风险管理、气候可行性论证、防雷安全等社会管理职能。同时，进一步发挥行政管理职能作用，积极调动社会资源和力量，构建公共气象服务和社会管理工作新格局。

进一步完善工作机制。进一步完善“政府主导、部门合作、社会参与”的工作机制，借力强化气象社会管理和公共气象服务职能，提升服务水平；充分发挥政府行政职能，进一步加强对乡（镇）、村气象灾害防御和农业气象服务的组织和领导，加强“乡镇综合信息站”等机构和信息员队伍建设，强化考核与管理，发挥更大效益；同时，进一步加强与民政、应急管理、旅游、农业等部门合作，开展“气象灾害防御应急准备认证”、“安全社区”、“安全旅游景区”等建设与认证以及公共服务均等化等活动；与保险企业组织合作开展农业政策性保险等业务，发挥企业在气象防灾减灾和气象服务方面的作用。

进一步完善组织体系。一是要建立健全基层公共气象服务和社会管理机构。如安徽凤阳县由地方给予编制，成立县气象灾害防御管理局，与县气象局“一个机构二块牌子，合署办公”；辽宁成立地方编制的气象灾害应急指挥中心；河北组建多部门联合的气象灾害应急指挥部，指挥部办公室设在县气象局；重庆、山西以组建突发公共事件应急预警信息发布平台为契机，争取地方编制等等，这些做法都值得借鉴和学习。二是要推进气象机构向乡镇延伸，如浙江省萧山县建立中心镇气象分局；安徽等省建立乡镇综合信息服务站，推进气象服务机构向乡镇延伸。三是要充分发挥基层社会组织的作用，加强对城镇社区、农村各类协会等社会组织气象防灾减灾与气象服务的组织与指导，充分发挥城镇、乡村自治组织和协会等社会组织的作用。

(4)探索完善基层气象事业可持续发展的经费保障机制

充分依靠和用活双重计划财务体制，建立稳定增长的综合财政保障机制，确保气象事业经费投入的增长与当地国民经济的增长速度同步并适度超前。

目前基层气象机构的财政保障总体情况是中央财政拨款为主，地方财政补助为辅，行政事业收费和所属企业经营性收费为重要补充。随着国家财政预算体制改革的深入推进，现行的经费与财政保障体制确实需要调整和完善。从基层反映的意见和建议看，他们希望：一要合理界定和划分中央与地方气象事业界限，进一步明确和理顺中央保障和地方保障具体科目，中央财政要确保基层气象职工的人员经费、业务运行费、基础设施建设费及气象现代化建设经费，地方财政要确保气象防灾减灾、人工影响天气及公共气象服务所需的经费；二要将基层在职气象人员的津补贴全部纳入中央或地方财政预算，同时逐步将退休人员的养老、医疗纳入地方社会保障；三要进一步加大对中西部、高山、海岛及边远地区的艰苦台站经费的倾斜及对口扶持力度；四要积极探索中央财政气象专项对地方政府的转移支付力度，探索政府购买公共服务气象的新思路，确保基层气象事业经费得到各级财政的大力支持；五要全面规范气象科技服务及企业经营管理，积极探索基层气象科技服务及企业经营管理新思路，制定科学合理的激励机制，充分调动基层气象职工的积极性，做大、做强基层气象科技服务。

(5)探索完善基层气象机构人力资源和人才队伍保障机制

积极争取地方党委政府支持，成立地方气象机构，增加地方事业编制，努力构建以国家编制为主体、地方编制及编外用工为补充的气象人力资源保障机制。同时，进一步完善培训机制，扩大轮训范围，缩短轮训周期，提升人才队伍整体素质。

完善用人制度和用人机制。在国家政策允许的范围内，采取更加灵活的用人措施，向地方政府、社会要人力资源，如争取地方编制、规范地方聘用编制外人员、以政府购买服务的方式借力社会人才、工作任务“外包”等方式解决人力资源不足的问题；建立科学的事业单位招聘与企业用工制度，事业单位进人必须经省人事处批准，坚持“逢进必考”、公正、公开，严把质量关，编制内、外基本待遇保持平等；企业用工采用备案制，招聘程序和待遇应按照当地有关规定和标准执行；建立编制外技术人员职称评审与岗位聘用制度，允许编制外人员竞聘事业单位和企业管理岗位。这方面，深圳市气象局的经验值得各地学习和借鉴。

完善气象教育与培训机制。基层气象干部职迫切希望：加强业务与服务系统应用培训，确保基层业务人员会用、善用；在课程设置上，增加基层最迫切需要的专业气象、法律法规、财务管理和基本建设等相关内容，提高培训的针对性和实效性；加快上岗资格培训和认证；进一步完善基层气象机构岗位设置，解决基层高级专业技术岗位和聘任问题；建立人员培训与岗位使用相结合、岗位培训和人员交流相通的管理机制，为优秀人才脱颖而出营造良好的环境。

三、基层气象机构综合改革的实践探索与成效

中国气象局党组一直高度重视基层气象机构的改革与发展，早在2007年12月，中国气象局党组书记、局长郑国光就明确提出要积极探索基层气象机构在新形势下如何履行公共服务与社会管理职能的问题。不少省份根据发展的需求，就基层气象机构面临的发展问题，特别是就提升公共气象服务与社会管理能力开展了积极探索，取得了许多新鲜经验。

1. 以“转型发展”为抓手，明晰基层气象机构职能定位

河北省气象局针对基层公共气象服务和社会管理能力难以满足日益增长的需求和要求的现实，以“转型发展”为抓手，主动调整基层气象机构职能定位，强化基层公共气象服务和社会管理职能。

案例一：河北基层气象机构“转型发展”

【案例摘要】河北省在推进气象为农服务两个体系示范县建设取得初步成效的同时，基层气象机构“事多人少”、公共气象服务和社会管理能力不足等一些深层次的问题也逐渐显现出来。针对这些问题，河北省局积极探索和实施基层气象机构“转型发展”，推进县局职能定位由承担气象观测为主向履行公共气象服务和社会管理职能为主转变，推动基层气象机构由“站”到“局十站”模式的转变。

【实践成效】河北省通过调整基层气象机构职能定位，强化公共气象服务和社会管理职能，基层气象机构服务社会的针对性、敏感性明显增强，与地方政府关系更加紧密，社会影响力明显提升。107个县印发了气象灾害应急预案，35个县政府发文推动气象灾害应急准备认证工作，部分县将气象防灾减灾纳入政府考核目标；72个县局气象依法行政工作进入了政府依法行政上网工程；20余个县将气候可行性论证纳入当地有关规划、建设项目审批流程，126个县规划委把县气象局吸纳为成员。同时，进一步强化了与城建、安监、国土等部门的合作，防雷安全监管参与当地政府组织的安全生产考核，雷击风险评估报告纳入相关审批条件，全省131个县局房地产防雷技术服务费全部获得了地方财政补贴。

2. 以构建气象灾害防御体系为抓手，健全基层气象机构

安徽省气象局于2011年初，选定凤阳县气象局作为本省基层气象机构综合改革试点单位。以构建地方气象灾害防御体系为抓手，强化基层“气象行政管理与气象事业机构”建设，初步构建了“社会管理有力、基本气象业务与公共气象服务能力提升、人力资源充满活力”的基层气象事业发展新格局。

案例二:安徽凤阳县成立气象灾害防御管理局

【案例摘要】2011年6月,在凤阳县气象灾害防御领导小组坚实工作的基础上,经过凤阳县编办批复,正式成立县气象灾害防御管理局,同时解决地方事业编制7名、参公编制1名。县气象灾害防御管理局与县气象局实行"一个机构两块牌子",下设办公室、业务管理科、社会管理科三个内设机构。负责本行政区域内气象事业发展规划、计划的制定以及气象现代化建设的组织实施;负责制定气象灾害防御规划,履行气象灾害防御管理等社会管理职能;对本行政区域内的气象活动进行指导、监督和行业管理等。同时,统筹调整基层气象事业机构和人员配置,成立县气象台,在承担基本气象观测任务的同时,重点加强雷电灾害防御、重大气象灾害评估、气象灾害应急准备工作认证、气象预报发布、乡镇综合信息服务等公共气象服务工作。

【实践成效】2011年,凤阳县政府连续出台了《关于加强农村气象灾害防御体系建设的实施意见》《凤阳县气象灾害防御规划》《凤阳县气象灾害应急预案》等多个政府文件,县政府将气象灾害防御工作纳入了年度目标考核任务,逐步形成县级气象灾害防御和社会管理的长效发展机制。

3. 以"两个体系"建设为抓手,建设集约化综合业务服务平台

2010以来,内蒙古自治区气象局抓住"两个体系"建设进入中央和省级1号文件的有利机遇,立足区情,确立了将提高旗(县)气象服务县域经济能力作为"两个体系"建设落脚点的工作思路,在积极推进建立政府主导、部门联动机制的基础上,着力强化"省、市、县集约化公共气象服务综合业务平台"建设,不断提升气象为农(牧)服务的能力和水平。

案例三:内蒙古自治区构建"省—市—县集约化业务技术平台"

【案例摘要】内蒙古自治区生态与农业气象中心牵头建设了自治区、盟市、旗(县)三级集约化公共气象服务综合业务平台。该平台由监测系统、数据库统计分析系统、业务服务系统三部分组成,基本实现了对全自治区历史气象资料和实时气象信息、生态与农牧业结构信息、基础地理信息、基本社会经济信息等数据的全覆盖,并通过该平台规范了从服务产品制作到质量控制和对外服务的工作流程,这有效地缓解了基层服务能力不足的问题。

【实践成效】首先,该平台的建设与应用,明确了自治区、盟市、旗县三级气象部门在开展公共气象服务工作中的流程和职责,促进了全省公共气象服务工作的规范化与集约化,提升了公共气象服务水平和科技内涵;其次,增强了旗(县)局开展工作的"底气"和实力,针对一些明显超出基层工作能力的服务需求,直接由自治区一级统筹承担,盟(市)、旗(县)两级负责具体参与,缓解了基层服务能力不足的问题。

4. 融入地方经济社会发展,推进气象机构向基层延伸

根据浙江省委省政府"基本公共服务均等化行动计划"的重大决策,浙江省气象局根据地方政府和社会需求,着力推进气象机构向基层延伸。

案例四：浙江推进气象机构向基层延伸

【案例摘要】萧山气象局立足经济社会发展全局，努力加强和创新公共气象服务和社会化管理，推进气象从业务技术部门向公共服务型部门转型，根据区委区政府“三区七新城”发展新格局，推进气象“一中心二分局三基地”建设，使萧山气象服务渗透到南、中、东北三个片区，使分局成为萧山气象转型升级的核心要素，成为服务萧山区域经济转型升级的新阵地。

【实践成效】基层气象分局的设立，加快了包括“气象基础设施向农村延伸，公共服务向农村覆盖，气象文化向农村传播，气象服务要素向农村辐射”的基层公共气象服务社会化体系建设，提升了公共气象服务的覆盖率和针对性。与此同时，按照便民服务的要求，实现气象审批不出镇、气象科普宣传“进村入社区”、气象为农服务到“田间地头”、防雷安全服务进工地的新格局。

5. 以突发事件预警信息发布平台建设为契机，推动气象工作政府化

重庆市、山西省气象局紧紧抓住“安全—民生”这个核心链条，以突发事件预警信息发布平台建设为契机，推进从“做气象”向“做、管气象并重”转变，推动气象工作政府化（这里仅给出重庆案例）。

案例五：重庆“永川模式”和气象灾害敏感单位认证

【案例摘要】重庆永川区气象局以突发事件预警信息发布平台建设为契机，结合气象为农服务“两个体系”建设，充分利用政府和社会资源，拓展和加深突发事件预警信息发布平台的外延和内涵，主动融入政府的防灾减灾和应急管理工作体系，探索建立了以“一个工作体系、两个主干网络、五个功能平台”为架构的自然灾害应急联动预警体系，提升了应急管理的科技支撑，完善了应急处置的科学流程。同时，以强化公共服务和社会管理为重点，建立了气象灾害敏感单位“类别认证、应急服务、应急响应、考核督查、效益评估”等五项机制，针对气象灾害敏感单位安全气象保障需求，重庆市气象局出台了“五个一”措施：建立一个针对气象灾害敏感单位的安全气象保障监测预警预报系统；开通了一个纯公益的专门用于气象灾害预警信息发布的平台—10639121；建立一套为气象灾害敏感单位做好气象灾害防御提供完善指导的方案；建立一套气象灾害敏感单位培训制度；编制一套气象灾害敏感单位科普宣传手册，确保了气象灾害敏感单位认证制度落到实处。

【实践成效】2010 年此项工作给重庆北碚区减少因气象灾害造成的损失约 2.5 亿元，特别是在 2010 年“7·5”大暴雨、“7·12”和“9·6”区域性暴雨中，全区所有水库没有因暴雨灾害出现险情。2011 年，全市已经开展认证管理工作的气象灾害敏感单位因气象灾害造成的人员伤亡均为零，财产损失也大幅减少。重庆的气象灾害敏感单位认证的做法，有效促进了气象基层机构职能从“预报天气——预报灾害”、“管理部门——管理社会”的转变，基层气象机构无形中成为地方政府的组成部门之一。

四、分步推进基层气象机构综合改革的建议

鉴于各地经济社会发展的不平衡性以及对气象服务需求和基层气象机构自身基础与发展实力的差异性，建议分步推进综合改革，现行组织试点，在试点取得经验的基础上，部署面上综合改革。

关于综合改革步骤。建议:2012 年,选取若干个省有代表性的县局开展示范性试点;2013 年,在总结示范性试点经验的基础上,中国气象局出台关于推进基层气象机构综合改革试点的指导意见,开展检验性扩大试点;2014 年,进一步总结试点经验,面上部署推进综合改革。

关于改革试点内容。考虑到综合改革的重点任务较多,也比较复杂,为稳妥起见,建议根据区位、经济发展状况、县域人口、现实需求等因素,每个试点县局可适当选择其中的 1～2 项重点任务开展试点,如:在明晰职能定位的基础上,分别以完善气象业务与服务技术体制,提高业务与服务能力为重点实施试点;以探索完善公共气象服务和社会管理体制,提高科学化管理水平为重点实施试点;以探索完善基层气象机构组织架构为重点实施试点;以探索完善财政保障机制,改善工作和生活环境,强化发展基础为重点实施试点。有条件的县局,也可以根据针对五项重点任务与改革思路开展综合改革试点。

关于改革试点要求。一是要正确处理好与事业单位分类改革的关系。推进基层气象机构综合改革,关键是要明晰职能定位,强化公共服务和社会管理职能。因此,改革试点工作要更加强调"气象工作政府化"要求和公共气象服务的公益属性,更加强调基层气象机构的职能定位、机构设置、岗位设置、人员编制,从而为基层气象机构在事业单位分类改革中赢得更大空间打好基础;二是要正确处理好与推进气象现代化建设的关系。要通过加强气象现代化建设,进一步提升基层气象业务与服务能力,夯实发展基础,不断化解无限需求与有限能力之间的矛盾,为赢得发展先机和改革主动提供保障;三是要正确处理好与业务技术体制改革的关系。综合改革试点要与中国气象局关于业务技术体制改革的统一部署相衔接,通过综合改革使业务流程更合理、业务体制更完善、业务技术更先进;四是要注重因地制宜与分类指导。各地经济发展和地域特点不同,气象服务需求和工作要求不同,基层气象机构发展基础和能力各异,自身发展诉求和功能定位也有差异,在推进基层气象机构综合改革试点时,要充分考虑到这些差异,强化分类指导,不搞一刀切,充分发挥各地的主观能动性。五是要解决好当前利益与长远发展的问题。综合改革的整体成效难以在短期内显现,甚至在改革初期还会出现一些波动和震荡,不能因此而动摇改革信心、怀疑改革方向,要处理好改革、发展与稳定的关系。

推进基层气象机构综合改革专题研究(2012)*

基层(本报告特指县及县以下气象部门)气象工作是气象事业发展的根基,也是气象工作发挥作用和效益的落脚点。没有基层气象现代化,气象现代化就是空中楼阁。在气象事业发展全局中,基层的地位重要而特殊。随着经济社会发展和气象服务能力水平的提高,基层气象机构承担的公共气象服务和社会管理任务越来越重,工作内涵越来越丰富,要求越来越高,发展中面临的新情况和新问题越来越多。

为了破解当前基层气象工作的难题,推进基层气象事业健康可持续发展,按照中国气象局党组部署,中国气象局发展研究中心在2011年基层气象机构综合改革专题研究的基础上,进一步围绕新时期基层气象机构综合改革发展的主要任务和政策保障措施等开展了研究。

本研究报告重点放在回答三个问题上:为什么要推进基层气象机构综合改革?基层气象机构综合改革主要做些什么?推进基层气象机构综合改革需要哪些主要政策措施?

研究方法主要是跟踪分析各地推进基层气象机构综合改革的成功实践,分析借鉴其他部门推动基层改革发展的经验。

一、推进基层气象机构综合改革的形势

1.面临的形势

(1)气象防灾减灾对基层气象工作提出了新需求

做好气象防灾减灾工作,是新时期党中央、国务院对气象工作的基本要求,也是基层气象工作发展的出发点和落脚点。近年来,全球气候变暖背景下极端天气气候事件呈现多发、频发态势,气象灾害的破坏性越来越大,在以人为本执政理念不断加强、服务型政府逐步建立的过程中,各级政府对气象防灾减灾工作给予了高度重视和更多关注,也提出了更高要求。基层特别是农村历来是气象灾害高敏感和灾害防御脆弱区域,由于其基础条件相对较差,气象信息应用水平不高,往往也是气象防灾减灾工作最薄弱的地区。

(2)强化公共气象服务和社会管理对基层气象工作提出了新要求

转变气象事业发展方式,促进气象事业科学发展,要求创新社会管理,加强公共气象服

---

* 本报告完成于2012年。主要研究人员:李凤霞、陈正洪、肖芳、刘冬、林霖、全文杰、冯国标。

务。基层气象机构直接面向广大公众和各地经济社会发展需求,是公共气象服务的直接提供主体和社会管理的具体实施主体,因此,转变气象事业发展方式,要求在统筹气象事业协调发展中,更加注重提高基层气象机构的服务能力、业务水平、队伍素质和发展后劲等,要更加重视基层基础工作[1]。

(3)推进事业单位分类改革给基层气象机构改革发展提出了新课题

《中共中央、国务院关于分类推进事业单位改革的指导意见》(中发〔2011〕5号)明确要求"实行政事分开,理顺政府与事业单位的关系",并对改革的时间进度给出了明确要求。基层气象机构长期按事业单位定机构、编制,近年来事实上已经形成管理、业务、服务的综合格局,如何适应国家深化事业单位改革和推进社会事业体制改革的要求,真正构建起政府领导、部门主导、社会参与的基层公共气象服务格局成为摆在基层气象机构面前的重要课题。

关于事业单位分类改革

2011年8月19日,国务院办公厅印发了分类推进事业单位改革《关于事业单位分类的意见》等9个配套文件,同时出台了进一步深化事业单位人事制度改革的意见。配套文件明确了:(1)事业单位类别划分和工作程序;(2)承担行政职能的事业单位如何改革;(3)公益一类、公益二类事业单位编制如何管理;(4)事业单位如何建立完善法人治理结构;(5)事业单位改革财政政策如何过渡;(6)从事生产经营活动事业单位转为企业的有关政策;(7)改革中如何加强国有资产管理的意见;(8)事业单位工作人员收入分配制度如何改革;(9)事业单位职业年金试行办法等。

(4)行政审批制度改革的深化对基层气象机构改革发展提出了新挑战

2001年10月,国务院开始全面推进行政审批制度改革工作。国务院共取消行政审批项目1604项,改变管理方式121项,下放管理层级47项,保留并设定行政许可500项。近年来在推进政府职能转变的过程中,行政审批制度改革逐步深化,一些地方已经明令取消防雷等垄断性行政收费服务,这将会使基层发展遇到新的经费难题,如何理顺基层公共气象服务的公共财政支持渠道、以柔性方式强化基层气象社会管理都是必须破解的新难题。

2. 存在的问题

(1)现有体量和能力与强化基层公共气象服务的需求不适应

基层气象机构现有的气象公共服务和社会管理能力与水平难以满足日益增长的经济社会发展需求。主要表现在:一是气象业务技术体制"上下一般粗"、业务布局、流程和分工不够科学合理,"双重管理,部门为主"的管理体制在资源整合与统筹方面的优势尚待强化;二是基层气象业务与服务支持系统建设滞后,上级业务机构指导产品的针对性不强,自身开发能力也不足,因此服务总体上针对性不够强、内涵水平不高;三是基层自身人力资源数量和能力素质都不能适应提供更好更多适合当地实际的气象服务的要求。

(2)现有机构设置与强化基层公共气象服务的发展要求不适应

上一轮机构改革时,《中华人民共和国气象法》尚未正式颁布实施,各级气象机构改革方

[1] 郑国光,《2010年全国气象局长工作研讨会议上的报告》。

案均没有对县气象局职能、职责明确定位。2000 年《中华人民共和国气象法》颁布实施以后，基层气象机构被赋予了气象行政管理职能，但由于没有独立的管理机构和“参公”编制，基层气象机构在履行气象行政管理方面仍然十分薄弱，工作重心仍然侧重在综合观测和科技服务创收上。近年来，在政府更加重视气象防灾减灾和应对气候变化的背景下，基层气象机构实际上发挥公共气象服务和社会管理的职能作用逐步凸显。机构设置现实与职能作用发挥实际之间出现了不匹配，迫切需要进一步明确和细化基层气象机构的发展方向、职能定位。

基层气象机构职能定位问题的发展历程

长期以来我国气象系统的基本定位是以气象业务与服务为核心的“事业单位”，县级气象机构的定位则相对更加单纯，基本上是定位为整个气象业务体系中最基本、最基层的“业务单位——气象站”，承担的任务也非常明确，即“气象观测、单站预报、基本的公众和决策服务”，并且根据气象预报预测业务的需求，将其分为“一般站、基本站和基准站”三大类。

但是，随着经济社会发展对基层公共气象服务和社会管理的需求不断增大、要求不断提高，基层气象机构的职能定位问题逐渐显现出来。具体地说，可以分酝酿、发展和凸显三个阶段。

第一阶段(20 世纪 80 年代)：酝酿阶段。尽管我国气象管理体制经历了多次改革，但是，在这个时期县级气象机构的职能和定位几乎没有发生本质或明显的改变，始终作为最基本和基层气象业务(事业)单位，承担最基本的气象观测、单站预报、公众和决策气象服务。直到 80 年代中期，在“全民经商”的大背景下，开展了主要为砖瓦生产、粮食储运等行业提供“有偿气象服务”，职能开始拓展。

第二阶段(20 世纪 80 年代末—20 世纪末)：发展阶段。1988—1998 年，由于国家对事业单位进行了三次大的改革，改革的主要目标又以精简为特点，气象部门事业与人员经费不足成为当时最突出的问题和矛盾，为了求生存和发展，又逐渐拓展了施放气球服务、防雷检测服务、电话气象信息、气象影视广告服务以及多种经营等活动，基层气象机构的服务领域得到了更大的拓展，基层气象机构的职能也在实践中进一步拓展。

第三阶段(2000 年—今)：凸显阶段。到 2000 年《中华人民共和国气象法》正式颁布实施后，基层气象机构被赋予了行政管理职能，特别是 2003 年机构改革，地市气象行政管理机构开始参照公务员管理，而县级气象管理则仍然没有管理机构和“参公”编制，这就为县级气象行政管理带来了很大问题。其次，随着气象现代化建设的不断推进、气象服务面的不断扩大，基层气象机构人员数量和素质与发展要求、服务能力之间的矛盾进一步显现，一些通过防雷技术服务增强了发展实力的县局开始探索有条件地使用编外人员，这在一定程度上缓解了人员不足的压力。2008 年以来，由于进一步强化了基层气象机构的气象灾害应急管理和公共气象服务职能，大力推进气象为农服务“两个体系”建设，基层公共气象服务和社会管理职能进一步增强，同时，随着国家各类改革的不断深化，又进一步加剧了基层气象机构“具有社会管理职能，但无行政管理机构和公务员编制”、“人员数量、素质不适应发展需求和要求”的矛盾。至此，基层气象机构职能定位问题进一步凸显。

(3)公共气象服务的财政保障机制不健全

主要表现在：第一，基层气象机构发展资金不足，特别是中西部地区缺乏常态化、可持续的投入机制。如在气象防灾减灾经费投入方面，仅有 30%的县气象防灾减灾经费纳入地方政府经常性预算，有 16%的县气象局所在当地政府对气象防灾减灾无任何经费投入；在信息员队伍建设经费方面，5%来自中央政府，16%来自地方政府，没有资金支持的达到 57%；第二,县级气象部门人员津补贴经费缺口仍然较大。约70%的县气象局认为经费支出的最大缺口是人员津贴补贴。这主要是因为基层气象部门经费来源由中央财政拨款、地方财政补助以及科技服务收入"三大块"构成,但是随着国家财政体制改革的深入,现行的部门管理体制和双重计划财务体制面临的矛盾日益凸显。

(4)运行机制与国家相关改革政策要求不适应

主要表现在:第一,事业单位分类改革要求"政企、政事、事企分开,营利性与非营利性机构分开",而目前基层气象机构既要依法履行公共服务和社会管理职能,又承担综合气象观测和其他气象业务服务任务,同时,开展非营利性和经营性两类不同性质的气象科技服务,"政、事、企"不分的现象十分普遍;第二,按照事业单位分类改革的要求,气象科技服务中的一些项目(如防雷工程、防雷检测等)应交由企业开展,现有的以事业单位为主体、收取经营服务性费用的气象科技服务实体也应该逐步转制成企业,而这无疑会影响气象科技服务的发展与收益;第三,按照服务业改革提出的"建立公开、平等、规范的服务业准入制度"的要求,气象科技服务项目将面临部门垄断和"属地化"服务格局被打破的国内竞争局面。

二、推进基层气象机构综合改革的总体思路

1. 当前基层气象机构综合改革呈现的新特点

分析基层气象工作存在的主要问题可以发现,这些问题绝大多数已经不是原来气象部门内部性质的问题,而更多的是与国家深化改革和经济社会新发展相适应的新问题。与过去历次对基层气象事业改革发展的重大调整不同,现阶段推进基层气象机构综合改革面临的形势与背景、改革的主体、改革的目标与要求都具有显著的不同。其主要特点有以下三个方面:

从改革的目标看,过去的历次改革主要是为求生存,而且主要是着眼于部门内部的调整,而这次改革目标则是主动应对发展挑战,在提高基层公共气象服务能力的进程中实现基层气象事业更大发展,更注重于调动和用好社会多方资源,增强发展实力,从而更好地满足经济社会发展对基层公共气象服务和社会管理的需求。

从改革的主体看,表面上这次综合改革的主体是基层气象机构,但是提高基层公共气象服务能力又是一个需要全局努力的问题,推进基层综合改革需要国家、省、市气象局以及地方政府共同推动和实施。因此,改革的重点任务将涉及各个层面,不是单一的机构改革,更是一个涉及全局的综合改革,从这个意义上讲,各级气象机构都是基层综改的主体,都负有改革责任。

从改革的形势看,既面临国家分类推进事业单位改革、行政体制、财政体制等改革的大背景和要求,又面临基层气象机构在发展中存在的难以回避的体制机制性问题。

因此,现阶段推进基层气象机构综合改革发展是一项复杂的系统工程,其艰巨性、复杂性和长期性十分突出。

2. 推进基层气象机构综合改革的总体思路

推动基层气象机构综合改革，要求我们必须以科学发展为主题，以转变发展方式为主线，坚持公共气象的发展方向，以不断完善基层公共气象服务体系和增强基层公共气象服务能力为目标，以新思路、新办法来谋划和推进基层气象事业发展，使基层气象事业能够更好地融入和服务当地经济社会发展大局。

从近年来一些地方实践探索来看，新形势下基层气象机构综合改革不可能走传统的减员增效的路子，而必须走壮大发展的新思路，其总体思路可以概括为："优化、调整、提能、增效"。"优化"主要是指优化业务布局，重新配置省、市、县气象机构的资源，合理分工、理顺关系，"强化"基层公共气象服务；调整主要是指调整基层气象机构的职能和结构布局，实现由单一业务向综合履职的转变；"提能"主要是指提高基层气象机构的综合实力和能力，特别是提高基层气象机构公共气象服务能力、气象防灾减灾能力、综合业务能力和自我发展能力；"增效"主要是指通过优化布局、调整结构、提高能力，最终实现基层公共气象服务效率和效益的显著提高。在这八个字中，"提能"是目标，"优化、调整"是手段，"增效"是原则也是结果。

解决基层"事多人少"的思路

基层气象机构改革发展中的问题一言以蔽之就是"事多人少"。那么，如何解决"事多人少"、"能力与需求不适应"等问题，容易沿用传统习惯性思维，希望以"减事或增人"、"增加中央财政"，甚至希望中国气象局以一纸行政命令的方式把问题解决掉，把改革寄希望于"等、靠、要"。不能说这种想法是完全错误的，但至少可以说是改革思路不宽、方法比较单一。实际上，这也是不现实的。一是"事"不可能减少，而且随着经济社会发展，对气象服务的需求会越来越大、要求会越来越高，"事"会越来越多。二是在国家分类推进事业单位改革和不断完善社会主义市场经济的大背景下，单靠增加"国家编制"和"中央财政投入"就会影响发展的进程。因此，某种程度上可以说基层气象机构综合改革是在"制约条件"下推进的，解决"事多人少"的矛盾需要另辟蹊径。

现阶段解决"事多人少"的矛盾，总的来说，必须通过"优化、调整、提能、增效"，向职能要人、向调整要人、向公共财政购买服务要人。

向职能要人：就是坚持有为才有位的理念，通过更好地履行公共气象服务和防灾减灾职能，为地方政府分忧、助力，进而获得地方政府在机构和编制方面的支持。

向调整要人：就是通过加快气象现代化建设，提高观测自动化水平来解放生产力；通过省市县三级气象业务体制和业务布局调整，提高基层气象业务服务的集约化、自动化水平和公共气象服务效率；通过技术外包等手段将设备维护、区域站检修、网络维护等工作任务转移出去，从而达到间接"增加"人力资源的效果。

向公共财政购买服务要人：就是指政府将由自身承担的、为社会发展和人民日常生活提供的公共服务事项交给有资质的社会组织来完成，并根据社会组织提供服务的数量和质量，按照一定标准进行评估后支付服务费用。这是一种新型政府提供公共服务方式，其主要方式是"市场运作、政府承担、定项委托、合同管理、评估兑现"。通过这种购买服务的方式，解决社会化聘用专业人员的费用，实现"通过购买"增加人力资源的目的。

3. 推进基层气象机构综合改革应把握的原则

从基层气象机构的现状和各地推进改革试点的经验来看，推进基层气象机构综合改革应注意把握好以下几个原则：

坚持“三个有利于”。坚持有利于推进基层气象事业发展，使之更好地融入和服务地方经济社会发展；有利于气象业务服务和社会管理等各项工作效益的提高；有利于充分调动基层气象干部职工工作的积极性和主动性，积极试点探索，扎实推进。

既鼓励探索又加强分类指导。基层气象机构点多面广，各地基层气象台站所处的经济社会条件、自然地理环境、气象气候特点以及历史文化背景等都有很大的差异，经济社会发展对基层气象工作的要求和需求也相应地有所不同。因此，改革必须因地制宜，要兼顾不同地区、不同发展程度基层气象机构的差异，分类指导、差异化推进。对于基层气象机构进行过长期的探索与实践，经过实践证明是行之有效的措施、是符合基层发展需求的政策、是符合广大职工意愿的制度，要及时总结予以坚持。努力在探索中推进改革，在改革中实现发展。

既着眼长远又兼顾当前。基层气象机构综合改革的着眼点是未来的发展，但要立足当前基层气象机构的条件与环境、矛盾与问题来谋划长远发展。同时，要用长远眼光来审视当前、要求当前、促进当前，使当前的工作有明确的目标，实现解决眼前现实问题与促进长远发展的统一。

统筹规划一体推进。基层气象机构综合改革涉及面广，牵一发而动全身，必须统筹规划、一体考虑。既要明确基层气象机构自身改革的重点任务，也要明确国家、省、市三级气象部门的职责要求。既要规划好基层服务、管理、业务的布局和重点，也要考虑到整个气象系统上下相互衔接和支撑。

三、明确基层气象机构综合改革的主要任务

准确把握现阶段基层气象机构综合改革的重点任务，是综合改革取得成效的关键。推进基层气象机构改革面临的问题多，解决的难度大，必须把握全面又突出重点，从诸多问题中理出制约基层气象工作发展的主要矛盾，寻找改革的突破口和着力点。现阶段，就基层气象机构这一层面来讲，改革的重点任务主要有以下四个方面。

1. 提高基层公共气象服务和社会管理能力

进入新世纪以来，随着经济社会和气象事业的快速发展，气象工作在经济社会发展中的职能与地位不断提高，加之《中华人民共和国气象法》《人工影响天气管理条例》《气象灾害防御条例》等法律法规对县级气象主管机构赋予了一些新的职责。加强基层气象部门的公共服务和社会管理职能，是履行气象部门政府管理职能的需要，是气象事业紧紧融入经济社会发展大局的需要，也是认真履行“一法两条例”以及其他相关法律、法规、预案、规划等的需要。

从方向上看，除少数极个别偏远艰苦台站外，绝大多数县级气象机构都应由传统的以基

本观测业务为主向公共气象服务、社会管理、综合监测预警并进的工作转型。基层气象机构要结合当地气象灾害特点和经济社会发展水平切实提升气象灾害防御能力和基本公共气象服务水平，不断完善为农服务两个体系建设长效机制，切实履行好气候可行性论证、气象灾害风险评估、气象灾害防御规划、气候资源评估、防雷安全管理、人工影响天气管理等社会管理职能。要注意寓社会管理于公共服务之中、寓公共服务于社会需求之中，在服务中实施管理，在管理中体现服务。

2. 明晰基层气象机构的发展定位

明晰新时期基层气象机构的发展定位是解决当前基层气象事业发展中所存在的问题和推进综合改革的基础。

县级气象局是同级人民政府气象工作的主管机构，实行双重管理、以部门领导为主的管理体制，承担本行政区域内的气象管理职能。负责本行政区域内的气象公共服务、气象综合业务、气象社会管理和气象市场监管等事务。必须坚持科技型、基础性、公益性发展方向，坚持面向民生、面向生产、面向决策，逐步实现从传统气象业务向全面履行公共气象服务和社会管理职能延伸，从县级气象服务向乡镇社区服务延伸，从单一国家事业编制向多元人力资源保障机制延伸，从局站（台）合一结构向政事分开、管办分离的转变。逐步完善国家与地方共同促进的基层气象事业发展模式。

基层气象机构的职责包括两个部分，一是县级气象局的职责，二是县级气象台（站）的职责。

县气象局的主要职责：气象灾害防御管理；气象探测和资料管理，发布基本气象探测资料；气象预报管理、气象服务管理；雷电防御组织管理、会同指导安全检测工作；负责人工影响天气管理；组织开展气候资源开发利用和保护以及气候可行性论证工作；组织开展气象科普工作；承担气象法律、法规的执法检查和监督工作等。

县气象台（站）的主要职责：承担基本公共气象服务，开展决策气象服务、公众气象服务、气象为农服务；开展城市环境气象预报、森林火险等级预报、农业气象预报等专业气象预报；发布气象预报、灾害性天气预报预警；开展人工影响天气、气象灾害调查、气象灾害风险区划、气象灾害损失评估和气象信息服务等；开展综合气象观测和灾害天气监测工作等（因地制宜，根据需要开展气象有偿服务）。

3. 优化基层气象机构的业务布局

基层气象机构的业务现代化是气象现代化的重要内容，基层气象机构的综合业务能力是提高基层公共气象服务的需要，是整体提高气象防灾减灾和应对气候变化能力的需要。要面向需求不断优化基层气象机构的业务布局，完善业务流程，在巩固传统基础气象观测能力的同时不断丰富业务内涵。就基层气象机构而言，优化业务布局应体现在优化观测布局、优化天气监测预警业务布局和强化气象服务体系三个方面。

目前基层气象业务布局与分工对经济社会发展的需求考虑不足，一定程度上影响到基层公共气象服务的针对性和质量。因此在优化业务布局时，要考虑理顺各项业务之间的关系，做好“加减法”。“加法”是指是在巩固基本气象综合观测业务优势的基础上，按照强化公共气象服务的要求，逐步增加专业气象观测的内容、增加气象灾害监测预警服务的内容、丰富公共气象服务的内容；“减法”是指把重复的、可以由上级机构替代的任务从基层减掉，统筹省、市、县三级气象机构的资源，合理分工、理顺关系，逐步提高观测自动化水平，研发适合基层气象机构的业务、服务、信息共享平台，实现业务服务的自动化、集约化、一体化，提高基层气象机构的工作效率。

要推进县级气象服务向乡镇社区延伸，解决灾害预警信息及时有效发送到乡镇村受影响人群，为人民福祉安全提供保障。

4. 调整基层气象事业结构

从发展要求看，调整基层气象事业结构势在必行，但要逐步展开、分别不同情况展开。在调整结构中，一要确保基层气象事业的公益属性(一类)不变；二要基本满足各地气象服务、管理、业务的不同要求，适当做大做强，切实解决“事多人少”的矛盾。

按照“一法两条例”确定的职能、职责，基层气象事业结构的基本构架应是清晰的，就是改变局站(台)合一的格局，逐步形成由三部分组成的新型事业结构，即：气象行政机构＋气象事业单位＋社会气象服务机构。作为第一步，应首先实现局台、局站分离。

实现局台、局站分离的具体形式和途径，各地可以有所区别，一般地可设立县气象局及内设机构，同时设立具有独立法人资格〔2〕的公益一类事业机构(是否设公益二类事业机构可不做统一规定，由各地根据实际需要和可能自定)。地方机构具有管理职能的列入内设机构，具有事业职能的列入公益一类事业机构。

调整事业结构的同时，要按照前述职能定位和发展方向进一步优化基层岗位设置，要坚持按需设岗、动态管理。在国家事业编制岗位以外，鼓励各地积极争取地方事业编制岗位，通过政府购买服务方式聘用岗位(政府雇员)，以多种方式解决编制紧缺矛盾和基层事多人少问题。

四、保障基层气象机构综合改革有效推进的相关建议

1. 积极争取有利于基层气象事业发展的政策

中国气象局层面要加强对国家相关政策的研究，加强与国家机构编制、人力资源管理、

〔2〕 事业单位法人登记(备案)的有关规定：国务院《事业单位登记管理暂行条例》中规定：事业单位，是指国家为了社会公益目的，由国家机关举办或者其他组织利用国有资产举办的，从事教育、科技、文化、卫生等活动的社会服务组织。事业单位依法举办的营利性经营组织，必须实行独立核算，依照国家有关公司、企业等经营组织的法律、法规登记管理。事业单位经县级以上各级人民政府及其有关主管部门(以下统称审批机关)批准成立后，应当依照本条例的规定登记或者备案。事业单位应当具备法人条件。

申请事业单位法人设立登记(备案)，应当具备下列条件：(1)经审批机关批准设立；(2)有规范的名称和组织机构；(3)有明确的举办主体和稳定的场所；(4)有明确的宗旨和业务范围；(5)有与其业务范围相适应的从业人员、开办资金和合法的经费来源；(6)能够独立承担民事责任。

经费管理部门的沟通联系，通过联合调研等形式加强对基层气象事业发展中突出问题的深入调研，促进出台相关政策。同时用好双重管理、部门为主的管理体制，在鼓励基层大胆探索的同时，加强对基层综改的指导。

借鉴水利部门加强基层水利公共服务体系建设的做法（水利部、中编办、财政部，2012），建议中国气象局尽早出台完善基层公共气象服务体系的指导意见，明确推进基层公共气象服务的基本原则、总体目标、主要任务，提出完善基层公共气象服务相关机构、加强基层公共气象服务队伍建设的意见，将基层气象机构综合改革放到提升公共气象服务能力的层面来推进，以获得各级政府的认同和支持。

2. 扎实推进省市县“一体化”业务技术体制的改革

省级气象机构要统筹省、市、县三级气象机构的资源，优化业务布局，实现部门上下联动，明晰业务分工和业务流程，走业务、服务集约化发展道路，以增强基层气象机构的公共气象服务能力。强化省、市气象部门对基层气象机构业务、服务和科技支撑，研发适合基层气象机构的业务、服务、信息共享平台，实现业务服务的自动化、集约化、一体化，提高基层气象机构的工作效率。

县级气象业务集约化的思路

县级气象业务的集约化一般分为两个层面，一是纵向集约，即省市县三级业务的集约，另一方面是横向集约，即县级气象机构内部观测、预报预警、服务和信息发布等业务的集约。

（1）纵向集约（以天气业务为例）：根据中国气象局《省市县三级天气预报业务集约化布局指导意见》，对省市县三级天气业务进行合理分工，改变“上下一般粗”的业务格局，更好地发挥县级气象机构在灾害性天气预警和服务方面的作用。省级：对下提供不同时效天气分析和预报预警指导产品，其中0～2小时分辨率达乡镇，其他时效应达到县，同时组织全省灾害性天气的预警的指导和协调；市级在对上级指导产品分析基础上，制作精细化到乡镇的短时临近预报、分县短期预报及中期订正预报，发布灾害性天气预警信息并具体指导县级灾害性天气的预警服务；县级重点针对上级指导预报进行短时临近灾害性补充订正，并同时开展不同时效不同方式的天气预报预警服务工作。

（2）横向集约：建设县级现代气象业务服务系统，建立标准规范化的基础数据库，集成综合观测、预报预警、气象服务、信息发布、业务管理、系统管理等功能，实现业务系统的集约化，资料查询的简洁化，制作加工的智能化，业务监控的自动化和气象服务信息发布的一键式。在政府主导下，利用建设国家公共突发事件应急平台的机遇，整合公安、民政、国土、环境、交通、水利、农业、卫生等部门的公共信息，实现资料共享和公共突发事件预警信息的及时发布。

3. 鼓励多种方式解决人员人才紧缺的矛盾

从中国气象局层面，一是要积极争取国家编制，从源头上解决基层气象部门编制紧张的局面，同时争取参公编制，解决基层气象机构管理“身份”问题；二是积极探索购买气象服务方式[3],对于因为事业发展所需要的聘用人员给予人员经费保障。从省市县三级气象部门层面,一是要积极争取地方参公编制和地方事业编制,拓宽编制来源的渠道;二是探索利用政府购买服务的方式,解决社会化聘用专业人员的费用,实现"通过购买"增加人力资源的目的。

按照使用、培养的原则,进一步加强基层气象机构的人才队伍建设,努力满足基层气象事业发展的需求。根据岗位要求,合理安排和使用现有人员。大力开展岗位培训工作,逐步提高业务人员的业务水平和专业技能。

4. 提高基层公共气象服务和社会管理经费保障的能力

根据基本公共气象服务的定义和基本特点[4],针对发展的需要和提供能力,合理确定一定时期基本公共气象服务的内涵,对于引导有限的资源向基本公共气象服务集中、引导公共财政保证基本公共气象服务是十分必要的,也有利于调动各地发展气象的积极性。基本公共气象服务目录确定后不是一成不变的,可以随着发展逐步调整。因此,建议中国气象局适时出台基本公共气象服务目录(或指南),指导基层实践。

国家事业单位改革、行政审批制度改革的逐步深化给基层气象机构的有偿服务带来冲击,在此情况下,如何保障基层气象部门经费稳定足额支持、如何确保基层公共气象服务和社会管理得到公共财政的经费保障就成为新时期基层气象事业发展绕不开的问题。当前政府购买公共服务是一种新型政府提供公共服务的方式,其主要方式是"市场运作、政府承担、合同管理、评估兑现"。公共气象服务作为社会基本公共服务,可以通过政府购买的形式,一定程度上解决基层气象机构资金问题。建议中国气象局和省级气象机构加强这方面的改革探索。

5. 逐步推进气象科技服务规模化和集约化发展

基层气象科技服务的发展是近年来基层气象事业发展特别是基层公共服务的有力支撑,一方面解决了人员津补贴的资金来源,另一方面一些基本公共气象服务和基本建设也是靠科技服务收入的反哺才得以开展,但这种情况不可长久维持。因此必须从战略上及早谋划气象科技服务的规模集约发展,解决好对基层的经费保障机制,将基层的人力和精力逐步

---

[3] 政府购买公共服务是世界发达国家的一种历史潮流,促进政府职能向"小政府、大社会"转变。中国政府购买公共服务发展迅速,但目前多数集中在医疗、养老、社区等民生意见较大的领域,法制也不很完善。随着"公民社会"的兴起,中国政府购买服务可能成为财政拨款的一个重要方式,一些基层公共气象项目,可以探索通过政府购买的方式实现。

[4] 公共服务的定义:指政府及其公共部门运用公共权力,通过多种机制和方式的灵活运用,提供各种物质形态或非物质形态的公共物品,以不断回应社会公共需求偏好、维护公共利益的实践活动的总称。基本公共服务:是指建立在一定社会共识基础上,根据一国经济社会发展阶段和总体水平,为维持本国经济社会的稳定、基本的社会正义和凝聚力,保护个人最基本的生存权和发展权,为实现人的全面发展所需要的基本社会条件。随着经济的发展和人民生活的水平的提高,一个社会基本公共服务的范围会逐步扩展,水平也会逐步提高。基本公共服务包括三个基本点:一是保障人类的基本生存权(或生存的基本需要),为了实现这个目标,需要政府及社会为每个人都提供基本就业保障、基本养老保障、基本生活保障等;二是满足基本尊严(或体面)和基本能力的需要,需要政府及社会为每个人都提供基本的教育和文化服务,三是满足基本健康的需要,需要政府及社会为每个人提供基本的健康保障。

从科技服务中解放出来，同时也可通过适度规模集约发展，提高气象科技服务的科技内涵。

参考文献

陈振明.2011.公共服务导论.北京：北京大学出版社：1－254.
李鸥.2007.事业单位改革与管理.天津：天津大学出版社：1－348.
中国气象局.2009.新中国气象事业60年.北京：气象出版社：1－157.
中国气象局气象事业单位改革研究课题组.2000.气象部门事业单位改革研究.北京：气象出版社：1－209.

政府主导的基层公共气象服务体系建设研究*

一、引言

《中华人民共和国气象法》明确规定，气象事业是经济建设、国防建设、社会发展和人民生活的基础性公益事业。公共气象服务是政府公共服务的重要组成部分，是政府公共服务职能在气象领域的体现。做好公共气象服务工作是建设服务型政府的重要工作内容之一，是气象工作的基本出发点和最终归宿，也是气象事业发展的立业之本。受地理环境、管理体制、历史因素等方面的影响，长期以来，在我国气象事业发展中形成了重城市轻农村、重上级轻基层、重中心地带轻偏远地区的公共气象服务体系建设格局。偏远山区、农村、海岛、工矿企业气象灾害预警的覆盖率不高，气象预警信息发布方式和手段还不十分完备；公共气象服务的理念不强，气象服务的敏感性、及时性、主动性和科学性还不够，公共气象服务离城乡均等化发展的要求、离“无微不至、无处不在、无时不有”服务理念相距甚远。加强基层公共服务体系建设、推进气象服务向基层、偏远地区延伸，是当前我国加快城乡统筹发展、推进城乡一体化新形势下气象工作一项重中之重的任务。

公共气象服务能否为经济社会发展、国家安全和可持续发展提供有力保障，为构建社会主义和谐社会、全面建设小康社会提供优质服务，是衡量气象事业又好又快发展的主要标志。国务院关于加快气象事业发展的意见》(国发〔2006〕3 号)明确指出：气象事业是科技型、基础性社会公益事业，各级政府要把公共气象服务系统纳入政府公共服务体系建设的范畴，进一步强化气象公共服务职能，加快现代化进程，健全公共气象服务体系，通过改善服务手段、拓宽服务领域、增加服务产品、提高服务质量，不断满足人民群众对气象信息的迫切需求。针对当前公共气象服务存在的薄弱环节，各级人民政府应当切实把基层公共气象服务建设纳入各级政府公共服务体系、纳入政府绩效考核、纳入各级财政投入、纳入当地经济社会发展规划，把气象相关重点工作列入政府重要议事日程、列入政府推进计划、列入督查督办要点、列入重点建设工程。

在推进基层公共气象服务体系建设中需要特别注意以下几个问题：(1)公共气象服务需求差异性问题。我国幅员辽阔，气候复杂多样，经济发展不一，产业结构不同，风俗习惯各异，各地对公共气象服务的需求不一样，同一地区城乡气象服务需求不一致，同样群体不同

* 本报告完成于 2011 年。主要研究人员：王建国、柳俊高、申安喜、赵规划、杨国锋、周爱春。

个体对气象服务的期望要求也不同。因此，公共气象服务内容要有差异、有区别，以满足人民群众多层次、多样化的服务需求。(2)公共气象服务需求广泛性问题。经济社会越发展，对气象灾害敏感性越强，对气象服务需求越多；气候变化影响越严重，极端天气气候事件越频繁，对气象服务需求越迫切；文明发达程度越高，群众生活水平越好，公民意识觉醒越强，对气象服务要求越高。气象服务有限能力与经济社会发展无限需求的矛盾是气象事业发展的最主要矛盾，解决这一矛盾是气象工作长期而艰巨的任务，不可能一蹴而就。(3)公共气象服务体系建设的渐进性问题。全国各地经济发展水平各异，特别是中西部地区基层政府财力困难、基础薄弱，发展公共气象服务应当与当地经济发展水平相适应，应当与当地政府财力相适应。争取公共财政对气象服务体系建设的投入，加强气象基础保障能力建设，要有计划、有步骤地安排项目，区别轻重缓急，突出重点、渐次推进。要根据当地发展水平确立当地基本公共气象服务的种类、标准，优先发展最基本的公共气象服务项目，逐步发展更高层次、满足更高需求的公共气象服务项目。单纯就基本公共气象服务而言，其内涵也不是一成不变的，而应随着经济社会发展程度的不同而变化，不同的地区、不同的经济社会发展状况应有不同的承诺。(4)公共气象服务供给主体多元化问题。公共气象服务同其他绝大多数公共服务产品一样，在服务实践过程中，根据公共气象服务具有的公益性和可经营程度的不同，可以将公共气象服务分为基本公共气象服务和非基本公共气象服务两类，后者又可分为准基本公共气象服务和经营性公共气象服务。这些分类不仅勾画出了公共气象服务的外延，而且为我们正确把握公共气象服务的内涵提供了两组线索：一组是公共气象服务的基本性与选择性；一组是公共气象服务的营利性与非营利性。前一组属性说明公共气象服务既是有关公民生活之必需的，又是公民根据各自的需求情况是可以选择的；后一组属性是说有些公共气象服务确实是要免费向公民提供的、或者仅为维持性收费，而有些公共气象服务则是可以生成利润的。以上表明，公共气象服务未必都是由政府提供的“免费大餐”，而应视不同的情况采取不同的供给机制；不同种类的服务往往需要不同的提供方式，服务自身的特性决定了其供给的条件和方式。全部由政府包办，面对方方面面的广泛需求，则可能陷入“政府失灵”的尴尬境地；不加选择地交给市场，则公民所应享有的基本公共气象服务可能无法保障，同样有可能陷入“市场失灵”的泥淖之中。

针对当前我国公共气象服务多元供给机制不健全、基层公共气象服务质量较低、城乡发展不均衡的状况，需要特别重视政府主导作用的发挥。各级政府不仅应是基本公共气象服务的提供者，而且应成为非基本公共气象服务的倡导者，同时也应是整个社会公共气象服务的规划者和管理者。不仅如此，应根据公共气象服务的类别、各地财政状况等合理划分各级政府公共气象服务的职责，建立上级政府对县乡基层政府公共气象服务体系建设财政转移支付的长效机制，逐步增强基层财力，使基层政府更好地担负起发展公共气象服务的职责。

与以往对于公共气象服务研究多从部门业务建设的视角分析不同，结合近年全国各地推进农业气象服务体系、农村气象灾害防御体系建设的试点探索和河南各地推进政府主导的基层公共服务体系建设的工作实践，我们从气象服务社会化的视角对加强基层公共服务体系建设未来发展提出如下建议。

一是建立基层公共气象服务体系建设的法律法规体系和政策制度保障。包括建立健全发展公共气象服务的法律法规、技术规范、行动标准、工作方式、具体措施、维持机制等。当前急需要政策解答的问题有:(1)公共气象服务类型界定:哪些是基本型公共气象服务、哪些是选择型公共气象服务,哪些是非盈利型公共气象服务、哪些是盈利型公共气象服务,服务的分类是公共气象服务供给主体多元的基础。(2)公共气象服务职责界定:各级政府的职责是什么,政府的职责该怎样由不同部门分担,社会组织、新闻媒体、企事业单位在公共气象服务中承担哪些义务?(3)公共气象服务效果界定:不同地域的人群对气象服务的需求是什么,最基本的要求有哪些?公共气象服务产品种类和内容是否为当地群众所需,是否有针对性,对生产生活是否发挥了重要作用,应该建立以真实需求为导向的公共气象服务产品发布制度、基本公共气象服务项目公开制度、新增公众服务产品科学论证制度、气象信息服务传播时效管理制度、公共气象服务质量调查评估制度,创建以结果为导向的公共气象服务评估体系。

二是建立以公共财政保障为主、中央地方基层合理分摊的公共气象服务多元投入机制。公共气象服务产品是绝大多数是基础性社会公益产品,应当不断加大公共财政投入。同时,气象信息也是生产要素,具有价值,可以产生商业效益,不是完全的公益物品,应尽可能减少“搭便车”,降低全社会接受服务的总成本。要充分考虑基层特别是中西部地区县乡两级财力困难的实际状况,加大中央财政转移支付的力度,建立中央、地方和基层共同分摊的公共气象服务成本分摊机制,贫困地区以中央为主、发达地区以省市县为主。在转移支付制度形式的选择上,结合公共气象服务的种类建立不同的支付模式,如主要产粮区人工影响天气作业补助经费可以采取以有条件转移支付模式,山洪地质灾害防治可以考虑以专项转移支付的模式,乡村气象信息传递服务可以采用一般性转移支付模式,并且随着中央财力的增强应当适时增加一般性转移支付的比重,有效消除经济发达程度不同地区之间、同一地区城乡之间基本公共气象服务水平的差距。对于一些选择性营利性公共气象服务产品(气象部门目前通常称之为专业专项气象服务或气象科技服务),如针对特色农业、设施农业的专业气象服务,交通运输气象服务、电力气象服务、防雷技术服务等,通常既有社会收益,又有生产单元单独收益的特点,可以在政府补贴的基础上,按照“谁受益,谁负担”和“量力而行”的原则,由服务特定对象按受益程度的大小进行支付补偿。也可先由政府公共提供,然后按照受益大小,向使用者收取相应的使用费,最终目的是既保证公共气象服务产品的不断丰富和发展,又充分发挥公共财政投资的最大效益。

三是积极探索建立社会化组织合理分担公共气象服务的市场化机制。随着经济社会的发展,社会分工越来越细,气象服务行业需求差异化特征更为明显,传统的气象服务产品(如电视天气预报)越来越难以满足各行各业对气象服务专业化的需要,发展个性化、有针对性的专业专项气象服务是大势所趋。尽管改革开放三十多年来我国公共气象服务质量有了大幅度的提升,服务领域越来越宽、服务产品越来越丰富,然而社会对气象服务的批评、置疑却有增无减,作为履行公共气象服务的气象部门在重大气象灾害损失面前往往成为众矢之的。各行各业、不同群体对气象服务的“特殊”要求谁来满足?显然靠各级政府气象主管部门独立承担是永远也解决不了的。随着国家行政管理体制改革、国家事业单位改革不断推向深入,商业气象服务市场放开是迟早的事。在未来公共气象服务多元供给主体当中,社会组织和私人部门将成为公共气象服务越来越重要的供给主体。私人部门和第三部门的发展状况和成长速度直接影响着公共气象服务多元供给的有效性。在目前个性化公共气象服务提供方面，已经潜藏着社会化气象服务组织和个体生产者的身影，随着事业单位改革的深化和一系列制度的完善，目前依附于气象部门下属事业单位的营利性组织必然逐步被推向市场。个性化的专业专项气象服务是生产要素的有效组成，在我国没有开放商业气象服务之前，应给予更加灵活的机制，鼓励做强做大、加快发展、独立运行。同时，迫在眉睫的一项重要任务是，制定气象服务市场准入条件，加强气象服务商业化制度建设，适当引进市场化机制，增加公共气象产品的供给，这样才有利于提高公共气象服务的质量与效率。政府应当充当公共服务多元主体的培育者，为私人部门和第三部门的发展营造良好的竞争和发展环境，积极培育和促进私人部门尤其是第三部门的发展，使它们能够具备足够的能力来承担部分公共气象服务的供给职能。

四是积极探索农业气象服务体系建设和农村气象灾害防御体系建设的长效机制。气象为农服务"两个体系"是推动气象事业发展的一场革命，是气象服务综合效益提高的重要途径，更是基层公共气象服务体系建设的重要载体。通过与地方政府公共服务体系的有效融合，将农村公共气象服务纳入到农村公共事业发展中，纳入对地方政府的各项考核体系中，逐步建立政府对农村公共气象服务建设、运行和维护的财务投入渠道。"两个体系"建设要按照基本公共气象服务城乡均等化发展的要求，遵循"统筹规划、突出重点，整合资源、提高效率，分类指导、分级负责，需求引领、科技支撑，政府主导、社会参与"的原则，结合各地需求，立足现有基础，科学合理布局，强化薄弱环节，完善网络系统，延长服务链条，让长期以来公共财政支持发展的气象事业发展成果和日益丰富科学高效的各类公共气象服务信息惠及全体民众。

五是因地制宜灵活多样发展基层气象机构和气象服务队伍。根据中国气象局《公共气象服务业务发展指导意见》，未来几年公共气象服务发展的主要目标是：气象部门社会管理和公共服务职能明显增强，公共气象服务发展水平与全面建设更高水平小康社会的要求基本相适应；建成功能比较完备的公共气象服务体系，基本实现服务业务现代化、服务队伍专业化、服务机构实体化、服务管理规范化，不断提高服务能力、拓展服务领域、丰富服务产品、完善服务体系；政府主导、部门联动、全社会参与的气象灾害防御体系进一步完善；公共气象服务信息覆盖率达到95%以上，气象服务公众满意度达到90%以上，气象防灾减灾效益显著提高。这些目标任务要顺利实现，关键是要大力发展基层特别是农村地区的公共气象服务体系，而加强基层气象机构和气象服务队伍建设是落实基层公共气象服务任务的基本条件。各地应结合国家事业单位改革和乡镇机构改革的政策，积极发展县、乡两级气象机构，大力发展延伸到村组户基层单元的气象服务队伍，大力发展社会气象和气象信息产业，强化基层行政管理、行业管理和社会管理职能，扩大社会影响，从而发挥基层气象机构在公共气象服务中的主力军作用，同时也为下一步气象部门事业单位改革奠定良好基础。各地要结合实际，积极争取地方气象事业编制，通过设立县气象局乡镇分局、派出机构、气象信息服务站或纳入基层公共服务中心等形式，促使气象机构向基层辐射延伸；通过"大学生村官模式"、"邮政模式"、"治安哨亭模式"、"种植专业大户"等不同发展模式大力发展气象信息员队伍,加强业务培训和技术指导,建立经费补贴、效益奖励、评先推优等稳定气象信息员队伍的有效机制,充分发挥气象信息员在基层气象灾害防御中的作用。

二、我国基层公共气象服务体系建设现状

1. 我国公共气象服务发展取得巨大成就

经过半个多世纪的发展,我国已初步建立起运行稳定、有效的公共气象服务体系和与之相适应的运行机制,服务的观念和思想得到更新和发展,公共气象服务业务体制和技术体系逐步完善。

公共气象服务业务系统发展较快,由于国家气象中心数值天气预报业务系统的建成,为公共气象服务提供了大量的基本产品;决策服务方式手段明显改进;公众气象服务进一步优化,面向社会开展的各种与人民日常生活息息相关的生活指数等气象服务更加贴近百姓生活。公共气象服务领域已经涵盖了对各级党政机关和国防、科技、教育、工业、农业、渔业、商业、能源、交通运输、建筑、林业、水利、海洋、盐业、环保、民航、邮电、保险、消防等100多个部门。公共气象服务产品大力丰富,已由最初单一的气象预报服务发展为多种服务为一体,多层次、全方位的综合性气象服务。

近年来,我国气象部门面向国家经济社会发展和防灾减灾需要,初步建成中国特色气象服务体系,取得了显著经济社会效益。全国每年因气象灾害死亡人数由20世纪90年代约4500人,下降到21世纪以来的2500人,气象灾害造成经济损失占GDP的比例从20世纪80年代的3%~6%下降到1%~3%。据2007年调查估算,气象工作投入产出比达到1∶50,经济社会效益显著。

综合网络把准天气"脉搏"。近年来我国气象灾害监测能力和水平不断增强,基本建成以气象卫星、新一代多普勒天气雷达网、闪电定位监测网和自动气象观测系统为主的综合气象观测网络,气象灾害监测时效和精度显著提高。与此同时,数值天气预报和气候预测业务系统的建成,使得预报预测准确率稳步提高,突发性气象灾害预警信息发布能力显著增强。

国庆60周年、北京奥运会、载人航天飞行、上海世博会、广州亚运会等重大活动气象保障服务的成功,标志我国重大专项气象保障服务能力显著提升。除做好预测预报服务及气象服务保障外,全国气象灾害普查与灾情收集、整理和上报工作得到加强,气象灾害风险区划工作取得进展,与国务院应急办及有关政府部门初步建立气象灾害应急响应联动机制,基层气象灾害防御队伍在部分地区初步形成,气象防灾减灾科普工作初见成效,从多方面显著增强了我国气象灾害防御能力。

2008年年初南方低温雨雪冰冻灾害和"5·12"汶川特大地震等巨灾防御中,气象部门主动及时为政府抗灾救灾提供科学决策依据,决策气象服务能力显著提高。近年来,气象部门始终坚持把决策气象服务放在气象服务工作首位,建立了国家、省两级的决策气象服务专门机构和专职队伍,决策气象服务的效果显著提高。在政府组织开展的自然灾害防御、事故灾难救助、公共卫生事件应急和社会安全事件应对中,气象部门正发挥越来越重要的作用,

为维护国家安全、重大工程建设、资源开发利用和生态建设、环境保护等提供了有力科学支撑与保障。中国气象局与国务院十余个部委局签订了合作协议，联合开展气象衍生、次生灾害监测、预警，专业气象服务领域不断拓展，已涵盖农业、林业、水利、环境、交通等十多个国民经济行业，提高了气象服务经济社会的效益。

随着应对气候变化能力建设的建议被写入党的十七大报告，气象部门积极参与《中国应对气候变化国家方案》等相关政策措施制定，为我国参与政府间气候变化专门委员会(IPCC)的评估工作、《联合国气候变化框架公约》(UNFCCC)国际谈判等提供科学支撑。

2. 基层公共气象服务近年得到长足发展

自2009年开始，全国气象部门深入推进农业气象服务体系和农村气象灾害防御体系建设。气象为农服务“两个体系”是推动气象事业发展的一场革命，是气象服务综合效益提高的重要途径，更是基层公共气象服务体系建设的重要载体。通过与地方政府公共服务体系的有效融合，将农村公共气象服务纳入农村公共事业发展中，纳入对地方政府的各项考核体系中，逐步建立政府对农村公共气象服务建设、运行和维护的财务投入渠道。“两个体系”建设要按照基本公共气象服务城乡均等化发展的要求，遵循“统筹规划、突出重点，整合资源、提高效率，分类指导、分级负责，需求引领、科技支撑，政府主导、社会参与”的原则，结合各地需求，立足现有基础，科学合理布局，强化薄弱环节，完善网络系统，延长服务链条，让长期以来公共财政支持发展的气象事业发展成果和日益丰富科学高效的各类公共气象服务信息惠及全体民众。根据中国气象局应急减灾与公共服务司2011年1月的统计报告，近几年基层公共气象服务体系建设成就主要体现在：

(1)农村气象灾害防御体系建设取得新成效

精细化的气象灾害监测预报能力逐步形成。自动气象站覆盖全国85%的乡镇，164部新一代多普勒天气雷达。辽宁省95%以上的乡镇建设有自动气象站。安徽省气象局建成5部多普勒天气雷达、81个国家气象观测站、1160个乡镇自动气象观测站、7个雷电监测站、6套移动应急观测系统组成的基本气象观测网。国家气象中心和北京、山东、广东、云南等省(市)组织开展了精细化到乡镇的气象预报业务试验，初步形成了精细化到乡镇的预报业务能力。北京市气象局开展了以旅游景点和乡镇为主的124个预报站点的0～24小时乡镇精细化预报，2010年汛期在延庆、密云、房山、丰台、怀柔、昌平、顺义七个区县开展乡镇预报客观指导产品推广试用。河北省气象局为各县提供空间分辨率为1千米的逐15分钟滚动6小时降水量和逐时地面温度的精细化预报指导产品。

覆盖广的气象预警信息发布网络逐步建立。全国有1500多个县气象局制作电视气象节目，在1700多个县级电视频道播出；中国气象频道在全国30个省(区、市)落地，19个省(区、市)实现全辖区基本覆盖，用户数突破4600万。近8万个农村高音预警喇叭已成为气象预警信息发布的重要手段。全国农村气象电子显示屏59100余块。34个省(区、市)、计划单列市气象局开通了省级兴农网，270多个市和1300多个县分别开通了地(市)、县级兴农网，在9700多个乡镇和4400多个行政村建立了基层信息服务站。

有效联动的应急减灾组织体系逐步完善。各地积极推进建立了政府统一领导、综合协调，相关部门各负其责、有效联动的农村应急减灾组织体系，努力实现县乡有分管领导、乡有气象信息服务站、村有气象信息员。中国气象局建立了气象灾害预警服务部际联络员会议制度，遇有重大气象灾害与农业部等涉农部门及时进行会商。全国共发展 37.5 万名气象信息员，气象信息员已成为农村气象防灾减灾“预警员”、气象服务需求“反馈员”、气象监测设备“维护员”和防灾科普知识“传递员”。全国共建有 18500 个气象信息服务站。

预防为主的农村气象灾害防御机制逐步健全。建立了以县为单元的全国历史气象灾情数据库，组织开展了暴雨洪涝、干旱、台风等气象灾害风险区划和气象灾害风险评估，编制了相关灾害高风险区及重点区域灾害风险图，摸清了相关气象灾害风险分布的地区差异性。全国所有县级气象部门都设立了气象灾情收集热线，建立了灾情信息快报、核报工作机制。制定下发地方气象灾害防御规划编制大纲，试点开展县级气象灾害防御规划的编制。浙江德清县出台了全国首个县级气象灾害防御规划，吉林、浙江、河南、海南等 24 个省出台了 43 个县级气象灾害防御规划。与地方政府共同投入 1 亿元，完成近 4700 所中小学校防雷工程建设。采取多种形式，开展农村气象防灾减灾科普宣传。气象部门已建有各种科普馆近 200 个，各类国家级科普教育基地 117 个，累计接待参观人数 850 余万人次；出版发行科普书籍和读物近 50 万册；制作各类科普展板、挂图 140 多万张；举办科普展览 4000 余次；组织 13 余万人次农民群众参加科普培训。

(2)农业气象服务体系建设取得新成效

现代农业气象监测能力得到加强。针对现代农业的观测需求，新增 22 个、调整 14 个农业气象观测站，目前全国农业气象观测站达 653 个。全国累计建成 1210 个自动土壤水分观测站。各省(区、市)气象局针对蔬菜、水果等设施农业、特色农业以及养殖业开展较大规模的试点观测和服务。河南省气象局为基层台站配备了便携式叶面积仪、叶绿素仪、糖度仪等专业观测仪器，设近百个地面固定作物观测点，在鹤壁建设了全国首个星陆双基遥感农田信息协同反演试验基地，鹤壁和郑州农试站安装了农业气象田间监视仪，可以足不出户观测作物生长状况及农田小气候状况。农业气象观测自动化程度不断提升，适应农业生产区域性布局的现代农业气象立体化观测体系正在完善。

农业气象预报服务能力逐步提高。以乡镇精细化天气预报为基础的农业灾害性、关键性天气预报、关键农事活动气象预报和各种农用天气预报进展顺利。省级农业气象服务产品在市、县级实现了共享、细化、释用和本地化订正。31 个省(区、市)气象局开展了农用天气预报技术研发或服务。国家气象中心开发了冬小麦、水稻、春玉米的适宜播种期气象条件预报技术，河北、河南等 18 个省(区、市)气象局针对性地开展了小麦、水稻、白菜、马铃薯等作物播种期预报服务，内蒙古、辽宁等 14 个省(区、市)气象局开展了玉米、小麦等主要农作物收获期预报服务，湖北、河南等 9 省(区、市)气象局初步开发了省级农田土壤墒情预报服务。30 个省(区、市)气象局与农业部门签订合作协议或建立信息交流共享机制。现代农业气象服务体系省级和县级试点取得新进展，农业气象服务平台和“直通式”服务方式基本建立，试点示范经验已具备进一步推广的可行性。

农业应对气候变化能力持续提高。深入开展了气候变化对农业的影响研究，定量评估气候变化对我国粮食生产和安全的影响，完成了气候变化背景下全国 800 个粮食主产重点县光、温、水资源与气候生产潜力分析，提出了包括区域粮食作物布局与品种选择、减轻气象灾害以保障增产的气象应对措施。

人工影响天气作业的科技水平和能力不断提高。全国 30 个省（区、市）的 2557 个县开展了高炮、火箭增雨防雹作业，作业高炮达 6874 门，火箭发射架 7028 部；24 个省（区、市）组织实施了飞机人工增雨作业，年均租用增雨飞机 30 余架；人工增雨面积 360 万平方千米，防雹保护面积达 44 万平方千米；作业装备水平及规模达到世界先进水平，增雨、防雹、扑火效益显著。2010 年，全国各地共组织开展了飞机人工增雨（雪）作业 1049 架次，作业时间约 2577 小时；开展人工影响天气地面作业 5.5 万次，共发射炮弹 87.6 万发，火箭弹 11.4 万枚。

3. 基层公共气象服务体系建设存在的困难和问题

尽管近年来全国气象部门在推进基层公共气象服务体系建设工作中取得了一定成绩，但与城乡公共气象服务均等化发展的要求还有很大的差距。正像毛泽东同志在党的七届二中全会上告诫全党同志的讲话中指出的那样，目前“两个体系”建设取得的成绩，只是万里长征走完了第一步。如果这一步也值得骄傲，那是比较渺小的。基层公共气象服务体系建设今后的路程更长，工作更伟大，更艰苦。受城乡二元体制、地区经济差异、社会发展水平等客观因素长期影响，公共气象服务城乡差距比较突出，广大农村地区、偏远山区气象监测、预报、网络、服务等系统建设长期处于“缺位”状态，“补课”的任务还很繁重，加强公共气象服务体系建设，重点在基层、难点在基层、突破点也在基层。

（1）基层公共气象服务供给主体缺位。特别是县、乡两级政府，承担着大量的为农民提供基本公共服务责任，而财力却捉襟见肘，责任与能力严重不匹配。长期以来，农民除了从广播电视上收听收看天气预报之外，其余的公共气象服务基本属于空白。基层政府“保吃饭”、“保运转”的整体形势下，需要向农村居民提供比公共气象服务更紧迫、更重要的公共服务责任还有很多（赵聚军，2009）。以 2006 年清理检查评比项目之前的河南乡镇政府为例，“一票否决”项目有 11 项、涉及乡镇的各类检查评比达标活动有 143 项。在这些情况下，基层公共气象服务的责任落实难免存在缺位现象。全国目标乡镇总数 34756 个，建有农村气象信息服务站 15400 个，尚有 56％的乡镇没有信息服务站。全国有 61 万多个行政村，目前发展了 38 万的基层信息员队伍。农村气象监测网络体系尚未形成，目前的气象监测网络站点比较稀疏，观测项目较少，特别是对农业气象与生态环境的探测手段严重不足，技术人员的业务和服务能力不够，不能满足新农村建设对气象服务的需求。

（2）基层公共气象服务财政保障不足。“分税制”财政管理体制重新界定了中央和地方政府之间的财权和事权范围，财权划分模式和事权划分模式出现了背离，这在很大程度上加剧了基层政府的财政困难，由县乡两级政府承担农村公共服务主要支出责任的局面难以改变，这就使得农村公共服务财务供给不足的矛盾更加突出；在长期“城乡分割”二元化的社会经济制度大格局下，气象业务、科研和服务明显向城市倾斜，气象部门的人、财、物的配置呈上重下轻的倒三角形，导致城乡公共气象服务供给失衡。不可避免地出现了农村公共气象事业投入严重不足，农村公共气象事业发展缓慢，农村公共气象事业基础设施建设滞后，农村公共气象服务产品供给明显不足，农村公共气象服务严重缺失。目前，2010 年以来，中央财政逐步安排了基层气象服务财政转移支付项目,上级部门往往需要各地落实配套资金,县乡财力对提供专项配套资金非常困难,将可能影响转移支付项目的建设成效。气象部门年收支中,中央和地方财政补助收支比重不够高,气象事业运行的公共财政保障总体上偏弱。部分市县地方财政受非政策性因素影响较大,保障不稳定,气象科技服务部分收入受政策性因素影响较大。双重计划财务体制、综合预算在部分台站仍未完全落实,在实际执行中部分市县仍存在执行范围和口径不一致的现象,气象公共财政保障体系有待进一步规范和发展。

(3)基层公共气象服务供给效率低下。一是当前基层公共气象服务的需求反馈机制还没有在有关层面真正建立,简单地以城市气象服务产品、普通天气预报产品顶替农村公共气象服务产品,势必造成与各地实际需求脱节,而农民急需的生产性和涉及农村可持续发展的公共气象服务却严重短缺。农村气象预报预警服务体系尚未真正建立,精细化的农用天气预报服务产品需要大力发展。服务产品简单,无法满足农民对公共气象服务多样性的要求。二是气象服务产品的发送渠道还需进一步拓宽,农村地区公共气象服务信息覆盖存在盲区,信息传递时效性差,一些气象灾害的预警信息还不能通过有效的方式和手段,快速及时地传送到农村的各个角落。如局地暴雨和雷雨大风,其预警时间较短,如果不能将预警信息及时传递给广大的农民群众,解决不了"最后一公里"的传输手段问题,预警就达不到预期效果。三是受信息网络基础设施、信息接收成本高、农民支付能力有限等多种因素影响,居民随时接受气象服务信息的可选择手段比较单一,造成基层公共气象服务供给效率整体水平低下。

(4)基层公共气象服务供给结构失衡。主要表现:一是区域失衡,城郊与偏远地区公共气象服务水平不同,同样是农村,东部、中部、西部地区公共气象服务水平不同,东部发达地区基层气象设施可能过于饱和、资金过于充裕,西部落后地区气象设施建设密度不够、财力不足;二是决策失衡。"自上而下"的农村公共服务供给决策机制不能有效地反映农民的实际需求,农民很难有机会直接表达自己的真实需求。三是种类失衡。倾向于做看得见的"硬性"工程,不愿做深入细致的"软件"工程。四是时效失衡,重当前、轻长远,重建设、轻维护,重发展、轻持续。譬如在有的地方,自动气象站建起来了,却因为运行保障不力无法正常使用;气象信息服务站建好了,却没有多少适宜的气象服务产品;气象信息员发展起来了,培训管理却不能跟上,人员变动随意性较大;一次性投入上去了,却没有建立后期运行维持的投入保障机制。

三、基层公共气象服务体系建设环境

当前,我国正处在全面建设更高水平小康社会的重要历史时期,气象服务在经济发展全局中的地位越来越重要,作用越来越突出,要求越来越高。面对十七届三中全会提出的发展现代农业、加强农村公共服务的新形势和新要求,农村气象灾害防御、农业应对气候变化和农业气象业务服务能力还有比较大的差距。农村仍然是气象灾害防御的薄弱地区,农业仍然是最易受天气气候影响的脆弱行业,农民仍然是最需要提供专业气象服务的群体。

当前是党中央国务院和各级党委政府对气象为农服务工作最为重视的时期,是农村经济社会发展和农业稳定生产对气象服务需求最为旺盛的时期,是我国气象为农服务发展基础条件最好的时期，也是气象为农服务内外部发展环境最好的时期，气象为农服务工作面临前所未有的发展机遇，发展基层公共气象服务正逢其时。

1. 推进社会主义新农村建设给发展基层公共气象服务带来重大机遇

《中共中央国务院关于推进社会主义新农村建设的若干意见》中明确提出了"加强气象为农业服务，保障农业生产和农民生命财产安全"的要求。《国务院关于加快气象事业发展的若干意见》(国发〔2006〕3号)中要求健全公共气象服务体系、建立气象灾害预警应急体系、强化农业气象服务工作，努力为建设社会主义新农村提供气象保障。以上这些既反映了各级党委、政府对农业气象防灾减灾的重视，同时也是进一步推动气象为"三农"服务工作的政策依据。做好气象为社会主义新农村建设服务工作，是各级党委、政府的要求，是广大农民朋友的愿望，是经济社会发展的需要。在我国这样一个农业比重大、农村人口多的发展中大国，气象为新农村建设服务工作更应当大有可为、大有发展、大有希望。

农业生产对气象服务提出了新的要求。农业生产与气象条件有着非常密切的关系。随着我国经济社会的发展，农业生产的对象、条件、环境、技术等均发生了变化。特别是随着气候变化和生态、环境的变化，土地退化、水域生态失衡、湿地破坏、酸雨增加、沙尘暴频发、生物多样性减少等生态环境问题日益突出，我国农业生态环境形势更加严峻，传统农业气象工作已远不能满足现代大农业和可持续农业、精准农业发展的需要。农作物的多元化发展，一村一品、一乡一业的优化布局正逐步形成，粮食产量的高低已不再是人们追求的单一目标，取而代之的将是高产、优质、高效、生态、安全，人们对气象服务的需求已不再局限于对小麦、玉米等主要粮食作物的服务。新形势下的农业气象工作应在深化传统农业气象工作的同时，积极、稳妥地向生态领域拓展。

和谐农村建设对"公共气象"、"安全气象"、"资源气象"的要求更高。全面建设小康社会要求大力提升气象防灾减灾的预报预警和趋利避害的服务能力，气象工作要为维护农村社会稳定和人民生命财产安全做出重要贡献。气象事业的基础性公益性质决定了气象事业要按国家赋予的职能为经济和社会的协调发展提供基本的公共产品和有效的公共服务保障，体现"以人为本"的思想，事关人民群众的衣食住行、身体健康、生活质量。每年因气象灾害造成的人员伤亡绝大多数出现在农村，作为公共财政支持的气象部门有义不容辞的责任为各级党委、政府分忧，尽最大限度地减轻气象灾害对人民群众造成的生命财产损失。不仅如此，气象部门还应为方便农村居民生活、合理开发利用气象资源、提供更丰富、更有效的气象服务产品。

做好为新农村建设的气象服务工作应当树立"大气象"、"大服务"的理念。"大气象"要求我们紧紧面向经济社会可持续发展和人民群众福祉安康的根本需求，从全面贯彻落实科学发展观的高度看待气象工作，从战略的高度审视天气、气候和气候变化，要立足经济社会发展全局审视天气、气候和气候变化，要站在时代前列谋划气象事业发展。"大服务"要求我们切实地把多轨道业务建设与人民群众和各行各业对气象服务的迫切需求紧密结合起来，善于把气象事业发展的最新成果服务于经济社会发展的大局，改善服务手段、拓宽服务领域、丰富服务产品、提高服务质量，以强大的公共服务能力发挥气象作用。发展大气象，做好大服务,大力提升多轨道业务水平和科技内涵,同时结合各地新农村建设的实际,有针对性地开展工作,只有这样我们才能不断丰富新农村建设气象服务的内涵,才能更有效地推动农村气象防灾抗灾工作、和谐农村建设和农村经济社会的可持续发展。

2. 乡镇机构改革为基层公共气象服务发展带来崭新课题

长期以来,我国农村的公共管理和公共服务主要是依托乡镇政府组织和乡镇事业单位来实现的。乡镇事业单位是由我国农村为了社会公益目的,由国家机关在乡镇举办或者其他组织利用国有资产举办的,从事农村教育、科技、文化、卫生等活动的社会服务组织。其中,县市地方和基层政府在乡镇设立的各种站(所),也就是人们习惯地所称的乡镇“七站八所”承担着政府为农业、农村和农民提供公共产品和服务的重要职责。它们是政府公共服务机构,也是农村公共服务的“主渠道”。

农业税的全面取消标志着中国的农村基层政府已经基本摆脱了农业剩余汲取者的角色,开始向服务型政府过渡。但是,在无农赋时代,提供公共服务并未成为现阶段多数乡镇政府的主要职责,相反,它们却普遍地严重脱离农村现实,成为“悬浮型”政府。在主要依靠从农村收取税费维持运转到主要依靠上级政府转移支付的转变过程中,乡镇政府的行为模式也在发生改变,总的趋势就是由过去的向下“催粮派款”转变为向上“要钱”、“跑钱”(赵聚军,2009)。在这种形势下,乡镇政府不但没有转变为政府服务农村的行动主体,而且正在和农民脱离旧有的联系,从过去典型的汲取型政府转变为与农民关系更为松散的“悬浮型”政府,变成了表面上看可有可无的一级政权组织,尴尬地悬浮于农村社会之上。

乡镇政府目前这种整体生存状态,在很大程度上已经失去了作为一级政府所须有的公共性,其组织行为在一定程度上已经出现了变异扭曲,几乎只是在为自己的生存而奋斗。在这样一种改革思路的指引下,改革采取了一种“倒逼”的方式:一方面,完全免除农业税后,乡镇财政的总体状况已经十分糟糕,处于一种半饥饿状态,来自上级政府的转移支付连维持乡镇自身的生存都是问题,更毋论用于提供公共服务[5]。乡镇事业单位的服务水平和质量不仅在相当程度上决定和影响我国农村公共服务的水平和质量,事实上也深刻地影响着农村社会的公共管理的效能。

当前,农村公共产品和公共服务供给严重不足,分配相当不均,服务效益低下,难以满足农民群众日益增长的物质、文化和生活的需要,如何推进乡镇事业单位改革,创新政府公共服务的机制,不仅是当前农村综合改革的重点,也是构建新型农村公共服务体系的关键。

经过2006年以来在部分省份的试点,乡镇机构改革的大幕已经拉开,《中央机构编制委员会办公室关于深化乡镇机构改革的指导意见》(中办发〔2009〕4号)已经为乡镇机构改革制定了时间表:2012年基本完成乡镇机构改革任务。为了顺利完成改革任务,《指导意见》对乡镇事业站所改革提出三点原则要求:

——乡镇事业站所原则上实行以乡镇管理为主?上级业务部门进行业务指导的管理体

〔5〕 赵聚军在《农村公共服务体系演进中的基层政府定位》(人文杂志,2009,(1))对基层政府的角色职能演变作了深入阐述,农村公共服务体系建设与农村基层政府转型具有直接的关联性:基层政府能否适应时代要求,适时完成其职能定位的合理转变,将直接关系到农村公共服务体系建设的成效。

制。根据实际情况，经省级人民政府批准，也可实行以上级主管部门管理为主或按区域设置机构的体制？

——推进事业站所分类改革，区分事业站所的公益性职能和经营性活动，对公益性机构加强财政保障，经营性机构要转制为经济实体？特别是要综合设置乡镇事业站所，乡镇不再兴办自收自支的事业单位。

——积极探索农村公益服务的有效实现形式？鼓励发展多元化的农村社会化服务组织和农民专业合作社，扶持社会力量兴办为农服务的公益性机构和经济实体。

目前，各地对乡镇事业站所的改革大致有三种模式：第一种是多数地方将乡镇事业站所整合为 3～5 个服务中心；第二种是湖北等地将乡镇事业站所转制为企业或中介服务组织，由政府通过签订合同、项目招标的办法向其购买服务；第三种是改由县里派驻。有的地方将乡镇事业站所上收到县级主管部门管理，有的还实行了跨行政区域设置。

在乡镇机构精简、人员编制减少的情况下，如何将基层公共气象服务体系建设纳入基层政府公共服务体系建设之中是当下上级气象主管部门必须思考和抓紧解决的迫切问题。不少地方对于从中央到地方的“条条”和部门必须约法三章，明确乡镇事业单位改革及机构设置权限在县乡基层，上级部门不得强调机构设置的上下对口；只要地方和基层能履行公共服务的职责并完成上级的任务，上级对乡镇事业单位的设置及改革不得干涉。在乡镇事业单位改革和构建公共服务体系的过程中，也必须加大县乡政权和机构改革的力度，加快建立行为规范、运转协调、公正透明、廉洁高效的县乡行政管理体制和运行机制。

3. 中央财政转移支付力度加大对加快发展基层公共气象服务体系带来了资金支持

财政转移支付制度是以各级政府之间客观存在的财政能力的差异为基础，是国家体现对各地公共服务“一视同仁”为主要目的而实行的一种财政平衡制度，对缓解中央政府和地方政府财政之间的纵向不平衡和各地政府间的横向不平衡，发挥了重要作用。由于我国农村尤其是中西部农村省市县乡财政困难，难以独立承担改革的财政投入。为此，应实行多元化的资金筹措机制并建立改革成本合理分摊机制。必须加大改革的财政投入，尤其是必须加大中央对农村乡镇事业单位改革的财政投入，形成贫困地区以中央为主、发达地区以省县为主的改革成本分摊的机制。

2009 年以来，中央财政已通过重点产粮区人工影响天气作业补助、乡村气象服务专项试点开始对基层公共气象服务实施转移支付以支持发展。随着中央财力的增强，公共气象服务作为基础性社会公益服务产品必然会越来越受到中央财政转移支付的更大支持。为此，气象部门一定要结合基层实际需求，认真研究规划基层公共气象服务项目，争取纳入中央财政转移支付科目。

4. 基本公共服务均等化发展大势将为基层公共气象服务发展带来强大助推

《国务院关于加快发展服务业的若干意见》（国发〔2007〕7 号）指出，将发展服务业作为加快推进产业结构调整、转变经济增长方式、提高国民经济整体素质、实现全面协调可持续发展的重要途径，坚持以人为本、普惠公平，进一步完善覆盖城乡、功能合理的公共服务体系和机制，不断提高公共服务的供给能力和水平；坚持市场化、产业化、社会化的方向，促进服务业拓宽领域、增强功能、优化结构。

“十二五”发展方式转变将呈现什么基本趋势？总的判断是：“十二五”是第二次转型和改革的历史起点，是改革发展实现历史性转变的关键五年。具体地说，“十二五”是扩大居民消费、构建消费大国的关键五年，是打破行政壁垒、大力推进城镇化的关键五年，是实现城乡基本公共服务均等化的关键五年，是推行低碳经济、实现绿色发展的关键五年。其中公共产品短缺向城乡基本公共服务均等化的转型将是当前开始转变的新趋势。这是经历高速发展后，中国必须要补的一课。前一阶段，由于我国综合国力并不是很强，发展经济是第一位的。随着经济总量的激增，社会成员的真正需求开始全面的增长，由于前期我们在追求基础的总体资金的成长方面并没有太多地考虑公平的事情，导致的结果是有很多的地方，公民享受的社会服务是不对等的，或者是不均衡的。

随着我国经济发展、国力增强，解决公共产品的短缺问题摆上各级政府的重要日程。私人产品短缺走向公共产品的短缺，这是一个历史性跨越，是社会发展阶段的一次跨越。(1)我国开始进入公共产品短缺时代。20世纪90年代中期以前，家庭的支出主要是私人产品的支出。近十多年来，家庭的支出开始逐步向教育、医疗等支出转变。总体上看，现在个人用于公共产品的年均支出大概是90年代中期以前五年的支出总额。公共产品短缺时代的到来，政府公共服务投入总量明显增加，数量达历史最高水平。但是公共服务支出在财政支出中的比重以及占GDP的比重相对偏低。例如，2008年医疗卫生支出占财政支出的比重为4.4%，社保与就业占财政支出的比重为10.9%。(2)解决公共产品短缺时代的基本公共服务均等化对我国发展方式转变将产生重大影响。首先，它关系到消费倾向又涉及再分配的水平。例如，公共服务与消费率，澳大利亚的蓝领是发周工资，周五晚上一般支出都很大。为什么他们敢于当期消费，就是有安全的社会保障网。印度的消费率也较高，它的消费率与明晰的财产权相联系。此外，公共服务与收入分配差距相联系。目前，我国城乡收入差距是3.3∶1，但是如果将教育、社会保障、医疗卫生和就业等公共服务加进去，城乡实际收入差距将达到5∶1～6∶1。(3)推进城乡基本公共服务均等化，有经济水平的制约，更涉及制度的安排。未来10年，广东省将拿出近2.5万亿解决全省城乡公共服务均等化问题，目标是不仅国内领先，而且要达到中等发达国家的水平。这是一个财力问题呢，还是一个结构性问题呢？广东调整了财政支出结构，把用在其他地方的钱拿来解决这个问题，这是有眼光的战略性选择。这样一个大手笔的投资，会明显改善广东的经济社会发展条件，会由此加快形成人力资源优势，这对广东的发展方式转变会产生重要的影响。(4)我国要实现城乡基本公共服务均等化，重要的是要加快建立公共服务体制，构建基本公共服务均等化的体制基础。要明显调整财政支出结构，真正建立一个公共财政体制；要明确划分中央政府和地方政府在公共服务职责上的分工体系和相应的问责制；要尽快出台全国性基本公共服务均等化规划(夏锋，2007年)。

同样，作为基础社会公益事业的公共气象服务也必须主动融入国家公共服务均等化发展的大潮，顺应大势，助推发展。一是要加强顶层设计总体规划，在基层公共气象服务安排上要形成明确的指导思想、工作思路、基本原则、工作目标、实施计划，分类、分步组织实施。

二是加快推进基本公共气象服务均等化发展的制度创新。实现基本公共气象服务均等化,有经济社会发展水平的制约,但更重要的是公共气象服务制度的安排问题。最近几年,我国提出建设公共服务型政府,强化政府社会管理和公共服务职能,就是制度建设的根本性举措。建立公共气象服务制度,建立以政府为主导、以提供基本而有保障的公共气象服务产品为主要任务,以实现基本公共服务均等化为基本目标的一系列制度安排,使全体社会成员共享气象事业现代化建设成果。从深层次分析,公共气象服务制度的建立要与完善市场经济体制改革、行政管理体制改革、社会事业发展体制改革同进退、相适应。三是进一步明确各级政府、各级气象部门在推进基本公共气象服务均等化方面的职责与分工。强化中央和地方政府特别是基层政府在基本公共气象服务供给中的责任,妥善处理各主体在基本公共气象服务供给中的分工、竞争与合作的关系;中央、地方各级基本公共气象服务职责分工要与能力相匹配,在强化政府基本公共气象服务供给总体职责的前提下,按照统一、职责、效能等原则,以基本公共气象服务均等化目标为导向,提升基本公共气象服务供给的数量和效率,关注事权(责任)与财力(财权)相匹配。要将中央与地方基本公共气象服务职责分工应逐步纳入法制化的轨道,用制度来强化对各方的约束,而不仅是对下的约束,从而使中央和地方在各自职责范围内依法、独立地行使职权。

在强调政府在基本公共气象服务供给中主导作用的同时,必须提倡基本公共气象服务的多元参与,应鼓励和引导社会力量,以多种方式参与或提供基本公共服务,一定程度上形成竞争与合作,从而提高基本公共服务供给的效率,其中前提条件之一是必须加大对事业单位体系改革的力度。因此,当前气象部门要认真学习研究中央政策,思考改革的思路和措施,一是要研究气象部门管理机构纳入行政机构的问题,二是研究事业单位分类问题,确定气象部门所属事业单位的类别,做好与编制管理部门的沟通衔接;三是研究事业单位分类改革中的财政保障问题,认真研究财政预算编制,统筹协调好中央与地方财政预算,争取获得合理的、充分的财政支持。四是要研究不同的运行激励机制问题,考虑不同地区的发展差异,不同类型工作管理特点,不同机制下对人的激励效果,争取气象事业单位改革与推进基层公共气象服务体系建设实现双赢结果。

5.强化基层应急管理为推进基层公共气象服务体系建设创造有利条件

在2003年抗击“非典”的过程中暴露了我国政府管理存在的诸多弊病特别是应急管理工作中的薄弱环节。众所周知,2003年“非典”事件推动了应急管理理论与实践的发展,结合事前准备不充分、信息渠道不畅通、应急管理体制、机制、法制不健全这一系列问题促使新一届政府下定决心全面加强和推进应急管理工作。2003年7月胡锦涛主席在全国防治“非典”工作会议上明确指出了我国应急管理中存在的问题,并强调大力增强应对风险和突发事件的能力。与此同时,温家宝总理提出“争取用3年左右的时间,建立健全突发公共卫生事件应急机制”,“提高公共卫生事件应急能力”。同年10月,党的十六届三中全会通过的《中共中央关于完善社会主义市场经济体制若干问题的决定》强调:要建立健全各种预警和应急机制,提高政府应对突发事件和风险的能力。理论和实践的需要,使得2003年成为中国全面加强应急管理研究的起步之年。

2008年对中国应急管理来说是一个特殊的年份。年初,南方雪灾、拉萨"3·14"事件和汶川特大地震,为应急管理研究提出了严峻的命题。党和政府以及学界从不同角度深入总结我国应急管理的成就和经验,查找存在问题。胡锦涛总书记10月8日在党中央、国务院召开的全国抗震救灾总结表彰大会上指出,"要进一步加强应急管理能力建设"。我国应急管理体系建设再一次站到了历史的新起点上。

随着2007年《中华人民共和国突发事件应对法》的颁布实施和国务院关于应急管理工作一系列制度的出台,我国应急预案框架体系初步形成。应急管理的"一案三制",即突发事件应急预案,应急机制、体制和法制逐步迈入规范化发展的轨道,应急管理从中央到地方再到基层、从宏观向微观深入发展、逐步递进。由于自然灾害特别是气象灾害在四类突发公共事件中占有较大比重,发生频率较高,同时其他三类突发公共事件在大多数情况下与气象条件也有或多或少的联系,因此气象部门在应急管理中的地位和作用日益突显出来,基层公共气象服务体系建设成为基层应急管理体系中不可或缺的重要组成部分。在国家强化基层应急管理、加强突发事件信息发布工作等方面需要基层气象工作给予强有力的支持,这就为基层公共气象服务体系建设创造了更为有利的条件。譬如在国务院办公厅下发《关于加强基层应急队伍建设的意见》(国办发〔2009〕59号),要求各地在全面加强各专业应急救援队伍建设的同时,重点加强基层防汛抗旱队伍组建工作,加强气象灾害、地质灾害应急队伍建设,推进公用事业保障应急队伍建设等;明确指出气象部门要组织村干部和有经验的相关人员组建气象灾害应急队伍,主要任务是接收和传达预警信息,收集并向相关方面报告灾害性天气实况和灾情,做好台风、强降雨、大风、沙尘暴、冰雹、雷电等极端天气防范的科普知识宣传工作,参与本社区、村镇气象灾害防御方案的制订以及应急处置和调查评估等工作。容易受气象、地质灾害影响的乡村、企业、学校等基层组织单位,要在气象、地质部门的组织下,明确参与应急队伍的人员及其职责,定期开展相关知识培训。气象灾害和地质灾害基层应急队伍工作经费,由地方政府给予保障;要求完善基层应急队伍管理体制机制和保障制度。公安、国土资源、交通、水利、林业、气象、安全监管等有关部门要明确推进本行业基层应急队伍建设的具体措施,各有关部门要按照各自职责指导推进基层应急队伍组建工作。

四、基层公共气象服务体系建设实践探索

近年来,中国气象局将气象为农服务"两个体系"建设作为推进基层公共气象服务体系建设的切入点,采取点面结合、示范引领、龙头带动、分步推进的方法,取得了一系列卓有成效的成果。

根据2011年初中国气象局应急减灾与公共服务司的总结报告,全国各地以"两个体系"为抓手,解放思想、创新思路,转变观念、开放合作,积极争取各级党委政府和有关部门的支持,大力推进气象工作政府化、气象业务现代化、气象服务社会化。

(1)坚持政府主导,形成长效机制。长效机制是"两个体系"建设的活力源泉。各级政府高度重视"两个体系"建设,召开专题会议、出台政策措施、加大资金投入,广泛发动和引导社会各方面力量共同参与"两个体系"建设,切实形成"两个体系"建设的长效机制。河北、山

西、山东、浙江、安徽、湖北、河南、广东、广西、四川、重庆、甘肃等12个省(区、市)政府与中国气象局签署了加强气象为农服务的省部合作协议,通过项目将"两个体系"建设任务落在实处。31个省(区、市)政府均出台了专门文件或召开专题会议部署"两个体系"建设。中央财政持续加大气象为农服务的投入力度,设立专项经费支持人工影响天气和乡村气象服务等工作。浙江省政府首次将农村公共气象服务纳入省政府基本公共服务均等化行动计划,将"两个体系"建设和维持经费纳入省、地、县三级地方财政。安徽省政府将气象信息服务站建设和维持经费纳入地方财政。陕西省澄城等县(区)将气象信息员纳入当地公益性岗位补助范围。浙江省政府将农村气象防灾减灾工作列入省委"新农村建设"和"平安浙江"考核内容。内蒙古、甘肃等省(区)部分市(州、盟)将农村气象灾害防御体系建设纳入市政府对县政府的考核任务。

(2)坚持共建共享,形成部门合力。气象部门与农业、国土、民政、水利、安监、信息产业、移动通信、专业合作社、供销社等部门合作,联合开展气象预警信息发布手段建设、气象信息员队伍建设、气象信息服务站建设和气象灾害应急准备认证,取得良好成效。浙江、重庆、陕西省(市)气象局与省委组织部合作,联合开展乡镇干部气象防灾减灾培训。内蒙古、贵州、陕西省(区)气象局与省(市)委组织部、妇联、公安、供销等部门合作共建共享信息员队伍,形成信息员队伍建设的"大学生村官模式"、"妇女干部模式"、"治安哨亭模式"和"农村超市模式"。内蒙古、安徽、广东等省(区)气象局与民政部门合作,将气象灾害应急准备认证纳入到全国综合减灾示范社区建设中。各省(区、市)气象局与农业、水利等部门合作,联合开展气象信息服务站建设。安徽省气象局与省委组织部、农委等部门合作,以安徽农网为基础,联合开展乡镇综合信息服务站建设。安徽省气象局围绕中国气象频道进村入户,与省委组织部和省电信公司合作,在全省1000多个乡镇、18000多个行政村实施"电视上网"工程,实现了中国气象频道在乡、村落地。内蒙古区气象局和中国移动合作推进农村大喇叭建设,信息机、大喇叭、功放机由移动公司出资,气象部门负责信息发布。实践表明,只有坚持部门合作,推动部门间信息共享、资源共用,才能实现气象为农服务的多领域、深层次、全方位发展。

(3)坚持试点先行,形成由点向面、从单项突破向整体推进的发展格局。试点示范是"两个体系"建设中行之有效的方法。各级气象部门坚持边实践、边摸索、边总结、边推广,围绕"扩大试点规模、提升试点水平"的思路,以"整县、整乡、整村"推进的方式,突出由点向面、从单项突破向整体推进的实践特色。浙江省德清县的全国社会主义新农村建设气象示范县建设成效显著,形成具有全国示范意义的"德清模式"。安徽的农村综合信息服务站试点,形成了气象部门参与农业农村信息化工作的新途径。广东东莞市的全国安全气象社区示范建设,形成了基层社区气象防灾减灾新模式。31个省(区、市)气象局共设立现代农业气象试点县60个,气象服务进一步延伸到田间地头。31个省(区、市)气象局设立了农村气象灾害防御体系建设试点县,设立151个试点县开展气象灾害防御规划编制工作,620个试点乡镇开展气象灾害应急预案制定工作,239个试点社区(村)开展气象灾害应急准备认证工作。北京、广东等省(市)气象局试点开展精细化乡镇预报。实践表明,只有坚持试点先行,推广试点示范形成的实践经验和运行模式,才能实现气象为农服务由点向面、从单项突破向整体推进。

(4)加强顶层设计,形成规范标准。顶层设计是"两个体系"建设的基础。各级气象部门在总结试点经验和分析服务需求基础上,加强顶层设计,统筹集约资源,明确"两个体系"建设的目标、主要任务和具体举措。中国气象局先后制定出台了《现代农业气象业务发展专项规划(2009—2015年)》《关于加强农村气象灾害防御体系建设的指导意见》《关于加强农业气象服务体系建设的指导意见》《2010年气象为农服务工作要点》《县级现代农业气象服务试点方案》《全国自动土壤水分观测站建设方案》《省级农用天气预报业务服务暂行规定》《气象灾害防御示范社区、村镇建设标准》《农村气象信息服务站建设标准》和《地方气象灾害防御规划编制大纲》。各省(区、市)气象局形成了"两个体系"建设实施方案、《现代农业气象业务发展专项规划(2009—2015年)》实施方案和各类试点方案,努力做到高起点规划、高标准设计、高效率推广。实践表明,只有加强顶层设计,统筹考虑、统一规划,才能实现气象为农服务"两个体系"的标准化和规范化。

(5)坚持需求牵引,形成地方特色。需求牵引是做好"两个体系"建设的核心。各级气象部门在"两个体系"建设中,既不折不扣地执行"规定动作",又能围绕当地农业农村防灾减灾、国家粮食安全保障、农业应对气候变化等对气象服务的需求,因地制宜,不断创新建设内容、形式和载体,力求创特色、出亮点。湖北省气象局按照"九大优势农产品产业带"和"九种特色农产品基地"建设需要,开展了有机茶、柑橘、中药材、猕猴桃、板栗、水产、优质稻等特色农业气候区划,增加蔬菜、果树、烟叶、茶叶、水产、中药材、设施农业及立体气候观测;根据"一县一业、一乡一品"的农业产业新格局,在不同地区开展具有地方特色的专业服务,"地方特色鲜明、产品针对性强、专业化特色浓厚"的农业气象服务初步形成。江西省气象局瞄准气象为农民专业合作社、农业产业化服务的需求,大力开展特色农业项目观测,建立了脐橙、生猪、河蟹、鱼类、西瓜、草莓、葡萄等为代表的气象观测系统。实践表明,只有坚持需求牵引,牢牢把握国家农村改革发展对气象工作的要求,才能真正发挥"两个体系"建设的实效。

五、未来基层公共气象服务发展路径选择

根据我国公共服务改革发展的新形势,结合我国公共气象服务发展现状,综合以上各章的分析,我们对基层公共气象服务体系未来建设和发展问题做以下归纳:

1. 在推进基层公共气象服务体系建设中需要特别注意以下几个问题

一是公共气象服务需求差异性问题。我国幅员辽阔,气候复杂多样,经济发展不一,产业结构不同,风俗习惯各异,各地对公共气象服务的需求不一样,同一地区城乡气象服务需求不一致,同样群体不同个体对气象服务的期望要求也不同。因此,公共气象服务内容要有差异、有区别,以满足人民群众多层次、多样化的服务需求。

二是公共气象服务需求广泛性问题。经济社会越发展,对气象灾害敏感性越强,对气象服务需求越多;气候变化影响越严重,极端天气气候事件越频繁,对气象服务需求越迫切;文明发达程度越高,群众生活水平越好,公民意识觉醒越强,对气象服务要求越高。气象服务有限能力与经济社会发展无限需求的矛盾是气象事业发展的最主要矛盾,解决这一矛盾是

气象工作长期而艰巨的任务，不可能一蹴而就。

三是公共气象服务体系建设的渐进性问题。全国各地经济发展水平各异，特别是中西部地区基层政府财力困难、基础薄弱，发展公共气象服务应当与当地经济发展水平相适应，应当与当地政府财力相适应。争取公共财政对气象服务体系建设的投入，加强气象基础保障能力建设，要有计划、有步骤地安排项目，区别轻重缓急，突出重点、渐次推进。要根据当地发展水平确立当地基本公共气象服务的种类、标准，优先发展最基本的公共气象服务项目，逐步发展更高层次、满足更高需求的公共气象服务项目。单纯就基本公共气象服务而言，其内涵也不是一成不变的，而应随着经济社会发展程度的不同而变化，不同的地区、不同的经济社会发展状况应有不同的承诺。

四是公共气象服务供给主体多元化问题。气象服务是政府公共服务的重要组成部分，是政府执政为民、关爱民生的重要体现。加强基层公共气象服务体系建设不仅是气象部门的责任，而是对各级政府、各个部门、社会媒体、市场主体、社会公众等方方面面共同的要求。国办发〔2011〕33号文件就充分体现了这一精神，首先要突出政府主导作用。其次是明确各部门各方面社会责任，第三是开放合作统筹利用社会资源。

公共气象服务同其他绝大多数公共服务产品一样，在服务实践过程中，根据公共气象服务具有的公益性和可经营程度的不同，可以将公共气象服务分为基本公共气象服务和非基本公共气象服务两类，后者又可分为准基本公共气象服务和经营性公共气象服务。这些分类不仅勾画出了公共气象服务的外延，而且为我们正确把握公共气象服务的内涵提供了两组线索：一组是公共气象服务的基本性与选择性；一组是公共气象服务的营利性与非营利性。前一组属性说明公共气象服务既是有关公民生活之必需的，又是公民根据各自的需求情况是可以选择的；后一组属性是说有些公共气象服务确实是要免费向公民提供的或者仅为维持性收费，而有些公共气象服务则是可以生成利润的。以上表明，公共气象服务未必都是由政府提供的“免费大餐”，而应视不同的情况采取不同的供给机制；不同种类的服务往往需要不同的提供方式，服务自身的特性决定了其供给的条件和方式。全部由政府包办，面对方方面面的广泛需求，则可能陷入“政府失灵”的尴尬境地；不加选择地交给市场，则公民所应享有的基本公共气象服务可能无法保障，同样有可能陷入“市场失灵”的泥淖之中。

针对当前我国公共气象服务多元供给机制不健全、基层公共气象服务质量较低、城乡发展不均衡的状况，需要特别重视政府主导作用的发挥。各级政府不仅应是基本公共气象服务的提供者，而且应成为非基本公共气象服务的倡导者，同时也应是整个社会公共气象服务的规划者和管理者。不仅如此，应根据公共气象服务的类别、各地财政状况等合理划分各级政府公共气象服务的职责，建立上级政府对县乡基层政府公共气象服务体系建设财政转移支付的长效机制，逐步增强基层财力，使基层政府更好地担负起发展公共气象服务的职责。

2. 基层公共气象服务体系建设对策建议

与以往对于公共气象服务研究多从部门业务建设的视角分析不同，结合近年全国各地推进农业气象服务体系、农村气象灾害防御体系建设的试点探索和河南各地推进政府主导的基层公共服务体系建设的工作实践，我们从气象服务社会化的视角对加强基层公共服务体系建设未来发展提出如下建议。

一是建立基层公共气象服务体系建设的法律法规体系和政策制度保障。包括建立健全发展公共气象服务的法律法规、技术规范、行动标准、工作方式、具体措施、维持机制等。当前急需要政策解答的问题有:(1)公共气象服务类型界定:哪些是基本型公共气象服务、哪些是选择型公共气象服务,哪些是非盈利型公共气象服务、哪些是盈利型公共气象服务,服务的分类是公共气象服务供给主体多元的基础。(2)公共气象服务职责界定:各级政府的职责是什么,政府的职责该怎样由不同部门分担,社会组织、新闻媒体、企事业单位在公共气象服务中承担哪些义务?(3)公共气象服务效果界定:不同地域的人群对气象服务的需求是什么,最基本的要求有哪些?公共气象服务产品种类和内容是否为当地群众所需,是否有针对性,对生产生活是否发挥了重要作用,应该建立以真实需求为导向的公共气象服务产品发布制度、基本公共气象服务项目公开制度、新增公众服务产品科学论证制度、气象信息服务传播时效管理制度、公共气象服务质量调查评估制度,创建以结果为导向的公共气象服务评估体系。

要尽快完善面向基层的、面向乡村的决策气象服务、专业气象服务、公众气象服务和气象灾害防御管理等方面的业务规定和技术规范。结合区域经济结构、天气气候特征、当地居民需求制定基层气象机构《决策气象服务周年方案》《公众气象服务指南》和《专业气象服务指南》;建立科学、分类的气象服务目标考核与评价机制,出台《决策气象服务质量考核办法》和《公众气象服务质量考核办法》,按照《气象灾害预警信号发布与传播办法》的要求,制定基层气象灾害预警发布规范;;健全面向基层的、分层次的公共气象服务标准。做好基层气象灾害防御规划、重大气象灾害专项应急预案、气象灾害风险评估等工作。

二是建立以公共财政保障为主、中央地方基层合理分摊的公共气象服务多元投入机制。公共气象服务产品是绝大多数是基础性社会公益产品,应当不断加大公共财政投入。同时,气象信息也是生产要素,具有价值,可以产生商业效益,不是完全的公益物品,应尽可能减少“搭便车”,降低全社会接受服务的总成本。要充分考虑基层特别是中西部地区县乡两级财力困难的实际状况,加大中央财政转移支付的力度,建立中央、地方和基层共同分摊的公共气象服务成本分摊机制,贫困地区以中央为主、发达地区以省市县为主。在转移支付制度形式的选择上,结合公共气象服务的种类建立不同的支付模式,如主要产粮区人工影响天气作业补助经费可以采取以有条件转移支付模式,山洪地质灾害防治可以考虑以专项转移支付的模式,乡村气象信息传递服务可以采用一般性转移支付模式,并且随着中央财力的增强应当适时增加一般性转移支付的比重,有效消除经济发达程度不同地区之间、同一地区城乡之间基本公共气象服务水平的差距。对于一些选择性营利性公共气象服务产品(气象部门目前通常称之为专业专项气象服务或气象科技服务),如针对特色农业、设施农业的专业气象服务,交通运输气象服务、电力气象服务、防雷技术服务等,通常既有社会收益,又有生产单元单独收益的特点,可以在政府补贴的基础上,按照“谁受益,谁负担”和“量力而行”的原则,由服务特定对象按受益程度的大小进行支付补偿。也可先由政府公共提供,然后按照受益大小,向使用者收取相应的使用费,最终目的是既保证公共气象服务产品的不断丰富和发展,又充分发挥公共财政投资的最大效益。

三是积极探索建立社会化组织合理分担公共气象服务的市场化机制。随着经济社会的发展，社会分工越来越细，气象服务行业需求差异化特征更为明显，传统的气象服务产品（如电视天气预报）越来越难以满足各行各业对气象服务专业化的需要，发展个性化、有针对性的专业专项气象服务是大势所趋。尽管改革开放三十多年来我国公共气象服务质量有了大幅度的提升，服务领域越来越宽、服务产品越来越丰富，然而社会对气象服务的批评、置疑却有增无减，作为履行公共气象服务的气象部门在重大气象灾害损失面前往往成为众矢之的。各行各业、不同群体对气象服务的"特殊"要求谁来满足？显然靠各级政府气象主管部门独立承担是永远也解决不了的。随着国家行政管理体制改革、国家事业单位改革不断推向深入，商业气象服务市场放开是迟早的事。在未来公共气象服务多元供给主体当中，社会组织和私人部门将成为公共气象服务越来越重要的供给主体。私人部门和第三部门的发展状况和成长速度直接影响着公共气象服务多元供给的有效性。在目前个性化公共气象服务提供方面，已经潜藏着社会化气象服务组织和个体生产者的身影，随着事业单位改革的深化和一系列制度的完善，目前依附于气象部门下属事业单位的营利性组织必然逐步被推向市场。个性化的专业专项气象服务是生产要素的主要组成分，在我国没有开放商业气象服务之前，应给予更加灵活的机制，鼓励做强做大、加快发展、独立运行。同时，迫在眉睫的一项重要任务是，制定气象服务市场准入条件，加强气象服务商业化制度建设，适当引进市场化机制，增加公共气象产品的供给，这样才有利于提高公共气象服务的质量与效率。政府应当充当公共服务多元主体的培育者，为私人部门和第三部门的发展营造良好的竞争和发展环境，积极培育和促进私人部门尤其是第三部门的发展，使它们能够具备足够的能力来承担部分公共气象服务的供给职能。

四是积极探索农业气象服务体系建设和农村气象灾害防御体系建设的长效机制。气象为农服务"两个体系"是推动气象事业发展的一场革命，是气象服务综合效益提高的重要途径，更是基层公共气象服务体系建设的重要载体。通过与地方政府公共服务体系的有效融合，将农村公共气象服务纳入到农村公共事业发展中，纳入对地方政府的各项考核体系中，逐步建立政府对农村公共气象服务建设、运行和维护的财务投入渠道。"两个体系"建设要按照基本公共气象服务城乡均等化发展的要求，遵循"统筹规划、突出重点，整合资源、提高效率，分类指导、分级负责，需求引领、科技支撑，政府主导、社会参与"的原则，结合各地需求，立足现有基础，科学合理布局，强化薄弱环节，完善网络系统，延长服务链条，让长期以来公共财政支持发展的气象事业发展成果和日益丰富科学高效的各类公共气象服务信息惠及全体民众。

五是因地制宜灵活多样发展基层气象机构和气象服务队伍。根据中国气象局《公共气象服务业务发展指导意见》，未来几年公共气象服务发展的主要目标是：气象部门社会管理和公共服务职能明显增强，公共气象服务发展水平与全面建设更高水平小康社会的要求基本相适应；建成功能比较完备的公共气象服务体系，基本实现服务业务现代化、服务队伍专业化、服务机构实体化、服务管理规范化，不断提高服务能力、拓展服务领域、丰富服务产品、完善服务体系；政府主导、部门联动、全社会参与的气象灾害防御体系进一步完善；公共气象服务信息覆盖率达到95%以上，气象服务公众满意度达到90%以上，气象防灾减灾效益显著提高。这些目标任务要顺利实现,关键是要大力发展基层特别是农村地区的公共气象服务体系,而加强基层气象机构和气象服务队伍建设是落实基层公共气象服务任务的基本条件。各地应结合国家事业单位改革和乡镇机构改革的政策,积极发展县、乡两级气象机构,大力发展延伸到村组户基层单元的气象服务队伍,大力发展社会气象和气象信息产业,强化基层行政管理、行业管理和社会管理职能,扩大社会影响,从而发挥基层气象机构在公共气象服务中的主力军作用,同时也为下一步气象部门事业单位改革奠定良好基础。各地要结合实际,积极争取地方气象事业编制,通过设立县气象局乡镇分局、派出机构、气象信息服务站或纳入基层公共服务中心等形式,促使气象机构向基层辐射延伸;通过"大学生村官模式"、"邮政模式"、"治安哨亭模式"、"种植专业大户"等不同发展模式大力发展气象信息员队伍,加强业务培训和技术指导,建立经费补贴、效益奖励、评先推优等稳定气象信息员队伍的有效机制,充分发挥气象信息员在基层气象灾害防御中的作用。

目前,在推进基层气象机构建设、建设基层公共气象服务长效发展机制方面,全国各地都在进行着积极的探索和尝试。浙江省各级党委政府支持,气象工作全面纳入"平安浙江"、"新农村建设"、"生态省建设"、基本公共服务均等化计划、地方党委政府综合目标考核体系,积极推进气象防灾减灾示范乡镇(街道)、示范村(社区)建设,使基层气象部门强化公共服务和社会管理有了具体抓手;推进市辖区及开发区、新区管委会的气象机构建设,探索建立了中心镇气象分局;适应事业单位改革的要求,推进县级气象局机构改革。湖北省积极推进气象防灾减灾机构建设,在部分县区争取到地方编制,部分市各级将气象为农服务经费纳入地方财政预算。河北打造多站合一的乡镇气象信息服务站,全部纳入地方组织部门考核体系;争取地方政府给予气象灾害防御指挥部办公室、气象防灾减灾中心人员编制,将气象灾害防御指挥部办公室、气象防灾减灾中心建设和运行经费纳入当地财政预算,气象信息员日常管理由乡(镇)气象信息站负责,所需经费由地方财政提供,建立稳定可靠的基本保障。辽宁省将"两个体系"建设任务纳入农村公共服务体系建设和政府目标考核体系,准备成立辽宁省气象灾害监测预警中心,挂靠沈阳中心气象台,核定地方编制30个。内蒙古借助民政局综合减灾示范社区建设契机,将气象灾害应急准备认证工作纳入到示范社区建设中,制定应急认证标准,与民政共同实施了气象灾害应急准备认证。

同时,我们要注意到,不少地方对于从中央到地方的"条条"和部门必须约法三章,明确乡镇事业单位改革及机构设置权限在县乡基层,上级部门不得强调机构设置的上下对口;只要地方和基层能履行公共服务的职责并完成上级的任务,上级对乡镇事业单位的设置及改革不得干涉。在乡镇机构精简、人员编制减少的情况下,在基层建立新的气象机构面临着客观困难,各地不应片面追求独立设置气象机构,这在全国大多数地区是不现实的,与相关涉农部门共同组建服务中心,将基层公共气象服务体系建设纳入基层政府公共服务体系建设之中是当下上级气象主管部门必须思考和抓紧解决的迫切问题。

参考文献

方堃. 2008. 我国县域农村公共服务模式变革——从"国家单方供给"到"社会协同治理"的理论与实证研究. 华中师范大学硕士论文.

李泽椿,巢纪平,等. 2004. 中国气象事业发展战略研究·气象与经济社会发展卷. 北京:气象出版社.
夏锋. 2007. 基本公共服务均等化与城乡差距分析[OL]. http://xiafeng761011.blog.163.com/blog/static/92353652007312311348 4/.
赵聚军. 2009. 农村公共服务体系演进中的基层政府定位. 人文杂志,(1).
郑晓燕. 2010. 中国公共服务供给主体多元发展研究. 华东师范大学博士论文.

市县级气象事业一体化发展专题研究*

实施一体化发展战略是经济社会和科学技术发展到一定阶段的产物。在国际和国内关于一体化理论研究已经取得许多共识(见附件:一体化发展战略的主要理论简介)。在一些发达国家,一体化理论在经济、政治、文化、社会等领域得到了广泛应用,并取得了一些重大成功。随着我国经济社会快速发展,经济规模不断扩大,科学技术水平不断提高,社会化的物流系统、信息流系统、交通流系统、资金流系统已高度发达,为各行各业实施一体化发展战略提供了客观条件。由此,探索建立市县级气象事业一体化发展,实现市县级气象资源最优化、业务分工专业化、服务效益最大化,实现市县级气象部门各司其职、各展其长、各负其责、各得其所的体制机制,形成"以市带县、以县促市、统筹协调、共同发展"的市县级气象事业一体化发展格局,是深化基层气象事业发展改革的重大选择之一,也是破解基层气象事业发展不平衡的重要探索。

一、市县级气象事业一体化发展概述

1. 市县级气象事业一体化发展内涵

我国县级气象事业组织是一个独立的事业法人单位,也是一个独立的财务单位,相对气象业务、气象服务、气象基础建设、气象人员待遇、气象行政管理,在国家统一的政策下,也具有相应的独立性,与市级气象事业单位实行不同的运行机制。市县级气象事业一体化是指将独立的市县级气象事业组织除气象行政管理外的事项集约统筹在一起或者结合形成一个有机的发展整体。

市县级气象事业一体化发展,就是要在国家行政、财政体制不改变的情况下,调整市县级气象事业组织形式和运行机制,以市带县、以县促市,达到缩小两级差距、谋求共同发展的目的,促进市县级气象事业协调、均衡、持续发展。

2. 市县级气象事业发展体制性问题分析

长期以来,气象部门实行的四级管理体制,其相应管理机制是一级管一级、下一级对上一级负责,各级均有相应独立的业务、服务、人事、财务等资源调节权。这种运行机制虽然有

* 本报告完成于2013年。主要研究人员:姜海如、匡如献、郑治斌、彭莹辉、沈志清、王喆、孙杰等。

很多优势，但随着气象事业发展也显露出明显不足，主要反映在以下方面。

(1)气象服务范围以行政管辖区域为单位，气象服务地域范围被体制分隔，县级气象机构主要限于所在行政区域范围开展气象服务，既不适应开放、统一、规范的市场服务规则，又不适应现阶段国家事业单位分类改革的总体方向，也不适应经济社会发展对气象服务提出的多元化、丰富化、专业化要求，而且难以解决气象服务规模发展问题，同时分级制作气象服务产品的成本高，比较效益低。

(2)分级开发制作气象服务产品，从而造成技术力量分散，一般市县级气象台站较难安排专人进行专业专项气象服务产品开发，少数气象台站即使安排1～2个专人，但受技术等多种条件限制，开发能力有限，不可能对上百种行业开发专业气象服务产品。虽然每个县级气象台站都有明确的气象服务地域范围，但大都面对开发公共气象服务产品和专业专项气象服务产品也缺乏信心。

(3)分级支配气象资源，造成市县级气象台站之间就气象信息产品和公共气象服务开发联系较少，各自资源优势难以互相利用，从而造成部门行政体制优势和网络优势未能发挥应有作用。目前，我国网上气象服务资源并不缺乏，但很多网站的气象服务资源或彼此重复或覆盖面狭窄，可用资源并不够丰富，尤其有针对性专业气象服务产品更少。现有网络气象服务大多还处于初级资源共享状态，大都只是将传统气象服务简单移植到网络上，并没有真正体现个性化气象服务优势。

(4)市县分级发展，由于县级气象机构体量小，规模小，点多面广，又高度分散，多数单位财政经费保障不足，既难以做到政事企分开，又难有更多人力资源承担不断增加的公共气象服务任务，难以满足当地经济社会发展对气象服务的需求。由于各县级地方经济社会发展不平衡，也造成县级气象事业发展不平衡。

3. 市县级气象事业一体化发展的实践探索

为了解决市县级气象事业发展出现的以上问题，各级气象部门一直在不断探索，在一些地区和单位结合实际，针对一些具体项目，通过推进市县级气象事业一体化发展，取得了明显成效，主要体现在以下方面。

(1)市县级气象预报业务一体。目前，在全国大多数地方基本实现了由市级气象台统一制作分县预报，县级气象台(站)直接应用市级预报产品或经过订正后开展预报服务，不仅提高了县级预报水平，而且提高了工作效率，县级预报服务人员能有更多精力投入到公共服务中去。

(2)市县级12121等气象声讯服务一体。经过近10年的发展，目前全国各地基本实现了由市级气象服务单位建立全市(含县)统一的电话气象服务业务平台，实现了市县级电话气象服务一体，已经成为公众气象服务的重要窗口。

(3)市县级气象影视服务一体。随着地方电视频道的改革与集约，在一些省(区、市)推进了市级气象影视中心代替县级制作电视天气预报的集约，市级通过建立气象影视演播室，不仅负责本级，而且分县制作有主持人的气象影视节目，其节目直接分发到县级电视台播出，这样既提高了节目制作水平和质量，又提高了市县级设备利用效率，明显降低了制作的边际成本，还淘汰了县级原有落后制作方式。为了体现对县级的支持，大多数市级规定由此产生的效益完全属县级气象部门。

(4)省市县短信气象服务一体。根据通信技术发展，全国绝大多数省(区、市)基本实现了省、市、县级短信气象服一体，由省级建立统一、规范的技术平台，统一服务流程和技术标准，由市级制作气象短信息产品，上下结合发展用户和提供客户服务。经过近些年的快速发展，目前基本趋于稳定和成熟，已经成为最重要的公众气象服务和气象灾害预警平台。

同时，积极开展市县级气象事业一体化发展综合性试点。一些市县级气象局在经过总结经验基础上，结合新的发展形势，开始了市县级气象事业一体化发展的综合性探索。如浙江省嘉兴市气象局通过推进市县级气象事业一体化发展，使县级社会管理职能和公共服务职能得到明显增强，服务能力显著提升。湖北省武汉市气象局按照“一调整”、“二集约”、“三统筹”、“二规范”(即调整市区事业单位机构与职能；集约现代气象业务发展、集约气象科技服务发展；统筹基层台站建设、统筹综合预算管理、统筹人才队伍建设；规范气象社会管理、规范职工收入分配)的总体思路，推进市区气象事业一体化发展，取得了较好的效果。

4. 推进市县级气象事业一体化发展的利弊分析

从一些地方的实践来看，稳步和有序推进市县级气象事业一体化发展，开展“以市带县，以县促市，共同发展”试点，对于破解当前基层气象事业发展难题，加快推进基层气象现代化具有积极的现实意义。其积极意义体现在以下方面。

(1)有利于解决县级气象事业发展不协调问题。当前，市县级气象业务服务体制机制不尽合理，业务服务合理分工问题仍然没有得到根本解决，存在着气象资源率利用不高、资源配置不合理的问题，使得市县级气象部门有限的人力、物力、技术等资源捉襟见肘，市县级气象部门在发展过程中不协调问题比较突出。通过探索市县级气象事业一体化发展体制机制，进一步明确市县级气象业务服务职责和分工，扬长避短，优势互补，有助于解决市、县两级气象业务“一般粗”的局面，实现基层气象事业由分散粗放型向高效集约型转变，由单打独斗、各自为战向协同作战、抱团发展转变，形成新的市县级气象事业组织形式和运行机制，促进市县级气象事业协调发展，并可在保持原有发展优势的同时，通过统筹获取新的发展优势。与此同时，促进县级公共气象服务主要向乡镇延伸，促进市级与各县级的优势气象服务能力向全市范围覆盖，以实现市级与县级、县级与县级气象事业的协调发展。

(2)有利于解决县级公共气象服务能力不适应问题。市县级气象事业一体化发展提供了进一步熟悉上游或下游气象业务、服务和管理相关技术的机会，可以大大减少县级与县级之间、市级与县级之间技术开发重复，更有利于新技术和新产品推广范围的扩大。推进市县级气象事业一体化发展，发挥“以市带县”的拉动作用，一方面可以把县级气象部门从日常的预报、产品制作等工作中解放出来，把有限的人力、物力集中到产品的推广和应用上来，使县级气象部门集中力量做好服务工作，进一步提高气象服务质量和效益；另一方面，可以充分利用市级气象部门的科研资源，不断增强县级气象部门的气象服务科技支撑能力，拓展气象服务领域，深化气象服务内涵，创建气象服务品牌，不断提高气象服务的能力和水平，满足地方经济社会发展对气象服务的需求。

(3)有利于在全市范围内合理配置气象资源。推进市县级气象事业一体化发展,通过市级气象管理层面对市县两级的人才队伍、资金预算、基本建设、气象服务、现代化建设等统筹考虑安排,一方面有利于实现更多的可用资源向较差的县级气象部门倾斜,能够在较短时间内缩小市级与县级、县级与县级之间的差距,实现县级之间的均衡发展;另一方面有利于县级气象事业得到更有针对性的支持,实现优势发展、特色发展和互补发展,避免资源低效使用、资源闲置浪费、低效重复,实现各类资源的使用最优化和效益最大化。同时,市级技术和能力优势向县级延伸,又可进一步促进市级气象事业整体发展水平的快速提升。

(4)有利于提高市县级气象部门的总体效益。市县级气象部门通过一体化发展均可扩大自身价值和效益,可以提高其总资产回报率,并可以制定更有发展优势的策略。这种价值既可以成为市县级气象职工的一种荣誉,又可以成为市县级气象事业进一步发展的动力。市县级气象部门均可以获得崭新的发展机会,有利于避免分级造成的组织结构和功能老化,给市县级气象事业带来新的生机和活力。同时,有利于提高县级气象业务服务的业绩,降低成本或者缩小差别;有利于创造竞争和发展优势,提升县级气象部门技术水平、服务能力,而且在全市执行市级的政策和制度,有利于县级气象部门在地方提高话语权和提升社会形象。

(5)有利于促进县级气象机构规范管理和提高管理水平。县级气象机构是气象部门最基层的单位,单位小、人员少、事务杂,多数单位内部管理不规范,管理水平不高,管理人才缺乏,基本建设管理也是摸着石头过河,社会管理不到位甚至缺位。推进市县级气象事业一体化发展,属于当地和市县两级气象部门的规定均可在全市气象部门统一执行,将有利于解决各县级气象机构管理不规范,特别是基本建设、财务、收入分配和执法实行全市统一规范、统一管理后,可以极大地提高县级气象机构管理水平。

试行市县级气象事业一体化发展,需要具备一些客观条件,特别是市级气象机构需要有较强的经济实力和调控能力,能有效带动县级气象事业均衡发展;需要有很强的组织能力和管理水平,因为一体化发展由过去的层级关系转变为职能关系,比原来分级组织结构复杂,内部各个环节关系和利益关系也比原来复杂,对组织管理的要求很高。如果不具备这二个重要条件,就可能出现以下不利的情况。

(1)由于一体化发展的一致性要求,县级气象机构的部分独立性权利被市级统一,如果市级气象机构不作为或作为不当,就可能从整体上影响各县级气象事业发展。

(2)由于县级与县级之间的发展不平衡,试行市县级气象事业一体化发展,一些处于先进地位的县级气象机构从开始就可能会有不同看法,担心本地产生的效益会被平调。在推进过程中,如何保护先进县级气象机构的积极性也是保证一体化发展试点成功的重要内容。

(3)由于市县级之间人员、技术、信息、资金等要素的交流会明显增多,由此产生的各种成本会明显增加。如果一体化发展总体效益提高不够,有可能造成成本扩大。

5. 推进市县级气象事业一体化发展的类型及关系

(1)推进市县级气象事业一体化发展的类型

由于全国各地气象事业发展水平不一,差别较大,市县级气象事业一体化发展不可能是一种类型、一个模式。根据以上发展思路,直辖市、省会城市(副省级城市)、一般地区可结合各自特点逐步推进市县级气象事业一体化发展试点。

1)直辖市。可在重点完善区(县)级气象机构建制的基础上,开展市区(县)气象事业一体化发展试点,可考虑区(县)气象机构既是一级气象行政管理单位,又可以作为市级直属单位,承担全市某一专业职能为全市范围服务,以推进市区(县)综合性一体化发展。

2)省会城市(副省级城市)。综合实力较强的省会城市气象局,可以在气象规划、气象业务、公共气象服务、气象科技服务、基本建设、资金管理、收入分配等方面,按照市县级一体化发展思路,全面开展试点。综合实力较弱的宜开展单项一体化发展试点。

3)一般地区。经济实力较强的市级气象局,下辖县级比较少的,可以参照综合实力较强的省会城市气象局开展市县级气象事业一体化发展试点。经济实力一般、下辖县级较多的市级气象局,比较适宜于市县级气象业务服务的单项集约,为逐步推进市县级气象事业一体化发展创造条件。

(2)推进市县级气象事业一体化发展涉及的关系

市县级气象事业一体化发展是推进集约化发展的具体措施之一,在推进市县级气象事业一体化发展试点工作中,应当正确处理好以下关系。

1)市县级气象事业一体化发展与强化县级气象机构职能的关系。市县级气象事业一体化发展要求,县级气象机构在履行基本职能的前提下,要通过气象服务向乡(镇)、社区、村延伸来强化职能,还要通过加强气象防灾减灾管理强化社会管理职能;县级气象部门还需要结合实际,开发适用于全市的专业气象服务产品,以增强县级气象服务专业化能力。

2)市县级气象事业一体化发展与双重气象计划体制的关系。为市县级地方经济社会发展和气象防灾减灾服务的基本建设投资和事业经费等地方气象投入,纳入地方人民政府的国民经济和社会发展规划以及财政预算,由县级气象机构负责相关经费的落实、市级气象机构统筹考虑和指导组织实施。

3)市县级气象事业一体化发展与资源配置的关系。市县级气象事业一体化发展,通过市级气象管理层面对全市气象资源配置进行合理调整,有利于扩大现有资源的利用率,避免有关资源闲置和浪费。同时,可减少低效能、低水平的重复劳动,如气象事业发展规划由市级统一制定,就可以避免县级重复低效制定气象规划。

4)市县级气象事业一体化发展与基层气象机构综合改革的关系。市县级气象事业一体化发展与基层气象机构综合改革紧密相连,市县级气象事业一体化发展是从纵向整合市县级资源和调整机制,基层气象机构综合改革是侧重调整县级气象机构的结构关系,增加新的功能性。因此,二者相辅相成,更有利于推进县级气象事业发展。

5)市县级气象事业一体化发展与推进基层气象现代化的关系。市县级气象事业一体化发展和市县级气象现代化目标具有一致性。气象现代化包括气象业务现代化、公共气象服务现代化和气象社会管理现代化等,开展市县级气象事业一体化发展探索是推进基层气象现代化的重要选择之一,如建立完善市县级综合观测、预警预报、运行保障、气象服务为一体的综合性气象业务平台,既是气象现代化发展要求,也是市县级气象事业一体化发展要实现的目标。

二、开展市县级气象事业一体化发展的目的和主要思路

1. 开展市县级气象事业一体化发展的目的

近些年来，市县级气象事业发展取得了长足进步，一些市级气象部门的业务、服务能力得到明显提高，气象基础建设得到明显改善，发展活力明显增强。但是，由于气象科技快速发展和社会对气象服务需求日益增长，县级气象事业发展不适应、不平衡问题越来越明显。针对县级气象事业发展出现的问题，一些地方开展市县级气象事业一体化发展综合性试点，其目的在于以下方面。

(1)扩大县级公共气象服务职能。通过推进市县级气象事业一体化发展，扩大县级气象服务职能：一是把公共气象服务重点向乡镇村延伸，扩大公共气象服务覆盖面；二是利用本县气象机构优势，开发生产气象服务产品，以市级专业气象服务机构名义，在全市范围使用，如结合县级气象机构条件，分别挂市级水果种植气象服务台、旅游气象服务台、交通气象服务台、社区气象服务台、气象技术保障分中心等，从而明显扩大县级气象机构职能。

(2)提升县级公共气象服务能力。根据市县级气象事业一体化发展要求，由于打破了市县层级和县县地域分割的阻碍，市级和各县级的气象技术和能力优势均可在全市范围推广应用，可以极大地提高县级公共气象服务能力。从已经推广的市县级一体的电视、电话、短信、网站气象服务看，大大提高了县级公共气象服务能力。随着一体化发展的深入推进，到用户手中的气象服务产品专业化水平还会越来越高，而且产品越来越多，有利于促进各县级气象机构的产品和服务在一定程度上会达到市级水平。

(3)提高县级气象现代化综合水平。根据市县级气象事业一体化发展理念，市级和县级气象事业发展只存在规模上的差别，气象业务系统、服务系统、技术装备、基础设施由市级统一组织设计和建设，均应达到市级水平，可以明显提高县级气象现代化综合水平。

(4)扩大全市气象资源合理配置。市县级一体化发展将促进全市气象部门人才、技术、装备、资金、资产和信息资源的统一调配，如果组织得当，其资源利用率和资源效益在前期可以实现积数增长，在后期可以实现和数增长。

(5)增强县级气象事业发展动力。市县级一体化发展为县级增加了新的动力要素，市级和其他县优势的公共气象服务资源，通过自身努力在本县范围推广和应用，自身的优势能力也在全市范围推广，扩大了县级气象事业发展空间。

(6)平衡全市县级气象机构政策性差别。在地方县级与县级之间在人事、财务、工资待遇等方面存在许多政策性差别，市县级之间也存在政策性差别，推进市县级气象事业一体化发展，可以试行市级统一的人事、财务、工资待遇政策，有利于全市气象部门干部和技术人才交流，有利于促进市级与县级气象事业协调发展。

2. 推进市县级气象事业一体化发展遵循的基本原则

一体化发展既具有明显战略优势和许多有利方面，但是也存在一定局限和风险。推进

市县级气象事业一体化发展,应遵循“三个不改变”,即不改变市县级气象机构的法人地位、不改变市县级气象机构的行政管理体制、不改变现行的财政体制,并应当遵循以下基本原则。

坚持资源整合。在整合现有资源,提高资源效益的同时,充分发挥社会、部门和政府的相关资源在气象防灾减灾中更大作用。着眼于推动发展转型,发挥市级气象机构的领跑作用,尊重县级气象机构的主体地位。充分发挥市级气象机构在科技、人才、组织管理等方面的优势和县级气象机构直接面向生产、面向民生、面向决策的主体地位优势,优化市县级气象业务布局,合理调整市县级气象机构任务与分工,创建“上下联动、政策集成、资金聚焦、资源整合”的集约化发展运作机制。

坚持统筹集约。市县级气象事业一体化发展是贯彻落实科学发展观的具体体现,在试行市县级气象事业一体化发展中,必须坚持统筹集约。立足气象现代化发展需要,针对影响和制约基层气象事业发展的突出问题,加强总体规划和顶层设计。根据各地经济社会发展水平和气象事业基础,因地制宜,科学确定总体目标与阶段目标,突出重点,区分轻重缓急,既尽力而为、又量力而行。统筹兼顾各方关系,综合配套相关制度,协调发展。

坚持强化县级职能。现行县级气象机构体量小,履行职能的能力较弱,一体化发展在全市总体体量不变的情况下,可以起到在实际上增加县级气象机构体量的作用,有利于强化县级公共气象服务和社会管理职能。但必须注意避免出现“以市代县”,或以市级为主、县级为辅,从而弱化县级职能的情况。

坚持从实际出发。由于各地情况不同,基层气象部门存在的突出问题也不尽相同,推进市县级气象事业一体化发展不能一刀切,不能搞统一模式,各地可从实际出发,突出不同重点,探索不同模式。可以先行先试,选择技术、人才和资金等主要生产要素领域作为一体化发展的突破口,统筹集约资源配置,发挥规模经济效益。也可从成本小、效益高的领域入手,有区别、有重点和有选择地将有限资源投向优势领域,利用扩散效应带动其他领域的发展。鼓励有条件的地区率先开展试点,发挥示范和带动作用。

坚持以改革促发展。推进市县级气象事业一体化发展要与县级气象机构综合改革相结合,对市县级的资源进行优化整合,对现行的管理方式、运行模式进行大胆改革。进一步理顺气象事业发展中的政、事、企关系,统筹协调国家、地方气象事业的关系,统筹协调市、县级气象机构的关系,加快消除市县之间、县县之间的政策差别和制度障碍,逐步在全市统一工作部署、统一资源配置、统一目标考核,不断推进市县级气象事业一体化发展。市县级气象事业一体化发展的根本目的就是要促进市县级气象事业共同发展,不是简单地利用市级发展成果“救济”县级气象部门,只有通过市级的加快发展,才能更好地带动县级发展。

3. 推进市县级气象事业一体化发展的主要思路

推进市县级气象事业一体化发展,是在当前形势下针对解决基层气象事业发展问题而提出的一种新探索,在不改变市县级气象机构法人地位、市县级气象机构行政管理体制、现行的财政体制的前提下,按照“二集约”(即集约气象业务服务、气象科技服务)、“二统筹”(即统筹综合预算、人才资源)、“二统一”(即统一台站规划设计、基本建设项目管理)、“三规范”

（即规范气象社会管理、职工收入分配、运行机制）的主要思路推进市县级气象事业一体化发展。

（1）集约市县级现代气象业务服务发展。由省级或市级统一组织开发建设集约化县级现代综合业务平台，为县级实现综合化业务提供技术支持。县级气象业务机构负责应用推广工作和用户反馈信息收集工作，负责公共气象服务向乡村延伸，组织社会力量发展城镇、乡村基本公共气象服务站点，专注于服务产品与用户的衔接。统一组织开发市县级共享的公共气象产品，除一般性气象预报产品和精细化气象预报产品，由市级气象台制作外，组织全市气象技术力量，充分发挥各县优势，统一开发农业、交通、电力、林业、水利、旅游、环境等重点行业、重点企业的专业气象预报服务产品，由各县级气象服务机构组织应用和推广。

（2）集约市县级气象科技服务。当前气象科技服务在补充事业经费方面仍然占有十分重要的地位，推进市县级气象科技服务集约，需要打破现有利益格局，按照集约原则创新体制机制。其中市级与县级气象部门的气象影视项目通过“市代县制作”实现集约，市级气象部门通过建立气象影视演播室，制作有主持人的气象影视节目，节目分发到县级广播影视部门播出。电话气象服务以电话区号为单位向市级集约。专业专项气象服务由全市集中，分县发挥优势参与。防雷技术服务逐步集约到市级防雷中心承担，由市级防雷中心统一规范、统一技术标准、统一运行机制进行集约。可通过“一中心多所”（即市级防雷中心，分县区设所或合县区设所），由市级防雷中心统一管理方式进行集约，一县区可设一所或多所，任务不重或交通便利的县区级也可不设立所。通过推进市县级一体后，市级防雷中心可以有多个常规检测所、跟踪检测所、特种检测所，还可以单独设立雷电灾害风险评估所、防雷装置设计技术评价所、防雷研究所等。

（3）统筹市县级综合预算。实现市县级资金统筹，各种渠道资金统一纳入市县两级综合预算，根据资金总量建立县级气象事业建设专项资金，集中财力，提高资金使用效益，优先解决县级综合业务、服务以及基础设施等突出问题，并建立市县级一体的财务管理制度，统一财务运行规则。

（4）统筹市县级人才资源。建立市县级气象事业一体化发展的用人机制，在合理划分国家气象事业和地方气象事业主要任务后，科学设定国家气象事业编制岗位和地方气象事业编制岗位，明确岗位职责和任务。建立全市统一的岗位设置管理标准、岗位总量和岗位等级，实行在全市范围内的人才流动、竞争岗位，处科级领导干部在全市范围内统一调任使用。

（5）统一市县级台站规划设计。为确保市县级气象台站规划制定的科学性，针对各县级具体情况及发展环境，由市级气象机构组织有关部门，对台站现代化建设规模、功能布局和台站基础设施建设进行一体考虑，按照“适用、经济、美观”和“现代气息、科技氛围、面向未来”的原则，统一规划设计，并在规划中加强指导、引导，使市县级台站规划既体现气象部门整体形象，又突出各地特色。

（6）统一市县级基本建设项目管理。市县级气象部门的基本建设由市级气象机构统一规划和设计后，统一资金安排、统一组织实施，解决县级气象机构基本建设规划水平、组织能力和资金保障不足等问题。同时，市级气象机构加强对县级气象部门基本建设项目的指导管理和资金监管，在项目实施过程中严格执行国家基本建设管理规定、审批制度和气象部门基本建设财务管理制度，规范项目建设程序。

(7)规范市县级气象社会管理。市县级气象机构在做好公共气象服务的同时，着力强化气象社会管理职能，加强市级气象机构气象行政执法主体作用，县级气象机构选派气象行政执法人员参加，协调、组织和使用全市气象行政执法资源。

(8)规范市县级职工收入分配。根据市级地方政策标准，市县级同一岗位实行同样或大致相同的绩效工资，并建立和完善目标考核和绩效考核机制。按照国家和市级地方政策标准，统一市县级在职人员和离退休人员工资和津补贴标准。

(9)规范市县级运行机制。统一制定市县两级管理规章制度，形成科学规范和合理的运行机制，特别是效益分享机制必须明确规定。

三、推进市县级气象事业一体化发展的对策建议

推进市县级气象事业一体化发展是一项系统工程，是新形势下促进基层气象事业发展的一种新探索和新实践。为此，对推进市县级气象事业一体化发展提出如下建议。

1. 发挥垂管优势，强化统筹设计

充分发挥气象部门“双重领导、部门为主”的管理体制优势，强化市级气象局的领导作用、市级气象业务机构的牵头作用，按照一体化发展的思路，由市级气象机构统一制定全市的发展规划，统一设计市县级气象机构设置、功能布局、职责分工，统筹市县级气象部门基础设施、业务服务系统、气象社会管理、人才管理、资金投入、收入分配、气象科技服务等，统筹集约有限资源，形成整体合力，并在工作部署中明确工作目标、实施步骤和主要措施，推进市县级气象事业一体化发展。

2. 推进综合改革，调整事业结构

按照国家事业单位分类改革提出的“政事企分开，营利性和非营利性机构分开”原则，推进市县级气象机构的综合改革，通过调整重新配置市、县级气象机构的资源，合理分工、理顺关系，突出市级气象机构在气象业务支撑、科技创新、气象科技服务方面的主体地位，强化县级气象机构作为同级人民政府气象工作主管机构的定位，形成气象行政管理、基本气象系统、经营性气象信息与技术服务和社会参与气象服务的气象事业结构，履行其气象防灾减灾、公共气象服务和社会管理工作的职能，并延伸加强对乡镇、社区、村组的公共气象服务组织管理。

3. 建立运行机制，强化规范管理

推行市县级气象事业一体化发展，涉及许多制度性改革问题，必须建立行之有效的管理协调机制、科学规范的运行机制，制定完善的气象业务服务、财务管理、人事管理、效益分享等配套运行方案和规章制度，明确收入分配、目标考核、绩效评价等管理办法。这些都需要在规范化管理上下功夫，为市县级气象事业一体化发展提供制度保障。

4. 稳定经费渠道，保障发展投入

在保障中央财政稳定增长的基础上，应加大争取地方公共财政保障力度。市县级气象部门都应主动争取当地党委政府支持，争取把气象事业发展纳入当地国民经济和社会发展规划和有关专项规划，增大地方财政经费保障力度，或者通过政府购买基本公共气象服务，解决县级气象机构聘用社会人员所需经费。同时，要继续推进气象科技服务发展，实现市县级各种资金统筹，不断提高市县级气象事业一体化发展的资金保障能力。

5. 开展试点示范，逐步扩大推广

结合推进基层气象现代化和基层气象机构改革工作，选择有条件的地区先行推进市县级气象事业一体化发展试点，及时总结和交流试点工作经验，以点带面，为在面上整体推进市县级气象事业一体化发展提供经验。在试点工作中，要注意结合当地实际情况，在不与现行行政体制、财务政策、人事政策明显冲突的原则下，按照市县级气象事业一体化发展的思路提出可操作性的措施。

6. 加强调研指导，提供政策支持

上级气象部门应深入市县级气象部门调研，加强对试点工作的组织协调，及时给予工作指导，并在技术支持、财政预算和政策支持上给予倾斜。特别是在与推进气象现代化、事业单位分类改革、解决基层气象事业发展不平衡有机结合方面，应给予更多的指导。

附件：一体化发展战略的主要理论简介

1. 一体化的内涵

一体化是指将独立的若干分散的关联部分，通过自身业务（产品）在生产、技术和市场等方面的优势，集约在一起或者结合在一起形成一个有机整体的控制和支配过程。集约化和有机性的整体并不是独立部分简约相加，而是有机联系的发展链。

一体化概念是基于独立分散而提出的概念，一体化进程就是把独立分散的同类、相近或相关企业、或事业、或组织、或市场，通过一定制度形式联系起来，形成统一认可的一致性或差别性的机制。一体化最适用于物流、信息流、资金流、网络高度发达而服务或市场又高度分散的企业、事业组织或地区。气象部门就是一个信息流和网络高度发达而服务又高度分散的部门，气象部门很早实行垂直管理体制就是推进全国气象观测业务活动和气象基础数据一体化战略的具体实践。

2. 一体化的特征

一体化是一个组织性的概念，是一种资源性重组的活动实践，也是一种经济、科技和社会活动行为的体制和机制创新。实施一体化战略具有如下特点：

(1)拓展性。相对于收缩战略而言，一体化是一种扩展战略，其扩展基础是把分散的资源进行集约，通过集约而在分散的面上进行辐射，使整体资源得到有效发挥，以实现做大做强的战略目标。

(2)开放性。实施一体化战略，其中“一体化”的系统对外是开放的，系统内要素与系统外要素有机地进行融合、交换，实现“滚雪球”式发展。

(3)让渡性。一体化是由参与各方而组成的系统，各方需要为整体出让一定的资源或者权益，以取得更大发展，也就是合作共赢。这种让渡的条件的本质应当是一种增量让渡，对于存量一般不会受到明显的影响，特别涉及个人的效益部分均不会受到影响。

(4)整合性。一体化并不是不同要素资源的简单叠加，必须以提高整体实力和综合效益为导向，通过资源和要素的有机整合，实现效益最大化和效能最优化。

(5)过程性。一体化是一个逐步磨合、逐步整合的过程，也是一个不断完善、不断发展的过程。一体化是一个总体目标，可以根据条件按照先急后缓、先易后难的原则，分类、分项、分要素推进一体化，条件具备的可以一步到位。

3. 一体化的分类

一体化基本实现形式分为纵向一体化，即向事业(产品)链的上下游发展，可分为向业务服务(产品)的深度或业务的下游发展的前向一体化和向上游方向发展的后向一体化；横向一体化，即通过联合或合并获得相应的所有权或调控权，增加发展规模，提升整合能力；纵横一体化，也称混合一体化，即从纵向和横向立体实施一体化发展。

(1)纵向一体化

纵向一体化，也称为垂直一体化，是指生产、或经营、或管理、或服务过程相互衔接、紧密联系的单位、组织之间实现一体化，按物质、或信息、或服务流动的方向又可以划分为前向一体化和后向一体化。

纵向一体化的主要优点是：

1)有利于节约或降低与上、下游业务(产品)在市场或社会上交易、往来或开发成本，以及重复性的成本；

2)有利于调控和调动更多资源；

3)有利于保证关键投入的质量和提升独立体的整体素质；

4)有利于获得新市场或社会资源。

纵向一体化的主要不足是：

1)增加总体管理难度，对提升组织管理水平和协同能力提出了很高要求；

2)独立体的动力机制可能会受到一定抑制；

3)遇有政策风险和效益风险的退出成本会很高。

有效地实施纵向一体化战略主要条件是：

1)当前的分散运行成本太高，或者不大可靠，或者不能及时也不能更多地满足实际要求。

2)当前规模和效益增长迅速，或者可以预期获得快速增长，一体化可以取得更大规模效益，或者更能降低成本，或者能获得保持效益稳定的优势。

3)可获得稳定性的发展优势，通过一体化可以更好地预测产品的未来需求，提供更丰富、更适用产品，减少生产或服务的波动。

4)通过一体化使整体对独自分散的市场资源、物质资源、资金和人力资源拥有高度的调控权，由于资源支配权的扩充，使局部和整体效益都能明显提高。

5)当前的分散部分获利丰厚，或者还有更大获利空间。在这种情况下，通过一体化而获得更持续的高额利润效益，以降低分散的波动性、不平衡性、消化不良性。

6)通过一体化从整体上能够获得更多竞争优势、比较优势和投资优势。

(2)横向一体化

横向一体化，也称为水平一体化，是指与处于相同行业、生产同类产品或工艺相近的组织或单位实现联合，实质是资产、资本、人才和资源要素在同一产业和部门内的集中，目的是实现扩大规模和规模效益、降低成本、巩固地位。

横向一体化的主要优点是：

1)可以有效地实现规模经济，快速获得互补性的资源和能力；

2)通过合作的方式，可以有效地建立与客户之间的固定关系，遏制竞争对手的扩张意图，维持自身的竞争地位和竞争优势。

横向一体化的主要不足是：

1)过度扩张所产生的巨大生产能力对市场需求规模和销售能力都提出了较高的要求；

2)在某些合作战略中，存在技术扩散的风险；

3)组织上的障碍也是横向一体化战略所面临的风险之一，如不融合现象等。

有效地实施横向一体化的主要条件是：

1)可以在特定的地区或领域形成更大的竞争力量。

2)可以借助规模效应提高竞争优势和发展优势。

3)能够获得发展所需要的资金和人力资源。

4)有比较好的发展空间或效益空间。

5)具备相应政策、环境和技术条件，不会因为一体化影响总体效益提升，或增加过多的管理成本。

在一个组织体系内，横向一体化操作比较容易，风险比较少。因此，横向推进一体化一般比较快。

第六部分 其他

气象行业协会专题研究*

党的十八大提出，要按照建立中国特色社会主义行政体制目标，深入推进政企分开、政资分开、政事分开、政社分开，建设职能科学、结构优化、廉洁高效、人民满意的服务型政府。2013年，国务院启动了以职能转变为核心，深化行政审批制度改革，继续简政放权，推动政府职能向创造良好发展环境、提供优质公共服务、维护社会公平正义转变的新一轮政府机构改革。为顺应国务院转变政府职能、简政放权的要求，中国气象局取消了部分行政审批项目，提出了气象服务社会化的发展思路。气象服务市场化、气象信息产业化将成为必然趋势，气象部门部分职能的转移，必然要由相应的机构来承接，行业协会将是最好的选择。为此，本研究通过对行业协会现状、国家对行业协会改革的要求及气象行业协会现状与需求分析，提出了成立全国性气象行业协会的建议。

一、我国行业协会发展现状与趋势

1. 我国行业协会发展现状

截至2012年底，全国依法登记的社会组织有49.2万个，其中社会团体26.8万个，约占54.5%；据不完全统计，社会团体中，全国行业协会6万多个，其中全国性行业协会600余个，工业行业协会约占57%，商业行业协会约占19%，农业行业协会约占20%，其余各种服务业协会约占4%。

---

* 本报告完成于2013年。主要研究人员：周国兵、杨惜春、刘冬、龚江丽。

(1)行业协会的几种主要类型

从成立形式来看,我国行业协会主要有以下几类:

1)由各级政府原行业主管部门转制而来的行业协会。这类行业协会属于官办,秉承了政府职能,在建立之初就类似于政府的一个专门派出机构或临时性办事机构。这类官办协会基本上与政府相关部门在机构、人员、资产上合为一体。这类协会的会员多是市场经济改革前行业内的国有企业,很少有后来主动加入的非公有制企业。

2)民办协会。这类行业协会是民间自发产生的,具有很强的地域性和独立性。这一类行业协会表现出较强的民间性、中介性、自律性、服务性特点,治理机制比较健全,都有完善的《章程》,企业加入行业协会的积极性很高。这些协会对推动行业发展、维护行业利益起到了好的示范作用。

3)体制内外结合产生的行业协会。这类行业协会既是在政府的直接倡导和大力培育,又是在各类相关经济主体的自愿加入的基础上产生的。由于同时具备了行政合法性和社会合法性,这类协会组织在建立公平竞争环境、维护经济个体利益和促进区域经济发展中发挥了极大的作用。

从地区发展来看,地方性行业协会的发展比较复杂,不同地区的发展状况差别很大,一般而言,市场经济越发达、市场化程度越高的地区行业协会发展越迅速。

(2)行业协会发展存在的主要问题

由于外部体制以及协会自身等方面的原因,我国行业协会发展存在着不少问题,主要如下:

1)行业协会地位和职能缺乏法律依据和保障。目前,我国全国性的行业协会和社会团体专门法律仍然缺位,《社会团体登记管理条例》已经不能适应行业协会时代发展的要求,尚未修订。我国行业协会的地位和职能缺少法律依据和保障,这是制约行业协会发展的主要问题。

2)行业协会登记制度过于严格,限制了行业协会的自由发展。严格的审批制度把许多协会拒之门外,同样也使很多已经成立的社团成为非法社团,这也是体制内行业协会比重大而民间自发行业协会所占比重小的一个重要原因,限制了行业协会的自由发展。另外,我国目前立法中对于行业协会"一地一业一会"的管理原则,成为了限制了协会间办会竞争的政策壁垒,维护了原有的体制内生成协会的垄断地位,阻碍了协会间的优胜劣汰。

3)行业协会职能不完善。改革开放以来,随着我国社会主义市场经济体制的建立,市场经济要求政府对具体经济活动的干预应做到有所为有所不为。市场经济条件下,政府必须由"无限政府"向"有限政府"转变,政府不应承担、不能承担的职能应交给各类社会组织承担。然而,到目前为止,行业协会应有的一些职能缺失,或者不具备能力承担,或者还没有由政府转移到位,行业协会职能不完善的情况依然存在。

4)"官办"行业协会自治性受到制约。我国有很大一部分行业协会是随着政府机构改革和专业部门的撤销设立的,政企不分的行业协会实质上是政府的附属物,既对企业缺乏吸引力,又无法避免主管部门的不合理干预,主动性和积极性难以发挥。

5)行业协会的监督管理体制不健全。我国目前对行业协会的管理是业务主管部门和民政部门的双重管理，该体制一方面为业务主管部门延续部门特权提供了制度保障，另一方面也给市场领域内生需求的实现设置了制度障碍。业务主管部门过多干涉行业协会的运作，协会缺乏应有的自主权，严重脱离其为企业服务的宗旨。由于缺乏相应管理制度，不少行业协会违规行为长年得不到监管和治理。

6)行业协会结构布局不合理。我国行业协会多采用区域与行业结构相结合的构建模式，加之对行业协会的设置和分布没有明确的标准和要求，有按行业划分的协会，有按部门划分的协会，有按企业所有制划分的协会，有按工艺技术或生产流程划分的协会。另外，挂靠主管单位不一，有的协会挂靠政府部门，有的挂靠相关的专业公司，有的挂靠在大企业或研究所等。这样造成目前协会的布局结构不够合理，协会间关系不畅和业务交叉的问题大量存在。

7)行业自律存在缺陷。由于法律法规对于规范行业、企业行为的调节具有滞后性、抽象性和局限性，国家行使立法权对企业不正当行为进行规范时，由于受到法定程序、方式和形式等诸多因素的影响，很难及时、高效地来满足行业企业对规范和秩序的要求，必须以其他手段作为补充。因此，行业自律在法律存在规范真空的情况下可以保障行业秩序的稳定。但我国行业协会在行业自律方面的功能发挥有限，行业自律体系存在缺陷。

2. 我国行业协会发展趋势

改革开放后我国行业协会得到了蓬勃发展，行业协会在发挥政府与企业之间桥梁和纽带作用，在保护国内产业、支持国内企业增强国际竞争力方面，起着重要的协调作用。然而，目前行业协会市场地位不独立，政会不分，功能缺失，服务水平不高，内部运行机制不合理等诸多问题，与全面建设中国特色社会主义市场经济不相适应，行业协会改革是大势所趋。

(1)行业协会改革方向

2007 年 5 月，国务院办公厅发布了《关于加快推进行业协会商会改革和发展的若干意见》(国办发〔2007〕36)号)，启动了我国行业协会加速发展历史新时期。该文件规范了我国行业协会多年来发展乱象，针对现实中的种种问题和弊端，提出了改革发展的整体思路。

1)总体要求

一是坚持市场化方向。通过健全体制机制和完善政策，创造良好的发展环境，优化结构和布局，提高行业协会素质，增强服务能力。二是坚持政会分开。理顺政府与行业协会之间的关系，明确界定行业协会职能，改进和规范管理方式。三是坚持统筹协调。做到培育发展与规范管理并重，行业协会改革与政府职能转变相协调。四是坚持依法监管。加快行业协会立法步伐，健全规章制度，实现依法设立、民主管理、行为规范、自律发展。

2)积极拓展行业协会的职能

第一，充分发挥桥梁和纽带作用。各级人民政府及其部门要进一步转变职能，把适宜于行业协会行使的职能委托或转移给行业协会。第二，加强行业自律。行业协会担负着实施行业自律的重要职责，要围绕规范市场秩序，健全各项自律性管理制度，维护公平竞争的市场环境。第三，切实履行好服务企业的宗旨。行业协会代表本行业企业的利益，必须切实为企业服务。第四，积极帮助企业开拓国际市场。行业协会要借鉴国外先进做法，在维护国内产业利益和支持企业参与国际竞争等方面充分发挥作用。

3)大力推进行业协会的体制机制改革

第一,实行政会分开。行业协会要严格依照法律法规和章程独立自主地开展活动,切实解决行政化倾向严重以及依赖政府等问题。第二,改革和完善监管方式。要按照政会分开、分类管理、健全自律机制的原则,加强和改进行业协会登记管理工作。第三,调整、优化结构和布局。积极推进行业协会的重组和改造,加快建立评估机制和优胜劣汰的退出机制。

(2)行业协会改革时间表

2012年11月,党的第十八次全国代表大会提出了加快推进社会体制改革,加快形成党委领导、政府负责、社会协同、公众参与、法治保障的社会管理体制,加快形成政社分开、权责明确、依法自治的现代社会组织体制的改革目标。2013年《国务院机构改革和职能转变方案》以及《＜国务院机构改革和职能转变方案＞任务分工的通知》(国办发〔2013〕22号)中对于行业协会的改革提出了明确的改革时间表。

1)行业协会"去行政化"(与行政主管机关脱钩)以及行业协会引入竞争机制时间表

2013年9月底前,提出行业协会与行政机关脱钩方案,确定一批行业协会进行试点,同时试点一业多会,逐步推进强化行业自律,使行业协会真正成为提供服务、反映诉求、规范行为的主体。

2014年12月底前,总结脱钩工作、一业多会试点经验,研究提出逐步推开的意见,逐步推进行业协会与行政机关脱钩,探索一业多会,引入竞争机制。

2015年,基本完成行业协会与行政机关脱钩,出台实行一业多会的具体办法。

2017年,基本形成政社分开、权责明确、依法自治的现代社会组织体制。

2)行业协会管理制度改革时间表

对行业协会类社会组织实行民政部门直接登记制度,依法加强登记审查和监督管理。健全社会组织管理制度,推动社会组织完善内部治理结构。

2013年12月底,完成《社会团体登记管理条例》等相关行政法规修订工作,民政部门按新制度加强监督管理,促进社会组织健康有序发展。

2017年,基本形成统一登记、各司其职、协调配合、分级负责、依法监管的社会组织管理体制。

3. 对气象行业的重要启示

(1)成立气象行业协会势在必行

与市场化程度很高的其他行业相比,气象行业市场发育还不太充分。但是,随着经济社会的发展以及人民日益增长的需求,气象产业,尤其是气象信息服务业,将呈现出越来越大的需求和市场。从目前气象产业发展来看,气象工程技术服务、气象信息增值服务、气象仪器装备制造与系统研发、专业气象服务、气象信息衍生金融服务和气象教育培训市场等都已经初具规模。而目前我国全国性气象行业协会暂时缺位,从未来发展来看,全国性气象行业协会的成立是势在必行的。

中国气象局作为国务院直属事业单位,经国务院授权,承担着气象社会管理职能、气象行业管理职能以及气象公共服务职能，长期以来也从事着气象产业活动。多位一体的部门特色，使得中国气象局对于气象产业发展以及行业管理都非常熟悉。为了积极配合政府培育行业协会等社会组织、发展市场经济的工作思路，中国气象局有一定责任为气象行业协会的发展做出自己的贡献。

(2)气象行业协会与气象主管机构脱钩

通过对行业协会发展现状以及改革历程和发展趋势的分析，中国气象局在今后扶持培育气象行业协会之时，应该要顺应行业协会发展的必然规律以及法律法规和政策对行业协会改革发展的指导思想和步骤措施。一方面，中国气象局丰富的管理经验有助于气象行业协会的顶层设计，有助于行业协会找准自身的定位、目标和管理与服务范围；另一方面，作为气象服务的主要提供者、气象社会管理职能的承担者，即便新成立的气象行业协会在成立之初就与气象主管机构没有行政上的隶属关系，是平等的社会治理主体，但是气象部门对气象行业协会也并非全无责任。除了民政部门对行业协会的监管，业务主管部门对行业协会仍然存在着诸多的责任，比如业务指导，逐步转移部分行政审批职能等社会管理职能，逐步转移部分公共服务产品提供等。因此，中国气象局作为气象业务主管机构，与气象行业协会依然存在着诸多的联系。在全国性气象行业协会草创之初，中国气象局加入该协会的创建指导工作，还是有必要的，也是可行的。气象行业协会有可能成为政府推动型行业协会，既得到中国气象局的大力培育和扶持，也充分尊重本行业企业成员的意愿，成为真正的有领导力的、充分自治的现代社会组织。

二、我国气象行业协会现状与需求分析

1. 我国气象行业协会现状

目前，国内还没有全国性气象行业协会，个别省、市成立了气象行业协会，如北京市减灾协会、上海市防雷协会、广东省气象防灾减灾协会及深圳市防雷协会等。

2. 成立全国性气象行业协会需求分析

(1)气象部门转变职能简政放权的需求

新一届政府积极推进行政体制改革实现政府职能转变，通过简政放权，特别是将行政审批制度改革作为转变政府职能的突破口。国务院气象主管机构取消的行政审批项目需要相应的全国性气象行业协会来承接，今后逐步将转移的部分气象公共服务内容也需要有行业协会等社会非营利组织来承担。

(2)发展社会力量参与气象服务的需求

现代社会善治和多主体治理理念对于充分调动社会力量参与社会治理提出了需求，而且气象部门提供的有限公共气象服务与社会日益增长的对气象服务品种和质量的更高需求之间的矛盾，也要求有更多社会力量参与气象服务事业，如，中国气象局当前正在大力推行的气象服务社会化，正是需要大量的社会组织参与。目前已经有一些企业进入气象服务市

场，为社会提供各种气象服务产品，如中国华云、中天、西飞、飞龙和墨迹公司，国外的新西兰气象服务公司、美国国际气象服务公司（WSI）和日本天气新闻公司（WNI）等。这些企业的存在和发展让我国气象社会服务主体更加丰富和多元，但是另一方面，如何保障这些企业的发展权益和成长空间，避免企业之间的恶性竞争和公权力对私人企业的侵害，保障我国气象服务市场的良性发展等，对建立行业协会提出了需求。行业协会本质上是为会员企业服务的中介组织，能够代表企业向政府提出各种行业发展需求及建议，传递企业心声和诉求。全国性气象行业协会的存在、发展和壮大对于保护和发展气象服务社会力量将起到重要作用，这是我国政府当下改革的必经之路。

(3)规范气象服务市场的需求

目前，气象服务市场比较活跃，气象工程技术服务、气象信息增值服务、气象仪器装备制造与系统研发、专业气象服务、气象信息衍生金融服务和气象教育培训市场等市场需求与日俱增，气象服务市场将越来越繁荣。随着气象服务产业逐步发展壮大，政府简政放权改革力度不断加大，需要有专业的组织和机构来进行气象服务行业管理。全国性气象行业协会能够在气象主管机构和气象服务企业之间搭建起一座桥梁和纽带，承接气象主管机构转出的部分行业管理职能；能够在气象主管机构出台涉及气象服务行业发展的重大政策措施前，提出行业发展和立法等方面的意见和建议；能够参与行业发展相关法律法规、宏观调控和产业政策的研究、制定，以及参与行业标准和行业发展规划、行业准入条件等的修订；能够通过健全各项自律性管理制度，制订并组织实施行业职业道德准则，推动行业诚信建设，建立完善行业自律性管理约束机制。因此，维护市场环境、规范市场秩序、加强行业管理、促进行业发展需要成立全国性气象行业协会。

三、成立全国性气象行业协会建议

根据国内外行业协会发展趋势，特别是我国行业协会发展趋势，未来国家、部门、社会以及市场对于气象行业协会的需求都将大为提升。依据《国务院机构改革和职能转变方案》及其任务分工，气象行业协会真正成为“提供服务、反映诉求、规范行为的主体”还有一个过程。在成立全国性气象行业协会的思路和步骤上，建议采取从“一业一会”逐步向“一业多会”过渡的发展方式。

1. 按照“一业一会”模式尝试成立全国性气象行业协会

(1)气象行业协会定位

按照国家改革和发展行业协会的总体要求，中国气象局为气象行业协会的业务主管部门，气象行业协会应是一类由会员自发成立的、以行业为标识的、非营利的、非政府性的、互益性的经济类社团法人。全国性气象行业协会是一种民间性组织，它不属于国务院气象主管机构的管理机构系列，与气象主管机构没有隶属关系，它是气象部门与企业之间的桥梁和纽带。

(2)气象行业协会主要职责和作用

1)桥梁和纽带作用

承接气象主管机构转变职能、简政放权取消和转移的部分行政审批职能和服务职能；开展行业调查研究，向气象主管机构反映行业、会员诉求，提出气象行业发展和立法等方面的意见和建议，积极参与相关法律法规、宏观调控和产业政策的研究、制定，参与制订修订行业标准和行业发展规划、行业准入条件，完善行业管理，促进行业发展。

2)服务企业宗旨

气象行业协会代表本行业企业的利益，必然要为企业服务。行业协会根据气象主管机构授权进行行业统计，掌握国内外行业发展动态，收集、发布行业信息；依照有关规定创办气象行业刊物和网站，开展法律、政策、技术、管理、市场等咨询服务；组织气象人才、技术、管理、法规等培训，帮助会员企业提高素质、增强创新能力、改善经营管理；参与气象行业资质认证、新技术和新产品鉴定及推广、事故认定等相关工作；受气象主管机构委托承办或根据市场和行业发展需要举办交易会、展览会等，为相关企业开拓市场创造条件。其他如气象信息服务、气象教育与培训服务、气象咨询服务、举办展览、组织会议等等。

3)行业自律职责

气象行业协会还担负着实施气象行业自律的重要职责，要围绕规范市场秩序，健全各项自律性管理制度，制订并组织实施行业职业道德准则，推动行业诚信建设，建立完善行业自律性管理约束机制，规范会员行为，协调会员关系，维护公平竞争的市场环境。

(3)气象行业协会组建方式

建议按照体制内外结合产生行业协会的方式，由中国气象局积极倡导和推动，由华风、华云等企业会同省级气象有关公司，联合民航气象、森工气象、盐业气象、农垦气象等相关单位及具有市场影响力的社会气象信息服务企业发起成立全国性气象行业协会。协会经中国气象局同意后报民政部门审批登记。

2. 逐步推进全国性气象行业协会“一业多会”模式

国家推行一业多会的主要目的就是引入竞争机制，避免出现新的行业垄断。未来“一业一会”不能满足职能逐步扩大的需求，可以考虑分散职能，按职能不同拆分成多会，分别建立各个分会的组织架构、运行机制，更加明确其各自职能。如，可以成立全国性的“中国气象防灾减灾协会”、“中国防雷减灾协会”、“中国人工影响天气协会”、“中国气象信息产业协会”及“中国气候资源开发利用协会”等。省级以下也可以根据需要成立相应的气象行业协会。

3. 发挥好业务主管部门的监督和指导作用

按照《社会团体登记管理条例》，目前我国对行业协会实行双重部门管理，即在国家民政部门负责行业协会的管理登记的情况下，每个行业协会还必须有一个业务主管部门。但根据国家改革要求，国家民政部门正在修订《社会团体登记管理条例》，未来可能会逐步削弱或取消业务主管部门对行业协会登记审查环节。

因此，以后成立的气象行业协会与气象业务主管机构将不会存在直接隶属管理关系，由于人员脱钩后，以前那种由业务主管部门派人兼职协会负责人的方式可能会发生变化，以业务管理部门为主的行业协会双重管理体制将会逐步弱化，气象业务主管机构将主要负责监督、指导气象行业协会开展活动，因此在审定气象行业协会业务范围时应根据需要把好关，做好指导。

参考文献

何晓平，范湘凌．2010．和谐架构下行业协会的性质定位及立法表征．社会科学研究，(4)．

江苏省体改办．2003．创新行业协会管理体制与运行机制．中国经贸导刊，(22)：24—26．

黎军．2006．行业自治及其限制：行业协会研究论纲．深圳大学学报，(2)．

李振凤，窦竹君．2004．中国行业协会法律地位与职能构建．天津大学学报，(10)．

任丙强，曹庆萍，等．2011．“官办”行业协会的发展路径研究．北京航空航天大学学报，24(1)．

王晓明．2006．转型期行业协会制度的供给需求分析．企业经济，(3)．

王云骏．2005．论行业协会权力的获得和权利的保障．江海学刊，(5)．

徐家良．2003．中国行业协会的基本特征．天津行政学院学报，(9)．

叶劲松．2005．试论行业协会双重管理体制的改革．理论与改革，(2)．

张绍华．2010．关于行业协会“一业一会”的思考．社团管理研究，(6)．

周俊，沈永东．2011．政府购买行业协会服务中的非竞争性及其管理．中国行政管理，(12)．

国外气象机构管理体制调研分析报告*

本报告主要从隶属关系、内部管理体制、业务范围、服务运行机制、财务及人力资源管理等方面对国外部分气象机构的管理体制进行简要归纳与分析。同时结合我国气象工作相关情况，提出一些粗浅的建议。

一、国外及港澳台气象机构相关情况及分析

共统计分析31个国家和地区。有北美洲国家2个(美国、加拿大)，欧洲国家7个(俄罗斯、英国、法国、德国、丹麦、挪威和荷兰)，大洋洲国家2个(澳大利亚和新西兰)，亚洲国家和地区15个(日本、韩国、朝鲜、越南、孟加拉国、印度、蒙古、伊朗、泰国、新加坡、印度尼西亚、马尔代夫、中国台湾、中国澳门和中国香港等)，非洲国家2个(南非和突尼斯)，南美洲国家3个(秘鲁、巴西和阿根廷)。

1. 气象机构隶属情况

主要有七种情况(表1)：一是直属国家和地区政府(包括部长会议、总督或专员)(2个)：朝鲜和秘鲁等。二是隶属部门为交通运输电部门合一(10个)：法国、德国、日本、印度尼西亚、伊朗、荷兰、泰国、突尼斯、中国澳门和中国台湾等。三是隶属部门为环境、自然资源和能源部门合一(10个)：加拿大、澳大利亚、俄罗斯、挪威、丹麦、南非、蒙古、新加坡、韩国和越南等。四是隶属公共事务部(包括商业、商务、内政等)(3个)：美国、新西兰和中国香港等。五是隶属国防部(3个)：英国、阿根廷和孟加拉等。六是隶属部门为地球科学部(1个)：印度等。七是隶属农业部门(1个)：巴西等。

总体来看，不同国家有不同的国情，国体政体不同、自然环境条件禀赋存在差异，气象机构的管理隶属各不相同，并无统一模式可循。一国或一地区具体确立怎样的气象管理体制，关键是要适合本国本地区的具体情况、适应本国本地区政府机构和公共服务改革的实际，以有利于更好地发挥气象在本国本地区经济发展、社会和谐稳定、国家安全和民生保障中的作用，以有利于提供更好的气象公共服务为原则。

2. 气象机构自身管理体制

这方面信息掌握还不够全面，从间接查阅资料或访谈得知的情况看，世界各地多数气象机

* 本报告完成于2011年。主要研究人员：罗慧，顾骏强，韩佳芮，申丹娜，徐军昶等。

构基本上是实行业务垂直管理的模式，如美国、加拿大、法国、英国、澳大利亚、日本、越南、中国台湾地区等。这说明，大气的流动性特征决定了气象工作的内在管理特点——垂直管理才符合气象工作的规律、才能体现科学效率的要求。垂直管理也便于按照国家气象工作的整体需要进行统一业务布局、设施配备、调配人员，有利于气象业务现代化和气象服务的及时高效。

表1　国外气象机构管理体制

国别或地区/机构名称	体制/隶属部门	人员情况	财务情况	主要业务范围	政体	备注
美国 国家海洋大气管理局	垂直管理体制商务部	10684人(2002) 研究人员为主体，80%分布在全美各地	业务经费来自于联邦政府	天气气候及气候变化的监测、预报和预警，环境卫星数据监测与信息服务，航空气象，电力气象、交通气象、海洋气象、空间气象，大气海洋海岸资源监测和研究，海洋生物生态资源监测，制图和测地等	总统共和制	成立于1870年
加拿大 加拿大气象局	垂直管理体制环境部	1600人(2007) 专业科技人员占绝对多数，49%分布在各地	业务经费主要来自于政府机构，少部分来自商业气象的收入	天气气候及气候变化的监测、预报和预警，交通气象，空气质量监测，人工影响天气工作等	议会君主制	成立于1871年
英国 大不列颠及北爱尔兰联合王国气象局	是国防部的独立执行机构 半政府半商业 垂直管理	1800人 雇员多为公务员 70%是科学家，42%分布在各地	营运基金方式(Trading Found)，政府是主要客户，80%以上来自于国家公共渠道	天气气候及气候变化的监测、预报和预警，航空气象，交通气象，海洋气象，能源气象，国防气象等	议会君主制	成立于1871年
法国 法国气象局	垂直管理体制 交通部	3600人 全部为政府公务员，60%职员分布在各地部门	业务经费主要来自于政府机构，部分来自航空气象服务收益和商业气象收入	天气气候及气候变化的监测、预报和预警，水文气象，海洋气象预报等	总统共和制	成立于1993年
德国 德国气象局	垂直管理体制 德国交通城市发展局	2768人 71%为公务员		天气气候及气候变化的监测、预报和预警，环境监测预报，交通气象，航空气象，国防气象等	议会共和制	成立于1952年
澳大利亚 澳大利亚气象局	垂直管理体制 环境与领土部	1455人(2004) 89%为全日制职工，几乎全部分布在全国60个办公地点	业务经费主要来自政府机构，从2003—2004财年开始，作为独立的实体进入国家预算	天气气候及气候变化的监测、预报和预警，海啸预测预警，跨澳洲和南极地区的领土气象监测和咨询服务等	议会君主制	成立于1908年，1955重新建立
俄罗斯 俄罗斯国家水文气象和环境监测局	联邦政府直接领导 环境部	35866人(2007) 68%为大学毕业生	国家预算投入为主，部门商业服务收入弥补为辅	气候、水文、海洋、自然环境及其污染状况的监测(包括电离层和近地球宇宙空间的监测)，自然环境及其污染状况监测，人工影响天气，航空气象等	总统共和制	成立于1921年

续表

国别或地区/机构名称	体制/隶属部门	人员情况	财务情况	主要业务范围	政体	备注
新西兰 新西兰气象服务有限公司	商业化运作,国家持股	179人 台站观测多是通过合作协议形式由其他机构人员负责	为政府提供服务收费,公司盈利向国家交红利,国家不直接拨给事业经费,但拨付业务现代化专项资金	天气气候及气候变化的监测、预报和预警,海洋气象,航空气象等	议会君主制	创建于1861年,1992年开始实行商业化
日本 日本气象厅	国土交通省	6025人 专业技术人员占86%,男职工占94%,预报、观测业务人员占76%	业务经费来自于政府机构的财务预算,没有列入国家财务预算的项目不能开支	气象、地象、地震和水象的观测预报和警报,地磁、地电的常规观测和发布,火山及海啸灾害等监测预警,地质灾害预报,交通气象等	议会君主制	始于1875年,1956年成立日本气象厅
韩国 韩国气象厅	垂直领导 环境部	1200人 66.6%分布在地方气象厅	气象业务经费全部来自于政府机构拨款	气象、地象(地震或火山现象)、水象(陆水或海洋)的观测、预报、警报等,气候统计资料和产业气象资料信息的交换	总统共和制	成立于1904年
中国台湾地区 中央气象局	交通部 垂直领导			天气气候、地震、火山、海啸、波浪等观测、预报和预警发布,气候变化工作,海象预报,农业气象等		
中国澳门地区 地球物理暨气象局	澳门运输工务司	98人 全部为公务员待遇,气象业务人员占57%	气象业务经费全部来自于政府机构拨款	天气气候及气候变化的监测、预报和预警,地震监测预警,空气质量监测等	一国两制	成立于1952,1999年更为现名
中国香港地区 香港天文台	商务及经济发展局		气象业务经费全部来自于政府机构拨款	天气气候及气候变化的监测、预报和预警,地震监测预警,空气质量监测,授时、天文及辐射监测,航空气象,海洋气象等	一国两制	成立于1883,1997年更为现名
丹麦 丹麦气象局	气候与能源局			天气气候及气候变化的监测、预报和预警,环境监测,交通气象,航空气象,国防气象等	议会君主制	
挪威 挪威气象局(挪威气象研究所)	环境部			天气气候及气候变化的监测、预报和预警,极地气象,海洋气象观测及军事气象服务等	议会君主制	
荷兰 荷兰皇家气象局	交通、公共事务和水资源管理部		经费主要来源于政府机构	天气气候及气候变化的监测、预报和预警,地表、土壤和海洋信息的交换和发布,海洋、航空和地震预报预警	议会制君主立宪制	成立于1854年

续表

国别或地区/机构名称	体制/隶属部门	人员情况	财务情况	主要业务范围	政体	备注
朝鲜 朝鲜民主主义人民共和国气象水文局	政府直接领导朝鲜政府内阁	4000人 60%分布在道、市及台站		天气气候及气候变化的监测、预报和预警，环境监测，海洋气象，水文气象，洪水预报，水库管理等	人民议会制	
越南 国家水文气象局	自然资源环境部			天气气候及气候变化的监测、预报和预警，水文气象等	人民议会制	
孟加拉 国家气象局	国防部			天气气候及气候变化的监测、预报和预警等	议会共和制	
马尔代夫 马尔代夫气象局	政府直接领导				总统共和制	成立于20世纪40年代初
印度 印度气象局	直接接受总理领导 地球科学部			天气、气候、气候变化、地震、水文气象、环境空气污染、农业气象的监测、预报和预警等	议会共和制	成立于1875年
蒙古 蒙古国气象与环境监测局	双重领导 国家自然环境部			天气气候及气候变化的监测、预报和预警，农业气象，水文预报等	议会共和制	
伊朗 国家气象局	交通部				神权政治	
泰国 泰国气象局	运输与交通部			天气气候及气候变化的监测、预报和预警等	议会君主制	
新加坡 国家环境署气象局	环境部		气象业务经费来自于政府机构	天气气候及气候变化的监测、预报和预警，航空气象，海运气象，环境气象等	议会共和制	
印度尼西亚气象和地球物理局	交通部			天气气候及气候变化的监测、预报和预警，空气质量监测，海洋气象等	总统共和制	成立于1841年
秘鲁 国家天气与水文局	国家政府直接领导	57人			总统共和制	
巴西 国家气象局	农业部			天气气候及气候变化的监测、预报和预警，海军航海气象，农业气象等	总统共和制	成立于1909年

续表

国别或地区/机构名称	体制/隶属部门	人员情况	财务情况	主要业务范围	政体	备注
阿根廷 国家气象局	国防部				总统共和制	
南非 南非天气局	环境事务与旅游部			天气的监测、预报和预警，农业气象，航空气象，消防气象，旅游气象等	总统共和制	
突尼斯 国家气象研究所	交通运输部			天气气候及气候变化的监测、预报和预警，地震监测预警，水文服务，天文观测与星历计算等	总统共和制	成立于1885年，1974年成立国家气象研究所

3. 气象机构业务范围

了解的31个气象机构中，同时负责航空气象的有23个(美国、加拿大、英国、法国、德国、丹麦、挪威、俄罗斯、荷兰、澳大利亚、新西兰、日本、韩国、伊朗、印度、印尼、泰国、新加坡、越南、孟加拉、突尼斯和中国港澳地区)。同时开展(负责)海洋气象和水文工作的有25个(美国、加拿大、英国、法国、德国、丹麦、挪威、俄罗斯、荷兰、澳大利亚、新西兰、韩国、印度、印尼、泰国、日本、伊朗、新加坡、巴西、越南、孟加拉、阿根廷和中国港澳台地区)。兼有航空气象和海洋气象和水文工作的有22个(美国、加拿大、俄罗斯、法国、荷兰、英国、德国、丹麦、挪威、澳大利亚、新西兰、韩国、印尼、印度、泰国、日本、越南、新加坡、孟加拉国、伊朗和中国港澳地区)。将水文气象和水文工作合在一起的有8个(美国、俄罗斯、荷兰、朝鲜、越南、孟加拉、秘鲁和中国香港)。同时开展环境气象工作的有11个(加拿大、俄罗斯、澳大利亚、德国、丹麦、挪威、印度、朝鲜、印尼和中国港澳地区)。同时开展农、牧、渔业气象工作的有12个(巴西、英国、丹麦、挪威、澳大利亚、印度、印尼、朝鲜、越南、孟加拉和中国澳台地区)。同时开展地震、海啸、火山活动等工作的有9个(印度、日本、韩国、荷兰、突尼斯、印尼和中国港澳台地区)。同时开展天文及地球物理工作的有6个(俄罗斯、印尼、突尼斯和中国港澳台门地区)。

这方面信息也还需进一步细化，从以上初步统计情况看，除了进行气象观测、为公众提供公益性气象预报和灾害性天气预警等基本气象业务服务外，不少气象机构还包含更丰富的业务工作领域，如民航气象、交通气象、环境气象、海洋气象、水文气象以及地震、海啸、火山活动等监测服务。很显然，为航空、海洋、水利、环境、交通等方面服务的气象机构集约在主体气象机构中有利于优化国家气象事业资源配置，减少重复建设和重复劳动，有利于从整体上提高气象为国家安全、经济发展、防灾减灾和社会和谐的保障能力。

4. 气象服务运行机制

受各国的政治、经济、社会发展等不同因素影响，不同国家和地区气象服务的运作方式大体可归为以下五类情况：

一是国家气象部门提供基本气象服务，允许和支持私营气象公司开展商业气象服务，如美国、日本、德国等。

二是国家气象部门在提供基本气象服务的同时也开展商业气象服务，私营气象公司开展商业气象服务，如加拿大、法国、英国、澳大利亚、韩国和印度等。

三是国家气象部门主要提供基本气象服务，同时也开展有偿专业气象服务，社会基本没有开展商业气象服务。如俄罗斯(航空气象)、南非(气象资料收费)、中国香港地区(为私营机构及政府部门所策划的工程项目提供气象资料、专业及顾问服务，酌量收费)和中国澳门地区(气象资料收费)等。

四是国家气象部门改组为气象公司，整个国家的气象服务商业化(新西兰)。

五是整个国家除基本气象服务外，不开展有偿专业气象服务(朝鲜)。

5. 气象机构人力资源管理

这方面因具体信息不足，难以具体分析。从不同途径了解的情况看，人力资源管理机制与不同国家的社会制度和政治体制密切相关，差异性相对突出(如法国气象局的人员全部为政府公务员，而新西兰的气象人员则以市场化形式招聘)，但也可以得出一些一般特点。从国家气象机构人员主体来看，大部分是以专业技术人员或研究人员为主体，管理人员占比不大。

6. 气象机构预算财务管理

通过对不同国家预算财务管理体制的对比发现，虽然各国气象业务和服务机制有所不同，但气象事业均以国家或公共资金的投入为全部或者主要的经费支撑。仅就公共投入方式而言，有预算投入和政府部门之间签合同两种性质不同的方式。如美国由联邦政府投入气象业务经费，还有一部分市场收费(1990 年颁布《预算调解法案》要求，除天气警报和监视、向非营利机构提供的环境资料和情报产品以外，NOAA 提供环境资料和情报产品按公平的市场价格收费)。英国气象局虽然采用营运基金的方式，允许“国营民营同场竞技”，但其 80%以上经费实际上来自国家公共渠道，由政府相关部门签合同支付气象服务经费(政府规定这些部门只能使用英国气象局的气象服务，不能自行要求私人气象公司服务)。法国气象局主要经费来源是国家预算资金补贴，仅有 18.5%来自商业行为。即使是国家气象服务整体商业化的新西兰，其气象业务现代化建设也依靠政府拨付专项资金投入。

可见，气象工作因为关系国家安全、关系国计民生，公益性特征十分明显，因此，无论采取哪种方式投入，国家主要投入气象事业发展经费是普遍情况。

二、与我国相关情况的比较分析

1. 从公共政策环境看

研究国外发达国家的公共管理政策变革对我国事业单位分类改革和发展气象事业具有一定借鉴意义。20世纪后半期，为迎接经济全球化、信息化和公众需求多样化等外部挑战，以及摆脱财政压力和传统官僚政府效率低下等内部困境，新自由主义经济思潮影响到世界经济、政治各个方面，西方各国政府改革趋向“新公共管理”，主要内容包括：“以市场为基础的公共行政、企业型行政”，紧缩公共开支，公共服务组织坚持“顾客导向”，以“顾客满意”为宗旨。这或许是新西兰国家气象整体商业化、英国气象局采取营运基金方式运作、美国气象服务公司平稳发展有一个政策制度背景解释。尽管各国社会管理公共政策有所区别，但气象工作因其较突出的公益特征，气象事业均以国家或公共资金的投入为主要的经费渠道，同时发展具有多元化资金渠道，国家气象机构提供基本气象服务和市场机制提供商业气象服务相互补充，不断丰富和满足社会多方需求。

新中国成立以来，我国政府机构多次改革，总体向服务型政府、有限政府方向转变，建设服务型政府成为近年来我国行政管理体制改革和政府职能转变的目标。气象机构也从新中国成立初的军事建制转变为政府建制、到与军事气象部门的合并和再次分离，再到目前实行气象部门与地方政府双重领导、以气象部门领导为主的管理体制，中国特色气象管理体制日趋完善。新时期气象灾害防御包括防灾减灾服务和灾害防御社会管理两方面，体现出气象部门公共服务和社会管理双重职责的统一。国家和地方政府对气象给予高度重视，1998—2008年对气象事业持续的财政投入和专项资金投入平均增长率高过当年GDP增长率，资金的投入对于提高气象工作水平、保障气象防灾减灾和应对气候变化具有重要意义。但现行的气象管理体制属于行政管理、业务管理、公共服务三位一体的组织结构，不符合政事企分开、管办分离的原则，对公共气象服务发展也有一定制约。气象服务以国家和地方公共财政投入为主体，缺少了多元化经费投入机制。另外，相比国外情况，我们国家气象资源不够集约，专业气象分散在多部门进而形成职责交叉相对突出，不利于统筹全国气象事业发展和谋划全方位的气象灾害防御工作。

2. 从气象灾害防御和气象法制建设角度看

西方发达国家出台了一系列包括气象灾害在内的灾害防御和气象业务法律法规，相互补充、统筹兼顾，有效地引导政府建立法制化的灾害乃至危机处置体系。美国建立以《国家安全法》《全国紧急状态法》等为核心的社会安全综合法制体系。日本1961年颁布实施《灾害对策基本法》，是日本灾害、减灾的根本大法。制定了《日本气象业务法》(1952年颁布、1993年修正)等防灾、减灾法律和法规200多部。1998年颁布了世界上第一部气候变化专门法律《日本气候变暖对策法》。德国1952年颁布《德意志联邦共和国气象法》。澳大利亚1955年颁布《澳大利亚联邦气象法》(1983年修订)，明确规定气象局职能包括气象观测、预报、发布暴雨等可能造成生命或财产损失的警报等九项内容。除法律法规外，ISO9001 管理质量标准(准则)在一些发达国家气象管理中也广泛应用，质量体系文件对外起法律承诺的作用，对内起规范质量活动的作用。克林顿时期，美国联邦政府机构为 570 个项目发布 3000 多条服务公众的标准，包括促进私营公司开展商业气象服务的标准。

总之，国外发达国家普遍注重将气象灾害防御工作法制化、规范化，对包括气象灾害的各种自然灾害建立有一整套完善的防灾、减灾法律体系。ISO9001 法制化的管理思想有利于营造组织法制化管理，可实现对全社会气象事务的规范管理。

我国气象灾害防御和气象法制建设具有自身特色，已颁布形成《中华人民共和国气象法》《人工影响天气管理条例》和《气象灾害防御条例》等气象法规体系。我国已发布实施 143 项(其中，国标 20 项)，待批准发布的有 45 项，正在制定的达 528 项，涉及气象工作各个方面，对保障和促进我国气象防灾减灾和公共气象服务起重要作用。不足在于：气象灾害防御工作法制化和规范化的基础薄弱，既存在已有法律法规实施成效的问题，也存在法律法规不健全、覆盖领域不够的问题，在气象灾害防御管理、气候资源管理、应对气候变化乃至气象预报预测和气象探测等方面还是空白。气象标准体系也还不系统、不完善，不能适应气象事业整体发展和公共气象服务的要求。

3. 从气象灾害风险管理的角度看

世界气象组织(WMO)正在组织实施一个降低灾害风险的行动计划(DRRAP)，旨在优化全球气象基础设施，建立从国际、区域到国家级气象灾害风险评估和决策的科学技术体系和专家队伍，并已开展气象灾害风险评估和早期预警系统等示范性项目。美、日等发达国家，将气象灾害风险管理作为灾害防御管理的首要任务之一，普遍注重应急的培训与演练，强调全社会的参与和应急响应中的信息发布。美国天气局(NWS)通过建立应急管理天气信息网络(EMWIN)、社区建立防御气象灾害的认证制度、制定“风暴准备计划”和干旱减灾规划等强化气象灾害风险防御管理。美国模式以“块”为主，重点在联邦和州政府，协调发挥联邦政府下设部门的功能，建立属地为主、自下而上、分级响应的应急管理机制，构建由联邦政府、州政府、地方政府的应急管理机构、第三部门(如美国红十字会)等组成的应急管理体系。日本模式以“条”为主，重点在中央政府各相关部门，日本政府每年用于防灾、减灾预算约占国民收入的 6%(约 3 兆～4 兆日元)，协调发挥都道府县的作用。

国外发达国家的各种气象灾害综合防御的基础设施建设较为完备，灾中救援实施工作有序，灾后有完善的救助体系和完整的影响评估工作，并注重长时间序列的资料收集。也注重发挥社会组织和其他社会力量在气象社会管理中的作用。不足在于：在美国飓风“卡特里娜”事件和日本福岛 3·11 地震引发灾害连锁危机的应急处置暴露出其巨灾面前不能快速有效调动地方政府(美国州政府和日本道府县)的资源和力量的缺陷。日本震后第二天，东京电力公司为保资产延误时机(注入海水会使核反应堆永久无法运行)，直到核电站爆炸并且首相下令后才开始用海水冷却反应堆，从而酿成更大核危机，4 月 12 日核电站事故等级已被提高到最高级 7 级。

我国气象灾害防御风险管理初具规模，充分发挥社会主义制度集中力量办大事的政治优势和组织优势,逐步发挥"政府主导、部门联动、社会参与"气象防灾减灾机制的重要作用,各级政府气象灾害专项应急预案体系初步建立。在大灾巨灾面前能快速有效动员社会整体力量,在应对台风灾害、低温雨雪冰冻灾害、干旱和暴雨致洪灾害等防灾抗灾救灾工作中都有充分体现,整体提升了重大气象灾害防御能力。不足在于:缺乏气象分灾种防御的应急预案,缺乏全社会防御气象灾害的具体措施和行动指南;政府主导,公民、企业、市场、社会中介组织和新闻媒体相互密切配合的机制还需强化;公众自救互救技能培训和演练不够;初步探索了气象防灾减灾应急认证试点工作,还需要整体推广应用。

4. 从公共气象服务运行机制角度看

世界气象组织(WMO)1995 年第 12 次大会通过第 40 号决议,即《WMO 关于气象及其有关资料和产品交换的政策和实施方案以及商业化气象活动中有关各方的关系准则》,其实质已经肯定气象商业化服务的趋势以及国家气象部门在从事气象服务上的可选择性。当前,国外政府气象部门为主、国营民营齐头并进、中小型气象服务公司方兴未艾、跨国气象公司逐步发展的相互竞争、相互补充的态势已见端倪。国家气象部门向政府、公众等提供无偿公益的普通天气预报和灾害性天气警报,根据"政府不应该和民众竞争"的观点,免费向公众以及有资质的商业公司提供气象资料。美国、日本、英国、澳大利亚等发达国家兴起高端的天气衍生产品开发和天气风险市场,由天气风险管理行业协会 WRMA 实施,金融机构介入,既是天气衍生品的用户、同时也扮演着重要的交易中介的角色。

国外发达国家气象机构比较注重与政府机构、应急处置和警察卫生、媒体等部门建立重要伙伴关系(包括大学、非政府专业中心、相关的政府机构、公众和决策者等)。注重发挥社会组织和其他社会力量在全社会气象工作中的作用。有的气象部门专门成立了专门的"纽带"部门来连接公益性气象工作与商业气象工作,建立长期良好的经济关系,也有利于形成多元化的稳定投入渠道。

国外商业性气象公司普遍采取集约化、规模化方式运作,按照商业化运作来考虑所做事情的成本与效益比,以获取高额利润,受益方向气象部门支付费用,有利于促进气象公共服务体系的完善,有利于增强公共服务的针对性、服务质量和效益,跨国经营气象服务产品及技术日益成熟。重视气象与政府、社会、企业伙伴关系,通过标准和资格来管理结构较为松散的伙伴关系。不足在于:由于商业气象服务存在受市场规律的必然限制,在个体利益最大化的驱动下,国外气象运行机制中存在的商业气象成为国家统筹调动其气象资源的短板。

我国气象部门提供的决策气象服务是中国特色的、全方位的公共气象服务,不仅覆盖农业、交通运输、商业、环境等上百个行业,而且涵盖国家和社会安全、防灾减灾等各个方面,因此,隶属中央政府是最佳选择,既有利于更好地发挥气象在本国本地区经济、社会、民生中的作用,有利于提供全方位的气象公共服务,也有利于气象防灾减灾工作的全面实施。从国家利益最大化和保护人民生命财产的角度出发,在重大活动、重大事件的气象保障工作发挥"举国体制",现行气象服务体制有效调动气象力量和资源,可以超越有限的市场规律,关键时刻体现出巨大的社会效益,适合我们这样一个国土领域广阔、人口众多、气象灾害频发的发展中国家对气象服务的需求和要求。不足在于:面临事业单位分类改革的压力,现有的专业气象有偿服务等成本补偿性服务，在市场竞争机制、投入成本一效益分析、精加工和深加工技术手段等都存在较大差距，清洁能源气象服务和金融衍生天气风险服务等高端专业服务缺位。气象机构培育和借力相关社团组织的意识还不强，社会力量多方位参与气象的程度还不高。

5. 从气象绩效管理角度看

为促进效能政府建立，西方发达国家普遍采取了基于结果（绩效）的管理方法，强调质量管理体系（QMS）。澳大利亚气象局每年都委托公司开展大型的气象服务调查工作，了解城乡需求及如何帮助用户作决策，调查结果被列为五年战略规划中应用“平衡积分卡”模式进行绩效考评的重要指标（KPI）之一。《世界气象组织 WMO 服务提供战略》确定国家气象和水文部门（NMHS）为公众和决策者提供与天气、气候和水有关的各项服务，还包括对用户需求的评估和绩效衡量指标的采用。2007 年世界气象组织（WMO）在马德里召开第三次气象水文社会经济效益国际会议，雅罗秘书长指出，在气象灾害预报方面每投入 1 欧元，就能在其后赈灾费用中节省 7 欧元。虽然各国服务机制不同、重点不同，政府对气象服务的投入在其国民生产的各行业中都产生巨大社会经济效益，特别是发展中国家从气象服务中获益明显。

我国政府尚未对气象机构进行量化的绩效考核，气象部门内部则采用目标管理方式进行绩效考核。我国气象机构服务经济社会发展所产生的巨大社会经济效益，是政府持续投入气象事业的重要依据。近年来，通过部门合作、多措并举，服务产品和方式手段不断丰富，注重公众气象服务满意度考核评估，以乡村气象协理员（信息员）为主体的基层气象灾害防御队伍初步建成。不足在于：对气象工作绩效管理的考评还比较偏重在业务技术角度（如预报评分），来自各气象服务对象群体（包括社会公众）的动态需求变化分析以及对气象服务效果的评价尚处于初级阶段；尚未形成适合我国国情、世情的气象服务社会经济效益评估和风险评估的标准、方法和常态化业务支撑，不利于宣传和展示气象对社会经济发展的贡献度和影响力。

6. 从气象机构人力资源管理角度看

国外多数气象机构工作人员实行公务员管理（当然各国对公务员的定义也不一样，比如法国属于国家财政全额保证的就属于公务员，教师因此就是公务员），其中对测报员、预报员多实行统一规范的岗位资格管理。国外气象机构中管理和支持服务类人员占比约为 15%～20%，人才结构以专业人员和计算机技术支持类人员为主，占比约为 70%～80%，人员精干高效、多一专多能。我国气象机构中参照公务员管理的人员占比较少，约为 13.3%，主要是事业单位聘用制管理人员。国外气象高级专业技术人才就业分布中既有在国家气象机构的，也有到公司企业的多元化选择，如美国私人气象公司在 2000—2010 年就成为美国增加就业的一个重要去处，这也从一个方面说明气象科技与社会经济的联系和影响在不断深入。

我国气象人力资源管理优势：我国气象从业人员绝对数大，且以科研开发和业务人员为主，具有相对人力资源优势。气象部门人才发展规划和制度建设等一系列人才体系建设配套文件和措施出台实施,预报员、各类管理人员大规模岗位培训全面展开。不足在于:气象从业人员因为分布在不同的部门难以整体规划,也未实行全国统一、规范、标准的从业资格管理;基层台站普遍存在任务头绪多而人手少的情况;气象专业技术人员就业渠道单一、业务技能综合程度不高。

三、启示与借鉴

初步分析国外气象管理机制体制相关情况,对于完善我国气象管理体制机制、强化公共气象服务有一些值得借鉴之处。比如:国外发达国家重视综合采用制定法律法规、政策、规划、标准、公共关系活动等“刚柔相济”的管理手段,通过开展资质认证、签订绩效合同等方式进行全社会气象事务管理;全国气象业务服务集约化程度高;政府(部门)更加注重服务对象满意,重视发展与不同群体和部门的伙伴协作关系等。

1. 对我国气象社会管理和公共气象服务创新方向的启示

我国气象部门既是公共服务部门,同时国务院授权其行使管理气象工作的政府职能。公共气象服务是影响力、涉及面极其广泛的社会服务,充分体现了政府气象社会管理的水平和能力。在新形势下,市场经济促发了人们自主意识的增强和社会生活民主化程度的提高,我国气象社会管理和公共气象服务的内容趋向复杂化。

气象主管机构在进一步履行气象社会管理职能和强化公共气象服务过程中,应将满足人民群众的日益增长的气象服务需求作为主要方向,探索统筹全社会气象工作的有效途径,建设需求牵引和服务引领的成果导向型部门,以人为本、民生为先的服务型部门,引入竞争、充分监督和高效的责任型部门,整合社会资源和社会力量,合力建设覆盖城乡居民的基本公共气象服务体系,最终目的是让每一项创新举措都能最大限度地惠及民生、实实在在地便民利民,让全体人民共享我国气象事业现代化建设和改革发展的成果。

构建我国气象社会管理和公共气象服务的整体格局,核心问题是强调组成社会的各种力量和各个主体的地位和作用,都能够在整体格局中适得其所。新的管理和服务格局,要充分发挥政府、社会组织、基层自治组织、社会成员等四大管理主体在气象社会管理和公共气象服务中的积极作用。树立“有限气象、无限社会”的气象社会管理理念,逐步强化气象社会管理职能,坚持有所为有所不为,探索气象多元化管理和服务的体制机制,探索形成“小部门、大保障”“专业气象、多元社会”的气象社会管理和公共气象服务模式。

就气象机构内部管理而言,当前面对事业单位分类改革的新要求,应进一步设计规范气象科技服务单位的改革路线,更加注重全面质量管理和绩效管理,强化绩效预算,更加关注财政资金的使用效益;更加重视气象业务定性—人员定格—经费定位的一体化的管理体制,加强基层公共气象服务机构和体系建设,将公共气象服务重心“下沉”、管理重心下移。

2. 对刚柔相济多元推进气象社会管理的启示

注重从单一的、行政刚性管理,向多元的、柔性管理并重的动态管理转变,刚柔相济推进气象社会管理和公共气象服务。

建立健全气象法规体系，特别是加强气象灾害防御方面以及公共气象服务方面的配套法规，为促进部门气象向社会气象转变提供强有力的法律保障。尽早研究制定出台《中华人民共和国应对气候变化法》《中华人民共和国气象灾害防御法》等，形成以《气象灾害防御条例》《气象灾害防御应急预案》《气象灾害风险评估办法》《气象灾害防御措施》等为主体，其他相应的法律法规相配套的气象灾害防御法律法规体系。

强化资质(格)许可、认证、准入管理制度、质量管理等标准体系建设，为全社会各方力量参与气象公共服务奠定基础。加强对国际相关标准/准则深入的前瞻性研究，注重培养熟悉ISO/IEC国际标准审议规则并具有专业知识的人才，探索推动气象相关标准在全社会各行业、各部门的应用。

注重推动建设一个有灾害意识、事先有充分准备的公民社会。联合应急管理部门、保险部门等在社区和乡镇建立防御气象灾害的认证制度，包括监测、警报分发、社区准备、应急响应等多方面，并辅助激励措施(如通过认证的社区或乡镇享有缴纳相对较低的洪水保险费等待遇)、“以奖代投”(表彰奖励)等手段全面推进。加快推进以国家标准和行业标准为主体的气象灾害防御标准体系建设，根据气象灾害种类及风险区划，制定或修订气象灾害防御工程标准和非工程标准，按质量管理和绩效管理标准来界定和组织实施灾害管理的过程。通过宣传、演练和总结评估，完善可操作性强的应急机制和救援细节，强化全民参与气象灾害防御的意识和水平。

更加重视气象公共关系活动，公关活动的核心是公共利益至上，提高整个公民社会的气象灾害防灾减灾避险意识和能力。为政府提供有价值有影响力的决策服务，与社会各级组织维持并发展友好伙伴关系，建立和维护与新闻界等社会各界的良好关系，面向社会公众及社会各界广泛宣传气象产品、了解社情民意、气象服务和防灾减灾常识(知识)，既对气象防灾减灾、应对气候变化等信息进行有效传播，也利于塑造良好的社会形象，都是有效的气象公共关系工作或管理活动。

3. 对强化气象灾害风险管理和应急管理的启示

气象灾害风险管理、应急管理乃至危机管理是预防和处理极端天气气候事件频发所引发的社会突发性危机的产物。在全社会加快气象应急机制体制建设，发展社会气象事业，未雨绸缪、依法防灾、科学应急，提高政府应对气象灾害引发突发事件和减低风险的水平。

探索发展多学科交融的预报预测业务，实现从气象预报向气象灾害预报和风险评估的拓展，为各级政府提供降低气象灾害风险的决策支撑。随着气象部门核心能力建设的外延和内涵不断积蓄和提升，气象业务从常规的天气预报，拓展到覆盖整个大气过程的所有尺度(时间、空间)的气象预报，还向各行各业不同领域拓展。近年来，气象部门逐渐开展灾害性天气预报、气象灾害预报和风险评估，从灾害危险性、物理暴露敏感性、承灾体易损性和区域防灾减灾能力等多层面预估和评估其发生和造成不利影响的可能性。结合经济、社会、人文、生态、政治、国防等多学科交融、多因素综合考量的，旨在降低影响社会和谐和经济发展的气象风险类决策支撑服务，需求迫切、呼之欲出。其发展方向且称之为：环境气象或气象灾害影响预报预警。日本福岛核电灾难影响预测是北京区域环境紧急响应中心 RSMC(气象部门)在第一时间权威发布,大大增强了气象影响力,更是消除社会恐慌、降低社会风险、促进社会和谐的公共气象服务,起到了很好的引领社会的作用,进而在服务中实现了社会管理。还可以探索保险公司、金融机构、能源管理单位介入的天气风险衍生品研发,联合开展气象灾害评估及风险转移联合实验室,开发天气风险险种、天气指数保险产品以及保险指数设计等。

加快建设现代信息网络媒体技术支持下的气象灾害信息公开、共享和宣传平台,有利于综合研判和快速有效应对。截至 2010 年底,我国网民规模达到 4.57 亿,另有手机网民 3.03 亿,预示着更多的经济和社会活动步入互联网信息时代。我国社会转型期,气象灾害链放大化效应明显,通过各种网络平台进行互动合作来强化灾害管理,既包括各级政府部门之间的信息沟通,也包括政府与公众之间的信息沟通,构建起公民个体、社会组织、政府部门与国家一体化平台,利于信息透明、资源配置和协调响应。联合国调查表明,世界上有 89%的政府利用互联网来传递信息。若干年前,美国农业部曾将有机农场法案征求意见稿放到网上,供农场主、环保主义者和各界人士讨论,农业部因此获得当年政府创新奖。

4. 对探索气象社会管理第三方机构和市场机制的启示

逐步改革公共气象服务供给体制,实现公共气象服务供给主体多样化。公用事业市场化已是我国政府的重要公共政策,社会中介组织的活跃也将成为探索多元化利益表达机制最重要的手段。面对差异化和碎片化的用户对气象服务的需求,气象部门有限的服务能力,与来自用户群和社会公众意愿的无限需求形成矛盾。实现公共气象服务供给主体多样化,就要实现公共气象服务和保障能力“下倾”,能放开管理的放宽准入,对气象机构资源能力解决不了的服务就交给社会探索市场化机制去实现。在“十二五”期间推进基本公共气象服务均等化的进程中,借鉴加拿大联邦几十年来实施均等化战略的经验表明,“标准是均等化的核心参数”。加强基本公共气象服务的技术标准,建立公共气象服务的最低标准,建立气象市场准入相关的标准(“门槛”、资质、行业许可政策等)。搭建气象社会管理和公共气象服务体制平台,提供市场服务和社会服务的资料共享平台与公平竞争的发展空间,如基础基本数据(观测数据、数值模式输出资料等)和相关信息(水文、交通、海洋、航空等)社会共享技术平台;通过政府扶持、社会资本的投入和社会公众的积极参与探索气象社会管理第三方机构,“借力”政府培育的非政府组织“为我所用”。这将是一个创新过程,观念创新是先导,需要统一筹划、精心设计,从顶层设计、标杆示范到实践探索要相辅相成、相互促进、分步实施和有序推进。

创新公民参与气象社会管理的方式、方法,发挥基层社区自治作用,重视网络、微博等舆情、社情、世情的渗透和互动。社区指城市居民委员会和农村村民委员会,“上面千条线,下面一根针”,这根“针”能真正实现公共气象服务能力“下沉”、气象保障“下倾”。搭载基层社区“平台”发展公共气象服务,可以借船出海、事半功倍。全国城乡气象信息员队伍建设中好的经验,都是在做这个“平台”的大文章。应重视网络信息化时代下公民参与气象的谏言渠道,充分借助基于 3G 气象信息服务平台、12121 气象服务专家热线、气象服务用户中心等手段建立高效互动的公民参与渠道和平台。上海有位人称“气象帝”(网名“花藤龙心”)的民间人士，业余爱好和自学气象，发帖、为网民提供一些生活指引、掀起一股气象热，“引用的很多数据和分析图都很专业”(引自上海气象局首席服务官评价)，网友纷纷跟帖讨论天气。“民间气象专家”受追捧，说明气象与日常生活息息相关，对此类群体善加引导和利用，就可建立与草根阶层进行气象交流互动的管道。

参考文献

赴澳、新财政预算管理考察团. 2003. 澳大利亚、新西兰财政预算管理考察报告. 气象科技合作动态，(6)：16－22.

广东省气象局代表团. 2005. 赴澳门地球物理暨气象局考察报告. 气象科技合作动态，(2)：31－33.

广东省气象局代表团. 2005. 赴香港天文台业务学习考察情况汇报. 气象科技合作动态，(2)：20－30.

何亮亮，蒋洁. 2010. 国外气象服务的商业化趋势及其启示. 商业时代，(3)：124－125.

李彰俊. 1999. 加拿大气象部门的组织结构及服务. 内蒙古气象，(3)：39－43.

上海市气象局代表团. 2006. 赴德国、挪威考察总结. 气象科技合作动态，(4)：1－4.

田静. 2001. 国外商业气象服务业概况. 甘肃气象，19(3)：7－11.

王涛. 英国：气象服务完善，护航公众生活. 经济日报，2008－2－27.

吴岩峻，罗慧，高润祥，等. 2010. 气象现代化业务骨干培训班赴加拿大培训学习总结. 气象科技合作动态，(3)：1－7.

薛纪善. 2003. 访问法国气象局研究业务部门的汇报. 气象科技合作动态，(1)：16－18.

张海东，白光弼，谭晶，等. 2007. 国外商业性气象服务的现状及经营模式研究. 中国气象学会 2007 年年会气象经济论坛分会场论文集.

张庆阳. 2005. 国外气象灾害的应急对策. 气象科技合作动态，(5)：29－32.

张晓春. 2007. 赴澳大利亚技术考察及业务培训总结. 气象科技合作动态，(1)：13－16.

赵春雨，吴炜，魏俊国，等. 2005. 赴荷兰气象局考察报告. 气象科技合作动态，(6)：15－18.

中国气象局代表团. 2005. 2005 年访问日本总结报告. 气象科技合作动态，(5)：1－18.

中国气象局代表团. 2004. 中国气象局代表团访问朝鲜总结. 气象科技合作动态，(1)：1－4.

中国气象局和国务院法制办公室联合考察团. 赴日本韩国气象灾害防御立法考察报告. 气象科技合作动态. 2008，4：5－10.

中国气象局培训团. 2005. 自然灾害应急管理(气象项目)培训总结. 气象科技合作动态，(4)：1－12.

物联网在气象中的发展与应用*

一、物联网的发展与应用现状

1. 物联网概述

1)物联网基本内涵

物联网(the Internet of things)一词是近年提出的,至今,尚未形成统一共识。目前,在我国被最普遍引用的定义是:通过射频识别(Radio Frequency IDentification,RFID)、红外感应器、全球定位系统、激光扫描器等信息传感设备,按约定的协议,把任何物品与互联网连接起来,进行信息交换和通信,以实现智能化识别、定位、跟踪、监控和管理的一种网络(孙其博等,2010)。具体地说,物联网指的是将无处不在的末端设备或设施(包括具备"内在智能"的传感器、移动终端、工业系统、家庭智能设施、视频监控系统、环境监测系统、气象信息观测系统等)和"外在使能"(如贴上 RFID 标签的各种资产、携带无线终端的个人或车辆等"智能化物件或动物"),通过各种无线或有线的通信网络实现互联互通,应用大集成以及基于云计算的 SaaS(Software-as-a-Service,软件即服务)营运等模式,在内网、专网或互联网环境下,采用适当的信息安全保障机制,提供安全可控乃至个性化的实时在线监测、定位追溯、报警联动、调度指挥、预案管理、进程控制、安全防范、进程维保、在线升级、统计报表、决策支持、领导桌面等管理和服务功能,实现对"万物"的"高效、节能、安全、环保"的"管、控、营"一体化服务。

2)物联网基本特征

物联网具有全面感知、可靠传递、智能处理三个基本特征。

全面感知是通过传感器、数码相机等设备采集外部物理世界的数据,再利用 RFID、条码、蓝牙、红外等短距离传输技术传递数据,实现对各个物体的全面感知,是物体赋予智能的基础。

可靠传递是能够将实时数据通过移动通信网、国际互联网、企业内部网、各类专网、小型局域网等多种方式将感知的信息传送到处理中心,是实现物体间通信的关键,为应用层的智能处理和信息交互提供网络支撑和安全保障。

智能处理是指传输的数据进入各类信息系统,利用云计算、模式识别等各种智能技术,

* 本报告完成于 2013 年。主要研究人员:汪克付、胡五九、张俊宏、周晓飞、陈先华、琚书存、韩佳芮。

分析、加工和处理海量信息，提出科学的决策与服务方案，满足不同用户需求，是物联网决策用户和终端用户实现自动化的目标。

3)物联网架构

感知层是由各种传感器以及传感器网关构成，即数据采集设备和设备之间的组网网络，包括二维码标签和识读器、RFID 标签和读写器、摄像头、GPS、传感器、终端、传感器网络等感知终端，实现对物理世界的探测、识别、定位、跟踪和监控。感知层相当于人的眼耳鼻喉和皮肤等神经末梢，它是物联网获识别物体，采集信息的来源，其主要功能是识别物体，采集信息。

网络层(传输层和数据层)由各种私有网络、互联网、有线和无线通信网、网络管理系统和云计算平台等组成，负责传递和处理感知层获取的信息。网络层又可以细分为传输层和数据层，传输层由各种私有网络、互联网、有线和无线通信网、网络管理系统等组成，负责传递感知层获取的信息；数据层由各种数据库和报表组成，通过云计算实施对海量数据的存储和管理、数据处理与融合，屏蔽其异质性与复杂性，形成一个与真实世界对应的虚拟世界。

应用层是物联网和用户的接口，是物联网与行业专业技术的深度融合，在物与物，人与物之间识别与感知基础上，发挥智能作用，为人们提供丰富的应用，实现行业智能化。

4)物联网关键技术

①射频识别技术。RFID 技术是一种无接触的自动识别技术，利用射频信号及其空间耦合传输特性，实现对静态或移动待识别物体的自动识别，用于对采集点的信息进行“标准化”标识。将 RFID 技术应用到物联网领域，使其与互联网、通信技术相结合，可实现全球范围内物品的跟踪与信息共享。

②传感技术。传感器、传感节点和电子标签的传感技术是物联网实现“物物相联，人物互动”的基础。将传感器应用于物联网中可以构成无线自治网络，使各类能够嵌入到任何物体的集成化微型传感器协作进行待测数据的实时监测、采集，并将这些信息以无线的方式发送给观测者，从而实现“泛在”传感。传感节点要实现数据的采集和处理，数据的融合和路由，综合本身采集的数据和收到的其他节点发送的数据，转发到其他网关节点。

③优化高效的协议技术。物联网的无线通信方式是多级的，其系统复杂性和成本开销就会很大，这就需要对协议进行优化以保证其低功耗和高能效。由此自适应的优化通信协议设计就变得很重要，其挑战在于需要考虑数据融合、分簇和路由选择等优化问题，并尽可能减少数据通信量和重复传送。物联网协议栈是以 MAC 协议、组网技术、网络跨层能量优化、自适应优化通信协议、轻量级和高能效协议为重点。

④信息安全技术。物联网中的传感节点与信息传播节点通常需要部署在无人值守、不可控制的环境中，除了受到一般无线网络所面临的信息泄露、信息篡改、重放攻击、拒绝服务等多种威胁外，还面临传感节点被攻击者通过物理手段侵入网络、控制网络的威胁。因此，包括以确保使用者身份安全为核心的认证技术，确保安全传输的密钥建立及分发机制，以及确保数据自身安全的数据加密、数据安全协议等数据安全技术是关键部分。

⑤数据传输与融合技术。从物联网的感知层到应用层，各种信息的种类和数量都成倍增加，需要分析的数据量也成级数增加，同时还涉及各种异构网络或多个系统之间数据的融

合问题,如何从海量的数据中及时挖掘出隐藏信息和有效数据的问题,给数据处理带来了巨大的挑战,因此合理、有效地整合、挖掘和智能处理海量数据也是物联网的关键技术。

2. 物联网应用现状及制约因素

1)应用现状

目前,国外对物联网的研发、应用主要集中在美、欧、日、韩等少数国家,并启动了以物联网为基础的"智慧地球"、"物联网行动计划"、"U－Japan"、"U－Korea"等国家性区域战略规划。其最初的研发方向主要是条形码、RFID等技术在商业零售、物流领域应用,而随着RFID、传感器技术、近程通信以及计算技术等的发展,近年来其研发、应用开始拓展到环境监测、生物医疗、智能基础设施等领域。美国在物联网基础方面占有绝对的优势,不论在基础芯片和通信模块方面,还是在传感网和RFID方面,物联网基础技术研究主要都集中在美国,尤其是加利福尼亚州北部的硅谷地区集中了大量的基础芯片和设备企业。美国电信运营商在早期不是很重视物联网业务,直到2008年以后才纷纷关注相关的领域,因而产生了很多全球领先的物联网MVNO企业。欧盟在基础通信芯片方面也具有一定的基础,目前拥有较多的M2M(可以解释成:人到人,Man to Man;人到机器,Man to Machine;机器到机器,Machine to Machine)通信模块企业,为M2M提供设备支撑。日本和韩国的物联网企业以电信运营商为主。从物联网具体应用推广来看:欧美地区技术应用较成熟。美国的RFID应用已经从军事应用为主,向交通、车辆管理、身份识别和仓储管理等领域延伸;欧洲地区德国、英国、法国和荷兰等RFID产业发展领先国家在交通、身份识别、物资跟踪等领域也有了比较广泛的应用(陈柳钦,2010)。

我国在物联网领域的布局较早,中科院10年前就启动了传感网研究,中科院上海微系统与信息技术研究所、南京航空航天大学、西北工业大学等科研单位,目前正加紧研发"物联网"技术。2009年10月,中国研发出首颗物联网核心芯片"唐芯一号"。在国家重大科技专项、国家自然科学基金和"863"计划的支持下,国内新一代宽带无线通信、高性能计算与大规模并行处理技术、光子和微电子器件与集成系统技术、传感网技术、物联网体系架构及其演进技术等研究与开发取得重大进展,先后建立了传感技术国家重点实验室、传感器网络实验室和传感器产业基地等一批专业研究机构和产业化基地,开展了一批具有示范意义的重大应用项目。技术研发和标准研制取得突破(邱善勤,2010)。我国在芯片、通信协议、网络管理、协同处理、智能计算等领域开展技术攻关,并取得许多成果。在传感器网络接口、标识、安全、传感器网络与通信网融合、物联网体系架构等方面相关技术标准的研究取得进展,成为国际标准化组织(ISO)传感器网络标准工作组(WG7)的主导国之一。2010年,我国主导提出的传感器网络协同信息处理国际标准获正式立项,同年,我国企业研制出全球首颗二维码解码芯片,研发了具有国际先进水平的光纤传感器,TD-LTE技术正在开展规模技术试验。应用推广初见成效。目前,我国物联网在安防、电力、交通、物流、医疗、环保等领域已经得到应用,且应用模式正日趋成熟。在安防领域,视频监控、周界防入侵等应用已取得良好效果;在电力行业,远程抄表、输变电监测等应用正在逐步拓展;在交通领域,路网监测、车辆管理和调度等应用正在发挥积极作用;在物流领域,物品仓储、运输、监测应用广泛推广;在医疗领域，个人健康监护、远程医疗等应用日趋成熟。除此之外，物联网在环境监测、市政设施监控、楼宇节能、食品药品溯源等方面也开展了广泛的应用。

2)存在问题及制约因素

我国物联网产业发展仍处于初级阶段，目前还存在诸多的制约因素。一是企业规模偏小。虽有众多企业开始涉足物联网领域，但企业规模普遍偏小，缺乏龙头企业带动形成产业集群，产业联动效应不足，特别是在应用领域缺乏大型企业，难以支撑以应用为牵引带动产业的发展路线。二是技术标准缺乏。总的来说，我国物联网技术标准发展相当滞后于应用发展，“共性平台＋应用子集”的标准架构下，共性技术发展不够成熟，应用子集也不够丰富，特别是行业标准规范的缺失，制约了物联网产品的产业化与应用的工程化。三是创新体系不完善。我国有众多高校科研院所、企业展开了物联网研究，然而以企业为主体的创新体系尚未建立，产学研合作不够紧密，科技成果产业化进程较慢。四是核心技术缺位。我国物联网的技术创新，相当一部分是在原有信息化技术基础上的深化和发展，缺乏从无到有的原生态创新，很难形成核心技术，导致大量采用国外技术，在专利方面受制于人，在信息安全方面没有保障，更导致物联网数据采集环节的传感器、电子标签的成本过高拖累整个物联网行业的发展。五是应用数量层次偏低。目前，我国物联网应用数量仍不足以带动产业发展，部分领域应用技术水平与工程化程度较低，一些深层次的问题仍没有得到解决，市场风险仍然较大，难以实现规模化发展。

二、气象物联网的发展与应用

研究气象物联网的发展与应用，首先，有必要澄清人们对物联网认识上存在的几个误区。经调研，当前存在的认识误区可以概括为四个方面。一是误认为物联网是一个全新的行业。由于物联网一词是近年在我国兴起的新名词，因此被很多人误认为物联网是一个从无到有的新兴行业。事实上，物联网虽是一个全新的概念，但基于它的产业，如 RFID、传感器、数据运算等已经发展很多年，其技术也早就应用于部分行业(尤其是气象行业)，人们提出物联网理念，只是在现有现实应用基础上，将其概念的内涵、功能和应用从实现网络化、智能化、自动化的高度进行了概括与提升。二是把传感网或 RFID 网等同于物联网。事实上传感技术也好、RFID 技术也好，都仅仅是信息采集技术之一，只是物联网的一种应用，绝不是物联网的全部。三是把物联网当成互联网的无边无际的无限延伸。物联网绝不是简单的全球共享互联网的无限延伸，而既可以是平常意义上的互联网向物的延伸，也可以根据现实需要及产业应用组成局域网、专业网。可以预见，在不久的将来，物联网与互联网会有很大不同，类似智能物流、智能交通、智能电网、智慧气象等专业网和智能小区、智能家居等局域网将会成为最大的应用空间。四是把仅仅能够互动、通信的产品都当成物联网应用。物联网的应用应是具备全面感知、可靠传输和智能处理三方面基本特征，不能把仅仅嵌入了一些传感器，贴上了 RFID 标签，就认为是物联网。

由此可见，物联网是实实在在存在的实体，而不是一种所谓的技术。物联网在气象行业中的应用已涉及了很多领域，就其应用规模而言，作为专业物联网和局域物联网的应用模式业已形成。

1. 气象物联网内涵

气象物联网简而言之,就是物联网在气象中的应用,是一种专业物联网。具体地说,就是基于物联网架构,应用物联网传感技术、网络技术、计算机技术、控制技术、智能技术,把气象观测、气象预报、气象预警信息传播、气象服务产品发布等多个系统借助互联网高速通道,充分融入气象信息系统,对各种气象信息和相关非气象信息进行智能收集、识别、处理、存储、交互与分发,实现大范围海量数据的集中管理、质量控制和服务应用的自动化、智能化的一种专业网络。其核心和基础是气象信息通信网,涵盖气象信息感知采集系统、通信网络传输系统、高性能计算机系统、数据处理与管理系统、信息存储与信息共享服务系统、信息发布与气象服务系统。

气象物联网架构:气象物联网架构一般分为感知层、网络层和应用层。感知层是由卫星、雷达、区域自动气象站等气象观探测设备中装备的各种气象传感器以及传感器网关构成,包括风向、风速、温度、湿度、能见度等传感器、终端、传感网络等感知终端,实现对大气环境中气象要素的探测、识别和监控,是气象物联网信息的来源。网络层(传输层和数据层)由各种局域网、互联网、有线和无线通信网、网络管理系统和计算平台组成,负责传递和处理感知层获取的气象和相关非气象信息。其中传输层是利用基于互联网的气象信息通信网高速通道将地理位置不同、功能独立的气象计算平台连接起来,以功能完善的网络软件实现资源共享和信息传递的系统,是数据收集和产品分发的渠道。数据层是对传输层传输的各类气象信息与相关非气象信息进行规范化存储管理、支持各领域用户信息获取的数据库系统,是气象数据综合管理平台和为用户提供服务的信息共享平台。应用层是通过气象信息综合管理系统、气象预报预警系统、气象服务系统实现相互支持、集约发展,发挥综合应用效益的平台,是气象物联网和用户的接口,是气象物联网面向公共气象服务、专业气象服务和科技气象服务的基础支撑。

2. 气象物联网发展与应用现状

1)国外的发展与应用现状

在一些发达国家,物联网已被广泛应用于气象监测、气象预报、气象信息传输和气象服务等各个层面,部分国家还成功将其地应用于军事气象领域,也取得一些较为成功的应用案例。例如美国,应用物联网全面实现全自动地面气象观测。2012 年 6 月,美国国家天气服务局又成功应用物联网研发了“无线紧急预警系统”(WEAS),该系统可以根据恶劣天气通过的路径确定会受影响区域,再搜寻该区域内所有手机发出的信号,自动匹配发送人群,既提高了预警准确性,又避免了信息扰民(涂子沛,2012)。美国还高度关注物联网在军事气象保障中的应用,已基于物联网构架建立了与作战指挥体制相一致的气象业务保障体制,气象观探测装备向多元化、集成化、小型机动化和精确定量化方向发展,实现了高精准度、高时空分辨率、连续、一体化定量观测;采用宽带传输、高速处理技术提高网络传输速率,采用多媒体技术、虚拟现实技术,实现文字、数值、声音、图形、图像、视像的综合传输;采用多网络、多信道和安全保密技术，全面融入网络化、数字化、智能化和可视化的技术环境制作天气预报，并将军事气象保障信息及时、准确、定量地纳入指挥决策系统中，形成强大的军事气象保障能力。

再如，日本气象厅2007年就建成了基于物联网的日本地震感知预警系统，在2008年6月14日，日本东北部的岩手、宫城等地发生里氏7.2级地震灾害预警中，在主震到达宫城前12秒发布了地震预报，给人们在避灾方面提供了宝贵的反应时间。

又如，韩国气象局采用RFID监测天气变化，通过布设无线感应器，建立自动天气系统，通过系统实现对温度、气压、湿度、风、沉淀物、降雪、可视性、云层、地表地下温度的实时监测和天气系统的追踪，有效提高气象服务能力和保障水平。

2）我国的发展与应用现状

我国气象信息技术和气象通信技术的发展影响和带动了气象物联网的发展。我国气象信息技术和气象通信技术在发展过程中先后经历了莫尔斯通信、电传通信、无线传真业务、计算机通信、网络建设、9210工程建设等不同时期。早在20世纪70年代中期，随着国家气象局开发的计算机自动通信、自动填图软件和气象公报库、报告库、要素库和数值预报场库的建立，气象信息感知、传输、存储、应用实现了自动化，也开启了气象物联网的应用。随后历时8年，发展的“气象卫星综合应用业务系统”(代号“9210”工程)，建成了卫星广域网、话音网、数据广播网、接收网、计算机局域网、CHINAPAC地面迂回备份网和气象信息综合分析处理系统，创建了由一个国家级主站、6个区域级站、25个省级站、300多个地市级站、2000多个县级站组成，以空中与地面相结合，专网与公网相结合，以卫星通信为主，地面通信为辅，以专网为主，公网为辅，覆盖全国，集中控制，分级管理的五级气象信息网络系统。实现了气象信息领域和部分气象服务领域的自动传感、网络传输、智能处理，气象物联网得到了明显发展。

进入21世纪以来，随着我国地面气象通信宽带网络系统、地市级以上气象部门新一代卫星气象数据广播系统(DVB－S)、全国天气预报电视会商与电话会议系统的先后建成，我国气象通信步入了气象卫星、雷达网和光纤、通信卫星互相配合的时代，特别是区域自动站的研发并广泛投入使用，使气象信息感知、传输和应用实现了的全面的自动化和部分的智能化，气象物联网的应用也得到快速的发展，并取得了部分领域的应用成果。目前，气象物联网已广泛应用于气象信息监测、信息发布、气象灾害防御、气象科学管理等方方面面，并呈现出三个特征：一是引领气象监测的自动化、智能化发展潮流；二是引领气象信息发布及时、高效、全覆盖的发展方向；三是引领气象服务人文化、智慧化发展新动向。西双版纳采用M2M技术强化森林防火气象服务，湖南省新乡遥控碘化银地面催化系统，安徽省人工影响天气物联网智能管理系统都是物联网在专业气象领域应用的典型案例。

3. 气象物联网发展与应用前景

1）在气象信息监测中发展与应用前景

随着一体化气象观测体系的日益完善，观探测设备必将海量增加，观探测成本和能耗、设备管理维护，以及海量观探测数据处理等问题会接踵而至。发展应用气象物联网，对提高气象要素的自动化探测水平有着重要的意义，可以有效改善现有自动站设备功耗大、观测精度低、通信技术落后、缺乏状态控制、集约性差、产品时效性不够等问题，是未来提升气象探测能力和探测精度的主要方向。首先，发展应用物联网能实现高密度观测。基于气象物联网应用，升级改造现有的部分气象信息感知设备，研发针对气象服务需求的感知器件，充分利用太阳能源，降低设备的生产成本和运行能耗，使高密度布站成为可能。其次，发展与应用气象物联网能实现高效的装备管理。研发气象探测设备工作状态监控芯片，植入气象装备，及时发送气象装备的工作状态和工作参数，通过远程监控平台，管理和监控设备运行，实现气象观测设备智能控制管理；同时，可以根据季节、天气状况、服务需求的不同，通过智能监控终端远程控制设备的开启和关闭，有针对性的调整气象信息感知的精度、频次等，有效提升不同时期、不同服务领域气象观测内容的针对性和集约化程度。第三，发展与应用气象物联网能实现海量信息的智能管理。应用物联网云计算和智能处理技术，通过云计算平台和智能处理终端对感知的海量信息进行智能筛选、有效规划和管理，实现海量信息的智能处理。

2)在气象防灾减灾中发展与应用研究

应用物联网可靠传递技术，通过 GPRS、GSM、3G 等形式把气象信息发送到用户手机、小区电子显示屏等信息接收终端，可有效扩大气象信息发布人群覆盖面、增强灾害预警能力。福建龙岩气象局与中国移动福建公司合作搭建的“灾害性天气监控预警平台”就是应用的典型案例。但目前这种应用的水平和层次仍十分有限，亟待进一步拓展。

我国是受气象灾害影响较重的国家之一，党和政府历来高度重视气象防灾减灾工作。已建立了较为完善的政府主导、部门联动、社会参与的气象防灾减灾体系，气象防灾减灾成效也日益显著，但受当前技术手段的制约，突发性气象灾害的监测预警和应急响应能力还不能满足气象防灾减灾的需求，偏远山区尤为突出。调研表明，气象预警信息传播时效性不强、精细化程度不高、覆盖范围不广是制约当前气象防灾减灾成效的主要因素。如何突破这一技术瓶颈，是气象防灾减灾工作亟待解决的问题。

发展与应用气象物联网，能有效提升气象防灾减灾能力和水平。首先，发展应用气象物联网能有效提高气象预警信息传播的时效性和针对性。基于气象物联网构建的一体化气象观测系统，在具有传感、信号处理的无线信息采集节点、汇聚节点定时提取监测信息，并将采集到的信息在节点内进行初步处理，再通过汇聚节点由外部网络传送到网关，借助当前通用公共通信网络传输到监控中心；监测中心应用云计算技术，通过特定的数据处理模型对海量数据进行分析，根据设定的阈值，做出是否达到预警的决策，如果达到预警级别，一方面自动将第一手现场气象数据定向发送给气象专家和相关人员，同时，利用识别技术，自动搜寻气象灾害发生区域的受影响人群、预警信息接收终端，自动匹配通过 GPRS 把预警信息发送到预警显示终端的电子显示屏、农村大喇叭、手机、网站和电台等广播出去，通知公众做好防御，既实现了预警信息智能快捷发布，又避免信息扰民。其次，发展应用气象物联网能实现气象服务的及时高效。应用气象物联网构建专家会商平台，汇集相关部门的共享资料，发送到气象专家和相关部门，通过专家系统做出气象预报预警服务产品和气象防灾避灾指导意见，再通过预警终端定向发布，使用户在收到第一手的气象灾害监测信息的同时，收到科学的气象防灾减灾指导。第三，发展应用气象物联网能实现高效的部门联动。应用气象物联网可靠传输和智能处理技术，把气象灾害图文信息、气象预报预警及相关资料同时传送到应急指挥中心及相应的处置单位，为应急决策和救援指挥提供科学依据；同时，根据气象防灾应急指挥需求，依托可靠、快速传输体系，实现联动防御指令的及时、高效下达，快速形成有效的部门联动，为气象防灾减灾赢得时间。第四，发展应用气象物联网能实现预警信息发布终端的高效管理。通过在设备中植入监控芯片，远端监控设备的运行状态和参数，并根据需要，适时保持设备处于待机状态，当有信息传输至设备时，立即开机工作，从而最大程度地降低能耗，延长使用寿命，实现高效管理。

3)在专业气象服务中发展与应用前景

物联网传感器技术、移动通信技术和其他 M2M 相关技术的发展，引领了专业气象物联网的发展，具有十分广泛的应用前景。云南省西双版纳采用 M2M 技术强化森林防火气象服务，湖南省新乡遥控碘化银地面催化系统，安徽省人工影响天气物联网智能管理系统都是气象物联网在专业气象领域应用的典型案例。

在农业气象服务领域发展与应用前景。目前，我国农业气象服务存在较为突出的问题就是服务产品的针对性和时效性不强。而我国农村范围广、信息传输手段和途径相对单一，制约了农业气象服务水平的提升。发展气象物联网，是提高农业气象服务质量的有效途径。实现农业气象观测自动全面传感。开发基于物联网的农业气象观测设备，在农作物生长环境的降水、气温、气压、风、土壤温湿度等常规气象要素观测基础上，加强土壤养分、叶面温度、叶面积、二氧化碳浓度、pH 值、光照强度等要素感应元件的研发，结合高精度的农田实景观测系统，全面真实地反映农田小气候环境和作物生长发育状况；建立基于气象物联网的智能监控平台，通过无线传输的方式汇聚农业气象观测数据，随着作物的生长期不同监控平台可远程调整各感知元件的观测内容、状态，如在干旱天气情况下加密观测农田土壤湿度、随着作物的生长调整设备高度等，实现农业气象观测的全面化、智能化和自动化。实现农业气象服务精准高效。依托气象物联网构建的农业气象观测系统，实时感知农作物生长环境的气象要素，通过无线传输到智能监控平台后，应用云计算技术，通过数据处理模型对农业气象数据进行分析，一旦某类农业气象要素超过设定的阈值，系统通过预警大喇叭、电子显示屏向受影响农村地区报警，并通过手机短信、自动声讯电话等方式定向发给农民、农技人员。在设施农业中，还可以将信号传输至设施农业自动调控系统，自动调节农作物生长环境，直至达到生产适宜范围。

在交通气象服务领域发展与应用前景。基于气象物联网构建精细化、智能化的道路、航道、铁路沿线的实时敏感气象要素监测系统。根据交通气象服务需求，选取敏感气象观测要素，如能见度、道路结冰状况、路面温度等，研发其智能识别器件，广泛布设在道路、航道、铁路沿线；智能识别器件自动采集信息后，通过无线网络自动传输到中心数据库。同时，可以根据季节、天气状况、服务需求的不同，有针对性地调整气象观测信息的精度、频次等，并通过远程监控开启和关闭观探测设备，实现气象观测设备智能控制管理。根据交通沿线天气的差异性，实现网格化乃至点对点的气象服务。通过广覆盖的敏感气象要素智能识别器件传递回来的信息，交通气象服务系统能够及时读取超阈值信息并自动报警；同时，智能发送到预警终端，预警终端通过搜寻区域内的手机信号，及时向处于区域内的手机和事先设定的固定部门和人群发送预警信息，实现交通气象服务精准到位。

4）在人工影响天气中发展与应用前景

在人工影响天气领域发展应用气象物联网，能大幅提高作业效益和社会效益。安徽省人工影响天气物联网智能管理系统就是很好的应用例证。该系统应用物联网 RFID、GPRS、GPS、GIS 等物联网架构，构建了信息采集系统（感知层）、通信系统（传输层）、数据管理系统（数据层）和信息共享与作业指挥平台（服务层）四个分系统。其中，信息采集系统（感知层）监控和获取气象要素和非气象要素的信息（气象要素信息包含人工影响天气过程中对大气，云水以及土壤的探测信息；非气象要素信息包括装有 RFID 标签的弹药和装备、标有人员信息的 RFID 卡、库房管理控制系统、弹药运输跟踪系统、火箭（高炮）作业信息）。通信系统（传输层）将感知层的数据传输到数据层，应用网络映射、ftp 服务、VPN 和 socket 通信等方式，通过气象局内网、外网 VPN、GRPS，传输感知的气象信息；人工影响天气人员信息以及装备弹药的出厂、出入库、运输存储、作业发射各个环节的非气象信息，通过 GPRS 上传至总服务器的通信服务系统。通信服务系统包括数据监听分析处理和数据库两部分，实时监听该端口的所有外来数据，根据数据来源筛选出所有正确地址的数据，根据数据串头判断数据有效性，分类出各数据采集环节的上传数据，存储于数据库的对应表中，接收到新数据后发通知给感知层提取数据。数据管理系统（数据层）由各种数据库和报表组成。通过大型的中心计算平台，对网络内的环境监测获取的海量信息进行实时的管理和控制，并为上层应用提供一个良好的用户接口，完成感知层海量数据的存储、管理、挖掘与共享。采用数据库和文件库方式实现数据管理，气象信息采集后基本上以文件库形式进行管理，非气象信息采集后全部以数据库进行管理。数据库包含作业装备数据库、作业人员数据库、作业指挥数据库、作业探测数据库、气象探测数据库和基础地理数据库六大类数据库。记录作业单位和人员资质、装备和弹药、人员培训、角色与用户、产品发布以及作业流程的相关信息。信息共享与作业指挥平台（服务层）由信息共享平台和作业指挥平台两部分组成，形成了省、市、县、作业点四级综合业务平台。依据业务流程开发了需求分析、作业条件预测、作业云识别、作业指挥、效果评估等五类人工影响天气业务指导产品。

5）在公共气象服务中发展与应用前景

随着气象物联网构建的一体化综合气象观测体系和气象灾害防御体系，以及专业气象服务体系的不断发展，面向气象服务的气象物联网的发展与应用，必将充分融入到不同行业的应用系统中，形成跨行业、跨部门间的信息互联共享。发展应用气象物联网，可以最大限度地利用公共传输网络、智能终端等社会资源，构建智能气象服务中心和智能气象服务终端，组成智能气象服务系统，从而人性化地向用户全面、及时、准确地提供最大限度满足需求的气象服务。建立的智能气象服务终端能够对周围的气象状况进行全面的监控，完成气象数据的采集和分析；通过物联网将收集的气象数据传至所属的智能处理中心，并从其获取世界各地的气象信息；通过人工智能系统，以及用户友好的提供方式提供个性化气象服务，包括决策气象服务；辅以先进的气象科学技术实现局部气象的调节，从而为用户提供局部范围的气象定制服务。在智能终端的研制上，可以研制嵌入手机或者其他便携设备中的微型终端，供个人使用，研制小型的供家庭、汽车等较小场所使用，研制大型的供一般组织或机构使用，研制巨型的供较大规模的组织和团体使用。人们只要通过智能客户终端，夜晚就能够准确而又严格地控制着室内温度、相对湿度、空气组成、空气流通状况，从而保证人体舒适度一直维持最佳的水平；早晨起床，通过终端及时了解当天及未来几天的天气状况，以及世界各地的气象大事；出门时，根据终端推荐的包括雨具、墨镜、衣着等装备最佳携带方案整装出发；行车时，通过终端判断路线是否会遇到灾害性天气，并根据终端推荐的最佳行车路线，安全出行，真正实现气象服务随身、随地、随时地伴随着人们的社会生产生活。

4. 气象物联网经济效益

随着物联网在气象行业的发展与应用不断深入，必将产生巨大的应用效益。首先，物联网应用于气象，必将加快气象科技与国际物联网基础规范接轨的进程，加快气象服务领域的智能感知技术、多源数据融合技术、气象探测技术、智能通信与控制技术、海量数据交换与处理技术、气象智能软件技术等诸多方面的技术革新，行业竞争力得以大幅提升，从而带动气象事业的飞速发展。其次，根据调研显示，物联网带动的气象产业在农业、产品质量监控、医疗、旅游、智能家居、交通以及电力等领域的气象服务，都有广泛的市场需求。随着气象物联网产业的发展，必将带动气象及相关传感元器件、智能设备、自动控制等一系列产业链的发展，蕴藏着巨大的商业和服务效益。据中国物联网研究发展中心预测：2011 年中国物联网产业市场规模将达到 2500 亿元，至 2015 年，中国物联网整体市场规模将达到 7500 亿元，年复合增长率超过 30.0%，市场投资前景巨大。据调研显示，仅人工影响天气物联网智能管理系统这一项而言，按市场需求的 60% 计算，安装系统一次性投资建设费用 8000 万元，每年在火箭和烟条上增加经济效益可达 600 万元以上，产生的直接经济效益超过 1 亿元。因此，物联网应用于气象行业必将带来可观的经济效益（叶甜春，2011 年）。

5. 发展气象物联网亟待解决的问题

尽管气象物联网起源较早，但就物联网美好的发展前景而言，气象物联网的发展与应用仍处在孕育期，概念认识多有歧义、体系架构尚未形成、技术标准有待建立、技术研究亟待加强、应用模式有待进一步探索，所以，深化应用气象物联网还将不可避免地面临着一些问题，亟待加以解决。

一是如何解决信息安全的问题。气象物联网时代气象信息和相关的非气象信息传递必将得到极大的加快，气象服务效率得到极大提高，但也将威胁到气象信息的安全。全国各地乃至世界其他国家共享的气象信息和相关非气象信息都能在远程被任意的获取，传感设备将自动地、不加区别地回应阅读器的指令，并将其所存储的信息传输给阅读器，这将存在极大的信息安全隐患。同时，由于人工智能处理代替基本的日常管理，气象物联网一旦受到病毒的攻击，将会导致严重的损失，甚至引起整个行业混乱，所以信息安全的问题亟待得以解决。二是如何解决统一完整的技术标准缺乏的问题。随着气象物联网应用的不断发展，必将出现大量的传感、传输、应用各个层面的新技术。尽管气象物联网是行业物联网，但气象行业具有很强的社会属性，所以气象物联网正如行业门户网融入互联网一样，最终要融入到其他行业和社会物联网当中。而不同国家、不同研发机构可能会采用不同的技术方案，按照自己的标准生产制造，将会导致产品之间无法兼容，相互之间无法连通。所以，制定气象物联网与社会物联网统一的技术标准和接口，充分融入大网络，并有效降低研发成本是发展进程中亟待解决的问题。三是如何攻克高能耗及污染问题。随着物联网的发展，将会成为一个万亿级的通信业务。据专家预测，到2035年前后，中国的传感网终端将达到数千亿个，到2050年，传感器将在生活中无处不在。气象物联网作为公共物联网中的一个专业物联网，其产生的能耗和信息污染也必将是巨大的。随着公共气象服务逐步纳入基本公共服务体系，实现城乡均等化，气象服务将会无处不在，届时，海量传感器、海量信息亟待进行计算和处理。如何有效规划气象信息和相关非气象信息的采集和流向，并进行合理的区分和筛选，有效解决能耗和信息污染问题不容忽视。

三、发展与应用气象物联网的建议

1. 增强发展与应用气象物联网必要性和紧迫性的认识

随着城市宽带化和无线城市快速进行，国家政策的大力扶持和业内企业的不断努力，全国许多地方和行业都纷纷出台物联网发展规划，中国物联网产业持续良好发展势头，技术研发取得重大进展，标准体系不断完善，市场化应用稳步推进。与此同时，物联网产业在产业升级、节能减排、拉动就业等方面也发挥着重要作用。2011年11月28日，工业和信息化部印发了《物联网“十二五”发展规划》。规划明确到2015年的发展目标：初步完成产业体系构建，形成较为完善的物联网产业链。在核心技术研发与产业化、关键标准研究与制定、产业链条建立与完善、重大应用示范与推广等方面取得显著成效，初步形成创新驱动、应用牵引、协同发展、安全可控的物联网发展格局。在感知、传输、处理、应用等核心关键技术领域取得500项以上重要研究成果；研究制定200项以上国家和行业标准；培育和发展10个产业聚集区，100家以上骨干企业；在10个重点领域完成一批应用示范工程，囊括了智能工业、智能农业、智能物流、智能交通、智能电网、智能环保、智能安防、智能医疗、智能家居等方面。在此背景下，发展气象物联网，实现智慧气象、智能气象，发挥气象工作在国家经济社会发展中的支撑作用是十分重要而紧迫的任务。

2. 做好发展气象物联网的顶层设计

结合气象行业自身特点，根据工业和信息化部印发的《物联网“十二五”发展规划》和《国务院关于推进物联网有序健康发展的指导意见》(国发〔2013〕7号)，做好发展气象物联网顶层设计。研究制定相关标准、技术研发的专项行动计划、应用推广计划、产业技术的行动计划、安全保障的行动计划，研究出台发展气象物联网的战略规划和指导意见。做好气象物联网全面感知的顶层设计，使之适应气象综合观测系统和其他系统的数据处理业务流程和规范、数据政策和数据处理标准、质量控制体系的发展需求。做好气象物联网可靠传输的顶层设计，升级改造气象物联网通信网络系统，使之达到国际气象通信网络系统的先进水平。做好气象物联网智能应用的顶层设计，以集约化、标准化为原则，设计统一技术体系的国家、区域、省三级气象信息存储与共享系统，实现全部门和全社会的气象信息共享，连通相关行业的信息中心，实现行业间的信息交换与信息共享；顺应发展需求，设计涵盖气象仪器装备的试验考核、质量认证，网络运行、运行监控、维护维修、技术支持、计量检定、气象物资保障等内容的技术保障系统，实现保障业务布局合理、技术先进、响应快捷、运转高效。同时，把发展气象物联网纳入气象现代化建设战略规划，进一步丰富气象现代化内涵。

3. 开展气象物联网关键技术研究

发展气象物联网，必须要加强关键技术的研究，实现气象物联网关键技术的自主创新。首先，要开展全面发展气象物联网可行性研究。分析基于当前的气象信息系统、气象信息网络系统、气象服务系统和气象业务模式，发展气象物联网可行性；分析制约当前气象物联网发展的关键技术和问题取得突破的可行性，为发展气象物联网战略研究提供科学依据。二要开展气象物联网标准和规范研究。气象物联网自动传感、可靠传输、智能处理每个层面都需要有统一的标准和规范，开展气象物联网标准和规范研究是发展气象物联网的基础性工作。要组建专门的机构或组织，全面跟踪分析国内外物联网标准与规范研究前沿，结合气象行业特点，开展气象设备编码标准、气象数据共享交换规范、公共数据格式标准、公共数据存储方式标准、共享数据种类标准、气象传感资源投入和建设效益评价标准、新建设传感资源和网络的审批标准以及涉及气象物联网建设其他方面的标准与规范的研究制定。三要开展射频识别与传感节点技术研究。重点加强新型气象传感器、低功耗传感节点、中高速传感器网络系统设备及节点专用操作系统等技术研发，降低产品的制作成本和使用能耗。四要开展组网与协同处理技术研究。完善的气象物联网应该是建立在与其他行业物联网和部门局域物联网间相互连通的网络，因此，一方面要组织具有气象行业特点的组网技术研究，另一反面要组织并参与其他行业及部门物联网组网与协同处理技术的研究。五要开展应用软件与系统集成技术研究。开展气象行业物联网的数据库软件、决策处理、协同处理等抽象技术研究，开展海量数据存储、云计算、模糊识别、智能搜索技术研究，开展海量数据和信息存储、分析处理技术研究，开展功能集成、网络集成、软硬件操作界面集成等系统集成技术的研究。

4. 开展气象物联网示范与应用

我国目前正处于物联网标准化的初始阶段，现阶段主要任务是进行国内外物联网相关标准全面梳理，开展物联网标准化体系架构建设。尽管物联网的应用在目前遇到了需要突破的关键技术，但物联网的发展已经势不可挡，物联网时代必将到来。虽然气象物联网目前的应用还处在初级阶段，但作为科技型很强的气象行业必须迎难而上，先行先试。正如当初互联网时代的发展，先在行业内部构建行业网、局域网，等相关技术标准成熟后，再按照标准接口接入“大网”，实现与其他行业的联通。建议中国气象局选择气象物联网发展基础较好、成功应用案例较多的省市气象局，进行发展气象物联网试点。在气象预警信息发布、专业气象服务、区域公共气象服务等领域开展应用示范，也可以抓住突发公共安全事件预警信息发布平台建设的契机，选择个别地区构建基于气象物联网的发布平台。以此推动关键技术的研发和应用示范，形成可复制推广的应用模板。

参考文献

北京溪谷信息咨询有限公司. 2010. 气象行业商情资讯. 物联网周刊，(8)：9－19.

陈柳钦. 2010. 物联网：国内外发展动态及亟待解决的关键问题. 决策咨询通信，(5)：17－23.

韩国气象局采用 RFID 技术来监测天气变化. RFID 世界网. [2008－12－19]. http://www.rfidworld.com.cn/map/.

邱善勤. 2010. 物联网产业发展阶段分析. 物联网产业动态，(1)：4－5.

孙其博，刘杰，黎羴，等. 2010. 物联网概念、架构与关键技术研究综述. 北京邮电大学学报，33(3)：2－5.

涂子沛. 美国政府如何发布天气数据和预警信息. 财经网. [2012－7－25]. http://info.secu.hc360.com/2008/12/191446147461.shtml.

物联网在各行业的应用描述. 物联网在线. [2010－10－15]. http://www.iot－online.com/xingyeyingyong/2010/1015/4731.html.

叶甜春. 在第二届中国国际物联网大会上的讲话. 网易科技. [2011－10－20]. http://tech.163.com/11/1020/13/7GQHQ9RN00094M01.html.

张福生. 2010. 物联网：开启全新生活的智能时代. 太原：山西出版集团，山西人民出版社：130－152.

张群. 2010. 对物联网的深度剖析. 通信企业管理，(1)：26－29.

张新程，等. 2011. 物联网关键技术介绍. 人民邮电出版社：33－171.

云计算在气象领域的应用前景分析*

一、现状分析

1. 云计算概念和国内外发展基本现状

(1)云计算的内涵

云计算(cloud computing)是基于互联网的相关服务的增加、使用和交付模式,通常涉及通过互联网来提供动态易扩展且经常是虚拟化的资源。云是网络、互联网的一种比喻说法。过去在图中往往用云来表示电信网,后来也用来表示互联网和底层基础设施的抽象。

狭义的云计算是指IT基础设施的交付和使用模式,指通过网络以按需、易扩展的方式获得所需的资源(硬件、平台、软件)。提供资源的网络被称为“云”。“云”中的资源在使用者看来是可以无限扩展的,并且可以随时获取,按需使用,随时扩展,按使用付费。这种特性经常被称为像水电一样使用IT基础设施。广义的云计算是指服务的交付和使用模式,指通过网络以按需、易扩展的方式获得所需的服务。这种服务可以是IT和软件、互联网相关的,也可以是任意其他的服务。

云计算可以认为包括以下三个层次的服务:基础设施即服务(IaaS),平台即服务(PaaS)和软件即服务(SaaS)。IaaS(Infrastructure as a Service):基础设施即服务。消费者通过Internet可以从完善的计算机基础设施获得服务。IaaS服务可以释放各类企业用于存放、运行、维护设备的资源,尤其适合开发与测试等资源密集型活动。PaaS(Platform as a Service):平台即服务。PaaS实际上是指将软件研发的平台作为一种服务,以SaaS的模式提交给用户。因此,PaaS也是SaaS模式的一种应用。但是,PaaS的出现可以加快SaaS的发展,尤其是加快SaaS应用的开发速度。平台即服务(PaaS)作为一套云交付服务,为云应用开发、部署、管理及整合创造环境。PaaS借助云工具和服务,并将应用生命周期中的关键应用开发任务标准化,从而降低成本和复杂性,并加速创造价值。SaaS(Software as a Service):软件即服务。它是一种通过Internet提供软件的模式,用户无需购买软件,而是向提供商租用基于Web的软件,来管理企业经营活动。SaaS是一种软件交付模式,集中托管于云计算环境中,用户通过互联网访问。很多业务应用利用其作为公共交付模式,以减低成本,并简

* 本报告完成于2012年。主要研究人员:丁若洋、徐建中、查亚峰、潘文伟、刘冬、林红、殷岳。

化部署。

云计算是分布式处理(distributed computing)、并行处理(parallel computing)和网格计算(grid computing)的发展，或者说是这些计算机科学概念的商业实现。云计算的基本原理是，通过使计算分布在大量的分布式计算机上，而非本地计算机或远程服务器中，企业数据中心的运行将更与互联网相似。这使得企业能够将资源切换到需要的应用上，根据需求访问计算机和存储系统。这可是一种革命性的举措，打个比方，这就好比是从古老的单台发电机模式转向了电厂集中供电的模式。它意味着计算能力也可以作为一种商品进行流通，就像煤气、水电一样，取用方便，费用低廉。最大的不同在于，它是通过互联网进行传输的。云计算的蓝图已经呼之欲出：在未来，只需要一台笔记本电脑或者一个手机，就可以通过网络服务来实现我们需要的一切，甚至包括超级计算这样的任务。从这个角度而言，最终用户才是云计算的真正拥有者。

(2)云计算的特点

1)规模大

Google 云计算已经拥有 200 多万台服务器，而 Amazon，IBM、微软、Yahoo 等的“云”均拥有几十万台或者上百万服务器。所以“云”能赋予用户前所未有的计算能力。

2)高可靠

“云”使用了数据多副本容错、计算节点同构可互换等措施来保障服务的高可靠性，使用云计算比使用本地计算机可靠性高的多。

3)虚拟化

云计算支持用户在任意位置、使用各种终端获取应用服务。所请求的资源来自“云”，而不是固定的有形的实体。应用在“云”中某处运行，但实际上用户无需了解、也不用担心应用运行的具体位置。只需要一台笔记本或者一个手机，就可以通过网络服务来实现我们需要的一切，甚至包括超级计算这样的任务。

4)通用

在“云”的支撑下可以构造出千变万化的应用，同一个“云”可以同时支撑不同的应用运行让数据和服务围绕着用户，你只要明白自己的意图，便可以把剩下的工作交给“云”来处理。

5)高可扩展

满足应用和用户规模增长的需要，“云”的规模可以动态伸缩。

6)服务按需提供

“云”是一个巨大的资源池，人们按需购买；而且“云”可以像自来水、电、煤气那样计费。

7)性价比高

由于“云”的特殊容错措施可以采用极其廉价的节点来构成“云”，“云”的自动化集中式管理使大量企业无需负担日益高昂的数据中心管理成本，“云”的通用性使资源的利用率较之传统系统大幅提升，因此用户可以充分享受“云”的低成本优势，经常只要花费几十美元、几天时间就能完成以前需要数万美元、数月时间才能完成的任务。

(3)云计算国内外现状

2006 年 3 月，Amazon 推出弹性计算“云”(elastic compute cloud，EC2)服务。

2006 年 8 月 9 日，Google 首席执行官埃里克-施密特(Eric Schmidt)在搜索引擎大会(SES San Jose 2006)首次提出“云计算”的概念。Google“云端计算”源于 Google 工程师克里斯托弗·比希利亚所做的“Google 101”项目。

2007 年 10 月，Google 与 IBM 开始在美国大学校园，包括卡内基梅隆大学、麻省理工学院、斯坦福大学、加州大学柏克莱分校及马里兰大学等，推广云计算的计划，这项计划希望能降低分布式计算技术在学术研究方面的成本，并为这些大学提供相关的软硬件设备及技术支持(包括数百台个人电脑及 Blade Center 与 System x 服务器，这些计算平台将提供 1600 个处理器，支持包括 Linux、Xen、Hadoop 等开放源代码平台)。而学生则可以通过网络开发各项以大规模计算为基础的研究计划。

2008 年 1 月 30 日，Google 宣布在台湾启动“云计算学术计划”，将与台湾台大、交大等学校合作，将这种先进的大规模、快速计算技术推广到校园。

2008 年 2 月 1 日，IBM(NYSE:IBM)宣布将在中国无锡太湖新城科教产业园为中国的软件公司建立全球第一个云计算中心(Cloud Computing Center)。

2008 年 7 月 29 日，雅虎、惠普和英特尔宣布一项涵盖美国、德国和新加坡的联合研究计划，推出云计算研究测试床，推进云计算。该计划要与合作伙伴创建 6 个数据中心作为研究试验平台，每个数据中心配置 1400～4000 个处理器。这些合作伙伴包括新加坡资讯通信发展管理局、德国卡尔斯鲁厄大学 Steinbuch 计算中心、美国伊利诺伊大学香槟分校、英特尔研究院、惠普实验室和雅虎。

2008 年 8 月 3 日，美国专利商标局网站信息显示，戴尔正在申请“云计算”(Cloud Computing)商标，此举旨在加强对这一未来可能重塑技术架构的术语的控制权。

2010 年 3 月 5 日，Novell 与云安全联盟(CSA)共同宣布一项供应商中立计划，名为“可信任云计算计划(Trusted Cloud Initiative)”。

2010 年 7 月，美国国家航空航天局和包括 Rackspace、AMD、Intel、戴尔等支持厂商共同宣布“OpenStack”开放源代码计划，微软在 2010 年 10 月表示支持 OpenStack 与 Windows Server 2008 R2 的集成；而 Ubuntu 已把 OpenStack 加至 11.04 版本中。

2011 年 2 月，思科系统正式加入 OpenStack，重点研制 OpenStack 的网络服务。

IT 界巨头们也纷纷推出了自己的云计算服务。主要有：

微软云计算。目前来看微软的云计算发展非常迅速。微软将推出的首批软件即服务产品包括 Dynamics CRM Online、Exchange Online、OfficeCommunications Online 以及 SharePointOnline。每种产品都具有多客户共享版本，其主要服务对象是中小型企业。单客户版本的授权费用在 5,000 美元以上。针对普通用户，微软的在线服务还包括 Windows Live、Office Live 和 Xbox Live 等。

IBM 云计算。IBM 是最早进入中国的云计算服务提供商。中文服务方面做得比较理想，对于中国的用户应是一个不错的选择。2007 年，IBM 公司发布了蓝云(Blue Cloud)计划，这套产品将“通过分布式的全球化资源让企业的数据中心能像互联网一样运行”。以后 IBM 的云计算将可能包括它所有的业务和产品线。

Amazon(亚马逊)云计算。亚马逊作为首批进军云计算新兴市场的厂商之一，为尝试进入该领域的企业开创了良好的开端。亚马逊的“云”名为亚马逊网络服务(Amazon web services,AWS),目前主要由4块核心服务组成:简单存储服务(simple storage service,S3);弹性计算云(elastic compute cloud,EC2);简单排列服务(simple queuing service)以及尚处于测试阶段的Simple DB。换句话说,亚马逊现在提供的是可以通过网络访问的存储、计算机处理、信息排队和数据库管理系统接入式服务。

谷歌云计算。围绕因特网搜索创建了一种超动力商业模式。如今,他们又以应用托管、企业搜索以及其他更多形式向企业开放了他们的“云”。谷歌推出了谷歌应用软件引擎(Google App Engine,GAE),这种服务让开发人员可以编译基于Python的应用程序,并可免费使用谷歌的基础设施来进行托管(最高存储空间达500MB)。对于超过此上限的存储空间,谷歌按“每CPU内核每小时”10至12美分及1GB空间15至18美分的标准进行收费。谷歌还公布了提供可由企业自定义的托管企业搜索服务计划。

红帽云计算服务。红帽是云计算领域的后起之秀。红帽提供的是类似于亚马逊弹性云技术的纯软件云计算平台。它的云计算基础架构平台选用的是自己的操作系统和虚拟化技术,可以搭建在各种硬件工业标准服务器(HP、IBM、DELL等等)和各种存储(EMC、DELL、IBM、NetAPP等)与网络环境之中。表现为与硬件平台完全无关的特性,给客户带来灵活和可变的综合硬件价格优势。红帽的云计算平台可以实现各种功能服务器实例。

在国内,阿里巴巴成立了阿里云公司。还有许多公司触云:腾讯、盛大、广达、800APP、世纪互联等等。中国移动研究院已经建立起1024个CPU的云计算试验中心;中国电信、中国联通都有相应动作。华为、中兴都转入了云计算研发。作为云计算技术的一个分支,云安全技术通过大量客户端的参与和大量服务器端的统计分析来识别病毒和木马,取得了巨大成功

2008年11月25日,中国电子学会专门成立了云计算专家委员会;2009年5月22日,中国电子学会隆重举办首届中国云计算大会,1200多人与会,盛况空前。2010年5月,将举办第二届,规模将达3000人;2009年12月,举办中国首届云计算学术会议;2010年5月,举办第二届中国云计算大会;2011年5月,举办第三届中国云计算大会;2012年5月,举办第四届中国云计算大会。

(4)云计算的应用

从量上看,物联网采集惊人的数据需要通过无线传感网、宽带互联网向某些存储和处理设施汇聚,而使用云计算来承载这些具有非常显著的性价比优势;从质上看,使用云计算设施对这些数据进行处理、分析、挖掘,可以更加迅速、准确、智能地对物理世界进行管理和控制。

3G将为云计算带来数以亿计的宽带移动用户。用户的终端计算能力和存储空间有限,却有很强的联网能力,对云计算有着天然的需求。移动互联网时代来临,对用户来讲,最好的体验是淡化有线和无线的概念。云计算有望突破各种终端,显示的内容、应用都能保持一致性和同步性。移动终端(例如手机)往往小而便携,得到“云”支撑之后,就意味着得到超级计算和海量存储的支撑,他的功能就不在受自身物理体积的限制。云计算能够给3G用户提供更好的用户体验。云计算有强大的计算能力、接近无限的存储空间,并支撑各种各样的软

件和信息服务，能够为3G用户提供前所未有的服务体验。

云计算技术将使得中小企业的成本大大降低。如果说"云"给大型企业的IT部门带来了实惠，那么对于中小型企业而言，它可算得上是上天的恩赐了。过去，小公司人力资源不足，IT预算吃紧，那种动辄数百万美元的IT设备所带来的生产力对它们而言真是如梦一般遥远，而如今，"云"为它们送来了大企业级的技术，并且先期成本极低，升级也很方便。这一新兴趋势的重要性毋庸置疑，不过，它还仅仅是一系列变革的起步阶段而已。云计算不但抹平了企业规模所导致的优劣差距，而且极有可能让优劣之势易主。简单地说，当今世上最强大最具革新意义的技术已不再为大型企业所独有。"云"让每个普通人都能以极低的成本接触到顶尖的IT技术。

目前，PC依然是我们日常工作生活中的核心工具——我们用PC处理文档、存储资料，通过电子邮件或U盘与他人分享信息。如果PC硬盘坏了，我们会因为资料丢失而束手无策。而在云计算时代，"云"会替我们做存储和计算的工作。"云"就是计算机群，每一群包括了几十万台、甚至上百万台计算机。"云"的好处还在于，其中的计算机可以随时更新，保证"云"长生不老。Google就有好几个这样的"云"，其他IT巨头，如微软、雅虎、亚马逊也有或正在建设这样的"云"。届时，我们只需要一台能上网的电脑，不需关心存储或计算发生在哪朵"云"上，但一旦有需要，我们可以在任何地点用任何设备，如电脑、手机等，快速地计算和找到这些资料。我们再也不用担心资料丢失。

2. 气象业务现状相关问题

气象信息网络系统的发展虽然取得了长足的进步，但与现代气象业务快速发展的需求相比，还存在较大差距。现行业务应用中存在着许多全局性、系统性问题，主要如下：

（1）支撑能力不够

气象骨干网带宽不足，缺乏网络服务保障措施，资料服务时效与业务需求有差距；全方位信息服务能力不能满足气象的服务要求，缺乏信息服务标准，导致无法提供规范统一的信息服务；资料基础工作薄弱，高性能计算能力不能满足需求；信息安全防护能力严重不足，影响业务系统的安全稳定运行；应急备份能力不足，在突发事件情况下无法保障气象业务的连续运行；业务监控能力不足，还没有形成保障业务运行的综合监控体系。

（2）系统规划不足

统一设计不足：缺乏顶层设计，没有形成自上而下规范的信息系统体系，增加了信息系统建设的复杂性，阻碍了全国气象信息化的均衡发展。

标准体系欠缺：信息业务数据缺乏统一的数据接入处理和应用服务标准，各业务系统间信息交互和共享难度大；气象信息化标准、管理和制度体系有待完善，执行力度也有待加强。

统筹规划不够：信息系统建设缺乏统筹和集约化管理，规划与项目衔接不够，项目之间协调不够，信息系统整体性不强，资金投入分散，综合效能难以发挥。

信息岛屿仍多：各业务系统未形成统一平台，且系统之间的接口繁杂，且业务系统常自带独立数据环境，形成以文件交换为单一联系的信息岛屿。缺乏信息资源的统一管理机制，信息化建设与业务融合度不足。

重复建设严重:针对各种业务和工程建设对硬件设备和数据资源的大量重复建设,设备和数据的利用率较低,缺乏信息交换和共享机制。

(3)运维能力有限

运行维护困难:信息系统规模的迅速增长造成维护人员岗位不足和工作压力加大;尤其是信息系统向地、县级的过度延伸,增加了地、县保障业务系统运行的难度。

维持成本迅速攀升:信息系统的软、硬件维持、场地环境保障、能源消耗、运行值班等综合成本迅速增加。随着气象业务应用系统的不断发展,网络化趋势不断加大,维持高速网络运行的成本也迅速攀升。

场地承载能力不足:由于信息系统设备的集成化程度和运行技术标准的大幅提高,相应的供配电负荷增加、空调标准和承载能力不够、消防和安全防护措施严重不足,直接威胁业务系统运行的稳定性。

(4)面临的形势

气象现代化业务体系的建设和发展对气象信息网络系统提出了新的更高的要求,气象信息网络不适应现代气象业务发展的问题表现突出。如何加快气象信息系统现代化进程,全面提高支撑现代化气象业务发展的能力,是当前面临和亟待解决的主要问题。与此同时,经济和社会发展、人民生活水平提高和信息技术的发展也给气象信息化工作的开展带来了新的机遇和挑战。。

随着“十二五”规划的启动,各种重大工程项目,专项规划开始逐步实施,信息网络系统工程又是其中的重要组成部分,亟待全国性的总体设计出台,指导工程的实施,避免新的一轮自我设计,自我发展,难以维护的信息工程建设。此外,重大工程实施的紧迫性也决定了气象信息网络系统设计不可能是跨越式的全新设计,而必须兼顾现状,逐步向先进的技术和框架迁移。

与现代气象业务快速发展的需求相比,气象信息系统还存在不少差距。

资料收发能力需要加强。气象通信系统和观测系统间的业务衔接不够紧密、无法实现有机融合,数据传输中间环节过多直接影响资料传输时效与稳定性,天气雷达等资料到达预报员桌面的时间过长,不能满足灾害性天气监测和临近预报的要求;国内通信系统部分设备老化、故障频发、可靠性稳定性下降;为满足新增观测资料传输而建立的国家级和省级资料传输系统,水平参差不齐、技术标准各异,错报和重复报大量出现;观测资料格式标准不规范,导致后端系统处理复杂,影响运行效率;全球资料尤其是国外卫星资料获取时效较低;长期以来信息系统建设重硬轻软,综合水平和整体应用效益受到影响。

高性能计算能力增长缓慢。高性能计算能力增长速度明显滞后于数值预报预测业务发展需求,影响了数值预报业务的发展和模式的研发;缺乏高性能计算资源监控与动态调度能力,支撑模式研发的软件能力较弱;科研、业务部门高性能计算能力发展相互不协调的问题仍然存在,增加了资源整合与综合利用的难度。

资料基础工作薄弱。尚未建立完善的气象资料质量控制体系,“问题”资料直接抵达预报员桌面的现象时有发生;气象资料业务仍然沿用传统的整编、审核、汇交等工作流程,以非实时资料及档案管理为主,全国资料汇交时效低;历史资料未完全数字化、数字化错误、元数据不完整等问题，给长时间序列数据产品研制带来困难；实时资料及数据产品尚处于粗加工阶段，技术含量低；全国数据产品研发技术力量薄弱，缺乏高质量的数据产品集，部分业务和科研工作依赖国外数据产品的局面未有改观。

数据管理与服务能力较弱。目前全国气象资料尚未实现集中存储管理，数据存放分散、重复；国家级业务单位尚未实现全部现存资料的统一管理，不具备提供全部历史资料在线检索与服务的能力；资料政策可操作性不强，给具体的资料服务带来一定的障碍。

信息系统安全隐患严重。由于缺乏统一的安全规范设计，各级信息系统安全措施与手段薄弱，运行管理不规范，与国家对信息系统的安全要求存在较大差距；网络安全区域划分不清晰，存在安全隐患；国家级、省级信息系统核心技术设施不具备应对重大灾害和重大事件的能力。

信息系统集约化程度不高。多年来全国气象信息系统缺乏统一的总体规划与设计，建设规范、管理规范和技术标准编制工作滞后；各级业务科研单位“自我提需求、自我搞设计、自我管运行”的现象普遍存在，分散建设及重复建设现象严重，信息系统不是一个有机的整体，而是无数子系统的简单组合，集约化程度低，信息资源与技术设施综合利用效率不高，低水平重复建设趋势不仅没有减缓，反而有加剧之势。

3. 云计算在气象部门开展的政策环境

(1)政策法规环境

2012 年，云计算作为国家战略性新兴产业被写入了国家“十二五规划纲要”中。新一代信息技术产业的发展，要把握信息技术升级换代和产业融合发展机遇，加快建设宽带、融合、安全、泛在的下一代信息网络，突破超高速光纤与无线通信、物联网、云计算、数字虚拟、先进半导体和新型显示等新一代信息技术，推进信息技术创新、新兴应用拓展和网络建设的互动结合，创新产业组织模式，提高新型装备保障水平，培育新兴服务业态，增强国际竞争能力，带动我国信息产业实现由大到强的转变。

当前对发展云计算地方政府态度积极，中央政府部门已经开始推进有关地方开展试点示范。云计算在我国的应用还没有真正普及，目前主要是个人用户比较多，企业用户相对较少，而地方政府对云计算表现出了高度的热情。北京、上海、江苏、广东等很多省(市)都结合自身特色，推出了各自的云计算发展战略。例如《上海推进云计算产业发展行动方案(2010—2012 年)》《上海市推进智慧城市建设 2011—2013 年行动计划》。2010 年 10 月 18 日工信部和国家发改委联合发布了《关于做好云计算服务创新发展试点示范工作的通知》，确定在北京、上海、深圳、杭州、无锡等五个城市先行开展云计算服务创新发展试点示范工作。试点工作重点包括四个方面的内容：一是推动国内信息服务骨干企业针对政府、大中小企业和个人等不同用户需求，积极探索软件即服务(SaaS)等各类云计算服务模式。二是以企业为主体，产学研用联合，加强海量数据管理技术等云计算核心技术的研发和产业化。三是组建全国性云计算产业联盟。四是加强云计算技术标准、服务标准和有关安全管理规范的研究制定，着力促进相关产业的发展。

气象部门从地方到国家层面也相继出台了支持云计算发展的规划。中国气象局《气象发展规划(2011—2015)》中指出:增强高性能计算机能力。升级国家、区域和省级高性能计算机系统,改善高性能计算机系统应用支撑环境,推进计算资源集中共享和精细化管理,开展气象云计算服务系统应用试验。《上海市气象事业发展"十二五"规划》指出:升级完善高性能计算机系统,开展物联网和云计算新技术在气象方面的应用。建设和发展与国家气象备份业务相适应的高性能计算机系统和云计算业务,建立国家级业务资料热备份存储系统。

在有利的政策法规的背景下,部分地区特别是在北京、上海、深圳、杭州等云计算服务创新发展试点示范地区,可以率先开展云计算在气象领域应用的试验研究,为行业内的应用积累技术和探索切实可行的方向。例如上海在公共服务领域的云计算应用"市民问诊式虚拟气象台"被"上海市推进智慧城市建设2011—2013年行动计划"列为社会事务和公共服务重点专项。

(2)发展云计算产业面临的主要问题

各界认识存在分歧,亟须正本清源。

到目前为止,国际上对云计算尚无统一概念,我国学术界与产业界对云计算的理解也各不相同。如,有人认为云计算就是扩展的网格计算,也有人认为虚拟化、分布式就是云计算。许多厂商以"旧瓶装新酒",提供的所谓"云计算"服务与原来的服务相比,并没有实质性改变。有业内人士指出,一些地方政府投巨资建设所谓的"云"系统,其设备和资源利用效率很低,完全没有体现出云计算的高效、节能和低成本优势。在未来一段时间,关于云计算认识的分歧仍然可能会存在,而这将直接影响到云计算应用价值的实现。

信息技术基础设施还不能完全满足云计算发展的需要。

规模化发展的云计算需要带宽更大、稳定性更高的网络。我国互联网在网速方面仍然比较落后,数据的长途传输引起的时间延迟较长,难以满足云计算发展的要求。同时,云计算需要数据资源、软硬件资源更多地部署在网络中,其核心环节就是稳定的互联网数据中心(IDC),并以此承载若干的应用服务平台。我国许多科技园区或大企业拥有自己的数据中心,但是这些传统的数据中心分布比较分散,存在高能耗、高成本、低效率等问题,无法满足云计算发展的需要。少数企业数据中心规模较大,还需进一步整合,更多现有的数据中心还达不到提供"云"服务的要求。

云计算关键技术尚有待突破。

由于对云计算的认识未能统一,所以有关云计算的技术认识也存在较大差别。一种观点认为,云计算是并行计算、分布式计算、网格计算和效用计算等技术的进一步发展。另一种观点认为,云计算没有新的技术,只是现有技术的集成。从已有的典型厂商商业模式来看,不同厂商对云计算的技术理解和实现方式也存在很大差别,因而提供了特征不同的云计算产品和服务。另外,从应用角度看,云计算面临着应用模式下一些特有技术的瓶颈问题,关键技术问题如数据的私密性、数据传输瓶颈、性能的不可预见性、可扩展存储能力等都需要突破。能否在这些技术上实现突破并进一步实现商业化,将影响到云计算的进一步发展。从目前情况来看,国内外厂商之间还存在较大的技术差距。

"云安全"问题仍是云计算发展的关键制约因素。

"云安全"包括两个层面:一是用户层面担心的数据安全问题,包括由于系统不可靠造成的数据丢失，以及可能被对手或黑客攻击并窃取隐私或商业秘密。二是国家层面的安全问题。由于公有云计算环境由外部供应商提供并与他人共享，这就有可能导致有关国家经济、军事、政府部门的敏感数据以及科研成果失窃，从而威胁到国家的经济和社会安全。埃森哲公司的问卷调查结果显示，安全问题是全球对云计算的最大质疑，而这种担忧在我国尤为突出。相比其他国家，更高比例的我国受访者认为，其所在企业和机构拥有不得外泄的敏感数据。我国高管尤其担心数据遭黑客盗窃，或是意外泄露给同一"云"供应商的其他企业用户或本企业的非授权员工。气象部门发展云计算同样受到数据安全问题的制约。

缺乏行业标准将影响未来"云"之间的互联互通。

目前，云计算在全世界还没有统一标准。虽然包括谷歌、雅虎、亚马逊、微软等大企业都在着手制定云计算标准，但是由于各自的云计算技术架构和应用模式存在差异，导致各自的标准也难于统一。在没有统一标准的情况下，单元设备、技术无法相互匹配，互操作、硬件转移等难以实现，在某个系统中开发的应用程序无法拿到另一个系统使用，这将不可避免地影响到多个"云"之间的互联互通。因此，建立一个可以让数据彼此互通的标准已成为云计算发展的当务之急。国内目前有三个组织正开展云计算标准的研究，分别是全国信标委、IT服务标准工作组以及产业联盟。虽然进行了一些前期工作，但是总体来看，我国对云计算标准的研究还处于起步阶段。

(3)促进云计算在气象部门发展的政策建议

1)应在国家层面进一步统一气象部门云计算的认识，明确云计算发展思路。

在借鉴和总结有关部门、地方试点的基础上，下一步应该明确国家气象云计算发展模式与思路。首先，应加强关于云计算发展战略的研究工作，组织业务、服务、科技等各方面有识之士共同研究云计算的内涵和模式，研究气象部门发展云计算应用和云计算业务的总体思路，确定云计算发展不同阶段的战略步骤，发布相关的研究成果，为云计算产业的发展指明方向。其次，应该研究借鉴发达国家的经验，总结各地方、各大企业探索云计算应用的利弊，在充分调研的基础上，制定未来几年气象部门云计算的发展规划或指导意见，为云计算应用发展建立一个良好的市场预期和政策环境。

2)充分考虑云计算应用需要，加强"十二五"信息基础设施建设。

按照《国务院关于印发"十二五"国家战略性新兴产业发展规划的通知》对"十二五"规划信息技术基础设施建设布局，充分考虑云计算发展的需求，加强气象部门信息技术基础设施建设，避免基础设施成为云计算应用的瓶颈。

首先，应提高互联网的速度和可靠性。"十二五"时期将是云计算产业的成长阶段，此阶段的特征是产业规模的高速增长，这必将对网络速度和可靠性提出更高的要求。工业和信息化部已经提出，要以新一代网络为契机，进一步加强网络基础设施建设，尤其是下一代宽带互联网的建设，但是目前的规划主要是基于多网业务融合的需要考虑的。因此，应进一步评估云计算发展带来的网络带宽和可靠性要求，力求布局网络基础设施建设时以满足云计算应用需求为标准。

其次，在基础设施建设规划中，应统筹考虑大规模数据中心的建设和布局。应在规划基础设施时，考虑全国性气象数据中心的建设和布局，基于云计算技术建设整合虚拟化、自动化、广域数据加速、安全以及绿色节能的新一代数据中心，为云计算市场增长提供有力保障。在市场准入方面，应考虑对照云计算服务商的准入标准，尽快获得全国性数据中心牌照，同时注意气象部门的特征，合理进行区域布局，避免不必要的重复建设。

3)以多种措施解决“云安全”问题。

第一，制定云计算安全法律法规，明确各方责任。应以法律形式明确云服务提供商与用户之间的责任和义务，并以此法规为指导确定云服务的合同范本。用户与服务商之间需要签订协议，具体规定一些详细的责任条款及承担的后果。用户应理解法规的影响、服务提供商处理数据安全的方式以及公司的知识产权是否存在风险等问题。

第二，建立云计算安全审计制度。应建立审计标准和制度，定期对云服务提供商进行以安全为主要内容的全面评估，以提高服务商内部操作的透明度，保证其可靠性。建立审计制度的目的在于通过第三方验证来确保、促使“云”服务供应商对客户数据提供保护。对审计的结果应该予以公示，不符合审计标准的厂商应勒令其停业整顿。

第三，支持国内制造和运营商的发展。目前，大型跨国公司仍然掌握着云计算领域的核心技术和设备制造能力。出于国家安全的长远考虑，应该鼓励和扶持国内相关企业的发展。在推动云计算产业的发展过程中，一方面，要积极参与国际合作，广泛利用开源等产业技术条件，建立自主可控的核心技术体系，在实现技术自主的基础上进一步做大做强。另一方面，在核心产业环节，应适度扶持具备关键技术能力与产业优势的企业，发挥积极的示范与导向作用。可以考虑以各个产业环节的骨干企业为主体，建立国内的云计算产业联盟，通过上下游产业的相互协调、相互带动，提高国内云计算厂商的制造和服务能力。

4)支持气象部门云计算关键技术研发。

依托重大科技项目或产业发展基金，增加对云计算应用设计的虚拟化技术、分布式存储、分布式计算等关键基础技术、共性技术的研发投入。建立气象云计算的国家实验室和产业技术公共服务平台，承担云计算关键技术研发的任务，并向产业界扩散。鼓励有条件的大型企业独立或联合高校、科研院所组建研发机构，从事气象云计算关键技术的研究。鼓励有关气象云计算研究部门加强国际交流与合作，对云计算技术引进、消化、吸收、再创新，在商业化使用的基础上，逐步掌握云计算领域的关键技术，实现技术和服务模式的同步创新。

5)在积极参与国际标准制定的前提下，探索制定国家气象云计算标准。

目前，国际国内以跨国公司为主导的国际组织已经开始成立相关机构，并在有关国家成立分支机构，积极倡导和参与云计算国际标准的制定。在这种形势下，气象部门的相关信息单位和信息管理部门联合起来，积极参加、参与开展云计算国际标准研讨交流活动，争取获得同国际云计算机构对等交流的资格。鼓励国内气象部门有条件的相关单位或企业、机构尽快加入云计算国际组织，成为组织成员，争取在我国成立相应的气象云计算分支机构，直接参与相关国际标准的制定工作。同时，应该在接受国际先进技术标准的同时，大力提倡自主知识产权标准的制定，并将知识产权政策、产业研发政策和标准化政策协调起来，逐步建立气象部门云计算的国家标准体系。

6)适时建立气象部门国家“云”，引领和带动气象部门云计算发展。

借鉴地方政府推进云平台建设的经验，适时启动中国气象部门国家“云”平台的建设。

可先以公共气象服务的某一主要领域为试点，建立面向全社会的电子政务和便民气象公共服务“云”平台。在建设和运营过程中，探索发展云计算应用的问题与经验，为云计算行业的发展起到引领带动作用，并未为政策制定提供依据。同时，可以考虑将气象部门省市之间、部门内部信息基础设施予以整合，按照统一的规划和标准，主要依托国内设备和自主技术，建立国家气象部门的“内部信息‘云’”，使信息在气象部门内部之间实现内部共享。“内部信息‘云’”的建设将有利于降低建设成本，节约财政支出，通过统一的设备升级和安全管理，提高内部信息系统的可靠性。

二、云计算在气象领域的应用分析

1. 概述

气象业务体系主要可分为综合观测、预报预测、公共服务三大块。

综合观测业务中包含了卫星、雷达、自动气象站等产生大容量、高频次数据，这些数据需要及时有效地进行汇集传输，满足对极端天气的监测和预警的需求；为保障观测系统稳定运行和开展观测资料质量控制，需要收集台站元数据、观测系统状态等信息，并对重大观测设备故障的远程视频诊断提供传输支持。

预报预测业务中的天气模式、气候系统模式和集合预报等的业务运行和研发需要充足的计算资源和存储资源。灾害性天气监测预报迫切需要省际观测资料实时共享。交互式的天气预报系统也对信息系统的应用接口提出了高效、简便访问的需求，对大数据量的实时交互访问，提出了秒级的即时响应要求，对网络支持提出了应用系统间实时交互，即时通信，协同工作的需求。预报预测系统的网络化趋势加快，MICAPS、SWAN 等应用将陆续推出 WEB 版本，对于高集中的数据服务能力提出了更高的要求。

公共服务需要不断加强气象信息网络系统能力建设，提高利用自有资源和社会资源的能力。在信息发布手段、时效和覆盖范围，重大灾情收集与信息上传的有效性、时效性，以及预报预测产品和气象频道信息传输等方面需要更多样化的解决思路。

气象现代业务体系的建设和发展对气象 IT 资源的需求和管理模式提出了新的更高的要求，传统管理模式不适应现代气象业务发展的问题表现突出，因此在保持现有业务运行稳定性的前提下，IT 资源管理模式应该在兼顾现状的基础上逐步向先进的技术和框架迁移。

21 世纪初，IT 世界就已从个人计算为中心逐步转向以网络计算为中心，PC 的含义也从个人计算(Personal Computer)逐步扩展为个人通信(Personal Communication)和个人控制(Personal Control)。伴随着这个转变，IT 技术也进行着巨大的发展。虚拟化技术和网络为中心的面向服务架构(Service Oriented Architect，SOA)从概念走向实用，推动了云计算理念的普及。云计算模型下，IT 硬件资源和软件资源(算法资源＋数据资源)成为按需配置、易于扩展的计算资源池，为气象部门实现计算密集型(科学计算)、数据密集型(数据挖掘)和事务密集型(并发处理)等高性能计算的普及提供了一条崭新的方向。

云计算是以虚拟化技术为基础、具备弹性扩展、动态分配和资源共享等特点的新型网络化计算模式。在云计算模式下,软件、硬件、平台等IT资源将作为基础设施,以服务的方式提供给使用者。因此在IT资源布局上,秉承集约化的原则,其功能实现主要集中在国家和省两级,为地、县提供全面的共享服务,减轻地市级和县级业务人员的信息网络维护和保障压力。

云计算涉及虚拟化、云平台、分布式资源管理、海量分布式存储、"云"安全等核心技术。在技术层面上,云计算通过网络使用各种IT资源与服务的方式,将改变传统IT的资源提供与管理模式,实现IT资源的集约共享,降低能源消耗。云计算一般可以分为基础设施服务(IaaS)、平台服务(PaaS)、软件服务(SaaS)三个层次,下面按照三个层次分析如何更好地利用"云计算"模式的优势来提高气象部门的IT资源的效能。

2."基础设施云"的应用分析

(1)IaaS概述

IaaS(Infrastructure as a Service,基础设施即服务)指将IT基础设施能力通过互联网提供给用户使用,并根据用户对资源的实际使用量或占用量进行计费的一种服务,是把IT基础设施像水、电一样以服务的形式提供给用户,以服务的形式提供基于服务器和存储等硬件资源高可扩展和按需分配的IT能力。从这个定义上可以看出,IaaS提供的是基本的计算、存储、网络等资源。

IaaS实现的关键技术是虚拟化技术,通过虚拟化技术,底层的硬件设备被纳入到统一的资源池进行管理,实现了硬件资源与操作系统和软件的分离,增加了硬件资源之间的耦合性。

IaaS通过互联网提供了数据中心、基础架构硬件和软件资源。IaaS可以提供服务器、操作系统、磁盘存储、数据库和/或信息资源。实现公共"云"时,IaaS通常会按照"弹性云"的模式引入其他的使用和计价模式,也就是在任何一个特定的时间,都只使用你需要的服务,并且只为之付费。

在传统的计算模式中,软件必须与硬件相结合,每台机器上只有一个系统运行,而操作系统只能管理本地的服务器资源。经过虚拟化后的计算模式,软件相对硬件独立,可以虚拟出多台机器,在其上面可以运行不同的操作系统,虚拟化管理软件可以管理众多的服务器资源。

通过IaaS这种模式,用户可以从供应商那里获得其所需要的计算或者存储等资源来装载相关的应用,并只需为其所租用的那部分资源进行付费,而同时这些基础设施烦琐的管理工作则统一由IaaS云计算中心来负责。

(2)现有资源分析

在应用IaaS进行改造时,我们还是要对气象部门在基础设施的现状及存在的问题有一个清晰的认识。了解了现状和问题,才有助于找到解决问题的思路。

气象部门的基础设施可以分成三类主要资源,它们是:硬件资源、软件资源以及网络资源。其中需要说明一下,硬件资源的主要内容是服务器资源,提供的服务主要是计算和存储。探测设备也属于硬件资源,它像气象部门伸出去的触角,用来感知其所处环境的数据,它也可以看作是气象局内部数据接收服务器的延伸，其沟通互联的技术是物联网技术。

1)硬件资源

在硬件资源方面，目前气象部门中存在的一个普遍问题是硬件资源的利用率不高，为解决日益增大的计算和存储的需要，现在的做法普遍是通过重新购买新的设备来满足这些资源的需求。同时由于部门之间的硬件资源无法进行共用，这就造成了大量计算资源的闲置，以及资产的浪费。

由于各个部门之间相对独立，每个部门都要自己维护许多服务器，来满足各自部门的需求。气象部门的机房被分为若干区域，每个部门管理着属于自己的区域，虽然机房实行的是同一管理，但是针对服务器的专业维护还是需要每个部门自己来做。因此，气象部门目前急切需要将现在已有的硬件资源进行整合，进行统一的管理，从而减少硬件管理的开支以及提高资源的利用率。

2)软件资源

气象部门使用软件资源一般都是各自独立购买，部门里面统一进行安装使用，部门之间就缺少一定的交流机制，许多软件授权无法共享。在这种情况下就类似于硬件资源的局限性了，没有共享机制，各部门对的软件需求，只能是通过重复购买来解决。IaaS 则可以打破目前软件资源使用和管理的窘境。

3)网络资源

在网络资源方面，我国已建成覆盖国家、省、地、县气象部门的多级星型结构地面双向通信网络系统，与气象数据卫星单向广播和卫星双向应急通信共同构成国内气象通信网络系统。这是在气象信息化中对目前气象信息网络的描述，但是目前的气象部门的网络仍然存在着信息岛屿仍多、重复建设严重等问题。目前我国气象业务骨干网正朝着 MPLS VPN 网络系统方向发展，或许在这个结构之上，可以有更好的网络资源管理模式，能够让各种异构设备更加方便地接入，能够为使用者提供更加高效和友好的连接服务。

(3)应用前景分析

IaaS 通过虚拟化技术，将硬件资源特别是服务器资源整合在一起，形成特有的资源池，包括桌面资源池、计算资源池、存储资源池以及网络资源池等，不同的资源池能够提供相应的服务，并且这些服务都是透明地提供给用户的。

计算服务是提供给用户个性化的计算环境，用户可以在上面开发和运行自己的应用，此环境包含约定 CPU、内存和基本存储空间的虚拟机环境，让用户感觉就是在使用一台物理服务器，但这个“超级服务器”的 CPU、内存、存储等都是可以根据用户的需求而动态调整。存储服务是提供用户一个存储空间，根据用户需求不同可以提供块存储服务，文件存储服务，记录存储服务，对象存储服务。网络服务是提供用户一个网络方案，可以让用户维护自己的计算环境和存储空间，并可以利用计算环境和存储空间对外提供服务。

IaaS 的这些特性则刚好能够解决目前气象部门硬件设施存在的问题，通过 IaaS，气象部门的服务器可以融合在一个基于 IaaS 的气象信息基础设施“云”中，各部门只需要通过终端连入到“云”中，就可以根据自己的需求来获取相应的硬件资源，从而避免了硬件设施的重复购买，提高了使用效率。

同时,面对日益增长的气象信息的存储问题,IaaS 同样可以提供很好的支持,通过 IaaS 基础设施"云"提供的数据存储服务,可以是易扩充、易管理并且是高度共享的,从而打破目前"信息孤岛"的格局,加强了各部门之间的信息交流,同时避免了数据库的重复建设,存储资源的统一管理,能够减少维护成本提高存储效率。

用过 IaaS 云提供的网络资源,则让处在不同地方用户之间的互联互通变得简单。各地用户如同身处同一个局域网,信息交流变得畅通无阻,同时 IaaS 提供的网络管理平台则可以更好地对网络进行统一规划,让网络资源的管理和维护变得简单。

3."平台云"的应用分析

(1)PaaS 概述

PaaS 是由服务供应商负责供应并维护底层的基础架构,包括:虚拟机、操作系统修补、延展性、规模自动调整、防火墙等等,并且提供一组程序开发界面(API)及一套执行时期语言,程序设计师可以在上面编写程序,建设新的应用,或者扩展已有的应用。Google 的 App Engine 和微软的 Azure(微软云计算平台)都采用了 PaaS 的模式。这些平台允许公司创建个性化的应用,也允许独立软件厂商或者其他的第三方机构针对垂直细分行业创造新的解决方案。

PaaS 将软件研发的平台作为一种服务,以 SaaS 的模式提交给用户。因此,PaaS 也是 SaaS 模式的一种应用。但是,PaaS 的出现可以加快 SaaS 的发展,尤其是加快 SaaS 应用的开发速度。PaaS 之所以能够推进 SaaS 的发展,主要在于它能够提供企业进行定制化研发的中间件平台,同时涵盖数据库和应用服务器等。Paas 可以提高在 Web 平台上利用的资源数量。

PaaS 所提供的服务不同于其他的服务,与其他服务最根本的区别是 PaaS 提供的是一个基础平台,而不是某种应用。这种服务的背后是强大而稳定的基础运营平台,以及专业的技术支持队伍。这种"平台级"服务能够保证支撑 SaaS 或其他软件服务提供商各种应用系统长时间、稳定地运行。PaaS 的实质是将互联网的资源服务化为可编程接口,为第三方开发者提供有商业价值的资源和服务平台。有了 PaaS 平台的支撑,云计算的开发者就获得了大量的可编程元素,这些可编程元素有具体的业务逻辑,这就为开发带来了极大的方便,不但提高了开发效率,还节约了开发成本。有了 PaaS 平台的支持,WEB 应用的开发变得更加敏捷,能够快速响应用户需求的开发能力,也为最终用户带来了实实在在的利益。

(2)平台"云"分析

PaaS 的存在以及服务模式的应用,意味着基层气象单位可以通过网络使用设置在"云端"的平台资源和平台服务,便可完成有关的业务工作——即所谓业务系统的"非本地化运行"及业务产品的"远程制作";而这进一步意味着:这些单位可以不必在当地配置相应的用于运行业务系统的基础设施及基础平台。可以想象,这一工作模式的实现,将极大简化基层气象单位的工作环境,解决因 IT 基础设施维护等问题所造成的单位职工编制和人员配置的缺口和困难,使得基层单位的人员结构更为合理,工作内容更加专业化。信息管理系统是气象部门的核心业务系统,其他所有业务系统皆围绕着信息管理系统而运行。CIMISS 系统的建立和投入业务运行，将在全国省一级气象部门建立数据中心级的气象资料存储管理系统，并完善国家一级的相关系统。Google Earth 为 CIMISS 系统的发展提供了样板，未来的 CIMISS 除了提供自身所应具备的各种统计分析及绘图等服务功能以外，在提供丰富高效的 API 检索应用接口的基础上，还应提供一定规模的应用运行平台服务；为基层单位的业务系统，以及那些规模小、资金少、研发时间短、阶段性运行的应用提供稳定良好的研发、测试和运行平台。这对于气象行业的科技进步将起到极大的推动作用。

平台作为一种服务资源的提供，对于促进相关领域技术和业务发展具有重要意义。近年来，该领域在气象部门内部已开始得到重视。国家气象中心研发的“气象 GIS”平台，就是基于该理念所做的有益尝试。相信在不远的将来，类似的尝试以及基于有益尝试而逐渐成长起来的具有典型气象特色的“PaaS”平台必将出现。而它的出现和不断完善，必将促进相关领域技术和业务的快速发展，从而形成良性的互动局面。有关决策者应充分意识到此项工作的意义和价值，并予以积极支持和引导。需要指出的是：气象“PaaS”的存在和优质服务，是建立在其所拥有的具有一定规模的资源的有效管理基础之上的。因此，资源集约化管理的实现，是气象“PaaS”业务化的基础和前提。

缺少规范标准的开发平台，所有应用软件研发工作皆沿用“一切从最基本模块开始做起”的模式，前人的成果和经验得不到有效地保留、集成和发展，这是目前气象部门长期存在的缺陷。开发平台由业务构件库、服务库以及开发界面（平台）等组成。由于开发平台的统一规范性，使得在其上开发的各种应用系统（软件）之间的功能模块可达到较高的规范化程度，从而形成系统内部以及系统与系统之间的最大范围和最大程度的功能复用。而功能复用的广泛和深入，又使得系统研发者能够摆脱平均占总工作量约 50％的基础型功能的重复性开发，而将宝贵而有限的精力聚焦于本系统特定功能的设计和开发方面。随着业务构件库和服务库的不断丰富，基于该平台的应用系统研发工作将越来越直观、便捷和简单。气象行业需要一支属于自己的长期稳定的应用软件研发团队。同样，气象行业也需要拥有一个长期稳定、不断改进和丰富的统一规范的应用软件研发平台。因为这个平台的存在，将使气象行业从此真正摆脱一直延续至今的“一切从最基本模块开始做起”的低水平重复工作现象，使得所有新的工作都是基于前人积累的成果之上，而不是重复前人早已做过多次的工作。计算机软件的实质，是人类处理事物、解决问题的方法的具体描述，是人类知识和智慧的固化。长期稳定、统一规范的软件研发平台，非但是规范气象应用系统的尺度，更是已被显性化了的气象知识和智慧的图书馆和实验室。同时，它也能大大降低应用软件研发的门槛，使得科学家和工程师头脑中蕴藏的知识和闪现的智慧火花能够更加简便快捷地固化下来，复制出去，成为行业乃至社会的共同财富。

4. “服务云”应用分析

（1）SaaS 概述

SaaS（Software as a Service，软件即服务）是最为成熟、最出名，也是得到最广泛应用的一种云计算，它是一种通过 Internet 提供软件的模式，用户无需购买软件，而是向提供商租用基于 Web 的软件，来管理企业经营活动。我们可以将它理解为一种软件分布模式，在这种模式下，应用软件安装在厂商或者服务供应商那里，用户可以通过互联网等网络来使用这些软件。因为SaaS模式具有高度的灵活性、已经证明可靠的支持服务、强大的可扩展性，因此能够降低客户的维护成本和投入，而且由于这种模式的多宗旨式的基础架构，运营成本也得以降低。

Salesforce.com、NetSuite、Google的Gmail和SPSCommerce.net等都是Saas方面非常好的例子，而salesforce的CRM(Customer Relationship Management，客户关系管理)是其中最具代表性的例子，因为它拥有业界无可比拟的客户成功率，所以成为全球按需CRM解决方案的领导者。Google开放的API，让大家在自己的网站或软件中利用Google的软件接口得到自己想要的功能。而移动端互联网应用浪潮的到来，将给SaaS带来全新生机，SaaS产品移动化也将由此得到飞速发展。

(2)SaaS分析

在气象部门的应用，考虑在气象信息综合分析处理服务和气象地理信息服务等方面有着良好的发展前景。在Weather App Engine气象PaaS平台的支撑下，打造气象部门自己的SaaS软件服务。开发SaaS应用平台的开发人员，由于可以调用平台级基础服务的强大功能，开发成本将极大地降低，基础功能和数据的复杂性被屏蔽，能够实现快速部署应用。在“云”平台的建设中要努力做好技术研发、应用实践，在技术上满足SaaS用户的需求，技术是创新的最根本源泉，离开了技术的保证，再好的理念和方法也只是空中楼阁。

①气象信息综合分析处理服务(WeatherMicaps)

气象信息综合分析处理系统MICAPS作为自主研发的通用软件，在中国气象部门发展了20多年，已经成为我国气象预报业务系统的重要组成部分，是预报人员不可缺少的分析工具，目前版本已经发展到MICAPS3.2，但是运行模式一直未改变，需要数据服务器、应用服务器和客户端三部分。对客户端的要求比较高，MICAPS3除了对计算机的性能要求比较高以外，还有对维护管理人员的要求，需要专门的系统管理员来管理系统运行环境和系统的配置，这对于省级气象局可能不是太大的问题，但是对于市县级气象部门来讲就成了较大的负担。随着系统的发展，功能将越来越丰富，需要管理和处理的数据的数量也是爆炸性增长，运行环境也是越来越复杂，运行和维护成本也会越来越高。如何提高软件开发效率，节约开发和管理成本，使气象部门需要思考的一个问题。MICAPS是气象部门适合作为软件服务的工具之一。

以服务方式向全国的气象行业的使用者开放开放，主要体现在两方面的应用：

提供在线的数据检索、调阅、分析功能。

由中国气象局或是省级气象部门建立一套数据运行环境，以Web服务的方式提供给全国或是全省气象预报用户调用，实现数据检索、底图操作与图形编辑、图形保存与打印、工具箱、预报会商材料制作预报流程管理等功能。这将大幅度减少系统、数据维护的成本，使得市县的预报员可以享有与中央台和省预报员同样的分析平台。

提供按照需求定制的MICAPS应用管理的功能。

允许用户定制并整合其产品，同时建立各自的所需的应用软件。对于用户而言，可以避免购买硬件、开发软件等前期投入以及复杂的后台管理问题。通过SDK调用，在极短的时间内完成一个应用的开发，提高开发效率，节约开发成本。

②WeatherMaps

目前气象部门的地理信息服务基本上基于两种：一是每开发一个系统，建设一套自己的GIS系统及维护相关的基础地理数据，二是建立在类似GoogleMap提供的服务上。第一种开发成本高、周期长，开发人员要熟悉GIS技术及开发流程；而第二种方式虽然开发比较简单，却又存在数据安全性，访问效率等问题。考虑以Weather App Engine为平台基础，建立气象领域的地理信息服务WeatherMaps，为全国气象用户提供服务。提供两种服务：

提供在线的MAP服务，提供查询、分析、绘制功能。

提供基于气象领域的地理信息服务的应用系统开发功能。

③移动APP

随着无线宽带网络技术和移动智能终端技术的发展，任意时间、地点和事物都可以联入广泛覆盖的互联网的时代也逐渐来临。人们使用智能终端即可联入互联网获取海量的信息，同时无数终端和传感器通过网络，感知环境，大量数据反馈回来，将现实世界全面数字化。目前诸如墨迹等成功的移动气象APP已经获得了数千万用户，未来这方面发展空间巨大，一个小小的窗口就可以把海量的气象信息和巨大的用户群连接到一起。

5."市民问诊式虚拟气象台"应用愿景

气象云计算的实现，灵活提供服务的能力可用来满足气象探测数字化、服务个性化、产品精细化、处理智能化、获取便捷化等方面的需求。

上海市委市府办公厅2011年8月印发《上海市推进智慧城市建设2011—2013年行动计划》明确，以用户为中心，以需求为导向，发挥政府引导和带动作用，积极推进社会各方广泛参与，围绕重点领域提升服务水平，加快新兴技术应用，突出信息共享和深度挖掘，大力推进以信息感知、业务协同、系统集成为重点的智能应用，通过应用示范带动新技术、新业态、新模式的推广，使城市运行更安全、经济发展更协调、政府管理更高效、公共服务更完善、市民生活更便捷。

近年来市民对公众气象服务产品需求越来越大，获取手段要求更加智能化，自主选择意识更强。市民对感知工作、生活和活动区域的真实化环境场气象要素的需求，市民对健康、出行和居家等个性化服务产品的需求，需要在时间、空间及产品要素等三方面提供更加精细化的服务产品，市民对及时便捷获取气象服务信息和气象防灾避险的需求非常强烈，亟须加强包括气候变化及影响、防灾减灾、气象及应用等科普教育，全面提升公众防灾避险能力。随着"智慧城市"的建设，上海城市基础设施的信息化为气象部门提供智能、便捷的气象服务提供可能。应用云计算技术通过对各种数据的融合，提供个性化气象信息的定制、检索和交互，以多维气象信息表现大气环境的现实和未来，为社会公众获取所需的气象信息提供便捷而有效的平台。通过市民问诊式虚拟气象台建设，进一步提高气象信息应用效能，满足智慧城市建设和市民安居乐业对气象服务的新需求。

市民问诊式虚拟气象台的建设，目标实现将海量气象信息智能组合成个性化的市民应用信息；着力市民关注的出行、健康、生活等气象信息，开发深度贴合百姓需求的服务产品；

在产品表现形式上突破从数字到图形的转变,引领气象服务产品读图时代的来临;同时将产品获取的选择权交给用户,实现四上(手上、桌上、墙上、路上)全程服务,全力打造属于市民的"自己的气象台"。

市民问诊式虚拟气象台构建由大气体征数字化探测网、智能处理平台和智能气象终端组成的市民问诊式虚拟气象台。开展在市民健康和出行服务两方面的试点应用。创建面向市民的预报制作和探测设备体验平台。

建设分为三个阶段:

第一阶段(2011—2013 年):市民问诊式虚拟气象台 1.0 版本——"气象淘宝"。虚拟气象台提供关于出行、健康等方面的生活气象产品"菜单",市民通过终端获取自主选择的"菜单"上的产品。

第二阶段(2014—2016 年):市民问诊式虚拟气象台 2.0 版本——"气象助理"。市民通过主动呼叫和实时信息反馈与虚拟气象台"问诊"、"互动"。

第三阶段(2017—2019 年):市民问诊式虚拟气象台 3.0 版本——"气象管家"。市民通过智能终端提供的"模糊查询"功能。

市民问诊式虚拟气象台发布形式多样化,可以满足未来智能气象需求;充分利用了云计算的先进理念和技术:基于统一"云"存储,统一开发规范;支持多样化,直接面向用户方;服务能力、内容可伸缩,适合未来气象服务发展。

三、存在的主要问题和解决途径

1. 云计算在气象部门安全性问题

安全性问题是目前云计算所面临的最大挑战,至今尚无有效手段和方法可彻底打消使用者就该问题所产生的疑虑。气象信息是受到法律保护的具有较高机密级别的信息,在目前这种具有严格审批手续、专人负责等一系列严密措施的管理下,尚不时发生资料外泄的情况,一旦将这些资料交予虚无缥缈的"公共云",如何令有关管理部门和责任人确信这些数据是安全的,并且能够切实保证这些信息的安全,是气象信息部门首先需要解决的问题。此外,个人资料的私密性问题如何解决,也是一个目前业界尚未根本解决的难题。总之,安全问题是云计算落地前所必须解决的基础性问题,该问题的存在,将严重影响云计算的普及和深入应用。目前该问题已受到业界的高度重视,云安全联盟与惠普公司基于对 29 家企业、技术供应商和咨询公司的调查结果,于 2009 年共同列出了云计算在安全方面的"七宗罪",就是业界就安全问题对云计算本身可能造成的负面影响而深感忧虑的具体表现。

气象信息是受法律保护的具有较高机密级别的信息。哪些气象数据可以放在"云"端,面向哪些用户,怎样维持用户与"云"资料提供者之间的信任。个人资料的私密性问题如何解决。对气象数据的分类就是一个必须解决的问题,哪些资料可以上公共"云"?哪些资料可以上部门的私有"云"?哪些资料免费?哪些资料收费?

气象数据并非所有数据都适合放入气象"云"中,必须要对气象数据进行分类,以便后续入“云”时可以避免造成某些数据的外泄。

根据现有的气象资料共享方法的规定[1]，气象资料可以分为三级，气象数据在对外提供服务工作中分为：涉密、内部、公开三级。

（1）涉密

为重大军事活动提供的专项气象数据；为党和国家领导人重要活动提供的专项气象数据；为国家或者军事部门保密任务专门设置的气象台站的观测数据；为作战任务专门提供的气象数据；为高科技或者特殊科学试验研究获得的空间大气监测数据。为国家或者军事部门保密任务专门统计整编的重要气象数据；通过非交换途径获得的各种国外气象数据。

（2）内部

我国未参加公开广播的气象台站的地面、高空气象观测数据；专项、专业气象观测数据，包括气象辐射观测、大气本底观测、农业气象观测等气象数据；邻国尚未划定国界线的我方一侧内有关气象台站的观测数据；我国气象卫星延时资料、雷达测雨资料。

（3）公开

我国参加公开广播的气象台站的地面、高空气象观测数据和卫星气象资料；我国搜集整理的国外天气报资料、格点资料；通过交换途径获得的国外气象资料；新中国成立前整编出版的气象资料；基本气象要素等值线图等。

这三类数据中，除了内部、公开数据之外，其他涉密数据都是非交换途径可传播的。气象资料中所占容量最大的资料是内部资料和公开资料，而涉密资料为小众资料，所占容量不大，所以才用“云”存储的方式来保存内部资料和公开资料是最为合适的，而涉密资料由于“云”的性质必须要是在线性，所以涉密资料是无法通过“云”的方式进行传播，故这部分资料不适合用于“云”存储。

2. 气象部门软、硬件的投资保护问题

新技术的建设运用，针对现行业务来说，总是有着非常大的冲击，如何减少对现有业务系统的影响，以及减少对现有设备的报废率，是在新技术应用中必须要考虑的问题，云计算技术的应用也是如此。

由于基于不同服务类型的云计算，投资着重点也是不一样的，这里面主要是包含了三种服务类型：IaaS，PaaS，SaaS。

第一类，IaaS 的云计算资源建设，主要会考虑计算性能、扩展性、高可用性、安全性、可维护性和可管理性等因素，而老设备往往会造成一些性能的下降，扩展性问题等等，所以在基于 Iaas 的云计算资源建设时，首先需要针对现有的运行设备做一次比较全面的设备性能指标的统计，明确了解现在运行设备的硬件性能指标，然后定义设计云计算资源规模以及相应的建设方案，把原有的设备在尽可能保证六因素的前提下，运用到建设方案中去，以提高原有设备的利用率，保护单位的固定资产。再者，以后的硬件设备购置项目，尽可能利用到云

〔1〕 中国气象局令第 4 号：《气象资料共享管理办法》，2001 年 11 月 27 日；中气办发〔1993〕5 号：《对外合作提供气象资料保密暂行规定》，1993 年 6 月 21 日；国气办发〔1992〕16 号：《气象部门保守国家秘密实施细则》，1992 年 7 月 20 日。

计算资源建设的规划中去,以增加云计算资源,同时也可以充分利用硬件建设的项目,这是扩展云计算资源的一种非常重要、有效的方法。

第二类,PaaS的建设,气象系统中还没有可以利用PaaS平台,所以是重新设计,在设计过程中,需要着重考虑的是PaaS对现有业务系统的兼容性和易用性,现在的气象系统中业务系统大都是零散而繁多,缺少底层的初期设计理念,气象引擎应用平台的设计必须基于开放理念,尽可能地开放设计,这样对于后面应用SaaS类型的云计算将会提供非常高的兼容性,减少业务系统重建时的系统复杂度。

第三类,就是我们实际应用所需要的SaaS,这一类将直接关系到我们的应用,设计的好与坏直接将影响到我们的正常业务。

影响因素有以下几点:

第一,上层的PaaS的设计将会对这一层的功能实现设计的复杂性造成一定影响。

第二,原有业务的可实现性评估,针对功能实现的一个环节,应用或者说业务系统放置"云"端是否适合,这个必须要做一个非常详细的评估,评估报告将会量化投资价值的参数,对于不适于"云"端迁移或者迁移至"云"端投资价值不高的业务系统或者应用,不应该做迁移。

第三,提高可迁移的业务系统或应用的整合度,尽可能地采用模块化的方法实现功能,模块功能必须要实现功能单一,且保证其可拆卸性,这对后期的应用开发将会提供非常便利的途径,可大量减少重复开发投入。

总而言之,在投资保护上面,尽可能做好业务系统的统计分析报告和评估报告,只有这样才能够很好地做好云计算建设的方案设计,根据类别的不同,必须要做好这个类别的侧重的指标和要素,尽量避免物尽其用后的木桶效应[2]或者全新投资的大量浪费。

3. 气象部门发展云计算规模的效益问题

发展云计算,规模的大小直接会影响到云计算资源的效益问题,规模过小,云计算资源无法满足业务系统的需求,导致外围系统过多,从而并没有减少成本,也没有达到预期的经济效益;如果规模过大,完全满足业务需求,其迁移费用以及运维费用就是首要考虑的问题,投入产出比是否达到预期效益。

云计算资源投入=软硬件成本+迁移成本+人员成本+运维成本(包括运维人员成本)

传统资源投入=软硬件成本+运维成本(包括运维人员成本)

从系统的建设成本而言,如果规模太小的话,迁移成本+人员成本将远远大于软硬件成本,如果规模太大的话,软硬件成本+运维成本超过实际使用需求,将会造成大量浪费,所以在何种规模适合采用云计算技术,将直接关系到效益。

气象部门的云计算规模可以从功能来划分,主要涉及就是三方面,存储、计算、服务,而

---

[2] 木桶效应:盛水的木桶是由许多块木板箍成的,盛水量也是由这些木板共同决定的。若其中一块木板很短,则此木桶的盛水量就被短板所限制。这块短板就成了这个木桶盛水量的"限制因素"(或称"短板效应")。若要使此木桶盛水量增加,只有换掉短板或将短板加长才成。人们把这一规律总结为"木桶原理",或"木桶定律",又称"短板理论"。

这三个方面，气象资料的统一存储是首要考虑的问题，现在的气象资料被分散重复存放，既增加了资料存放的负担，却无法保证资料的安全。云计算的结构有着无比优越性就是可自由伸缩，可以再动态扩展，就气象资料而言，非常适合于"云"存储和云计算两方面应用。

"云"存储，主要适用于气象资料的存储，实时或者非实时的资料的保存，也是这个数据的资料云计算的基础。

云计算，针对气象数据的统计运用云计算分布式处理，对大数据量的处理将会产生非常明显的效果。

如何更好地设计定位自己的规模尤为重要：

第一，统计需要上"云"端的业务真实需求量，其中包括计算量、存储量、通信量以及其相应的技术参数指标等等，形成一张现行业务系统的需求明细。

第二，分析需求明细，重新设计业务系统，并确定云计算规模，形成相应的云计算建设的可行性报告。

第三，根据可行性报告，制定详细的云计算建设方案，落实建设细节与云计算资源的相应参数指标。

第四，项目招标，投入实施建设。

这四点中，第一点是以往比较容易忽略掉但却又是最重要的一部分，它将直接影响到建设云计算的规模，云计算的投入不仅仅是计算硬件设备的投入，往往其软件投入会超过硬件设备的投入，业务系统的转换、迁移会消耗大量的成本，也将是所有工作中最重要最难做的一步。

总而言之，针对确定规模效益时候，需要详细确定自己的需求，已经基本准确的系统迁移成本，然后再进行确定方案，这样可以很好地避免云计算建设规模问题造成的效益问题。

四、推进云计算在气象部门应用的保障措施与建议

1. 保障措施

(1)加强组织协调

中国气象局相关职能部门和地方省局联合牵头，组织在云计算领域走在前面的部门成立联合工作组，制定云计算发展路线图，在政策制定、标准研究、项目合作、科研攻关等方面加强统筹推进力度。组建专家委员会，为云计算的实施提供决策支持。

(2)对接政府资源，加大资金支持

积极争取国家部委或者地方政府的支持，组织协调气象行业相关部门承接云计算相关的信息化项目，积极开展项目试点应用，同时气象部门内部在立项和资金投入上也加大投入，推动云计算在气象领域应用的发展。

(3)加强高端人才培养和合作交流

除了加大对气象相关部门人员云计算领域的知识体系的培养外，积极引进外部高级人才，组织开展多层面、多形式的交流活动，加强与国内外云计算方面领先的气象部门或者企

业间的技术交流和合作。

(4)推进重点项目实施

在中央和地方争取一批项目的立项，使云计算的应用能够真正在气象部门落地，并以此带动人才的成长和业务模式的转变。

2. 建议

(1)概述

云计算符合气象部门信息化建设发展的趋势，有利于气象数据计算能力增强、海量气象数据的存储、推进气象服务个性化、气象传输终端的多元化、消除时间与空间的局限、加强气象行业的商业化、产业化进程、加强气象行业与其他行业的融合。

云计算的应用有助于提高资源利用率和资源的弹性配置，IaaS 即基础设施即服务，作为云计算所提供的三大服务模式之一，可有助于实现气象部门基础设施资源的优化分配和弹性配置。云计算还能促进气象业务运行模式的良性调整，基层气象单位可以通过网络使用设置在"云端"的平台资源和平台服务，便可完成有关的业务工作即所谓业务系统的"非本地化运行"及业务产品的"远程制作"。对于解决海量气象数据存储的问题也大有益处。目前各地方的数据中心相互独立，数据重复存储的现象比较普遍。数据存储在由大量分布式存储设备组成的虚拟存储池中，数据同处于一个"云"数据中心中，可有效解决数据重复存储的现象。在灾备领域，传统的"一主两备"模式将逐步淡出视野，取而代之的是新的灾备模式，多个数据中心跨区域部署、互联，计算和存储资源分布式整合调度，应用负载均衡，同时在线，互为备份。

云计算的推广有助于实现气象数据共享平台的建立，未来全国甚至全球的气象部门处于一个气象"云"之中，使得不同时间和不同空间的数据得到共享，为全国和全球的气象部门提供一个合作平台。

(2)实施路线设想

第一，基于现有资源开展试点。

气象系统内有条件规模大的部门可利用现有资源建设私有"云"(IaaS)，或者几个部门能够把原有各自为政的基础设施资源整合成私有"云"，进行统一的管理，从而减少硬件管理的开支以及提高资源的利用率；特别是面对日益增长的气象信息的存储问题，IaaS 基础设施"云"提供的数据存储服务，可以是易扩充、易管理并且是高度共享的，从而打破目前"信息孤岛"的格局，加强了各部门之间的信息交流，同时避免了数据库的重复建设，存储资源的统一管理，能够减少维护成本提高存储效率。

对于气象和其他部门之间数据共享，可以把部分非敏感数据和计算业务移植到公有"云"上，提高与外部门之间的共享效能。

在公共气象服务领域开展云服务试点，满足各类用户对于发布形式多样化的需求，充分利用云计算的先进理念和技术，基于统一云存储，统一开发规范，提升多样化，直接面向用户方的服务能力，使得服务内容可伸缩和个性化，适合未来气象服务发展的需要。

有条件的省级气象部门可以开展向下一级提供气象私有"云"服务，下一级部门通过购买服务而非传统的从新采购硬件开始来满足自身业务发展对计算存储和服务能力的需求，即通过云计算实现计算存储资源如水电般按需购买。

第二，开展创新试验。

目前气象领域内在 PaaS 领域还属于比较空白，因此应该大力开展此领域的创新试点，对诸如气象算法入“云”、基础地理信息服务、大数据存储等方向开展研究和试验，逐渐实现一个能够提供给气象最终应用的开发者透明安全功能强大的运行环境和开发环境，这也需要良好的顶层设计和业务需求及现有业务系统的梳理。

第三，加强顶层设计。

开展全国性气象行业的需求调研及全国性气象系统大型数据中心布局设计，探索气象行业的云计算标准和技术路线，对气象私有“云”和社会公有云组成的混合云环境应用也开展政策研究。

从投资保护和规模效应角度考虑，云计算适合逐步发展。气象上的云计算应用系统增长也是一个循序渐进的漫长的过程，发展可以分为三个阶段：在云计算发展的初级阶段，以先“软”后“硬”，中级阶段就可以软硬件兼并发展，在技术发展成熟的后期，就以扩展能力为主要发展目的。

(3)未来场景设想

开发人员：未来开发人员分为两类，一类是开发 PaaS 一级的平台级基础服务，为后续二次开发提供运行环境；另一类是 SaaS 一级的开发人员，由于能够调用平台级基础服务的强大功能，开发成本极大地降低，基础功能和数据复杂性被屏蔽，能够实现快速部署应用。

预报等业务使用人员：未来预报员可以根据自身需要获取相关应用支撑，这些应用通过“云”平台支撑能够统一到一个界面且便于部署，由于云计算的特性，基层台站预报员也可以获取不亚于上级预报员的数据和平台支撑。

维护人员：维护人员也按照云计算三层模式进行划分，未来基层台站可以只设置应用级维护人员，基础设施和平台级服务由上级部门维护，实行集约化的管理。

参考文献

工业和信息化部电信研究院. 2012. 云计算白皮书(2012 年).

刘鹏. 2010. 云计算. 北京：电子工业出版社.

沈文海. 2012. 从云计算看气象部门未来的信息化趋势. 气象科技进展，(2).

肖云，等. 2010. 初探云计算对气象领域的影响. 浙江气象，(4).